Böttle/Friedrichs   Mathematische und elektrotechnische Grundlagen

Die Meisterprüfung

Mathematische und elektrotechnische Grundlagen

Dipl.-Ing. Peter Böttle
Dipl.-Ing. Horst Friedrichs

8., überarbeitete Auflage

Vogel Buchverlag

Die Deutsche Bibliothek – CIP-Einheitsaufnahme

Böttle, Peter:
Mathematische und elektrotechnische Grundlagen/
Peter Böttle; Horst Friedrichs. –
8., überarb. Aufl. – Würzburg: Vogel, 1993
  (Vogel-Fachbuch: Die Meisterprüfung)
  ISBN 3-8023-1470-0
NE: Friedrichs, Horst:

ISBN 3-8023-1470-0
8. Auflage. 1993
Printed in Germany
Copyright 1976 by Vogel Verlag und Druck KG,
Würzburg
Satz und Druck: Alois Erdl KG, Trostberg
Bindung: Wilh. Röck, Weinsberg

Vorwort

Dieses Buch erscheint in der Fachbuchgruppe *Die Meisterprüfung in der Elektrotechnik*. Der vorliegende Grundlagenband behandelt alle mathematischen und elektrotechnischen Grundlagen, die ein Elektromeister benötigt, um die fachlichen Zusammenhänge verstehen zu können.

Das Buch ist insbesondere für den zukünftigen Meister geschrieben worden. Es schließt eine Lücke zwischen dem Berufsschul- und dem Fachhochschulniveau. Weiterhin eignet es sich als wertvolles Nachschlagewerk für den in der Praxis stehenden Meister und Techniker.

Um dem Benutzer, dessen Berufsschulzeit einige Jahre zurückliegt, die Einarbeitung zu erleichtern, beginnt der *Grundlagenband* mit den elementaren Kenntnissen der *Mathematik* und der *Elektrotechnik*. Der Leser wird dann so weit in die elektrotechnischen Grundgesetze eingeführt, daß er sie beherrscht und bei Aufgabenlösungen anwenden kann.

Das vorliegende Buch ist also eine sinnvoll abgerundete Lehreinheit, die unabhängig von anderen Titeln verarbeitet werden kann. Die erreichbaren *Lernziele* entsprechen jenen Anforderungen, die der *Zentralverband der Deutschen Elektrohandwerke* für den Bereich Grundlagen der *Meisterprüfung in den Elektrohandwerken* festgelegt hat.

Die heutige Form ist das Ergebnis ständiger Erprobungen mit Meisterschülern der *Bundesfachlehranstalt für Elektrotechnik* in Oldenburg. Die ausführlichen, häufig mit vierfarbigen Bildern untermauerten Beschreibungen zu einzelnen Themen werden von nach methodischen Gesichtspunkten ausgewählten *Rechenbeispielen* ergänzt. In vielen Fällen verdeutlichen mit Skizzen angereicherte Rechenbeispiele das elektrotechnische Problem. Dadurch soll der Leser die Zusammenhänge einzelner Begriffe besser erkennen.

Für Lehr- und Übungszwecke sind wertvolle weitere Aufgaben mit Lösungen in dem zu dieser Buchreihe gehörenden Aufgabenband enthalten.

In der Vergangenheit entstand regelmäßig eine Diskussion über den erforderlichen Umfang und Tiefgang der einzelnen Themen. Die Mehrzahl der Leser wünschen ausführlichere Erklärungen, um den technischen Sachverhalt möglichst grundsätzlich verstehen zu können. Einige Leser möchten die Beschreibung auf ein Minimum im Sinne eines Unterrichtskonzepts zur schnellen Vorbereitung auf die Prüfung vorfinden. Wir Autoren haben uns für die ausführliche Version entschieden, um dem Meister ein «Werkzeug» zu liefern, das ihm die Gelegenheit geben soll, sich von der durchschnittlichen Fachkraft abzuheben. Zur ausschließlichen Vorbereitung auf die Meisterprüfung kann der Leser selbstverständlich an einzelnen Stellen den Text überschlagen.

Die Autoren nehmen Ratschläge zur Verbesserung jederzeit dankbar an.

Bei der Überarbeitung für die 8. Auflage wurden, neben kleineren Änderungen, die z.T. auf Anregungen durch Leserzuschriften zurückgehen, einige Abschnitte ergänzt.

Geändert wurden:

☐ In der Wechselstromtechnik wird nun auch für Schein- und Blindleistung die Einheit Watt (statt VA und var) verwendet.
☐ In Beispielen der Wechsel- und Drehstromtechnik wird mit den jetzigen Normspannungen 230 V und 400 V gerechnet.

Wesentlich erweitert wurden:

☐ Bei den Grundlagen der Spannungserzeugung durch Fotovoltaik werden die verschiedenen Systeme behandelt.

☐ Bei den Akkumulatoren wird stärker auf die neuen Systeme eingegangen, wie: Nickel-Metallhydrid, Natrium-Schwefel und Natrium-Nickelchlorid.

☐ In der Wechselstromtechnik wurden die passiven Filterschaltungen mit aufgenommen.

Oldenburg und Würzburg   Verfasser und Verlag

In der Fachbuchgruppe «Die Meisterprüfung in der Elektrotechnik» sind bisher erschienen:

Böttle/Friedrichs: Mathematische und elektrotechnische Grundlagen

Boy/Dunkhase: Elektro-Installationstechnik

Fehmel/Flachmann/Mai: Elektrische Maschinen

Boy/Bruckert/Wessels: Elektrische Steuerungs- und Antriebstechnik

Folkerts/Friedrichs: Hausgeräte-, Beleuchtungs- und Klimatechnik

Böttle/Boy/Grothusmann: Elektrische Meß- und Regeltechnik

Dugge/Haferkamp: Grundlagen der Elektronik

Böttle/Friedrichs: Aufgaben und Ergebnisse Elektrotechnik

Böttle/Fehmel: Formeln und Tabellen Elektrotechnik

Ebenfalls im Vogel Buchverlag sind in der Fachbuchgruppe «Elektronik» erschienen:

Beuth/Beuth: Elementare Elektronik

Meister: Elektrotechnische Grundlagen

Beuth: Bauelemente

Beuth/Schmusch: Grundschaltungen

Beuth: Digitaltechnik

Müller/Walz: Mikroprozessortechnik

Schmusch: Elektronische Meßtechnik

6

Inhaltsverzeichnis

1	**Allgemeines Rechnen**		17
	1.1	Rechnen mit Zahlen und Buchstaben	17
		1.1.1 Begriffe, Zahlenarten	17
		1.1.2 Zahlen mit Vorzeichen	17
		1.1.3 Rechenstufen	18
		1.1.4 Mehrfachklammern	19
	1.2	Grundrechenarten	20
		1.2.1 Addieren (Zusammenzählen) und Subtrahieren (Abziehen)	20
		1.2.2 Multiplizieren (Malnehmen)	21
		1.2.3 Dividieren (Teilen)	22
		1.2.4 Bruchrechnen	22
		1.2.4.1 Addieren und Subtrahieren von Brüchen	23
		1.2.4.2 Multiplizieren von Brüchen	24
		1.2.4.3 Dividieren von Brüchen	24
		1.2.5 Dezimalbrüche und gemeine Brüche	25
		1.2.6 Auf- und Abrunden von Ergebnissen	25
	1.3	Dreisatzrechnung – Prozentrechnung	26
		1.3.1 Dreisatzrechnung (Schlußrechnung)	26
		1.3.1.1 Proportionaler Dreisatz	26
		1.3.1.2 Umgekehrt proportionaler Dreisatz	27
		1.3.1.3 Doppelter Dreisatz	27
		1.3.2 Prozentrechnung	28
	1.4	Rechnen mit Klammern	30
		1.4.1 Klammern ausmultiplizieren (Klammern auflösen)	30
		1.4.2 Ausklammern (Klammer setzen)	32
	1.5	Potenzen – Wurzeln	33
		1.5.1 Potenzen	33
		1.5.1.1 Sonderfälle der Potenzrechnung	33
		1.5.1.2 Potenzieren von Potenzen	35
		1.5.1.3 Zehnerpotenzen	36
		1.5.2 Wurzeln	37
		1.5.2.1 Sonderfälle beim Rechnen mit Wurzeln	38
	1.6	Anwendung aller Rechenstufen in Formeln aus der Elektrotechnik	39
	1.7	Gleichungen	43
		1.7.1 Gleichungen, die nur eine Rechenstufe enthalten	43
		1.7.2 Gleichungen, die mehrere Rechenstufen enthalten	44
		1.7.3 Gleichungen, die die unbekannte Größe mehr als einmal enthalten	48
		1.7.4 Gleichungen mit mehreren Unbekannten	49
	1.8	Rechtwinkliges Dreieck	52
		1.8.1 Satz des Pythagoras	52
		1.8.2 Winkelfunktionen (trigonometrische Funktionen)	54
		1.8.2.1 Darstellung der Sinusfunktion in einem Liniendiagramm	57
2	**Darstellungen im Koordinatensystem**		59
	2.1	Koordinatensysteme	59
		2.1.1 Rechtwinkliges Koordinatensystem	59
		2.1.2 Polarkoordinatensystem	61

2.2 Lineares Verhalten 61
2.3 Umgekehrtes (reziprokes) Verhalten 64
2.4 Quadratisches Verhalten 65
2.5 Logarithmische Darstellung 66
    2.5.1 Teilung einer logarithmischen Skala 66
    2.5.2 Logarithmische Koordinaten 67

3 Technisches Rechnen 71
3.1 Vorsätze von Einheiten 71
    3.1.1 Umrechnungen zwischen Einheiten mit verschiedenen Vorsätzen .. 71
3.2 Flächen- und Körperberechnungen 73
    3.2.1 Flächenberechnungen 73
    3.2.2 Körperberechnungen (Rauminhalt – Volumen) 75
3.3 Berechnung von Spulen 76
    3.3.1 Berechnung der Drahtlänge 78
3.4 Geschwindigkeit und Beschleunigung 79
    3.4.1 Geschwindigkeit 79
    3.4.2 Beschleunigung 80
    3.4.3 Umfangsgeschwindigkeit 81
    3.4.4 Winkelangabe in Grad oder Bogenmaß 82
    3.4.5 Winkelgeschwindigkeit 83
3.5 Riemen- und Zahnradübersetzungen 85
    3.5.1 Riementrieb 85
    3.5.2 Zahnradtrieb 86
    3.5.3 Schneckentrieb 88
3.6 Maße, Gewichtskraft, Kraft 88
    3.6.1 Masse – Dichte; Gewichtskraft – Wichte 90
3.7 Kraft, Kräftediagramm 92
3.8 Drehmoment; Hebelgesetz 96

4 Grundbegriffe der Physik und Chemie 101
4.1 Arbeitsmethoden der Physik – Maßsysteme 101
4.2 Arbeitsmethoden der Chemie 104
4.3 Aufbau der Materie 105
    4.3.1 Atom und Molekül 105
    4.3.2 Zustandsformen der Materie 106
    4.3.3 Kohäsion und Adhäsion 107
    4.3.4 Atommodell 108
    4.3.5 Periodisches System der chemischen Elemente 110
    4.3.6 Chemische Bindungsarten 112
    4.3.6.1 Ionenbindung 112
    4.3.6.2 Atombindung 114
    4.3.6.3 Metallbindung 115
4.4 Grundlagen der Elektrizitätslehre 116
    4.4.1 Einige Daten aus der Geschichte der Elektrizitätslehre 116
    4.4.2 Elektrische Ladung 117
    4.4.3 Elektrische Spannung und Potential 117
    4.4.4 Elektrischer Strom und Ladung 120
    4.4.5 Stromrichtung im elektrischen Stromkreis 121
    4.4.6 Arten der Leitung des elektrischen Stroms 122
    4.4.7 Stromdichte 123
    4.4.8 Physikalische Wirkungen des elektrischen Stroms 124
    4.4.8.1 Wärmewirkung des elektrischen Stroms 124

4.4.8.2	Lichtwirkung des elektrischen Stroms – Elektrolumineszenz	124
4.4.8.3	Magnetische Wirkung des elektrischen Stroms	125
4.4.9	Erzeugung elektrischer Spannungen	125
4.4.9.1	Elektromagnetische Induktion	125
4.4.9.2	Galvanische Spannungserzeugung	125
4.4.9.3	Thermoelektrische Spannungserzeugung	126
4.4.9.4	Piezoelektrizität	128
4.4.9.5	Fotoelektrizität	128
4.4.9.6	Berührungs- oder Reibungselektrizität	130

5	**Elektrochemie**	**131**
5.1	Grundlagen der Elektrolyse	131
5.1.1	Elektrolyte	131
5.1.2	Elektrolytische Dissoziation	132
5.1.3	Elektrolyse	134
5.1.4	Elektrochemisches Äquivalent	135
5.2	Anwendung der Elektrolyse	138
5.2.1	Galvanostegie	138
5.2.2	Galvanoplastik	139
5.2.3	Metallreinigung durch Elektrolyse	140
5.2.4	Metallgewinnung durch Schmelzflußelektrolyse	141
5.2.5	Eloxieren	142
5.3	Grundlagen der galvanischen Spannungserzeugung	142
5.3.1	Chemischer Lösungsdruck	142
5.3.2	Elektrochemische Spannungsreihe	143
5.3.3	Volta-Element	143
5.4	Bauformen und Eigenschaften galvanischer Elemente	145
5.4.1	Abmessungen von Primärelementen	145
5.4.2	Kapazität und Lebensdauer von Primärelementen	146
5.4.3	Braunsteinelement (Leclanché-Element)	146
5.4.4	Alkali-Mangan-Zelle	147
5.4.5	Quecksilberoxidzelle	148
5.4.6	Silberoxidzelle	148
5.4.7	Lithiumzelle	149
5.4.8	Luftsauerstoffzelle	150
5.4.9	Füllelement	150
5.5	Brennstoffzellen	150
5.6	Akkumulatoren	152
5.6.1	Kapazität und Wirkungsgrad eines Akkumulators	152
5.6.2	Bleiakkumulator	153
5.6.2.1	Vorgänge bei der Entladung	154
5.6.2.2	Vorgänge bei der Ladung	155
5.6.2.3	Bauformen	155
5.6.2.4	Wartung	158
5.6.2.5	Wartungsfreie Bleiakkumulatoren	159
5.6.3	Nickel-Cadmium-Akkumulator	160
5.6.3.1	Wartung von Stahlakkumulatoren	162
5.6.4	Nickel-Metallhydrid-Akkumulator	164
5.6.5	Natrium-Schwefel-Akkumulator	164
5.6.6	Natrium-Nickelchlorid-Akkumulator	166
5.6.7	Kennlinien der Ladegeräte	166
5.7	Korrosion und Korrosionsschutz	168
5.7.1	Chemische Korrosion	168

5.7.2	Elektrochemische Korrosion	168
5.7.2.1	Elektrochemische Korrosion durch Elementbildung	169
5.7.2.2	Streustromkorrosion	169
5.7.3	Korrosionsschutz	170
5.7.3.1	Oberflächenschutz	170
5.7.3.2	Konstruktive Maßnahmen gegen Kontaktkorrosion	171
5.7.3.3	Konstruktive Maßnahmen gegen Streustromkorrosion	171
5.7.3.4	Schutzströme gegen Korrosion im Erdreich oder Wasser	171
6	**Elektrischer Widerstand und Schaltungen mit Widerständen**	**173**
6.1	Elektrischer Widerstand	173
6.1.1	Ohmsches Gesetz	173
6.1.2	Elektrischer Leitwert	174
6.1.3	Widerstandskennlinie	175
6.1.4	Nichtlineare Widerstände	177
6.2	Widerstand und Material	180
6.2.1	Spezifischer Widerstand und Leitfähigkeit	180
6.2.2	Widerstands- und Leiterwerkstoffe	183
6.2.3	Belastbarkeit elektrischer Leiter	184
6.3	Veränderlichkeit des elektrischen Widerstandes	185
6.3.1	Zug- und Druckabhängigkeit des Widerstandes	185
6.3.2	Temperaturabhängigkeit des Widerstandes	186
6.3.3	Lichtabhängigkeit des Widerstandes	186
6.3.4	Magnetfeldabhängigkeit des Widerstandes	187
6.3.5	Spannungsabhängigkeit des Widerstandes	187
6.3.6	Temperaturbeiwert	187
6.3.7	Supraleitung	189
6.4	Grundschaltungen von Widerständen	190
6.4.1	Kirchhoffsche Gesetze	190
6.4.2	Reihenschaltung von Widerständen	194
6.4.2.1	Regeln der Reihenschaltung	194
6.4.2.2	Unbelasteter Spannungsteiler	198
6.4.2.3	Reihenschaltung mit einem nichtlinearen Widerstand	201
6.4.3	Parallelschaltung von Widerständen	202
6.4.3.1	Regeln der Parallelschaltung	202
6.4.3.2	Beispiele mit Parallelschaltungen	204
6.4.4	Gemischte Schaltungen aus linearen Widerständen	206
6.5	Spannungsquellen	209
6.5.1	Ersatzschaltbild einer Spannungsquelle	209
6.5.2	Spannungsquellen mit nichtlinearem Verhalten	212
6.5.3	Reihenschaltung von Spannungsquellen	213
6.5.4	Parallelschaltung von Spannungsquellen	215
6.5.5	Reihen- und Parallelschaltung von Spannungsquellen	216
6.6	Belasteter Spannungsteiler	217
6.6.1	Einbeziehung des Lastwiderstandes in den Spannungsteiler	218
6.6.2	Belasteter Spannungsteiler als Spannungsquelle	220
6.6.3	Einstellbarer Spannungsteiler	222
6.7	Wheatstone-Brückenschaltung	225
6.7.1	Die abgeglichene Wheatstone-Brückenschaltung	225
6.7.2	Die unabgeglichene Wheatstone-Brückenschaltung	228
6.7.3	Unabgeglichene Brückenschaltung mit belastetem Diagonalzweig	230
6.7.4	Ersatzwiderstand einer Brückenschaltung	231
6.8	Widerstandsbauelemente	234
6.8.1	Lineare Festwiderstände	234

10

6.8.1.1   Staffelung der Nennwerte   234
6.8.1.2   Kennzeichnung von Festwiderständen   235
6.8.1.3   Belastbarkeit von Widerständen   236
6.8.1.4   Bauformen von Festwiderständen   236
6.8.1.4.1 Drahtwiderstände   236
6.8.1.4.2 Schichtwiderstände   237
6.8.1.4.3 Widerstandsmodule   238
6.8.2   Verstellbare Widerstände   239
6.8.2.1   Widerstandskurven von Potentiometern   240
6.8.2.2   Drahtpotentiometer   240
6.8.2.3   Schichtpotentiometer   242
6.9   Temperaturabhängige Widerstände   242
6.9.1   Heißleiter- oder NTC-Widerstände   242
6.9.1.1   Aufbau und Eigenschaften von Heißleitern   242
6.9.1.2   Anwendung von NTC-Widerständen   245
6.9.2   Kaltleiter oder PTC-Widerstände   247
6.9.2.1   Aufbau und Eigenschaften von PTC-Widerständen   247
6.9.2.2   Anwendung von PTC-Widerständen   248
6.10   Spannungsabhängige Widerstände oder Varistoren   249

7   Arbeit, Leistung, Energie   251
7.1   Begriff der Arbeit in der Mechanik   251
7.2   Energie und Energieformen   252
7.2.1   Mechanische Energie   252
7.2.1.1   Potentielle Energie   252
7.2.1.2   Kinetische Energie   253
7.2.2   Elektrische Energie   255
7.2.3   Wärmeenergie   257
7.2.4   Chemische Energie   257
7.2.5   Atomenergie   258
7.2.6   Umrechnung von Energieeinheiten   260
7.3   Leistung   260
7.3.1   Mechanische Leistung   261
7.3.2   Elektrische Leistung   262
7.3.3   Leistung und Widerstand   264
7.3.4   Umrechnung von Leistungseinheiten   268
7.3.5   Messung der elektrischen Leistung   268
7.3.6   Leistungsminderung durch Vorwiderstand   269
7.3.7   Leistung an einer pulsierenden Gleichspannung   270
7.3.8   Wirkungsgrad   272
7.3.9   Elektrische Anpassung   274
7.3.10   Pegelrechnung   277
7.4   Wärmelehre   281
7.4.1   Temperatur   281
7.4.2   Temperaturmessung   282
7.4.3   Wärmemenge   283
7.4.4   Mischungsregel   286
7.4.5   Umwandlung in anderen Aggregatzustand   288
7.4.6   Ausbreitung der Wärme   291
7.4.6.1   Wärmeleitung   291
7.4.6.2   Wärmeströmung oder -konvektion   293
7.4.6.3   Wärmestrahlung   293

8   Elektrisches Feld und Kondensator 295
  8.1   Gesetze des elektrischen Feldes 295
  8.2   Durchschlagsfestigkeit 298
  8.3   Elektrostatische Influenz und Polarisation 300
      8.3.1   Influenz 300
      8.3.2   Polarisation 301
  8.4   Kondensator 302
      8.4.1   Kapazität des Kondensators 302
      8.4.2   Energie eines geladenen Kondensators 305
      8.4.3   Schaltungen von Kondensatoren 306
  8.5   Kondensator im Gleichstromkreis 308
      8.5.1   Ladung und Entladung eines Kondensators mit konstantem Strom . . 309
      8.5.2   Ladung und Entladung eines Kondensators an konstanter Spannung . 310
      8.5.3   Kapazitätsbestimmung durch Zeitmessung 314
      8.5.4   Aufladung eines Kondensators mit parallel geschaltetem Widerstand 315
  8.6   Widerstand und Kondensator als Integrier- und Differenzierglied 316
      8.6.1   RC-Glied als Integrierglied 317
      8.6.2   CR-Glied als Differenzierglied 318
  8.7   Bauformen und Eigenschaften von Kondensatoren 320
      8.7.1   Einteilung von Kondensatoren 320
      8.7.2   Eigenschaften von Festkondensatoren 320
      8.7.3   Kennzeichnung von Kondensatoren 322
      8.7.4   Aufbau von Kondensatoren 323
      8.7.4.1 Wickelkondensatoren 323
      8.7.4.2 Vielschichtkondensatoren 326
      8.7.4.3 Keramikmassekondensatoren 327
      8.7.5   Elektrolytkondensatoren (Elkos) 328
      8.7.5.1 Aluminium-Elektrolytkondensatoren 328
      8.7.5.2 Tantal-Elektrolytkondensatoren 329
      8.7.6   Verstellbare Kondensatoren 329
      8.7.6.1 Drehkondensator 329
      8.7.6.2 Trimmerkondensatoren 329

9   Magnetisches Feld 331
  9.1   Grundbegriffe 331
      9.1.1   Historisches 331
      9.1.2   Entstehung der magnetischen Wirkung 331
      9.1.3   Magnetische Abschirmung 334
      9.1.4   Wirkung magnetischer Pole 334
  9.2   Magnetischer Kreis 335
      9.2.1   Magnetischer Fluß 336
      9.2.2   Flußdichte – Induktion 336
      9.2.3   Durchflutung 337
      9.2.4   Magnetischer/Elektrischer Spannungsfall 338
      9.2.5   Magnetischer/Elektrischer Widerstand 339
      9.2.6   Magnetischer/Elektrischer Leitwert 341
      9.2.7   Magnetische/Elektrische Feldstärke 342
  9.3   Ferromagnetische Materialien 347
      9.3.1   Größen der Magnetisierungskennlinien 347
      9.3.1.1 Remanenz 347
      9.3.1.2 Hysteresisverluste 348
      9.3.1.3 Entmagnetisierung 350
      9.3.2   Hartmagnetische Werkstoffe 351

9.3.2.1 Hartferrit-Magneten 351
9.3.2.2 Seltenerd-Magneten 352
9.3.2.3 Metallische Dauermagnete 352
9.3.2.4 Magnetisierungsarten 353
9.3.2.5 Aufmagnetisierung von Dauermagneten 354
9.3.3   Weichmagnetische Bauelemente 355
9.3.3.1 Kerne aus einzelnen Blechen 355
9.3.3.2 Bandkerne 356
9.3.3.3 Schnittbandkerne 356
9.3.3.4 Pulverkerne 356
9.3.3.5 Ferritkerne 356
9.4   Elektromagnete 357
9.4.1   Magnetfeld eines stromdurchflossenen Leiters 357
9.4.2   Magnetfeld in einer Spule 358
9.4.3   Eisen im Magnetkreis 359
9.4.4   Anwendungen von Elektromagneten 359
9.4.5   Kraftwirkung zweier Magnetpole 360
9.4.6   Kraftwirkung zwischen zwei stromführenden Leitern 361
9.4.7   Kraftwirkung auf einen stromdurchflossenen Leiter im Magnetfeld . 363
9.4.8   Kraftwirkung auf eine stromdurchflossene Spule im Magnetfeld . . . 365
9.5   Elektromagnetische Induktion 366
9.5.1   Lenzsches Gesetz 370
9.5.2   Selbstinduktion und Induktivität 371
9.5.3   Induktivität von Spulen 372
9.5.4   Schaltzeichen und Ersatzschaltbild einer Spule 373
9.5.5   Spule im Gleichstromkreis 374
9.5.5.1 Einschaltvorgang an einer Spule 374
9.5.5.2 Abschaltvorgang an einer Spule 375
9.5.5.2.1 Abschaltvorgang ohne Zusatzmaßnahmen 376
9.5.5.2.2 Abschaltvorgang mit Entlademöglichkeit über den ohmschen
         Widerstand des Stromkreises 376
9.5.5.2.3 Abschaltung mit Entlademöglichkeit über eine Freilaufdiode 376
9.6   Wirbelströme 376
9.6.1   Stromverdrängung – Skineffekt 377

10 Wechselstromtechnik 379
10.1   Begriffe 379
10.1.1   Warum ist die Wechselspannung sinusförmig? 379
10.1.2   Periode – Periodendauer 382
10.1.3   Frequenz – Polpaarzahl – Drehzahl 383
10.1.4   Winkelgeschwindigkeit oder Kreisfrequenz 385
10.1.5   Winkel – Bogenmaß – Zeit im Liniendiagramm 385
10.1.5.1 Angabe des Winkels α 385
10.1.5.2 Angabe des Bogenmaßes $\omega \cdot t$ 386
10.1.5.3 Angabe der Zeit bei vorgegebener Frequenz 386
10.1.6   Zeiger- und Liniendiagramm 387
10.1.7   Phasenverschiebung im Zeiger- und Liniendiagramm 387
10.1.8   Scheitelwert – Mittelwert – Effektivwert 390
10.1.9   Leistung im Wechselstromkreis 393
10.1.9.1 Leistung (Wirkleistung) 393
10.1.9.2 Blindleistung 394
10.1.9.3 Scheinleistung 395
10.1.9.4 Leistungsdreieck 395

10.2   Ohmscher Widerstand (Wirkwiderstand) im Wechselstromkreis 396
10.3   Induktiver Widerstand 398
        10.3.1   Phasenverschiebung und Berechnung des Blindwiderstandes 398
        10.3.2   Schaltungen mit induktiven Widerständen 401
        10.3.3   Reihenschaltung aus R und X_L (Spule) 401
        10.3.4   Parallelschaltung von R und X_L 409
        10.3.5   Verluste in Spulen bei Wechselstrom 414
        10.3.5.1 Verlustfaktor und Gütefaktor 415
10.4   Kapazitiver Widerstand 417
        10.4.1   Phasenverschiebung und Berechnung des Blindwiderstandes 417
        10.4.2   Reihenschaltung R und X_C 419
        10.4.3   Parallelschaltung aus R und X_C 424
        10.4.4   Verluste im Kondensator 426
        10.4.4.1 Verlustfaktor und Gütefaktor 427
10.5   Kombinierte Wechselstromschaltungen 429
        10.5.1   Schaltungen mit nur induktiven bzw. nur kapazitiven Widerständen . 429
        10.5.2   Reihenschaltung induktiv-ohmscher Verbraucher 432
        10.5.3   Reihenschaltung von mehreren R und C 437
        10.5.4   Parallelschaltung induktiv-ohmscher Verbraucher 438
        10.5.5   Parallelschaltung mehrerer kapazitiver und ohmscher Verbraucher . 444
        10.5.6   Schwingkreise 446
        10.5.6.1 Reihenschwingkreis 446
        10.5.6.2 Parallelschwingkreis 453
        10.5.6.3 Vergleich zwischen einem mechanischen Schwingkreis und
                  einem elektrischen Schwingkreis 458
        10.5.6.4 Widerstandsverlauf eines Schwingkreises in Abhängigkeit
                  von der Frequenz 462
        10.5.6.5 Bandbreite und Güte 463
        10.5.7   Blindleistungskompensation 466
10.6   Passive Vierpole 470
        10.6.1   Phasenschieber 471
        10.6.2   Filterschaltungen 474
        10.6.3   Siebglieder 480
        10.6.4   Frequenzkompensierter Spannungsteiler 481

11 Dreiphasenwechselstrom – Drehstrom 483
11.1   Phasenlage und Verkettung 483
        11.1.1   Generator in Sternschaltung (Y-Schaltung) 483
        11.1.2   Generator in Dreieckschaltung (△-Schaltung) 487
11.2   Drehstromverbraucherschaltungen (unsymmetrisch) 489
        11.2.1   Sternschaltung (unsymmetrisch) 489
        11.2.2   Dreieckschaltung (unsymmetrisch) 493
        11.2.3   Leistungen im Drehstromsystem bei unsymmetrischer Last 494
11.3   Symmetrische Drehstromverbraucherschaltungen 495
        11.3.1   Symmetrische Sternschaltung 495
        11.3.2   Symmetrische Dreieckschaltung 498
        11.3.3   Stern-Dreieck-Schaltung 500
        11.3.4   Störungen bei symmetrischen Schaltungen 504
        11.3.4.1 Störungen bei symmetrischen Sternschaltungen 504
        11.3.4.2 Störungen bei symmetrischen Dreieckschaltungen 507
        11.3.4.3 Zusammenfassung zu den Abschnitten 11.3.4.1 und 11.3.4.2 509
11.4   Blindleistungskompensation im Drehstromnetz 509
        11.4.1   Berechnungsverfahren 514
        11.4.2   Kompensationsarten 515

12 Grundlagen der Leitungsberechnung 517
   12.1   Kriterien der Leitungsberechnung 517
   12.2   Leitungsauswahl nach mechanischer Festigkeit 517
   12.3   Strombelastbarkeit von Leitungen 518
   12.4   Spannungsfall auf elektrischen Leitungen 519
         12.4.1   Bestimmungen über die Höhe des zulässigen Spannungsfalls 519
         12.4.2   Berechnung des Spannungsfalls auf Leitungen 520
         12.4.2.1 Spannungsfall bei Gleichstrom 520
         12.4.2.2 Spannungsfall bei Wechselstrom 521
         12.4.2.3 Spannungsfall bei Drehstrom 524
         12.4.3   Leitungen mit Abzweigen 526
         12.4.3.1 Leitungen mit Abzweigen bei Wechselstrom 527
         12.4.3.2 Leitungen mit Abzweigen bei Drehstrom 530
         12.4.4   Ringleitung 532
         12.4.5   Zusammenfassung der Formeln für die Leitungsberechnung
                    nach Spannungsfall 536
   12.5   Leistungsverlust auf elektrischen Leitungen 537

Verzeichnis der Tabellen 538

Stichwortverzeichnis 539

15

1 Allgemeines Rechnen

1.1 Rechnen mit Zahlen und Buchstaben

1.1.1 Begriffe, Zahlenarten

(Mathematische Zeichen siehe Tabelle 1.1)

Natürliche Zahlen   1;   2;   3;   4;   ...

Gebrochene Zahlen

     echte Brüche $\dfrac{1}{5}$; $\dfrac{1}{6}$; $\dfrac{5}{24}$;   ...

     unechte Brüche $\dfrac{4}{3}$; $\dfrac{7}{4}$; $\dfrac{12}{5}$;   ...

     unechte Brüche lassen sich
     in gemischte Zahlen verwandeln $\dfrac{4}{3} = 1\dfrac{1}{3}$: $\dfrac{7}{4} = 1\dfrac{3}{4}$; $\dfrac{12}{5} = 2\dfrac{2}{5}$

     Dezimalbrüche   0,6;   0,52;   0,389;   ...
     Dezimalbrüche als gemischte Zahlen   3,72;   5,67;   4,83

Allgemeine Zahlen a; b; l; k; x;   ...

Benannte Zahlen   5 km;   6 A;   7 V;   4 cm;   ...

1.1.2 Zahlen mit Vorzeichen

Vom Thermometer ist Bild 1.1 bekannt. In der Mathematik wird die gleiche Skala durch einen Zahlenstrahl dargestellt (Bild 1.2).

Bild 1.1   Thermometerskala

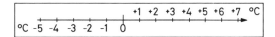

Bild 1.2   Zahlenstrahl

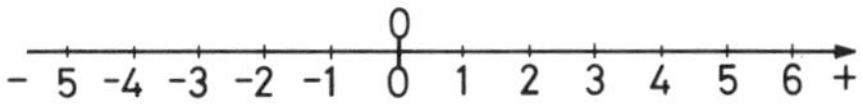

Dabei wird meistens bei den positiven Werten das Pluszeichen fortgelassen. Man unterscheidet also *positive Zahlen* und *negative Zahlen*.

Tabelle 1.1 Mathematische Zeichen

Zeichen	Bedeutung — Sprechweise	
1. Ordnungszeichen		
1.	erstens	
...	und so weiter	
$r_1, r_2 \ldots r_n$	r−eins; r−zwei; r−n	
2. Gleichheit; Ungleichheit		
=	gleich	
$\neq$	nicht gleich; ungleich	
$\sim$	verhältnisgleich; proportional	
$\approx$	angenähert gleich; etwa; rund	
$\triangleq$	entspricht	
<	kleiner als	
>	größer als	
$\ll$	klein gegen; erheblich kleiner als	
$\gg$	groß gegen; erheblich größer als	
3. Rechenvorgänge		
+	plus	
−	minus	
·	mal	
——	geteilt durch (gerader Bruchstrich)	
%	Prozent (geteilt durch hundert)	
‰	Promille (geteilt durch tausend)	
⟨[( )]⟩	spitze, eckige, runde Klammer	
$\sqrt{}$	Quadratwurzel aus; zweite Wurzel aus	
Σ	Summe	Werte, für die eines
Δ	Differenz	dieser Zeichen gilt,
Π	Produkt	sind in Klammern
∞	unendlich	zu setzen!
4. Geometrische Zeichen		
∥	parallel	
∦	nicht parallel	
⊥	senkrecht auf	
$\sphericalangle$	Winkel	
∟	rechter Winkel	
$\overline{AB}$	Strecke von A nach B	
$\overarc{AB}$	Bogen von A nach B	
arc α	Bogen zum Winkel α; arcus α	

1.1.3 Rechenstufen

1. Rechenstufe: Addieren (Zusammenzählen)

$$4 + 5; \quad x + y;$$

Subtrahieren (Abziehen)

$$6 - 2; \quad a - b;$$

2. Rechenstufe: Multiplizieren (Malnehmen)

$$5 \cdot 7; \quad a \cdot b$$

Dividieren (Teilen)

$$9 : 4; \quad c : b \quad \text{oder} \quad \frac{9}{4}; \quad \frac{c}{b}$$

3. Rechenstufe: Potenzieren
(gleiche Zahlen malnehmen)

$$4^2; \quad b^3$$

Radizieren (Wurzelziehen)

$$\sqrt[2]{9}; \quad \sqrt[3]{b}$$

Logarithmieren

$$^2\log 3; \quad ^{10}\log 3$$

(Nach DIN 1302 jetzt $\log_2 3$)

Diese Rechenstufen haben zueinander eine unterschiedliche Rangfolge. Enthält eine Aufgabe mehrere Stufen, so ist stets die Rechnung der höheren Rechenstufe vorrangig, d.h. zuerst auszuführen.

Verbreitet ist die Merkregel:
Potenzrechnung vor Punktrechnung
d.h. Potenzieren, Radizieren, Logarithmieren vor Multiplizieren (·) und Dividieren (:).
Punktrechnung vor Strichrechnung
d.h. Multiplizieren (·) und Dividieren (:) vor Addieren (+) und Subtrahieren (−).
 Soll dieser Grundsatz aufgehoben werden, setzt man eine Klammer. Zuerst wird dann der Wert in der Klammer berechnet. Ein Bruchstrich hat die gleiche Wirkung wie eine Klammer.

18

Beispiele zu den Rechenstufen:

$$3 \cdot 4 + 5 \qquad = \qquad\qquad \text{aber} \qquad 3 \cdot (4 + 5) \qquad =$$
$$12 + 5 \qquad = \underline{17} \qquad\qquad\qquad\qquad 3 \cdot 9 \qquad\qquad = \underline{27}$$

$$6 + 4 \cdot 7 \qquad\qquad\qquad\quad \text{aber} \qquad (6 + 4) \cdot 7 \qquad =$$
$$6 + 28 \qquad = \underline{34} \qquad\qquad\qquad\quad 10 \quad \cdot 7 \qquad = \underline{70}$$

$$6 \cdot 5^2 \qquad = \qquad\qquad\quad \text{aber} \qquad (6 \cdot 5)^2 \qquad\quad =$$
$$6 \cdot 25 \qquad = \underline{150} \qquad\qquad\qquad\quad 30^2 \qquad\qquad = \underline{900}$$

$$3^2 \cdot 4 \qquad = \qquad\qquad\quad \text{aber} \qquad (3 \cdot 4)^2 \qquad\quad =$$
$$9 \cdot 4 \qquad = \underline{36} \qquad\qquad\qquad\quad 12^2 \qquad\qquad = 144$$

$$6 + 4^2 \qquad = \qquad\qquad\quad \text{aber} \qquad (4 + 6)^2 \qquad\quad =$$
$$6 + 16 \qquad = \underline{22} \qquad\qquad\qquad\quad 10^2 \qquad\qquad = \underline{100}$$

$$\frac{4}{2} + 3 \qquad = \qquad\qquad\quad \text{aber} \qquad \frac{4 + 3}{2} \qquad\quad =$$

$$2 + 3 \qquad = \underline{5} \qquad\qquad\qquad\qquad \frac{7}{2} \qquad\quad = \underline{3{,}5}$$

$$\frac{120}{3} + \frac{120}{5} = \qquad\qquad \text{aber} \qquad \frac{120}{3 + 5} \qquad =$$

$$40 + 24 \quad = \underline{64} \qquad\qquad\qquad\qquad \frac{120}{8} \qquad = \underline{15}$$

Enthält eine Aufgabe alle 3 Rechenstufen, muß stets mit der höchsten Stufe (Potenzieren, Radizieren, Logarithmieren) begonnen werden.

$$6 + 3 \cdot 4^2 =$$
$$6 + 3 \cdot 16 =$$
$$6 + 48 \qquad = \underline{54}$$

Falls die Aufgabe in einer anderen Reihenfolge gelöst werden soll, sind Klammern zu setzen.

$$(6 + 3) \cdot 4^2 = \qquad\qquad \text{oder} \qquad 6 + (3 \cdot 4)^2 =$$
$$9 \cdot 4^2 \qquad = \qquad\qquad\qquad\qquad 6 + 12^2 \qquad =$$
$$9 \cdot 16 \qquad = \underline{144} \qquad\qquad\qquad 6 + 144 \qquad = \underline{150}$$

Die drei letzten Beispiele zeigen deutlich, wie unterschiedlich das Ergebnis ausfallen kann.

Zur Festigung der Kenntnisse befindet sich nach der Behandlung der Grundrechenarten, jedoch vor Abschnitt 1.7 «Gleichungen» der Abschnitt 1.6 «Anwendung aller Rechenstufen in Formeln der Elektrotechnik».

1.1.4 Mehrfachklammern

In einigen Fällen sollen die Wirkungen mehrerer Rechenstufen durch Klammern verändert werden. Dann müssen mehrere Klammern gesetzt werden.

$$5 + 3 \cdot 2 + 6 \cdot 2^2 =$$
$$5 + 6 + 6 \cdot 4 \qquad =$$
$$5 + 6 + 24 \qquad\quad = \underline{35}$$

aber: $\quad [(4 + 3) \cdot (2 + 6) \cdot 2]^2 =$ zunächst werden die inneren Klammern gelöst

$\quad [7 \cdot 8 \cdot 2]^2 =$ $\qquad$ jetzt wird die eckige Klammer zusamengefaßt.

$\quad 112^2 = \underline{12\ 544}$

Zusätzlich zur eckigen Klammer verwendet man auch die geschweifte Klammer:

$$\{[(4 + 2) \cdot 3 + 4] \cdot 3\}^2 =$$
$$\{[6 \cdot 3 + 4] \cdot 3\}^2 =$$
$$\{[18 + 4] \cdot 3\}^2 =$$
$$\{22 \cdot 3\}^2 =$$
$$66^2 = \underline{4356} \qquad \text{Es wird stets die innere Klemmer zuerst gelöst.}$$

1.2 Grundrechenarten

1.2.1 Addieren (Zusammenzählen) und Subtrahieren (Abziehen)

Summand + Summand = Summe

Minuend − Subtrahend = Differenz

Die Reihenfolge der Summanden bei der Addition ist gleichgültig.

$\qquad 2 + 4 + 6 = 12 \qquad\qquad \text{oder} \qquad 6 + 2 + 4 = 12$

Es dürfen nur *gleichartige Mengen* zusammengefaßt werden.

$\qquad$
$$2\,\text{V} \quad + 3\,\text{V} \quad = 5\,\text{V}$$
$$7\,\text{A} \quad + 5\,\text{A} \quad = 12\,\text{A}$$
$$6\,\text{km} \quad - 2\,\text{km} \quad = 4\,\text{km}$$

~~3 V + 7 A =~~
~~nicht möglich~~!

Sind natürliche und allgemeine Zahlen enthalten, gilt entsprechend

$$5a + 3a = 8a$$
$$7b - 4b = 3b$$
$$6b + 3a + 2b + 4a = \qquad\qquad |\text{ordnen}$$
$$3a + 4a + 6b + 2b = \underline{7a + 8b} \qquad |\text{zusammenfassen}$$

Das ist das Ergebnis. Weiter läßt sich die letzte Aufgabe nicht vereinfachen.

Die folgenden Aufgaben enthalten negative Zahlen.

$$+20 - 50 = -30$$
$$-30 + 40 = +10$$
$$-10 - 20 = -30$$

Die positiven Vorzeichen können fortgelassen werden.

$$50 - 40 = 10$$
$$50 + (-30) = \qquad\qquad \text{z.B. 50 DM Guthaben} + 30\ \text{DM Schulden}$$
$$50 - 30 = \underline{20} \qquad\qquad = 20\ \text{DM Guthaben}$$

aber: $\quad -50 - (-30) = \qquad\qquad$ z.B. 50 DM Schulden − 30 DM Schulden

$\qquad -50 + 30 \quad = \underline{-20} \qquad\qquad = 20\ \text{DM Schulden}$

Wird eine «Plusklammer» aufgelöst, entfällt die Klammer und ihr Vorzeichen.

$$6 + (-7) = 6 - 7 = \underline{-1}$$

Wird eine «Minusklammer» aufgelöst, erhalten ihre Glieder entgegengesetzte Rechenzeichen.

$$6 - (-7) = 6 + 7 = \underline{13}$$

20

1.2.2 Multiplizieren (Malnehmen)

Faktor · Faktor = *Produkt*

Die Reihenfolge der Faktoren ist gleichgültig.

$$4 \cdot 5 = 20 \quad \text{oder} \quad 5 \cdot 4 = 20; \quad 2 \cdot 7 \cdot 3 = 42 \quad \text{oder} \quad 3 \cdot 2 \cdot 7 = 42$$
$$a \cdot b = b \cdot a$$

Zwischen einer natürlichen und allgemeinen Zahl und zwischen allgemeinen Zahlen kann man das Malzeichen fortlassen, da eine Verwechslung nicht möglich ist,

$$3 \cdot a = 3a \qquad\qquad\qquad 4 \cdot b \cdot c = 4bc$$

ebenfalls vor einer Klammer,

$$3 \cdot (4 + 2) = 3 (4 + 2) \qquad\qquad 2 \cdot a \cdot (2 + 6) = 2a (2 + 6)$$

jedoch *nicht* zwischen natürlichen Zahlen.

$$2 \cdot 3 \neq 2 \, 3$$
$$6 \neq 20 + 3 \qquad\qquad\qquad \neq \text{ bedeutet «ungleich»}$$

Vorzeichen beim Multiplizieren

+ mal + wird +
− mal − wird +
+ mal − wird −
− mal + wird −

bei zwei *gleichen Vorzeichen*
stets ein positives Ergebnis

bei zwei *verschiedenen Vorzeichen*
stets ein negatives Ergebnis

$$(+5) \cdot (+7) = +35 \qquad \text{oder} \qquad 5 \cdot 7 \quad\quad = 35$$
$$(-7) \cdot (-8) = +56 \qquad\qquad\qquad (-7) \cdot (-8) = 56$$
$$(+9) \cdot (-3) = -27 \qquad\qquad\qquad 9 \cdot (-3) \quad = -27$$
$$(-8) \cdot (+2) = -16 \qquad\qquad\qquad (-8) \cdot 2 \quad\; = -16$$

Enthält eine Aufgabe mehr als 2 Faktoren, so gilt folgende Regel:

Ist die Anzahl der Minuszeichen gerade, so wird das Ergebnis positiv.

$$4 \cdot (-3) \cdot (-2) \cdot (-2) \cdot (-4) =$$
$$4 \cdot (+6) \qquad\quad \cdot (+8) \qquad = \underline{+192} \text{ (4 Minuszeichen)}$$

Ist die Anzahl der Minuszeichen ungerade, so wird das Ergebnis negativ.

$$4 \cdot (-3) \cdot (+2) \cdot (-2) \cdot (-4) =$$
$$4 \cdot (-6) \qquad\quad \cdot (+8) \qquad = \underline{-192} \text{ (3 Minuszeichen)}$$

Weitere Beispiele:

$$4a \cdot 5b \quad = \qquad\qquad\qquad (-6c) \cdot 3b =$$
$$4 \cdot a \cdot 5 \cdot b = \qquad\qquad\qquad (-6) \cdot c \cdot 3 \cdot b =$$
$$4 \cdot 5 \cdot a \cdot b = \underline{20ab} \qquad\qquad (-6) \cdot 3 \cdot c \cdot b = \underline{-18bc}$$

Die Buchstaben werden gewöhnlich in alphabetischer Reihenfolge geschrieben.

$$(-26uc) \cdot (-2ba) \qquad\qquad =$$
$$(-26) \qquad \cdot u \cdot c \cdot (-2) \cdot b \cdot a =$$
$$(-26) \qquad \cdot (-2) \cdot u \cdot c \cdot b \cdot a = \underline{52abcu}$$

1.2.3 Dividieren (Teilen)

$$\text{Dividend} : \text{Divisor} = \text{Quotient} \qquad \text{oder} \qquad \frac{\text{Dividend}}{\text{Divisor}} = \text{Quotient}$$

Man sollte statt der Doppelpunkte nach Möglichkeit den Bruchstrich verwenden.
Die rationelle Herstellung von Schreibmaschinen- und Drucktexten hat in der Praxis zu der Schreibweise mit Schrägstrich geführt (z.B. 1/4, m/s^2 usw.). Bei technischen Berechnungen entstehen mit dieser Schreibweise jedoch leichter Fehler, da die Werte im Zähler und Nenner eines umfangreichen Bruches nicht mehr übersichtlich erkennbar sind.
Beim Dividieren gelten die gleichen Vorzeichenregeln wie beim Multiplizieren.

$\dfrac{+}{\text{durch}}$ $+$	wird $+$		$\dfrac{+\,5}{+\,2} = +\,2{,}5$	
$\dfrac{-}{\text{durch}}$ $-$	wird $+$		$\dfrac{-\,6}{-\,3} = +\,2$	
$\dfrac{+}{\text{durch}}$ $-$	wird $-$		$\dfrac{+\,8}{-\,2} = -\,4$	
$\dfrac{-}{\text{durch}}$ $+$	wird $-$		$\dfrac{-\,9}{+\,3} = -\,3$	

Durch Multiplikation des Quotienten mit dem Divisor erhält man wieder den Dividenden. Die Aussage wird häufig als sogenannte «Probe» angewendet.

$$\frac{10}{5} = 2 \qquad \text{denn} \qquad 5 \cdot 2 = 10$$

Die Division mit dem Divisor «Null» ergibt ein unbestimmtes Ergebnis (Quotient), denn die sogenannte Probe ergibt nicht mehr den Dividenden.

$$\frac{6}{0} \to \infty \qquad \text{aber} \qquad \infty \cdot 0 = \text{unbestimmt,}$$

denn eine Zahl mit «Null» multipliziert, müßte «Null» bleiben.

1.2.4 Bruchrechnen

Ein Bruch ist das Verhältnis $\dfrac{\text{Dividend}}{\text{Divisor}}$, hier werden jedoch die Bezeichnungen $\dfrac{\text{Zähler}}{\text{Nenner}}$ verwendet.

Ein Bruch kann erweitert und gekürzt werden:

erweitern = Zähler und Nenner mit der gleichen Zahl multiplizieren.
kürzen = Zähler und Nenner durch die gleiche Zahl dividieren.

erweitern: $\dfrac{6}{5} = \dfrac{6 \cdot 3}{5 \cdot 3} = \dfrac{18}{15}$

$\dfrac{b}{a} = \dfrac{b \cdot c}{a \cdot c} = \dfrac{bc}{ac}$

kürzen: $\dfrac{24}{36} = \dfrac{24 : 12}{36 : 12} = \dfrac{2}{3}$

$\dfrac{ts}{vs} = \dfrac{ts : s}{vs : s} =$

1.2.4.1 Addieren und Subtrahieren von Brüchen

Brüche mit *gleichem Nenner* werden addiert, indem die Zähler addiert werden.

$\dfrac{4}{9} + \dfrac{3}{9} = \dfrac{7}{9}$

$\dfrac{4}{a} + \dfrac{3}{a} = \dfrac{7}{a}$

$\dfrac{5}{26} + \dfrac{24}{26} = \dfrac{29}{26} = 1\dfrac{3}{26}$

$\dfrac{6}{a} + \dfrac{2b}{a} = \dfrac{6 + 2b}{a}$

Bei *ungleichen Nennern* muß durch Erweitern oder Kürzen ein Hauptnenner gebildet werden. Im einfachsten Fall ist er das Produkt aus den beiden Teilnennern. Dieser «einfachste Fall» führt jedoch häufig zu unnötig großen Hauptnennern.

$\dfrac{5}{8} + \dfrac{4}{3} =$

$\dfrac{5 \cdot 3}{8 \cdot 3} + \dfrac{8 \cdot 4}{8 \cdot 3} =$

$\dfrac{15}{24} + \dfrac{32}{24} = \dfrac{47}{24}$

$\dfrac{4}{x} + \dfrac{3}{y} =$

$\dfrac{4 \cdot y}{x \cdot y} + \dfrac{x \cdot 3}{x \cdot y} =$

$\dfrac{4y + 3x}{x \cdot y}$

$\dfrac{4}{9} + 2 =$ setze für 2 jetzt $\dfrac{2}{1}$ ein

$\dfrac{4}{9} + \dfrac{2}{1} =$ Hauptnenner $9 \cdot 1 = 9$

$\dfrac{4}{9} + \dfrac{2 \cdot 9}{1 \cdot 9} =$

$\dfrac{4}{9} + \dfrac{18}{9} = \dfrac{22}{9} = 2\dfrac{4}{9}$

$\dfrac{a}{b} + c =$

$\dfrac{a}{b} + \dfrac{c}{1} =$

$\dfrac{a}{b} + \dfrac{b \cdot c}{b} =$

$\dfrac{a + bc}{b}$

Beim Subtrahieren gelten die gleichen Regeln wie beim Addieren.

$\dfrac{4}{7} - \dfrac{3}{7} = \dfrac{4 - 3}{7} = \dfrac{1}{7}$

Bei gleichen Nennern können sofort die Zähler voneinander subtrahiert werden.

$\dfrac{7}{9} - \dfrac{2}{5} =$

Hauptnenner bilden (HN: $5 \cdot 9 = 45$), dann entsprechend erweitern.

$\dfrac{7 \cdot 5}{9 \cdot 5} - \dfrac{2 \cdot 9}{5 \cdot 9} = \dfrac{35}{45} - \dfrac{18}{45} = \dfrac{17}{45}$

$$\frac{cd}{a} - \frac{2f}{b} - \frac{5c}{2} = \qquad \text{(HN: } 2ab\text{)}$$

$$\frac{2cdb}{2ab} - \frac{2a2f}{2ab} - \frac{5cab}{2ab} =$$

$$\frac{2bcd}{2ab} - \frac{4af}{2ab} - \frac{5abc}{2ab} = \frac{2bcd - 4af - 5abc}{2ab}$$

1.2.4.2 Multiplizieren von Brüchen

Brüche werden multipliziert, indem man Zähler mit Zähler und Nenner mit Nenner multipliziert.

$$\frac{4}{6} \cdot \frac{5}{9} = \frac{4 \cdot 5}{6 \cdot 9} = \frac{20}{54} = \frac{10}{27}$$

Eine ganze Zahl denkt man sich als Bruch mit dem Nenner 1 $\left(\text{z.B. } 6 = \frac{6}{1}\right)$

$$\frac{3}{9} \cdot 5 = \frac{3}{9} \cdot \frac{5}{1} = \frac{3 \cdot 5}{9 \cdot 1} = \frac{15}{9} = \frac{5}{3} = 1\frac{2}{3}$$

Brüche werden mit einer ganzen Zahl multipliziert, indem man nur den Zähler mit dieser Zahl multipliziert.

$$\frac{3}{4} \cdot 7 = \frac{3 \cdot 7}{4}$$

Weitere Beispiele:

$$\frac{4}{9} \cdot \frac{6}{7} \cdot \frac{8}{5} \cdot \frac{2}{4} = \frac{4 \cdot 6 \cdot 8 \cdot 2}{9 \cdot 7 \cdot 5 \cdot 4} = \frac{96}{315}$$

$$\frac{5a}{b} \cdot \frac{7b}{9} \cdot 2d = \frac{5a \cdot 7b \cdot 2d}{9 \cdot b} = \frac{70ad}{9}$$

1.2.4.3 Dividieren von Brüchen

Ein Bruch wird durch einen zweiten Bruch dividiert, indem man den ersten Bruch (Dividend) mit dem Kehrwert des zweiten Bruches (Divisor) multipliziert.

$$\frac{2}{8} : \frac{3}{7} = \frac{2}{8} \cdot \frac{7}{3} = \frac{14}{24} = \frac{7}{12} \quad \text{oder} \quad \frac{\frac{2}{8}}{\frac{3}{7}} = \frac{2}{8} \cdot \frac{7}{3} = \frac{14}{24} = \frac{7}{12}$$

Eine ganze Zahl denkt man sich als Bruch mit dem Nenner 1. Es gilt auch:
Brüche werden durch eine ganze Zahl dividiert, indem man den Nenner des Bruches mit dieser Zahl multipliziert.

$$\frac{2}{8} : 9 = \frac{2}{8} : \frac{9}{1} = \frac{2}{8} \cdot \frac{1}{9} = \frac{2}{8 \cdot 9} = \frac{2}{72} = \frac{1}{36}$$

Gemischte Zahlen werden beim Dividieren und Multiplizieren in unechte Brüche verwandelt.

$$\frac{5}{9} : 2\frac{1}{4} = \frac{5}{9} : \frac{9}{4} = \frac{5 \cdot 4}{9 \cdot 9} = \frac{20}{81}$$

$$1\frac{2}{5} \cdot 2\frac{2}{9} = \frac{7}{5} \cdot \frac{20}{9} = \frac{7 \cdot 20}{5 \cdot 9} = \frac{140}{45} = \frac{28}{9} = 3\frac{1}{9}$$

1.2.5   Dezimalbrüche und gemeine Brüche

Soll ein Dezimalbruch in einen gemeinen Bruch verwandelt werden, so ist der Dezimalbruch durch die entsprechende Zehnerzahl zu dividieren.

$$0,6 = \frac{6}{10} = \frac{3}{5} \qquad\qquad 0,45 = \frac{45}{100} = \frac{9}{20}$$

Ein gemeiner Bruch wird in einen Dezimalbruch durch Division des Zählers durch den Nenner verwandelt.

$$\frac{2}{5} = 2 : 5 = 0,4 \qquad\qquad \frac{4}{7} = 4 : 7 = 0,5714\ldots$$

1.2.6   Auf- und Abrunden von Ergebnissen

Im Zuge der Anwendung des Elektronenrechners erscheint das Ergebnis häufig bis zu 8 Ziffern genau (Ziffernumfang der Rechneranzeige). In der technischen Praxis wird die sinnvolle Genauigkeit der Rechenoperation durch die Exaktheit der vorgegebenen Zahlen (z.B. Messung von Strom und Spannung) oder die Möglichkeit der Beschaffung von Bauteilen (z.B. Widerstände) bestimmt.

Außerdem sollten in Zeichnungen die Maße nie genauer angegeben, als bei der Fertigung erwünscht werden, weil sonst unnötig hohe Fertigungskosten entstehen.

Somit sollte das Endergebnis einer Aufgabe möglichst nur auf maximal 3 Ziffern genau angegeben werden. Aus diesem Grunde wird die 4. Ziffer auf- oder abgerundet. Dazu gilt:
Ist die 4. Ziffer eine 1; 2; 3 oder 4, so kann sie fortfallen.
Ist die 4. Ziffer eine 5; 6; 7; 8 oder 9, so erhöht sich die 3. Ziffer um einen Wert.

abrunden:			aufrunden:		
0,5714	$\approx$	0,571	0,04276	$\approx$	0,0428
47,63	$\approx$	47,6	126,8	$\approx$	127
127,249	$\approx$	127	2837,5	$\approx$	2840
2663	$\approx$	2660	3,997	$\approx$	4,00

Bei der Eingabe in den Rechner der Kreiszahl π, den Winkelfunktionen sin, cos, tan, einer Wurzel usw. sollten stets die entsprechenden Funktionstasten verwendet werden. Damit entfallen langwierige Zahlenkombinationen bei gleichzeitiger Exaktheit.

richtig: Betätigen der Taste „π"
unsinnig: Eingabe der Zahl 3,141 592 6

Beispiel: Der Durchmesser einer Welle wurde mit 25,9 mm mittels Meßschieber ermittelt. Wie groß ist der Umfang der Welle?
Umfang $U = d \cdot \pi = 25{,}9$ mm $\cdot \pi = 81{,}367\,248$ mm (Anzeige des Rechners)
Da der Wellendurchmesser nur mit einer Genauigkeit von 3 Ziffern ermittelt werden konnte, ist das Ergebnis entsprechend zu runden.

$$U = 81{,}367\,248 \text{ mm} = \underline{81{,}4 \text{ mm}}$$

1.3   Dreisatzrechnung — Prozentrechnung

1.3.1   Dreisatzrechnung (Schlußrechnung)

Sollen zwei voneinander abhängige Größen umgerechnet werden, kann das in drei Sätzen geschehen. Dabei unterscheidet man Aufgaben, in denen die Größen proportional zueinander stehen, und Aufgaben mit umgekehrter Proportionalität.

1.3.1.1   Proportionaler Dreisatz

4 Schalter kosten 12 DM. Wieviel kosten 10 Schalter?

Frage:	10 Schalter kosten ?	DM
1. Satz (Es ist bekannt):	4 Schalter kosten	12 DM
2. Satz (Beginn d. Rechnung):	1 Schalter kostet $\dfrac{12}{4}$	DM
3. Satz (Ergebnis):	10 Schalter kosten $\dfrac{12 \cdot 10}{4}$ DM	= 30 DM

Um ein unnötiges Schreiben zu vermeiden und trotzdem die Aufgabe übersichtlich zu gestalten, sei folgende Schreibweise empfohlen:

10 Schalter	→	? DM
4 Schalter	→	12 DM
1 Schalter	→	$\dfrac{12}{4}$ DM
10 Schalter	→	$\dfrac{12 \cdot 10}{4}$ DM = 30 DM

In diesem Beispiel wachsen Preis und Stückzahl im gleichen Verhältnis (proportional).

26

1.3.1.2 Umgekehrt proportionaler Dreisatz

Beispiel 1: 15 Gesellen benötigen für eine Arbeit 4 Tage. Wie lange müssen an der gleichen Aufgabe 3 Gesellen tätig sein?

Frage:	3 Gesellen benötigen	? Tage

1. Satz (Es ist bekannt):   15 Gesellen benötigen   4 Tage
2. Satz (Beginn der Rechnung): 1 Geselle benötigt 4 · 15 Tage

3. Satz (Ergebnis):   3 Gesellen benötigen $\dfrac{4 \cdot 15}{3}$ = <u>20 Tage</u>

Hier hat das Sinken der Gesellenzahl ein Ansteigen der Tage zur Folge. Daher spricht man von umgekehrter Proportionalität.

Beispiel 2: Ein Autofahrer benötigt für eine bestimmte Strecke 6 Stunden bei einer Durchschnittsgeschwindigkeit von 80 km/h. Wie schnell muß er fahren, damit er in 4 Stunden am Ziel anlangt?

Frage: 4 Stunden erfordern   ? km/h

Bekannt: 6 Stunden erfordern   80 km/h
          1 Stunde erfordert 6 · 80 km/h

Ergebnis: 4 Stunden erfordern $\dfrac{6 \cdot 80 \text{ km}}{4 \text{ h}}$ = <u>120 km/h</u>

> Man setze die zu berechnende Größe stets an das Ende des Fragesatzes!

Um den Aufbau eines Dreisatzes zu erleichtern, sollte man stets den Fragesatz an den Anfang einer Aufgabe stellen.

richtig: 4 Stunden erfordern ? km/h
falsch: ? km/h sind bei 4 Stunden erforderlich?

1.3.1.3 Doppelter Dreisatz

Beispiel 1: 4 Gesellen verlegen in 5 Tagen 600 m Leitungen.
Wieviel Meter werden von 2 Gesellen in 3 Tagen verlegt?

Frage: 2 Gesellen → 3 Tagen → ?

1. Dreisatz

Bekannt: 4 Gesellen → 5 Tagen → 600   m

1 Geselle → 5 Tagen → $\dfrac{600}{4}$ m

2 Gesellen → 5 Tagen → $\dfrac{600 \cdot 2}{4}$ m

2. Dreisatz

2 Gesellen → 1 Tag   → $\dfrac{600 \cdot 2}{4 \cdot 5}$ m

2 Gesellen → 3 Tagen → $\dfrac{600 \cdot 2 \cdot 3}{4 \cdot 5}$ m

Ergebnis: = 180 m

27

In dem 1. Beispiel handelt es sich zweimal um einen proportionalen Dreisatz. Das folgende Beispiel 2 ist eine gemischte Aufgabe.

Beispiel 2:   6 Automaten fertigen in 10 Stunden 9000 Wicklungen. Wie viele Stunden benötigen 4 Automaten für 4500 Wicklungen?

	Frage:	4 Automaten → 4500 Wickl. →	?	Stunden
1. umgekehrt proportionaler Dreisatz	Bekannt:	6 Automaten → 9000 Wickl. →	10	Stunden
		1 Automat → 9000 Wickl. →	$10 \cdot 6$	Stunden
		4 Automaten → 9000 Wickl. →	$\dfrac{10 \cdot 6}{4}$	Stunden
2. proportionaler Dreisatz		4 Automaten → 1 Wickl. →	$\dfrac{10 \cdot 6}{4 \cdot 9000}$	Stunden
		4 Automaten → 4500 Wickl. →	$\dfrac{10 \cdot 6 \cdot 4500}{4 \cdot 9000}$	Stunden
	Ergebnis:		$= \underline{7{,}5 \text{ Stunden}}$	

1.3.2   Prozentrechnung

Einen Anwendungsfall für die Dreisatzrechnung bietet die Prozentrechnung.
Prozent heißt: «Für oder von hundert.»

$$1 \text{ Prozent } = 1\% = 1 \text{ Teil von hundert} = \frac{1}{100}$$

$$37 \text{ Prozent } = 37\% = 37 \text{ Teile von hundert} = \frac{37}{100}$$

In der Prozentrechnung kennt man folgende drei Größen:

Prozentsatz		**Grundwert**		**Prozentwert**
30%	von	200 DM	sind	60 DM

Der *Grundwert* gibt das Ganze an, von dem ein Teil berechnet werden soll. Er ist immer 100%
$\left(\dfrac{100}{100} \right)$ des Ganzen.

Der *Prozentsatz* gibt an, welcher Bruchteil genommen werden soll.
Der *Prozentwert* gibt an, welchen Wert der Bruchteil hat.

Zwischen diesen 3 Größen besteht folgender Zusammenhang:

$$\text{Prozentwert} = \frac{\text{Grundwert} \cdot \text{Prozentsatz}}{100}$$

28

Diese Formel sollte man sich jedoch nur dann einprägen, wenn sie häufig angewendet werden muß. Einfacher, wenn auch mit etwas mehr Schreibarbeit verbunden, ist die Berechnung mit Hilfe der Dreisatzrechnung.

Beispiel 1 (gesucht wird der Prozentwert):
Ein Kühlschrank kostet 320 DM und wird um 30% billiger verkauft. Wie groß ist der Preisnachlaß in DM?

Frage:	30% von 320 DM $\hat{=}$?	DM
Bekannt: 100% $\hat{=}$		320 DM
1% $\hat{=}$		3,20 DM
30% $\hat{=}$ 3,20 DM · 30	=	96 DM

Ergebnis: Der Preisnachlaß beträgt 96 DM.

Beispiel 2 (gesucht wird der Prozentsatz):
Der Spannungsfall auf der Leitung beträgt 12 Volt bei einer Nennspannung von 200 Volt. Wieviel Prozent Verlust treten auf?

$$\frac{12 \text{ Volt sind } ?\% \text{ von } 200 \text{ V}}{200 \text{ V} \hat{=} 100\%}$$

$$1 \text{ V} \hat{=} \frac{100}{200}\%$$

$$12 \text{ V} \hat{=} \frac{100 \cdot 12}{200}\% = \underline{6\%}$$

Beispiel 3 (gesucht wird der Grundwert):
Durch eine Lohnerhöhung von 8% stieg der Stundenlohn um 0,48 DM. Wieviel verdiente der Geselle vor der Erhöhung?

$$\frac{100\% \text{ des Lohnes } \hat{=} \text{ ? DM}}{8\% \text{ des Lohnes } \hat{=} 0,48 \text{ DM}}$$

$$1\% \text{ des Lohnes } \hat{=} \frac{0,48}{8} \text{ DM} = 0,06 \text{ DM}$$

$$100\% \text{ des Lohnes } \hat{=} 0,06 \text{ DM} \cdot 100 = \underline{6 \text{ DM}}$$

Die 3 Beispiele zeigen, wie leicht Prozentaufgaben mit Hilfe der Dreisatzrechnung lösbar sind. Am Anfang jeder Aufgabe sollte folgende Überlegung stehen:

Welche Größe entspricht 100%?

Soll die Schreibarbeit auf ein Minimum eingeschränkt werden, empfiehlt sich nachfolgende Form:

29

Beispiel 4: Wieviel DM sind 85% von 300 DM?

$$100\% \triangleq 300 \text{ DM}$$

$$1\% \triangleq \frac{300}{100} \text{ DM}$$

$$85\% \triangleq \frac{300 \cdot 85}{100} \text{ DM} = \underline{255 \text{ DM}}$$

Die eingerahmte Gleichung entspricht der am Anfang dieses Abschnitts rot eingerahmten Formel.

1.4 Rechnen mit Klammern

1.4.1 Klammern ausmultiplizieren (Klammern auflösen)

Soll die Fläche der Figur in Bild 1.3 berechnet werden, kann man folgende Formeln schreiben:

I. $\quad A = g \cdot (a + b)$

II. $\quad A = g \cdot a + g \cdot b$

Also gilt: $\boxed{g \cdot (a + b) = g \cdot a + g \cdot b}$

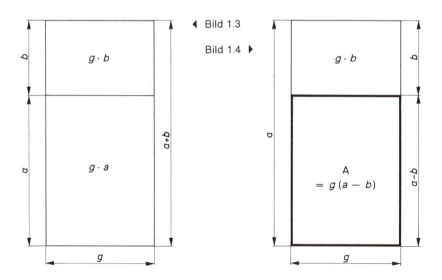

◀ Bild 1.3

Bild 1.4 ▶

30

Entsprechendes gilt für die Berechnung des dick gezeichneten Rechtecks in Bild 1.4.

I. $\quad A = g \cdot (a - b)$

II. $\quad A = g \cdot a - g \cdot b$

Also gilt: $\boxed{g \cdot (a - b) = g \cdot a - g \cdot b}$

> Man multipliziert eine Klammer mit einer Zahl, indem jedes Glied der Klammer unter Beachtung der Vorzeichen mit der Zahl multipliziert wird.

Beispiele:

$$5 \cdot (6 + 4) \quad = 5 \cdot 6 + 5 \cdot 4 \qquad I \cdot (R_a + R_i) = I \cdot R_a + I \cdot R_i$$

denn:
$$5 \cdot 10 \;= 30 \;\; + 20$$
$$50 \;= 50$$

$$R_k (1 + \alpha \, \Delta \vartheta) = R_k \cdot 1 + R_k \, \alpha \, \Delta \vartheta$$
$$= R_k \quad + R_k \, \alpha \, \Delta \vartheta$$

In der letzten Gleichung gilt $\alpha \, \Delta \vartheta$ als ein Glied, da sie durch Punktrechnung miteinander verbunden sind.

$$3 (4 + b - 3c) = 3 \cdot 4 + 3b - 3 \cdot 3c$$
$$= \; 12 \;\; + 3b - 9c$$

> Zwei Klammern werden miteinander multipliziert, indem jedes Glied der 1. Klammer mit jedem Glied der 2. Klammer unter Beachtung der Vorzeichen multipliziert wird (Bild 1.5).

Bild 1.5

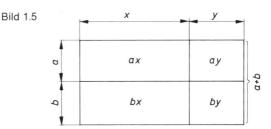

Beispiele:

$$(a + b) \cdot (x + y) = a\,x + a\,y + b\,x + b\,y$$
$$(4 + 9) \cdot (3 + 2) = 4 \cdot 3 + 4 \cdot 2 + 9 \cdot 3 + 9 \cdot 2$$
$$13 \;\; \cdot \;\; 5 \quad\;\; = 12 \;+ \; 8 \;+ \; 27 \; + 18$$
$$65 \;= 65$$
$$(5x - 6)(3 - a) = 5x \cdot 3 - 5x \cdot a - 6 \cdot 3 + 6 \cdot a$$
$$= \; 15x \;-\; 5ax \;-\; 18 \;+\; 6a$$

In vielen Anwendungsfällen erscheint folgender Ausdruck:

$$\frac{x + 4}{9} \cdot 7 = \left|\right.$$ Nach den Regeln der Bruchrechnung wird nur der Zähler $(x + 4)$ mit 7 multipliziert. Dann ergibt sich:

$$\frac{x + 4}{9} \cdot 7 = \frac{(x + 4) \cdot 7}{9} = \frac{x \cdot 7 + 4 \cdot 7}{9} = \frac{7x + 28}{9}$$

Ein Bruchstrich hat die gleiche Wirkung wie eine Klammer. Es muß jeder Summand des Zählers mit dem Faktor multipliziert werden.

$$\frac{6 + 8}{2} \cdot 3 = \frac{(6 + 8) \cdot 3}{2} = \frac{18 + 24}{2} = \frac{42}{2} = \underline{\underline{21}}$$

oder: $\quad \dfrac{14}{2} \cdot 3 = 7 \cdot 3 = \underline{\underline{21}}$

1.4.2 Ausklammern (Klammer setzen)

Im Abschnitt 1.4.1 wurde die Richtigkeit der Gleichung $g\,(a + b) = ga + gb$ durch Bild 1.3 nachgewiesen. Die Umkehrung dieser Gleichung ergibt

$$g \cdot a + g \cdot b = g \cdot (a + b)$$

Gemeinsame Faktoren einer Summe lassen sich ausklammern

Beispiele:

$$2a + 2b =$$

Man findet den Wert der Klammer, indem jedes Glied durch den Faktor vor der Klammer dividiert wird.

$$2 \cdot \left(\frac{2a}{2} + \frac{2b}{2}\right) = 2\,(a + b)$$

$$12b + 15a =$$
$$3 \cdot 4b + 3 \cdot 5a =$$

12 wird in $3 \cdot 4$ und 15 in $3 \cdot 5$ zerlegt, so daß 3 als gemeinsamer Faktor ausgeklammert werden kann.

$$3 \cdot \left(\frac{3 \cdot 4b}{3} + \frac{3 \cdot 5a}{3}\right) = 3\,(4b + 5a)$$

$$R_k + R_k \cdot \alpha \cdot \Delta\vartheta =$$

$$R_k \cdot \left(\frac{R_k}{R_k} + \frac{R_k \cdot \alpha \cdot \Delta\vartheta}{R_k}\right) = R_k\,(1 + \alpha\,\Delta\vartheta)$$

$$I \cdot R_a + I \cdot R_i = I\,(R_a + R_i)$$

Wird diese Gleichung weiter berechnet, so ergibt sich:

$$U_a + U_i = I \cdot R_{ges}$$
$$U_a + U_i = U_0$$

Bild 1.6 zeigt die Schaltung mit den entsprechenden Größen dieses Beispiels.

Bild 1.6 Geschlossener Stromkreis mit Spannungsquelle (U_0), Innenwiderstand (R_i) und Außenwiderstand (R_a)

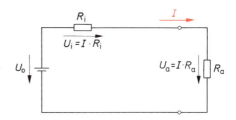

1.5 Potenzen — Wurzeln

1.5.1 Potenzen

Ein Produkt aus gleichen Faktoren kann als Potenz geschrieben werden.

$$3 \cdot 3 \cdot 3 \cdot 3 = 3^4 \text{ (sprich: «drei hoch vier»)}$$
$$a \cdot a \cdot a \cdot a \cdot a = a^5 \text{ (sprich: «a hoch fünf»)}$$
$$0 \cdot 0 \cdot 0 \cdot 0 = 0^4 = 0$$

> Eine Potenz mit der Basis 0 bleibt 0

Die nachfolgenden Sonderfälle gelten nur, wenn die Basis immer von 0 abweicht.
Eine Potenz wird durch die Basis (Grundzahl) und den Exponenten (Hochzahl) angegeben.

Basis   Exponent

$$4 \cdot 4 \cdot 4 = 4^3 = 64$$

Potenz   Potenzwert

Enthält eine Potenz 2 als Exponenten, so wird z.B. für a^2 statt «a hoch zwei» häufig auch «a-Quadrat» gesagt.
Der Potenzwert einer Potenz kann durch Zerlegung in die einzelnen Faktoren ermittelt werden.

$$5^3 = 5 \cdot 5 \cdot 5 = 25 \cdot 5 = 125$$

Ist die Potenz ein Teil der Aufgabe, so muß sie stets zuerst berechnet werden, da Potenzrechnung die höchste Rechenstufe darstellt (siehe Abschnitt 1.1.3).

$$5^2 + 4^3 \cdot 2 = 25 + 64 \cdot 2 = 25 + 128 = 153$$
$$2 \cdot 3^3 = 2 \cdot 27 = 54$$
$$2\,a^4 = 2 \cdot a^4$$

1.5.1.1 Sonderfälle der Potenzrechnung

$$4^2 \cdot 4^3 = 4 \cdot 4 \quad \cdot \quad 4 \cdot 4 \cdot 4 = 4^{2+3} = 4^5 \qquad \boxed{a^m \cdot a^n = a^{m+n}}$$

33

Man multipliziert Potenzen mit *gleicher Basis,* indem man die Exponenten addiert und die Basis beibehält.

$$\frac{8^5}{8^3} = \frac{8 \cdot 8 \cdot 8 \cdot 8 \cdot 8}{8 \cdot 8 \cdot 8} = 8^{5-3} = 8^2 \qquad \boxed{\frac{a^m}{a^n} = a^{m-n}}$$

Man dividiert Potenzen mit *gleicher Basis,* indem man die Exponenten subtrahiert und die Basis beibehält.

Beispiele: $10^2 \cdot 10^3 \cdot 10^6 = 10^{2+3+6} = 10^{11}$

$$\frac{6^4}{6^3} = 6^{4-3} = 6^1 = 6$$

$$\frac{10^2 \cdot 10^7}{10^3} = 10^{2+7-3} = 10^6$$

Ist der Nenner größer als der Zähler, ergibt sich eine Potenz mit negativem Exponenten

$$\frac{4^3}{4^5} = 4^{3-5} = 4^{-2} = \frac{1}{4^2}, \text{ denn } \frac{4 \cdot 4 \cdot 4}{4 \cdot 4 \cdot 4 \cdot 4 \cdot 4} = \frac{1}{4^2}$$

Also: $\qquad 4^{-2} = \frac{1}{4^2} \qquad\qquad$ als Umkehrung gilt: $\quad 4^2 = \frac{1}{4^{-2}}$

$$\boxed{a^{-m} = \frac{1}{a^{+m}}} \qquad \text{oder:} \qquad \boxed{a^{+m} = \frac{1}{a^{-m}}}$$

Eine Potenz mit negativem Exponenten ist gleich ihrem Kehrwert mit positivem Exponenten.

Einen weiteren Sonderfall ergibt die Aufgabe

$$\frac{5^3}{5^3} = 5^{3-3} = 5^0 = 1, \quad \text{denn} \frac{5 \cdot 5 \cdot 5}{5 \cdot 5 \cdot 5} = 1$$

allgemein: $a^0 = 1$

Jede Potenz mit dem Exponenten Null hat den Wert I

$$25^0 = 1; \quad 100^0 = 1; \quad A^0 = 1; \quad \left(\frac{1}{4}\right)^0 = 1$$

Während in den ersten Sonderfällen stets die Basis der Potenzen gleich groß war, enthalten die folgenden Aufgaben gleiche Exponenten.

$$4^3 \cdot 2^3 = 4 \cdot 4 \cdot 4 \cdot 2 \cdot 2 \cdot 2 = 4 \cdot 2 \cdot 4 \cdot 2 \cdot 4 \cdot 2 = (4 \cdot 2)^3$$

$$\boxed{a^m \cdot b^m = (a \cdot b)^m}$$

Man multipliziert Potenzen mit *gleichen Exponenten,* indem man die Basen multipliziert und den Exponenten beibehält.

$$\frac{8^3}{4^3} = \frac{8 \cdot 8 \cdot 8}{4 \cdot 4 \cdot 4} = \frac{8}{4} \cdot \frac{8}{4} \cdot \frac{8}{4} = \left(\frac{8}{4}\right)^3 \qquad \boxed{\frac{a^m}{b^m} = \left(\frac{a}{b}\right)^m}$$

Man dividiert Potenzen mit *gleichen Exponenten,* indem man die Basen dividiert und den Exponenten beibehält.

Beispiele: $\quad 2^3 \cdot 4^3 = (2 \cdot 4)^3 = 8^3 = 512$

$$\frac{6^4}{3^4} = \left(\frac{6}{3}\right)^4 = 2^4 = 16$$

$$\left(\frac{B}{5000}\right)^2 = \frac{B^2}{5000^2}$$

$$(5 \cdot 10)^3 = 5^3 \cdot 10^3$$

1.5.1.2 Potenzieren von Potenzen

$$(4^3)^2 = 4^3 \cdot 4^3 = 4 \cdot 4 \cdot 4 \ \cdot \ 4 \cdot 4 \cdot 4 = 4^{3 \cdot 2} = 4^6 \qquad \boxed{(a^m)^n = a^{m \cdot n}}$$

Man potenziert Potenzen, indem man die Exponenten multipliziert und die Basis beibehält.

Beispiele: $\quad (10^2)^4 = 10^{2 \cdot 4} = 10^8$

$$(5 \cdot 10^2)^4 = 5^4 \cdot (10^2)^4 = 5^4 \cdot 10^{2 \cdot 4} = 5^4 \cdot 10^8$$

$$(n^2)^3 = n^{2 \cdot 3} = n^6$$

1.5.1.3 Zehnerpotenzen

Bei der Rechnung mit sehr großen und sehr kleinen Zahlen bringt der Gebrauch von Zehnerpotenzen große Vorteile. Es ist übersichtlicher als die Schreibweise mit vielen Nullen. Es ist:

$$1\ 000\ 000 \qquad = 10 \cdot 10 \cdot 10 \cdot 10 \cdot 10 \cdot 10 = 10^6$$

$$1\ 000 \qquad = 10 \cdot 10 \cdot 10 \qquad\qquad = 10^3$$

$$100 \qquad = 10 \cdot 10 \qquad\qquad = 10^2$$

$$0{,}1 \quad = \frac{1}{10} \qquad\qquad = \frac{1}{10^1} = 10^{-1}$$

$$0{,}01 \quad = \frac{1}{10 \cdot 10} \qquad\qquad = \frac{1}{10^2} = 10^{-2}$$

$$0{,}001 = \frac{1}{10 \cdot 10 \cdot 10} \qquad = \frac{1}{10^3} = 10^{-3}$$

Bei Zehnerpotenzen geben die Exponenten die zu setzenden Dezimalstellen (Nullen oder Kommastellen) an. Ist der Exponent negativ, dann wird die Null vor dem Komma mitgezählt.

Beispiele: $\quad 5 \cdot 10^8 \quad = 5 \cdot 100\ 000\ 000 \quad = 500\ 000\ 000$
$\qquad\qquad 6 \cdot 10^{-9} = 6 \cdot 0{,}000\ 000\ 001 = 0{,}000\ 000\ 006$

Häufig sind folgende Aufgaben zu lösen:

$$5\ 000\ 000 \cdot 7000 = 5 \cdot 10^6 \cdot 7 \cdot 10^3 = 5 \cdot 7 \cdot 10^6 \cdot 10^3 = 35 \cdot 10^{6+3} = 35 \cdot 10^9$$

Die gezeigte Rechenart mit den Zehnerpotenzen unterscheidet sich nur durch eine übersichtlichere Schreibweise von der bisher bekannten. Das Verfahren selbst hat sich nicht geändert. Früher wurden die 5 mit der 7 der letzten Aufgabe multipliziert und anschließend die Stellenzahlen ausgezählt und addiert. Entsprechend verfährt man bei der Zehnerpotenzschreibweise, nur werden dabei die einzelnen Dezimalstellen durch den Exponenten ausgedrückt.

$$70\ 000 = 7 \text{ mit } 4 \text{ vergrößernden Dezimalstellen} = 7 \cdot 10^4$$
$$8\ 650 = 8{,}65 \text{ mit } 3 \text{ vergrößernden Dezimalstellen} = 8{,}65 \cdot 10^3$$

(sprich: Die Zahl wird um 3 Stellen kleiner, dann muß der Exponent positiv werden. Also: 8,65 mal 10^3).

$$0{,}00049 = 4{,}9 \text{ mit } 4 \text{ verkleinernden Dezimalstellen} = 4{,}9 \cdot 10^{-4}$$

(sprich: Die Zahl wird um 4 Stellen größer, dann muß der Exponent negativ sein. Also: 4,9 mal 10^{-4}).

Umkehrung:
$$8 \cdot 10^2 \quad = 8 \text{ mit } 2 \text{ vergrößernden Dezimalstellen} = 800$$
$$ \rightarrow 2 \text{ Stellen}$$
$$9{,}4 \cdot 10^{-6} = 9{,}4 \text{ mit } 6 \text{ verkleinernden Dezimalstellen} = 0{,}000\ 0094$$
$$\phantom{9{,}4 \cdot 10^{-6} = } \leftarrow 6 \text{ Stellen}$$

Anwendung:

$$12\ 000^2 = (1{,}2 \cdot 10^4)^2 = 1{,}2^2 \cdot (10^4)^2 = 1{,}44 \cdot 10^{4 \cdot 2} = \underline{1{,}44 \cdot 10^8}$$
$$0{,}004^2 = (4 \cdot 10^{-3})^2 \ = 4^2 \cdot (10^{-3})^2 = 16 \cdot 10^{-3 \cdot 2} = \underline{16 \cdot 10^{-6}}$$

Soll der Blindwiderstand eines Kondensators berechnet werden, so gilt die Gleichung

$$X_C = \frac{1}{\omega \cdot C} \quad \text{es sei:} \quad \omega = 500 \; 1/\text{s}$$

$$C = 0{,}000\,000\,008 \; \text{F}$$

Diese Zahlen werden in Zehnerpotenzausdrücke verwandelt.

$$\omega = 5 \cdot 10^2 \; 1/\text{s} \quad \text{und} \quad C = 8 \cdot 10^{-9} \; \text{F}$$

dann ist: $X_C = \dfrac{1}{5 \cdot 10^2 \; 1/\text{s} \cdot 8 \cdot 10^{-9} \; \text{F}} = \dfrac{1}{40 \cdot 10^{-7}} \; \Omega = \dfrac{10^7}{40} \; \Omega = \dfrac{10^6 \cdot 10}{40} \; \Omega = \underline{0{,}25 \cdot 10^6 \; \Omega}$

Einen großen Anwendungsbereich bietet die Überschlagsrechnung

$$\frac{4000 \cdot 30\,000}{0{,}02} = \frac{4 \cdot 10^3 \cdot 3 \cdot 10^4}{2 \cdot 10^{-2}} = 6 \cdot 10^{3 + 4 - (-2)} = \underline{6 \cdot 10^9}$$

1.5.2 Wurzeln

Eine Umkehrung des Potenzierens ist das Radizieren (Wurzelziehen).

$$\sqrt[2]{25} = 5, \quad \text{denn} \quad 5^2 = 25$$

$$\sqrt[3]{8} = 2, \quad \text{denn} \quad 2^3 = 8$$

Wurzelexponent   Radikand   Wurzelwert

Der Wurzelwert kann bei gradzahligen Wurzelexponenten auch negativ werden, obwohl der Radikand positiv ist.

$$\sqrt[2]{36} = +6, \quad \text{denn} \quad (+6) \cdot (+6) = 36$$

oder $\quad \sqrt[2]{36} = -6, \quad \text{denn} \quad (-6) \cdot (-6) = 36$

Die negativen Wurzelwerte treten jedoch in den Anwendungsfällen dieses Buches nicht auf, so daß in allen weiteren Aufgaben auf diese Lösung verzichtet wird.
Ist der Wurzelexponent eine «2» (Quadratwurzel), so wird er im allgemeinen nicht mitgeschrieben, da es sich um den häufigsten Anwendungsfall handelt.

$$\sqrt[2]{49} = \sqrt{49} = 7$$

Wurzeln mit geradem Wurzelexponenten und negativem Radikanden sind nur mit Hilfe der «komplexen Zahlen» lösbar.

$$\sqrt{-4} = \sqrt{4} \cdot \sqrt{(-1)} = 2 \cdot i \; ; \quad i = \text{imaginäre Zahl}$$

Es gibt keine Potenz mit geraden Hochzahlen (Exponenten), die einen negativen Potenzwert hat.

$$3^2 = +9 \quad \text{oder} \quad 2^4 = +16$$

Der Radikand darf in einer Wurzel mit geradzahligem Exponenten nicht negativ sein!

($\sqrt[2]{-9}$ ohne komplexe Zahlen nicht lösbar.)

1.5.2.1 Sonderfälle beim Rechnen mit Wurzeln

$$\boxed{\sqrt[m]{a \cdot b} = \sqrt[m]{a} \cdot \sqrt[m]{b}}$$

In der Potenzrechnung lauteten die entsprechenden Gesetze:

$$(a \cdot b)^m = a^m \cdot b^m$$

$$\boxed{\sqrt[m]{\frac{a}{b}} = \frac{\sqrt[m]{a}}{\sqrt[m]{b}}}$$

$$\left(\frac{a}{b}\right)^m = \frac{a^m}{b^m}$$

Beispiele:

$$\sqrt[2]{9 \cdot 4} = \sqrt{9 \cdot 4} = \sqrt{9} \cdot \sqrt{4} = 3 \cdot 2 = \underline{6} \quad \text{oder} \quad \sqrt{9 \cdot 4} = \sqrt{36} = \underline{6}$$

$$\sqrt{\frac{144}{9}} = \frac{\sqrt{144}}{\sqrt{9}} = \frac{12}{3} = 4 \quad \text{oder} \quad \sqrt{\frac{144}{9}} = \sqrt{16} = \underline{4}$$

$$\sqrt[3]{8000} = \sqrt[3]{8 \cdot 10^3} = \sqrt[3]{8} \cdot \sqrt[3]{10^3} = 2 \cdot 10^1 = \underline{20}$$

In dem letzten Beispiel mußte die Wurzel aus einer Potenz gezogen werden. Hierfür gilt die Regel:

> Steht unter dem Wurzelzeichen eine Potenz, so wird der Exponent der Potenz durch den Wurzelexponenten dividiert.

$$\boxed{\sqrt[m]{a^n} = a^{\frac{n}{m}}}$$

Beispiele:

$$\sqrt[3]{10^6} = 10^{\frac{6}{3}} = 10^2, \text{ denn} \quad 10^{2 \cdot 3} = 10^6$$

$$\sqrt[4]{3^8} = 3^{\frac{8}{4}} = 3^2, \text{ denn} \quad 3^{2 \cdot 4} = 3^8$$

Große und kleine Zahlen zerlegt man zum Wurzelziehen in Zehnerpotenzen. Dabei ist jedoch stets ein Exponent zu wählen, der sich durch den Wurzelexponenten ganzzahlig dividieren läßt.
Um dieses zu erreichen, sollten folgende Regeln beachtet werden:

> Bei einer Quadratwurzel ($\sqrt[2]{}$) werden immer 2 Stellen vom Komma aus abgestrichen, bis die verbleibende Zahl zwischen 1 und 100 liegt.

$$\sqrt{49|00|00} = \sqrt{49 \cdot 10^4} \quad = \sqrt{49} \cdot \sqrt{10^4} = 7 \cdot 10^2 = \underline{700}$$

$$\sqrt{0,00|00|00|64} = \sqrt{64 \cdot 10^{-8}} = \sqrt{64} \cdot \sqrt{10^{-8}} = 8 \cdot 10^{-4} = \underline{0,0008}$$

Eventuell muß die Zahl hinter dem Komma durch eine Null ergänzt werden, damit 2 Stellen abstreichbar sind.

$$\sqrt{0,00|00|50|} = \sqrt{50 \cdot 10^{-6}} = \underline{7,07 \cdot 10^{-3}}$$

Um eine bessere Übersicht zu erhalten, wählt man gerne Radianten zwischen 1 und 100

$$\sqrt{6|25|00} = \sqrt{6,25 \cdot 10^4} = 2,5 \cdot 10^2 = \underline{250}$$

$$\sqrt{81|00|00|00} = \sqrt{81 \cdot 10^6} = 9 \cdot 10^3 = \underline{9000}$$

$$\sqrt{0,00|12|96} = \sqrt{12,96 \cdot 10^{-4}} = 3,6 \cdot 10^{-2} = \underline{0,036}$$

$$\sqrt{0,00|90|} = \sqrt{90 \cdot 10^{-4}} = 9,48 \cdot 10^{-2} = \underline{0,0948}$$

> Bei einer dritten Wurzel $\left(\sqrt[3]{}\right)$ werden immer 3 Stellen vom Komma aus abgestrichen, bis die verbleibende Zahl zwischen 1 und 1000 liegt.

$$\sqrt[3]{64|000|000} = \sqrt[3]{64 \cdot 10^6} = \sqrt[3]{64} \cdot \sqrt[3]{10^6} = 4 \cdot 10^2 = \underline{400}$$

$$\sqrt[3]{0,000|000|125|} = \sqrt[3]{125 \cdot 10^{-9}} = \sqrt[3]{125} \cdot \sqrt[3]{10^{-9}} = 5 \cdot 10^{-3} = \underline{0,005}$$

Abschließend sei noch auf folgenden Fall hingewiesen:

$$\sqrt{3^2 + 4^2} = \sqrt{9 + 16} = \sqrt{25} = \underline{5}$$

Steht unter dem Wurzelzeichen ein Rechenzeichen erster Stufe ($+$ oder $-$), dann darf die Wurzel nicht zerlegt werden. Es müssen die einzelnen Glieder erst zusammengefaßt werden. Diesen Anwendungsfall findet man häufig in der Wechselstromtechnik bei der Berechnung von Spannungs-, Strom-, Widerstands- und Leistungsdreiecken.

1.6 Anwendung aller Rechenstufen in Formeln aus der Elektrotechnik

(Hierzu siehe auch Abschnitt 1.1.3)

Beispiel 1 (1. und 2. Rechenstufe: Parallelschaltung von 2 Widerständen):

$$R_{ers} = \frac{R_2 \cdot R_B}{R_2 + R_B}$$

mit: $R_2 = 250\ \Omega$
$R_B = 300\ \Omega$

$$R_{ers} = \frac{250\ \Omega \cdot 300\ \Omega}{250\ \Omega + 300\ \Omega}$$

zuerst den Nenner addieren, da der Nenner, durch den Bruchstrich bedingt, wie Zahlen in einer Klammer wirkt.

$$R_{ers} = \frac{250\ \Omega \cdot 300\ \Omega}{550\ \Omega}$$

Jetzt $250\ \Omega : 550\ \Omega$ und das Ergebnis mit $300\ \Omega$ multiplizieren.

$$R_{ers} = \underline{136,4\ \Omega}$$

39

Beispiel 2 (1. und 2. Rechenstufe):   Widerstandsänderung bei Temperaturänderung

$$\Delta\vartheta = \frac{R_w - R_k}{R_k} \cdot (235 + \vartheta_k) + \vartheta_k - \vartheta_{ku}$$

mit: $R_w = 435\ \Omega$
$R_k = 360\ \Omega$
$\vartheta_k = 20\ °C$
$\vartheta_{kü} = 25\ °C$

Da es sich hier um eine zugeschnittene Größengleichung handelt, werden die Einheiten nicht eingesetzt. Die Einheiten können in die Formel nicht aufgenommen werden, da die Einheit für die Zahl 235 fehlt.

$$\Delta\vartheta = \frac{435 - 360}{360} \cdot (235 + 20) + 20 - 25$$

$435 - 360 = 75$, da auf dem Bruchstrich wie in einer Klammer.
$235 + 20 = 255$, da innerhalb der Klammer.

$$\Delta\vartheta = \frac{75}{360} \cdot 255 + 20 - 25$$

$\dfrac{75 \cdot 255}{360} = 53,1,$ da   Punktrechnung vor Strichrechnung

$$\Delta\vartheta = 53,1 + 20 - 25$$

$$\Delta\vartheta = \underline{48,1\ K}$$

Die Einheit K muß zur obigen Formel angegeben werden und gilt nur, wenn die Werte in den geforderten Einheiten eingesetzt werden.

Beispiel 3 (1. und 3. Rechenstufe):   Reihenschaltung eines ohmschen und eines induktiven Widerstandes

$$Z = \sqrt{R^2 + X^2}$$

mit: $R = 42\ \Omega$ und $X = 36\ \Omega$

$$Z = \sqrt{(42\ \Omega)^2 + (36\ \Omega)^2}$$

die einzelnen Zahlen quadrieren
$(42\ \Omega)^2 = 42^2 \cdot \Omega^2 = 1764\ \Omega^2$

$(36\ \Omega)^2 = 36^2 \cdot \Omega^2 = 1296\ \Omega^2$

$$Z = \sqrt{1764\ \Omega^2 + 1296\ \Omega^2}$$

Werte addieren

$1764\ \Omega^2 + 1296\ \Omega^2 = (1764 + 1296)\ \Omega^2 = 3060\ \Omega$

$$Z = \sqrt{3060\ \Omega^2}$$

Wurzelziehen, dabei gilt

$\sqrt{3060\ \Omega^2} = \sqrt{3060} \cdot \sqrt{\Omega^2} = 55,3\ \Omega$

$$Z = \underline{55,3\ \Omega}$$

Beispiel 4 (ohne Zehnerpotenzen 2 Rechenstufen, mit Zehnerpotenzen 3 Rechenstufen):
Widerstandsänderung bei Temperaturänderung

$$R_k = \frac{R_w}{1 + \alpha \cdot \Delta\vartheta}$$

mit: $R_w = 1200\ \Omega = 1,2 \cdot 10^3\ \Omega$

$\alpha = 0,004\ 1/K = 4 \cdot 10^{-3}\ 1/K$

$\Delta\vartheta = 85\ K$

$$R_k = \frac{1200\ \Omega}{1 + 0{,}004\ 1/\text{K} \cdot 85\ \text{K}}$$

$$R_k = \frac{1200\ \Omega}{1 + 0{,}34}$$

$$R_k = \frac{1200\ \Omega}{1{,}34}$$

$$R_k = \underline{896\ \Omega}$$

Zunächst muß der Nenner berechnet werden. Dazu wird erst $0{,}004\ 1/\text{K} \cdot 85\ \text{K} = 0{,}34$ errechnet, da Punktrechnung vor Strichrechnung geht.
$1 + 0{,}34 = 1{,}34$

Ohne Elektronenrechner könnte die Berechnung dieser Aufgabe mit Zehnerpotenzen bereits sinnvoll sein. Der Lösungsgang ist dann scheinbar umständlicher, ergibt aber eine hohe Sicherheit.

$$R_k = \frac{1{,}2 \cdot 10^3\ \Omega}{1 + 4 \cdot 10^{-3}\ 1/\text{K} \cdot 85\ \text{K}} \qquad | \ 4 \cdot 10^{-3}\ 1/\text{K} \cdot 85\ \text{K} = 340 \cdot 10^{-3}\ \text{K}/\text{K} = 0{,}340$$

$$R_k = \frac{1{,}2 \cdot 10^3\ \Omega}{1 + 0{,}34}$$

$$R_k = \frac{1{,}2 \cdot 10^3\ \Omega}{1{,}34} \qquad \left| \ \frac{1{,}2}{1{,}34} \cdot 10^3 = 0{,}896 \cdot 10^3 = 896 \right.$$

$$R_k = \underline{896\ \Omega}$$

Beispiel 5 (alle 3 Rechenstufen): Leistung an einer Z-Diode

$$P_Z = U_Z \left(\frac{U_{E\,\text{max}} - U_Z}{R_v} - I_{L\,\text{min}} \right)$$

mit: $U_Z = 5{,}6$ V; $U_{E\,\text{max}} = 12$ V
$R_V = 1{,}2\ \text{k}\Omega = 1{,}2 \cdot 10^3\ \Omega$
$I_{L\,\text{min}} = 4\ \text{mA} = 4 \cdot 10^{-3}\ \text{A}$

$$P_Z = 5{,}6\ \text{V} \left(\frac{12\ \text{V} - 5{,}6\ \text{V}}{1{,}2 \cdot 10^3\ \Omega} - 4 \cdot 10^{-3}\ \text{A} \right)$$

Innerhalb der Klammer den Zähler berechnen.
Der Bruchstrich wirkt ebenfalls wie eine Klammer.

$12\ \text{V} - 5{,}6\ \text{V} = 6{,}4\ \text{V}$

$$P_Z = 5{,}6\ \text{V} \left(\frac{6{,}4\ \text{V}}{1{,}2 \cdot 10^3\ \Omega} - 4 \cdot 10^{-3}\ \text{A} \right)$$

Bruch berechnen, da Punktrechnung vor Strichrechnung.

$$\frac{6{,}4\ \text{V}}{1{,}2 \cdot 10^3\ \Omega} = 5{,}33 \cdot 10^{-3}\ \frac{\text{V}}{\Omega}$$

$$= 5{,}33 \cdot 10^{-3}\ \text{A}$$

$$P_Z = 5{,}6\ \text{V}\ (5{,}33 \cdot 10^{-3}\ \text{A} - 4 \cdot 10^{-3}\ \text{A})$$

Klammer ausrechnen

$5{,}33 \cdot 10^{-3}\ \text{A} - 4 \cdot 10^{-3}\ \text{A} =$
$(5{,}33 - 4) \cdot 10^{-3}\ \text{A} = 1{,}33 \cdot 10^{-3}\ \text{A}$

$$P_Z = 5{,}6\ \text{V} \cdot 1{,}33 \cdot 10^{-3}\ \text{A}$$
$$P_Z = \underline{7{,}47 \cdot 10^{-3}\ \text{W}}$$

multiplizieren, dabei gilt

$\text{V} \cdot \text{A} = \text{W}$ (Volt · Ampere = Watt)

Beispiel 6 (alle 3 Rechenstufen):   ohmsche Spannung im Schwingkreis

$$U_R = \sqrt{U^2 - (U_L - U_C)^2}$$

mit: $U = 220\ \text{V}$; $U_L = 180\ \text{V}$; $U_C = 60\ \text{V}$

$$U_R = \sqrt{(220\ \text{V})^2 - (180\ \text{V} - 60\ \text{V})^2}$$

Klammer berechnen
$180\ \text{V} - 60\ \text{V} = 120\ \text{V}$

$$U_R = \sqrt{(220\ \text{V})^2 - (120\ \text{V})^2}$$

Werte quadrieren. Dazu verwendet man zweckmäßig die Zehnerpotenzen
$(2,2 \cdot 10^2\ \text{V})^2 = 2,2^2 \cdot 10^{2 \cdot 2} \cdot \text{V}^2 = 4,84 \cdot 10^4\ \text{V}^2$
$(1,2 \cdot 10^2\ \text{V})^2 = 1,2^2 \cdot 10^{2 \cdot 2} \cdot \text{V}^2 = 1,44 \cdot 10^4\ \text{V}^2$

$$U_R = \sqrt{4,84 \cdot 10^4\ \text{V}^2 - 1,44 \cdot 10^4\ \text{V}^2}$$

Werte unter der Wurzel subtrahieren
$4,84 \cdot 10^4\ \text{V}^2 - 1,44 \cdot 10^4\ \text{V}^2 =$
$(4,84 - 1,44) \cdot 10^4 \cdot \text{V}^2 = 3,4 \cdot 10^4\ \text{V}^2$

$$U_R = \sqrt{3,4 \cdot 10^4 \cdot \text{V}^2}$$

$$U_R = \underline{184\ \text{V}}$$

Wurzel ziehen

$\sqrt{3,4 \cdot 10^4\ \text{V}^2} = \sqrt{3,4} \cdot \sqrt{10^4} \cdot \sqrt{\text{V}^2} =$

$1,84 \cdot 10^{\frac{4}{2}}\ \text{V} = 1,84 \cdot 10^2\ \text{V} = 184\ \text{V}$

Beispiel 7 (alle 3 Rechenstufen):   Mischtemperaturberechnung

$$\vartheta_m = \frac{m_w \cdot c_w \cdot \vartheta_w + m_k \cdot c_k \cdot \vartheta_k}{m_w \cdot c_w + m_k \cdot c_k}$$

mit: $m_w = 8\ \text{kg}$ $m_k = 20\ \text{kg}$

$c_w = 477\ \dfrac{\text{J}}{\text{kg} \cdot \text{K}}$ $c_k = 4187\ \dfrac{\text{J}}{\text{kg} \cdot \text{K}}$

$\vartheta_w = 721\ ^\circ\text{C}$ $\vartheta_k = 15\ ^\circ\text{C}$

$$\vartheta_m = \frac{8\ \text{kg} \cdot 4,77 \cdot 10^2\ \dfrac{\text{J}}{\text{kg} \cdot \text{K}} \cdot 7,21 \cdot 10^2\ ^\circ\text{C} + 20\ \text{kg} \cdot 4,187 \cdot 10^3\ \dfrac{\text{J}}{\text{kg} \cdot \text{K}} \cdot 15\ ^\circ\text{C}}{8\ \text{kg} \cdot 4,77 \cdot 10^2\ \dfrac{\text{J}}{\text{kg} \cdot \text{K}} + 20\ \text{kg} \cdot 4,187 \cdot 10^3\ \dfrac{\text{J}}{\text{kg} \cdot \text{K}}}$$

$$= \frac{275 \cdot 10^4\ \text{kg}\,\text{J}\,^\circ\text{C} + 126 \cdot 10^4\ \text{kg}\,\text{J}\,^\circ\text{C}}{38,2 \cdot 10^2\ \text{kg}\,\text{J} + 837 \cdot 10^2\ \text{kg}\,\text{J}}$$

Im Zähler und Nenner müssen die Produkte
gebildet werden
(Punktrechnung vor Strichrechnung)
Damit jetzt addiert werden kann, sollten die
Zehnerpotenzen im Zähler und im Nenner
jeweils gleich groß sein.

$275 \cdot 10^4\ \text{kg}\,\text{J}\,^\circ\text{C} + 126 \cdot 10^4\ \text{kg}\,\text{J}\,^\circ\text{C} =$
$(275 + 126) \cdot 10^4\ \text{kg}\,\text{J}\,^\circ\text{C} = 401 \cdot 10^4\ \text{kg}\,\text{J}\,^\circ\text{C}$ im
Zähler.

Im Nenner ergibt sich entsprechend
$(38,2 + 837) \cdot 10^2\ \text{kg}\,\text{J} = 875,2 \cdot 10^2\ \text{kg}\,\text{J}$

$$\vartheta_m = \frac{401 \cdot 10^4\ \text{kg}\,\text{J}\,^\circ\text{C}}{875,2 \cdot 10^2\ \text{kg}\,\text{J}} = 0,458 \cdot 10^2\ ^\circ\text{C}$$

$$= \underline{45,8\ ^\circ\text{C}}$$

42

1.7　Gleichungen

Steht ein Gleichheitszeichen, muß links und rechts davon der gleiche Wert vorhanden sein.

$$3 + 4 = 7$$
$$2\,V + 6\,V = 8\,V$$
$$7\,A \cdot 5\,V = 35\,VA$$

Die Gleichung entspricht einer Waage, die auf beiden Seiten gleich stark belastet ist (Bild 1.7).
Für alle Gleichungen gelten folgende Regeln:

a)
> In einer Gleichung dürfen die Seiten vertauscht werden,

Bild 1.7　Waage im Gleichgewicht

z.B. $4 + 5 = 9$ oder $9 = 4 + 5$

b)
> Eine Gleichung bleibt richtig, wenn auf beiden Seiten mit derselben Zahl dieselbe Rechenoperation ausgeführt wird,

z.B. $4 + 5 = 9$ oder: $(4 + 5) \cdot 3 = 9 \cdot 3$

$4 + 5 + 2 = 9 + 2$ oder: $(4 + 5)^2 = 9^2$

oder: $\sqrt[2]{4 + 5} = \sqrt[2]{9}$

1.7.1　Gleichungen, die nur eine Rechenstufe enthalten

Bei einer Gleichung mit einer Variablen besteht die Forderung, die Gleichung so umzuformen, daß die Variable mit positivem Vorzeichen allein auf einer Seite steht. Dieses kann nur durch eine Rechenoperation erfolgen, die die Beigröße aufhebt. Des besseren Verständnisses wegen soll jeweils hinter der Zeile eine Gleichung, durch einen senkrechten Strich getrennt, die notwendige Rechenoperation angegeben werden.

$$x + 3 = 8 \qquad | -3 \text{ auf beiden Seiten}$$
$$x + 3 - 3 = 8 - 3$$
$$\underline{x = 5}$$

$$U_1 + U_2 = U \qquad | -U_2 \text{ auf beiden Seiten}$$
$$U_1 + U_2 - U_2 = U - U_2$$
$$\underline{U_1 = U - U_2}$$

$$x - 4 = 15 \qquad | +4 \text{ auf beiden Seiten}$$
$$x - 4 + 4 = 15 + 4$$
$$\underline{x = 19}$$

$$I - I_2 = I_1 \qquad | +I_2 \text{ auf beiden Seiten}$$
$$I - I_2 + I_2 = I_1 + I_2$$
$$\underline{I = I_1 + I_2}$$

43

Hat die gesuchte Größe ein negatives Vorzeichen, dann gibt es folgende Lösungswege:

a) $28 - x = \quad 13 \qquad |-28,$ \qquad denn das Vorzeichen der 28 ist positiv

$\quad\; - x = \quad 13 - 28$

$\quad\; - x = -15 \qquad |\cdot(-1)$

$\quad\quad\; \underline{x = +15}$

Oder man löst diese Gleichung, indem die gesuchte Größe auf beiden Seiten addiert wird, dann verschwindet sie links und erscheint rechts mit positivem Vorzeichen.

b) $28 - x = 13 \qquad |+x$

$\quad 28 \qquad = 13 + x \quad |-13$

$\quad 28 - 13 = x$

$\quad\quad\; \underline{15 = x}$

$5x = 20 \qquad |:5$ $\qquad\qquad I \cdot R = U \qquad |:R$

$\dfrac{5x}{5} = \dfrac{20}{5}$ $\qquad\qquad\qquad \dfrac{I \cdot R}{R} = \dfrac{U}{R}$

$\underline{x \quad = 4}$ $\qquad\qquad\qquad\quad I \quad = \dfrac{U}{R}$

$\dfrac{x}{3} \quad = 5 \qquad |\cdot 3$ $\qquad\qquad \dfrac{P}{U} \quad = I \qquad |\cdot U$

$\dfrac{3 \cdot x}{3} = 5 \cdot 3$ $\qquad\qquad\qquad \dfrac{P \cdot U}{U} = I \cdot U$

$\underline{x \quad = 15}$ $\qquad\qquad\qquad \underline{P \quad = I \cdot U}$

Um die Gleichung übersichtlicher zu gestalten, soll in Zukunft auf die Zwischenzeile mit roten Zahlen verzichtet werden.

Steht die Unbekannte im Nenner eines Bruchs, muß sie daraus verschwinden.

$\dfrac{30}{x} = 6 \qquad |\cdot x$ $\qquad\qquad R \quad = \dfrac{\varrho \cdot l}{A} \qquad |\cdot A$

$30 = 6 \cdot x \quad |:6$ $\qquad\qquad R \cdot A = \varrho \cdot l \qquad |:R$

$\dfrac{30}{6} = x$ $\qquad$ Seiten vertauschen $\qquad A \quad = \dfrac{\varrho \cdot l}{R}$

$\quad\qquad\qquad$ und ausrechnen

$\underline{x = 5}$

1.7.2   Gleichungen, die mehrere Rechenstufen enthalten

Enthält eine Gleichung verschiedene Rechenstufen, so muß zunächst die «Störgröße» verschwinden, die am losesten an die gesuchte Größe gekoppelt ist.

$4x + 3 = 11 \qquad |-3$ \qquad denn sie ist durch ein Rechenzeichen

$4x \quad\;\; = \;\; 8 \qquad |:4$ \qquad 1. Ordnung an x gekoppelt.

$\quad\; \underline{x \quad\;\; = \;\; 2}$

44

Gegeben: $U_0 = I \cdot R_i + U_{kl}$ Gesucht: $R_i = ?$

Lösung:
$$U_0 = I \cdot R_i + U_{kl} \qquad |-U_{kl}$$
$$U_0 - U_{kl} = I \cdot R_i \qquad |:I$$
$$\frac{U_0 - U_{kl}}{I} = R_i$$

$$10 = 16 - 2\,x \qquad |-16$$
$$10 - 16 = - 2\,x$$
$$-\ 6 = - 2\,x \qquad |:(-2), \quad \text{denn} \quad \frac{-2\,x}{-2} = +x$$
$$3 = x$$

Gegeben: $U_{kl} = U_0 - I \cdot R_i$ Gesucht: $R_i = ?$

$$U_{kl} = U_0 - I \cdot R_i \qquad |-U_0$$
$$U_{kl} - U_0 = - I \cdot R_i \qquad |:(-I)$$
$$\frac{U_{kl} - U_0}{-I} = R_i$$

Addiert man in der 1. Zeile dieser Gleichung $+I \cdot R_i$, dann ergibt sich:

$$U_{kl} = U_0 - I \cdot R_i \qquad |+I \cdot R_i \quad \text{dadurch ist das Glied mit der gesuchten}$$
$$U_{kl} + I \cdot R_i = U_0 \qquad |-U_{kl} \quad \text{Größe positiv geworden;}$$
$$I \cdot R_i = U_0 - U_{kl} \qquad |:I \quad \text{es ergeben sich keine Vorzeichenschwierigkei-}$$
ten.
$$R_i = \frac{U_0 - U_{kl}}{I}$$

Werden in beide Gleichungen Zahlen eingesetzt, ist das Ergebnis gleich groß.

$U_0 = 20\ \text{V}$
$U_{kl} = 12\ \text{V}$ 1. Gleichung: $\quad R_i = \dfrac{12\ \text{V} - 20\ \text{V}}{-2\ \text{A}} = \dfrac{-8\ \text{V}}{-2\ \text{A}} = 4\ \Omega$

$I = 2\ \text{A}$
$R_i = ?$ 2. Gleichung: $\quad R_i = \dfrac{20\ \text{V} - 12\ \text{V}}{2\ \text{A}} = \dfrac{8\ \text{V}}{2\ \text{A}} = 4\ \Omega$

Weitere Beispiele mit mehreren Rechenstufen: $P = I^2 \cdot R \quad |:R$

$$36 = x^2 \cdot 4 \quad |:4, \text{ da am losesten}$$
$$\text{gekoppelt}$$
$$9 = x^2$$
$$3 = x$$

$$\frac{P}{R} = I^2$$

$$\sqrt{\frac{P}{R}} = I$$

$$25\,(x + 9) = 500 \qquad\qquad |{:}25,\ \text{da außerhalb der Klammer und somit am losesten an } x \text{ gekoppelt.}$$

$$x + 9 = \frac{500}{25}$$

$$x + 9 = 20 \qquad\qquad |-9$$

$$x = 20 - 9$$

$$\underline{x = 11}$$

Gegeben: $R_k\,(1 + \alpha \cdot \Delta\vartheta) = R_w$ \qquad Gesucht: $\Delta\vartheta$

$R_k\,(1 + \alpha \cdot \Delta\vartheta) = R_w$ \qquad\qquad $|{:}R_k$, da außerhalb der Klammer

$$1 + \alpha \cdot \Delta\vartheta = \frac{R_w}{R_k} \qquad\qquad |-1,\ \text{jetzt am losesten gekoppelt}$$

$$\alpha \cdot \Delta\vartheta = \frac{R_w}{R_k} - 1 \qquad\qquad |{:}\alpha$$

$$\Delta\vartheta = \frac{\dfrac{R_w}{R_k} - 1}{\underline{\alpha}}$$

Zur besseren Übersichtlichkeit könnten noch folgende Schritte durchgeführt werden:

$$\Delta\vartheta = \frac{\dfrac{R_w}{R_k} - \dfrac{R_k}{R_k}}{\alpha} = \frac{R_w - R_k}{\dfrac{R_k}{\alpha}} = \frac{R_w - R_k}{R_k \cdot \alpha}$$

In beiden Gleichungen hätte man selbstverständlich die Klammer zuerst auflösen können, denn dadurch verändert sich nicht der Wert der betroffenen Seite:

$$25\,(x + 9) = 500 \qquad\qquad |\text{Klammer auflösen}$$

$$25\,x + 225 = 500 \qquad\qquad |-225,\ \text{da am losesten an } x \text{ gekoppelt}$$
$$25\,x = 500 - 225$$

$$25\,x = 275 \qquad\qquad |{:}25$$

$$x = \frac{275}{25}$$

$$\underline{\underline{x = 11}}$$

$$R_k\,(1 + \alpha \cdot \Delta\vartheta) = R_w \qquad\qquad |\text{Klammer auflösen}$$

$$R_k + R_k \cdot \alpha \cdot \Delta\vartheta = R_w \qquad\qquad |-R_k$$

$$R_k \cdot \alpha \cdot \Delta\vartheta = R_w - R_k \qquad\qquad |{:}R_k\,|{:}\alpha$$

$$\Delta\vartheta = \frac{R_w - R_k}{R_k \cdot \alpha}$$

Das Ergebnis dieser Gleichung sieht eleganter als das des anderen Lösungsweges aus. Daran sollte man sich jedoch nicht stoßen, da die Gleichungen in der Regel nur zum einmaligen Gebrauch umgestellt werden. Einfacher lösen sich fast alle Gleichungen, wenn die gegebenen Größen sofort eingesetzt und soweit wie möglich zusammengefaßt werden. Die letzte Gleichung sieht dann folgendermaßen aus.

Gegeben: $R_k = 100 \ \Omega$

$\quad\quad\quad\quad \alpha = 0{,}004 \ 1/K$

$\quad\quad\quad\quad R_w = 140 \ \Omega$

Gesucht: $\Delta\vartheta = ?$

Formel: $\quad R_k \, (1 + \alpha \cdot \Delta\vartheta) = R_w \quad\quad\quad$ |Werte einsetzen

$$100 \ \Omega \left(1 + 0{,}004 \, \frac{1}{K} \cdot \Delta\vartheta\right) = 140 \ \Omega \quad\quad\quad |:100 \ \Omega$$

$$1 + 0{,}004 \, \frac{1}{K} \cdot \Delta\vartheta \ = \frac{140 \ \Omega}{100 \ \Omega} \quad\quad\quad |\text{zusammenfassen}$$

$$1 + 0{,}004 \, \frac{1}{K} \cdot \Delta\vartheta \ = 1{,}4 \quad\quad\quad |-1$$

$$0{,}004 \, \frac{1}{K} \cdot \Delta\vartheta \ = 1{,}4 - 1 \quad\quad\quad |\text{zusammenfassen}$$

$$0{,}004 \, \frac{1}{K} \cdot \Delta\vartheta \ = 0{,}4 \quad\quad\quad |:0{,}004 \, \frac{1}{K}$$

$$\Delta\vartheta \ = \frac{0{,}4}{0{,}004 \dfrac{1}{K}} \quad\quad\quad |\text{zusammenfassen; dabei gilt } \frac{1}{\frac{1}{K}} = K$$

$$\Delta\vartheta \ = \underline{100 \ K}$$

Gegeben: $\sqrt{16 + x} = 5 \quad\quad\quad$ |quadrieren

$\quad\quad\quad\quad 16 + x = 25 \quad\quad\quad -16$

$\quad\quad\quad\quad\quad\quad x = 25 - 16$

$\quad\quad\quad\quad\quad\quad \underline{x = 9}$

Gegeben: $\quad \sqrt{U_R^2 + U_L^2} = U$

Gesucht: $\quad U_L$

Lösung: $\quad \sqrt{U_R^2 + U_L^2} = U \quad\quad\quad$ |quadrieren

$\quad\quad\quad\quad U_R^2 + U_L^2 = U^2 \quad\quad\quad |- U_R^2$

$\quad\quad\quad\quad\quad U_L^2 = U^2 - U_R^2 \quad\quad\quad |\sqrt{\ }$

$\quad\quad\quad\quad\quad U_L = \sqrt{U^2 - U_R^2}$

1.7.3 Gleichungen, die die unbekannte Größe mehr als einmal enthalten

$$2\,x + 3\,x = 15 \qquad \text{|alle Glieder mit der Unbekannten zusammenfasse}$$
$$5\,x = 15 \qquad \text{|:5}$$
$$\underline{x = \;\;3}$$

$$3\,x - 5 = 20 - 2\,x \qquad \text{|ordnen, d.h. alle Glieder, die die Unbekannte}$$

	enthalten, auf eine Seite, alle anderen Glieder auf die andere Seite verlagern (hier: $+2\,x \mid +5$)

$$3\,x + 2\,x = 20 + 5 \qquad \text{|zusammenfassen}$$
$$5\,x = 25 \qquad \text{|:5}$$
$$\underline{x = \;\;5}$$

Soll eine entsprechende Formel umgestellt werden, bevor die Zahlen eingesetzt sind, muß durch das Setzen einer Klammer (ausklammern) dafür gesorgt werden, daß die gesuchte Größe nur noch einmal enthalten ist.

Gegeben: $P = I \cdot U_1 + I \cdot U_2$ $\qquad$ Gesucht: $I = ?$
Lösung: $\;\;P = I \cdot U_1 + I \cdot U_2$ $\qquad$ $\mid I$ ausklammern
$\qquad\;\; P = I\,(U_1 + U_2)$ $\qquad$ $\mid : (U_1 + U_2)$

$$\frac{P}{U_1 + U_2} = I$$

Gegeben: $Q_C \quad = P \cdot \tan \varphi_1 - P \cdot \tan \varphi_2$ $\qquad$ Gesucht: $P = ?$
Lösung: $\;\;Q_C \quad = P \cdot \tan \varphi_1 - P \cdot \tan \varphi_2$ $\qquad$ $\mid P$ ausklammern
$\qquad\;\; Q_C \quad = P \cdot (\tan \varphi_1 - \tan \varphi_2)$ $\qquad$ $\mid :(\tan \varphi_1 - \tan \varphi_2)$

$$\frac{Q_C}{\tan \varphi_1 - \tan \varphi_2} = P$$

Steht die gesuchte Größe auf beiden Seiten der Gleichung, muß erst wieder geordnet und dann ausgeklammert werden.

Gegeben: $I \cdot R_a \qquad = U_0 - I \cdot R_i$ $\qquad$ Gesucht: $I = ?$
Lösung: $\;\;I \cdot R_a \qquad = U_0 - I \cdot R_i$ $\qquad$ $\mid + I \cdot R_i$
$\qquad\;\; I \cdot R_i + I \cdot R_a = U_0$ $\qquad$ $\mid I$ ausklammern
$\qquad\;\; I \cdot (R_i + R_a) = U_0$ $\qquad$ $\mid : (R_i + R_a)$

$$I = \frac{U_0}{R_i + R_a}$$

Steht die Unbekannte im Nenner einer Seite, muß sie daraus verschwinden. Das kann durch Multiplikation mit dem ganzen Nenner erfolgen.

Gegeben: $V_i = \beta \dfrac{r_a}{r_a + R_L}$ $\qquad$ |Gesucht: $r_a = ?$

Lösung:
$$V_i = \beta \, \frac{r_a}{r_a + R_L} \qquad |\cdot (r_a + R_L)$$

$$(r_a + R_L) \cdot V_i = \beta \cdot r_a \qquad |\text{Klammer auflösen}$$

$$V_i \cdot r_a + V_i \cdot R_L = \beta \cdot r_a \qquad |- V_i \cdot r_a \text{ (ordnen)}$$

$$V_i \cdot R_L = \beta \cdot r_a - V_i \cdot r_a \qquad |r_a \text{ ausklammern}$$

$$V_i \cdot R_L = (\beta - V_i) \cdot r_a \qquad |:(\beta - V_i)$$

$$\frac{V_i \cdot R_L}{\beta - V_i} = r_a$$

$$32 = 40 \, \frac{x}{x + 5} \qquad |\cdot (x + 5)$$

$$(x + 5)\,32 = 40\,x \qquad |\text{Klammer auflösen}$$

$$32x + 160 = 40\,x \qquad |-32x$$

$$160 = 8\,x \qquad |:8$$

$$20 = x$$

1.7.4 Gleichungen mit mehreren Unbekannten

Enthält eine Gleichung mehrere Unbekannte, läßt sie sich nur lösen, indem soviel verschiedene Gleichungen gebildet werden, wie Unbekannte vorhanden sind.

Beispiel: Bei 2 Unbekannten müssen 2 verschiedene Gleichungen und bei 3 Unbekannten 3 verschiedene Gleichungen gebildet werden.

Man unterscheidet drei Lösungsmethoden:

1. Einsetzungsverfahren,
2. Gleichsetzungsverfahren,
3. Additions- bzw. Subtraktionsverfahren.

Die 1. und die 2. Methode werden in den folgenden Erklärungen häufig angewendet, sie sollen daher mit Beispielen untermauert werden.

Am einfachsten lassen sich die Aufgaben lösen, wenn möglichst sofort in jede Gleichung Zahlen eingetragen werden und man die dann gewonnenen Ergebnisse in die nächste Gleichung einsetzt (Einsetzungsverfahren).

Einsetzungsverfahren

Beispiel 1: 1. Gleichung: $R_p = \dfrac{0{,}5\ \Omega}{n - 1}$

$\qquad\qquad$ 2. Gleichung: $n = \dfrac{30\ \text{A}}{5\ \text{A}} = 6$

Ersetzt man in der 1. Gleichung n durch die zweite Gleichung ($n = 6$), so ergibt sich:

$$R_p = \frac{0{,}5\ \Omega}{6 - 1} = \frac{0{,}5\ \Omega}{5} = 0{,}1\ \Omega$$

49

Beispiel 2:   1. Gleichung: $R = R_1 + R_p$

2. Gleichung: $R_p = \dfrac{R_2 \cdot R_3}{R_2 + R_3}$

Gegeben: $R_1 = 100\ \Omega$
$R_2 = 50\ \Omega$
$R_3 = 200\ \Omega$

Lösung: Einsetzen der gegebenen Werte in die

2. Gleichung: $R_p = \dfrac{50\ \Omega \cdot 200\ \Omega}{50\ \Omega + 200\ \Omega} = \dfrac{50\ \Omega \cdot 200\ \Omega}{250\ \Omega} = 40\ \Omega$

Einsetzen des Ergebnisses der 2. Gleichung und des gegebenen Wertes in die 1. Gleichung

$R = 100\ \Omega + 40\ \Omega = \underline{140\ \Omega}$

Beispiel 3:   1. Gleichung: $U_0 = U_{kl} + U_i$

2. Gleichung: $n = \dfrac{U_i}{u_i}$

Gegeben: $U_0 = 12\ V$
$u_i = 0,2\ V$
$n = 10$

Gesucht: U_{kl}

Lösung: In die 2. Gleichung die gegebenen Werte einsetzen und U_i berechnen.

2. Gleichung: $10 = \dfrac{U_i}{0,2\ V} \leftrightarrow U_i = 10 \cdot 0,2\ V = 2\ V$

Dieses Ergebnis mit dem gegebenen Wert ($U_0 = 12\ V$) in die 1. Gleichung einsetzen:

$12\ V = U_{kl} + 2\ V$

$12\ V - 2\ V = U_{kl}$ $\qquad\bigg|\ \begin{array}{l} -\ 2\ V \\ \text{zusammenfassen} \end{array}$

$10\ V = U_{kl}$

Unnötig aufwendig ist das Einsetzungsverfahren, wenn die gegebenen Werte erst am Ende der Rechnung eingesetzt werden.

Beispiel 4:   mit den gesuchten und gegebenen Werten des Beispiels 3

1. Gleichung $U_0 = U_{kl} + U_i$

2. Gleichung $n = \dfrac{U_i}{u_i}$ daraus ergibt sich $U_i = n \cdot u_i$

die 2. Gleichung in die 1. Gleichung eingesetzt

$U_0 = U_{kl} + n \cdot u_i$ $\qquad\qquad$ Umstellung nach U_{kl}

$U_0 - n \cdot u_\mathrm{i} = U_\mathrm{kl}$ Seiten vertauscht und Zahlenwerte eingesetzt

$U_\mathrm{kl} \qquad = 12\,\mathrm{V} - 10 \cdot 0{,}2\,\mathrm{V}$

$\qquad\qquad = 12\,\mathrm{V} - 2\,\mathrm{V}$

$U_\mathrm{kl} \qquad = \underline{10\,\mathrm{V}}$

Gleichsetzungsverfahren
Beispiel 1:

1. Gleichung $U_0 = U_\mathrm{kl} + U_\mathrm{i}$ bekannt sind: unbekannt sind:

$\qquad\qquad\qquad\qquad U_0 = 12\,\mathrm{V}$ U_kl und U_i

2. Gleichung $n = \dfrac{U_\mathrm{i}}{u_\mathrm{i}}$ $u_\mathrm{i} = 0{,}2\,\mathrm{V}$

$\qquad\qquad\qquad\qquad n = 10$ Gesucht: U_kl

1. Schritt beide Gleichungen nach U_i umstellen

$\qquad$ 1. Gleichung: $U_0 = U_\mathrm{kl} + U_\mathrm{i}$ $\qquad$ 2. Gleichung: $n = \dfrac{U_\mathrm{i}}{u_\mathrm{i}}$

$\qquad\qquad U_0 - U_\mathrm{kl} \quad = U_\mathrm{i}$ $\qquad\qquad\qquad n \cdot u_\mathrm{i} = U_\mathrm{i}$

somit gilt:

$\qquad\qquad\qquad U_0 - U_\mathrm{kl} = n \cdot u_\mathrm{i}$ $\qquad$ hierin ist U_kl unbekannt

$\qquad\qquad\qquad -\,U_\mathrm{kl} = n \cdot u_\mathrm{i} - U_0$

$\qquad\qquad\qquad \underline{U_\mathrm{kl} = U_0 - n \cdot u_\mathrm{i}}$

mit den gegebenen Werten: $\qquad U_\mathrm{kl} = 12\,\mathrm{V} - 10 \cdot 0{,}2\,\mathrm{V} = 12\,\mathrm{V} - 2\,\mathrm{V} = \underline{10\,\mathrm{V}}$

Beispiel 2: Zur Berechnung der Resonanzfrequenz gelten:

$\qquad$ 1. Gleichung: $X_\mathrm{Lo} = \omega_\mathrm{o} \cdot L$ $\qquad$ bekannt sind: $\qquad\qquad\qquad$ gesucht: ω_0

$\qquad$ 2. Gleichung: $X_\mathrm{Co} = \dfrac{1}{\omega_\mathrm{o} \cdot C}$ $\qquad$ $L = 0{,}2\,\mathrm{H}$

$\qquad\qquad\qquad\qquad\qquad\qquad\qquad C = 1{,}25\,\mu\mathrm{F} = 1{,}25 \cdot 10^{-6}\,\mathrm{F}$

$\qquad\qquad\qquad\qquad\qquad\qquad\qquad$ unbekannt sind:

$\qquad$ 3. Gleichung: $X_\mathrm{Lo} = X_\mathrm{Co}$ $\qquad$ $X_\mathrm{Lo},\ X_\mathrm{Co}$ und ω_o

Lösung: Einsetzung der 1. und 2. Gleichung in die 3. Gleichung

$\qquad \omega_0 \cdot L = \dfrac{1}{\omega_0 \cdot C} \qquad |\cdot \omega_0|:L$

$\qquad \omega_0^2 \quad = \dfrac{1}{L \cdot C} \qquad |\sqrt{}$

$\qquad \omega_0 \quad = \sqrt{\dfrac{1}{L \cdot C}} = \sqrt{\dfrac{1}{0{,}2\,\mathrm{H} \cdot 1{,}25 \cdot 10^{-6}\,\mathrm{F}}} = \sqrt{\dfrac{10^6}{0{,}25}\,\dfrac{1}{\mathrm{s}^2}}$

$\qquad\qquad = \sqrt{4 \cdot 10^6\,\dfrac{1}{\mathrm{s}^2}} = \underline{2 \cdot 10^3\,\dfrac{1}{\mathrm{s}}}$

1.8   Rechtwinkliges Dreieck

Zeichnet man in das Rechteck im Bild 1.8 eine Diagonale, erhält man zwei Dreiecke, in denen je ein rechter Winkel (90°-Winkel) erhalten bleibt. Da die Winkelsumme im Rechteck 4mal 90° = 360° beträgt und diese 360° für beide Dreiecke zusammen erhalten bleiben, gilt je Dreieck 360°/2.

> Die Summe der Winkel im rechtwinkligen Dreieck beträgt 180°.

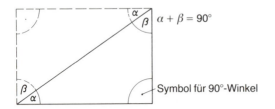

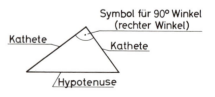

Bild 1.8   Rechtwinkliges Dreieck als halbes Rechteck

Bild 1.9   Rechtwinkliges Dreieck

Davon beträgt ein Winkel 90°, und die beiden anderen ergeben zusammen immer 90°.

> Die längste Seite im rechtwinkligen Dreieck liegt immer dem 90°-Winkel gegenüber.
> Sie heißt *Hypotenuse*.

Die beiden Seiten, die den rechten Winkel einschließen, heißen *Katheten* (Bild 1.9).

1.8.1   Satz des Pythagoras*

> Beim rechtwinkligen Dreieck ist das Hypotenusenquadrat so groß wie die Summe der Kathetenquadrate (Bild 1.10).

$$\text{Hyp}^2 = \text{Kat}_1^2 + \text{Kat}_2^2$$

Beispiel 1:   Die Katheten in einem rechtwinkligen Dreieck sind 3 cm und 4 cm lang. Wie groß ist die Hypotenuse?

Lösung: $\text{Hyp}^2 = \text{Kat}_1^2 + \text{Kat}_2^2$

$\qquad\qquad = (3\ \text{cm})^2 + (4\ \text{cm})^2$

$\qquad\qquad = 9\ \text{cm}^2 + 16\ \text{cm}^2$

$\qquad\qquad = 25\ \text{cm}^2$

$\text{Hyp} = \sqrt{25\ \text{cm}^2} = \underline{5\ \text{cm}}$

* Pythagoras: Griech. Mathematiker, um 500 v. Chr.

52

Bild 1.10 Die gesamte Fläche der Kathetenqua-
drate ist so groß wie das Hypotenusenquadrat

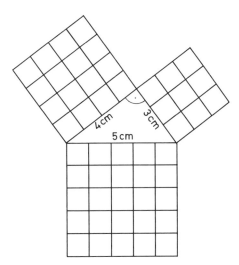

Beispiel 2: Wie groß ist die Diagonale in dem
Rechteck mit den Seiten 7 cm und 9 cm?

Lösung: Die Seiten des Rechtecks bilden die
Katheten in einem Dreieck mit der
Diagonalen als Hypotenuse (Bild 1.11)

$$d^2 = (7 \text{ cm})^2 + (9 \text{ cm})^2$$
$$d^2 = 49 \text{ cm}^2 + 81 \text{ cm}^2$$
$$d^2 = 130 \text{ cm}^2$$
$$d = \sqrt{130 \text{ cm}^2} = \underline{11,4 \text{ cm}}$$

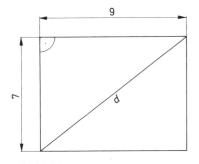

Bild 1.11

Beispiel 3: Eine Straßenlampe wird nach
Bild 1.12 aufgehängt. Wie viele Meter Seil sind
erforderlich?

Lösung:
$$s^2 = (8 \text{ m})^2 + (2 \text{ m})^2$$
$$s^2 = 64 \text{ m}^2 + 4 \text{ m}^2$$
$$s^2 = 68 \text{ m}^2$$
$$s = \sqrt{68 \text{ m}^2} = \underline{8,24 \text{ m}}$$

Das Seil ist $2 \cdot 8,24 \text{ m} = 16,48 \text{ m}$ lang!

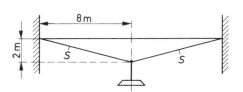

Bild 1.12

Beispiel 4: In der Wechselstromtechnik wird aufgrund der Phasenverschiebungen das Dreieck in
Bild 1.13 gezeichnet. Wie groß ist die Spannung U_R, wenn $U = 220$ V und $U_L = 100$ V sind?

Lösung:
$$U_R^2 = U^2 - U_L^2$$
$$U_R^2 = (220 \text{ V})^2 - (100 \text{ V})^2$$
$$U_R^2 = 48\,400 \text{ V}^2 - 10\,000 \text{ V}^2$$
$$U_R = \sqrt{38\,400 \text{ V}^2} = \underline{196 \text{ V}}$$

Bild 1.13 Spannungsdrei-
eck einer Reihenschaltung
aus ohmschem und induk-
tivem Widerstand

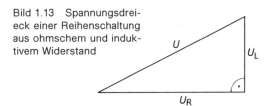

53

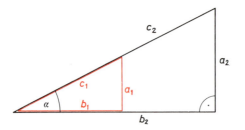

1.8.2 Winkelfunktionen (trigonometrische Funktionen)

Bild 1.14 zeigt 2 beliebig große rechtwinklige Dreiecke, die jedoch gleich große Winkel besitzen (mathematisch ähnliche Dreiecke). Bildet man in beiden Dreiecken das Verhältnis von je 2 entsprechenden Seiten, so zeigt sich, daß diese Verhältnisse stets gleich groß sind.

$$\frac{a_1}{b_1} = \frac{a_2}{b_2} \qquad \frac{a_1}{c_1} = \frac{a_2}{c_2} \qquad \frac{b_1}{c_1} = \frac{b_2}{c_2}$$

> In allen rechtwinkligen Dreiecken mit den gleichen Winkeln sind entsprechende Seitenverhältnisse gleich groß.

Dieses gilt unabhängig von der Länge der Seiten.
Ändern sich die Winkel des Dreiecks, so entsteht auch ein neues Seitenverhältnis.

Um ein rechtwinkliges Dreieck vollständig bestimmen zu können, sind 3 verschiedene Verhältnisse erforderlich.

$$\frac{1.\ \text{Kathete}}{\text{Hypotenuse}} \ ; \quad \frac{2.\ \text{Kathete}}{\text{Hypotenuse}} \ ; \quad \frac{1.\ \text{Kathete}}{2.\ \text{Kathete}}$$

Damit eine jeweils eindeutige Schreibweise entsteht, bezeichnet man die Katheten nach ihrer Lage zu dem Winkel, für den das Seitenverhältnis aufgestellt werden soll. Es liegt jeweils eine

> Kathete an dem Winkel = anliegende Kathete = *Ankathete*

und eine

> Kathete gegenüber vom Winkel = gegenüberliegende Kathete = *Gegenkathete*

Als vereinfachte Schreibweise werden folgende Begriffe verwendet:

$$\text{für: Verhältnis von } \frac{\text{Gegenkathete}}{\text{Hypotenuse}} \ \text{jetzt: Sinus (sin)}$$

$$\text{für: Verhältnis von } \frac{\text{Ankathete}}{\text{Hypotenuse}} \ \text{jetzt: Cosinus (cos)}$$

$$\text{für: Verhältnis von } \frac{\text{Gegenkathete}}{\text{Ankathete}} \ \text{jetzt: Tangens (tan)}$$

kurz:

$$\sin \sphericalangle = \frac{\text{Gk}}{\text{Hyp}} \qquad \cos \sphericalangle = \frac{\text{Ak}}{\text{Hyp}} \qquad \tan \sphericalangle = \frac{\text{Gk}}{\text{Ak}}$$

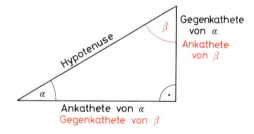

Bild 1.15   Darstellung der Gegen-
und Ankathete in Abhängigkeit
vom Winkel

Da zu jedem Seitenverhältnis ein bestimmter Winkel gehört, wurden Tabellen angefertigt
bzw. Rechner programmiert, die diese Zuordnung zueinander angeben.

> Eine Winkelfunktion muß immer mit Angabe des Winkels genannt werden, auf den sie sich
> bezieht.

Die Winkelangabe kann in Grad und als Bogenmaß erfolgen (hierzu siehe Abschnitt 3.4.4 Winkelangabe in Grad oder Bogenmaß).

Im Bild 1.16 gilt:

richtig: $\sin \alpha = \dfrac{12\ \text{cm}}{24\ \text{cm}} = 0,5$

falsch: $\sin\ \ = \dfrac{12\ \text{cm}}{24\ \text{cm}} = 0,5$

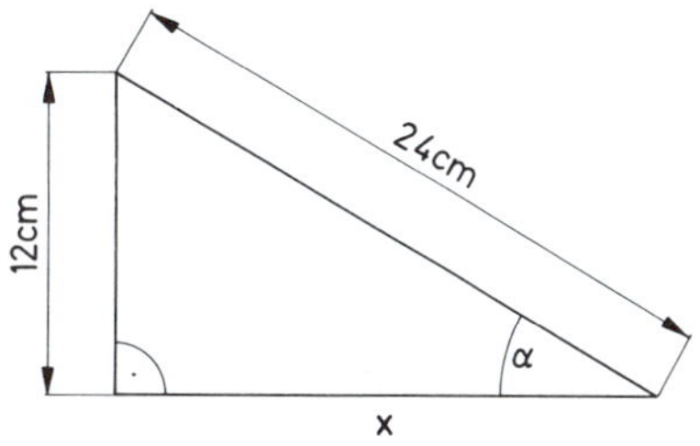

Bild 1.16

> Eine Winkelfunktion ist eine Verhältniszahl ohne Einheit. Der dazugehörige Winkel muß
> immer getrennt davon geschrieben werden.

richtig: $\sin \alpha = \dfrac{12\ \text{cm}}{24\ \text{cm}} = 0,5$ dann ist: $\alpha = 30°$

falsch: $\sin \alpha = \dfrac{12\ \text{cm}}{24\ \text{cm}} = 0,5 = 30°$

Anwendungsbeispiele:

Beispiel 1:   Wie groß sind der Winkel α und die Seite x in Bild 1.16?

Lösung: In dem Dreieck sind die Gegenkathete und die Hypotenuse bekannt. Dann läßt sich der
Sinus ermitteln.

$$\sin \alpha = \frac{\text{Gk}}{\text{Hyp}} = \frac{12\ \text{cm}}{24\ \text{cm}}$$

Der Taschenrechner gibt zum sin $\alpha = 0,5$ den Winkel $\alpha = 30°$. Die gesuchte Seite x ist die
Ankathete zu α. Da es die einzige unbekannte Größe im Dreieck ist, läßt sie sich entweder
über den Cosinus oder über den Tangens ermitteln (cos 30° = 0,866 und tan 30° =
0,577).

$$\cos \alpha = \frac{\text{Ak}}{\text{Hyp}} = \frac{x}{24 \text{ cm}} \qquad x = 24 \text{ cm} \cdot \cos \alpha = 24 \text{ cm} \cdot 0{,}866 = \underline{20{,}8 \text{ cm}}$$

oder: $\qquad \tan \alpha = \dfrac{\text{Gk}}{\text{Ak}} = \dfrac{12 \text{ cm}}{x} \qquad x = \dfrac{12 \text{ cm}}{\tan \alpha} = \dfrac{12 \text{ cm}}{0{,}577} = \underline{20{,}8 \text{ cm}}$

Beispiel 2: In einem rechtwinkligen Dreieck ist ein Winkel 37° und die anliegende Kathete 5 cm lang. Wie groß sind die beiden anderen Seiten?

Lösung: Bild 1.17 zeigt das Dreieck. Darin sind x die Gegenkathete vom 37°-Winkel und y die Hypotenuse.

Es gilt: $\quad \cos 37° = \dfrac{5 \text{ cm}}{y} \qquad y = \dfrac{5 \text{ cm}}{\cos 37°} = \dfrac{5 \text{ cm}}{0{,}798} = \underline{6{,}27 \text{ cm}}$

$\qquad\qquad \tan 37° = \dfrac{x}{5 \text{ cm}} \qquad x = 5 \text{ cm} \cdot \tan 37° = 5 \text{ cm} \cdot 0{,}753 = \underline{3{,}77 \text{ cm}}$

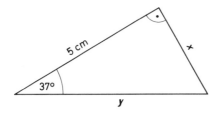

Bild 1.17

Bild 1.18 Widerstandsdreieck einer Reihenschaltung aus ohmschem und induktivem Widerstand

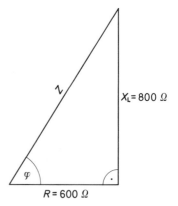

Beispiel 3: In der Wechselstromtechnik sind die Widerstände einer Reihenschaltung durch ein rechtwinkliges Dreieck entsprechend Bild 1.18 miteinander verknüpft. Wie groß sind der $\cos \varphi$ und der Scheinwiderstand Z dieser Schaltung?

Lösung: Zum Winkel φ sind X_L die Gegenkathete und R die Ankathete. Dann ist nur möglich

$$\tan \varphi = \frac{\text{Gk}}{\text{Ak}} = \frac{800 \ \Omega}{600 \ \Omega} = 1{,}333$$

Aus der Tabelle oder dem Taschenrechner ergeben sich hierzu $\varphi = 53{,}1°$ und $\cos 53{,}1° = \underline{\cos \varphi = 0{,}6}$

$$\cos \varphi = \frac{\text{Ak}}{\text{Hyp}} = \frac{R}{Z} \qquad\qquad Z = \frac{R}{\cos \varphi} = \frac{600 \ \Omega}{0{,}6} = \underline{1000 \ \Omega}$$

56

1.8.2.1 Darstellung der Sinusfunktion in einem Liniendiagramm

Der folgende Abschnitt soll den Zusammenhang zwischen einem Zeigerdiagramm und dem Liniendiagramm in der Wechselstromtechnik erläutern. Dazu wird angenommen, daß es keine Sinustabellen gibt und die zu einem Winkel gehörenden Sinuswerte erst durch eine zeichnerische Lösung ermittelt werden können.

Zur Ermittlung der Sinuswerte müßten rechtwinklige Dreiecke mit den gewünschten Winkel gezeichnet und anschließend die Gegenkatheten und Hypotenusen abgemessen werden. Der Quotient aus $\dfrac{\text{Gegenkathete}}{\text{Hypotenuse}}$ ist dann der Sinus des zugehörigen Winkels.

Um die Arbeit zu erleichtern, zeichnet man am besten Dreiecke, deren Hypotenuse 1 Einheit lang ist (z.B. 1 dm; 1 Zoll; 1 Elle usw.).

Dann ergibt sich: $\quad \sin \alpha = \dfrac{\text{Gegenkathete}}{\text{Hypotenuse}} = \dfrac{\text{Gk}}{1} = \text{Gegenkathete} \qquad$ (Bild 1.19)

z.B. $\qquad\qquad \sin \alpha = \dfrac{0,5 \text{ dm}}{1 \text{ dm}} = \dfrac{0,5}{1} = 0,5$

Ist die Hypotenuse in einem rechtwinkligen Dreieck 1, so ist die Länge der Gegenkathete gleich dem Sinus.

Bild 1.19 Rechtwinkliges Dreieck
mit der Hypotenusenlänge 1
(hier: 1 dm)

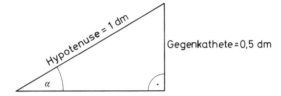

Trägt man an den Punkt M einer waagerechten Geraden unter verschiedenen Winkeln die Hypotenuse mit der Länge 1 an, so liegen die Endpunkte der Hypotenuse auf dem Kreis um M mit dem Radius 1, dem *Einheitskreis* (Bild 1.20).

Die senkrechten Seiten bilden in den dargestellten Dreiecken jeweils die Gegenkathete zu α. Sie sind, da die Hypotenuse 1 lang ist, ein Maß für den $\sin \alpha$. Überträgt man die Gegenkatheten (den $\sin \alpha$) in ein Koordinatenkreuz mit α als waagerechter Achse und $\sin \alpha$ als senkrechter Achse, so

Bild 1.20 Entwicklung der
Sinuskurve aus rechtwinkligen
Dreiecken mit Hilfe des Einheits-
kreises

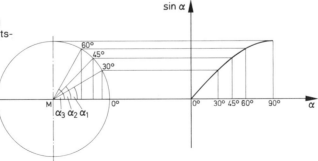

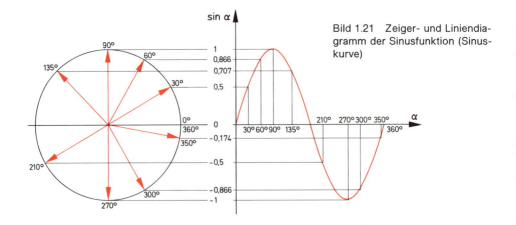

Bild 1.21 Zeiger- und Liniendiagramm der Sinusfunktion (Sinuskurve)

ergibt sich Bild 1.20. Werden die Punkte im Koordinatenkreuz durch eine Linie verbunden, so erhält man das *Liniendiagramm*. Zu jedem Winkel gehört eine bestimmte Gegenkathete und somit ein festliegender Punkt im Liniendiagramm.

Umgekehrt läßt sich die Feststellung treffen, daß zu jedem Punkt im Liniendiagramm eine ganz bestimmte Richtung der Hypotenuse in Bild 1.20 gehört. Diese Tatsache ist in der Wechselstrom-technik von Bedeutung. Dort vergleicht man das Liniendiagramm mit einem rotierenden Zeiger im Einheitskreis (Bild 1.21).

Die maximale Höhe der Sinuskurve tritt bei $\alpha = 90°$ auf und ist gleich der Länge des Zeigers im Zeigerdiagramm. Der Maßstab an der waagerechten Achse ist willkürlich gewählt worden, die Sinuskurve kann unterschiedlich lang nach rechts gedehnt werden (Bild 1.22a und b).

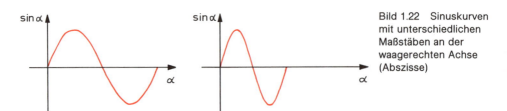

Bild 1.22 Sinuskurven
mit unterschiedlichen
Maßstäben an der
waagerechten Achse
(Abszisse)

2 Darstellungen im Koordinatensystem

In der Technik werden viele Zusammenhänge durch Formeln angegeben. Mit ihnen lassen sich gewünschte Werte leicht errechnen. Häufig ist es jedoch sinnvoll, Zusammenhänge als Kennlinie oder Kurve in einem Diagramm darzustellen. Diese Diagramme weisen folgende Vorteile auf:

1. Es läßt sich gut darstellen, welchen Einfluß die Änderung einer Größe auf die andere hat.
2. Manche Vorgänge lassen sich nur schwierig oder gar nicht durch Formeln erfassen. Hierzu gehören die Kennlinien von Halbleitern (Transistoren, Dioden usw.) und Magnetkreisen.

In vielen Fällen werden die Begriffe
lineares (proportionales) Verhalten,
quadratisches oder gar kubisches Verhalten (exponentielles Verhalten),
umgekehrtes (reziprokes) Verhalten und
logarithmische Darstellung
in der Literatur und im Sprachgebrauch verwendet. Der folgende Abschnitt soll einige immer wieder vorkommende Darstellungsarten erläutern.

2.1 Koordinatensysteme

Man unterscheidet verschiedene Darstellungsweisen. Am häufigsten begegnen dem Techniker das
a) rechtwinklige Koordinatensystem (Bild 2.1), z.B. Kennlinien von Widerständen, Liniendiagrammen in der Wechselstromtechnik, Statistiken usw., und
b) das Polarkoordinatensystem (Bild 2.2), z.B. Lichtverteilungskurven in der Lichttechnik.

2.1.1 Rechtwinkliges Koordinatensystem

Das *Rechtwinklige Koordinatensystem* (Bild 2.1) enthält 4 Felder (4 Quadranten). Meist verwendet man nur den 1. Quadranten, jedoch tauchen die Begriffe *Zweiquadrantenbetrieb* und *Vierquadrantenbetrieb* unter anderem in der Regelungstechnik auf.

In dem rechtwinkligen Koordinatenkreuz beginnen die Koordinaten im Schnittpunkt beider Achsen, dem Nullpunkt. Die allgemeine Schreibweise für das rechtwinklige Koordinatensystem lautet

$$y = f(x) \qquad (y = \text{Funktion von } x)$$

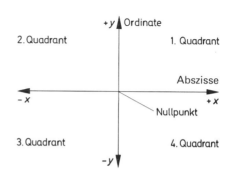

Bild 2.1   Rechtwinkliges Koordinatensystem

59

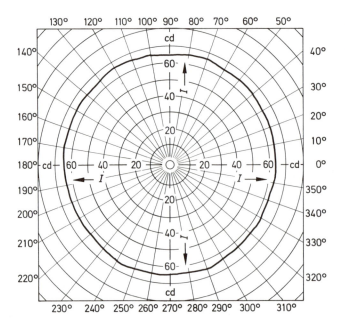

Bild 2.2 Polarkoordinatensystem mit der Lichtverteilungskurve einer Glühlampe

Die Beschriftung von Koordinatenkreuzen wird verschieden vorgenommen. Die Bilder 2.3 und 2.4 zeigen zwei Möglichkeiten.

Dabei wird an der *y*-Achse stets die abhängige Veränderliche und an der *x*-Achse die vorgegebene Veränderliche aufgetragen. Die Maßstäbe an beiden Achsen sind unabhängig voneinander beliebig wählbar, da verschiedene Größen aufgetragen werden.

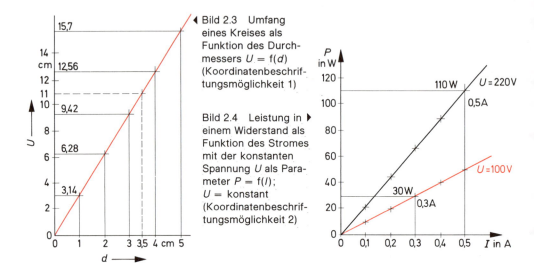

◀ Bild 2.3 Umfang eines Kreises als Funktion des Durchmessers $U = f(d)$ (Koordinatenbeschriftungsmöglichkeit 1)

Bild 2.4 Leistung in ▶ einem Widerstand als Funktion des Stromes mit der konstanten Spannung U als Parameter $P = f(I)$; U = konstant (Koordinatenbeschriftungsmöglichkeit 2)

60

y-Achse: Strom I in Ampere

x-Achse: Spannung U in Volt

(Strom-Spannungs-Diagramm)

Bei konstantem Widerstand ist I abhängig von der eingestellten Spannung U.

2.1.2 Polarkoordinatensystem

Beim *Polarkoordinatensystem* (Bild 2.2) wird die abhängige Veränderliche als Radius vom Mittelpunkt aus aufgetragen. Die unabhängige Größe stellt meistens der Winkel α dar.

Bild 2.2 zeigt als Beispiel die Lichtverteilungskurve einer Glühlampe. Die abgebildete Ebene steht senkrecht zur Lampenachse. Nach dieser Abbildung hat die Glühlampe rundherum (360°) eine Lichtstärke von ca. 65 Candela. Weitere Anwendungsbeispiele für Polarkoordinatensysteme sind in der Antennentechnik zu finden.

2.2 Lineares Verhalten

Beispiel 1: Die Abhängigkeit des Kreisumfangs vom Kreisdurchmesser soll in einem rechtwinkligen Koordinatenkreuz dargestellt werden.

Gegeben: $d = 0$ cm; 1 cm; 2 cm; 3 cm; 4 cm; 5 cm;

Lösung: Nach der Formel $U = d \cdot \pi$ ergibt sich folgende Wertetabelle, wenn für den Durchmesser die angegebenen Größen eingesetzt werden.

Wertetabelle:

d	0 cm	1 cm	2 cm	3 cm	4 cm	5 cm
$U = d \cdot \pi$	0 cm	3,14 cm	6,28 cm	9,42 cm	12,56 cm	15,7 cm

Diese Ergebnisse werden nach folgenden Regeln in den 1. Quadranten eines rechtwinkligen Koordinatenkreuzes (Bild 2.3) eingetragen:

a) die vorgegebene Veränderliche (hier: d) wird auf der waagerechten Achse, der *Abszisse*, dargestellt.

b) die abhängige Veränderliche (hier: U) erscheint auf der senkrechten Achse, der *Ordinate*.

c) eine in der Technik und Mathematik verbreitete Schreibweise lautet

U = f(d) allgemeine mathematische Schreibweise: y = f(x)

Umfang = Funktion vom Durchmesser

Bei dieser Schreibweise wird die konstante Größe nicht berücksichtigt, sondern lediglich die beiden in einem bestimmten Zusammenhang stehenden Größen, die auf den Koordinaten dargestellt werden. Alle Punkte in Bild 2.3 können mit einem Lineal verbunden werden. Hieraus ergibt sich:

> Die Kennlinie im Bild 2.3 verläuft linear oder proportional.

Der lineare bzw. proportionale Verlauf gilt auch für andere Gleichungen dieser Schreibart.

$U = I \cdot R$ $\rightarrow$ $U \sim I$;   wenn R konstant

$R = \dfrac{l}{\varkappa \cdot A}$ $\rightarrow$ $R \sim l$;   wenn $\varkappa$ und A konstant

Die aufzutragenden Größen müssen bei einer linearen Kennlinie immer im Zähler der beiden Gleichungsseiten stehen.

Beispiel 2: $P = I \cdot U$

Gegeben: $U_1 = 220$ V und $U_2 = 100$ V
$I = 0$ A; 0,1 A; 0,2 A; 0,3 A; 0,4 A; 0,5 A

Lösung:

Wertetabelle

gegeben		errechnet	gegeben		errechnet
U	I	$P = U \cdot I$	U	I	$P = U \cdot I$
220 V	0 A	0 W	100 V	0 A	0 W
220 V	0,1 A	22 W	100 V	0,1 A	10 W
220 V	0,2 A	44 W	100 V	0,2 A	20 W
220 V	0,3 A	66 W	100 V	0,3 A	30 W
220 V	0,4 A	88 W	100 V	0,4 A	40 W
220 V	0,5 A	110 W	100 V	0,5 A	50 W

In ein Koordinatenkreuz eingetragen, ergibt sich Bild 2.4.
In beiden Fällen können die Punkte wieder mit dem Lineal verbunden werden. Beide Kennlinien in Bild 2.4 verlaufen *linear*.
Die Kennlinien für 220 V und 100 V besitzen lediglich eine unterschiedliche Steigung.

> Die Steigung der Kennlinie ist von der konstanten Größe, dem Parameter, abhängig.

In den Wertetabellen zum Beispiel 2 war jeweils die Spannung U mit 220 V und 100 V für alle Ströme und Leistungen konstant. Diese konstante Größe heißt *Parameter*.
Befinden sich in einem Koordinatensystem mehrere Kennlinien, so unterscheiden sie sich durch den Parameter.
Mathematisch ergibt er sich aus dem Quotienten y/x eines Punkts auf der jeweiligen Kennlinie.
Ein Parameter kann in einer Koordinatendarstellung die in Bild 2.4 gezeigte feste Größe U in der Schreibweise $P = U \cdot I$ sein. Bei der Darstellung der Funktion

$$U_{kl} = U_0 - R_i \cdot I$$

(Klemmenspannung gleich Urspannung, vermindert um den inneren Spannungsabfall)
würden bei der Darstellung der Klemmenspannung in Abhängigkeit vom Strom

die Urspannung U_0 und

der Innenwiderstand R_i

als Parameter erscheinen.
(Allgemeine mathematische Darstellung $y = b - m \cdot x$, hierbei sind b und m durchaus veränderliche Größen, innerhalb einer Kennlinie bleiben sie jedoch konstant; Bild 2.5.)

Bild 2.5   Klemmenspannung als
Funktion des Stromes mit U_0 und R_i
als Parameter

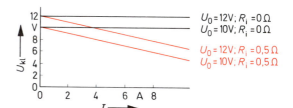

Bild 2.6   Widerstand als Funktion der
Drahtlänge mit der Leitfähigkeit und
dem Drahtquerschnitt als Parameter
$R = \mathrm{f}(l)$; $A = $ konstant

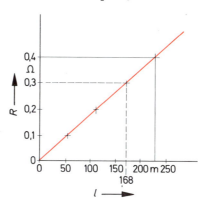

Beispiel 3: $R = \dfrac{l}{\varkappa \cdot A}$ $\varkappa_{cu} = 56 \dfrac{m}{\Omega \cdot mm^2}$

$A = 10\ mm^2$

$l = 56\ m; 112\ m; 224\ m$

hieraus ergibt sich: $R = 0,1\ \Omega; 0,2\ \Omega; 0,4\ \Omega$

Die grafische Darstellung zeigt Bild 2.6.

Zur Zeichnung dieser linearen Kennlinie wurden nur noch 3 Punkte verwendet. Für eine Gerade genügen eigentlich 2 Punkte, denn alle anderen liegen automatisch auf dieser Geraden. Verläuft die Gerade durch den Koordinatennullpunkt, braucht sogar nur ein weiterer Punkt berechnet und eingetragen zu werden. Bisher wurde die Kennlinie nach den errechneten Werten gezeichnet. Vorteilhaft ist die Umkehrung:

> Einer Kennlinie können die zueinandergehörenden Werte entnommen werden.

Beispiel 4:   Gesucht wird die Drahtlänge bei einem Widerstand von 0,3 Ω im Bild 2.6 (gestrichelte Linien).

Lösung: Von der Widerstandsachse wird parallel zur l-Achse durch 0,3 Ω eine Gerade gezogen. An dem Schnittpunkt mit der Kennlinie das Lot auf die l-Achse errichtet. Das Lot schneidet die l-Achse bei 168 m.

Ergebnis: Ein Kupferdraht mit einem Querschnitt 10 mm^2 und dem Widerstand von 0,3 Ω hat eine Länge von 168 m.

Beispiel 5: Welchen Umfang hat ein Kreis mit dem Durchmesser von 3,5 cm nach Bild 2.3?

Lösung: Durch $d = 3,5$ cm wird senkrecht ein Strich bis zum Schnittpunkt mit der Kennlinie gezogen. Von diesem Schnittpunkt muß eine Parallele zur d-Achse bis zur U-Achse gezeichnet werden. Sie schneidet die U-Achse im Wert 11 cm.

Ergebnis: Ein Kreis mit dem Durchmesser 3,5 cm hat einen Umfang von 11 cm.

2.3   Umgekehrtes (reziprokes) Verhalten

Beispiel: Es soll die erforderliche Geschwindigkeit v für eine konstante Wegstrecke s von 200 km bei veränderlicher Fahrzeit ermittelt werden. Die Fahrzeit beträgt: 0 h; 0,5 h; 1 h; 1,5 h; 2 h; 2,5 h; 5 h

Lösung: Die Formel lautet $v = \dfrac{s}{t}$

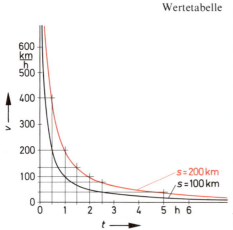

Bild 2.7   Geschwindigkeit als Funktion der Zeit mit dem konstanten Weg als Parameter $v = f(t)$; $s =$ konstant

Wertetabelle

gegeben		errechnet
s	t	$v = s/t$
200 km	0 h	200 km : 0 h $\rightarrow$ ∞ km/h
200 km	0,5 h	200 km : 0,5 h $=$ 400 km/h
200 km	1 h	$=$ 200 km/h
200 km	1,5 h	$=$ 133 km/h
200 km	2 h	$=$ 100 km/h
200 km	2,5 h	$=$ 80 km/h
200 km	5 h	$=$ 40 km/h
200 km	∞ h	200 km : ∞ h $\rightarrow$ 0 km/h

In einem Diagramm $v = f(t)$ bei konstantem Weg ergibt sich die rote Kurve im Bild 2.7. Der Verlauf dieser Kurve wird *Hyperbel* genannt. Die allgemeine mathematische Schreibweise lautet

$$y = m \cdot \frac{1}{x}$$

Befindet sich eine der beiden veränderlichen Größen im Nenner einer Gleichung, ergibt die Darstellung eine Hyperbel. Die vorgegebene Veränderliche steht zur abhängigen Veränderlichen im umgekehrten Verhältnis.

64

Der Hyperbel berührt beide Achsen erst im Unendlichen (∞), da beim Wert 0 einer Größe der andere Wert ∞ beträgt. Begründung: Ist die Zeit t im obigen Beispiel sehr klein, muß die Geschwindigkeit v sehr groß sein, damit der Weg eingehalten wird.

Beträgt der konstante Weg statt 200 km 100 km, so ergibt sich ebenfalls eine Hyperbel (schwarze Kurve im Bild 2.7).

> Die Lage der Hyperbel ist von der konstanten Größe, dem Parameter, abhängig.

2.4 Quadratisches Verhalten

Beispiel 1: Für einen konstanten Widerstand von 10 Ω soll die Leistung in Abhängigkeit vom Strom aufgetragen werden (Leistung als Funktion vom Strom, $P = \mathrm{f}(I)$).
Der Strom soll 0 A; 1 A; 2 A; 3 A; 4 A; 5 A betragen.

Lösung: Aus dem Ohmschen Gesetz und der Formel $P = U \cdot I$ läßt sich die Formel $P = I^2 \cdot R$ ableiten. Dann ergibt sich folgende Wertetabelle:

gegeben		errechnet	
R	I	I^2	$P = I^2 \cdot R$
10 Ω	0 A	0 A^2	0 W
10 Ω	1 A	1 A^2	10 W
10 Ω	2 A	4 A^2	40 W
10 Ω	3 A	9 A^2	90 W
10 Ω	4 A	16 A^2	160 W
10 Ω	5 A	25 A^2	250 W

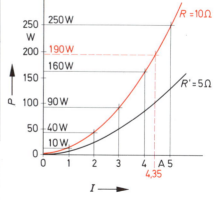

Bild 2.8 Leistung als Funktion des Stromes mit konstanten Widerständen als Parameter $P = \mathrm{f}(I)$; R = konstant

In ein Diagramm eingetragen, ergibt sich die rote Kurve im Bild 2.8.

Diese Kennlinie hat einen *quadratischen* Verlauf, da die Leistung P dem Quadrat der waagerecht aufgetragenen Größe verhältnisgleich (proportional) ist.

Die allgemeine mathematische Schreibweise lautet

$$y = m \cdot x^2 \qquad\qquad m = \text{konstante Größe}$$

> Trägt die vorgegebene Veränderliche (x-Achse) ein Quadratzeichen, ergibt sich ein quadratischer Verlauf, eine Parabel.

Beispiele: $P = R \cdot I^2$, $\qquad P = \dfrac{U^2}{R}$, $\qquad A = d^2 \cdot \dfrac{\pi}{4}$

Da es sich beim Quadratzeichen um einen Exponenten handelt, spricht man auch von einem exponentiellen Verlauf.

Würde anstelle $R = 10\,\Omega$ $R' = 5\,\Omega$ verwendet werden, so ändert sich nur die Steigung der Kennlinie, nicht jedoch der typische Verlauf (Bild 2.8 schwarze Kurve).

Die unterschiedliche Steigung ist von dem *Parameter* abhängig.

Beispiel 2: Wie groß ist der Strom im Widerstand von 10 Ω, wenn in dem Widerstand eine Leistung von 190 W entsteht?

Lösung: In Bild 2.8 schneidet die waagerechte Gerade durch 190 W die 10-Ω-Kennlinie senkrecht über 4,35 A.

Ergebnis: $I = 4,35$ A sind bei 10 Ω für 190 W erforderlich.

2.5   Logarithmische Darstellung

2.5.1   Teilung einer logarithmischen Skala

Die logarithmische Skala befindet sich auf jedem Rechenstab. Auf eine Begründung für diese Teilung soll hier verzichtet werden. Der Verlauf und die typischen Merkmale sind jedoch für die Anwendung bedeutsam. Bild 2.9 zeigt eine logarithmische Skala. Ihr ist folgendes zu entnehmen:

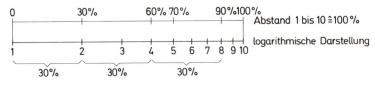

Bild 2.9
Logarithmische
Teilung

1. Die Abstände von einer Zahl zur nächsten sind unterschiedlich groß.
2. Der Abstand von 1 bis 2 ist genauso groß wie von 2 bis 4 und von 4 bis 8, d.h., für die *Verdoppelung* des Wertes wird jeweils der gleiche Abstand benötigt.

$$
\left.\begin{array}{rcl}
1 \cdot 2 &=& 2 \\
2 \cdot 2 &=& 4 \\
4 \cdot 2 &=& 8 \\
8 \cdot 2 &=& 16
\end{array}\right\}\begin{array}{l} a \\ a \\ a \end{array}
$$

Der Abstand a ist auf der logarithmischen Skala jedesmal gleich groß.

3. Das gleiche gilt bei Verdreifachung

Abstand 1 bis 3 wie 3 bis 9 wie 9 bis 27 .
denn $1 \cdot 3 = 3$ $3 \cdot 3 = 9$ $9 \cdot 3 = 27$

4. Für das Ablesen genügen im allgemeinen einige Zwischenwerte als Richtwerte.

Zwischen 1 und 10 liegt   2 ca. auf 30% Abstand
                                              4 ca. auf 60% Abstand
                                              8 ca. auf 90% Abstand
                                  und 5 ca. auf 70% Abstand

2.5.2 Logarithmische Koordinaten

In vielen Fällen ist es erforderlich, einen Kennlinienverlauf über mehrere Dekaden hinaus darzustellen. Eine Dekade umfaßt den Zahlenbereich einer Zehnerstelle.
Beispiele einer Dekade:

     0,1 bis 1 oder 1 bis 10
     0,2 bis 2 oder 2 bis 20
     0,5 bis 5 oder 600 bis 6000

Soll die Abhängigkeit einer Größe über mehrere Dekaden aufgetragen werden, ergibt sich bei linearer Teilung an den Achsen folgendes Bild 2.10.

Dieser Darstellung lassen sich keine genauen Zeiten für Ströme ab 40 A entnehmen. Wählt man dagegen die logarithmische Zahlenskala (Bild 2.11), dann lassen sich über mehrere Dekaden die Auslösezeiten für den gesamten Strombereich ablesen.

Die logarithmische Darstellung ermöglicht die exakte Eintragung über größere Zahlenbereiche.
Die Genauigkeit ist über den gesamten Bereich der Skala gleichbleibend.

Überstreicht sowohl die abhängige Veränderliche als auch die vorgegebene Veränderliche einen großen Bereich, wählt man an beiden Koordinatenachsen eine logarithmische Schreibweise (Bild 2.12). Hierdurch wird es möglich, die Kennlinien aller Sicherungen von 2 A bis 200 A mit gleich guter Ablesbarkeit in allen Bereichen in ein Diagramm einzutragen.

Ein weiterer Vorteil der doppeltlogarithmischen Darstellung liegt in der Umwandlung vieler Funktionen (z.B. quadratischer Verlauf, umgekehrtes Verhältnis) in gerade Linien.

Beispiel: Die Wertetabelle des Beispiels 1 (Abschnitt 2.4) soll in ein doppeltlogarithmisches Koordinatensystem eingezeichnet werden (Bild 2.13).

Alle eingezeichneten Punkte liegen auf einer Geraden. Die Geraden für unterschiedliche Widerstandswerte (hier: 10 Ω und 5 Ω) verlaufen parallel zueinander. Sie sind damit schnell für beliebige Zwischenwerte eintragbar und ablesbar.

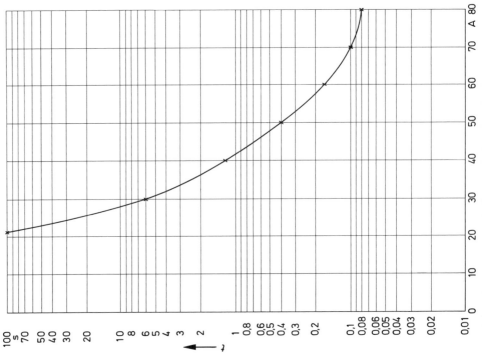

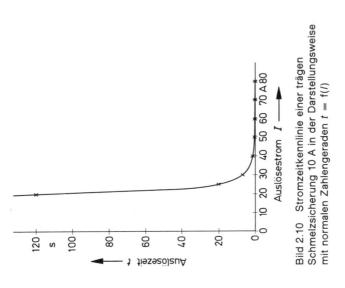

Bild 2.10 Stromzeitkennlinie einer trägen Schmelzsicherung 10 A in der Darstellungsweise mit normalen Zahlengeraden $t = f(I)$

Bild 2.11 Stromzeitkennlinie einer Sicherung 10 A in *logarithmischer Darstellung* $t = f(I)$

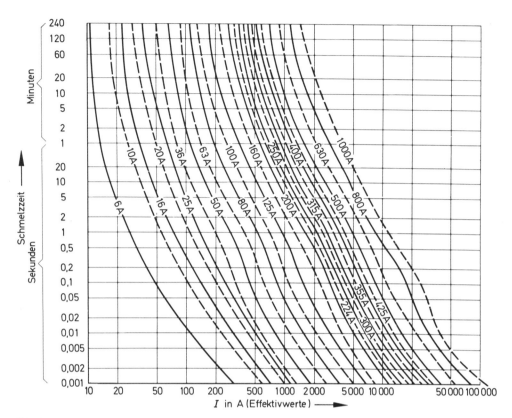

Bild 2.12 Stromzeitkennlinien von Sicherungen in *doppelt*logarithmischer Darstellungsweise mit den Nennströmen als Parameter $t = f(I)$; Nennstrom = konstant

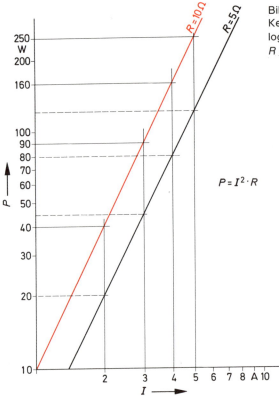

Bild 2.13 Darstellung der quadratischen Kennlinie aus Bild 2.8 in einem doppelt-logarithmischen Achsenkreuz $p = f(I)$; $R = $ konstant

$$P = I^2 \cdot R$$

3 Technisches Rechnen

3.1 Vorsätze von Einheiten

In den Maßsystemen sind physikalischen Größen Einheiten* zugeordnet, z.B. Meter (m); Sekunde (s); Newton (N). Um übersichtliche Werte zu erhalten, werden vor diese Einheiten Vorsätze zur Vergrößerung oder Verkleinerung gesetzt. Die folgende Aufstellung zeigt die üblichen Vorsätze und ihren Wert.

			Beispiele:		
G	Giga	für die Zehnerpotenz 10^9	GW	= Gigawatt	$= 10^9$ W
M	Mega	für die Zehnerpotenz 10^6	MΩ	= Megaohm	$= 10^6$ Ω
k	Kilo	für die Zehnerpotenz 10^3	kN	= Kilonewton	= 1000 N
h	Hekto	für die Zehnerpotenz 10^2	hl	= Hektoliter	= 100 l
da	Deka	für die Zehnerpotenz 10^1			
—	—	$10^0 = 1$			
d	Dezi	für die Zehnerpotenz 10^{-1}	dm	= Dezimeter	= 0,1 m
c	Zenti	für die Zehnerpotenz 10^{-2}	cm	= Zentimeter	= 0,01 m
m	Milli	für die Zehnerpotenz 10^{-3}	mg	= Milligramm	$= 10^{-3}$ g
μ	Mikro	für die Zehnerpotenz 10^{-6}	μA	= Mikroampere	$= 10^{-6}$ A
n	Nano	für die Zehnerpotenz 10^{-9}	ns	= Nanosekunde	$= 10^{-9}$ s
p	Piko	für die Zehnerpotenz 10^{-12}	pF	= Pikofarad	$= 10^{-12}$ F

Die Vorsätze werden ohne Zwischenraum vor das dazugehörige Kurzzeichen für die Einheit gesetzt.

richtig: km   falsch: k m

3.1.1 Umrechnungen zwischen Einheiten mit verschiedenen Vorsätzen

Häufig müssen die Vorsätze von Einheiten nicht nur durch Zehnerpotenzen ersetzt, sondern in andere Vorsätze verwandelt werden.

Beispiel 1:

1 cm	= ? mm	Überlegung; Welcher Zehnerpotenz entsprechen die Vorsätze.
$1 \cdot 10^{-2}$ m	= ? 10^{-3} m	Der Vorsatz auf der rechten Seite ist um
$1 \cdot 10^{-2}$ m	= $10 \cdot 10^{-3}$ m	eine Stelle kleiner, also muß die Beizahl
1 cm	= <u>10 mm</u>	um 1 Stelle größer werden, damit der Wert der beiden Seiten gleich groß ist.

Wert = (1 Stelle größer) · (1 Stelle kleiner)
Wert = Wert

* siehe Abschnitt 4.1

Beispiel 2:

$$5 \text{ dm} = ? \text{ mm}$$
$$5 \cdot 10^{-1} \text{ m} = ? \, 10^{-3} \text{ m}$$
$$5 \cdot 10^{-1} \text{ m} = 5 \cdot 10^{2} \cdot 10^{-3} \text{ m}$$
$$5 \text{ dm} = 5 \cdot 10^{2} \text{ mm}$$
$$5 \text{ dm} = \underline{500 \text{ mm}}$$

Die Einheit der rechten Seite ist um 2 Stellen kleiner, also muß die Beizahl um 2 Stellen größer werden.

Weitere Beispiele in abgekürzter Lösungsform:

$$7 \text{ MW} = ? \text{ kW}$$
$$\overbrace{10^{6}} \quad \overbrace{10^{3}}$$
$$7 \text{ MW} = \underline{7 \cdot 10^{3} \text{ kW}}$$

Die Einheit ist rechts 3 Stellen kleiner, dann muß die Beizahl um 3 Stellen größer werden.

$$9 \text{ nF} = ? \, \mu\text{F}$$
$$\overbrace{10^{-9}} \quad \overbrace{10^{-6}}$$
$$9 \text{ nF} = \underline{9 \cdot 10^{-3} \, \mu\text{F}}$$

Einheit rechts 3 Stellen größer, also Beizahl 3 Stellen kleiner.

Handelt es sich nicht um einfache lineare Grundeinheiten, sondern um Flächen- oder Körpermaße, dann gilt folgendes Verfahren:

$$1 \text{ dm}^{2} = ? \text{ cm}^{2}$$
$$1 \text{ dm} \cdot 1 \text{ dm} = 10 \text{ cm} \cdot 10 \text{ cm}$$
$$1 \text{ dm}^{2} = \underline{100 \text{ cm}^{2}}$$

> Bei Umrechnungen von Flächeneinheiten werden die Stellenunterschiede der Vorsätze mit 2 multipliziert.

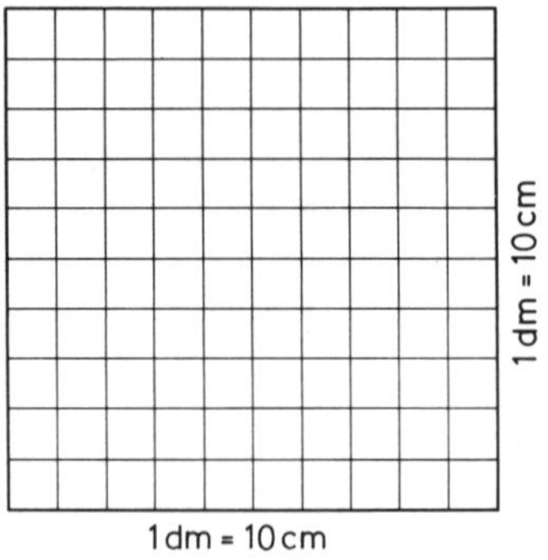

Bild 3.1

1 dm = 10 cm

$$4 \text{ km}^{2} = ? \text{ m}^{2}$$
$$\overbrace{10^{3}} \quad \overbrace{10^{0}}$$
$$4 \text{ km}^{2} = \underline{4 \cdot 10^{6} \text{ m}^{2}}$$

km ist 3 Stellen größer als m
km^{2} ist $3 \cdot 2 = 6$ Stellen größer als m^{2}.
Also muß die Beizahl 6 Stellen entsprechen

$$700 \text{ cm}^{2} = ? \text{ dm}^{2}$$
$$\overbrace{10^{-2}} \quad \overbrace{10^{-1}}$$
$$700 \text{ cm}^{2} = 700 \cdot 10^{-2} \text{ dm}^{2} = \underline{7 \text{ dm}^{2}}$$

Unterschied: 1 Stelle $\cdot$ 2 = 2 Stellen.
Rechts wird die Einheit um 2 Stellen größer, also muß die Beizahl um 2 Stellen kleiner werden, damit der Gesamtwert erhalten bleibt.

Bei Körpermaßen ergibt sich:

$$1 \text{ m}^{3} = ? \text{ dm}^{3}$$
$$1 \text{ m} \cdot 1 \text{ m} \cdot 1 \text{ m} = 10 \text{ dm} \cdot 10 \text{ dm} \cdot 10 \text{ dm}$$
$$1 \text{ m}^{3} = 1000 \text{ dm}^{3}$$

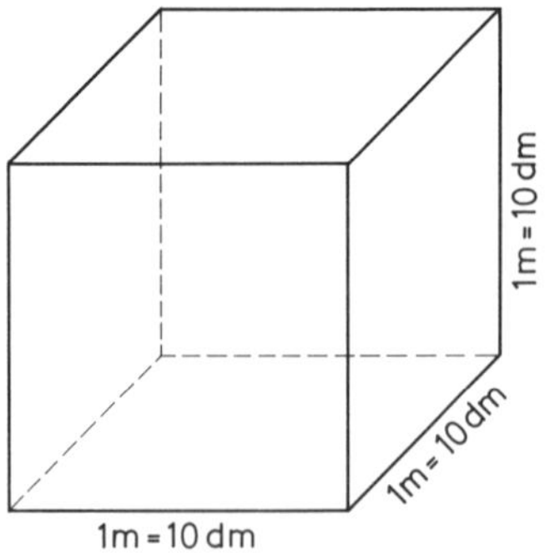

Bild 3.2

1 m = 10 dm

1 m = 10 dm

1 m = 10 dm

$$4 \text{ dm}^3 = ? \text{ mm}^3$$
$$4 \text{ dm}^3 = 4 \cdot \underline{10^6} \text{ mm}^3$$

die Einheit mm ist 2 Stellen kleiner als dm
mm^3 ist $2 \cdot 3 = 6$ Stellen kleiner als dm^3
dann muß die Beizahl 6 Stellen größer werden.

3.2 Flächen- und Körperberechnungen

3.2.1 Flächenberechnungen

Formelbuchstabe der Fläche A; Grundeinheit: m^2
Bild 3.3 gibt die Berechnung der wichtigsten Figuren an.

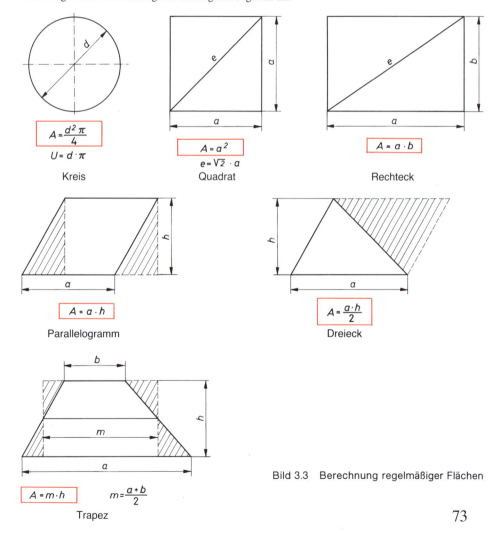

$$A = \frac{d^2 \pi}{4}$$
$$U = d \cdot \pi$$

Kreis

$$A = a^2$$
$$e = \sqrt{2} \cdot a$$

Quadrat

$$A = a \cdot b$$

Rechteck

$$A = a \cdot h$$

Parallelogramm

$$A = \frac{a \cdot h}{2}$$

Dreieck

$$A = m \cdot h \qquad m = \frac{a+b}{2}$$

Trapez

Bild 3.3   Berechnung regelmäßiger Flächen

73

Fast alle Flächen lassen sich auf diese Grundfiguren zurückführen. Das gilt insbesondere für regelmäßige Flächen mit Ausschnitten (Bild 3.4).

Fläche des äußeren Kreises A_1
Fläche des inneren Kreises A_2

$$A = A_1 - A_2$$

$$= \frac{D^2 \cdot \pi}{4} - \frac{d^2 \cdot \pi}{4}$$

$$A = (D^2 - d^2) \cdot \frac{\pi}{4}$$

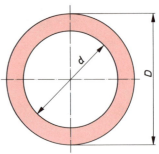

Bild 3.4
Kreisring-fläche

Beispiel 1: Wieviel mm² Blech enthält der Blechschnitt in Bild 3.5?

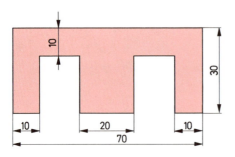

Bild 3.5
E-Kern für Schütz

Lösung a): $A_{\text{Eisen}} = A_{\text{gesamt}} - A_{\text{Ausschnitt}}$
$A_{\text{Gesamt}} = 70 \text{ mm} \cdot 30 \text{ mm} = 2100 \text{ mm}^2$
$A_{\text{Ausschnitt}} = (30 \text{ mm} - 10 \text{ mm}) \cdot (70 \text{ mm} - 40 \text{ mm}) = 20 \text{ mm} \cdot 30 \text{ mm}$
$= 600 \text{ mm}^2$
$A_{\text{Eisen}} = 2100 \text{ mm}^2 - 600 \text{ mm}^2 = \underline{1500 \text{ mm}^2}$

b): $A_{\text{Eisen}} = 70 \text{ mm} \cdot 10 \text{ mm} + (30 \text{ mm} - 10 \text{ mm})(10 \text{ mm} + 20 \text{ mm} + 10 \text{ mm})$
$= 700 \text{ mm}^2 + 20 \text{ mm} \cdot 40 \text{ mm}$
$= 700 \text{ mm}^2 + 800 \text{ mm}^2 = \underline{1500 \text{ mm}^2}$

Beispiel 2: Wie groß ist die Fläche in Bild 3.6?

Lösung:

$$A_{\text{Sektor}} = \frac{A_{\text{Kreis}} \cdot 100°}{360°} = \frac{d^2 \cdot \pi \cdot 100°}{4 \cdot 360°} = \frac{(80 \text{ mm})^2 \cdot \pi \cdot 100°}{4 \cdot 360°}$$

$$A_{\text{Sektor}} = 5030 \text{ mm}^2 \cdot \frac{100°}{360°} = \underline{1400 \text{ mm}^2}$$

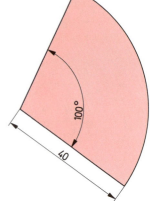

Bild 3.6
Kreisausschnitt

3.2.2 Körperberechnungen (Rauminhalt — Volumen)

Formelbuchstabe des Volumens **V**; Grundeinheit m³. Bild 3.7 gibt die Berechnung der wichtigsten Körper an.

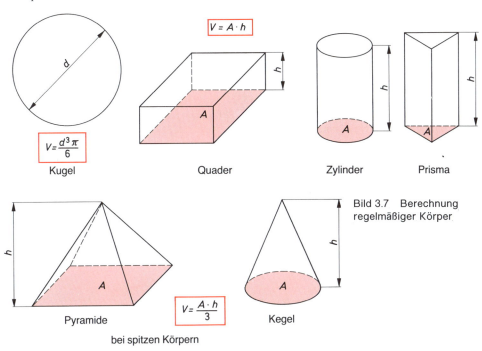

Bild 3.7 Berechnung regelmäßiger Körper

Zusammengesetzte Körper werden in Teilkörper zerlegt.

Beispiel: Wieviel Kubikmeter Rauminhalt hat die Halle aus Bild 3.8a?

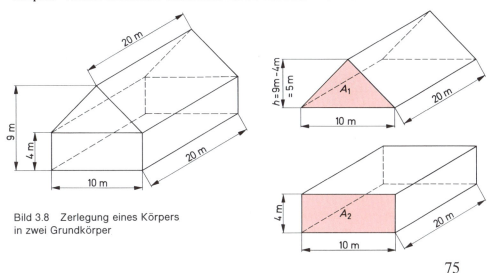

Bild 3.8 Zerlegung eines Körpers in zwei Grundkörper

75

Lösung: Die Halle läßt sich in 2 regelmäßige Teilkörper zerlegen (Bild 3.8b und 3.8c).
Aus Bild 3.8b ergibt sich: $V_1 = A_1 \cdot l$

$$A_1 = \frac{a \cdot h}{2} = \frac{10 \text{ m} \cdot 5 \text{ m}}{2} = 25 \text{ m}^2$$

$$V_1 = 25 \text{ m}^2 \cdot 20 \text{ m} = 500 \text{ m}^3$$

Aus Bild 3.8c ergibt sich: $V_2 = A_2 \cdot l = 4 \text{ m} \cdot 10 \text{ m} \cdot 20 \text{ m} = 800 \text{ m}^3$

Gesamtes Volumen: $V_{ges} = V_1 + V_2 = 500 \text{ m}^3 + 800 \text{ m}^3 = \underline{1300 \text{ m}^3}$

Das Volumen unregelmäßiger Körper (z.B. eines Feldsteins) läßt sich am einfachsten meßtechnisch bestimmen. Dazu wird der Gegenstand in einen Meßbecher mit einer Flüssigkeit getaucht. Die Differenz aus den Flüssigkeitsständen mit und ohne Meßobjekt ergibt das Volumen des unregelmäßigen Körpers (Bild 3.9).

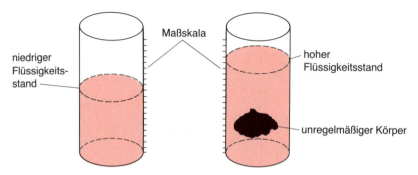

Bild 3.9   Volumenermittlung unregelmäßiger Körper

3.3   Berechnung von Spulen

In der Praxis arbeitet man fast ausschließlich mit dem Füllfaktor. Für Spulenkörper mit regelmäßigen Abmessungen gibt es Tabellen. Für unregelmäßige Wickelräume — wie beim Läufer eines Motors — haben die Firmen durch Probewicklungen oder Erfahrungswerte ebenfalls Füllfaktoren ermittelt.

Füllfaktor
Der *Füllfaktor f* gibt das Verhältnis von dem gesamten Drahtquerschnitt zur Fläche des Wickelraumes an.

$$f = \frac{A_{\text{Draht}}}{A_{\text{Wickelraum}}}$$

A_{Draht} bedeutet Querschnitt des reinen Drahtes ohne Isolation.

Er liegt im allgemeinen zwischen 30% und 80%. Bei dickem Draht ist er kleiner und bei dünnem Draht größer. (Vergleich: Ein Einkochglas wird mit Erbsen mehr ausgenutzt als mit Pfirsichen.)

Beispiel: In eine Läufernut sollen 200 Leiter eingebracht werden. Wie dick darf der Draht sein, wenn der Nutquerschnitt 40 mm² beträgt und ein Füllfaktor von 50% zu erwarten ist?

Gegeben: N = 200
A_{Nut} = 40 mm²
f = 50%

Gesucht: d_{cu} = ? mm

Lösung: Zur Verfügung steht folgender Wickelraum:
$A = A_{Nut} \cdot f = 40 \text{ mm}^2 \cdot 0,5 = 20 \text{ mm}^2$

Drahtquerschnitt:

$$A_{Cu} = \frac{A}{N} = \frac{20 \text{ mm}^2}{200} = 0,1 \text{ mm}^2$$

$$A_{Cu} = \frac{d^2 \cdot \pi}{4} \text{ oder } d^2 = \frac{A_{Cu} \cdot 4}{\pi}$$

$$d = \sqrt{\frac{A_{Cu} \cdot 4}{\pi}} = \sqrt{\frac{0,1 \text{ mm}^2 \cdot 4}{\pi}} = \underline{0,357 \text{ mm}}$$

Bild 3.10   Ankernut mit Wicklung

Gewählt: $d = \underline{0,36 \text{ mm}}$

Berechnung der Windungszahl im Idealfall

Falls keinerlei Anhaltswerte für den Füllfaktor zur Verfügung stehen und die idealen Bedingungen gemäß Bild 3.11 vorliegen, kann entsprechend dem folgenden Verfahren vorgegangen werden. Dies ist besonders dann der Fall, wenn relativ dicke Drähte mit nur wenig Windungen je Lage erforderlich sind. Geht man von diesem Idealzustand aus, liegen alle Windungen nebeneinander und direkt übereinander. Für Bild 3.11 ergeben sich dann

$\dfrac{b}{d}$ = 4 Windungen je Lage

$\dfrac{h}{d}$ = 3 Lagen

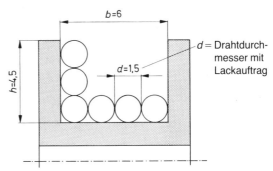

d = Drahtdurch-
messer mit
Lackauftrag

Dann beträgt die gesamte Windungszahl

$N = 4 \cdot 3 = \underline{12}$ Windungen

Bild 3.11   Spulenkörperhälfte

Berechnung des Drahtdurchmessers im Idealfall

Gegeben ist der Spulenkörper aus Bild 3.11 mit b = 6 mm und h = 4,5 mm.
    Es werden 12 Windungen gefordert. Wie groß darf der Drahtdurchmesser mit Isolation sein?

Lösung: Der gesamte Wickelraumquerschnitt beträgt

$A = b \cdot h = 6 \text{ mm} \cdot 4,5 \text{ mm} = 27 \text{ mm}^2$

Dann stehen für jeden Draht

$$A_1 = \frac{A}{N} = \frac{27 \text{ mm}^2}{12} = 2,25 \text{ mm}^2$$

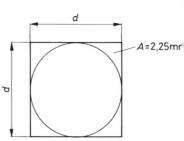

zur Verfügung. Diese Fläche entspricht dem Quadrat in Bild 3.12. Somit errechnet sich der Durchmesser aus:

$$d^2 = A_1 \quad \text{bzw.} \quad d = \sqrt{A_1} = \sqrt{2,25 \text{ mm}^2} = \underline{1,5 \text{ mm}}$$

Bild 3.12 Querschnittsangabe eines Drahtes zur Spulenberechnung

da hierbei Werte ermittelt werden, die nur im Idealfall gelten, muß eine Gegenprobe entsprechend dem vorherigen Absatz erfolgen.

Eventuell müssen dann kleinere Drahtdurchmesser gewählt werden.

3.3.1   Berechnung der Drahtlänge

Die Drahtlänge ist das Produkt aus der mittleren Windungslänge und der Windungszahl.

$$l = l_m \cdot N$$

Für unregelmäßige Spulenkörper, z.B. Ankernut, wird die mittlere Windungslänge durch Probewicklungen ermittelt. Bei normalen regelmäßigen Spulen ist die mittlere Windungslänge abhängig von der Spulenform. Hier sollen die zwei wichtigsten Möglichkeiten für eine Rundspule und eine Rechteckspule als Beispiel dargestellt werden. Dabei wird angenommen, daß der vorhandene Wickelraum voll genutzt wird. In allen anderen Fällen gelten die Maße d_2 bzw. a_2 und b_2 für die tatsächliche Wickelraumhöhe.

a) Rundspule:

Gegeben: $N = 2000$
und Bild 3.13

Gesucht: Drahtlänge

$$d_m = \frac{d_2 + d_1}{2} = \frac{80 \text{ mm} + 20 \text{ mm}}{2} = 50 \text{ mm}$$

$$l_m = d_m \cdot \pi = 50 \text{ mm} \cdot \pi = 157 \text{ mm} = 0,157 \text{ m}$$

$$l = N \cdot l_m = 2000 \cdot 0,157 \text{ m} = \underline{314 \text{ m}}$$

alle Maße in mm

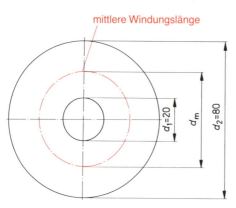

mittlere Windungslänge

Bild 3.13 Rundspule

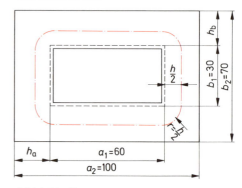

Bild 3.14 Rechteckspule

78

b) Rechteckspule:

Gegeben: $N = 4000$
und Bild 3.14

Gesucht: Drahtlänge

bei symmetrischen Rechteckspulen gilt:

$$h_a = h_b = h = \frac{a_2 - a_1}{2} = \frac{b_2 - b_1}{2}$$

$$h = \frac{100\ mm - 60\ mm}{2} = \frac{70\ mm - 30\ mm}{2} = 20\ mm$$

bei unsymmetrischen Rechteckspulen ($h_a \neq h_b$) muß selbstverständlich das kleinste Maß berücksichtigt werden.

wenn Radius $r = \dfrac{h}{2}$,

dann ist
Durchmesser $d = h$,
also der
Kreisumfang $h \cdot \pi$

$$
\begin{aligned}
l_m &= 2 \cdot (a_1 + b_1) + 4 \cdot \text{Viertelkreisumfang} \\
&= 2 \cdot (a_1 + b_1) + \text{Kreisumfang} \\
&= 2 \cdot (a_1 + b_1) + h \cdot \pi \\
&= 2 \cdot (60\ mm + 30\ mm) + 20\ mm \cdot \pi \\
&= 180\ mm + 62{,}8\ mm \\
l_m &= 242{,}8\ mm = 0{,}2428\ m \\
l &= l_m \cdot N = 0{,}2428\ m \cdot 4000 = \underline{972\ m}
\end{aligned}
$$

3.4 Geschwindigkeit und Beschleunigung

3.4.1 Geschwindigkeit

Aus der Kraftfahrzeugbranche sind die Begriffe Geschwindigkeit und Beschleunigung bekannt. Benötigt ein Fahrzeug auf der Autobahn bei gleichmäßiger Geschwindigkeit (gleichförmige Bewegung) für den Weg von 60 km 0,5 Stunden, so beträgt die Geschwindigkeit

$$v = \frac{60\ km}{0{,}5\ h} = 120\ km/h$$

$$\text{Geschwindigkeit} = \frac{\text{Weg}}{\text{Zeit}} \qquad \boxed{v = \frac{s}{t}}$$

Die Einheiten sind recht unterschiedlich. Sie sollen übersichtliche Zahlen ermöglichen, daher werden in der Technik die Geschwindigkeiten z.B. beim Fahrstuhl in m/s, beim Tonband in cm/s und beim Auto in km/h angegeben.

Beispiel: Ein Aufzug besitzt eine Durchschnittsgeschwindigkeit von 5 m/s. Welche Zeit ist für einen Höhenunterschied von 30 m erforderlich?

Gegeben: $v = 5\ \dfrac{m}{s}$
$\qquad\quad\ s = 30\ m$

Gesucht: $t = ?\ s$

Lösung: $v = \dfrac{s}{t}$ oder $t = \dfrac{s}{v} = \dfrac{30\ m}{5\ \dfrac{m}{s}} = \underline{6\ s}$

3.4.2   Beschleunigung

$$\text{Beschleunigung} = \frac{\text{Geschwindigkeitsänderung}}{\text{Zeitabschnitt}} \qquad \boxed{a = \frac{\Delta v}{\Delta t}} \qquad \text{in } \frac{\text{m}}{\text{s}^2}$$

Für die meisten Berechnungen der Praxis ist es ausreichend genau, den Bewegungsablauf innerhalb eines Beschleunigungsvorgangs geradlinig (idealisiert) anzunehmen (Bild 3.15).

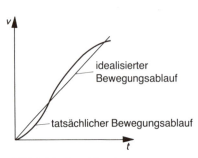

Bild 3.15   Beschleunigung

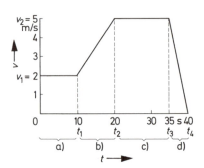

Bild 3.16   Zusammengesetzter Bewegungsablauf

Innerhalb eines Bewegungsablaufs unterscheidet man verschiedene Formen. Bild 3.16 zeigt folgende 4 Abschnitte:

a) die gleichförmige Bewegung beträgt 2 m/s, die Geschwindigkeit ist konstant

b) die Geschwindigkeit verändert sich innerhalb von 10 s von 2 m/s auf 5 m/s. Da sich die Geschwindigkeit vergrößert, handelt es sich um eine *positive Beschleunigung*. Sie berechnet sich aus der Formel

$$\boxed{a = \frac{v_2 - v_1}{t_2 - t_1} = \frac{\Delta v}{\Delta t}}$$

$$a = \frac{5\,\frac{\text{m}}{\text{s}} - 2\,\frac{\text{m}}{\text{s}}}{20\,\text{s} - 10\,\text{s}} = \frac{3\,\frac{\text{m}}{\text{s}}}{10\,\text{s}} = 0{,}3\,\frac{\text{m}}{\text{s}^2}$$

c) die Geschwindigkeit ist gleichbleibend 5 m/s

d) die Geschwindigkeit verändert sich innerhalb von 5 s von 5 m/s auf 0 m/s. Es handelt sich um einen Bremsvorgang. Die Rechnung ergibt eine *negative Beschleunigung oder Verzögerung*

$$a = \frac{v_3 - v_4}{t_4 - t_3} = \frac{0\,\frac{\text{m}}{\text{s}} - 5\,\frac{\text{m}}{\text{s}}}{40\,\text{s} - 35\,\text{s}} = \frac{-5\,\frac{\text{m}}{\text{s}}}{5\,\text{s}} = -1\,\frac{\text{m}}{\text{s}^2}$$

80

3.4.3 Umfangsgeschwindigkeit

Ein Sonderfall ist die Umfangsgeschwindigkeit. Sie gibt an, wie schnell sich ein Punkt eines Rades bewegt und ist der Drehzahl und dem Durchmesser verhältnisgleich.

Die Formel lautet:

$$v = U \cdot n \qquad\qquad U = d \cdot \pi = \text{Kreisumfang}$$

$$\boxed{v = d \cdot \pi \cdot n}$$

v Umfangsgeschwindigkeit in $\dfrac{m}{s}$

d Durchmesser $\qquad$ in m

n Drehzahl $\qquad$ in $\dfrac{1}{s}$

Beispiel 1: Die Riemenscheibe eines Motors hat den Durchmesser von 180 mm und dreht sich 1440mal je Minute. Wie groß ist die Treibriemengeschwindigkeit (Bild 3.17)?

Gegeben: $d = 180\text{ mm} = 0{,}18\text{ m}$

$\qquad\qquad n = 1440\ \dfrac{1}{min}$

Gesucht: $v = \dfrac{?\ m}{s}$

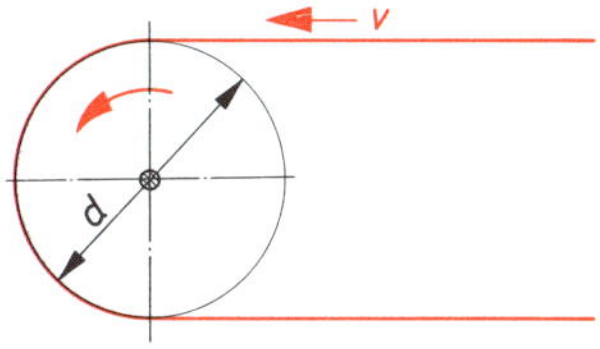

Lösung: $v = d \cdot \pi \cdot n \qquad n = \dfrac{1440}{60}\ \dfrac{1}{s} = 24\ \dfrac{1}{s}$

$\qquad\qquad = 0{,}18\text{ m} \cdot \pi \cdot 24\ \dfrac{1}{s} = \underline{13{,}57\ \dfrac{m}{s}}$

Bild 3.17 Riemenscheibe mit Treibriemen

Beispiel 2: Für eine Schleifscheibe ist als Umfangsgeschwindigkeit 22 m/s zugelassen. Wie schnell darf sich die Scheibe bei einem Durchmesser von 140 mm drehen?

Gegeben: $v = 22\ \dfrac{m}{s}$

$\qquad\qquad d = 140\text{ mm} = 0{,}14\text{ m}$

Gesucht: $n = ?$

Lösung: $v = d \cdot \pi \cdot n \qquad$ oder $\qquad n = \dfrac{v}{d \cdot \pi} = \dfrac{22\ \dfrac{m}{s}}{0{,}14\text{ m}\ \pi} = \underline{50\ \dfrac{1}{s}}$

3.4.4   Winkelangabe in Grad oder Bogenmaß

Die Größe eines Winkels läßt sich auf folgende 2 Arten eindeutig beschreiben:

— *Grad**(manchmal auch Altgrad genannt) mit 360° bei einem Vollkreis oder 1° ist der 90ste Teil eines rechten Winkels
— *Bogenmaß,* es beschreibt den Winkel als Verhältniszahl von Kreisbogen zu Radius.

Es ist bei gleichem Winkel

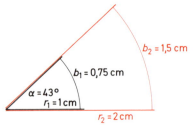

$$\frac{b_1}{r_1} = \frac{b_2}{r_2} = \widehat{\alpha}$$

$$\frac{0,75\ \text{cm}}{1\ \text{cm}} = \frac{1,5\ \text{cm}}{2\ \text{cm}} = 0,75 = \widehat{\alpha}$$

$$\boxed{\text{Bogenmaß} = \widehat{\alpha} = \frac{\text{Kreisbogen}}{\text{Kreisradius}}}$$

Bild 3.18   Bei einem Winkel ist das Verhältnis Bogen zu Radius immer gleich groß

Wie bei den Winkelfunktionen Sinus, Cosinus u. Tangens kürzt sich auch hier die jeweilige Einheit heraus. Es handelt sich also um eine Verhältniszahl, die in jedem Fall eindeutig die Größe des Winkels beschreibt. Dabei ergeben sich für Liniendiagramme und andere Darstellungen immer wiederkehrend folgende markante Werte:

Winkel in Grad		Winkel in Bogenmaß
Vollkreis	360°	$\dfrac{\text{Kreisumfang}}{\text{Radius}} = \dfrac{2\,\pi \cdot r}{r} = 2\,\pi$
Halbkreis	180°	$\dfrac{\text{Halbkreis}}{\text{Radius}} = \dfrac{2\,\pi \cdot r}{2 \cdot r} = \pi$
Rechter Winkel	90°	$\dfrac{\text{Viertelkreis}}{\text{Radius}} = \dfrac{2\,\pi \cdot r}{4 \cdot r} = \dfrac{\pi}{2}$

Da es sich bei der Kreiszahl $\pi = 3,14159\ldots$ um eine irrationale Zahl handelt, die in Dezimalform nur angenähert angegeben werden kann, verwendet man in Diagrammen das Bogenmaß meist als ganzzahlige Vielfache oder als Bruchteil von π (siehe Abschnitt 10.1.5).

---

* Bei Elektronenrechnern gibt es auch meist noch eine Einstellung für Neugrad oder Gon. Ein Vollkreis hat dann 400^g, bzw. 1^g ist der 100ste Teil eines rechten Winkels.

Einstellungen auf dem Elektronenrechner bei der Winkelberechnung

Entsprechend den 3 Möglichkeiten zur Angabe eines Winkels (Grad, Neugrad, Bogenmaß) gibt es unterschiedliche Tabellen. Die Elektronenrechner verfügen meist über einen entsprechenden Umschalter, der jedoch unterschiedliche Bezeichnungen trägt.

Die folgenden Beispiele verdeutlichen den Unterschied und können dem Leser zum Erproben seines Rechners dienen.

Winkelangabe			Winkelfunktion		
Grad	Neugrad	Bogenmaß	Sinus	Cosinus	Tangens
α	α	$\overset{\frown}{\alpha}$	$\sin \alpha$	$\cos \alpha$	$\tan \alpha$
0°	0^g	0	0	1	0
30°	33,3^g	0,524	0,5	0,866	0,577
45°	50^g	0,785	0,707	0,707	1
60°	66,6^g	1,047	0,866	0,5	1,732
90°	100^g	$\pi/2 = 1,57$	1	0	∞

3.4.5 Winkelgeschwindigkeit

Bei der Winkelgeschwindigkeit handelt es sich um die Geschwindigkeit einer Drehbewegung. Sie ist ein Maß für den Winkel, den ein Schenkel* eines Rades in der Zeit 1 Sekunde überstreicht.

$$\omega = \frac{\alpha}{t}$$

Es ist üblich, da für verschiedenste Anwendungen einfacher, in diesem Zusammenhang den Winkel in Bogenmaß anzugeben.

$$\text{Winkelgeschwindigkeit} = \frac{\text{Bogenmaß}}{\text{Zeit}} \qquad \omega = \frac{\overset{\frown}{\alpha}}{t}$$

Bei Antrieben mit konstanten Drehzahlen oder auch Wechselströmen mit konstanter Frequenz wird die Zeit für eine volle Umdrehung als Periode bezeichnet. Es ist die Zeit für einen eindeutig festgelegten Abschnitt, nämlich 1 Umdrehung. Dieser festgelegte Zeitabschnitt erhält den Formelbuchstaben T.

Zu diesem Abschnitt von 1 Umdrehung gehört der Winkel 2π im Bogenmaß. Damit ergibt sich

$$\omega = \frac{2\pi}{T} \quad \text{in 1/s}$$

* Verbindung zwischen einem Punkt auf dem Umfang mit dem Mittelpunkt des Rades.

Bei einem Motor mit der Drehzahl $n = 3000$ 1/min = 50 1/s dauert 1 Umdrehung 1/50 Sekunde. Somit gilt der Zusammenhang:

$$T = \frac{1}{n} \quad \text{bzw.} \quad n = \frac{1}{T}$$

In die obige Formel eingesetzt ergibt sich dann:

$$\omega = 2\,\pi \cdot n$$

ω Winkelgeschwindigkeit eines Rades in 1/s
n Umdrehungszahl des Rades pro Zeiteinheit
= Drehfrequenz in 1/s

> Die Umfangsgeschwindigkeit eines Rades ist dem Radius r und der Winkelgeschwindigkeit ω verhältnisgleich.

$$v_u = r \cdot \omega$$

v_u Umfangsgeschwindigkeit in m/s
r Radius   in m
ω Winkelgeschwindigkeit in 1/s

Beispiel: Wie groß sind die Umfangsgeschwindigkeiten der im Bild 3.18a dargestellten Riemenscheiben? Die Riemenscheiben sitzen alle auf einer Welle und haben somit die gleiche Winkelgeschwindigkeit.

Lösung:
a) Aus der Drehzahl von $n = 800$ 1/min = 13,33 1/s ergibt sich die Winkelgeschwindigkeit

$$\omega = 2\,\pi \cdot n = 2 \cdot \pi \cdot 13{,}33 \text{ 1/s} = 83{,}7 \text{ 1/s}$$

b) Die Umfangsgeschwindigkeiten betragen dann

$$v_1 = \omega \cdot r_1 = 83{,}7\,\frac{1}{s} \cdot 0{,}11 \text{ m} = \underline{9{,}22\,\frac{m}{s}}$$

$$v_2 = \omega \cdot r_2 = 83{,}7\,\frac{1}{s} \cdot 0{,}15 \text{ m} = \underline{12{,}56\,\frac{m}{s}}$$

$$v_3 = \omega \cdot r_3 = 83{,}7\,\frac{1}{s} \cdot 0{,}2 \text{ m} = \underline{16{,}57\,\frac{m}{s}}$$

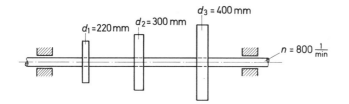

Bild 3.18a   Welle mit drei Riemenscheiben

84

3.5 Riemen- und Zahnradübersetzungen

3.5.1 Riementrieb

Bei einem Riementrieb muß die Umfangsgeschwindigkeit beider Riemenscheiben gleich groß sein (Schlupf sei nicht vorhanden) (Bild 3.19).

$$v_{\text{Riemen}} = v_1 = v_2$$

$$d_1 \cdot \pi \cdot n_1 = d_2 \cdot \pi \cdot n_2$$

$$\boxed{d_1 \cdot n_1 = d_2 \cdot n_2}$$

oder $$\boxed{i = \frac{n_1}{n_2} = \frac{d_2}{d_1}}$$

d_1 Durchmesser
n_1 Drehzahl   } der treibenden Scheibe

d_2 Durchmesser
n_2 Drehzahl   } der getriebenen Scheibe

$$\text{Übersetzungsverhältnis} = \frac{\text{Antriebsdrehzahl}}{\text{Abtriebsdrehzahl}}$$

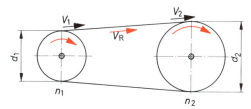

Bild 3.19   Riementrieb

kleiner Durchmesser · große Drehzahl = großer Durchmesser · kleine Drehzahl

Bei Keilriemen wird der Nenndurchmesser angegeben (Bild 3.20).

Beispiel 1: Ein Motor trägt eine 200-mm-Riemenscheibe bei 2800 1/min. Die angetriebene Maschine verlangt eine Drehzahl von 1000 1/min. Welcher Riemenscheibendurchmesser ist für die Maschine erforderlich?

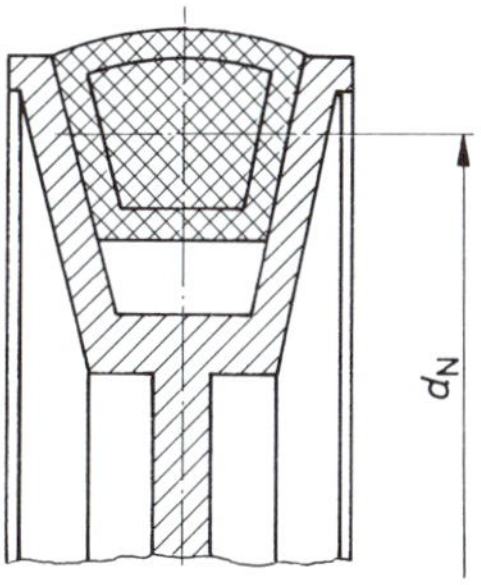

Bild 3.20
Durchmesserangabe
bei Keilriemen

Gegeben: $d_1 = 200$ mm

$$n_1 = 2800 \, \frac{1}{\text{min}}$$

$$n_2 = 1000 \, \frac{1}{\text{min}}$$

Gesucht: $d_2 = ?$ mm

Lösung: $d_2 \cdot n_2 = d_1 \cdot n_1$

$$d_2 = \frac{d_1 \cdot n_1}{n_2} = \frac{200 \text{ mm} \cdot 2800 \, \frac{1}{\text{min}}}{1000 \, \frac{1}{\text{min}}} = \underline{560 \text{ mm}}$$

85

Beispiel 2: Die Transmission an einer Maschine entspricht Bild 3.21. Wie groß ist die Drehzahl n_4, wenn der Motor 1440 1/min hat?

Gegeben: Bild 3.21

Gesucht: $n_4 = ? \dfrac{1}{min}$

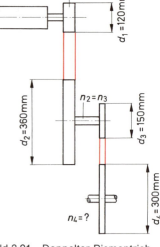

$n_1 = 1440$ 1/min

Motor

$d_1 = 120$ mm

$d_2 = 360$ mm

$n_2 = n_3$

$d_3 = 150$ mm

$d_4 = 300$ mm

$n_4 = ?$

Bild 3.21   Doppelter Riementrieb

Lösung: Die Aufgabe wird in 2 Stufen zerlegt.

a) $n_2 \cdot d_2 = n_1 \cdot d_1$

$$n_2 = \frac{n_1 \cdot d_1}{d_2} = \frac{1400\ \dfrac{1}{min} \cdot 120\ mm}{360\ mm} = 480\ \frac{1}{min}$$

b) $n_3 = n_2 = 480\ \dfrac{1}{min}$, da auf einer Welle

$n_4 \cdot d_4 = n_3 \cdot d_3$

$$n_4 = \frac{n_3 \cdot d_3}{d_4} = \frac{480\ \dfrac{1}{min} \cdot 150\ mm}{300\ mm} = 240\ \frac{1}{min}$$

Das Übersetzungsverhältnis dieser Anlage ist:

$$i = \frac{n_1}{n_4} = \frac{1440\ \dfrac{1}{min}}{240\ \dfrac{1}{min}} = \frac{6}{1} = \underline{6}$$

3.5.2   Zahnradtrieb

Die Zähnezahl ist proportional zum Durchmesser eines Zahnrades. Also gilt hier die gleiche Formel wie bei Riemenscheiben.

$$d_1 \cdot n_1 = d_2 \cdot n_2$$

bzw.

$$\boxed{Z_1 \cdot n_1 = Z_2 \cdot n_2}$$

$$\boxed{i = \frac{n_1}{n_2} = \frac{Z_2}{Z_1}}$$

Z_1 Zähnezahl $\left.\vphantom{\begin{matrix}a\\b\end{matrix}}\right\}$ des treibenden Rades
n_1 Drehzahl

Z_2 Zähnezahl $\left.\vphantom{\begin{matrix}a\\b\end{matrix}}\right\}$ des getriebenen Rades
n_2 Drehzahl

i Übersetzungsverhältnis

Bild 3.22
Zahnradübersetzung

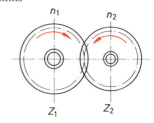

n_1 n_2

Z_1 Z_2

Beim einfachen Zahnradtrieb drehen sich die Zahnräder entgegengesetzt (Bild 3.22).

Soll die Drehrichtung von Antrieb und Abtrieb gleichsinnig sein, so schaltet man zwischen beide ein drittes Zahnrad (Bild 3.23). Dieses Zahnrad wird bei der Übersetzung nicht berücksichtigt, da die

86

Umfangsgeschwindigkeit aller 3 Räder gleich groß ist und somit die Gleichung wie folgt geschrieben werden kann.

$$v_{\text{Umfang}1} = v_{\text{Umfang}2} = v_{\text{Umfang}3}$$

$$d_1 \cdot n_1 = d_2 \cdot n_2 = d_3 \cdot n_3$$

$$\boxed{Z_1 \cdot n_1 = Z_3 \cdot n_3} \qquad \text{(Bild 3.23)}$$

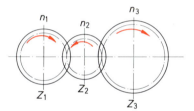

Bild 3.23 Übersetzung mit zusätzlichem Zahnrad zur Drehrichtungsumkehr

Beispiel 1: Auf der Motorwelle sitzt ein Zahnrad mit 48 Zähnen und treibt ein Maschinenrad mit 36 Zähnen an. Wie schnell dreht sich das Abtriebsrad, wenn die Motordrehzahl 730 1/min beträgt? Wie groß ist das Übersetzungsverhältnis?

Gegeben: $Z_1 = 48$

$n_1 = 730 \dfrac{1}{\text{min}}$

$Z_2 = 36$

Gesucht: $n = ? \dfrac{1}{\text{min}}$

$i = ?$

Lösung: $Z_2 \cdot n_2 = Z_1 \cdot n_1$

$$n_1 = \frac{Z_1 \cdot n_1}{Z_2} = \frac{48 \cdot 730 \, \frac{1}{\text{min}}}{36} = \underline{973 \, \frac{1}{\text{min}}}$$

$$i = \frac{n_1}{n_2} = \frac{730 \, \frac{1}{\text{min}}}{973 \, \frac{1}{\text{min}}} = \underline{0{,}75}$$

Beispiel 2: Wieviel Zähne muß in Bild 3.24 das Zahnrad auf der Motorwelle besitzen, wenn die Antriebsdrehzahl 18 1/min betragen soll?

Gegeben: Bild 3.24

Gesucht: $Z_1 = ?$

Lösung: Diese Aufgabe wird in 2 Stufen berechnet.

a) $n_3 \cdot Z_3 = n_4 \cdot Z_4$

$$n_3 = \frac{n_4 \cdot Z_4}{Z_3} = \frac{18 \, \frac{1}{\text{min}} \cdot 72}{8} = 162 \, \frac{1}{\text{min}}$$

b) $n_2 = n_3 = 162 \dfrac{1}{\text{min}}$

$n_1 \cdot Z_1 = n_2 \cdot Z_2$

$$Z_1 = \frac{n_2 \cdot Z_2}{n_1} = \frac{162 \, \frac{1}{\text{min}} \cdot 60}{972 \, \frac{1}{\text{min}}} = \underline{10}$$

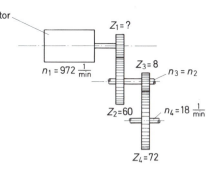

Bild 3.24 Doppelter Zahnradtrieb

87

3.5.3 Schneckentrieb

Schnecken können eine oder mehrere parallellaufende Rillen bzw. Zähne besitzen. Man spricht dann von eingängigen oder mehrgängigen Schnecken (Bild 3.25). Bei einer eingängigen Schnecke dreht sich je Umdrehung das Schneckenrad um einen Zahn weiter, bei einer zweigängigen Schnecke um 2 Zähne. Daher wird die Gangzahl einer Schnecke auch als Zähnezahl einer Schnecke bezeichnet. Während bei normalen Zahnradübersetzungen die Antriebsrichtung auch umgekehrt werden kann, ist bei Schnecken nur die Antriebsrichtung von der Schnecke zum Schneckenrad möglich. Der Schneckentrieb wird wie der einfache Zahnradantrieb berechnet.

$$g_1 \cdot n_1 = Z_2 \cdot n_2$$

g_1 Gangzahl
n_1 Drehzahl }   der Schnecke

$$i = \frac{n_1}{n_2} = \frac{Z_2}{g_1}$$

Z_2 Zähnezahl
n_2 Drehzahl }   der Schneckenrades

Bild 3.25   Schematische Darstellung einer ein- und zweigängigen Schnecke

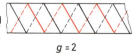

$g = 2$

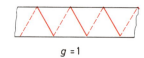

$g = 1$

Beispiel: Auf einer Motorwelle sitzt eine 3gängige Schnecke und treibt ein Schneckenrad mit 90 Zähnen an.

Welche Drehzahl hat das Schneckenrad, wenn die Motordrehzahl 2800 1/min beträgt?

Gegeben: $g_1 = 3$ Gesucht: $n_2 = ? \dfrac{1}{\text{min}}$

$n_1 = 2880 \dfrac{1}{\text{min}}$

$Z_2 = 90$

Lösung: $Z_2 \cdot n_2 = g_1 \cdot n_1$

$$n_2 = \frac{g_1 \cdot n_1}{Z_2} = \frac{3 \cdot 2880 \dfrac{1}{\text{min}}}{90} = 96 \frac{1}{\text{min}}$$

3.6   Masse, Gewichtskraft, Kraft

Die *Masse* ist die Stoffmenge, sie wird mit dem Formelbuchstaben m bezeichnet und hat die Einheit kg. Ein Körper hat auf der Erde und dem Mond die gleiche Masse. Sie ist also nicht an einen Ort gebunden.

Die *Gewichtskraft* ist die Kraft, mit der eine bestimmte Masse auf ihre Unterlage drückt. Die Gewichtskraft hat den Formelbuchstaben G oder F und wird in N (Newton) gemessen. Auf der Erde drückt die Masse 1 kg im Mittel mit 9,81 Newton auf die Unterlage. Der geringe Unterschied zwischen den Standorten Äquator und Pol ist vernachlässigbar. Befindet sich die gleiche Masse auf dem Mond, beträgt die Kraft auf ihre Unterlage nur ungefähr $^1/_6$ von 9,81 N gleich 1,63 N. Für die Raumfahrt ist also die Trennung der Begriffe Masse und Gewichtskraft unerläßlich.

Jeder Körper widersetzt sich einer Beschleunigung durch eine Gegenkraft, die seiner Masse (Stoffmenge) und der Beschleunigung verhältnisgleich ist. Diese Beziehung stellt das *dynamische Grundgesetz* dar.

$$F = m \cdot a$$

F Kraft in N
m Masse in kg
a Beschleunigung in $\dfrac{m}{s^2}$

Beispiel: Welche Kraft ist erforderlich, um einen Wagen in 10 Sekunden aus dem Stand auf die Geschwindigkeit 50 m/s gleichmäßig zu beschleunigen, wenn der Wagen die Masse 800 kg hat und die Reibung vernachlässigbar ist?

Gegeben: $t = 10$ s   Gesucht: $F = ?$ N

$v = 50 \dfrac{m}{s}$

$m = 800$ kg

Lösung: Aus der Geschwindigkeitszunahme und der Zeit errechnet sich die Beschleunigung.

$$a = \frac{v}{t} = \frac{50 \frac{m}{s}}{10 \text{ s}} = 5 \frac{m}{s^2}$$

$$F = m \cdot a = 800 \text{ kg} \cdot 5 \frac{m}{s^2} = 4000 \frac{kg \cdot m}{s^2}$$

es ist:
$$1 \frac{kg \cdot m}{s^2} = 1 \text{ N}$$

Also: $\underline{F = 4000 \text{ N}}$

im früher üblichen TM* ergibt sich $1 \text{ N} = \dfrac{1}{9,81} \text{ kp} = 0,102 \text{ kp}$

$$F = \frac{4000}{9,81} \text{ kp} = \underline{407 \text{ kp}}$$

Denkt man sich die Antriebskraft von außen auf den Wagen wirkend, so müßte diese Kraft aufgewendet werden (Bild 3.26).

Bild 3.26   Messung der Beschleunigungskraft eines Wagens

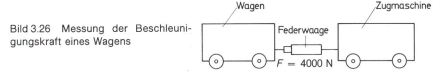

Ein Sonderfall der Kraft ist die Erdanziehungskraft, die Gewichtskraft. Der zugehörige Sonderfall der Beschleunigung ist die *Erdbeschleunigung*. Beide finden Anwendung in der Formel

---

* TM = Technisches Maßsystem (veraltet).

$$G = m \cdot g$$

G Gewichtskraft in N
m Masse in kg
g Erdbeschleunigung in $\dfrac{m}{s^2}$

Die Erdbeschleunigung kann gemessen werden, wenn ein beliebiger Körper ohne Luftreibung und ohne äußeren Einfluß (freier Fall) zur Erde fällt. Sie beträgt im Nahbereich der Erdoberfläche

rd. $9{,}81 \dfrac{m}{s^2}$.

Beispiel 1: Welche Gewichtskraft übt die Masse von 75 kg auf ihre Unterlage aus?

Lösung: Im Internationalen Einheitensystem (SI):

$$G = m \cdot g = 75 \text{ kg} \cdot 9{,}81 \frac{m}{s^2} = 736 \frac{kg \cdot m}{s^2} = \underline{736 \text{ N}}$$

Im (früher üblichen) TM ergibt sich:

$$G = \underline{75 \text{ kp}}$$

Im Technischen Maßsystem mit kp als Einheit für die Kraft ist auf der Erde keine Umrechnung erforderlich.

Beispiel 2: Ein Fahrstuhl beschleunigt mit 3 m/s². Mit welcher Kraft drückt eine Masse von 100 kg auf die Unterlage bei der Erdbeschleunigung 9,81 m/s²?

Gegeben: $a = 3 \dfrac{m}{s^2}$

$g = 9{,}81 \dfrac{m}{s^2}$

$\left. \right\}$ $a_{\text{gesamt}} = 12{,}81 \dfrac{m}{s^2}$

Gesucht: $F = ?$ N

$m = 100$ kg

Lösung: $F = m \cdot a_{\text{gesamt}}$

$$= 100 \text{ kg} \cdot 12{,}81 \frac{m}{s^2} = 1281 \frac{kg \cdot m}{s^2} = \underline{1281 \text{ N}}$$

Im früher üblichen TM ergibt sich 1 kp = 9,81 N

$$F = \frac{1281}{9{,}81} \text{ kp} = \underline{131 \text{ kp}}$$

3.6.1 Masse — Dichte; Gewichtskraft — Wichte

Im Abschnitt 3.6 wurde der Unterschied zwischen Masse und Gewichtskraft erklärt. Daraus ergeben sich auch zwei unterschiedliche spezifische Werte.

Dichte heißt die Masse je Volumeneinheit.

$$\varrho = \frac{m}{V} \quad \leftrightarrow \quad m = V \cdot \varrho$$

m Masse
V Volumen
ϱ Dichte

90

Wichte heißt die Gewichtskraft je Volumeneinheit.

$$\gamma = \frac{G}{V} \quad \leftrightarrow \quad \boxed{G = V \cdot \gamma}$$

G Gewichtskraft
V Volumen
γ Wichte

Früher wurde die Wichte «spezifisches Gewicht» genannt. In der Praxis sind folgende Werte üblich:

Begriff	Formel-buchstabe	Einheiten			
Volumen	V	m^3	dm^3	cm^3	mm^3
Masse	m	t	kg	g	mg
Dichte	ϱ	t/m^3 =	kg/dm^3 =	g/cm^3 =	mg/mm^3
Gewichtskraft	G	10^3 N	N	10^{-3} N	10^{-6} N
Wichte	γ	N/dm^3			

Tabelle 3.1 Wichte einiger Werkstoffe

Stoff	N/dm^3	Stoff	N/dm^3
Aluminium	26,48	Kupfer	87,3
Aldrey	26,48	Messing	83,4
Blei	112	Nickelin	86,3
Bronze	83,4	Öl	8,92
Chromnickel	83,4	Silber	103
Eis	8,83	Stahl	77
Eisen	77	Wasser	9,81
Konstantan	86,3	Wolfram	189,4

Beispiel 1: Für eine Sammelschienenanlage werden 10 m Kupferschienen 100 mm · 20 mm benötigt. Die Dichte beträgt 8,9 kg/dm³.
Wie groß ist die Masse, und welche Gewichtskraft in N ist vorhanden?

Gegeben: l = 10 m = 100 dm b = 20 mm = 0,2 dm   Gesucht: m = ? kg
h = 100 mm = 1 dm $\varrho = 8,9 \dfrac{kg}{dm^3}$ G = ? N

Lösung: Da ϱ in kg/dm³ gegeben ist, werden die Maße der Schiene auch in dm verwandelt.
Dann ergibt sich:

$$m = V \cdot \varrho \quad | V = l \cdot h \cdot b = 100 \text{ dm} \cdot 1 \text{ dm} \cdot 0,2 \text{ dm} = 20 \text{ dm}^3$$

$$m = 20 \text{ dm}^3 \cdot 8,9 \frac{kg}{dm^3} = \underline{178 \text{ kg}}$$

$$G = m \cdot g = 178 \text{ kg} \cdot 9,81 \frac{m}{s^2} = 1740 \frac{kg \cdot m}{s^2} = \underline{1740 \text{ N}}$$

Massenberechnung eines Drahtes

Beispiel 2: Ein 10 m langer Draht mit $\varrho = 8,9 \cdot$ g/cm³ hat einen Querschnitt von 0,5 mm². Wie groß ist die Masse des Drahtes?

Gegeben: l = 10 m

$\qquad \varrho = 8,9 \dfrac{\text{g}}{\text{cm}^3}$

$\qquad A = 0,5 \text{ mm}^2$

Gesucht: m = ? g

Lösung: $\quad m = V \cdot \varrho$

$\qquad\qquad\qquad\qquad\qquad\quad \left|\begin{array}{l} V = l \cdot A = 10 \text{ m} \cdot 0,5 \text{ mm}^2 \\[4pt] \quad = 10 \cdot 10^{+2} \text{cm} \cdot 0,5 \cdot 10^{-2} \text{cm}^2 = 5 \text{ cm}^3 \end{array}\right.$

$\qquad m = 5 \text{ cm}^3 \cdot 8,9 \dfrac{\text{g}}{\text{cm}^3}$

$\qquad m = 44,5 \text{ g}$

Meist wird die Drahtlänge in m und der Drahtquerschnitt in mm² angegeben. Das Beispiel zeigt, daß sich dann die Zehnerpotenzen bei der Volumenberechnung aufheben. Deshalb kann folgende Größengleichung geschrieben werden.

$$m = A \cdot l \cdot \varrho$$

m Masse eines Drahtes in g
A Drahtquerschnitt in mm²
l Drahtlänge in m
ϱ Dichte in $\dfrac{\text{g}}{\text{cm}^3}$

3.7 Kraft, Kräftediagramm

Formelbuchstabe der Kraft: F
Einheit: N

$$1 \text{ N} = 0,102 \text{ kp}$$

Zur eindeutigen Angabe einer Kraft gehört der Betrag und die Richtung. Sie läßt sich durch einen Vektor darstellen. Es entsprechen die Länge des Vektors dem Betrag der Kraft und die Richtung des Vektors der Richtung der Kraft (Bild 3.27).

Bild 3.27 Darstellung einer Kraft nach Richtung und Größe

92

Die Rechnung mit den gerichteten Kräften dient unter anderem zum besseren Verständnis der Zeigerdiagramme in der Wechselstromtechnik.

Die Addition mehrerer Kräfte muß nach Richtung und Größe erfolgen. Bei einheitlicher Richtung mehrerer Kräfte kann die Addition arithmetisch durchgeführt werden.

Beispiel:

Gegeben: $F_1 = 5\ \text{N}\ 0°$ Gesucht:
$F_2 = 6\ \text{N}\ 0°$
$F_3 = 7\ \text{N}\ 0°$ Lösung: $F_{ges} = F_1 + F_2 + F_3$
$= 5\ \text{N} + 6\ \text{N} + 7\ \text{N}$

Gesamtkraft $F_{ges} = ?\ \text{N}$ $\underline{F_{ges} = 18\ \text{N}\ 0°}$

Das gleiche gilt für entgegengesetzt gerichtete Kräfte. Dann ist eine Kraft positiv und die andere negativ.

Beispiel: Beim Tauziehen auf dem Schulhof ziehen 6 Jungen an einem Seil, das von 4 gleichstarken Jungen in entgegengesetzter Richtung gehalten wird (gezogen). Dann entsteht folgendes Kräftediagramm (Bild 3.28): Darin ist

$$F_{ges} = F_1 - F_2$$

Haben die in einem Punkt angreifenden Kräfte verschiedene Richtungen, so wird das Ergebnis zeichnerisch (geometrisch) ermittelt.

Bild 3.28   Addition entgegengesetzt gerichteter Kräfte

Beispiel 1:

Gegeben: $\vec{F_1} = 4\ \text{N}\ 0°$
$\vec{F_2} = 3\ \text{N}\ 70°$

Gesucht: $\vec{F_{ges}} = ?\ \text{N}\ ?°$

Lösung: Die Winkelangabe einer Kraft bezieht sich auf die mathematische Drehrichtung. Sie verläuft entgegen dem Uhrzeigersinn. Es sind also linksdrehende Winkel positiv und rechtsdrehende Winkel negativ (Bild 3.29).

Für die geometrische Addition wird die Formel wie folgt geschrieben:

$$\vec{F_{ges}} = \vec{F_1} + \vec{F_2} + \vec{F_3}$$

Der Pfeil über dem F bedeutet, daß die Kräfte nach *Richtung* und *Größe* zu addieren sind (geometrisch addieren).

Zur Durchführung der zeichnerischen Addition ist es zweckmäßig, die Vektoren mit a (Anfang) und e (Ende) zu bezeichnen. Dann ist der Lösungsgang folgender:
An den Angriffspunkten kommt der Anfang der ersten Kraft (a_1), es wird die Kraft in geforderter Richtung angetragen. Der Endpunkt der ersten Kraft (e_1) ist gleichzeitig Anfangspunkt der zweiten Kraft (a_2). Nun wird die Richtung und Länge der zweiten Kraft angetragen. Die Gesamtkraft

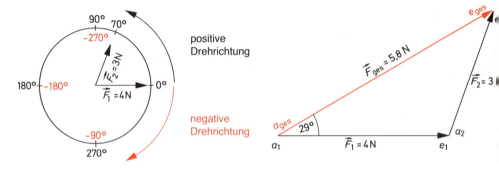

Bild 3.29 Winkelangabe von Kräften bei der
mathematischen Drehrichtung

Bild 3.30 Additionsfigur mehrerer Kräfte

verläuft vom Anfang der ersten Kraft (a_1) zum Ende der letzten Kraft (hier: e_2). Die Richtung der 2. Kraft wird durch Parallelverschiebung aus Bild 3.29 gewonnen und in Bild 3.30 eingetragen. Das empfiehlt sich besonders bei umfangreicheren Aufgaben. Die Richtung von $\vec{F}_{ges}$ wird von der Nullachse (0°) aus gemessen.

Ergebnis zu Beispiel 1: $\underline{\vec{F}_{ges} = 5{,}8 \text{ N } 29°}$

Die beiden Kräfte $\vec{F}_1$ und $\vec{F}_2$ haben zusammen die gleiche Wirkung wie $\vec{F}_{ges}$.

Beispiel 2:   Ein Freileitungsmast wird wie in Bild 3.31a belastet. Wie groß ist die Gesamtkraft, und welche Richtung hat sie?

Lösung: Siehe Additionsfigur (Bild 3.31b)!

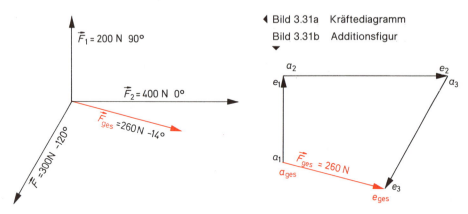

◄ Bild 3.31a Kräftediagramm

Bild 3.31b Additionsfigur

Ergebnis: Die Gesamtkraft beträgt $\underline{260 \text{ N} - 14°}$. Ein Abspannseil müßte eine entgegengesetzte Zugrichtung haben.
$(-14° - 180° = -194°$ oder $-14° + 180° = +166°)$

In der Wechselstromtechnik sind meistens 2 Zeiger unter einem Winkel von 90° vorhanden. Das entspricht folgender Aufgabe:

94

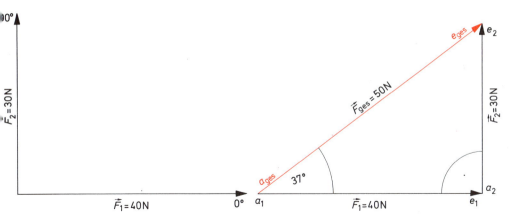

Bild 3.32a   Kräftediagramm   Bild 3.32b   Additionsdreieck

Beispiel 3:

Gegeben: Bild 3.32a mit $\vec{F}_1 = 30\ \text{N}\ \ 0°$
$\vec{F}_2 = 30\ \text{N}\ 90°$

Gesucht: Größe und Richtung von $\vec{F}_{gesamt}$.

Die zeichnerische Lösung (Bild 3.32b) ergibt $\vec{F}_{ges} = 50\ \text{N}\ 37°$. Die Additionsfigur ist ein recht-winkliges Dreieck mit $\vec{F}_1$ und $\vec{F}_2$ als Katheten und $\vec{F}_{ges}$ als Hypotenuse. Somit ist die Aufgabe auch leicht rechnerisch lösbar.

$$\tan \alpha = \frac{F_2}{F_1} = \frac{30\ \text{N}}{40\ \text{N}} = 0,75;\quad \alpha = 36,9°\quad \cos \alpha = 0,8$$

$$\cos \alpha = \frac{F_1}{F_{ges}}\quad \text{oder}\quad F_{ges} = \frac{F_1}{\cos \alpha} = \frac{40\ \text{N}}{0,8} = \underline{50\ \text{N}}$$

Wenn zwei Kräfte zu einer Ersatzkraft ($\vec{F}_{ges}$) addiert werden können, dann muß auch der umge-kehrte Vorgang lösbar sein.

Beispiel 4:   Zerlege die Kraft 600 N 30° in zwei Teilkräfte mit den Richtungen 0° und 90°. Wie groß ist der Betrag der Teilkräfte $\vec{F}_1$ und $\vec{F}_2$?

Gegeben: $\vec{F}_{ges}\ \ = 600\ \text{N}\ 30°$
Gesucht: $\vec{F}_1\ \ \ = ?\ \text{N}\ \ 0°$
$\vec{F}_2\ \ \ = ?\ \text{N}\ 90°$

Lösung: Eintragung der gegebenen Größen bzw. Richtungen in ein Kräftediagramm (Bild 3.33a).

Die Additionsfigur (Bild 3.33b) wird in folgender Reihenfolge gezeichnet:
   Durch Parallelverschiebung aus dem Kräftediagramm (Bild 3.33a) ergibt sich $\vec{F}_{ges}$ mit den Punk-ten a_{ges} und e_{ges}. Weiterhin ist bekannt, daß der Anfang der Kraft 1 (a_1) auf a_{ges} fällt und das Ende der letzten Kraft (e_2) auf e_{ges} liegt. Die Richtungen von $\vec{F}_1$ und $\vec{F}_2$ liegen im Kräftediagramm fest und

95

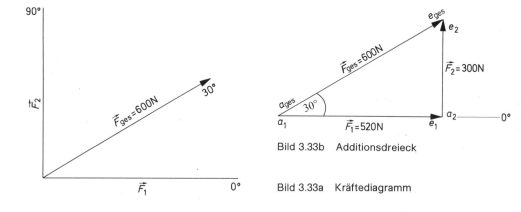

Bild 3.33b Additionsdreieck

Bild 3.33a Kräftediagramm

werden durch Parallelverschiebung so in die Additionsfigur übertragen, daß $\vec{F_1}$ durch a_1 und $\vec{F_2}$ durch e_2 verläuft. Der Schnittpunkt (e_1 ; a_2) gibt die Größe der Kräfte an. Dieses Verfahren legt eindeutig die Kraftrichtungen fest. Die Pfeilspitzen müssen immer mit den Endpunkten (e_1 ; e_2) zusammenfallen.

Ergebnis: $\vec{F_1}$ = 520 N 0°
$\vec{F_2}$ = 300 N 90°

Selbstverständlich läßt sich diese Aufgabe auch wieder rechnerisch lösen. In dem rechtwinkligen Dreieck (Bild 3.33b) sind die Hypotenuse und der linke Winkel bekannt. Bezogen auf den Winkel 30° ist

$\vec{F_1}$ die Ankathete und
$\vec{F_2}$ die Gegenkathete,

dann ergibt sich:

$$\cos 30° = \frac{F_1}{F_{ges}} \leftrightarrow F_1 = F_{ges} \cdot \cos 30° = 600 \text{ N} \cdot 0{,}866 = \underline{520 \text{ N}}$$

$$\sin 30° = \frac{F_2}{F_{ges}} \leftrightarrow F_2 = F_{ges} \cdot \sin 30° = 600 \text{ N} \cdot 0{,}5 = \underline{300 \text{ N}}$$

3.8 Drehmoment; Hebelgesetz

Ein drehbar gelagerter Stab heißt Hebel. Wirkt an dem Hebel eine Kraft, so entsteht eine Drehwirkung (Bild 3.34). Die Größe der Drehwirkung ist abhängig von dem Produkt

Kraft × Hebelarm

Das Produkt Kraft mal Hebelarm heißt Drehmoment

96

$$M = F \cdot l$$

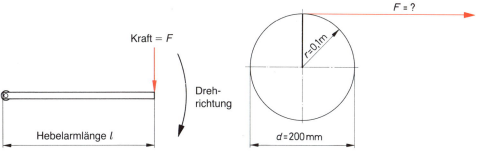

Kraft = F

Dreh-richtung

$F = ?$

$r = 0,1\,m$

$d = 200\,mm$

Hebelarmlänge l

Bild 3.34   Hebel mit Drehwirkung

Bild 3.35   Riemenscheibe mit Zugkraft

Beispiel: Ein Motor erzeugt ein Drehmoment von 30 Nm. Wie groß ist die Umfangskraft (Riemenzugkraft) bei einem Riemenscheibendurchmesser von 200 mm (Bild 3.35)?

Lösung: $M = F \cdot l$ hier: $l = r = 0,1$ m

$$F = \frac{M}{l} = \frac{30\,\text{Nm}}{0,1\,\text{m}} = \underline{300\,\text{N}}$$

Mit einem Hebel kann die Größe und die Richtung der Kraft geändert werden. Dabei gilt die Formel

$$\Sigma^* M_{\text{links}} = \Sigma M_{\text{rechts}}$$

allgemeines Hebelgesetz

Der Hebel ist im Gleichgewicht, wenn die Summe der linksdrehenden Momente gleich der Summe der rechtsdrehenden Momente ist.

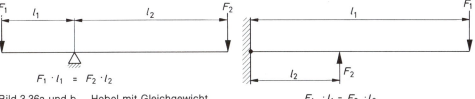

F_1 l_1 l_2 F_2 l_1 F_1

$F_1 \cdot l_1 = F_2 \cdot l_2$

l_2 F_2

Bild 3.36a und b   Hebel mit Gleichgewicht

$F_1 \cdot l_1 = F_2 \cdot l_2$

Beispiel 1:   Im Bild 3.36a ist F_1 die Gewichtskraft einer 1000 N schweren Maschine. Sie wird mit einer Brechstange angehoben. Unter die Brechstange wird als Drehpunkt ein Rohr so angelegt, daß $l_1 = 0,4$ m und $l_2 = 2$ m groß sind. Welche Kraft F_2 ist erforderlich, um den Hebel im Gleichgewicht zu halten?

* Σ Sigma (griech. Buchstabe), bedeutet hier Summe.

Gegeben: Bild 3.36a mit $l_1 = 0,4$ m; $l_2 = 2$ m und
$$F_1 = 1000 \text{ N}$$

Gesucht: $F_2 = ?$ N

Lösung:
$$M_{links} = M_{rechts}$$ oder:
$$F_1 \cdot l_1 = F_2 \cdot l_2$$ Der Kraftarm (l_2) ist 5mal länger als der Last-
$$1000 \text{ N} \cdot 0,4 \text{ m} = F_2 \cdot 2 \text{ m}$$ arm (l_1),
$$400 \text{ Nm} = F_2 \cdot 2 \text{ m}$$ also muß die Kraft (F_2) $^1/_5$ der Last (F_1)
betragen.

$$\frac{400 \text{ Nm}}{2 \text{ m}} = F_2$$

$$\underline{F_2 = 200 \text{ N}}$$

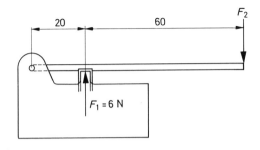

Bild 3.37   Endschalter

Beispiel 2: Welche Kraft ist erforderlich, um den Endschalter in Bild 3.37 zu betätigen?

Lösung:
$$M_{rechts} = M_{links}$$
$$F_2 \cdot l_2 = F_1 \cdot l_1$$
$$F_2 \cdot 80 \text{ mm} = 6 \text{ N} \cdot 20 \text{ mm}$$
$$F_2 = \frac{6 \text{ N} \cdot 20 \text{ mm}}{80 \text{ mm}}$$
$$\underline{F_2 = 1,5 \text{ N}}$$

Achtung: Als Hebelarm gilt immer die Entfernung zwischen Kraft und Drehpunkt. Das ist in diesem Beispiel $l_2 = 20$ mm + 60 mm = 80 mm

Beispiel 3: Bild 3.38a zeigt einen Differentialflaschenzug mit den Kräfteverteilungen auf die einzelnen Seilstücke. Bild 3.38b gibt dafür den zweiseitigen Hebel wieder. Welche Kraft ist erforderlich, um die Last zu halten?

98

Bild 3.38 Differentialflaschenzug
a) Ausführung
b) Darstellung als Hebel

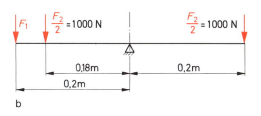

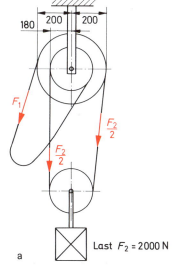

b

Lösung:

$$\Sigma M_{\text{links}} = \Sigma M_{\text{rechts}}$$

$$F_1 \cdot 0{,}2 \text{ m} + 1000 \text{ N} \cdot 0{,}18 \text{ m} = 1000 \text{ N} \cdot 0{,}2 \text{ m}$$

$$F_1 \cdot 0{,}2 \text{ m} + 180 \text{ Nm} = 200 \text{ Nm}$$

$$F_1 \cdot 0{,}2 \text{ m} = 20 \text{ Nm}$$

$$F_1 = \frac{20 \text{ Nm}}{0{,}2 \text{ m}}$$

$$\underline{F_1 = 100 \text{ N}}$$

Während die Beispiele 1 bis 3 immer einen einfach gelagerten Hebel enthielten, soll jetzt ein 2fach gelagerter Träger behandelt werden. Diese Aufgabe dient auch dem leichteren Verständnis der Ringleitungsberechnung im Abschnitt 12.4.4.

Beispiel 4: Wie groß sind die Auflagerkräfte F_A und F_B in Bild 3.39a?
Lösung: Zur Berechnung der Auflagerkräfte F_A und F_B denkt man sich einen der beiden Stützpunkte als Drehpunkt. Man erhält dann einen Hebel (Bild 3.39b). Zur Berechnung von F_B wird A als Drehpunkt gewählt.

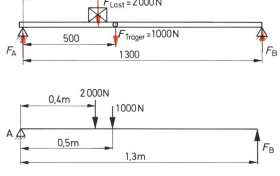

Bild 3.39   Zweifach gelagerter Träger
a) Aufbau mit Kräfteangriffspunkten
b) Punkt A als Drehpunkt des Hebels zur Bestimmung von F_B
Es soll sich um einen Träger mit veränderlichem Querschnitt handeln; daher liegt $F_{\text{Träger}}$ nicht in der Mitte

99

Berechnung von F_B:

$$\Sigma M_{links} = \Sigma M_{rechts}$$

$$F_B \cdot 1{,}3 \text{ m} = 2000 \text{ N} \cdot 0{,}4 \text{ m} + 1000 \text{ N} \cdot 0{,}5 \text{ m}$$

$$F_B \cdot 1{,}3 \text{ m} = 800 \text{ Nm} + 500 \text{ Nm}$$

$$F_B \cdot 1{,}3 \text{ m} = 1300 \text{ Nm}$$

$$F_B = \frac{1300 \text{ Nm}}{1{,}3 \text{ m}}$$

$$F_B = 1000 \text{ N}$$

Berechnung von F_A:

$$\Sigma F{\uparrow} = \Sigma F{\downarrow}$$

$$F_A + F_B = F_{Last} + F_{Träger}$$

$$F_A + 1000 \text{ N} = 2000 \text{ N} + 1000 \text{ N}$$

$$F_A + 1000 \text{ N} = 3000 \text{ N}$$

$$F_A = 3000 \text{ N} - 1000 \text{ N}$$

$$F_A = 2000 \text{ N}$$

Selbstverständlich hätte F_A auch wie F_B berechnet werden können.

100

4 Grundbegriffe der Physik und Chemie

4.1 Arbeitsmethoden der Physik — Maßsysteme

> Die Physik ist die Lehre vom Aufbau der Materie und von den Vorgängen in der Natur, bei denen keine stofflichen Veränderungen auftreten.

Der Name stammt aus dem Griechischen (physis = die Natur) und bedeutet ursprünglich Naturwissenschaft.

Die ältere Einteilung der Physik in Mechanik, Thermodynamik (Wärmelehre), Elektrodynamik, Optik und Akustik ist durch neue Erkenntnisse (Relativitätstheorie und Quantentheorie) nicht mehr exakt durchführbar.

Die fortschreitenden Erkenntnisse der modernen Physik ließen die Grenzen dieser klassischen Einteilung immer weiter verwischen. So sind z.B. die Gesetze der Akustik sowie der Wärmelehre teilweise durch mechanische Modelle beschreibbar. Wärmestrahlung und Licht gehorchen den gleichen Gesetzmäßigkeiten und sind mit der Elektrodynamik zu einem Gebiet verschmolzen. Ein wichtiges Grundprinzip, das alle Gebiete der klassischen Physik zusammenkettet, ist das *Energiegesetz* von der Erhaltung der Energie bei physikalischen Vorgängen.

Alle Gebiete der Physik, die im wesentlichen wahrnehmbare Erscheinungen behandeln, sind heute in der Makrophysik* zusammengefaßt. Die Mikrophysik** befaßt sich mit dem Aufbau der Materie, z.B. den Kristallen, Atomen und den Atomkernen. Um eine exakte Beschreibung der vielfältigen physikalischen Erscheinungen zu ermöglichen, bedient sich die Physik genau definierter Begriffe, die *Größen* genannt werden. Aufgrund vieler Beobachtungen der Naturerscheinungen sind die Größen in allgemein gültigen Naturgesetzen in Beziehung zueinander gebracht (Kausalität).

Eine Beschreibung und Verknüpfung der physikalischen Zusammenhänge, mit Hilfe der Mathematik, wird durch die Formelzeichen vereinfacht, die den Größen zugeordnet sind (es sind meist die Anfangsbuchstaben der lateinischen oder angelsächsischen Begriffe).

Beispiel: Zeit t; Länge l; elektrische Spannung U.

Um den physikalischen Größen meßbare Zahlenwerte zuordnen zu können, sind ihnen Vergleichsgrößen gegeben, die Maßeinheiten oder *Einheiten* genannt werden. In Aufzeichnungen und Berechnungen werden die Einheiten durch *Einheitenzeichen* vertreten.

Beispiel:

Größe	Formelzeichen	Einheit	Einheitenzeichen
Zeit	t	Sekunde	s
elektrische Spannung	U	Volt	V
elektrischer Strom	I	Ampere	A

* makro (griechisch) = groß, ** mikro (griechisch) = klein.

Zur klaren Trennung des Formelzeichens vom Einheitenzeichen einer Größe sind in der Literatur die Formelzeichen *kursiv* gedruckt. Bei der gleichzeitigen Angabe beider Zeichen darf nach DIN das Wort **in** vor das Einheitenzeichen gesetzt werden.

Beispiel: $R = \dfrac{U}{I}$
U in V
I in A
R in Ω

Bei der zahlenmäßigen Beschreibung einer Größe wird angegeben, den wievielfachen Betrag ihrer Einheit sie darstellt.

> Die Größe ist das Produkt aus einem Zahlenwert und ihrer Einheit.

Beispiel: $s = 20$ m heißt: Die Länge beträgt 20mal 1 m.

Werden Maßvorsätze (Abschnitt 3.1) verwendet, sind diese dem Zahlenwert zuzuordnen.

Beispiel: $U = 5\,\text{mV} = 5 \cdot 10^{-3}\,\text{V} = 0{,}005\,\text{V}$

Die historische, parallele Entwicklung der verschiedenen Gebiete der klassischen Physik hat zur Entstehung mehrerer voneinander unabhängiger Einheitensysteme geführt. Zur Umrechnung von Größen in Einheiten eines anderen Einheitensystems sind daher Umrechnungsfaktoren erforderlich.

Beispiel: Bei der Umrechnung einer Kraft vom Internationalen Einheitensystem in das Technische Maßsystem lautet die Umrechnung (gerundet): 1 N = 0,102 kp (1 Newton = 0,102 Kilopond).

In einem *Einheitensystem* ist für jede Größe nur eine Einheit vorgesehen. Sind alle Einheiten innerhalb des Systems nur durch die physikalischen Zusammenhänge der betreffenden Größen untereinander verbunden, brauchen keine Umrechnungen mit Zahlenfaktoren vorgenommen werden. Ein solches zusammenhängendes (kohärentes) Einheitensystem ist das heute verwendete Internationale Einheitensystem (SI)*. Gegenüber einem nichtzusammenhängenden (inkohärenten) Maßsystem, wie es das früher gebräuchliche Technische Maßsystem (TM) darstellt, liegt der wesentliche Vorteil des SI im Fortfallen von Umrechnungsfaktoren.

Jedes Einheitensystem benötigt eine bestimmte Anzahl sogenannter *Basisgrößen* oder Grundgrößen, deren Einheiten, die *Basiseinheiten* oder Grundeinheiten willkürlich (meist historisch begründet), festgelegt sind. Im SI sind diese Festlegungen so erfolgt, daß diese Basiseinheiten an jedem Ort und zu jeder Zeit in entsprechend ausgerüsteten Instituten mit der heute erforderten Genauigkeit reproduziert werden können (siehe z.B. Ende Abschnitt 4.4.4).

Das *Internationale Einheitensystem* (SI) ist in einer internationalen Konferenz aus den vorher bekannten Systemen aufgestellt worden. Es soll das Nebeneinander der verschiedenen Maßsysteme und die damit verbundene Undurchsichtigkeit, vor allem bei der Zusammenarbeit zwischen verschiedenen Gebieten der Physik und Technik sowie der Verständigung zwischen den Staaten

---

* französisch: Système International d'Unités.

102

erleichtern. In einem Bundesgesetz von 1969 wurde das SI übernommen. Es enthielt Übergangs-fristen für die Umstellung von den veralteten auf die neuen Einheiten, die zu einem Teil 1975 und zum anderen Teil 1977 abgelaufen sind. Nach diesen Fristen dürfen die alten Einheiten im amt-lichen Verkehr nicht mehr erscheinen.

Das SI kommt mit insgesamt sieben Basisgrößen aus. Aus den Zusammenhängen dieser Basis-größen lassen sich alle Maßeinheiten der Größen aus allen Zweigen der Physik ableiten.

Basiseinheiten des Internationalen Einheitensystems (SI)

Basisgröße Name	Formelzeichen	Basiseinheit Name	Einheitenzeichen
Länge (Weg)	$l\,(s)$	Meter	m
Masse	m	Kilogramm	kg
Zeit	t	Sekunde	s
elektrische Stromstärke	I	Ampere	A
thermodynamische Temperatur	T	Kelvin	K
Stoffmenge	n	Mol	mol
Lichtstärke	I	Candela	cd

Die SI-Einheiten der abgeleiteten Größen sind zu einem großen Teil mit den Namen verdienter Physiker benannt und mit entsprechenden Kurzzeichen versehen. Dieses ist in vielen Fällen für eine übersichtliche Schreibweise erforderlich. Leider sind dann jedoch die Zusammenhänge der Größen, aus denen die Einheiten abgeleitet sind, nicht mehr zu erkennen.

Beispiel: Im SI ist die Kraft eine durch das dynamische Grundgesetz abgeleitete Größe:

$$F = m \cdot a \quad \text{(Kraft gleich Masse mal Beschleunigung)}$$

darin ist die Beschleunigung wiederum abgeleitet aus der Geschwindigkeitsänderung Δv:

$$a = \frac{\Delta v}{\Delta t} \quad \text{mit} \quad \Delta v = \frac{\Delta s}{\Delta t} \text{ in m/s,} \quad \text{also ist}$$

$a = \dfrac{\Delta s}{\Delta t^2}$. Wird diese Formel in die obige eingesetzt, ergibt sich:

$F = \dfrac{\text{m} \cdot \Delta s}{\Delta t^2}$; werden die Basiseinheiten eingesetzt, erhält man als abgeleitete Einheit für die Kraft:

$\dfrac{\text{kg m}}{\text{s}^2}$ (Kilogramm mal Meter durch Sekunde hoch zwei). Hierfür wird jedoch Newton (N) gesagt. Es ist

$$1\,\text{N} = 1\,\frac{\text{kg} \cdot \text{m}}{\text{s}^2}.$$

103

Beispiel 2: Die Einheit der elektrischen Spannung soll aus den Basiseinheiten abgeleitet werden.

Elektrische Leistung errechnet sich nach folgender Formel (Abschnitt 7.3.2)

$$P = U \cdot I \quad \text{in} \quad V \cdot A = W \qquad \text{(Volt mal Ampere} = \text{Watt)}$$

durch Umstellung erhält man

$$U = \frac{P}{I}$$

darin ist I die einzige Grund- oder Basisgröße. Die Leistung leitet sich aus der Formel der Mechanik ab:

$$P = F \cdot \frac{s}{t} \quad \text{mit der Kraft} \quad F = \frac{m \cdot s}{t^2} \quad \text{(siehe voriges Beispiel)}$$

$$P = \frac{m \cdot s}{t^2 \cdot t} \cdot s = \frac{m \cdot s^2}{t^3}$$

Wird die letzte Formel in diejenige für die Spannung eingesetzt, wird die Spannung durch folgende Grundgrößen abgeleitet:

$$U = \frac{m \cdot s^2}{t^3 \cdot I}$$

Anstelle der Formelzeichen können nun die Basiseinheiten eingesetzt werden:

$$1\,V = 1\,\frac{kg \cdot m^2}{s^3 \cdot A} = 1\,\frac{N \cdot m}{A \cdot s}$$

4.2 Arbeitsmethoden der Chemie

Die Chemie* ist die Lehre von der Umwandlung der Stoffe. Die Aufgaben der Chemie sind: die stoffliche Zusammensetzung der Materie zu ermitteln, zusammengesetzte Stoffe in Grundstoffe zu zerlegen (Analyse) und aus Grundstoffen andere Stoffe aufzubauen (Synthese).

Die Chemie bedient sich dabei einer Formelsprache mit genau festgelegten Begriffen:

a) Die *chemischen Symbole* sind die Anfangsbuchstaben der überwiegend lateinischen Namen der Elemente.

Beispiele: H bedeutet: 1 Wasserstoffatom (Hydrogenium)
O bedeutet: 1 Sauerstoffatom (Oxygenium)
Cl bedeutet: 1 Chloratom

b) Die *chemische Formel* oder *Summenformel* bezeichnet die Zusammensetzung der Verbindung nach Art und Menge der beteiligten Atome.

---

* chemie (arabisch) = Stofflehre.

104

Beispiel: HCl bedeutet: 1 Molekül Chlorwasserstoff (Trivialname Salzsäure), bestehend aus 1 Wasserstoffatom und 1 Chloratom

H_2O bedeutet: 1 Molekül Wasser, bestehend aus 2 Wasserstoffatomen und 1 Sauerstoffatom.

c) Die *Strukturformel* läßt außer der Zusammensetzung der Verbindung noch die Anordnung der Atome (bzw. Ionen) erkennen.

Beispiele: Chlorwasserstoffmolekül: H—Cl

Wassermolekül: H—O—H

d) Die *chemische Gleichung* gibt die chemischen Vorgänge eines Prozesses in übersichtlicher Form wieder.

Beispiele: 2 Wasserstoffmoleküle und 1 Sauerstoffmolekül reagieren zu zwei Wassermolekülen:

$2 H_2 + O_2 \rightarrow 2 H_2O$

Chlorwasserstoff wird durch Wasser in Wasserstoffionen und Chlorionen gespalten:

$HCl \rightarrow H^+ + Cl^-$

Ein wichtiges Hilfsmittel ist die Stöchiometrie, die Lehre von der mengenmäßigen Zusammensetzung der Verbindungen.

Die Chemie ist in zwei große Gruppen unterteilt:

a) Die *anorganische Chemie* mit allen Verbindungen, die keinen Kohlenstoff enthalten. Es sind die Stoffe der unbelebten Natur.

b) Die *organische Chemie* mit nahezu allen Kohlenstoffverbindungen. Der Begriff entstand aus der früheren Meinung, daß Kohlenstoffverbindungen nur bei Lebensvorgängen entstünden. Heute beinhaltet sie z.B. die gesamte Kunststoffchemie.

Die *physikalische Chemie* untersucht physikalische Erscheinungen bei chemischen Vorgängen. Die wichtigsten Teilgebiete sind Elektrochemie, Photochemie, Thermochemie und Magnetochemie. Die Chemie ist über Grenzgebiete mit der Physik verbunden und daher von dieser nicht immer scharf zu trennen.

4.3   Aufbau der Materie

4.3.1   Atom und Molekül

Mit Hilfe der Untersuchungsmethoden der Chemie gelangte man zu der Erkenntnis, daß die gesamte Materie aus 92 verschiedenen Arten von kleinsten Bausteinen besteht[*]. *Die chemisch nicht mehr trennbaren Teilchen der Materie nennt man Atome[**].*

Stoffe, die nur aus einer einzigen Atomart bestehen, heißen chemische Grundstoffe oder Elemente.

Beispiel: Sauerstoff O; Wasserstoff H.

Die meisten Atome sind in der Lage, sich mit Atomen anderer Grundstoffe zu Bausteinen neuer Stoffe zusammenzusetzen.

[*] Die der künstlichen Transurane ausgenommen.
[**] Atom (griechisch) = unteilbar.

> Die Teilchen, die sich nur durch chemische Vorgänge, d.h. Zersetzung des Stoffes, trennen lassen, heißen Moleküle.

Beispiel: Das Wassermolekül H_2O besteht aus der Verbindung zweier Wasserstoffatome mit einem Sauerstoffatom.

Viele Grundstoffe bilden in der natürlichen Form Moleküle, die dann aus gleichartigen Atomen bestehen. Z.B. Sauerstoff als O_2, d.h., zwei Sauerstoffatome bilden ein Sauerstoffmolekül. Die Gase, abgesehen von den Edelgasen, bilden Moleküle, die im Normalfall aus zwei Atomen bestehen.
In Metallen bilden viele gleichartige Atome einen Kristall.

> Stoffe, deren Moleküle aus verschiedenen Atomen aufgebaut sind, heißen chemische Verbindungen.

Moleküle derselben Verbindung sind untereinander gleich, d.h. aus den gleichen Atomarten zusammengesetzt.
Es gibt verschiedene Bindungsarten. Nach ihren Gesetzen fügen sich die einzelnen Atome zu den einfachen oder auch sehr komplizierten Gebilden der Moleküle zusammen.

4.3.2 Zustandsformen der Materie

Die Zustandsformen der Materie, auch *Aggregatzustände* genannt, sind fest, flüssig oder gasförmig. Sie werden durch den unterschiedlichen inneren Zusammenhang der Stoffe hervorgerufen.
Die Moleküle bzw. Atome aller Stoffe üben aufeinander Anziehungskräfte aus. Diese *Molekularkräfte* (auch Braunsche Molekularkräfte genannt) haben nur eine geringe Reichweite über wenige Atomdurchmesser. Den Molekularkräften wirken abstoßende Kräfte entgegen, die eine Folge der *thermischen Bewegung* sind, d.h. der Schwingungen der Moleküle aufgrund der in ihnen enthaltenen Wärmeenergie. Die Moleküle üben ständig elastische Stöße aufeinander aus. Die durch den Zusammenhalt der Moleküle bedingte Zustandsform eines Stoffes ist daher von folgenden Faktoren abhängig:

a) den Molekularkräften der Bausteine,
b) der thermischen Bewegung, d.h. der Temperatur, und unter bestimmten Voraussetzungen
c) dem äußeren Druck, dem der Stoff ausgesetzt ist.

Im festen Zustand überwiegen die Molekularkräfte. Die Moleküle bzw. Atome haben eine feste Lage im Verband, um die herum sie ihre thermische Bewegung ausführen. Der Stoff ist formbeständig, er geht meist nach einer Verformung in seine Ausgangsform zurück, d.h., er ist elastisch verformbar.
Die meisten festen Stoffe sind *kristallin,* d.h., die Atome bzw. Moleküle fügen sich nach einer genau festgelegten Ordnung aneinander. Ein solches Gefüge nennt man *Kristall* oder *Kristallgitter* (Bild 4.1a).
In *amorphen* Körpern sind die Moleküle systemlos zusammengefügt (Bild 4.1b). Amorphe Stoffe sind z.B. Gläser und die meisten Kunststoffe.
Kristalline Stoffe haben eine bestimmte Schmelztemperatur, bei der die Bausteine den geordneten Zustand verlassen. Die für diesen Schmelzvorgang erforderliche Energie heißt Schmelzwärme. Amorphe Stoffe haben dagegen keine ausgeprägte Schmelztemperatur. Sie werden bei Erwärmung erst plastisch verformbar und gehen allmählich in den flüssigen Zustand über.

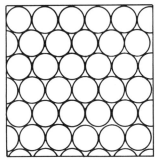 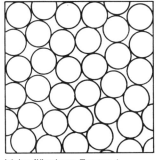 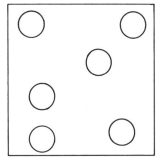

a) im festen Zustand (kristallin) b) im flüssigen Zustand c) im gasförmigen Zustand

Bild 4.1 Schematische Darstellung der Moleküle bei verschiedenen Zustandsformen

Im flüssigen Aggregatzustand haben Stoffe zwar ein bestimmtes Volumen, aber keine bestimmte Form. Die thermische Bewegungsenergie läßt keine feste Lage der Moleküle zu (Bild 4.1b). Sie liegen jedoch noch so eng beieinander, daß sie von den Molekularkräften zusammengehalten werden. Flüssige Stoffe sind daher nur geringfügig zusammendrückbar, d.h., sie sind nahezu *inkompressibel.*

Im gasförmigen Zustand überwiegen die abstoßenden Kräfte der Moleküle aufgrund ihrer hohen thermischen Bewegungsenergie. Die Abstände der Teilchen sind so groß, daß sie durch die geringe Reichweite der Molekularkräfte nicht mehr zusammengehalten werden können (Bild 4.1c). Gase haben daher das Bestreben, sich auszubreiten, d.h. auf den Raum zu verteilen. Sie haben kein festes Volumen, sind also zusammendrückbar oder *kompressibel.*

4.3.3 Kohäsion und Adhäsion

Der äußere Zusammenhang der Moleküle eines Stoffes wird Kohäsion genannt. Bei Flüssigkeiten entstehen aufgrund der Kohäsion an der Oberfläche oder den Grenzflächen an der Behälterwandung *Oberflächenspannungen.* Die an der Grenzfläche liegenden Moleküle konzentrieren ihre Molekularkräfte auf die in geringerer Anzahl vorhandenen Nachbarmoleküle. Dies führt zur Tröpfchenbildung oder nach außen gewölbten Flächen von eingeschlossenen Flüssigkeiten (Bild 4.2a). Bei Quecksilber bilden sich aufgrund seiner hohen Kohäsionskräfte bei kleinen Mengen sofort Kügelchen.

Bild 4.2 Kohäsion und
Adhäsion bei Flüssigkeiten
a) überwiegende Kohäsion
   (Quecksilber)
b) überwiegende Adhäsion
   (Öl)

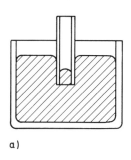 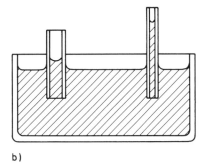

a)   b)

107

Molekularkräfte bestehen auch zwischen den Molekülen verschiedener Stoffe; man nennt sie Anhangskräfte. Bei vielen Flüssigkeiten sind die Anhangskräfte gegenüber den Molekülen mancher fester Stoffe größer als untereinander. Die Flüssigkeit ist dann bestrebt, einen möglichst großflächigen Kontakt mit dem festen Körper herzustellen. Diese Eigenschaft wird Adhäsion genannt. *Die benetzende Wirkung sowie das Hochsteigen an den Behälterwandungen von Flüssigkeiten sind Folgen der Adhäsion.* In engen Spalten oder Röhrchen (Kapillaren) kann die Adhäsion das Aufsteigen von Flüssigkeiten bewirken, die sogenannte Kapillarwirkung. Die Anhangskräfte werden auch von verschiedenen Klebstoffen, den Adhäsionsklebern, genutzt.

4.3.4 Atommodell

Die Atome der weitaus meisten chemischen Grundstoffe sind in der Lage, sich nach bestimmten Gesetzmäßigkeiten mit Atomen anderer Elemente oder auch desselben Elementes zu Molekülen oder Kristallen zu verbinden. Die Erklärung dieses Bindungsmechanismus ist mit Hilfe des Bohrschen *Atommodells* möglich. Außerdem ermöglicht dieses Atommodell z.B. die Veranschaulichung des elektrischen Leitungsmechanismus in Flüssigkeiten, Metallen und Halbleitern. Im Rahmen dieses Buches soll das Atommodell jedoch so weit vereinfacht werden, daß nur die grundlegenden Vorgänge erklärt werden können.

Jedes Atom besteht aus dem Atomkern und der Elektronenhülle (Bild 4.3).

Der Atomkern, in dem die Masse des Atoms vereinigt ist, besitzt positive elektrische Ladung. Seine Bausteine sind *Protonen* und *Neutronen*. Die Protonen sind die kleinsten positiven Ladungen. Ihre Anzahl bestimmt die Größe der positiven Ladung des Kerns, die sogenannte Kernladungszahl oder *Ordnungszahl*. Neutronen sind elektrisch neutrale Teilchen, die die gleiche Masse wie Protonen haben. Die Protonen stoßen sich wegen ihrer gleichnamigen Polung ab.

Der Durchmesser des Atoms liegt in der Größenordnung 10^{-8} cm. Der Atomkern ist mit einem Durchmesser von der Größenordnung 10^{-13} bis 10^{-12} cm etwa zehntausendmal bis hunderttausendmal kleiner. Der Durchmesser der Elektronen ist etwa eine weitere Zehnerpotenz geringer. Die Größenverhältnisse soll ein um den Faktor 10^{12} vergrößertes Atommodell veranschaulichen (Bild 4.4). Der Atomkern hätte einen Durchmesser von ca. 1 cm. Die Elektronen mit ca. 1 mm Durchmesser würden auf einer Bahn mit etwa 100 m Durchmesser um den Atomkern fliegen.

Ein weiteres Beispiel zur Veranschaulichung der Größenordnungen liefert die folgende Zahl: In einem Gramm Wasserstoff sind etwa $6 \cdot 10^{23}$ Wasserstoffatome enthalten.

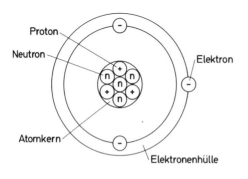

Bild 4.3 Grundsätzlicher Aufbau des Atommodells

Bild 4.4 Veranschaulichung der Größenverhältnisse eines Atoms (Wasserstoff) durch 10^{12}fache Vergrößerung

Elektron
1 mm

Kern
1 cm

100 m
Hülle

Die Protonen und Neutronen, aus denen der Atomkern besteht, werden als *Nukleonen* bezeichnet. Zwischen den Nukleonen wirken sehr starke Anziehungskräfte, die *Nuklearkräfte*. Die Nuklearkräfte haben jedoch nur eine geringe Reichweite (von ca. 10^{-13} cm). Die elektrischen Kräfte zwischen den Protonen sind jedoch größer als die Nuklearkräfte. Protonen können allein keinen stabilen Kern bilden. Die Neutronen halten den Atomkern durch zusätzliche Nuklearkräfte zusammen; sie werden daher auch als Kitt des Atomkerns bezeichnet.

Um die Stabilität des Atomkerns zu gewährleisten, ist stets mindestens die gleiche Anzahl Neutronen erforderlich, wie Protonen vorhanden sind; meistens sind die Neutronen in der Überzahl. Wasserstoff weicht — wie auch bei vielen anderen allgemeinen Aussagen — von dieser für alle anderen Elemente gültigen Aussage ab.

Die Masse des Atoms wird durch die Anzahl der im Kern vereinigten Nukleonen, also Protonen und Neutronen, bestimmt. Die Summe dieser Teilchen nennt man die *Massezahl* des Atomkerns. Eine Kernart mit bestimmter Protonen- und Neutronenzahl wird als *Nuklid* bezeichnet. Mit Hilfe physikalischer Methoden (Massenspektroskopie) hat man häufig bei Atomen der gleichen Ordnungszahl verschiedene Massezahlen festgestellt. Diese sind auf unterschiedliche Neutronenzahl bei gleicher Protonenzahl zurückzuführen. Man bezeichnet die Atome, die bei gleicher Kernladung verschiedene Massezahlen besitzen, als *isotope Nuklide* oder meist kurz als *Isotope*. In ihrem chemischen Verhalten sind die Isotope eines Elements jedoch gleich.

Unter radioaktiven Nukliden versteht man die Atomarten (Nuklide), deren Atomkerne instabil sind. Sie wandeln sich unter Abgabe eines Teils ihrer Masse und Energie in stabile Kerne um.

Die von radioaktiven Stoffen ausgehende Strahlung ist nicht einheitlich. Radioaktive Strahlung besteht aus drei vollständig unterschiedlichen Strahlenarten, die mit α-, β- und γ-Strahlen bezeichnet werden.

α-Strahlen sind positiv geladene Teilchen, die mit hoher Geschwindigkeit aus den Atomkernen der radioaktiven Stoffe herausgeschleudert werden. Jedes α-Teilchen besteht aus zwei Protonen und zwei Neutronen. Wegen der großen Masse der α-Teilchen sind diese Strahlen sehr energiereich.

109

β-Strahlen sind Elektronen, die mit hoher Geschwindigkeit (nur wenig unterhalb der Lichtgeschwindigkeit) von instabilen Atomkernen ausgesendet werden. *β*-Strahlen sind ebenfalls stark ionisierend und können dadurch chemische und biologische Wirkungen hervorrufen.

γ-Strahlen sind, wie Licht- und Röntgenstrahlen, elektronische Wellen, jedoch mit extrem kurzer Wellenlänge und damit hoher Energie. Sie besitzen von den radioaktiven Strahlen die größte Durchdringungsfähigkeit.

Die *Elektronenhülle* besteht aus den elektrisch negativen Elementarladungen, den *Elektronen*. Sie besitzen im Vergleich zu den Protonen und Neutronen eine außerordentlich kleine Masse. Die Elektronen bewegen sich auf kreis- oder ellipsenförmigen Bahnen um den Atomkern. Die elektrischen Anziehungskräfte — sie sind eine Folge der ungleichnamigen elektrischen Ladungen — stehen mit den Zentrifugalkräften im Gleichgewicht. Die Stabilität des Atoms ist dadurch gewährleistet.

Die Größe der elektrischen Ladung eines Elektrons ist gleich der eines Protons. Es sind lediglich die Vorzeichen entgegengesetzt. Da sich Atome im Normalfall nach außen hin als elektrisch neutral erweisen, muß die negative Gesamtladung der Elektronenhülle den gleichen Betrag haben wie die positive Gesamtladung des Atomkerns. Es ist somit die Anzahl der Hüllenelektronen gleich der Kernladungszahl, d.h. der Ordnungszahl des Atoms.

Die 92 verschiedenen Atomarten — entsprechend der gleichen Anzahl der natürlichen Elemente — unterscheiden sich hinsichtlich ihrer Ordnungszahlen. Das einfachste Atom mit der Ordnungszahl 1 ist das Wasserstoffatom.

Das natürliche Element mit der höchsten Massen- und Ordnungszahl ist das Uran mit 92 Protonen und Hüllenelektronen. Die Anzahl der Nukleonen beträgt im Normalfall 238 ($^{238}_{92}$U). Die Anzahl der Neutronen im Kern beträgt somit $238 - 92 = 146$.

4.3.5 Periodisches System der chemischen Elemente

Bei der Anordnung der chemischen Elemente nach ihren Ordnungszahlen stellte man fest[*], daß sich chemische sowie physikalische Eigenschaften von Glied zu Glied nach einer bestimmten Gesetzmäßigkeit ändern. Die Reihenfolge der Eigenschaften kehrt dabei in bestimmten Abständen wieder. Im Periodischen System sind diese Folgen, Perioden genannt, so angeordnet, daß die Elemente mit ähnlichen Eigenschaften untereinander stehen. Man erhält eine horizontale Einteilung in Perioden und eine vertikale Einteilung in Gruppen (Bild 4.5).

Einige charakteristische Gruppen sind:

Die *Edelgase* (Gruppe VIII oder Gruppe 0) haben eine abgeschlossene Außenschale. Sie gehen daher keine Verbindungen ein.

Die *Alkalimetalle* (Gruppe I) haben aufgrund des einen äußeren Elektrons eine hohe Affinität. Sie kommen daher in der Natur nur in Verbindungen vor.

Die *Halogene* (Gruppe VII) stehen jeweils vor den Edelgasen. Ihnen fehlt nur ein Elektron bis zum Edelgaszustand.

Die Erklärung für das Periodische System liefert die Atomphysik durch die Schalentheorie (Quantentheorie). Sie behandelt die Anordnung der Elektronen in der Elektronenhülle.

> Die chemische Bindungsfähigkeit der Elemente ist nur vom Aufbau der Elektronenhülle abhängig.

---

[*] Unabhängig voneinander durch Mendelejew und Meyer im Jahr 1869 entdeckt.

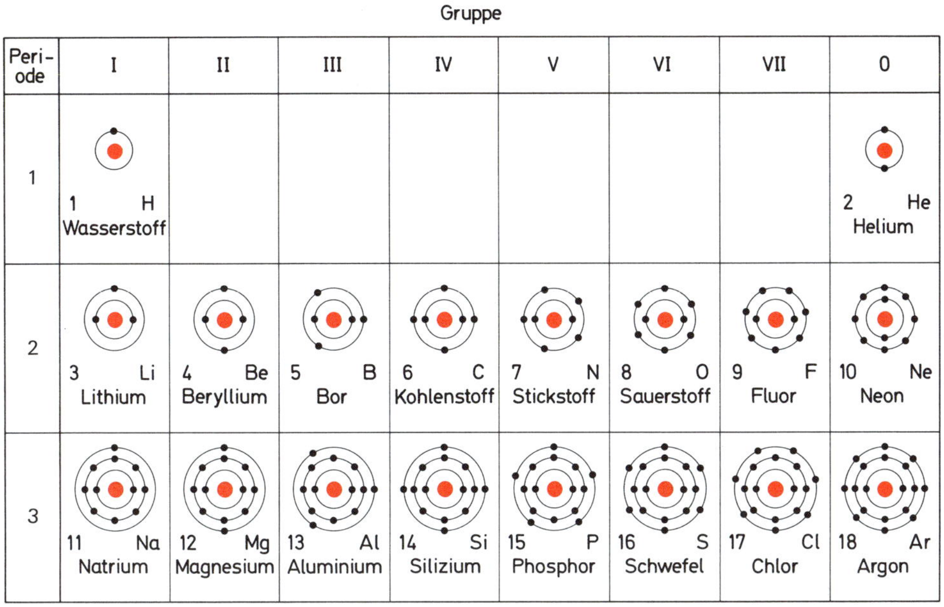

Peri-ode	I	II	III	IV	V	VI	VII	0
1	1 H Wasserstoff							2 He Helium
2	3 Li Lithium	4 Be Beryllium	5 B Bor	6 C Kohlenstoff	7 N Stickstoff	8 O Sauerstoff	9 F Fluor	10 Ne Neon
3	11 Na Natrium	12 Mg Magnesium	13 Al Aluminium	14 Si Silizium	15 P Phosphor	16 S Schwefel	17 Cl Chlor	18 Ar Argon

Bild 4.5   Die ersten Perioden des periodischen Systems

Die Elektronen bewegen sich auf sogenannten Schalen in festgelegten Abständen um den Atomkern. Jede dieser Schalen vermag nur eine bestimmte Anzahl Elektronen aufzunehmen. Je weiter die Schale vom Kern entfernt ist, um so höher ist das Energieniveau der darin enthaltenen Elektronen. Man nennt die Schalen daher auch Energie- oder *Valenzbänder*.

Im Grundzustand befindet sich jedes Elektron auf dem niedrigsten Energieniveau. Die Schalen sind, in Kernnähe beginnend, nach außen hin besetzt. Bei den meisten Elementen ist die äußere Schale nicht mit der maximal möglichen Elektronenzahl besetzt, d.h., sie ist nicht gesättigt.

Die Elektronenschalen werden, vom Atomkern ausgehend, mit den Buchstaben K, L, M, N usw. bezeichnet. Die Elektronenzahlen, bei denen die einzelnen Schalen gesättigt sind, nehmen nach außen hin nach einer bestimmten Gesetzmäßigkeit zu. Die Elektronenzahl einer Schale mit der Hauptquantenzahl n kann $2 \cdot n^2$ betragen. Daraus ergeben sich folgende Zahlen:

Schale	Hauptquantenzahl	höchste Elektronenzahl der Schale
K	$n = 1$	$2 \cdot 1^2 = 2$
L	$n = 2$	$2 \cdot 2^2 = 8$
M	$n = 3$	$2 \cdot 3^2 = 18$
N	$n = 4$	$2 \cdot 4^2 = 32$ usw.

Ein besonders stabiler Zustand bei der Besetzung der äußeren Schale ist erreicht, wenn sich acht Elektronen auf dieser Schale befinden. Eine größere Anzahl als acht Elektronen ist auf der äußeren Schale aus energetischen Gründen nicht möglich. Diese Tatsache erklärt die Einteilung der chemischen Elemente in nur acht Gruppen mit typischen, ähnlichen chemischen Eigenschaften.

> Die Elektronenbesetzung der Außenschale bestimmt die Wertigkeit eines Elements.

111

Unter der Wertigkeit versteht man die Anzahl der Atome eines einwertigen Elements (z.B. Wasserstoffatome), die ein Atom binden oder ersetzen kann.

> Die für die chemischen Eigenschaften eines Elements verantwortlichen Elektronen auf der Außenschale heißen Valenzelektronen.

> Die chemische Bindungsfähigkeit der Atome wird durch das Bestreben nach einer gesättigten Außenschale erklärt.

Die Atome sind dabei jedoch auch bestrebt, das Gleichgewicht der elektrischen Ladungen zu erhalten. Den Idealzustand, d.h. eine gesättigte Außenschale bei elektrischer Neutralität, besitzen nur die Edelgase in der Gruppe 0 des periodischen Systems. Sie gehen daher keine chemischen Bindungen ein (Ausnahmen bilden die schweren Edelgase Krypton und Xenon).

Der Mechanismus der chemischen Bindungen ist relativ kompliziert, er kann vereinfacht in drei verschiedene Bindungsarten unterteilt werden: Ionenbindung, Atombindung und Metallbindung.

4.3.6 Chemische Bindungsarten

4.3.6.1 Ionenbindung

Atome von Elementen unterschiedlicher Wertigkeit können sich dadurch verbinden, daß die einen Valenzelektronen an die anderen abgeben.

> Durch die Abgabe bzw. die Aufnahme von Elektronen entstehen aus Atomen Ionen*

Die chemischen Eigenschaften von Elementen werden durch die Ionisierung vollständig verändert.

Bei Aufnahme von Elektronen entstehen *negative Ionen*. In diesem Fall überwiegt die negative Ladung der Elektronenhülle gegenüber der Kernladung. *Positive Ionen* entstehen durch Abgabe von Elektronen, weil dann die positive Ladung des Kerns größer ist als die Ladung der Elektronenhülle.

Das Molekül einer Ionenbindung besteht aus positiven und negativen Ionen. Die Bindung wird durch elektrische Anziehungskräfte hervorgerufen, die eine Folge der ungleichnamigen Ladungen der Ionen sind.

Geht ein Atom, dessen Außenschale nur schwach mit Elektronen besetzt ist, eine Ionenbindung ein, gibt es seine Valenzelektronen ab. Es muß ihm für die Auflösung seiner Außenschale allerdings Energie, die Ionisierungsenergie, zugeführt werden. Aus dem elektrisch neutralen Atom wird ein positives Ion. *Alle Metalle und Wasserstoff bilden positive Ionen.*

Geht dagegen ein Atom, dem in der Außenschale nur wenige Elektronen bis zur vollen Besetzung fehlen, eine Verbindung ein, ist es bestrebt, die Außenschale aufzufüllen. Es gibt hierbei Energie ab. In diesem Falle überwiegt die negative Ladung der Elektronenhülle die positive Ladung des Kerns.

---

* Ion (griechisch) = das Wandernde.

Es ist ein negatives Ion entstanden. *Alle Nichtmetalle, außer Wasserstoff, bilden negative Ionen.*

Gehen zwei oder mehrere Atome eine Ionenbindung ein, so tauschen sie ihre Valenzelektronen aus. Es entstehen positive und negative Ionen, die zusammen ein elektrisch neutrales Molekül bilden. Die Anzahl der abgebenden Elektronen ist stets gleich der Anzahl der aufgenommenen.

Die Anzahl der Elektronen, die das Atom eines Elements aufnehmen bzw. abgeben kann, wird mit *Wertigkeit* oder Valenz bezeichnet. Bild 4.6 zeigt die Bildung eines Kochsalzmoleküls (Natriumchlorid) aus einem Natriumatom (einwertig positiv) und einem Chloratom (einwertig negativ).

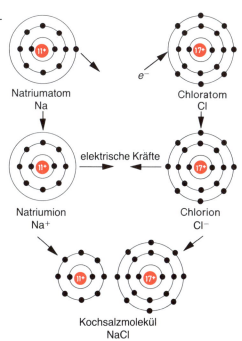

Bild 4.6   Entstehung eines Kochsalzmoleküls (Ionenbindung)

Natriumatom
Na

Chloratom
Cl

e^-

Natriumion
Na$^+$

elektrische Kräfte

Chlorion
Cl$^-$

Kochsalzmolekül
NaCl

Der chemische Vorgang kann nur dann ohne äußere Einwirkung ablaufen, wenn die zur Loslösung der Elektronen erforderliche Energie geringer ist als die bei der Aufnahme der frei gewordenen Elektronen entstandene Energie. Die frei werdende chemische Bindungsenergie kann z.B. in Form von Wärme (bei einer Verbrennung) oder elektrischer Energie (in einem galvanischen Element) abgegeben werden. Zur Trennung der Verbindung muß der gleiche Energiebetrag wieder aufgewendet werden, der beim Zustandekommen der Verbindung frei wurde.

Da die Bindungskräfte allseitig auf die Ionen wirken, sind die positiven Ionen von negativen und die negativen Ionen von positiven umgeben. Es kommt daher zur Bildung eines Ionengitters. Bild 4.7 zeigt das Ionengitter des Kochsalzes. Durch Erwärmung bis zur Schmelze oder durch Auflösung in Wasser kann das Gitter zerstört werden. Die Ionen werden dann frei beweglich. Es entsteht eine elektrische Leitfähigkeit. Die Wirkung des elektrischen Stromes auf solche Ionenleiter zu untersuchen, ist Aufgabe der Elektrochemie (Kapitel 5).

Die Ionenbindung kann nur zwischen bestimmten, verschiedenartigen Elementen zustande kommen. Der Valenzelektronenaustausch, der die Auffüllung bzw. Auflösung der äußeren Schalen mit sich bringt, ist anders nicht möglich.

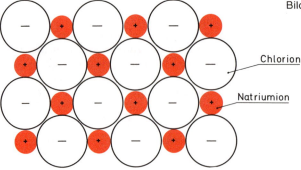

Chlorion

Natriumion

4.3.6.2 Atombindung

Durch die Atombindung können die Atome von Elementen unterschiedlicher oder gleicher Wertigkeit (Kovalenzbindung) zu Molekülen oder Kristallen verbunden werden.

> Die Valenzelektronen benachbarter Atome schließen sich zu Elektronenpaaren zusammen, die die Atome durch eine gemeinsame gesättigte Außenschale zusammenhalten.

Es werden hierbei keine Valenzelektronen abgegeben bzw. aufgenommen, d.h., es werden keine Ionen gebildet.

Eine Reihe chemischer Elemente kommt im reinen, natürlichen Zustand nicht einatomig vor. Jeweils zwei Atome des Elements bilden ein Molekül, weil die Atome einzeln nicht genügend stabil sind. Solche zweiatomigen Moleküle bilden z.B. Wasserstoff H_2, Sauerstoff O_2 und Stickstoff N_2.

Von allen chemischen Elementen besitzt der Kohlenstoff die vielfältigsten Fähigkeiten, verschiedenartigste Verbindungen einzugehen. Dieser Eigenschaft verdankt die organische Chemie oder Kohlenstoffchemie ihre Vielzahl von Verbindungen. Selbst bei gleicher mengenmäßiger Zusammensetzung der Moleküle sind unterschiedliche Strukturen möglich (Isomerie). Am häufigsten bestehen Moleküle aus Ketten oder Ringen von Kohlenstoffatomen, an deren Armen viele freie Bindungsmöglichkeiten für andere Elemente vorhanden sind. In den meisten Fällen sind den Ketten bzw. Ringen Wasserstoffatome angelagert (Kohlenwasserstoffverbindungen, Bild 4.8).

Bei der Herstellung von Kunststoffen (Plasten) werden durch sogenannte Polymerisation viele kleine Moleküle (Mikromoleküle) zu langen Ketten aus Tausenden von Kohlenstoffatomen (Makromolekülen) zusammengesetzt.

Bild 4.8   Beispiele von Kohlenwasserstoffverbindungen

kettenförmiges Kohlenwasserstoffmolekül
Propan C_3H_8

ringförmiges Kohlenwasserstoffmolekül
Benzol C_6H_6

114

Eine besondere Stellung nehmen die Halbleiter ein (Germanium Ge, Silizium Si). Die Halbleiteratome besitzen, wie die Kohlenstoffatome, vier Valenzelektronen. Im Halbleiterkristall (Bild 4.9) ist jedes Halbleiteratom an vier Nachbaratome gebunden. Jedes Atom ist somit von vier Elektronenpaaren, d.h. von acht Valenzelektronen umgeben und damit bestrebt, diesen Zustand aufrecht zu erhalten. Bei sehr tiefen Temperaturen (nahe dem absoluten Nullpunkt der Temperatur von $-273\,°C$) sind im reinen Halbleiterkristall alle Valenzelektronen in Paaren an die Atomrümpfe gebunden. Bei höherer Temperatur (z.B. Raumtemperatur) brechen infolge der Wärmebewegung der Gitteratome Elektronenpaarbindungen auf. Es entstehen freie Elektronen und Löcher (Defektelektronen), die einen Ladungstransport ermöglichen.

Die dadurch erzeugte elektrische Leitfähigkeit (Eigenleitfähigkeit genannt) nimmt mit steigender Temperatur zu. Die elektrische Leitfähigkeit von Halbleitern steigt außerdem beim Vorhandensein geringster Mengen von Fremdatomen im Halbleiterkristall. Die gezielt mit bestimmten Fremdstoffen erzeugte Störstellenleitfähigkeit wird bei den Halbleiterbauelementen ausgenutzt.

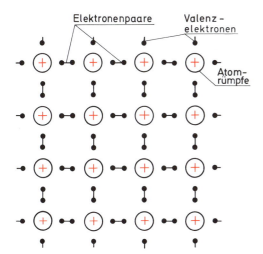

Bild 4.9 Schematische Darstellung der Elektronenpaarbindung im Halbleiterkristall

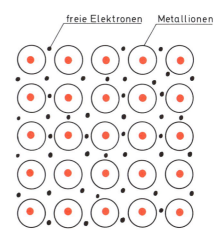

Bild 4.10 Schematische Darstellung der Metallbindung

4.3.6.3 Metallbindung

Etwa $3/4$ aller Elemente, also der weitaus überwiegende Teil, gehört zu den Metallen. Sie sind durch eine Reihe gemeinsamer Eigenschaften gekennzeichnet: hohe elektrische Leitfähigkeit, hohe Wärmeleitfähigkeit, plastische Verformbarkeit und Metallglanz.

Die Metallatome besitzen nur wenige Valenzelektronen, die durch schwache Anziehungskräfte an das Atom gebunden sind. Es ist daher ein sehr geringer Energiebetrag erforderlich, um diese Elektronen von ihren Atomen aus dem Valenzband in das sogenannte Leitungsband loszulösen. Alle Metallatome werden deshalb zu positiven Ionen. Die losgelösten Elektronen, *freie Elektronen* genannt, bilden zwischen den Ionen ein verteiltes Elektronengas. Durch seine negative Polarität bindet es die Metallionen aneinander. Die Bindung der Metallionen erfolgt bei jedem Metall nach einer genau festgelegten Ordnung. Metalle sind daher im festen Zustand immer kristallin (Bild 4.10). Es gibt eine Reihe verschiedener Gittertypen. Sie sind für physikalische Eigenschaften, wie z.B. Verformbarkeit, maßgebend. Bei jedem Gittertyp können die Atomschichten in bestimmten Ebenen, den sogenannten Gleitebenen, gegeneinander verschoben werden. Metalle sind daher meistens plastisch verformbar.

> Die gute elektrische Leitfähigkeit und die gute Wärmeleitfähigkeit der Metalle sind Folgen der hohen Beweglichkeit der freien Elektronen im Gitterverband.

Da die freien Elektronen nicht mehr an bestimmte Atome gebunden sind, können sie beliebig ausgetauscht werden. Ihre Beweglichkeit kann nur durch Schwingungen der Metallionen bei höheren Temperaturen beschränkt werden. Die Elektronen stoßen dann häufiger mit den Ionen zusammen. Hiermit kann die Abnahme der elektrischen Leitfähigkeit bei zunehmender Temperatur erklärt werden.

In der Nähe des absoluten Nullpunkts der Temperatur bei $-273\,°C$, verlieren manche Metalle vollständig ihren elektrischen Widerstand. Die freien Elektronen können sich ungehindert im Gitter bewegen. Diese Erscheinung wird Supraleitfähigkeit genannt (Abschnitt 6.3.7).

4.4 Grundlagen der Elektrizitätslehre

4.4.1 Einige Daten aus der Geschichte der Elektrizitätslehre

Schon im Altertum wurde entdeckt, daß Bernstein nach der Reibung mit anderen Stoffen kleine, leichte Körper anzuziehen vermag. Dieser Erscheinung gab man den griechischen Namen des Bernsteins: *Elektron.*

Den Begriff der *Elektrizität* hat der englische Naturforscher und Arzt William Gilbert um das Jahr 1570 geprägt. Mit dem von ihm gebauten Elektroskop stellte Gilbert fest, daß durch Reibung verschiedener Stoffe zwei Arten von Elektrizität erzeugt werden können. Er nannte diese Arten nach den entsprechenden Materialien, an denen sie auftraten, Glas- und Harzelektrizität. Erst im Jahr 1787 wurden durch einen Göttinger Physikprofessor die noch heute gültigen Bezeichnungen eingeführt: positive (für Glas) und negative Elektrizität (für Harz).

Der Beginn einer ernsthaften Erforschung der Elektrizität könnte etwa mit dem Bau der Reibungselektrisiermaschine durch Otto von Guericke auf das Jahr 1663 datiert werden. Erst über 100 Jahre später schuf Luigi Galvani durch seine berühmten Froschschenkelversuche die Grundlage für die Erzeugung der Elektrizität auf chemischem Wege. Unter Anwendung seiner Erkenntnisse baute dann der ebenfalls italienische Physiker Alessandro Volta im Jahr 1800 die erste brauchbare Batterie, die Voltasche Säule.

Mit Hilfe der neuen, leistungsfähigeren chemischen Stromquelle war erstmals die Möglichkeit geschaffen, auch «größere» elektrische Ströme über längere Zeit aufrechtzuerhalten. Dem Dänen Hans Christian Oerstedt gelang dadurch 1820 der Nachweis, daß der elektrische Strom ein magnetisches Feld ausbildet. Von dem französischen Professor der Physik Andrè Marie Ampère wurden diese Zusammenhänge genauer untersucht.

Die sprunghafte Entwicklung der Starkstromtechnik im 19. Jahrhundert war eine Folge der Entdeckung des dynamoelektrischen Prinzips im Jahr 1867 durch Werner von Siemens. Hiermit war die Voraussetzung für den Bau leistungsfähiger elektrischer Maschinen geschaffen. Auf die klobigen Permanentmagneten konnte dabei erstmals verzichtet werden.

Die gesamte Elektrotechnik, die sich mit der Erzeugung und der Anwendung der elektrischen Energie beschäftigt, wurde zu dieser Zeit in Starkstrom- und Schwachstromtechnik unterteilt. Heute werden diese Begriffe in zunehmendem Maße durch Energietechnik und Informationstechnik ersetzt. In der Informationstechnik ist neben der eigentlichen Nachrichtentechnik u.a. das gesamte Gebiet der Datenverarbeitung enthalten.

4.4.2 Elektrische Ladung

Jeder Stoff ist aus einer unvorstellbar großen Anzahl von kleinsten elektrischen Ladungen, den *Elementarladungen,* aufgebaut. Im Normalfall heben sich die Wirkungen der negativen und der positiven Ladungen nach außen hin auf: der Körper ist *elektrisch neutral.*

Ist das Gleichgewicht der Ladungen in einem Körper gestört, ist er elektrisch geladen. Die Größe seiner Ladung kann durch die Anzahl der fehlenden bzw. der überschüssigen negativen Elementarladungen, den Elektronen, ausgedrückt werden. Ob Elektronenmangel oder Elektronenüberschuß herrscht, ist lediglich für die Art der Ladung von Bedeutung. *Elektronenmangel bedeutet positive und Elektronenüberschuß negative elektrische Ladung.*

Das Formelzeichen für die elektrische Ladung ist der Buchstabe Q*. Die Einheit von 1 Coulomb** wird durch die Anzahl von $\approx 6,24 \cdot 10^{18}$ Elektronen verkörpert. Die Wahl dieser Einheit ist historisch bedingt, denn die Existenz der Elektronen als elektrische Elementarladungen war damals noch nicht bekannt.

Elektrische Ladungen können durch Austausch von Elektronen zwischen neutralen Körpern oder durch Ladungsverschiebung in neutralen Körpern erzeugt werden. Ladungsaustausch erfolgt auf einfachste Weise schon bei inniger Berührung, z.B. durch Reibung zwei verschiedener Körper aneinander. Neben der Reibungselektrizität gibt es eine Reihe anderer Methoden, die eine Erzeugung unterschiedlicher elektrischer Ladungen ermöglichen. Sie werden im Abschnitt 4.4.9 (Verfahren zur Erzeugung elektrischer Spannungen) behandelt.

Die elektrische Ladung sitzt im wesentlichen an der Oberfläche eines geladenen Körpers. Weil sich gleichnamige Ladungen stets abstoßen, streben sie im Körper auseinander.

4.4.3 Elektrische Spannung und Potential

Elektrisch geladene Körper haben das Bestreben, das Gleichgewicht zwischen ihren positiven und negativen Ladungen wiederherzustellen, d.h., sie möchten den elektrisch neutralen Zustand erlangen.

> Das Ausgleichsbestreben eines geladenen Körpers übt eine Kraftwirkung auf alle in der Umgebung befindlichen elektrischen Ladungen aus.

Diese Kraftwirkung wird durch das *elektrische Feld* veranschaulicht. Der Teil der Elektrizitätslehre, der sich mit den Kräften und anderen Erscheinungen beschäftigt, die im Zusammenhang mit dem elektrischen Feld stehen, heißt *Elektrostatik* (Kapitel 8).

Ein Grundgesetz der Elektrostatik ist z.B. die Aussage:

> Ungleichnamige elektrische Ladungen ziehen sich an und gleichnamige elektrische Ladungen stoßen sich ab.

---

* Q von Quantum = Menge.
** Französischer Physiker, 1736 bis 1806.

Führen elektrische Ladungsträger aufgrund der äußeren Kräfte eines elektrischen Feldes eine gerichtete Bewegung aus, bei der ein Widerstand überwunden wird, so wird dabei elektrische Arbeit verrichtet. Die aufgewendete Energie steht im gleichen Verhältnis zur elektrischen Potentialdifferenz, die von den Ladungen durchlaufen wurde, und zur Ladungsmenge:

$$W = U \cdot Q$$

W Arbeit   in Ws
Q Ladungsmenge   in As
U Potentialdifferenz   in V

Aus diesem physikalischen Zusammenhang erhält man die elektrische Spannung oder Potentialdifferenz als Verhältnis der Arbeit zur Ladungsmenge:

$$U = \frac{W}{Q} \quad \text{in V}$$

Formelzeichen U, Einheit Volt mit dem Einheitenzeichen V.

Wegen dieser relativ schwer verständlichen Definition wird häufig die folgende Formulierung verwendet:

> Elektrische Spannung oder Potentialdifferenz ist das Ausgleichsbestreben elektrischer Ladungen zwischen zwei Polen.

Zur vollständigen Beschreibung einer Potentialdifferenz zwischen zwei Polen gehört die Angabe einer Polarität. Allgemein wird die elektrische Spannung vom positiven Pol ausgehend auf den negativen Pol bezogen positiv gezählt (Bild 4.11a).

> Die positive Zählrichtung der elektrischen Spannung ist vom Pol mit Elektronenmangel zu dem Pol mit Elektronenüberschuß gerichtet.

In Schaltungen wird die Spannung durch einen Zählpfeil gekennzeichnet, der bei Angabe eines positiven Wertes vom Plus- zum Minuspol zeigt.

Ein negatives Vorzeichen bei der Angabe einer Potentialdifferenz bedeutet, daß der Zählpfeil vom negativen zum positiven Pol zeigt (Bild 4.11b). Sind die Pole oder Meßpunkte in der Schaltung gekennzeichnet, wird die positive Zählrichtung durch die Reihenfolge der Indizes am Formelbuchstaben angegeben. Aus der Angabe $U_{1,2} = -5\,\text{V}$ ist z.B. zu erkennen, daß Punkt **1** bezogen auf Punkt

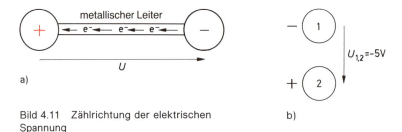

a)

Bild 4.11   Zählrichtung der elektrischen Spannung

b)

118

2 um 5 V negativer ist. Das negative Vorzeichen kann auch vor dem Formelbuchstaben stehen, die Angabe lautet dann $-U_{1,2} = 5$ V.

Ist eine elektrische Spannung auf ein in einer Schaltung eindeutig definiertes Bezugspotential bezogen, wird einfach von einem *Potential* gesprochen. Das Bezugspotential kann z.B. das Erdpotential, der N-Leiter einer elektrischen Anlage oder das Chassis eines elektronischen Gerätes sein. Bei der Angabe von Potentialen wird meist nur die Bezeichnung des Meßpunkts als Index am Formelbuchstaben verwendet. Hat z.B. ein Meßpunkt **A** ein Potential von $U_A = 5$ V und ein Meßpunkt **B** ein Potential von $U_B = -3$ V, so errechnet sich daraus die Potentialdifferenz des Punktes **A** bezogen auf den Punkt **B** zu:

$$U_{AB} = U_A - U_B = 5\ V - (-3\ V) = 5\ V + 3\ V = 8\ V$$

Bei der Berechnung einer Potentialdifferenz muß stets das Potential des Bezugspunkts subtrahiert werden. Dabei sind selbstverständlich die Vorzeichen der Größen zu berücksichtigen.

Beispiel: Berechnung von Potentialen und Potentialdifferenzen:

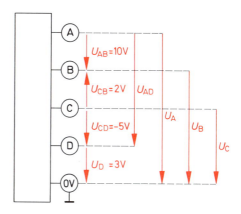

Bild 4.12   Beispiel für die Berechnung von Potentialen und Potentialdifferenzen

Gegeben ist die Klemmenleiste Bild 4.12 mit den eingetragenen Meßwerten:
$U_{AB} = 10$ V, $U_{CB} = 2$ V, $U_{CD} = -5$ V, $U_D = 3$ V.

Gesucht sind U_{AD}, U_A, U_B, U_C

Die Potentialdifferenz U_{AD} kann durch Aneinanderreihen der Potentialdifferenzen U_{AB}, U_{CB} und U_{CD} errechnet werden. Durchläuft man die Potentialdifferenzen vom Punkt A zum Bezugspunkt D, werden die Formelbuchstaben, die in Zählrichtung durchlaufen werden, mit einem positiven Vorzeichen versehen. Diejenigen, die gegen die Zählrichtung durchlaufen werden, sind mit einem negativen Vorzeichen zu versehen.

$$U_{AD} = U_{AB} - U_{CB} + U_{CD}$$
$$= 10\ V - 2\ V + (-5\ V) = 10\ V - 2\ V - 5\ V = \underline{3\ V}$$
$$U_C = U_{CD} + U_D = -5\ V + 3\ V = \underline{-2\ V}$$
$$U_B = -U_{CB} + U_{CD} + U_D = -2\ V - 5\ V + 3\ V = \underline{-4\ V}$$

119

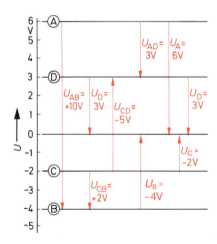

Bild 4.13 Potentialstrahl zu Bild 4.12

oder einfacher

$$U_B = -U_{CB} + U_C = -2\,V - 2\,V = \underline{-4\,V}$$

$$U_A = U_{AB} - U_{CB} + U_{CD} + U_D = 10\,V - 2\,V - 5\,V + 3\,V = \underline{6\,V}$$

oder einfacher

$$U_A = U_{AB} + U_B = 10\,V - 4\,V = \underline{6\,V}$$

Die Potentialverhältnisse lassen sich anschaulich an einem Potentialstrahl darstellen (Bild 4.13).

4.4.4 Elektrischer Strom und Ladung

Besteht in einem geschlossenen Stromkreis eine elektrische Potentialdifferenz, so kommt es infolge des Ausgleichsbestrebens der elektrischen Ladungen zu einem elektrischen Strom.

> Elektrischer Strom ist die gerichtete Bewegung elektrischer Ladungen.

In metallischen Leitern sind die Ladungsträger freie Elektronen, die sich außerhalb der Spannungsquelle vom negativen Pol (Elektronenüberschuß) zum positiven Pol (Elektronenmangel) bewegen.

> Die elektrische Stromstärke ist die Größe, die die je Zeiteinheit transportierte elektrische Ladungsmenge kennzeichnet.

Elektrische Stromstärke wird durch den Formelbuchstaben I vertreten und in der Einheit Ampere (Einheitenzeichen A) gemessen.

Bei einer Stromstärke von 1 Ampere wird in der Zeiteinheit 1 Sekunde eine elektrische Ladung von 1 Coulomb durch den Leiterquerschnitt transportiert.

Zwischen den drei physikalischen Größen, dem Strom I, der transportierten Ladung Q und der Zeit t des Stromflusses besteht ein einfacher physikalischer Zusammenhang. Der Strom ist um so

120

höher, je mehr Ladung transportiert wird und je kürzer die für den Transport erforderliche Zeit ist. Der Strom ist damit das Verhältnis der Ladungsmenge zur Zeit. Der Zusammenhang kann einfacher in einer Formel ausgedrückt werden:

$$I = \frac{Q}{t}$$

mit I elektrische Stromstärke in A
Q der elektrischen Ladung in C
t der Zeit des Stromflusses in s

Fragt man nach der transportierten Ladung, so muß sie dem Strom und der Zeit verhältnisgleich sein. Die transportierte Ladung ist also das Produkt aus Strom und Zeit:

$$Q = I \cdot t$$

in C = As

Die elektrische Ladung kann damit in Coulomb oder in Amperesekunden ausgedrückt werden; beide Einheiten sind gleichwertig. In der Technik arbeitet man häufig mit elektrischen Ladungen, die um mehrere Größenordnungen höher sind als eine Amperesekunde. Es wird dann die Zeit meist in Stunden (h) eingesetzt:

$$Q = I \cdot t$$

mit Q elektrische Ladung in Ah
I elektrische Stromstärke in A
t Zeit des Stromflusses in h

Beispiel: Wie lange muß ein Gleichstrom von $I = 2{,}5$ A eingeschaltet bleiben, um eine Ladung von $Q = 15$ Ah zu transportieren?

Lösung:

$$Q = I \cdot t$$

$$t = \frac{Q}{I} = \frac{15\ \text{Ah}}{2{,}5\ \text{A}} = \underline{6\ \text{h}}$$

Heute, nach der 9. Generalkonferenz für Maß und Gewicht von 1948, ist das Ampere durch die magnetische Kraftwirkung zwischen zwei stromdurchflossenen Leitern festgelegt:

Zwei unendlich lange, parallele, gerade Leiter von vernachlässigbarem Querschnitt sind im Vakuum im Abstand von einem Meter angeordnet. Der hindurchfließende Gleichstrom hat die Stärke von 1 A, wenn die magnetisch verursachte Kraft zwischen beiden Leitern $2 \cdot 10^{-7}$ N für jeden Abschnitt von 1 m Länge beträgt.

4.4.5 Stromrichtung im elektrischen Stromkreis

Die Bewegungsrichtung der freien Elektronen in metallischen Leitern erfolgt vom negativen zum positiven Pol. Diese Elektronenbewegungsrichtung wird auch physikalische Stromrichtung genannt.

Bedingt durch die historische Entwicklung der Elektrizitätslehre wurde die Stromrichtung außerhalb der Spannungsquelle vom positiven zum negativen Pol vereinbart (Bild 4.14).

121

> Die technische Stromrichtung ist außerhalb des Stromerzeugers vom positiven zum negativen Pol festgelegt.

Im Stromerzeuger ist die technische Stromrichtung vom negativen zum positiven Pol.

Die der Elektronenwanderung entgegengesetzte Festlegung der technischen Stromrichtung ist rein historisch begründet. Da die Elektronentheorie zur damaligen Zeit noch nicht entwickelt war, wählte man die Bewegungsrichtung der Metallionen in einem Elektrolyten zur Stromrichtung. Weil Metallionen stets positiv sind, wandern sie in der Elektrolyse zum negativen Pol. Unter Zugrundelegung dieser Stromrichtung wurden später die Regeln über die magnetische Wirkung des elektrischen Stroms aufgestellt.

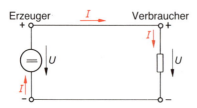

Bild 4.14 Technische Stromrichtung im Gleichstromkreis

Für die Technik ist dieser Gegensatz zwischen technischer und Elektronenstromrichtung ohne Bedeutung, denn bezüglich der Wirkungen des Stroms ist es gleich, ob positive Ladungen vom Pluspol zum Minuspol oder negative Ladungen vom Minuspol zum Pluspol strömen.

Nur für die Erklärung mancher phsyikalischer Erscheinungen, z.B. in Elektronenröhren, ist es sinnvoll, auf die Elektronenstromrichtung überzugehen. Eine generelle Umstellung der Technik auf diese Stromrichtung erscheint jedoch nicht sinnvoll, da viele Regeln über die Wirkungen des Stroms geändert werden müßten. Ebenso die Symbole für elektronische Bauelemente (z.B. Gleichrichter).

Genau wie der Spannungspfeil gibt der Strompfeil, der eng neben oder in den Leitungszug gezeichnet wird, die positive Zählrichtung an. Ein negativer Wert bei der Angabe eines Stroms bedeutet, daß die technische Stromrichtung entgegen der vereinbarten Zählrichtung verläuft.

Da bei diesem System Strom- und Spannungspfeil bei positiver Zählrichtung am Verbraucher in die gleiche Richtung weisen (Bild 4.14), wird hierbei auch vom *Verbraucher-Zählpfeilsystem* gesprochen. Das Produkt aus Spannung und Strom (Leistung) und das Verhältnis (Widerstand bzw. Leitwert) sind am Verbraucher immer positiv und am Erzeuger negativ.

4.4.6 Arten der Leitung des elektrischen Stroms

Nach der Art der Ladungsträger, die beim Durchgang des elektrischen Stroms in einem Stoff transportiert werden, können die verschiedenen Leiterarten folgendermaßen unterteilt werden:
a) In *Metallen,* den für die Elektrotechnik bedeutendsten Leiterwerkstoffen, strömen freie Elektronen (Abschnitt 4.3.6.3). Metalle sind also *Elektronenleiter,* sie wurden früher Leiter 1. Klasse genannt.
b) In *Halbleitern* treten als Ladungsträger sowohl Elektronen (n-Leitung) wie auch Löcher oder Defektelektronen (p-Leitung) auf. Es sind Stellen, an denen im Gitterverband Elektronen fehlen (Abschnitt 4.3.6.2).

122

c) In *Elektrolyten* erfolgt der Ladungstransport durch frei bewegliche positive und negative Ionen. Elektrolyte sind also *Ionenleiter*. Sie wurden früher Leiter 2. Klasse genannt. Mit dem elektrischen Strom ist in ihnen ein Materialtransport verbunden. Die chemische Wirkung des Stroms auf diese Leiter wird in der Elektrochemie (Kapitel 5) untersucht.

d) In *ionisierten Gasen* sind die Ladungsträger positive Ionen und Elektronen, die aufgrund der zugeführten Ionisierungsenergie von ihren Atomen losgelöst wurden. Diese Art der Leitung erfolgt z.B. im Lichtbogen und in den Gasentladungslampen.

e) In *Elektronenröhren* erfolgt der Ladungstransport im Vakuum mittels Elektronen, die durch Wärme oder Licht (Fotozelle) aus einer Metallelektrode herausgelöst (emittiert) wurden.

In den elektrischen *Isolatoren oder Nichtleitern* ist nur eine sehr kleine Menge an beweglichen Ladungsträgern vorhanden. Es kommt daher kein meßbarer Strom zustande. Die Ladungen können nur ausgerichtet oder verspannt werden. Die besten Nichtleiter liefert heute die Kunststoffchemie.

4.4.7 Stromdichte

In metallischen Leitern kann man im allgemeinen eine gleichmäßige Beteiligung des gesamten Querschnittes am Ladungstransport voraussetzen. Es stehen damit in einem größeren Querschnitt (bei gleichem Leitermaterial) entsprechend mehr freie Ladungsträger zur Verfügung. Bei gleichem Strom muß aber den kleineren Querschnitt in der Zeiteinheit die gleiche Anzahl Elektronen passieren wie den größeren Querschnitt. Die Elektronengeschwindigkeit kann daher nur in dem dünneren Leiterquerschnitt höher werden.

Bild 4.15   Schematische Darstellung der Stromdichte

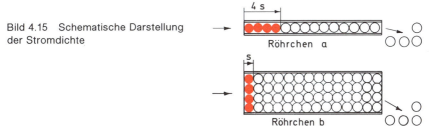

Röhrchen a

Röhrchen b

Bild 4.15 soll beide Querschnitte durch Röhren, die mit kleinen Kugeln gefüllt sind, veranschaulichen. Röhrchen b hat den vierfachen Querschnitt wie a. Denkt man sich in das eine Ende beider Rohre z.B. 4 Kügelchen je Zeiteinheit hineingeschoben, so muß jedes Kügelchen im dünneren Röhrchen a den vierfachen Weg zurücklegen wie die Kügelchen in Röhrchen b.

Die Geschwindigkeit der Ladungsträger ist damit dem Strom verhältnisgleich und steht im umgekehrten Verhältnis zum Querschnitt. Man nennt das Verhältnis des Stromes I zum Querschnitt A die *Stromdichte S*. Bei Leiterwerkstoffen setzt man den Querschnitt im allgemeinen in mm² ein und erhält so die

Stromdichte $\boxed{S = \dfrac{I}{A}}$ in A/mm²

Je höher die Elektronengeschwindigkeit, um so höher ist die im Leiter auftretende Wärme. Die freien Elektronen prallen bei ihrer Wanderung durch das Gitter ständig mit den Metallionen zusammen und steigern damit die Wärmeschwingungen.

Die Elektronengeschwindigkeit liegt in einer Kupferleitung bei einer Stromdichte von 10 A/mm² nur in der Größenordnung mm/s. Im Glühwendel einer Lampe liegt sie um mehrere Größenordnungen höher. In einem Kubikmillimeter Kupfer befindet sich die ungeheure Anzahl von $\approx 8{,}5 \cdot 10^{19}$ freier Elektronen.

Die Strömungsgeschwindigkeit der Ladungsträger darf nicht mit der Fortpflanzungsgeschwindigkeit der Ladungsträger verwechselt werden. Diese Geschwindigkeit, mit der sich der Druck auf die Ladungsträger ausbreitet, ist die Geschwindigkeit des elektrischen Feldes. Sie liegt in der Größenordnung der *Lichtgeschwindigkeit:*

$$c \approx 3 \cdot 10^8 \text{ m/s} = 300\,000 \text{ km/s}$$

Es ist die Geschwindigkeit, mit der sich ein elektrisches Signal ausbreitet; sie wird daher auch *Signalgeschwindigkeit* genannt.

4.4.8 Physikalische Wirkungen des elektrischen Stroms*

4.4.8.1 Wärmewirkung des elektrischen Stroms

Die in einem Leiter wandernden Ladungsträger — ob es nun die freien Elektronen im Metall oder Halbleiter, die Ionen im Elektrolyten oder die Elektronen und Ionen im Gas sind — prallen ständig auf die Atome des Leitermaterials. Die den Ladungsträgern auf diese Weise entzogene Bewegungsenergie versetzt die Atome in stärkere Schwingungen. Diese Energie muß dem Leiter durch elektrischen Strom zugeführt werden.

> Jeder stromdurchflossene Leiter wird gegenüber seiner Umgebung erwärmt.

Die in einem Leiter entstehende Stromwärmearbeit ist von der Stromrichtung der Ladungsträger unabhängig. Sie hängt von der Strömungsgeschwindigkeit, also der Stromdichte und dem Leitermaterial ab. Die Wärmewirkung tritt in elektrischen Leitungen und Wicklungen unerwünscht auf: man betrachtet sie als «Verluste». In elektrischen Widerständen von Heizgeräten wird die Wärmewirkung dagegen genutzt.

4.4.8.2 Lichtwirkung des elektrischen Stroms — Elektrolumineszenz

Licht ist elektromagnetische Strahlung in einem sehr begrenzten Wellenlängenbereich ($\lambda \approx 0{,}38$ µm bis 0,78 µm). Die Lichterzeugung in einer Glühlampe ist keine unmittelbare Wirkung des elektrischen Stromes. Die Glühlampe ist ein Temperaturstrahler; sie nutzt primär die Wärmewirkung des elektrischen Stroms.

> Die unmittelbare Umwandlung von elektrischer Energie in Licht erfolgt beim Stromfluß in ionisierten Gasen.

Die vom elektrischen Feld beschleunigten freien Elektronen stoßen ständig mit anderen Gasmolekülen zusammen (Stoßionisation). Die Hüllenelektronen werden dabei auf ein höheres Energieniveau angehoben. Beim Zurückfallen in das Grundniveau wird die zugeführte Energie in Form von elektromagnetischer Strahlung, zum Teil als Licht, ausgesendet.

---

* Chemische Wirkung siehe Kapitel 5 «Elektrochemie».

Eine andere Art der Elektrolumineszenz tritt in PN-Übergängen von Halbleiterdioden aus bestimmten Halbleiterverbindungen auf. Diese Leucht- oder Lumineszenzdioden (LED) werden in Durchlaßrichtung vom Strom durchflossen. Sie senden jedoch nur Licht in einem sehr schmalen Wellenlängenbereich aus, d.h. nur eine bestimmte Farbe.

4.4.8.3 Magnetische Wirkung des elektrischen Stroms

Bewegte elektrische Ladungen üben aufeinander eine Kraftwirkung aus. Den Wirkungsbereich dieser Kräfte nennt man magnetisches Feld. Das magnetische Feld wird durch magnetische Feldlinien oder Kraftlinien veranschaulicht (Kapitel 9).

> Ein vom elektrischen Strom durchflossener Leiter wird grundsätzlich von einem magnetischen Feld umgeben.

Die Elektrodynamik ist die Lehre von der magnetischen Wirkung des elektrischen Stroms.

4.4.9 Erzeugung elektrischer Spannungen

Es gibt eine Vielzahl physikalischer und chemischer Erscheinungen, die zur Erzeugung elektrischer Spannungen oder Potentialdifferenzen führen. Nur wenige davon haben jedoch eine technische Bedeutung.

> Die Grundlage jeder Spannungserzeugung ist die Trennung elektrischer Ladungen.

Die gesamte Materie strebt den elektrisch neutralen Zustand an, in dem überall das Gleichgewicht zwischen positiven und negativen Ladungen besteht. Eine Spannung wird dann erzeugt, wenn äußere Kräfte dieses Gleichgewicht der Ladungen stören.

4.4.9.1 Elektromagnetische Induktion

Die elektromagnetische Induktion hat für die Erzeugung elektrischer Energie die höchste technische Bedeutung. Die Grundlage der elektromagnetischen Induktion steckt in der Wechselwirkung des elektrischen Feldes mit dem magnetischen Feld: Jede Änderung eines magnetischen Feldes hat ein elektrisches Feld zur Folge — und umgekehrt.

> In einer Leiterschleife hat eine Änderung des magnetischen Flusses eine elektrische Spannung zur Folge.

Die induzierte Spannung ist der Änderungsgeschwindigkeit des magnetischen Flusses verhältnisgleich. Genaueres über das Induktionsgesetz folgt in Kapitel 9.

4.4.9.2 Galvanische Spannungserzeugung

An der Grenzschicht zwischen einem Metall und einem Elektrolyten entsteht infolge des chemischen Lösungsdruckes eine elektrische Spannung.

In galvanischen Spannungserzeugern werden die unterschiedlichen chemischen Lösungsdrücke der Metalle ausgenützt.

(Näheres in Abschnitt 5.3.)

4.4.9.3 Thermoelektrische Spannungserzeugung

Der thermoelektrische Effekt bewirkt die direkte Umwandlung von Wärmeenergie in elektrische Energie.

Die in Metallen enthaltenen freien Elektronen sind infolge der darin enthaltenen Wärmeenergie in einer ständigen Schwirrbewegung. Die Dichte und die Beweglichkeit der Elektronen ist jedoch bei verschiedenen Metallen und Metallegierungen unterschiedlich. An der Verbindungsstelle zweier verschiedener Metalle (oder Legierungen) treten daher von einem Metall Elektronen in das andere Metall über. Die Folge ist eine elektrische Spannung, die der Temperatur der Verbindungsstelle nahezu verhältnisgleich ist.

Die an der Verbindungsstelle verschiedener Metalle entstehende temperaturabhängige elektrische Spannung heißt thermoelektrische Spannung. Eine solche Verbindungsstelle heißt Thermoelement.

Zur Erzeugung eines thermoelektrischen Stroms muß der Stromkreis geschlossen werden. Dies hat sofort ein zweites Thermoelement zur Folge, dessen thermoelektrische Spannung der des ersten entgegengerichtet ist (Bild 4.16). Die thermoelektrische Spannung *eines einzelnen* Thermoelements ist daher nicht meßbar. Ein thermoelektrischer Strom fließt nur dann, wenn zwischen den beiden Thermoelementen eine Differenzspannung $\Delta U = U_1 - U_2$ vorhanden ist.

Die beiden Thermoelemente müssen zur Erzeugung eines Stromes einen Temperaturunterschied aufweisen.

Der Thermostrom ist dem Temperaturunterschied nahezu verhältnisgleich.

Die Thermospannung ist außer der Temperaturdifferenz von der Art der beiden Metalle bzw. deren Legierungen abhängig. In der *thermoelektrischen Spannungsreihe* sind die Metalle in der Reihenfolge ihrer Thermospannungen aufgestellt (Tabelle 4.1). Als Bezugsmetall wurde willkürlich Platin verwendet. Die Thermospannungen sind auf eine Temperaturdifferenz von 100 K* zwischen den Thermoelementen bezogen.

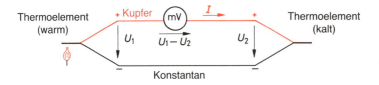

Thermoelement (warm)   + Kupfer   mV I +   Thermoelement (kalt)

U_1 $U_1 - U_2$ U_2

Konstantan

Bild 4.16
Thermoelektrischer Stromkreis

* K = Kelvin
(siehe Abschnitt 7.5.1).

126

Tabelle 4.1 Thermoelektrische Spannungsreihe

in mV je 100 K		in mV je 100 K	
Tellur	+50	Rhodium	+0,65
Silizium	+45	Manganin	+0,6
Chromnickel	+ 2,2	Zinn	+0,4···0,45
Eisen	+ 1,8	Blei	+0,4···0,45
Molybdän	+ 1,2	Aluminium	+0,4
Messing	+ 1,1	Kohle	+0,3
Cadmium	+ 0,9	Quecksilber	0
Wolfram	+ 0,8	Platin	0
V2A-Stahl	+ 0,8	Nickel	−1,5···1,6
Kupfer	+ 0,75	Kobalt	−1,6···1,8
Silber	+ 0,7···0,75	Konstantan	−3,4···3,5
Gold	+ 0,7	Wismut	−7 ···7,7
Zink	+ 0,7		

Die Anwendung der Thermoelektrizität erfolgt in erster Linie in der Meßtechnik bei der *thermoelektrischen Temperaturmessung.*

Von den verwendeten Thermoelementen besteht der positive Schenkel aus einem reinen Metall und der negative Schenkel aus einer Legierung. Man bezeichnet die verwendeten Metalle als *Thermopaar.* Am häufigsten verwendet werden als Unedelmetall-Thermoelemente Nickelchrom-Nickel (für Temperaturen bis ca. 700 °C) und als Edelmetall-Thermoelemente Platinrhodium-Platin (bis ca. 1600 °C).

Sicherheitseinrichtungen (Zündsicherungen) in Gasgeräten sind häufig mit Thermoelementen als Fühler zur Kontrolle der Zündflamme ausgerüstet. Das von der Zündflamme erwärmte Thermoelement liefert den Haltestrom für einen Elektromagneten, der die Gaszufuhr freigibt.

In Thermobatterien, einer Reihenschaltung aus vielen Thermopaaren, wird in speziellen Fällen elektrische Energie aus Wärmeenergie gewonnen. Man erhält einen wartungsfreien Stromerzeuger.

Die Gewinnung größerer elektrischer Leistungen ist auf diese Weise jedoch sehr unwirtschaftlich. Schon durch Wärmeleitung erfolgt ein Temperaturausgleich zwischen den heißen und kalten Elementen. Das Temperaturgefälle muß also, selbst bei fehlender Belastung, durch Heizen auf der einen und Kühlen auf der anderen Seite aufrechterhalten werden.

Erwähnt werden soll noch an dieser Stelle die Umkehrung des thermoelektrischen Effektes: der *Peltiereffekt.* Schickt man durch ein Thermopaar einen Strom, entgegen dem vorherigen Thermostrom, kühlt sich das vorher heiße Element ab, während sich das andere erwärmt. Es erfolgt ein Wärmetransport von einem zum anderen Element. Die Richtung des Wärmeflusses kann einfach durch Umpolung der äußeren Stromquelle umgekehrt werden.

Wesentlich günstigere Werte als mit metallischen Elementen erhält man mit Halbleiter-Peltierelementen. Sie eignen sich besonders für Kleinthermostaten, z.B. um elektronische Bauelemente auf konstanter Temperatur zu halten. Halbleiter-Peltierelemente werden heute schon als Wärmepumpen für Leistungen der Größenordnung Kilowatt, z.B. in Klimaanlagen, eingesetzt.

4.4.9.4   Piezoelektrizität

> Unter Piezoelektrizität versteht man die Erzeugung elektrischer Spannungen durch mechanischen Druck auf bestimmte kristalline Isolierstoffe (Piezokristalle).

In manchen Isolierstoffen werden durch mechanische Verformung des Kristallgitters die positiven und die negativen Ionen so gegeneinander verschoben, daß der Kristall elektrisch polarisiert wird. Der Kristall lädt sich auf der einen Seite positiv und auf der anderen negativ auf (Bild 4.17). Beschichtet man die Grenzflächen mit elektrisch leitenden Belägen, so erzeugt das elektrische Feld eine elektrische Spannung zwischen den Belägen (elektrostatische Influenz, Abschnitt 8.3). Die Anordnung stellt einen geladenen elektrischen Kondensator dar.

Befindet sich außen herum ein elektrischer Stromkreis, kommt es zu einem Ausgleichsstrom, bis die Kapazität entladen ist. Wird der Kristall in periodische mechanische Schwingungen versetzt, entstehen eine Wechselspannung und ein Wechselstrom.

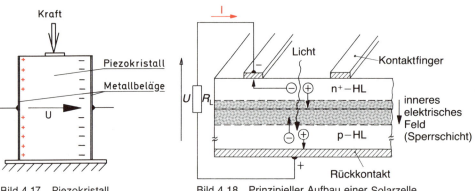

Bild 4.17   Piezokristall

Bild 4.18   Prinzipieller Aufbau einer Solarzelle
(Monokristallin)

Die Anwendung des piezoelektrischen Effekts erfolgt in erster Linie in elektromechanischen Wandlersystemen zur Umwandlung mechanischer Schwingungen und Kräfte in elektrische Signale.

Beispiel: Kristallmikrophon, Kristalltonabnehmer, Schwingungsaufnehmer (z.B. im Glasbruchmelder).

In Piezozündern entsteht durch eine mechanische Schockbeanspruchung des Piezokristalls ein Hochspannungsimpuls, der an einer Funkenstrecke den Zündfunken erzeugt.

4.4.9.5   Fotoelektrizität

> Der fotoelektrische oder fotovoltaische Effekt ermöglicht die direkte Umwandlung von Licht in elektrische Energie.

Die Grundlage der fotovoltaischen Spannungserzeugung ist die Entstehung von positiven und negativen elektrischen Ladungsträgern in Halbleitern durch elektromagnetische Strahlung (Licht). (Siehe auch «Grundlagen der Elektronik», Abschnitt 18.1.)

128

> *Solarzellen* sind Fotoelemente, die der Umwandlung von Sonnenenergie (Solarenergie) in elektrische Energie dienen.

Als Halbleitermaterial zur Herstellung der klassischen *Dickschichtsolarzellen* wird hochreines *monokristallines Silizium* verwendet.

Die aus monokristallinem Silizium geschnittenen Scheiben haben eine runde Form und sind ca. 0,5 mm dick. Das Material hat einen relativ hohen Preis. Außerdem ist der Flächenausnutzungsgrad (Füllfaktor) bei der Herstellung von großflächigen Modulen (Panels) relativ ungünstig.

Heute werden zunehmend Scheiben aus preiswerterem *polykristallinem Silizium* hergestellt. Die Scheiben werden aus eckigen Blöcken geschnitten (z. B. 10 cm × 10 cm). Die polykristallinen Solarzellen erkennt man an ihrer in unterschiedlichen Färbungen schillernden Oberfläche.

Dünnschichtsolarzellen bestehen aus *amorphem Silizium* oder Halbleiterverbindungen (z. B. Galliumarsenid, GaAs). Die Dünnschichtsolarzellen sind, unter sparsamstem Einsatz des teuren Halbleitermaterials, großflächig herstellbar. Das Halbleitermaterial wird auf Glas oder Metall als Träger in einer Dicke von unter 1 μm aufgedampft.

Dünnschichtsolarzellen können als Fassadenverkleidung oder, bei Durchlässigkeit für den sichtbaren Anteil des Lichts, auch als Fenster eingesetzt werden.

Grundsätzlicher Aufbau und Wirkungsweise einer Solarzelle

In der Dickschichttechnik ist die Halbleiterscheibe auf eine metallische Trägerplatte aufgebracht, die gleichzeitig den Rückkontakt bildet (Bild 4.18). Die Vorderseite ist mit schmalen, streifenförmigen, metallischen Kontaktfingern beschichtet, die den zweiten Anschluß (Minus-Pol) bilden. Eine Antireflexschicht sorgt dafür, daß ein größerer Anteil der einfallenden Lichtstrahlung absorbiert und weniger reflektiert wird.

Dicht unter der Oberfläche ist der Halbleiterkristall n-dotiert, d. h., hier überwiegen freie Elektronen als elektrische Ladungsträger. Der untere Teil ist p-dotiert, d. h., hier überwiegen Löcher (Defektelektronen) als Ladungsträger. Zwischen den dotierten Schichten bildet sich infolge der Diffusion der Ladungsträger in das Nachbargebiet eine Sperrschicht. Die unterschiedlichen Ladungsträger haben sich dort durch gegenseitige Rekombination vernichtet. Die Sperrschicht ist infolge der Ladungsverschiebung mit einem elektrischen Feld durchsetzt, man nennt sie daher auch Raumladungszone. Dringt in die Sperrschicht Lichtstrahlung mit entsprechender Wellenlänge ein, wird diese Energie von den Halbleiteratomen absorbiert. Elektronenpaarbindungen brechen auf, und es entstehen Ladungsträgerpaare. Das elektrische Feld der Sperrschicht bewirkt die Trennung der positiven und negativen Ladungsträger: Die freien Elektronen wandern zur p-dotierten Zone (Rückkontakt) und die Löcher zur n-dotierten Zone (Kontaktfinger). Es entsteht eine elektrische Spannung.

Die Höhe der Leerlaufspannung ist in erster Linie nur von dem Halbleitermaterial (Bindungsenergie der Elektronenpaare) abhängig. Sie liegt bei einer Siliziumsolarzelle bei 0,55 V bis 0,6 V.

Ein wichtiges Kriterium für den wirtschaftlichen Einsatz von Solarzellen für die alternative Energieerzeugung ist der Wirkungsgrad; er liegt bei der monokristallinen Si-Solarzelle bei ca. 14 %. Polykristalline Si-Solarzellen haben einen Wirkungsgrad von ca. 12 %.

Der Wirkungsgrad der Dünnschichtsolarzellen ist z. Z. mit ca. 7 % gering und nimmt während der Alterungsphase noch weiter ab (ca. 4 %).

Durch die Verwendung von Galliumarsenid sind eine Steigerung der Leerlaufspannung auf ca. 1 V und eine Erhöhung des Wirkungsgrades auf ca. 25 % bei monokristallinen Zellen in

Dickschichttechnik möglich. Wegen des hohen Materialaufwands verwendet man hier jedoch Fresnel-Linsen als Konzentratoren, die das Licht bündeln.

Eine moderne polykristalline Silizium-Solarzelle mit einer quadratischen Fläche von 10 cm × 10 cm hat z. B. folgende Daten:

Leerlaufspannung	U_O	= 560 mV bis 573 mV
Kurzschlußstrom	I_K	= 280 mA
Wirkungsgrad	η	= 12 %
maximale Leistung	P_{Dmax}	= 113 mW
Spannung bei maximaler Leistung	U_{Pmax}	= 450 mV
Strom bei maximaler Leistung	I_{Pmax}	= 250 mA

Standardmeßbedingungen:

Bestrahlungsstärke	E	= 100 mW/cm^2
Sperrschichttemperatur	ϑ_J	= 25 °C
Lichtspektrum bei		AM 1,5

AM 1,5 bedeutet: Das Sonnenlicht legt bei schrägem Einfall in die Atmosphäre den 1,5fachen Weg zurück. Dieses entspricht etwa den mitteleuropäischen Verhältnissen. AM 1 bedeutet senkrechter Einfall und AM 0 außerhalb der Atmosphäre.

4.4.9.6 Berührungs- oder Reibungselektrizität

> Werden Körper aus verschiedenen Stoffen aneinander gerieben, treten an der Berührungsfläche Elektronen von einem auf den anderen Körper über.

Der Stoff mit der höheren Dielektrizitätskonstanten (Abschnitt 8.4.1) lädt sich gegenüber dem anderen positiv auf. Bei guten Isolierstoffen können die elektrischen Ladungen sich nur sehr langsam ausgleichen, so daß es an der Oberfläche zu hoher Ladungsdichte und entsprechend hoher elektrischer Feldstärke kommen kann.

Reibt man z.B einen Glasstab mit einem Wolltuch, treten vom Glas Elektronen auf die Wolle über. Der Glasstab wird gegenüber dem Wolltuch und anderen Körpern positiv aufgeladen. Er vermag daher leichte Körper, z.B. Papierschnitzel oder Holunderkügelchen, anzuziehen. Bei der Reibung von Harz oder Hartgummi bewegen sich die Elektronen in umgekehrter Richtung. Der Stab wird nun negativ und das Reibzeug positiv aufgeladen.

Die Reibungselektrizität ist in den weitaus meisten Fällen unerwünscht und tritt durch den zunehmenden Einsatz von Kunststoffen immer häufiger auf. In manchen Fällen, z.B. in der Textil-, Papier-, Kunststoffindustrie sowie bei Tankfahrzeugen, Bussen und Flugzeugen, müssen besondere Maßnahmen zur gefahrlosen Ableitung der elektrischen Ladungen getroffen werden. Diese Maßnahmen können in elektrisch leitenden Verbindungen, Überzügen oder Beimengungen bestehen. Elektrisch leitende Stoffe werden auch den sogenannten antistatischen Kunststoffen beigegeben.

Besondere Maßnahmen zur Ableitung statischer Elektrizität müssen beim Transport und der Handhabung integrierter Halbleiterschaltungen in MOS-Technologie getroffen werden. Ein elektrostatisch aufgeladener Körper, der mit den Anschlüssen einer MOS-Schaltung in Berührung kommt, führt zur Übertragung elektrischer Ladungen. Infolge der extrem hohen Isolationswiderstände und der kleinen inneren Kapazitäten entstehen leicht hohe Spannungen, die zum Durchschlagen der dünnen Siliziumoxidschichten führen können.

5 Elektrochemie

> Die Elektrochemie befaßt sich mit allen Erscheinungen, bei denen gleichzeitig elektrische und chemische Vorgänge ablaufen.

Da es sich dabei sowohl um chemische wie um physikalische Abläufe handelt, ist die Elektrochemie der physikalischen Chemie zugeordnet (Abschnitt 4.2).

Bei allen elektrochemischen Vorgängen erfolgt eine Energieumwandlung von chemischer Bindungsenergie in elektrische Energie oder umgekehrt. Die Umwandlung von elektrischer in chemische Energie hat die Auflösung einer chemischen Verbindung zur Folge. Diesen Vorgang, der in der allgemeinen Chemie *Analyse* genannt wird, bezeichnet man mit *Elektrolyse*. Die Elektrolyse findet in der Technik ein breites Anwendungsfeld.

Der umgekehrte Vorgang, d.h. die Umwandlung von chemischer in elektrische Energie, hat seine technische Bedeutung bei galvanischen Elementen. In Akkumulatoren werden beide Erscheinungen ausgenutzt.

5.1 Grundlagen der Elektrolyse

5.1.1 Elektrolyte

> Elektrolyte sind chemische Verbindungen, die in gelöster oder in geschmolzener Form den elektrischen Strom leiten.

> Die elektrischen Ladungsträger der Elektrolyte sind positive und negative Ionen

Elektrolyte werden daher auch *Ionenleiter* genannt. Die veraltete Bezeichnung lautet: Leiter zweiter Klasse.

Die Elektrolyte werden bezüglich ihrer chemischen Eigenschaften in Säuren, Basen und Salze unterteilt.

a) **Säuren**

Die Moleküle der Säuren bestehen grundsätzlich aus positiven Wasserstoffionen und negativen Säurerestgruppen. Die Säureeigenschaft wird durch die Wasserstoffionen bestimmt. Säuren greifen unedle Metalle an, weil die Wasserstoffionen durch die ebenfalls immer positiven Metallionen ersetzt werden können. Die Säurerestgruppen treten im allgemeinen als Ionengruppen aus Nichtmetallen und Sauerstoff (O) auf.

Eine Ausnahme von den üblichen Säuren bildet die Salzsäure. Ihr Säurerest besteht nur aus einem Chlorion. Das Chlor (Cl) gehört neben den Elementen Brom, Jod und Flour zur Sondergruppe der

Halogene oder Salzbildner. Diese vermögen, ohne den Umweg über Sauerstoffverbindungen (Oxide), direkt mit dem Wasserstoff Säuren zu bilden.
Die Namen und die chemischen Formeln einiger Säuren lauten:

Salzsäure	HCl
Schwefelsäure	H_2SO_4
Kohlensäure	H_2CO_3
Salpetersäure	HNO_3

Am Anfang stehen stets die positiven Wasserstoffionen und am Ende die negativen Säurerestionen.

b) Basen oder Hydroxide

Basen sind Verbindungen, deren Moleküle aus positiven Metallionen und negativen Hydroxidgruppen bestehen. Sind die Metallionen Ionen von Alkalimetallen, z. B. Natrium, Kalium oder Lithium, nennt man sie Alkalien. Die Alkalien üben eine besonders stark ätzende Wirkung aus.

Hydroxid- oder OH-Gruppen sind aus je einem Sauerstoff- und einem Wasserstoffatom aufgebaute Ionengruppen. Sie besitzen eine einfach negative Ladung.

Da allen Basen die Hydroxidgruppen gemeinsam sind, nennt man sie auch *Hydroxide*.

Bekannte Basen sind:

Natronlauge	NaOH
Kalilauge	KOH
Aluminiumhydroxid	$Al(OH)_3$

Am Anfang stehen die positiven Metallionen und am Ende die negativen Hydroxidgruppen.

c) Salze

Salze sind Verbindungen aus positiven Metallionen oder Ammoniumionen (NH_4^+) und negativen Säurerestionen. Sie enthalten also weder Wasserstoffionen noch OH-Gruppen.
Die chemischen Formeln einiger Salze lauten:

Kochsalz (Natriumchlorid)	NaCl
Kupfersulfat*	$CuSO_4$
Silbernitrat**	$AgNO_3$
Salmiaksalz	NH_4Cl

Am Anfang stehen die positiven Metallionen und am Ende die negativen Säurerestionen.

5.1.2   Elektrolytische Dissoziation

Säuren, Basen und Salze sind in konzentrierter Form unterhalb ihrer Schmelztemperatur kristallin. Die positiven und die negativen Ionen bilden bei Salzen ein Ionengitter (Abschnitt 4.3.6.1).

Durch die Auflösung in Wasser werden die Moleküle der meisten Elektrolyte aufgespalten. Die Aufspaltung der Moleküle oder des Ionengitters in frei bewegliche Ionen heißt elektrolytische Dissoziation***.

---

   * Sulfat (lateinisch) = Salz der Schwefelsäure.
  ** Nitrat (ägyptisch) = Salz der Salpetersäure.
*** dissociare (lateinisch) = trennen.

132

Die Ursache für die aufspaltende Wirkung der Wassermoleküle liegt in ihrer Polarisierung begründet. Wassermoleküle sind kleine Dipole, da ihre elektrischen ungleichnamigen Ladungen gegeneinander verschoben sind. In ihnen überwiegen auf einer Seite die positiven und auf der anderen Seite die negativen Ladungen. Diese Moleculardipole drängen sich infolge der Wärmeschwingungen und der elektrischen Wechselkräfte zwischen die positiven und die negativen Ionen des Kristallgitters der Elektrolyte. Die Ordnung des Gitters wird durch die Vergrößerung der Abstände zwischen den Ionen zerstört.

Manche Elektrolyte sind nicht in Wasser löslich. Die Ionengitter können dann durch Erwärmung bis zur Schmelztemperatur aufgelöst werden. Diese erfolgt z.B. bei der Aluminiumgewinnung durch die Schmelzflußelektrolyse.

In Wasser gelöste Säuren sind in positive Wasserstoffionen und negative Säurerestgruppen gespalten.

Beispiele:

Säuremoleküle		$\rightarrow$	Wasserstoffionen	+	Säurerestionengruppen
Salzsäure	HCl	$\rightarrow$	H^+	+	Cl^-
Schwefelsäure	H_2SO_4	$\rightarrow$	$2\,H^+$	+	SO_4^{--}

Basen werden durch Wasser in positive Metallionen und negative OH-Gruppen gespalten. In Wasser gelöste Basen werden auch Laugen genannt.

Beispiele:

Basenmoleküle		$\rightarrow$	Metallionen	+	OH-Ionengruppen
Natronlauge	$NaOH$	$\rightarrow$	Na^+	+	OH^-
Kalilauge	KOH	$\rightarrow$	K^+	+	OH^-

Bei Salzen entstehen durch Dissoziation positive Metallionen und negative Säurerestionengruppen.

Beispiele:

Salzmoleküle		$\rightarrow$	Metallionen	+	Säurerestionengruppen
Kochsalz	$NaCl$	$\rightarrow$	Na^+	+	Cl^-
Kupfersulfat	$CuSO_4$	$\rightarrow$	Cu^{++}	+	SO_4^{--}
Salmiaksalz	NH_4Cl	$\rightarrow$	NH_4^+	+	Cl^-

Wasser ist im chemisch reinen Zustand, wie die Säuren, Basen und Salze, praktisch nicht elektrisch leitend. Die Leitfähigkeit des Wassers steigt jedoch durch geringste Mengen gelöster Fremdstoffe stark an. Ein Teil der Wassermoleküle (H_2O) wird dadurch in Wasserstoffionen (H^+) und OH^--Gruppen gespalten.

> Die elektrische Leitfähigkeit eines Elektrolyten hängt vom Dissoziationsgrad ab.

Dieser gibt den prozentualen Anteil der in Ionen aufgespaltenen Moleküle an der gesamten Menge der trennbaren Moleküle an. Im gesättigten Zustand, d.h. Dissoziationsgrad 100%, können durch weitere Zugabe von Wasser keine Moleküle mehr gespalten werden. Die Löslichkeit einer Verbindung nimmt mit steigender Temperatur zu. Neben der elektrischen Leitfähigkeit steigt bei Säuren und Basen mit dem Dissoziationsgrad auch die Stärke ihrer chemischen Aggressivität.

Die *Aggressivität* hängt bei Säuren von der Menge der freien Wasserstoffionen und bei Basen von der Menge der freien OH^--Gruppen ab.

133

Neben den für die betreffende Lösung typischen Ionen sind stets noch andere Ionen anwesend. Diese sind aus der Dissoziation einiger Wassermoleküle entstanden.

Überwiegt in einer Lösung die Anzahl der Wasserstoffionen, spricht man von einer *sauren* Reaktion. Sind dagegen die OH^--Gruppen in der Mehrzahl, ist die Reaktion der Lösung *basisch*. Bei alkalischen Basen nennt man sie *alkalisch*. Ist die Anzahl der H^+-Ionen gleich der Anzahl der OH^--Ionen, ist die Lösung chemisch neutral. Die OH^--Ionen und die H^+-Ionen heben sich in ihrer Wirkung auf.

Als repräsentatives Maß für Art und Stärke der chemischen Reaktion einer Lösung gilt der pH-Wert. Er gibt die Wasserstoffionenkonzentration an. Je kleiner der pH-Wert, um so größer ist die Wasserstoffionenkonzentration. Der Wert pH 7 entspricht der Wasserstoffionenkonzentration einer chemisch neutralen Lösung, z.B. einer Kochsalzlösung. Saure Lösungen haben damit Werte, die unter pH 7, und basische oder alkalische Lösungen solche, die über pH 7 liegen (bis maximal pH 14).

Säuren und Basen können sich gegenseitig unter Bildung von Salzen und Wasser neutralisieren. Die Salzmoleküle entstehen aus den Säurerestgruppen der Säuren und den Metallionen der Basen. Die Wasserstoffionen bilden mit den OH-Gruppen Wassermoleküle.

Beispiel der Neutralisation:

Salzsäure + Natronlauge → Wasser + Kochsalz

$$HCl \quad + \quad NaOH \quad \rightarrow \quad H_2O \quad + \quad NaCl$$

5.1.3 Elektrolyse

Werden in einen Elektrolyten zwei elektronenleitende Elektroden (Metall oder Kohle) getaucht, die mit den Polen einer Gleichspannungsquelle verbunden sind (Bild 5.1), beginnen die im Elektrolyten gelösten Ionen zu wandern. Die positiven und negativen Ionen streben, unter der Wirkung des elektrischen Feldes, in entgegengesetzten Richtungen auseinander. Der Elektrolyt wird chemisch zerlegt.

> Die chemische Zersetzung eines Elektrolyten mit Hilfe des elektrischen Stroms nennt man Elektrolyse.

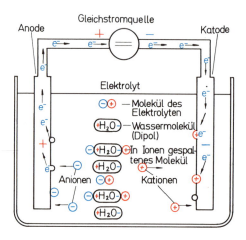

Bild 5.1 Schematische Darstellung der Elektrolyse

134

Die positive Elektrode heißt: *Anode**

Die negativen Ionen wandern zur Anode: man nennt sie daher *Anionen.*
Alle Säurereste und Hydroxid- oder OH-Gruppen bilden Anionen.
An der Anode geben die Anionen ihre überschüssigen Elektronen ab und werden neutrale Atome oder Moleküle.

Die negative Elektrode heißt: *Katode***

Die positiven Ionen wandern zur Katode: man nennt sie daher *Kationen.*
Alle Metalle und der Wasserstoff bilden Kationen.
An der Katode nehmen die Kationen ihre fehlenden Elektronen auf und werden neutrale Atome oder Moleküle.

Als Beispiel soll die Elektrolyse von verdünnter Salzsäure dienen (H^+Cl^-):

Die Säurestionen, also die Chlorionen (Cl^-), wandern zur Anode. Jedes Chlorion gibt an der Anode ein Elektron ab und wird zum Chloratom. Die Chloratome bilden Bläschen, die dann aus der Lösung aufsteigen.

Die Wasserstoffionen (H^+) wandern zur Katode. Jedes Wasserstoffion nimmt an der Katode ein Elektron auf und wird zum Wasserstoffatom. Die Wasserstoffatome steigen in Form von Bläschen aus der Lösung auf.

Durch chemische Gleichungen können die Vorgänge bei der Elektrolyse wesentlich einfacher beschrieben werden. Als Beispiele sollen verdünnte Salzsäure, Natronlauge, Kochsalzlösung und Kupfersulfatlösung dienen:

Katode	Elektrolyt	Anode
gibt Elektronen (e^-) ab	wird chemisch zersetzt	nimmt Elektronen (e^-) auf
$H \leftarrow H^+ + e^- \leftarrow$	$H^+ \quad Cl^-$	$\rightarrow Cl^- - e^- \rightarrow Cl$
$Na \leftarrow Na^+ + e^- \leftarrow$	$Na^+ \quad OH^-$	$\rightarrow OH^- - e^- \rightarrow OH$
$Na \leftarrow Na^+ + e^- \leftarrow$	$Na^+ \quad Cl^-$	$\rightarrow Cl^- - e^- \rightarrow Cl$
$Cu \leftarrow Cu^{++} + 2\,e^- \leftarrow$	$Cu^{++} SO_4^{--}$	$\rightarrow SO_4^{--} - 2\,e^- \rightarrow SO_4$

Der im Elektrolyten durch die Ionenwanderung gebildete Materialtransport ist an den Oberflächen der Elektroden beendet. Die Ionenleitung geht hier in die Elektronenleitung des äußeren Stromkreises über. Die Stoffe werden daher direkt an den Elektroden abgeschieden.

5.1.4 Elektrochemisches Äquivalent***

> Die durch die Elektrolyse ausgeschiedene Stoffmenge ist der durch das Bad transportierten elektrischen Ladung verhältnisgleich.

Jedes Kation empfängt an der Katode, entsprechend seiner Wertigkeit, ein oder mehrere Elektronen. Die Wertigkeit ist durch die Zahl der hochgestellten «+» ausgedrückt. Die gleiche Elektronenzahl wird an der Anode von den Anionen abgegeben. Ihre Wertigkeit ist durch die Zahl der «−» gekennzeichnet.

* Anode (griechisch) = hinaufgehen.
** Katode (griechisch) = hinabgehen.
*** äquivalent (lateinisch) = gleichwertig.

Die ausgeschiedene Stoffmenge hängt damit neben der transportierten elektrischen Ladung von der Art des ausgeschiedenen Stoffes ab, nämlich seiner Wertigkeit und seinem Atom- bzw. Molekulargewicht.

> Die von der Einheit der elektrischen Ladung ausgeschiedene Stoffmenge nennt man das elektrochemische Äquivalentgewicht oder einfach Äquivalent des Stoffs.

Als Formelbuchstabe wird meist c verwendet.

Die elektrochemischen Äquivalente der verschiedenen Stoffe sind in Tabellen zusammengefaßt (Tabelle 5/1).

Als Einheit der elektrischen Ladung kann sowohl eine Amperesekunde (1 As) als auch eine Amperestunde (1 Ah) verwendet werden. Es sind daher für das elektrochemische Äquivalent zwei verschiedene Einheiten üblich:

$$c \quad \text{in mg/As} \quad \text{oder} \quad c \quad \text{in g/Ah}$$

Der Zusammenhang zwischen beiden Einheiten ergibt sich aus den Beziehungen:

$$1 \text{ mg} = 1 \cdot 10^{-3} \text{ g} \quad \text{und} \quad 1 \text{ As} = \frac{1}{3600} \text{ Ah} = \frac{1}{3,6} \cdot 10^{-3} \text{ Ah}$$

zu $\quad 1 \text{ mg/As} = 3,6 \text{ g/Ah}$

Stoff	Wertigkeit	Elektrochemisches Äquivalent g/Ah	Stromausbeute %
Aluminium	3	0,335	—
Blei	2	3,865	100
Chrom	3	0,647	15
Eisen	2	1,042	75
Eisen	3	0,694	80
Gold	3	2,452	90
Cadmium	2	2,097	95
Kupfer	1	2,372	80
Kupfer	2	1,186	100
Magnesium	2	0,454	—
Nickel	2	1,095	97
Silber	1	4,025	100
Zink	2	1,220	75···100
Zinn	2	2,214	90
Sauerstoff	2	0,299	100
Wasserstoff	1	0,038	100

Tabelle 5/1
Elektrochemische Äquivalente

Die von einem elektrischen Strom in der Elektrolyse ausgeschiedene Stoffmenge ist dem Strom, der Zeit des Stromflusses und dem elektrochemischen Äquivalent des Stoffes verhältnisgleich.

Dieser Zusammenhang wird durch die *Faradaysche Gleichung* ausgedrückt:

$$m = I \cdot t \cdot c$$

m	Masse des ausgeschiedenen Stoffs	in mg	g
I	Mittelwert wirksamen Stroms	in A	A
t	Zeit des Stromflusses	in s	h
c	elektrochemisches Äquivalent des Stoffs	in $\dfrac{mg}{As}$	$\dfrac{g}{Ah}$

Bei der Abscheidung von Metallen ist meistens nicht der gesamte Strom wirksam, da gleichzeitig ein Teil des im Elektrolyten enthaltenen Wassers zersetzt wird. Man nennt den prozentualen Anteil des wirksamen Stroms am Gesamtstrom: *Stromausbeute*.

Den etwas kleineren Nutzstrom erhält man auf folgende Weise:

$$\text{Nutzstrom} = \text{Gesamtstrom} \cdot \frac{\text{Stromausbeute in \%}}{100}$$

Beispiel 1: Welche Menge Nickel wird bei der Elektrolyse einer Nickelsalzlösung ausgeschieden, wenn ein Strom von 20 A (mittlerer Wert) über eine Zeit von 5 h durch das Bad fließt?

Gegeben: $c_N = 1{,}095$ g/Ah
Stromausbeute 97%
$I = 20$ A
$t = 5$ h

Gesucht: m in mg oder g

Lösung: Nutzstrom $I = I_{ges} \cdot \dfrac{97}{100} = 20 \text{ A} \cdot 0{,}97 = 19{,}4$ A

$m = I \cdot t \cdot c \qquad I$ in A
$\qquad\qquad\qquad\quad t$ in h
$\qquad\qquad\qquad\quad c$ in g/Ah
$\qquad\qquad\qquad\quad m$ in g

$m = 19{,}5 \text{ A} \cdot 5 \text{ h} \cdot 1{,}095 \, \dfrac{g}{A \cdot h} = \underline{106 \text{ g}}$

Beispiel 2: Wie lange muß ein Strom von 1,5 A durch eine Silbersalzlösung fließen, wenn er daraus 10 mg Silber ausscheiden soll?

Gegeben: I = 1,5 A

m = 10 mg

c_{Ag} = 4,025 g/Ah

Stromausbeute 100%

Gesucht: t

Lösung: Nutzstrom $I = I_{ges}$ = 1,5 A

$$c_{Ag} = 4{,}025 \frac{g}{Ah} = \frac{4{,}025 \text{ mg}}{3{,}6 \text{ As}} = 1{,}118 \text{ mg/As}$$

$m = I \cdot t \cdot c$ I in A | $t = \dfrac{m}{I \cdot c}$

t in s | $t = \dfrac{10 \text{ mg} \cdot \text{As}}{1{,}5 \text{ A} \cdot 1{,}118 \text{ mg}}$

c in mg/As

m in mg | $\underline{t = 5{,}96 \text{ s}}$

5.2 Anwendung der Elektrolyse

5.2.1 Galvanostegie

> Die Galvanostegie ist ein Teilgebiet der Galvanotechnik. Sie umfaßt die Herstellung metallischer Überzüge auf elektrochemischem Weg.

Der Metallüberzug wird in einem Galvanisierbad unter Ausnutzung der Elektrolyse direkt an der Oberfläche des Werkstücks gebildet.

Ein *Galvanisierbad ist daher grundsätzlich wie ein Elektrolysebad aufgebaut:*

Die Katode ist mit dem negativen Pol der Stromquelle verbunden und wird durch das zu galvanisierende Werkstück verkörpert. Elektrisch nichtleitende Werkstücke erhalten durch eine dünne Graphitschicht eine leitende Oberfläche.

Als *Anode,* der positiven Elektrode, dient eine Platte aus dem abzuscheidenden Metall. Sie wird in dem Maße zersetzt, wie die Schicht auf dem Werkstück wächst. Der Elektrolyt verändert auf diese Weise seine Konzentration praktisch nicht.

Der *Elektrolyt* besteht in erster Linie aus einer Salzlösung des Überzugsmetalls.

Als Beispiel zur Erklärung der elektrochemischen Vorgänge beim Galvanisieren soll hier das Verkupfern dienen. Das Bad ist in Bild 5.2 skizziert. Als Elektrolyt dient eine Kupfersulfatlösung ($CuSO_4 + H_2O$).

Die zweifach positiv geladenen Kupferionen (Cu^{++}) wandern beim Stromdurchgang als Kationen zur Katode (Werkstück). Jedes Kation enthält dort zwei Elektronen und wird zum Kupferatom. Viele dieser Atome ordnen sich auf dem Werkstück in einen Kristallverband und bilden die Kupferschicht.

Die zweiwertig negativen Säurerestgruppen (SO_4^{--}) wandern als Anionen zur Anode (Kupferplatte). Sie sind dort bestrebt, mit den zweifachpositiven Kupferionen des Anodenmetalls neue

138

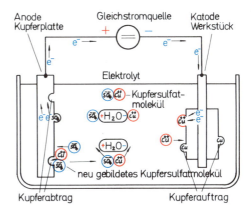

Bild 5.2 Schematische Darstellung eines Galvanisierbades für Kupferüberzüge

Kupfersulfatmoleküle zu bilden. Jedes von der Anode gelöste Kupferion läßt zwei freie Elektronen zurück, die von der äußeren Gleichstromquelle abgesaugt werden. Die neu gebildeten Kupfersulfatmoleküle werden durch die im Elektrolyten enthaltenen Wassermoleküle wieder in Anionen und Kationen gespalten. Die Erhaltung des Elektrolyten ist somit gewährleistet. Für die Herstellung fest haftender, dichter und damit auch glänzender Schichten sind einige wichtige Voraussetzungen zu erfüllen:

Die *Werkstücke* müssen sorgfältig gereinigt werden. Vor den Galvanikbädern durchlaufen sie Entfettungs-, Beiz- und Spülbäder.

Die *Stromdichte* darf am Werkstück nicht über bestimmte Werte hinausgehen. Bei zu hoher Stromdichte bleibt den rasch aufeinanderfolgenden Atomen nicht genügend Zeit, um sich in den Kristallverband einzuordnen: Die Schicht wird schwammartig. Die zulässigen Stromdichten sind stark von der Badart abhängig. Sie liegen in der Größenordnung einiger A/dm^2.

In vielen Fällen werden zur Erzielung von dichten Überzügen mit guter Haftfestigkeit die Gegenstände mit mehreren Schichten verschiedener Metalle versehen.

Um der abdeckenden Schicht einen besonderen Glanz zu verleihen, wird bei einigen Bädern nach einem bestimmten Zeitplan eine Umpolung des Badstroms vorgenommen. Ein Teil der obersten Schicht wird dabei wieder aufgelöst. Glänzende Oberflächen lassen sich außerdem durch Zusätze aus besonderen Verbindungen, sogenannten Glanzbildern, herstellen.

5.2.2 Galvanoplastik

Die Galvanoplastik umfaßt die Verfahren, bei denen die Formung metallischer Gegenstände unter Ausnutzung der Elektrolyse erfolgt.

Von dem Original wird durch Abdruck eine Form aus Kunststoff, Gips oder anderem Material hergestellt. Die Formoberfläche wird durch feinen Graphit, Metallpulver oder Aufdampfen von Metall leitend gemacht. In einem Galvanikbad wird die Schicht mit dem Katodenanschluß versehen. Auf galvanischem Wege entsteht nun wieder ein metallisches Positiv. Die Form wird nachfolgend abgelöst.

Die Anwendungsmöglichkeiten dieses Verfahrens erstrecken sich z.B. auf Herstellung von Kopien von Kunstgegenständen, historischen Funden, Druckplatten, Prägeplatten, Plaketten, Gießformen und Schallplattenmatrizen.

139

5.2.3 Metallreinigung durch Elektrolyse

Alle edlen Metalle, z.B. Kupfer, Silber, Gold und Platin, können mit hohem Reinheitsgrad auf elektrochemischem Wege aus dem Rohmetall oder Hüttenmetall gewonnen werden. Die Reinigung erfolgt durch die Elektrolyse einer Salzlösung des Metalls. Während die Anoden aus dem Rohmetall zersetzt werden, scheidet sich das Reinmetall an den Katoden ab.

Besondere Bedeutung hat dieses Verfahren für die Herstellung des in der Elektrotechnik benötigten *Elektrokupfers*. Die hohe elektrische Leitfähigkeit und damit auch die Wärmeleitfähigkeit können erst durch den hohen Reinheitsgrad erreicht werden.

In der Kupferelektrolyse (Bild 5.3a) hängen den Rohkupferanoden dünne Bleche aus Reinkupfer als Katode gegenüber. Der Elektrolyt besteht aus einer mit Schwefelsäure angereicherten Kupfer-

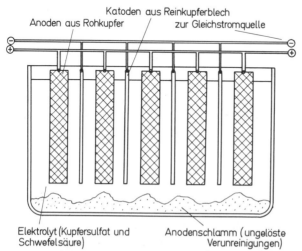

Anoden aus Rohkupfer
Katoden aus Reinkupferblech
zur Gleichstromquelle

Elektrolyt (Kupfersulfat und Schwefelsäure)
Anodenschlamm (ungelöste Verunreinigungen)

Bild 5.3 Reinigung von Kupfer in der Elektrolyse
a) schematische Darstellung des Bades
b) Elektrolysehalle (DKI)

140

sulfatlösung. Mehrere Bäder, von denen jedes bis zu etwa 40 Anoden mit entsprechenden Katoden besitzt, sind zu Blocks in Reihen angeordnet (Bild 5.3b).

Das Reinkupfer (mit rd. 99,8% Cu) scheidet sich an den Katoden ab. Unedle Verunreinigungen bleiben im Elektrolyten in Lösung. Edelmetalle sammeln sich am Boden des Zellengefäßes. Dieser Anodenschlamm ist ein wichtiges Ausgangsprodukt für die Gewinnung wertvoller Edelmetalle und Selen.

5.2.4   Metallgewinnung durch Schmelzflußelektrolyse

Die Bedeutung der Schmelzflußelektrolyse liegt in erster Linie bei der *Aluminiumgewinnung*. Auch andere unedle Metalle, z.B. Magnesium, werden durch dieses Verfahren gewonnen.

Das Aluminiumerz, meist Bauxit*, wird zuerst zu Tonerde, dem Aluminiumoxid (Al_2O_3) aufbereitet. Dieses geschieht meist nach dem Bayer-Verfahren.

Die Tonerde wird durch die Schmelzflußelektrolyse in Aluminium und Sauerstoff zerlegt. Der *Schmelzflußelektrolyseofen* (Bild 5.4) besteht aus einer mit Kohle ausgekleideten Wanne, die die Katode bildet. Als Anode dienen in die Schmelze getauchte Kohleelektroden. Der Ofen wird kontinuierlich mit einem Gemenge aus Tonerde und Kryolith beschickt. Das Kryolith dient der Herabsetzung der Schmelztemperatur des Elektrolyten von etwa 2000 °C auf etwa 950 °C.

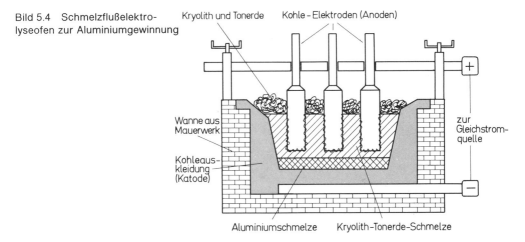

Bild 5.4   Schmelzflußelektrolyseofen zur Aluminiumgewinnung

Kryolith und Tonerde   Kohle - Elektroden (Anoden)

Wanne aus Mauerwerk

Kohleauskleidung (Katode)

zur Gleichstromquelle

Aluminiumschmelze   Kryolith-Tonerde-Schmelze

Die Aluminiumionen wandern zu der Kohleauskleidung, um dort zu Aluminiumatomen zu neutralisieren. Sie bilden am Boden die Aluminiumschmelze, die in Abständen abgesaugt wird. Der an den Kohleanoden neutralisierte Sauerstoff verbindet sich mit der Kohle. Die Anoden werden daher verbraucht und müssen nachgeführt werden.

Da das relativ unedle Aluminium eine starke Affinität zum Sauerstoff hat, ist der Energiebedarf für die Zerlegung des Aluminiumoxids hoch. Aluminiumhütten sind daher nur dort anzutreffen, wo elektrische Energie in großen Mengen wirtschaftlich erzeugt wird. Für die Herstellung von 1 kg Aluminium aus rd. 2 kg Tonerde (das bedeutet 4 kg Bauxit) ist ein Energiebetrag von 20 kWh erforderlich. Neuere, sehr große Schmelzflußelektrolyseöfen, die mit Strömen bis zu 150 000 A arbeiten, benötigen «nur» 14 bis 15 kWh/kg.

* Nach Baux (Südfrankreich) = wichtiges Vorkommen für Aluminiumerz.

141

5.2.5 Eloxieren

Bei einigen unedlen Metallen kann auf elektrochemischem Wege eine dünne Oxidschicht hergestellt werden, die einen wirksamen *Oberflächenschutz* darstellt.

Die größte Bedeutung hat das *Eloxalverfahren,* die **el**ektrochemische **Ox**idation von **Al**uminium.
Das Aluminiumwerkstück dient dabei als Anode in einem Elektrolyten, der z.B aus verdünnter
Schwefelsäure besteht. Der aus den Säurerestionen an der Anode entstehende freie Sauerstoff
verbindet sich mit dem Aluminium zu Aluminiumoxid (Al_2O_3). An der Katode scheidet Wasserstoff
aus. Es wird also lediglich das im Elektrolyten enthaltene Wasser verbraucht.

Die Aluminiumoxidschicht zeichnet sich durch eine hohe chemische Beständigkeit, Verschleiß-
festigkeit, Haftfähigkeit und Dichte aus. Sie ist außerdem ein guter elektrischer Isolator mit hoher
Durchschlagsfestigkeit. Die Schichtdicke, die bei der Oxidation an freier Atmosphäre nur etwa
0,2 μm beträgt, wird durch das Eloxalverfahren auf etwa 20 μm verstärkt.

Das Eloxalverfahren kann auch zur Oberflächenveredlung maßhaltiger Werkstücke verwendet
werden. Da die Schicht im wesentlichen in das Werkstück hineinwächst, trägt sie nur sehr wenig
auf.

Neben dem Korrosionsschutz dient das Eloxalverfahren auch der Metallfärbung. Durch besondere Badzusätze können den Schichten Farbeffekte vermittelt werden.

5.3 Grundlagen der galvanischen Spannungserzeugung

5.3.1 Chemischer Lösungsdruck

Die in einen Elektrolyten getauchte Metallelektrode hat das Bestreben, sich zu zersetzen, d.h. in
Lösung zu gehen. Dabei verlassen positive Metallionen die Elektrode, um sich mit den negativen
Ionen bzw. Ionengruppen des Elektrolyten zu verbinden. Da die Metallionen die freien Elektronen
auf der Elektrode zurücklassen, erhält diese dabei einen Elektronenüberschuß. Sie nimmt ein
negatives Potential gegenüber dem Elektrolyten an.

Wird z.B. eine Zinkelektrode in verdünnte Schwefelsäure getaucht (Bild 5.5), gehen zweifach
positive Zinkionen Zn^{2+} in Lösung und verbinden sich mit den Säurerestionengruppen SO_4^{2-} zu
Zinksalz $ZnSO_4$ (Zinksulfat).

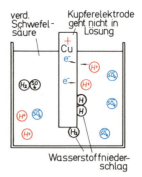

Bild 5.5 Zinkelektrode in verdünnter Schwefelsäure

Bild 5.6 Kupferelektrode in verdünnter Schwefelsäure

> Das Auflösungsbestreben von Metallen in Elektrolyten nennt man chemischen Lösungsdruck (Lösungstension).

Die verschiedenen Metalle haben unterschiedliche chemische Lösungsdrücke. Sie werden danach in edlere Metalle mit geringem und unedlere Metalle mit hohem Lösungsdruck unterteilt. Je höher der chemische Lösungsdruck eines Metalls, also je unedler das Metall, um so höher ist die Potentialdifferenz gegenüber dem Elektrolyten, die sich durch das In-Lösung-Gehen einstellt. Da der Potentialunterschied einer weiteren Auflösung entgegenwirkt, stellt sich ein Gleichgewichtszustand ein. Die Auflösung kommt zum Stillstand, sofern kein äußerer Ladungsausgleich stattfindet.

Besteht die Elektrode aus einem edlen Metall, z.B. Kupfer (Bild 5.6), dessen geringer Lösungsdruck nicht ausreicht, um Metallionen in Lösung gehen zu lassen, überwiegt das Bestreben der im Elektrolyten gelösten Wasserstoffionen (H^+), sich auf der Elektrode abzusetzen. Die Wasserstoffionen neutralisieren sich an der Elektrode, indem sie ihr Elektronen entziehen. Auf der Kupferelektrode stellt sich Elektronenmangel ein, d.h., sie nimmt ein positives Potential gegenüber dem Elektrolyten an. Sie überzieht sich dabei mit einer dünnen Schicht von Wasserstoffmolekülen (H_2).

Edle Metalle gehen in Elektrolyten nicht in Lösung, wenn der Lösungsdruck der in ihm gelösten positiven Ionen höher ist als derjenige der Metallionen. Taucht man z.B. ein Eisenstück in eine Kupfersulfatlösung ($CuSO_4$), so überzieht sich das Eisen mit einer Kupferschicht, denn Kupfer ist edler als Eisen.

5.3.2 Elektrochemische Spannungsreihe

Die Elemente, in erster Linie die Metalle, lassen sich nach der Reihenfolge ihrer chemischen Lösungsdrücke aufstellen. Man ordnet dabei die Stoffe mit hohem Lösungsdruck, also die unedleren, oberhalb derer mit geringem Lösungsdruck an (Tabelle 5.2). Der Lösungsdruck läßt sich quantitativ durch die Potentialdifferenz gegenüber einem genau definierten Elektrolyten angeben, in den der betreffende Stoff als Elektrode getaucht ist. Zur Messung der Potentialdifferenz ist jedoch eine zweite — mit dem Elektrolyten in leitender Verbindung stehende — Bezugselektrode erforderlich. Da diese ebenfalls eine Potentialdifferenz gegenüber dem Elektrolyten annimmt, ist der Einfluß der Bezugselektrode zu berücksichtigen. Man hat eine mit Wasserstoffbläschen überzogene Platinelektrode als Bezugsnormal vereinbart.

> Die Aufstellung der Stoffe in der Reihenfolge ihrer chemischen Lösungsdrücke — unter Angabe der Potentialdifferenz gegenüber einer Wasserstoff-Bezugselektrode — nennt man elektrochemische Spannungsreihe (Tabelle 5.2).

5.3.3 Volta-Element

> Als Grundlage für die galvanische Spannungserzeugung dienen die unterschiedlichen Lösungsdrücke der Stoffe in Elektrolyten.

Dabei kommt den Metallen wegen ihrer guten elektrischen Leitfähigkeit die größte Bedeutung zu. Die einfachste Form eines galvanischen Elements ist das Volta-Element. Als Elektrolyt dient ver-

Tabelle 5.2 Elektrochemische Spannungsreihe

		V			V
Lithium	Li	−3,02	Kobalt	Co	−0,29
Kalium	K	−2,92	Nickel	Ni	−0,25
Calcium	Ca	−2,76	Zinn	Sn	−0,16
Natrium	Na	−2,71	Blei	Pb	−0,13
Magnesium	Mg	−2,37	Wasserstoff	H	±0,00
Aluminium	Al	−1,67	Kupfer	Cu	+0,34
Mangan	Mn	−1,18	Kohle	C	+0,74
Zink	Zn	−0,76	Quecksilber	Hg	+0,79
Chrom	Cr	−0,51	Silber	Ag	+0,81
Eisen	Fe	−0,44	Gold	Au	+1,38
Cadmium	Cd	−0,40	Platin	Pt	+1,60

unedler ↑

edler ↓

dünnte Schwefelsäure und als Elektroden ein unedles Metall, Zink, als Lösungselektrode, und ein edles Metall, Kupfer (Bild 5.7).

Die Urspannung eines Zink-Kupfer-Elements mit einem Kupfersulfid-Elektrolyten ($Cu^{2+}SO_4^{2-}$) errechnet sich nach der elektrochemischen Spannungsreihe aus der Differenz der Lösungsdrücke von Kupfer gegen Zink zu:

$$U_0 = +0,34\,V - (-0,76\,V) = +0,34\,V + 0,76\,V = +1,1\,V$$

Die Zinkelektrode bildet den negativen Pol. Sie wird bei der Stromentnahme zersetzt. Von ihr gehen ständig positive Zinkionen in Lösung, um den Elektronenüberschuß aufrechtzuerhalten. *Die negative Elektrode ist beim galvanischen Element die Anode.* In dem Maß, in dem die negative Elektrode in Lösung geht, scheiden sich an der positiven Elektrode positive Ionen ab. Sie nehmen die Elektronen auf, die der äußere Stromkreis der Elektrode zuführt. Somit bleibt der Elektronenmangel erhalten. *Die positive Elektrode heißt beim galvanischen Element Katode.*

Handelt es sich beim Elektrolyten um eine Säure, sind die positiven Ionen stets Wasserstoffionen, die sich an der Elektrodenoberfläche zu einer Wasserstoffschicht neutralisieren.

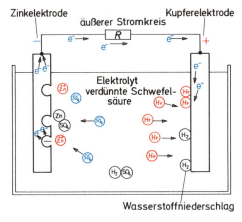

Bild 5.7   Volta-Element

Der von einem Volta-Element gelieferte Strom nimmt durch den Wasserstoffüberzug an der positiven Elektrode nach kurzer Belastungsdauer ab. Dieser Vorgang wird *elektrolytische Polarisation* genannt. Durch den Wasserstoffüberzug verringert sich die Urspannung des Elements, weil die Oberfläche von Kupfer in Wasserstoff übergeht. Der Unterschied zwischen den Lösungsdrucken der Elektroden wird damit geringer. Außerdem vergrößert der Überzug den Übergangswiderstand der Elektrode zum Elektrolyten. Der Innenwiderstand des Elements nimmt zu.

Die heute üblichen galvanischen Elemente verwenden daher als Material für die positive Elektrode (Katode) anstelle eines edlen Metalls ein Metalloxid. Dem Metalloxid wird bei der Entladung des Elements Sauerstoff entzogen, d.h., es wird reduziert. Dieser Sauerstoff dient der chemischen Bindung (Oxidation) des Wasserstoffs. *Die chemische Bindung des bei der Entladung gebildeten Wasserstoffs zu Wasser wird Depolarisation genannt.*

5.4 Bauformen und Eigenschaften galvanischer Elemente

> Galvanische Elemente, auch Primärelemente genannt, wandeln die in den Elektroden enthaltene chemische Bindungsenergie in elektrische Energie um.

Sie sind nicht wieder aufladbar (abgesehen vom begrenzten Umfang bestimmter Bauformen), da der chemische Vorgang nicht umkehrbar ist; man bezeichnet ihn als irreversibel.

Eine andere Art Primärelemente stellen die Brennstoffzellen dar (Abschnitt 5.5), bei denen die Elektroden selbst nicht verbraucht werden. Ihnen wird der für die chemische Umwandlung erforderliche Brennstoff von außen zugeführt.

Anstelle der Begriffe galvanisches Element oder Primärelement hat sich im allgemeinen Sprachgebrauch die Bezeichnung Batterie durchgesetzt. Im engeren Sinne ist eine Batterie jedoch eine Zusammenfassung mehrerer Zellen.

Aus der elektrochemischen Spannungsreihe ließe sich eine beachtliche Zahl möglicher Elektrodenkombinationen zusammenstellen. Es haben sich jedoch aus wirtschaftlichen Gründen und wegen der chemischen Reaktionsfreudigkeit der unedlen Metalle (Alkalimetalle) mit wäßrigen Elektrolyten nur wenige Metalle als brauchbare Elektrodenmaterialien herausgestellt. Die negative Elektrode wird bei vielen Bauformen durch Zink gebildet.

Die heutigen galvanischen Elemente sind in einer langen Entwicklung über verschiedenartigste Konstruktionen aus dem Volta-Element (etwa im Jahr 1800) entstanden. Eine entscheidende Verbesserung gelang dem Franzosen Georges Leclanché mit dem auch heute noch für geringere Anforderungen verwendeten wirtschaftlichen Braunsteinelement. Neben den klassischen Elektrodenmaterialien Zink und Braunstein/Kohle werden in modernen Primärzellen Elektroden mit zum Teil wesentlich höherer Energiedichte eingesetzt.

5.4.1 Abmessungen von Primärelementen

Primärelemente werden heute in einer Reihe international genormter Standardgrößen hergestellt (Bild 5.8). Einzelzellen werden als Rundzellen mit Nennspannung 1,5 V und die Kompakt- oder Plattenzellenbatterie — auch Transistorbatterie genannt — in prismatischer Bauform mit einer Nennspannung von 9 V hergestellt. Neben den Standardgrößen liefern einige Hersteller noch eine Anzahl weiterer Größen.

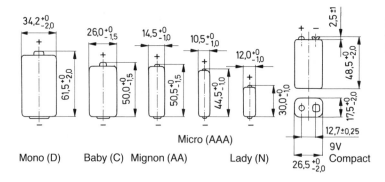

Micro (AAA)

Mono (D)   Baby (C) Mignon (AA)   Lady (N)   Compact

9V

Vor allem bei den Knopfzellen (z.B. Quecksilberoxidzellen) hat sich noch keine Normung durchgesetzt. Lediglich die Durchmesser 7,9 mm und 11,6 mm sind verbreitet anzutreffen.

5.4.2   Kapazität und Lebensdauer von Primärelementen

Neben der Nennspannung und der Kapazität ist die Belastbarkeit eine wichtige Kenngröße. Die Kapazität wird als elektrische Ladung:

$$Q = I \cdot t \quad \text{in Ah} \quad \text{oder} \quad \text{mAh}$$

angegeben.

Da die Kapazität einer Batterie bei einigen Bauformen mehr oder weniger von den Betriebsbedingungen abhängig ist, sind diese bei der Kapazitätsangabe stets zu berücksichtigen.

5.4.3   Braunsteinelement (Leclanché-Element)

Eigenschaften

Das Braunsteinelement — auch Zink-Kohle-Element genannt — hat eine Nennspannung von 1,5 V, die jedoch praktisch nur bei Leerlauf oder geringer Belastung zur Verfügung steht. Mit fortschreitender Entladung sinkt die Klemmenspannung bei Belastung immer stärker ab.

> Die Anwendung von Braunsteinelementen ist daher auf die Geräte beschränkt, die keine hohen Anforderungen an die Konstanthaltung der Versorgungsspannung stellen.

Der Hauptvorteil der Braunsteinelemente liegt in ihrem geringen Preis.

Eine Braunsteinzelle gilt allgemein als entladen, wenn die Klemmenspannung auf die Hälfte der Nennspannung abgesunken ist. Die Braunsteinzelle besitzt die Fähigkeit, sich nach einer Belastungsphase mit höherem Strom zu regenerieren. Ihr Innenwiderstand nimmt während der Ruhepause allmählich wieder ab. Dadurch ist die Kapazität einer Braunsteinzelle bei aussetzender Belastung mit längeren Betriebspausen, also bei intermittierendem Betrieb, erheblich höher als bei länger anhaltender oder kontinuierlicher Belastung. Die Belastungskennlinien von Braunsteinelementen (Bild 5.9) zeigen die Klemmenspannungen in Abhängigkeit von der Betriebsdauer bei verschiedenen Betriebsarten.

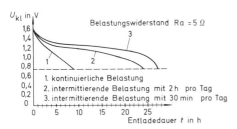

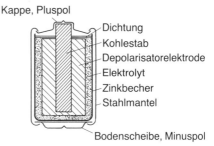

Bild 5.9   Entladekurven eines Leclanché-Elementes

Bild 5.10   Leclanché-Zelle im Querschnitt

Aufbau

Die häufigste Bauform des Braunsteinelements ist die Rundzelle (Bild 5.10). *Die negative Elektrode (aus Zink) bildet das Zellengefäß. Die positive Elektrode, auch Depolarisatorelektrode genannt, besteht aus Braunstein* (Mangandioxid MnO$_2$), das zur Erhöhung der Leitfähigkeit mit Kohlepulver gepreßt ist. In der Mitte befindet sich als Ableitelektrode der Kohlestift. *Der Elektrolyt ist eine eingedickte Salmiaksalzlösung mit Zusatz von Zinkchlorid.* Der Braunstein-Depolarisator nimmt den größten Teil des Zellenvolumens in Anspruch. Bei Belastung wird die Zinkelektrode in Zinkchlorid umgewandelt und Braunstein, MnO$_2$, zu MnO reduziert. Dabei wird, vor allem bei lang anhaltendem und hohem Entladestrom, viel flüssiges Reaktionsprodukt gebildet. Durch abdichtende Ummantelung wird die Gefahr des Austretens von Elektrolyt gemindert.

Bei den leistungsfähigeren, teureren Braunsteinelementen ist der Elektrolyt von einem saugfähigen Separatorpapier aufgenommen. Durch die abdichtende Stahlummantelung wird neben der höheren Auslaufsicherheit eine wesentlich längere Lagerfähigkeit erzielt. Dieses ist der Minderung des Gasaustauschs zwischen der Zelle und der Außenluft zuzuschreiben. Die Kapazitätsminderung bei Lagerungstemperatur um 20 °C liegt bei ca. 1% je Monat und nimmt bei steigender Temperatur zu.

In der *Plattenzellen- oder Kompaktbatterie* sind sechs Zellen scheibenartig übereinander angeordnet. Die Nennspannung beträgt somit 9 V. Jede Zelle besteht aus einer Zinkfolie (negative Elektrode), Separatorpapier als Elektrolytträger und einer Braunsteintablette mit einer Leitfolie, die die Verbindung zur nächsten Zelle herstellt.

5.4.4   Alkali-Mangan-Zelle

Eigenschaften

Eine wesentliche Verbesserung gegenüber dem Leclanché-Element stellt die Alkali-Mangan-Zelle dar. Die Nennspannung beträgt ebenfalls 1,5 V. *Bei gleichem Volumen beträgt die Kapazität etwa das Zwei- bis Dreifache eines Leclanché-Elements.* Alkali-Mangan-Zellen werden in den gleichen Standardgrößen hergestellt wie Braunsteinelemente. *Da der Innenwiderstand erheblich geringer ist, sinkt die Klemmenspannung gegenüber der des Braunsteinelements bei Belastung entsprechend weniger ab.* Beim Alkali-Mangan-Element tritt in den Entlastungsphasen praktisch keine Erholung auf. *Sie liefern daher auch bei hoher Dauerbelastung ihre volle Kapazität.* Ein weiterer Vorteil liegt in der längeren Lagerfähigkeit aufgrund geringerer Selbstentladung sowie dem guten Betriebsverhalten bei tiefen Temperaturen. Während die Alkali-Mangan-Zelle bei −40 °C noch leistungsfähig ist, nimmt die Leistungsfähigkeit des Braunsteinelements schon bei 0 °C erheblich ab.

147

Aufbau

Die Elektroden der Alkali-Mangan-Zelle bestehen grundsätzlich aus den gleichen Materialien wie beim Braunsteinelement: die negative Elektrode aus Zink und die positive aus Mangandioxid. *Als Elektrolyt findet jedoch Kalilauge KOH (Kaliumhydroxid) Verwendung.* Die veränderten chemischen Reaktionen fordern eine wesentlich andere Volumenaufteilung bezüglich der Elektrodenmaterialien. Daher ist ihre Anordnung umgekehrt gegenüber dem Braunsteinelement. Die negative Elektrode aus gepreßtem Zinkpulver liegt in der Mitte und die positive Braunsteinelektrode als Ring außen herum (Bild 5.11).

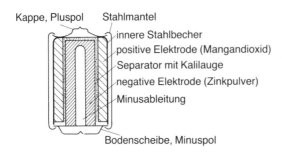

Kappe, Pluspol Stahlmantel

innere Stahlbecher

positive Elektrode (Mangandioxid)

Separator mit Kalilauge

negative Elektrode (Zinkpulver)

Minusableitung

Bodenscheibe, Minuspol

Bild 5.11   Alkali-Mangan-Zelle im Querschnitt

5.4.5   Quecksilberoxidzelle

Eigenschaften

Bei hohen Anforderungen an genaue und konstante Spannung, kleinen Innenwiderstand und geringes Volumen gelangt die Quecksilberoxidzelle zum wirtschaftlichen Einsatz. Die übliche Bauform ist die Knopfzelle. *Die Zellenspannung beträgt 1,35 V (abgesehen von einer speziellen Variante mit 1,4 V) und bleibt über die gesamte Entladedauer praktisch konstant.* Erst bei nahezu erschöpfter Zelle sinkt die Spannung ab. Besonders günstig sind die Lagerfähigkeit und das Temperaturverhalten der Quecksilberoxidzelle. Sie ist in einem Temperaturbereich von $-20\,°C$ bis $+100\,°C$ betriebsbereit.

Aufbau

Die negative Elektrode besteht auch bei dieser Bauform aus Zinkpulver und der Elektrolyt aus Kalilauge. Die positive Elektrode und den Depolarisator bilden Quecksilberoxid (HgO) und Kohlepulver zur Erhöhung der Leitfähigkeit (Bild 5.12).

Bei der Entladung wird Quecksilberoxid zu reinem Quecksilber reduziert.

Der schwerwiegende Nachteil dieser Zellen besteht darin, daß der Inhalt der verbrauchten Zellen hochgiftig ist. Sie müssen daher unbedingt nach Entladung zurückgegeben werden. Die Produktion dieser Zellen ist wegen der Umweltgefährdung rückläufig. Sie werden überwiegend nur noch in Kameras eingesetzt.

5.4.6   Silberoxidzelle

Eine umweltverträgliche Alternative zur Quecksilberoxidzelle bietet die Silberoxidzelle. Diese hat eine höhere Energiedichte, jedoch auch einen höheren Preis. Ein Vorteil für bestimmte Anwendungen ist die volle Leistungsfähigkeit bei tiefen Temperaturen.

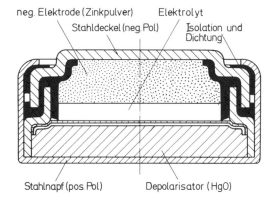

Bild 5.12 Quecksilberoxidzelle (Durchmesser 11,4 mm) (Varta)

neg. Elektrode (Zinkpulver) Elektrolyt
Stahldeckel (neg. Pol) Isolation und Dichtung

Stahlnapf (pos. Pol) Depolarisator (HgO)

Der Aufbau ist ähnlich der Quecksilberoxidzelle. Die positive Elektrode besteht aus Silberoxid (mit geringer Beimengung von ca. 1% Quecksilber). Sie wird beim Verbrauch zu metallischem Silber reduziert.

5.4.7 Lithiumzelle

Lithiumzellen sind heute die Primärelemente mit der höchsten volumen- und gewichtsspezifischen Energie. Die Ursache besteht in der hohen Bindungsenergie dieses sehr unedlen Metalls (siehe Tabelle 5.2, Elektrochemische Spannungsreihe). Lithium würde mit Wasser sofort chemisch reagieren; daher können in Lithiumzellen keine wasserhaltigen Elektrolyte eingesetzt werden.

Lithiumzellen sind ursprünglich für die Raumfahrttechnik entwickelt worden. Sie werden heute in verschiedenen Varianten mit unterschiedlichen Elektrodenformen hergestellt.

Die Zellenspannungen liegen, je nach Variante, zwischen 3,0 V und 3,9 V. Sie bleibt über die gesamte Entladung nahezu konstant.

Neben den Zellen für den normalen Leistungsbereich werden heute Hochleistungszellen mit Kapazitäten bis 50 Ah hergestellt, die Spitzenströme bis 50 A liefern können. Lithiumzellen können, im Gegensatz zu den anderen Bauformen, in einem großen Temperaturbereich zwischen −55 bis 175 °C eingesetzt werden.

Einen weiteren Vorteil der Lithiumzelle bildet ihre extreme Lagerfähigkeit. Während andere Bauformen im allgemeinen nicht länger als zwei Jahre lagerfähig sind, haben Lithiumzellen nach einer Lagerzeit von zehn Jahren kaum an Energie verloren.

Aufbau

Hochleistungszellen mit flüssigem Elektrolyt sind durch Edelstahlbehälter gekapselt und hochwertig abgedichtet. Eine eingebaute Schmelzsicherung verhindert einen zu hohen Innendruck bei elektrischem Kurzschluß.

Die negative Elektrode (Anode) der Lithiumzelle besteht meist aus einem Lithiumgeflecht. Die positive Elektrode (Katode) liegt bei manchen Zellen in flüssiger Form vor.

Der Elektrolyt ist entweder flüssig oder gelatineartig eingedickt. Zellen mit eingedicktem Elektrolyten haben bei niedrigem Entladestrom eine sehr konstante Spannung.

Kleine Lithiumzellen spezieller Bauart, die der Pufferung von flüchtigen Schreib-Lese-Speichern (statische RAMs) dienen, werden direkt in die Leiterplatten von Computern mit

149

eingelötet. Bei speziellen Bauformen sorgen eingebaute Dioden dafür, daß die Batteriezelle bei vorhandener Versorgungsspannung abgekoppelt wird und bei Ausfall derselben unterbrechungsfrei die Versorgung des Speicherbausteins übernimmt.

Wiederaufladbare Lithiumzellen befinden sich zur Zeit in der Entwicklung. Die Anzahl der Lade-/Entladezyklen ist für die Verwendung als Akkumulator noch nicht hoch genug.

5.4.8 Luftsauerstoffzelle

Ein besonderer Weg zur Erzielung einer hohen Energiedichte ist bei der schon länger bekannten Luftsauerstoffzelle beschritten worden. *Die positive Elektrode, bestehend aus Aktivkohle, entnimmt den für die Depolarisation erforderlichen Sauerstoff der Luft.* Vor der Inbetriebnahme müssen daher gekennzeichnete Abdeckungen aus Folie durchstochen werden. Der Sauerstoff dringt mit der Luft über Röhrchen in den hochporösen Aktivkohlekörper, von dem der Sauerstoff adsorbiert wird. Die negative Elektrode besteht aus Zink, der Elektrolyt ist Kalilauge.

Luftsauerstoffzellen werden in größeren Einheiten in prismatischer Form und in kleineren Einheiten als Knopfzellen hergestellt. *Die Luftsauerstoffzelle liefert bei geringer Belastung über lange Zeit eine nahezu konstante Spannung.* Sie eignet sich daher besonders als Stromversorgung in Ruhestromanlagen, wie z.B. Signal-, Uhren-, Überwachungs- und Fernmeldeanlagen. Sie werden daher auch gelegentlich als Ruhestromelemente bezeichnet.

5.4.9 Füllelement

Für besondere Zwecke, bei denen sehr lange Lagerfähigkeit verlangt wird und das Element nach einer kurzen Aktivierungszeit betriebsbereit sein soll, werden Füllelemente hergestellt.

Da der Elektrolyt vor der Aktivierung in trockener Form, d.h. als Pulver vorliegt, kann das Element nicht durch Selbstentladung unbrauchbar werden. Die Aktivierung erfolgt durch Auffüllen von Wasser.

Die Silberchlorid-Magnesium-Zelle wird zur Aktivierung mit Salzwasser gefüllt, das auch durch Meerwasser ersetzt werden kann. Derartige Elemente werden in manchen Seenotsendern eingesetzt.

5.5 Brennstoffzellen

Brennstoffzellen wandeln chemische Energie direkt und ohne Aufladung in elektrische Energie um; es sind also *Primärelemente.* Im Gegensatz zu den galvanischen Elementen wird den Brennstoffzellen flüssiger oder gasförmiger Brennstoff zugeführt. *Der Brennstoff reagiert mit dem zugeführten Sauerstoff unter Abgabe von elektrischer Energie.* Da die Reaktion praktisch ohne Wärmeentwicklung erfolgt, spricht man von einer kalten Verbrennung.

Die Wirkungsweise der Brennstoffzelle läßt sich am besten mit Hilfe der *Wasserstoff-Sauerstoff-Zelle* erklären:

Den prinzipiellen Aufbau zeigt Bild 5.13. Zwischen den beiden porösen, aus gesintertem Metall oder Kohle hergestellten Elektroden befindet sich der Elektrolyt aus Kalilauge. Der negativen Elektrode wird der Brennstoff, also Wasserstoff, und der positiven Elektrode Sauerstoff zugeführt. Der Gasdruck verhindert, daß der Elektrolyt aufgrund der Kapillarwirkung zu weit in die Poren der Elektroden eindringt. Die chemischen Reaktionen erfolgen in den Elektroden, wo das Gas in den Elektrolyten übergeht. An der negativen Elektrode entstehen unter Abgabe von Elektronen positive Wasserstoffionen und an der positiven Elektrode unter Aufnahme von Elektronen negative Sauer-

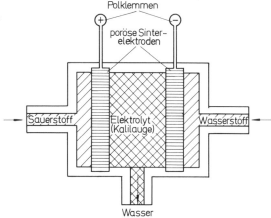

Bild 5.13 Schematische Darstellung einer Wasserstoff-Sauerstoff-
Brennstoffzelle

Bild 5.14 Batterie aus
Wasserstoff-Sauerstoff-
Brennstoffzellen (Varta)

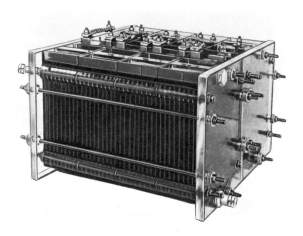

stoffionen. Diese verschiedenartigen Ionen reagieren im Elektrolyten zu Wasser. Um den Vorgang nicht zu stören, muß das gebildete Wasser ständig entzogen werden. Die Reaktion erfolgt vollkommen ohne Rückstände.

Die Urspannung einer Wasserstoff-Sauerstoff-Brennstoffzelle liegt bei etwa 1,2 V. Mehrere plattenförmige Zellen werden zu Batterien hintereinander angeordnet (Bild 5.14).

Bei der *Methanol-Brennstoffzelle* ist der Brennstoff (Methanol) in gelöster Form im Elektrolyten enthalten. Ist der Brennstoff verbraucht, muß die Zelle entleert und neues Elektrolyt-Brennstoff-Gemisch aufgefüllt werden. Der Sauerstoff wird der positiven Elektrode entweder in reiner Form zugeführt, oder er dringt mit der Außenluft ein.

Neben diesen Niedertemperaturbrennstoffzellen gibt es noch Mitteltemperatur- und Hochtemperaturbrennstoffzellen. Letztere arbeiten nicht mit in Wasser gelösten, sondern mit geschmolzenen Elektrolyten.

Die Entwicklung der Brennstoffzellen zielt auf Verwendung billigerer Brennstoffe bei langer Lebensdauer der Zellen und gutem Wirkungsgrad ab. Die Anwendung dürfte in erster Linie auf langlebige und wartungsarme Stromquellen, z.B. für Kleinsender, Notrufsysteme, Wetterstationen

151

und Satelliten, begrenzt sein. Bei einem günstigen Leistungsgewicht hofft man in Zukunft auf eine wirtschaftliche Energiequelle für den Fahrzeugantrieb.

5.6 Akkumulatoren

Akkumulatoren sind aufladbare Quellen für elektrische Energie.

Bei der Aufladung wird elektrische Energie in chemische Bindungsenergie und bei der Entladung chemische in elektrische Energie umgewandelt. Die elektrochemischen Vorgänge sind also umkehrbar (reversibel). Da Akkumulatoren erst nach erfolgter Aufladung Energie abzugeben vermögen, werden sie *Sekundärelemente* genannt.

Der klassische Bleiakkumulator besitzt wegen seiner Wirtschaftlichkeit bei größeren Einheiten immer noch den größten Marktanteil. Bei kleineren Einheiten überwiegt der Nickel-Cadmium-Akkumulator. In der Entwicklung und zum Teil in der Erprobung befinden sich neue Systeme mit höherer Energiedichte, die nicht auf Umweltgifte wie Cadmium und Quecksilber angewiesen sind.

In den letzten Jahren ist ein deutlicher Trend von den nur einmalig verwendbaren Primärzellen zu den Nickel-Cadmium-Akkumulatoren zu verzeichnen. Der volumen- und gewichtsspezifische Energieinhalt ist jedoch bei hochwertigen Primärbatterien (ca. um den Faktor 2) höher als bei Akkumulatoren. Dafür überstehen moderne Nickel-Cadmium-Akkumulatoren bis zu 1000 Lade-/Entladezyklen.

5.6.1 Kapazität und Wirkungsgrad eines Akkumulators

Als Nennkapazität wird bei Akkumulatoren stets die Entladekapazität angegeben.

Die Kapazität ist die elektrische Ladungsmenge, die dem unter Nennbedingungen geladenen Akkumulator unter Nennbedingungen entnommen werden kann. Sie errechnet sich aus dem mittleren Entladestrom und der Entladezeit:

$$C_N = I_E \cdot t_E$$

Der Akkumulator gilt als entladen, wenn die Entladeschlußspannung erreicht ist.

Im allgemeinen ist die Nennkapazität auf eine Ladezeit und eine Entladezeit von zehn Stunden bezogen.

Eine Ausnahme bilden bei den Bleiakkumulatoren die Starterbatterien, deren Nennkapazität auf 20stündige Ladung bezogen ist. Bei Akkumulatoren für den Antrieb von Fahrzeugen (Traktionsbatterien) wird die Kapazität auf eine 5stündige Ladung/Entladung bezogen.

Vor allem bei Bleiakkumulatoren ist die Kapazität von der Ladezeit abhängig. Bei hohen Ladeströmen sinkt die Kapazität.

Bei der Ladung bzw. Entladung der meisten Akkumulatoren treten bei der chemischen Umwandlung durch Nebenvorgänge Verluste auf. Dadurch ist die bei der Entladung entnehmbare Kapazität kleiner als die Ladekapazität.

Das Verhältnis der Entladekapazität zur Ladekapazität wird als *Amperestundenwirkungsgrad* bezeichnet:

$$\eta_{Ah} = \frac{C_N}{C_L}$$

Beispiel Bleiakkumulator: $\eta_{Ah} = 0,83$ bis $0,9$. Der Kehrwert des Amperestundenwirkungsgrades ist der *Ladefaktor*:

$$f_L = \frac{1}{\eta_{Ah}} = \frac{C_L}{C_N}$$

Beispiel Bleiakkumulator: $f_L = 1,1$ bis $1,2$. Der Ladestrom oder die Ladezeit müßten also um 10% bis 20% gegenüber dem für die Entladung geltenden Wert vergrößert werden:

$$I_L = \frac{C_N}{t_L} \cdot f_L$$

Die in einem Akkumulator gespeicherte Arbeit (Energie) errechnet sich aus der Nennkapazität (Entladekapazität) und der mittleren Entladespannung:

$$W_E = U_E \cdot C_N = U_E \cdot I_E \cdot t_E$$

Die für die Ladung aufgewendete Energie errechnet sich aus der Ladekapazität und der mittleren Ladespannung:

$$W_L = U_L \cdot C_L = U_L \cdot I_L \cdot t_L$$

Das Verhältnis der Entladearbeit zur aufgewendeten Ladearbeit ist der eigentliche Wirkungsgrad eines Akkumulators, der sogenannte *Wattstundenwirkungsgrad*:

$$\eta_{Wh} = \frac{W_E}{W_L} = \frac{U_E \cdot I_E \cdot t_E}{U_L \cdot I_L \cdot t_L} = \frac{U_E \cdot C_N}{U_L \cdot C_L} = \frac{U_E}{U_L} \cdot \eta_{Ah}$$

Aufgrund des Innenwiderstands ist die mittlere Ladespannung stets höher als die mittlere Entladespannung. Das Verhältnis der mittleren Entlade- zur Ladespannung wird um so ungünstiger, je höher der Ladestrom und der Entladestrom sind, da mit den Strömen die inneren Spannungsfälle steigen.

Beispiel Bleiakkumulator: Die mittlere Ladespannung liegt bei 10stündiger Ladung bei etwa 2,3 V/Zelle. Die mittlere Entladespannung beträgt etwa 1,90 V bis 1,95 V/Zelle. Geht man von einem Amperestundenwirkungsgrad von $\eta_{Ah} = 0,86$ aus, errechnet sich der Energiewirkungsgrad zu:

$$\eta_{Wh} = \frac{U_E}{U_L} \cdot \eta_{Ah} \approx \frac{1,9\ \text{V}}{2,3\ \text{V}} \cdot 0,86 = 0,71 \triangleq \underline{71\%}$$

5.6.2 Bleiakkumulatoren

Beim Bleiakkumulator dient verdünnte Schwefelsäure als Elektrolyt. Die aktive Masse — sie wird durch Blei bzw. Bleiverbindungen gebildet — ist in Platten aus Hartblei eingebettet.

Bei einer geladenen Bleiakkumulatorzelle besteht das aktive Material der positiven Elektrode aus Bleidioxid (PbO_2) und das der negativen Elektrode aus reinem Bleischwamm (Pb). Als Elektrolyt dient Schwefelsäure (H_2SO_4), die mit Wasser verdünnt ist.

153

5.6.2.1 Vorgänge bei der Entladung

> Bei der Entladung des Bleiakkumulators verwandeln sich sowohl das Bleidioxid der positiven Platte als auch der Bleischwamm der negativen Platte in Bleisulfat ($PbSO_4$). Bei diesem Vorgang wird dem Elektrolyten Schwefelsäure (H_2SO_4) entzogen und Wasser (H_2O) gebildet.

Die Konzentration des Elektrolyten und damit die Säuredichte sinken entsprechend der entnommenen elektrischen Energie.

Die Vorgänge bei der Entladung lassen sich durch eine chemische Reaktionsgleichung einfacher beschreiben:

$$PbO_2 + 2\,H_2SO_4 + Pb - \text{elektrische Energie} \xrightarrow{\text{Entladung}} PbSO_4 + 2\,H_2O + PbSO_4$$

Mit der Umwandlung der aktiven Masse und der Konzentrationsminderung des Elektrolyten ist ein zunächst langsamer und gegen Ende der Entladung schnellerer Spannungsrückgang verbunden.

Bleisulfat ist im Gegensatz zum reinen Blei und zum Bleidioxid ein sehr schlechter elektrischer Leiter. Auch beim Elektrolyten nimmt die Leitfähigkeit wegen der Konzentrationsänderung ab. Die Entladung wird dadurch zum Schluß sehr erschwert. Eine restlose Entladung des Akkumulators ist praktisch nicht möglich.

Der zulässige untere Grenzwert der Entladespannung, die Entladeschlußspannung, liegt bei etwa 1,8 V/Zelle.

Den zeitlichen Verlauf der Klemmenspannung während der Entladung gibt die *Entladekennlinie* wieder. Bild 5.15 zeigt die Entladekennlinie eines Bleiakkumulators bei 10stündiger Entladung mit konstantem Strom.

Hat sich der Bleiakkumulator von einer Belastung erholt, stellt sich die *Ruhespannung* von 2,04 bis 2,1 V/Zelle ein.

Die *mittlere Entladespannung* liegt bei etwa 10stündiger Entladung zwischen 1,90 und 1,95 V/Zelle.

Die *Nennspannung* wurde auf 2 V festgelegt.

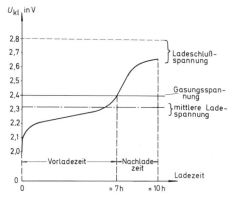

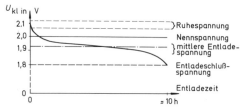

Bild 5.15   Entladekennlinie eines Bleiakkumulators

◀ Bild 5.16   Ladekennlinie eines Bleiakkumulators

5.6.2.2 Vorgänge bei der Ladung

> Beim Laden verlaufen die chemischen Vorgänge genau im umgekehrten Sinne wie beim Entladen.

Das Bleisulfat der positiven Platten wird wieder in Bleidioxid (dunkelbraun) und das Bleisulfat der negativen Platten in Bleischwamm (hellgrau) zurückverwandelt. Außerdem wird dem Elektrolyten Wasser entzogen und Schwefelsäure gebildet. Ein Anstieg der Säuredichte ist die Folge.
Die Reaktionsgleichung lautet:

$$PbSO_4 + 2\ H_2O + PbSO_4 + \text{elektrische Energie} \xrightarrow{\text{Ladung}} PbO_2 + 2\ H_2SO_4 + Pb$$

Den Verlauf der Zellenspannung bei der Ladung zeigt die *Ladekennlinie* (Bild 5.16). Bei etwa 10stündiger Ladung mit konstantem Strom steigt die Zellenspannung mit Beginn der Ladung auf 2,1 bis 2,2 V an. Im weiteren Verlauf steigt die Spannung zunächst langsam und später – mit dem Einsetzen der Gasung – rascher an. Mit Erreichung der *Gasungsspannung* von 2,4 V/Zelle setzt eine lebhafte Gasung ein. Das im Elektrolyten enthaltene Wasser wird in Wasserstoff und Sauerstoff zersetzt.
Die *mittlere Ladespannung* liegt bei normaler Ladung zwischen 2,30 und 2,35 V/Zelle. Die Zeit zwischen Ladebeginn und Erreichung der Gasungsspannung wird *Vorladezeit* genannt. Bei 10stündiger Ladung beträgt die Vorladezeit etwa 7 Stunden. Bei einem nur zum Teil entladenen Akkumulator ist diese Zeit entsprechend kürzer.
Mit dem Überschreiten der Gasungsspannung beginnt die *Nachladung*. Sie ist mit dem Erreichen der *Ladeschlußspannung,* die je nach Höhe des Ladestromes zwischen 2,6 und 2,8 V/Zelle liegt, beendet.
Eine starke Gasung ist für das aktive Plattenmaterial schädlich. Sie hat das Abreißen aktiver Masseteilchen zur Folge. Der Nachladestrom darf daher bestimmte Werte nicht überschreiten. Die Höhe des zulässigen Ladestromes bei Gasung hängt von der Zellenbauart und der Ladeart ab. Es ist daher ratsam, die Angaben des Herstellers zu beachten.
Wird der Bleiakkumulator mit der Erreichung der Ladeschlußspannung weiter «geladen», spricht man von *Überladung.* Die Spannung überschreitet die Ladeschlußspannung dabei jedoch nicht. Eine Überladung ist für den Bleiakkumulator (abgesehen mit kleinen Strömen) schädlich.

5.6.2.3 Bauformen

> Jede Bleiakkumulatorzelle besteht aus dem Zellengefäß mit dem Elektrolyten und je einem Satz positiver und negativer Platten.

Die Platten jedes *Plattensatzes* sind durch Polbrücken aus Blei mechanisch und elektrisch untereinander verbunden (Bild 5.17). Positive und negative Platten folgen abwechselnd aufeinander. Die Endplatten sind stets negativ. Der negative Plattensatz weist daher immer eine Platte mehr auf als der positive.
Bei positiven Platten muß die chemische Umwandlung gleichmäßig von beiden Seiten erfolgen. Die starke Volumenänderung der aktiven Masse würde sonst die Platten mechanisch zu stark beanspruchen.

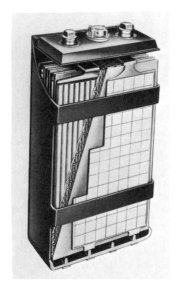

Bild 5.17 Panzerplattenzelle einer Fahr-
zeugbatterie (Varta)

Bild 5.18 Großoberflä-
chenplatte mit vergrößer-
tem Plattenausschnitt
(Varta)

Bild 5.19 Panzerplatte mit
Ausschnitt (Varta)

Zwischen den Platten befinden sich die *Plattenscheider* oder Separatoren aus porösem, säure-
durchlässigem Material. Sie dienen der elektrischen Isolation und erschweren außerdem das Austreten der aktiven Masse. Die ganze Einheit wird Plattenblock genannt.

Die *Zellengefäße* werden je nach Größe und Verwendungszweck aus Glas, Kunststoff oder einem
besonderen Hartgummi hergestellt. Zwischen dem Zellenboden und den Plattensätzen befindet sich
der Schlammraum. Dieser soll einen Kurzschluß der Platten durch das auf den Zellenboden sin-
kende Plattenmaterial verhindern.

Soweit die Gefäße Deckel besitzen, ist deren Füllöffnung mit einem *Entgasungsstopfen* versehen.
Damit Gase entweichen können, besitzt dieser kleine Löcher. Das damit verbundene Austreten von
Säurenebel wird durch ein Labyrinth von Gängen im Stopfen weitgehend verhindert. Die darin
kondensierten Dämpfe tropfen in das Gefäß zurück.

156

Die Glasgefäße der stationären Anlagen sind lediglich mit einer lose aufgelegten Glasplatte versehen. Austretende Dämpfe können daran kondensieren und in das Gefäß zurücktropfen.

Je nach der Verwendung werden Bleiakkumulatoren mit verschiedenen Plattenarten ausgerüstet. Die Arten der positiven Platten sind *Großoberflächenplatten, Gitterplatten und Panzerplatten.* Die negativen Plattenarten sind *Gitterplatten und Kastenplatten.*

a) Großoberflächenplatten
Großoberflächenplatten bestehen aus vielen dünnen, eng beieinanderliegenden Bleirippen (Bild 5.18). Auf dieser stark vergrößerten Oberfläche wird auf elektrochemischem Weg die aktive Masse – das Bleidioxid (PbO_2) – gebildet. Der Vorgang wird Formation genannt.

Großoberflächenplatten werden nur als positive Platten hergestellt. Sie haben eine hohe Lebensdauer. Der Verlust an aktiver Masse wird während jeder Ladung durch Nachformation ausgeglichen.

Großoberflächenplatten haben ein relativ hohes Gewicht und höheren Raumbedarf als andere Platten gleicher Kapazität. Sie werden daher nur in stationären Anlagen verwendet.

b) Panzerplatten
Die ebenfalls stets positiven Panzerplatten bestehen aus mehreren senkrecht nebeneinander angeordneten, säuredurchlässigen Isolierstoffröhrchen. Die Röhrchen sind die Träger der aktiven Masse. Stäbe aus Hartblei dienen der Stromzuführung und geben den Platten mechanische Festigkeit (Bild 5.19). Die Bleistäbe münden am oberen Ende in die Bleibrücke mit dem Anschlußpol.

Panzerplatten sind hohen mechanischen Beanspruchungen gewachsen. Die Raum- und Gewichtsausnutzung ist günstiger als bei Großoberflächenplatten. Die Lebensdauer ist ebenfalls hoch.

Ihre Anwendung erfolgt sowohl in ortsfesten Anlagen wie in Akkumulatoren für Zugbeleuchtung und Wasserfahrzeuge.

c) Positive und negative Gitterplatten
Gitterplatten bestehen aus einem engmaschigen Hartbleigitter (Bild 5.20). Die Felder sind mit pastenartiger aktiver Masse ausgefüllt. Positive und negative Gitterplatten unterscheiden sich in der Gitterform und der aktiven Masse.

Gitterplatten haben hohe Kapazität bei geringem Gewicht. Sie werden daher in Fahrzeugakkumulatoren, in Starterbatterien und in Kleinakkumulatoren verwendet.

Die Lebensdauer (vor allem bei den positiven Gitterplatten) ist jedoch geringer als bei anderen Plattenarten.

Bild 5.20 Negative Gitterplatte (Varta)

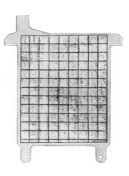

157

Benennung von Bleiakkumulatoren

Die Benennung von Bleiakkumulatoren erfolgt nach der verwendeten positiven Plattenart. Es gibt demnach: Großoberflächenplattenzellen, Panzerplattenzellen und Gitterplattenzellen.

Die Normbezeichnungen lauten für:

positive Gitterplatten	Gi
positive Panzerplatten	Pz
positive Großoberflächenplatten	Gro

Die Ziffer vor der Plattenbezeichnung ist die Anzahl der positiven Platten je Zelle. Hinter der Plattenbezeichnung steht die Nennkapazität in Amperestunden (Ah).

Beispiele:

3 Gi 80: Gitterplattenzelle mit drei positiven Platten und Nennkapazität 80 Ah bei 10stündiger Ladung/Entladung.

5 Pz S 275: Panzerplattenzelle mit fünf positiven Platten, mehrfachem Plattenscheider (Separator) und Nennkapazität 275 Ah bei 10stündiger Ladung/Entladung.

5.6.2.4 Wartung

Die Behandlungsvorschriften der Hersteller weichen für die verschiedenen Zellenarten voneinander ab. Es können hier nur einige allgemeine Richtlinien aufgezählt werden.

Zugunsten einer möglichst hohen Lebensdauer ist es sinnvoll, die Kapazität des Bleiakkumulators nicht ständig voll auszunutzen. Um Tiefentladungen zu vermeiden, sollten nur etwa 75 bis 80% der Nennkapazität benötigt werden.

Bei *zu niedrigem Säurespiegel* ist destilliertes oder entsalztes Wasser nachzufüllen. Der Säurespiegel soll etwa 0,5 bis 1 cm über den Plattenscheidern stehen. Kein Leitungswasser verwenden.

Bild 5.21 Aräometer
(Senkwaage) mit Saugheber
(Varta)

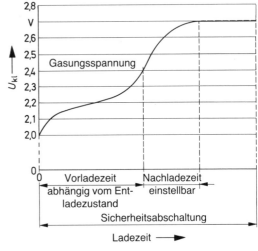

Bild 5.22 Ladekennlinie
eines Bleiakkumulators

Die *Kontrolle der Säuredichte* erfolgt mit dem *Aräometer* (Senkwaage) in einem Saugheber (Bild 5.21). Das Aräometer zeigt die Säuredichte durch seine Eintauchtiefe an. Die Säuredichte wird meist im geladenen Zustand nach einer kurzen Erholzeit gemessen. Bei zu hoher Säuredichte wird gereinigtes Wasser nachgefüllt.

Die richtige Säuredichte richtet sich nach der Zellenart:

	Geladen	Ungeladen	
Gitterplattenzellen	1,26 bis 1,28	1,12 bis 1,13	
Großoberflächenplattenzellen	1,20	1,14	in g/cm^3
Panzerplattenzellen	1,26	1,13	

Die Säuredichte ist von der Temperatur abhängig. Die Werte gelten nur bei 20 °C. Beim Mischen von konzentrierter Schwefelsäure mit entsalztem Wasser ist Vorsicht geboten. Die Schwefelsäure ist stets im dünnen Strahl unter ständigem Umrühren dem Wasser zuzugeben. Wird umgekehrt verfahren, kommt es zu einer explosionsartigen Verspritzung. Da während des Mischvorgangs Wärme frei wird, sollten keine Glasgefäße verwendet werden (Gefahr des Zerspringens).

Nach einer *Tiefentladung* muß ein Bleiakkumulator möglichst rasch wieder aufgeladen werden. Es entsteht sonst Kapazitätsverlust durch Sulfatierung. Das Bleisulfat ($PbSO_4$) bildet feste Kristalle, die sich bei der Ladung nicht oder nur teilweise wieder zurückbilden.

Wird ein Bleiakkumulator im Betrieb nie richtig voll geladen, ist in gewissen Zeitabständen eine Entladung mit nachfolgender vollständiger Ladung vorzunehmen.

Über längere Betriebszeiten können sich kleine Unregelmäßigkeiten zwischen einzelnen Zellen einer Batterie in unterschiedlichen Ladezuständen auswirken. Um eventuelle Tiefentladung einer Zelle zu vermeiden, sollten daher in gewissen Abständen *Ausgleichsladungen* vorgenommen werden. Im Anschluß an eine normale Ladung wird dabei mit geringem Strom (rd. 10% des Nennladestroms) weitergeladen, bis alle Zellen den Endzustand erreicht haben.

Unbenutzte Bleiakkumulatoren müssen wegen der Selbstentladung in gewissen Abständen wieder voll geladen werden. Sollen die Akkumulatoren ständig in Bereitschaft stehen, ist eine *Erhaltungsladung* erforderlich.

5.6.2.5 Wartungsfreie Bleiakkumulatoren

Bleiakkumulatoren können heute in kleineren und mittleren Zellengrößen, z.B. für Starterbatterien, in völlig wartungsfreier Bauform hergestellt werden. Durch eine besondere Ventilkonstruktion, mit der das Zellengefäß verschlossen ist, wird das Eindringen von Luft verhindert. Dieses wirkt sich auch positiv auf die Selbstentladung aus, da eine Reaktion des negativen Plattenmaterials mit dem Luftsauerstoff ausbleibt.

Im Gasraum der verschlossenen Zellen befinden sich Katalysatoren aus Platin und Palladium. Dadurch werden die beim Gasen entstehenden Wasserstoff- und Sauerstoffgase ohne Flamme wieder zu Wasser rekombiniert und dem Elektrolyten zugeführt. Da praktisch keine Gase nach außen gelangen, ist auch die Gefahr der Knallgasexplosion ausgeschlossen.

Eine entscheidende Verbesserung in bezug auf die Lebensdauer stellt der *Blei-Gel-Akkumulator* dar, bei dem der Elektrolyt durch Kieselgel eingedickt ist. Diese Bauform ist außerdem auslaufsicher. Teilchen der aktiven Masse können sich nun nicht mehr von den Platten lösen und auf den Zellenboden absinken.

Die festere Konsistenz des Elektrolyten verhindert außerdem die Schichtung des Elektrolyten. Infolge der höheren Dichte der höher konzentrierten Schwefelsäure ist beim herkömmlichen Akku die Säurekonzentration im oberen Bereich geringer als unten. Diese Schichtung führt zu einer ungleichmäßigen Ausnutzung der Platten: Während in einem Teil der Platten Überladung auftritt, wird der andere Teil nicht voll ausgenutzt.

Einen anderen Weg zur Verhinderung der Säureschichtung bietet die Verwendung von Separatoren aus Glasfaservlies. Diese saugen den flüssigen Elektrolyten auf und halten dabei auch den Abstand zwischen den Platten aufrecht.

5.6.2.6 Ladung von Bleiakkumulatoren

Die Zellenspannung eines entladenen Bleiakkumulators steigt bei der Ladung mit dem Nennladestrom I_{10} über längere Zeit nur langsam an (von ca. 2,1 V bis 2,3 V). Mit dem verstärkten Einsetzen der Gasung, bei einer Zellenspannung von 2,4 V, ist der Ladezustand im wesentlichen erreicht (Bild 5.22); es beginnt die *Nachladung*. Von nun an steigt die Spannung relativ steil bis zur Ladeschlußspannung an. Beim Erreichen der Gasungsspannung wird ein Teil des Wassers im Elektrolyten in Wasserstoff und Sauerstoff zerlegt.

In automatischen Ladegeräten wird das Erreichen der Gasungsspannung über einen Schwellwertschalter (spannungsabhängiges Relais) erfaßt und zur Umschaltung auf Nachladung mit fest eingestellter Zeit verwendet (Pöhler-Ladeschalter). Die Nachladezeit wird, je nach Zellentyp und Ladeart, auf ca. 0,5 h bis 6 h eingestellt.

Dauerladung

Im Pufferbetrieb muß die Batterie ständig betriebsbereit sein. Die Ladung muß den Verbrauch sowie die Verluste durch Selbstentladung decken.

Diese Betriebsart ist z. B. bei Fernmeldeanlagen anzutreffen. Der Bleiakkumulator übernimmt hier die Konstanthaltung und Glättung der Spannung. Er dient außerdem als Reserve bei Netzausfall. Der ständig fließende Ladestrom ist so eingestellt, daß die Zellenspannung im Mittel 2,25 bis 2,35 V beträgt.

Erhaltungsladung

Die Erhaltungsladung wird dann angewandt, wenn Bleiakkumulatoren längere Zeit unbenutzt stehen. Es braucht nur der Verlust durch Selbstentladung gedeckt zu werden. Die Ladung erfolgt ständig mit einem geringen Strom von etwa 1% des 10stündigen Nennladestroms. Die Zellenspannung soll dabei etwa 2,20 bis 2,25 V betragen.

5.6.3 Nickel-Cadmium-Akkumulatoren

Der Nickel-Cadmium-Akkumulator ist eine Weiterentwicklung des Nickel-Eisen-Akkumulators, der auf den Amerikaner THOMAS ALVA EDISON zurückgeht.

Der NC-Akkumulator zeichnet sich gegenüber dem Bleiakkumulator in erster Linie durch längere Lebensdauer und höhere Energiedichte aus.

Der Elektrolyt des NC-Akkumulators besteht aus *Kalilauge*. Die Konzentration des Elektrolyten (damit auch die Dichte) ist vom Ladezustand unabhängig und beträgt ca. 1,17 g/cm^3 bei 20 °C.

Die aktiven Massen der Elektroden bestehen, je nach Ladezustand, aus unterschiedlichen Nickel- bzw. Cadmiumverbindungen:

> In der positiven Elektrode (Katode) erfolgt bei Entladung eine Umwandlung von dreiwertigem in zweiwertiges Nickelhydroxid. In der negativen Elektrode (Anode) wandelt sich metallisches Cadmium in Cadmiumoxid um.

160

Bild 5.23 Nickel-Cadmium-
Akkumulatorzelle (Röhrchenzelle)
in Kunststofftasche (Varta)

Bild 5.24 Fächerförmig ausge-
breiteter Plattenblock einer
Röhrchenzelle (Varta)

Bauformen

Großakkumulatoren mit Zellengefäßen aus vernickeltem Stahlblech sind durch Kunststoff-
taschen isoliert und zu Batterien zusammengefaßt (Bild 5.23). Heute werden die Zellengefäße
auch bei größeren Zellen aus Kunststoff hergestellt.

Der Freiraum zwischen Plattenoberfläche und Zellenabschluß ist beim Nickel-Cadmium-
Akkumulator größer als beim Bleiakku, da sich das Elektrolytvolumen beim Laden vergrößert.

Geschlossene Großzellen enthalten (wie die geschlossenen Bleiakkumulatoren) Katalysatoren oberhalb des Elektrolyten, die den beim Gasen freiwerdenden Wasserstoff und Sauerstoff
wieder zu Wasser rekombinieren.

Der *Plattenblock* besteht bei Großzellen der klassischen Bauform aus vernickeltem Stahl-
blech. Die aktive Masse ist in Taschen oder Röhrchen aus perforiertem Blech eingeschlossen.
Die äußeren Platten sind stets positive Platten (Bild 5.24). Separatoren aus perforiertem
Kunststoff verhindern gegenseitige Berührungen der Platten.

Die *Faserelektroden* der modernen *Hochleistungszellen* nutzen das vorhandene Volumen
besser aus und bieten eine optimale Größe der Oberfläche. Derartige Hochleistungszellen
können wegen ihres sehr kleinen Innenwiderstands mit einem Vielfachen (bis 20fach) des
normalen Stroms geladen und entladen werden. Die Lebensdauer wird durch die Schnelladung
nicht beeinträchtigt.

Zu beachten ist bei diesen Hochleistungszellen jedoch, daß sie bei Entladung, bis kurz vor der
völligen Erschöpfung, nahezu eine konstante Spannung abgeben. Die Spannung sinkt nur um
weniger als 100 mV ab und bricht erst kurz vor Entladeschluß zusammen. Da dieses ohne
Vorwarnung geschieht, ist häufig eine spezielle elektronische Überwachungseinrichtung erforderlich. Mit dieser werden die elektrischen Ladungsmengen bei Ladung und Entladung ständig
überwacht und rechtzeitig Meldungen abgegeben.

Die Betriebstemperaturen der Hochleistungszellen decken einen Bereich von $-20\,°C$ bis
$+50\,°C$ ab (spezielle Hochtemperaturzellen sogar bis $+70\,°C$).

161

Gasdichte Nickel-Cadmium-Akkumulatoren kleiner Bauform, in den Standardgrößen der Primärzellen, werden meist mit *Sinterelektroden* ausgeführt. Die aktiven Massen der Elektroden liegen in poröser Form als aufgewickelte Bänder vor (Bild 5.25). Der Elektrolyt wird in dem Separator gespeichert, der den Zwischenraum ausfüllt.

Sinterelektroden ermöglichen hohe Lade- und Entladeströme und zeichnen sich außerdem durch ein gutes Tieftemperaturverhalten bis −40°C aus.

Der Amperestundenwirkungsgrad ist bei Sinterelektrodenzellen mit $\eta_{Ah} = 0,83$ angegeben. Der Ladefaktor errechnet sich damit zu:

$$f_L = \frac{1}{\eta_{Ah}} = 1,2$$

Nickel-Cadmium-Knopfzellen sind mit Masseelektroden ausgeführt. Die aktive Masse ist in Nickeldrahtgewebe eingebettet (Bild 5.26). Diese werden auch als Pufferbatterien für flüchtige Speicherbausteine zum direkten Einlöten in die Computerplatinen ausgeführt.

5.6.3.1 Wartung von Stahlakkumulatoren

Bei der offenen Ausführung entweichen die beim Laden entstehenden Gase, wie beim Bleiakku, durch Gasungsstopfen. Es ist daher eine regelmäßige Wartung erforderlich, bei der destilliertes Wasser nachgefüllt wird. *Da bei Stahlakkumulatoren der Elektrolytpegel bei Ladung ansteigt, ist das Nachfüllen nur in geladenem Zustand ratsam.*

Akkumulatoren, von denen größere Abstände zwischen den einzelnen Wartungen verlangt werden, sind mit vergrößerten Elektrolyträumen ausgerüstet.

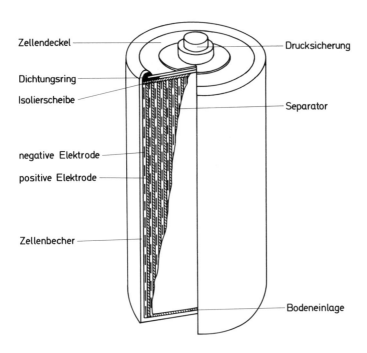

Zellendeckel

Drucksicherung

Dichtungsring

Isolierscheibe

Separator

negative Elektrode

positive Elektrode

Zellenbecher

Bodeneinlage

Bild 5.25 Gasdichter Nickel-Cadmium-Akkumulator als Rundzelle mit Sinterelektroden (Varta)

162

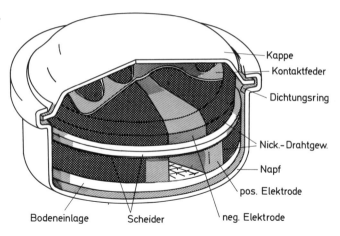

Bild 5.26 Gasdichte Nickel-Cadmium-Akkumulatorzelle (Knopfzelle) (Varta)

Kappe
Kontaktfeder
Dichtungsring
Nick.-Drahtgew.
Napf
pos. Elektrode
neg. Elektrode
Bodeneinlage   Scheider

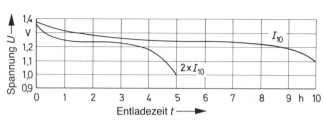

Bild 5.27 Entladekennlinien von Nickel-Cadmium-Akkumulatoren bei Entladung mit Nennstrom I_{10} und bei doppeltem Nennstrom $2 \cdot I_{10}$

Die als Elektrolyt dienende Kalilauge ist an freier Luft nicht unbegrenzt beständig (sie absorbiert darin enthaltenes Kohlendioxid). Je nach Zellenbauart sollte daher alle 3 bis 5 Jahre der Elektrolyt ausgewechselt werden.

Es ist streng darauf zu achten, daß vom Zelleninneren der Stahlakkumulatoren auch die geringsten Spuren von Schwefelsäure ferngehalten werden. Diese Gefahr wäre z.B. bei am gleichen Ort aufgestellten oder gewarteten Bleiakkumulatoren gegeben.

Entladung

Als Nennkapazität bezeichnet man die Kapazität, die bei 10stündiger Entladung und Normaltemperatur (20 °C) entnommen werden kann. Wie bei Bleiakkumulatoren sinkt auch hier die verfügbare Kapazität bei höherem Entladestrom.

Die Klemmenspannung sinkt zu Beginn der Entladung etwas rascher, bleibt längere Zeit um 1,2 V und sinkt gegen Ende der Entladung wieder stärker ab (Bild 5.27).

Die Nennspannung wurde mit 1,2 V und die Entladeschlußspannung bei Nickel-Cadmium-Akkumulatoren mit 1,1 V festgelegt.

Im Gegensatz zum Bleiakkumulator ist jedoch eine Tiefentladung sowie die Lagerung in diesem Zustand nicht schädlich.

Aufladung

Der als Ladenennstrom definierte Strom für Normalladung entspricht dem 10stündigen Entladestrom I_{10}. Bei Nickel-Cadmium-Akkumulatoren mit Sinterelektroden beträgt der Ladefaktor

163

1,2. Somit ist bei Normalladung eines bis zur Entladeschlußspannung (1,1 V) entladenen Ni-Cd-Akkus eine Ladezeit von $t_L = 12$ h mit I_{10} anzusetzen.

Lediglich nach einer Tiefentladung sowie vor der ersten Benutzung neuer Zellen sollte die Ladezeit 20 h bis 24 h betragen.

Die Ladeschlußspannung ist bei Ni-Cd-Akkus mit 1,45 bis 1,55 V — je nach Ladestrom und Zellenbauart — festgelegt. Bei den Nickel-Eisen-Akkumulatoren liegt die Ladeschlußspannung bei 1,7 bis 1,8 V.

Bei Schnelladung von Ni-Cd-Akkus kann z.B. in $t_L = 7$ h mit $I_L = 2 \cdot I_{10}$ oder (ausgenommen bei Knopfzellen) $t_L = 4,5$ h mit $I_L = 3 \cdot I_{10}$ geladen werden. Die dem Akku nach einer Schnelladung entnehmbare Kapazität ist jedoch geringer als nach einer Normalladung.

Soll ein Ni-Cd-Akku mit seiner Nennkapazität ständig in Bereitschaft stehen, sind durch Erhaltungsladung die infolge der Selbstentladung auftretenden Verluste zu decken. Die Selbstentladung ist jedoch bei den verschiedenen Konstruktionen recht unterschiedlich:

Zellen mit Masseelektroden, wie die Knopfzellen, haben geringe Selbstentladung. Nach einem Jahr Lagerzeit bei 20 °C beträgt die Restkapazität noch etwa 40%. Zur Erhaltungsladung genügt ein ständiger Ladestrom von $^1/_{100}$ bis $^1/_{10}$ des Nennladestroms I_{10}.

Zellen mit Sinterelektroden, wie die Rundzellen, sind durch Selbstentladung nach etwa 4 Monaten praktisch entladen. Zur Erhaltungsladung ist ein ständiger Ladestrom von ca. $^1/_3$ bis $^1/_2$ des Nennladestroms I_{10} erforderlich.

5.6.4 Nickel-Metallhydrid-Akkumulator

Der Nickel-Metallhydrid-Akkumulator oder einfacher Nickel-Hydrid- oder NiMH-Akku hat, bezogen auf den Nickel-Cadmium-Akku, bei gleichem Volumen etwa die doppelte Kapazität. Da der Nickel-Hydrid-Akku keine umweltschädlichen Substanzen enthält, wird er für die Zukunft als Ersatz für den Nickel-Cadmium-Akku angesehen.

Die positive Elektrode (Katode) des Nickel-Hydrid-Akkus besteht, wie beim Nickel-Cadmium-Akku, aus Nickel-Oxid-Hydroxid.

Die negative Elektrode (Anode) besteht aus Wasserstoff, der als Metallhydrid vorliegt. Dabei wird der Wasserstoff von einer Metallegierung aufgesaugt. Da die Wasserstoffatome sehr klein sind (der Atomkern ist nur ein Proton), besitzen sie die besondere Fähigkeit, in bestimmte Metalle einzudringen. Sie können sich dabei im Metallgitter frei bewegen. Durch die Verwendung spezieller Metallegierungen (z. B. aus Titan, Vanadium, Zirkonium usw.) als Elektrodenmaterial, wird eine hohe Aufnahmefähigkeit für Wasserstoff erreicht. Als Elektrolyt dient Kalilauge (Kaliumhydroxid).

Bei Entladung geben die Wasserstoffatome ihre Elektronen an die Metallanode ab, wandern als positive Ionen durch den Elektrolyten und verbinden sich mit dem Nickelhydroxid der Katode. Die Zelle ist erst voll entladen, wenn die Anode nur noch aus Metall besteht. Bei der Ladung läuft der Vorgang umgekehrt ab.

5.6.5 Natrium-Schwefel-Akkumulator

Für Hochleistungsanwendung, speziell für den Fahrzeugantrieb, wurde der Natrium-Schwefel-Akkumulator entwickelt. Seine Energiedichte ist 3- bis 4mal höher als die des Bleiakkumulators. Nachteilig ist sein komplizierterer Aufbau.

Da er eine Betriebstemperatur von 300°C bis 350°C aufweist, ist eine aufwendige Vakuum-Wärmeisolation erforderlich. Bei längeren Ruhezeiten ist eine Zusatzheizung erforderlich. Bei länger anhaltender Betriebszeit mit hoher Leistung werden die Zellen über Wärmetauscher gekühlt.

Aufbau der Natrium-Schwefel-Zelle

Die negative Elektrode (Anode) besteht aus flüssigem Natrium und die positive Elektrode (Katode) aus Schwefel. Beide Elemente werden durch eine Wand aus β-Aluminiumoxidkeramik (β-Al_2-O_3-Keramik) voneinander getrennt. Dieser Keramikelektrolyt ist bei der Betriebstemperatur der Zelle von ca. 310°C für Natriumionen durchlässig, d.h. elektrisch leitend. Da er keine Leitfähigkeit für Elektronen aufweist, ist die Zelle praktisch frei von chemischen Nebenreaktionen. Der Amperestundenwirkungsgrad und damit auch der Ladefaktor sind dadurch $n_{Ah} = f_L = 1$.

Bei der Entladung der Zelle wandern Natriumionen von der Anodenseite durch den Keramikelektrolyten zur Schwefelseite und bilden dort Na_2S_3. Bei der Ladung kehrt sich der Vorgang um, d.h., an der Katodenseite bildet sich wieder reiner Schwefel.

Das Natrium ist in eine verformbare Sicherheitskartusche eingeschlossen (Bild 5.28), die auch bei einer Beschädigung der Zelle nicht bricht. Die Kartusche bildet die negative Ableitelektrode der Zelle. Über eine Öffnung am Boden der Kartusche kann nur so viel Natrium aus der Kartusche austreten, wie für die Entladung mit maximalem Strom erforderlich ist.

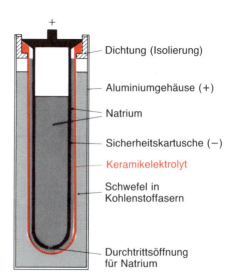

Bild 5.28   Prinzipieller Aufbau einer Natrium-Schwefel-Zelle

Dichtung (Isolierung)

Aluminiumgehäuse (+)

Natrium

Sicherheitskartusche (−)

Keramikelektrolyt

Schwefel in Kohlenstoffasern

Durchtrittsöffnung für Natrium

Der Keramikelektrolyt umschließt die Kartusche. Der Spalt zwischen dem Keramikkörper und der Kartusche wird durch die Kapillarkräfte mit Natrium ausgefüllt. Der den Keramikkörper umgebende Raum, der den Schwefel aufnimmt, ist mit Kohlenstoffasern durchsetzt, um die elektrisch leitende Verbindung zu dem Schwefel herzustellen, der in reiner Form einen Isolator darstellt. Den positiven Pol bildet das Aluminiumgehäuse.

Daten einer Natrium-Schwefel-Zelle von ABB: Die Leerlaufspannung einer Zelle beträgt, unabhängig vom Ladezustand, 2,08V. Bei Entladung sinkt die Klemmenspannung um den inneren Spannungsfall am Innenwiderstand. Die Entladespannung beginnt erst zu sinken, wenn noch ca. 30% der Kapazität verfügbar sind. Die Entladeschlußspannung beträgt 1,87V. Der Innenwiderstand der Zelle ist nur von der Temperatur des Keramikelektrolyten abhängig. Er beträgt bei Nenntemperatur von 310°C nur 8mΩ. Bei dem zulässigen Dauerentladestrom von 40A ergibt sich damit ein innerer Spannungsfall von 320mV.

165

5.6.6 Natrium-Nickelchlorid-Akkumulator

Eine andere Bauform der neuen Hochenergiebatterien, die besonders für den Antrieb von Fahrzeugen entwickelt wurde, ist die Natrium-Nickelchlorid-Zelle. Es handelt sich hierbei, wie bei der Natrium-Schwefelzelle, um eine Hochtemperaturzelle. Sie erfordert also die gleiche aufwendige Vakuum-Wärmeisolation. Die einzelne Zelle ist von einem Stahlgehäuse umschlossen, das den negativen Pol bildet. Darin befindet sich die negative Elektrode aus reinem Natrium. Die positive Elektrode besteht im geladenen Zustand aus Nickelchlorid ($NiCl_2$). Die Trennung der Elektroden erfolgt durch den festen Elektrolyten, der (wie bei der Natrium-Schwefel-Zelle) aus einer Kartusche aus β-Aluminiumoxidkeramik besteht. Erst bei der Betriebstemperatur (250°C bis 370°C) wird die Keramik für Natriumionen durchlässig. Zur Ankopplung an den Keramikelektrolyten ist noch ein zweiter, schmelzflüssiger Elektrolyt erforderlich.

Bei der Entladung wandern Natriumionen durch den Keramikelektrolyten zur Nickelchlorid-Katode. Diese wandelt sich in Natriumchlorid (NaCl = Kochsalz) und Nickel um. Bei der Ladung kehrt sich der Vorgang um.

Die Ruhespannung einer Natrium-Nickelchlorid-Zelle beträgt 2,59 V. Der Energiewirkungsgrad ist mit 91% angegeben (bei 12stündiger Ladung und 5stündiger Entladung).

Für die Anwendung als Antriebsbatterie in Fahrzeugen besteht der Vorteil des Natrium-Nickelchlorid-Akkumulators gegenüber dem Natrium-Schwefel-Akkumulator in der höheren Sicherheit bei Bruch. Die chemischen Reaktionen beim Zusammentreffen der Elektrodenmaterialien fallen hier weit weniger heftig aus. Außerdem ist das Abkühlen und Wiederaufheizen auf Betriebstemperatur nach längeren Ruhepausen für die Natrium-Nickelchlorid-Batterie weniger kritisch in bezug auf die Lebensdauer.

5.6.7 Kennlinien der Ladegeräte

Je nach Betriebsverhältnissen der Akkumulatoren wendet man verschiedene Lademethoden an. Die Unterschiede liegen in den zeitlichen Verläufen von Strom und Spannung am Akkumulator. Die Lademethode wird durch die Kennlinie des Ladegerätes bestimmt. Moderne Ladegeräte haben mehrere Kennlinien, die während der Ladung durchlaufen werden. Um die Bezeichnung der Kennlinien zu vereinfachen, wurden nach DIN 41772 Kennbuchstaben festgelegt. Man unterscheidet hiernach:

Konstantspannungs-Kennlinie	U
Konstantstrom-Kennlinie	I
mit steigender Zellenspannung	
abfallende Stromkennlinie	W

Werden in einem Gerät mehrere Kennlinien ohne Umschaltung durchlaufen, stellt man die entsprechenden Buchstaben nebeneinander (z.B. *IU*). Findet beim Übergang ein Umschaltvorgang statt, wird ein «o» dazwischengestellt. Eine automatische Abschaltung nach beendeter Ladung wird durch ein angehängtes «a» gekennzeichnet.

Die gebräuchlichsten Ladearten sollen hier kurz erläutert werden:

a) Laden mit abfallendem Strom nach *Wa-Kennlinie*
Diese Lademethode wird am häufigsten angewandt, da sie den geringsten technischen Aufwand im Ladegerät erfordert. Aufgrund der vorgeschalteten Widerstände bzw. Drosselspulen nimmt der Ladestrom in dem Maße ab, wie die Batteriespannung steigt (Bild 5.29a).

Bild 5.29 Wa-Kennlinie
und Ladeverlauf

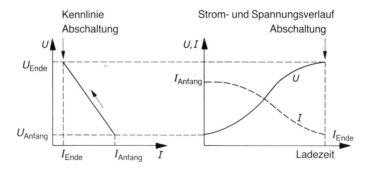

Bild 5.30 WoWa-Kennlinie
und Ladeverlauf

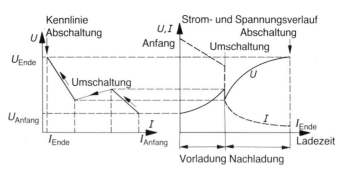

Bild 5.31 IU-Kennlinie
und Ladeverlauf

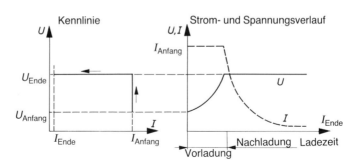

Die Spannung steigt am Anfang langsam und mit einsetzender Gasung rascher (Bild 5.29b). Die automatische Abschaltung erfolgt nach erreichter Ladeschlußspannung. Sinkt der Ladestrom am Schluß auf einen geringen Wert (etwa 100% Nennstrom), ist eine automatische Abschaltung nicht erforderlich.

b) Laden mit abgesetztem Strom nach *WoWa-Kennlinie*
Um die Ladezeit zu verkürzen, wird in manchen Fällen bis zur Gasungsspannung (während der Vorladezeit) mit höherem Strom geladen. Danach erfolgt eine automatische Umschaltung auf Nachladung mit kleinerem Strom (Bild 5.30). Die Ladezeit wird dadurch um etwa 3 Stunden verkürzt.

167

c) Laden nach der·*IU-Kennlinie*

Bei dieser Methode wird etwa bis zur Gasungsspannung mit dem maximalen Ladestrom des Gerätes geladen. Von nun an (also während der Nachladung) wird die Spannung auf Gasungsspannung konstant gehalten (Bild 5.31). Die Gasung wird dadurch gering gehalten. Der Strom sinkt gegen Ende der Ladung auf einen kleinen Wert ab. Eine automatische Abschaltung ist nicht erforderlich. Bei dieser Ladeart können auch mehrere Batterien parallelgeschaltet werden.

5.7   Korrosion und Korrosionsschutz

> Unter Korrosion versteht man die Zerstörung von Werkstoffen durch chemische Vorgänge.

Durch Korrosion werden ständig hohe Werte vernichtet. Allein in der Bundesrepublik Deutschland werden die dadurch jährlich auftretenden Verluste auf einige Milliarden DM geschätzt. Die Bedeutung der Schutzmaßnahmen gegen Korrosion nimmt ständig zu. Ihr sinnvoller Einsatz setzt jedoch die Kenntnis der Ursachen und Wirkungen der Korrosion voraus.

Nach den beiden Hauptursachen der Korrosion unterscheidet man *chemische und elektrochemische Korrosion*.

5.7.1   Chemische Korrosion

> Bei der chemischen Korrosion liegt ein Angriff von Gasen oder Flüssigkeiten auf die Oberfläche des Werkstückes vor.

Als angreifende Stoffe haben Bestandteile der Luft, wie Sauerstoff, Kohlendioxid oder Schwefeldioxid, die größte Bedeutung. Die zersetzende Wirkung kann durch hohe Temperatur oder durch Rauhigkeit, also vergrößerter Angriffsfläche, noch begünstigt werden.

Die durch Zersetzung gebildeten Verbindungen weisen eine höhere chemische Beständigkeit auf als das darunter befindliche unzerstörte Material. Für manche Metalle stellt diese Schicht einen gewissen Schutz gegen weitere Angriffe dar. Bei anderen Metallen wird die weitere Zersetzung dadurch verstärkt.

5.7.2   Elektrochemische Korrosion

> Bei der elektrochemischen Korrosion erfolgt der chemische Angriff durch elektrischen Strom, der von dem metallischen Werkstück in einen Elektrolyten übertritt.

Als Elektrolyt genügen geringe Mengen von Kondens-, Leitungs- oder Seewasser, chemisch zersetzten oder nicht säurefreien Fetten und Ölen sowie Handschweiß.

An der Austrittsstelle des elektrischen Stroms aus dem Metall (in technischer Stromrichtung) geht die Elektronenleitung in eine Ionenleitung über (Abschnitt 5.1.3). Die positiven Metallionen werden von der Metalloberfläche abgelöst. Im Elektrolyten wird Metallsalz gebildet.

Nach den Entstehungsursachen des Korrosionsstroms unterscheidet man elektrochemische *Korrosion durch Elementbildung* und *Streustromkorrosion*.

5.7.2.1 Elektrochemische Korrosion durch Elementbildung

Stellt der Elektrolyt die Verbindung zwischen zwei Metallen unterschiedlichen Lösungsdrucks her, ist ein galvanisches Element entstanden, das *Lokalelement* genannt wird. Stehen beide Metalle auch außerhalb des Elektrolyten leitend miteinander in Verbindung, ist das Element kurzgeschlossen. Es fließt ein *Korrosionsstrom* (Bild 5.32). *Das unedlere Metall, das die negative Elektrode bildet, wird chemisch zersetzt.*

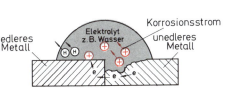

Bild 5.32 Lokalelement

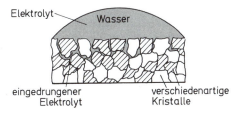

Bild 5.33 Interkristalline Korrosion

Hat sich ein Lokalelement in einem Werkstück an der Berührungsstelle zweier verschiedener Metalle gebildet, spricht man von *Berührungskorrosion oder Kontaktkorrosion*. Eine besondere Korrosionsgefahr besteht z.B. für Übergangsstellen von Kupfer- auf Aluminiumleitungen, Stahlschrauben in Aluminium oder Kupfer und Kontaktwerkstoffen auf Bronzefedern. Sogar zwischen verschiedenen Legierungen des gleichen Grundmetalls kann Kontaktkorrosion auftreten.

Auch zwischen Metallen und deren Verbindungen kann es zur Bildung von Lokalelementen kommen. Ein gutes Beispiel liefert Eisen bzw. Stahl. Die chemisch beständigere Rostschicht bildet mit dem Metall in Gegenwart von Feuchtigkeit ein galvanisches Element. Der Korrosionsstrom löst das Stahlstück bis zur völligen Vernichtung auf.

Legierungen sind oft aus verschiedenartigen Kristallen (Mischkristallen) aufgebaut, die unterschiedlichen chemischen Lösungsdruck aufweisen. Grobkristalline Struktur kann das Eindringen von Elektrolyten an der Oberfläche begünstigen. Es kommt somit zur Bildung von Lokalelementen zwischen den Kristallen. Man spricht hier von *interkristalliner Korrosion* (Bild 5.33).

Lokalelemente können auch dann entstehen, wenn nur ein Metall vorhanden ist. Es müssen dann verschiedenartig zusammengesetzte Elektrolyte mit dem Werkstück in Verbindung stehen. Dieser Fall tritt bei der Korrosion von Rohrleitungen, Tanks und anderen Metallkonstruktionen im Erdreich auf. Der Erdboden stellt einen sehr inhomogenen* Elektrolyten dar. Diese Erscheinung erklärt das unmittelbar benachbarte Auftreten von total zersetzten und unbeschädigten Stellen. Der Korrosionsstrom hat nämlich die Austrittsstelle zerfressen, während umliegende Eintrittsstellen durch ihn geschützt wurden.

5.7.2.2 Streustromkorrosion

Rührt der Korrosionsstrom nicht von einem Lokalelement her, sondern von einer *fremden Gleichstromquelle,* spricht man von Streustromkorrosion.

In allen Gleichstromanlagen kann an elektrischen Verbindungen mit *schlechter Kontaktgabe* Streustromkorrosion auftreten, es muß nur an der Übergangsstelle ein Elektrolyt vorhanden sein.

---

* Inhomogen (griechisch) = ungleichartig.

Verschiedenartige Metalle sind dabei nicht erforderlich. Es ist auch hier stets nur die Stromaustrittsstelle gefährdet.

In elektrischen Anlagen von Kraftfahrzeugen ist die Gefahr für das Auftreten von Streustromkorrosion besonders hoch. Ein klassisches Beispiel liefert eine lockere Batterieklemme auf dem Polbolzen des Akkumulators. Die Elektrolytbildung ist hier durch Feuchtigkeit und Schwefelsäuredämpfe besonders begünstigt. Mit der Zeit bildet sich ein pilzförmiger Überzug aus Bleisalz.

Besondere Gefahren bergen *im Erdreich vagabundierende Gleichströme* in sich. Sie können z.B. von Gleichstrombahnen oder Elektrolyseanlagen herrühren. Diese Streuströme schlagen oft unvorhersehbare Wege im Erdreich ein, da der spezifische Erdwiderstand örtlich sehr verschieden sein kann. Der Strom sucht sich in der Erde verlaufende Metallteile, z.B. Metallrohre und Bleimantelkabel. Dort, wo der Strom von diesen Metallteilen wieder in das Erdreich eintritt, entsteht die Korrosion.

5.7.3   Korrosionsschutz

Es ist nicht immer möglich, durch die Verwendung von korrosionsbeständigen Werkstoffen, wie z.B. geeigneter Kunststoffe, der Korrosion aus dem Wege zu gehen. Viele Konstruktionselemente müssen aus mechanischen, elektrischen, wirtschaftlichen oder anderen Gründen aus korrosionsanfälligen Werkstoffen hergestellt werden. Die eventuell zu treffenden Schutzmaßnahmen sind von der Art der Gefährdung abhängig.

5.7.3.1   Oberflächenschutz

Chemische Korrosion wird durch Fernhaltung der zersetzenden Stoffe vom Werkstück verhindert. Die Oberfläche muß mit einer chemisch beständigen Schicht, dem Oberflächenschutz, versehen werden.

Wie bereits erwähnt, schützt bei manchen Metallen die Korrosionsschicht selbst das Werkstück. Dieses erfolgt z.B. bei Kupfer durch die Patina, bei Blei durch die Bleisalzschicht und, häufig noch künstlich gefördert, bei Aluminium durch das Aluminiumoxid (Eloxal).

Eine besondere Bedeutung haben Farbanstriche als Oberflächenschutz. Auch durch Metallüberzüge ist ein dauerhafter Korrosionsschutz möglich. *Damit der Schutz auch nach Beschädigung der Schicht aufrechterhalten bleibt, muß das Überzugsmetall unedler als das Grundmetall sein.* Anderenfalls würde durch das entstehende Lokalelement das Werkstück zersetzt werden (Bild 5.34a). Wird dagegen ein unedlerer Überzug beschädigt, zersetzt sich nur das Überzugsmetall und schützt dadurch das Werkstück (Bild 5.34b).

Der Nachteil ist jedoch, daß der unedle Überzug mit der Zeit von den Luftbestandteilen zersetzt wird. Die jährliche Abnahme der Schicht ist stark von der Luftverunreinigung abhängig.

Als unedle Überzugsmetalle haben Zink, Chrom und in der Elektrotechnik noch Cadmium besondere Bedeutung (Elektrochemische Spannungsreihe Tabelle 5.2).

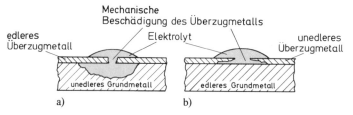

Bild 5.34 Oberflächenschutz durch Metallüberzug
a) edleres Überzugsmetall
b) unedleres Überzugsmetall

5.7.3.2 Konstruktive Maßnahmen gegen Kontaktkorrosion

Eine Verbindung verschiedener metallischer Werkstoffe ist häufig unumgänglich. Das Auftreten von Kontaktkorrosion kann hier nur durch sinnvolle konstruktive Maßnahmen vermieden werden.

Soll die elektrische Leitfähigkeit der Verbindung erhalten bleiben, bleibt nur die Fernhaltung des Elektrolyten von der Berührungsstelle übrig. Bei den besonders gefährdeten Übergängen von Kupfer- auf Aluminiumfreileitungen benutzt man nach diesem Gesichtspunkt konstruierte Übergangsklemmen (Bild 5.35). Der Übergang von einem zum anderen Metall befindet sich innerhalb der Klemmen und ist durch Isolierlack gegen Feuchtigkeit (Elektrolyt) geschützt.

Braucht die Verbindungsstelle der Metalle nicht elektrisch leitend zu sein, kann der Korrosionsstrom durch isolierende Zwischenlagen vermieden werden. Bei Schraubverbindungen sind hierfür vorgesehene Kunststoffzwischenlagen geeignet.

Bild 5.35   Übergangsklemme

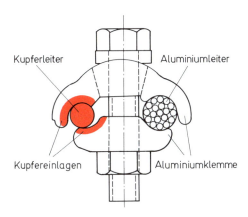

Kupferleiter — Aluminiumleiter — Kupfereinlagen — Aluminiumklemme

5.7.3.3 Konstruktive Maßnahmen gegen Streustromkorrosion

Streustromkorrosion verhindert man in Gleichstromanlagen durch feste, gut leitende Verbindungen. Wenn keine nennenswerten Spannungsabfälle an den Kontaktstellen auftreten, können sich auch keine streuenden Korrosionsströme ausbilden. Zusätzliche Maßnahmen können durch feuchtigkeitsisolierende Schichten getroffen werden. In einfachsten Fällen genügt eine geeignete Fettschicht.

Schwieriger liegen die Verhältnisse bei im Erdreich verlegten metallischen Leitungen, die durch Streuströme von Gleichstromanlagen gefährdet sind. Durch die Streustromableitung wird das Austreten von Korrosionsströmen aus den Leitungen in das Erdreich verhindert. *Die Streustromableitung verbindet die korrosionsgefährdeten Leitungen direkt mit der negativen Sammelschiene der Gleichstromquelle* (Bild 5.36).

5.7.3.4 Schutzströme gegen Korrosion im Erdreich oder Wasser

Von Erdreich oder Wasser umgebene Metallkonstruktion, z.B. Tank-, Kai-, Werftanlagen, Pipelines und Schiffe, werden häufig durch absichtlich hervorgerufene elektrische Ströme geschützt. Die Korrosionsstellen werden auf hierfür vorgesehene, in der näheren Umgebung angeordnete Anoden

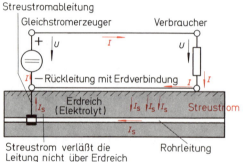

Streustromableitung
Gleichstromerzeuger   Verbraucher

Bild 5.36   Streustromableitung im
Erdreich

Streustrom verläßt die
Leitung nicht über Erdreich

verlegt. Da der geschützte Anlagenteil in diesem künstlich geschaffenen Stromkreis stets die Katode darstellt, spricht man hier auch von *katodischem Korrosionsschutz*. Alle Anlagenteile müssen gegenüber dem Erdreich bzw. Wasser ein ausreichend hohes negatives Potential aufweisen. Nur so kann ein austretender Korrosionsstrom sicher verhindert werden, d.h., es können keine Metallionen mehr abgetragen werden. Damit die erforderlichen Schutzströme in wirtschaftlichen Grenzen bleiben, ist das Objekt oft durch einen Schutzanstrich isoliert. Es brauchen dann nur die schadhaften Stellen geschützt zu werden.

Bei Anlagen mit größerer Ausdehnung sind mehrere Anoden erforderlich. Sie sind so angeordnet, daß der Schutzstrom möglichst gleichmäßig auf das ganze geschützte Objekt verteilt ist.

Der Bestimmung des Schutzstroms gehen Bodenuntersuchungen voraus. Es werden dabei der spezifische Bodenwiderstand und der pH-Wert (Abschnitt 5.1.2) gemessen.

Der Schutzstrom kann auf verschiedene Art erzeugt werden: Bei Verwendung der sehr unedlen Magnesiumanoden (Opferanoden) entsteht der *Schutzstrom durch Elementbildung* (Bild 5.37). Das geschützte Objekt ist durch elektrische Leitungen mit den Anoden verbunden. Das Element ist also kurzgeschlossen. Der Nachteil dieses Verfahrens besteht in der Zersetzung der Anoden. Sie müssen zur Aufrechterhaltung des Schutzstroms in Abständen erneuert werden.

Wird der *Schutzstrom von einer fremden Gleichstromquelle* geliefert, können beliebige leitende Werkstoffe als Anoden dienen (Bild 5.38). Es werden meist Stahlschrott oder Graphitanoden eingesetzt. Der Vorteil der Graphitanoden liegt darin, daß sie sich nur sehr langsam auflösen.

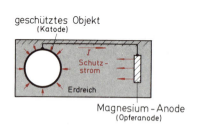

Bild 5.37   Erzeugung des Schutzstroms durch Elementbildung

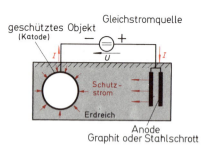

Bild 5.38   Erzeugung des Schutzstroms durch Gleichstromquelle

172

6 Elektrischer Widerstand und Schaltungen mit Widerständen

6.1 Elektrischer Widerstand

6.1.1 Ohmsches Gesetz

Der deutsche Physiker Georg Simon Ohm erklärte im Jahr 1826 den physikalischen Zusammenhang zwischen der elektrischen Stromstärke und der elektrischen Spannung, der als *Ohmsches Gesetz* bezeichnet wird:

> In den meisten elektrisch leitenden Stoffen ist die elektrische Stromstärke der Spannung verhältnisgleich.

Voraussetzung für diese Beziehung ist jedoch, daß die Einflußgrößen (Parameter), z.B. die Temperatur, die einen Einfluß auf die elektrische Leitfähigkeit des Stoffs ausüben, konstant bleiben.

Die Erklärung für das Ohmsche Gesetz liegt darin begründet, daß die Kraft und damit die elektrische Spannung, die notwendig ist, um die Ladungsträger, z.B. die freien Elektronen im Metalleiter, in gerichtete Bewegung zu versetzen, ihrer Geschwindigkeit verhältnisgleich ist. Die freien Elektronen stoßen aufgrund der ungeordneten Wärmebewegung bei dem gerichteten Fluß ständig mit den Gitterionen zusammen. Die dabei absorbierte Energie erzeugt stärkere Schwingungen, d.h. Wärme. Diese Energie muß dem Leiter von der elektrischen Stromquelle zugeführt werden. Einfacher ausgedrückt: *Zur Erzeugung eines elektrischen Stroms muß ein Widerstand überwunden werden; dabei wird elektrische Energie in Wärmeenergie umgewandelt.*

Der lineare Zusammenhang zwischen Strom und Spannung gilt außer in Metallen auch in Elektrolyten oder Ionenleitern und in homogenen Halbleitern. In Halbleiterübergängen und in ionisierten Gasen besteht ein nichtlinearer Zusammenhang, das Ohmsche Gesetz ist hier also nicht anwendbar.

Die Beziehung zweier Größen, die zueinander proportional oder verhältnisgleich sind, kann durch eine einfache (lineare) Gleichung mathematisch beschrieben werden. Als Proportionalitätsfaktor muß dabei das Verhältnis, auch Quotient genannt, der beiden Größen eingesetzt werden. Dabei ist es prinzipiell gleichgültig, welche der beiden Größen den Zähler und welche den Nenner des Quotienten bildet.

> Das Verhältnis der Spannung U zum Strom I wird elektrischer Widerstand R genannt.

$$R = \frac{U}{I} \qquad \text{in V/A} = \Omega \text{ (Ohm)}$$

Der elektrische Widerstand eines Leiters hat den gleichen Zahlenwert wie die Spannung, die einen Strom von einem Ampere durch ihn treibt.

Die Einheit des elektrischen Widerstandes leitet sich daraus ab zu 1 V/A (Volt je Ampere). Sie wird dem Physiker *Ohm* zu Ehren mit seinem Namen bezeichnet und mit dem Einheitenzeichen Ω (Omega = großer geradestehender griechischer Buchstabe) versehen. Stellt man nun eine Beziehung aus Strom, Spannung und Widerstand her, so stellt sich das *Ohmsche Gesetz* in der folgenden Formel dar:

$$I = \frac{U}{R} \qquad \text{in A} = \frac{V}{\Omega} = \frac{V}{V/A}$$

Die Stromstärke ist der Spannung verhältnisgleich und steht im umgekehrten Verhältnis zum Widerstand.

Stellt man die Gleichung so auf, daß die Spannung als abhängige Größe auftritt, so lautet die Beziehung:

$$U = I \cdot R \qquad \text{in V} = A \cdot \Omega = A \cdot V/A$$

Die Spannung an einem Leiter steht im gleichen Verhältnis zum Strom und zum Widerstandswert.

6.1.2   Elektrischer Leitwert

Die Beziehung zwischen der elektrischen Spannung und dem Strom kann auch über das Verhältnis des Stroms zur Spannung beschrieben werden.

$$G = \frac{I}{U} \qquad \text{in   A/V} = S \text{ (Siemens)}$$

Das Verhältnis des Stroms *I* zur Spannung *U* wird als elektrischer Leitwert *G* bezeichnet.

Der elektrische Leitwert hat den gleichen Zahlenwert wie der Strom, den eine Spannung von einem Volt durch einen Leiter treibt. Die Einheit leitet sich daraus zu 1 A/V (Ampere je Volt) ab und wird mit dem Namen *Siemens* bezeichnet.

Das *Ohmsche Gesetz* stellt sich mit dem Leitwert wie folgt dar:

$$I = U \cdot G \qquad \text{in   A} = V \cdot S = V \cdot A/V$$

Der durch einen Leiter fließende Strom ist der Spannung und dem Leitwert verhältnisgleich.

Betrachtet man die Spannung als abhängige Größe, lautet der Zusammenhang:

$$U = \frac{I}{G} \qquad \text{in} \quad V = \frac{A}{S} = \frac{A}{A/V}$$

Zwischen dem elektrischen Widerstand und dem Leitwert kann eine einfache Beziehung hergestellt werden:

Je höher der Widerstand eines Leiters, um so geringer ist sein Leitwert. *Der Leitwert ist der Kehrwert des Widerstandes bzw. umgekehrt:*

$$R = \frac{1}{G} \quad \text{in} \quad \Omega = \frac{1}{S} \quad \text{oder} \quad G = \frac{1}{R} \quad \text{in} \quad S = \frac{1}{\Omega}$$

Beispiel 1: An einem Widerstand liegt eine Spannung von $U_1 = 20$ V. Es fließt ein Strom von $I_1 = 0,5$ A.

a) Wie hoch ist der Widerstandswert?
b) Wie hoch ist der Leitwert?
c) Wie hoch ist der Strom I_2 bei $U_2 = 15$ V?
d) Wie hoch ist die Spannung U_3 bei $I_3 = 250$ mA?

Lösung:

zu a) $R = \dfrac{U_1}{I_1} = \dfrac{20\text{ V}}{0,5\text{ A}} = \underline{40\ \Omega}$

zu b) $G = \dfrac{I_1}{U_1} = \dfrac{0,5\text{ A}}{20\text{ V}} = 0,025\text{ S} = \underline{25\text{ mS}} \qquad \text{oder} \qquad G = \dfrac{1}{R} = \dfrac{1}{40\ \Omega} = \underline{25\text{ mS}}$

zu c) $I_2 = \dfrac{U_2}{R} = \dfrac{15\text{ V}}{40\ \Omega} = 0,375\text{ A} = \underline{375\text{ mA}}$

oder $I_2 = U_2 \cdot G = 15\text{ V} \cdot 0,025\text{ S} = \underline{375\text{ mA}}$

zu d) $U_3 = I_3 \cdot R = 0,25\text{ A} \cdot 40\ \Omega = \underline{10\text{ V}}$

oder $U_3 = \dfrac{I_3}{G} = \dfrac{0,25\text{ A}}{0,025\text{ S}} = \underline{10\text{ V}}$

6.1.3 Widerstandskennlinie

Das Verhalten eines elektrischen oder elektronischen Bauelements wird häufig durch die grafische Darstellung des Zusammenhangs zwischen dem Strom und der Spannung beschrieben. Üblicherweise wird das *Strom-Spannungs-Diagramm* verwendet, in dem der Strom I als abhängige Größe von der Spannung U dargestellt ist. In diesem I-U-Koordinatensystem ist daher der Strom I auf der Ordinate oder y-Achse und die Spannung auf der Abszisse oder x-Achse (Kapitel 2) dargestellt (Bild 6.1). Die im Strom-Spannungs-Diagramm abgebildete Funktion $I = \mathrm{f}(U)$ (lies: I als Funktion von U) eines Bauelements heißt Widerstandskennlinie.

Die Kennlinie eines normalen Widerstandes, in dem der Strom der Spannung verhältnisgleich ist, ist eine Gerade durch den Koordinatennullpunkt.

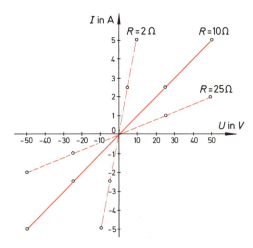

Bild 6.1 Widerstandskennlinien linearer Widerstände

Widerstandsbauelemente, deren Widerstandskennlinie im Strom-Spannungs-Diagramm geradlinig durch den Koordinatennullpunkt verläuft, heißen lineare Widerstände.

Da die Funktion $I = f(U)$ unabhängig von der Polarität bzw. den Vorzeichen von Spannung und Strom ist, verläuft die Kennlinie eines linearen Widerstandes im I. und III. Quadranten gleich (Bild 2.1). Daher wird meist nur der I. Quadrant dargestellt (z.B. Bild 6.4).

Die Kennlinien für unterschiedliche Widerstandswerte unterscheiden sich durch ihre Steigung. Das Steigungsmaß m der allgemeinen Gleichung einer Geraden $y = m \cdot x$ ist in der Formel

$$I = \frac{U}{R} = \frac{1}{R} \cdot U = G \cdot U$$

der Kehrwert des Widerstandes, also der Leitwert G. Widerstandskennlinien kleinerer Widerstandswerte oder größerer Leitwerte verlaufen daher mit größerer Steilheit (Bild 6.1).

Die Kennlinie eines linearen Widerstandes kann mit einem Wertepaar von Strom und Spannung gezeichnet werden. Ein linearer Widerstand ist also durch eine einzige Strom-Spannungs-Messung (Bild 6.2) auch für alle übrigen Werte von Strom und Spannung festgelegt. Die Messung liefert die Koordinaten U und I eines Punkts im Koordinatensystem. Der zweite zum Festlegen einer Geraden erforderliche Punkt ist der Koordinatennullpunkt.

Beispiel 2: Eine Strom-Spannungs-Messung liefert an einem linearen Widerstand die Werte $I_1 = 20$ mA bei $U_1 = 5$ V.
Die Kennlinie dieses Widerstandes ist in ein I-U-Diagramm einzuzeichnen.

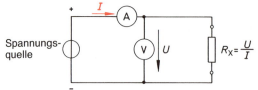

Bild 6.2 Schaltung zur indirekten Widerstandsbestimmung durch Strom-Spannungs-Messung

176

a) Wie hoch ist der Widerstandswert?

b) Wie hoch ist der Leitwert?

c) Wie hoch ist die Spannung U_2 bei einem Strom $I_2 = 15$ mA? Der Wert ist grafisch über die Kennlinie zu ermitteln und durch Rechnung zu kontrollieren.

Lösung:

zu a) $R = \dfrac{U_1}{I_1} = \dfrac{5\ \text{V}}{20 \cdot 10^{-3}\ \text{A}} = \underline{250\ \Omega}$

zu b) $G = \dfrac{I_1}{U_1} = \dfrac{20 \cdot 10^{-3}\ \text{A}}{5\ \text{V}} = 4 \cdot 10^{-3}\ \text{S} = \underline{4\ \text{mS}}$ oder $G = \dfrac{1}{R} = \dfrac{1}{250\ \Omega} = \underline{4\ \text{mS}}$

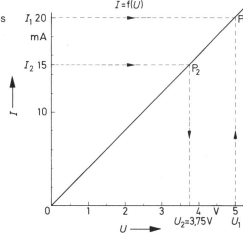

Bild 6.3 Kennlinie des linearen Widerstandes zu Beispiel 2

zu c) Bild 6.3

Erst die Koordinaten von Punkt P_1 ($U_1 = 5$ V; $I_1 = 20$ mA) eintragen. Dann eine Gerade durch den Koordinatennullpunkt und P_1 zeichnen. Den Punkt P_2 bei $I_2 = 15$ mA kennzeichnen und die Spannung senkrecht darunter ablesen: $U_2 = \underline{3{,}75\ \text{V}}$.

Rechnung: $U_2 = I_2 \cdot R = 15\ \text{mA} \cdot 250\ \Omega = \underline{3{,}75\ \text{V}}$

oder $\qquad U_2 = \dfrac{I_2}{G} = \dfrac{15 \cdot 10^{-3}\ \text{A}}{4 \cdot 10^{-3}\ \text{S}} = \underline{3{,}75\ \text{V}}$

6.1.4 Nichtlineare Widerstände

Bei vielen Bauelementen der Elektronik besteht zwischen dem Strom und der Spannung kein linearer oder proportionaler Zusammenhang. Halbleiterbauelemente mit PN-Übergängen (Sperrschichten) verhalten sich außerdem noch bei verschiedener Stromrichtung unterschiedlich. Die I-U-Kennlinie hat im III. Quadranten eine andere Form als im I. Quadranten.

Auch prinzipiell lineare Widerstände mit hoher Temperaturabhängigkeit zeigen ein nichtlineares Verhalten, wenn durch die zugeführte elektrische Leistung eine Eigenerwärmung auftritt. Diese Nichtlinearität des elektrischen Widerstandes ist jedoch aufgrund der Wärmekapazität (Wärmespeicherfähigkeit) des Bauelements mit einem Zeitverhalten, d.h. einer Verzögerung, verbunden. Bei schnellen Strom- bzw. Spannungsänderungen verhalten sich solche Bauelemente daher auch linear. Ein bekanntes Beispiel für einen solchen nichtlinearen Widerstand stellt die Glühlampe dar. Ihr Widerstand ist bei Nennspannung etwa 10- bis 15mal größer als bei sehr geringer Spannung im praktisch kalten Zustand. Die Trägheit ist hier wegen der geringen Masse des Glühfadens sehr gering.

Die Kennlinie eines nichtlinearen Widerstandes kann nicht aus einer einzigen Strom-Spannungs-Messung über ein Wertepaar von U und I gezeichnet werden. Es ist eine Meßreihe von möglichst vielen Wertepaaren bei verschiedenen Spannungen aufzunehmen. Die Wertepaare ergeben eine Punktreihe im I-U-Koordinatensystem, die zu einer Kurve verbunden werden können. Bild 6.4 zeigt die durch eine Meßreihe aufgenommene Widerstandskennlinie einer 220-V/100-W-Glühlampe.

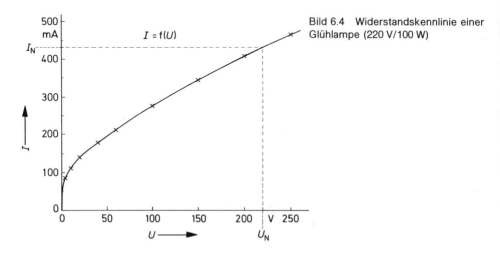

Bild 6.4 Widerstandskennlinie einer Glühlampe (220 V/100 W)

Meßreihe (zu Bild 6.4):

U in V	5	10	20	40	60	100	150	200	220	250
I in mA	83	115	140	180	215	275	345	410	430	460
R in Ω	60	87	143	222	279	364	435	487	512	543

Zu jedem Wertepaar, das einen Punkt der Widerstandskennlinie festlegt, kann der Widerstand $R = U/I$ berechnet werden (dritte Zeile der Meßreihe). *Der zu einem Punkt der Kennlinie eines nichtlinearen Widerstandes gehörende Widerstand heißt statischer Widerstand.* Er gilt nur für diesen einen Punkt. Der durch das Ohmsche Gesetz beschriebene Zusammenhang — die Proportionalität von Spannung und Strom — hat bei einem nichtlinearen Widerstand keine Gültigkeit.

In Bild 6.5 sind die in die Meßreihe mit eingetragenen statischen Widerstände der 100-W/220-V-Glühlampe als Widerstandskurve $R = f(U)$, d.h. in Abhängigkeit von der Spannung aufgetragen. Der Widerstand des Glühfadens steigt demnach von $R_0 \approx 30\ \Omega$ bei $U = 0$ V auf $R_N \approx 512\ \Omega$ bei $U_N = 220$ V an.

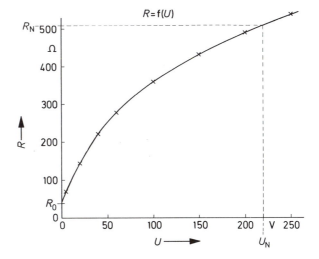

Bild 6.5 Widerstandskurve einer Glühlampe (220 V/100 W)

Bei elektronischen Bauelementen ist häufig das Verhalten bei (im Vergleich zu der Spannung bzw. dem Strom im Arbeitspunkt) geringen Spannungs- bzw. Stromänderungen von besonderer Wichtigkeit. Zur Berechnung der bei einer relativ kleinen Spannungsänderung ΔU auftretenden Stromänderung ΔI muß die Steigung der Widerstandskennlinie im Arbeitspunkt bekannt sein, für die der differentielle Widerstand r ein Maß darstellt.

Der differentielle Widerstand r ist das Verhältnis einer Spannungsänderung ΔU zu der zugehörigen Stromänderung ΔI:

$$r = \frac{\Delta U}{\Delta I} \qquad \text{in } \Omega$$

Um den differentiellen Widerstand deutlich vom statischen oder Gleichstromwiderstand R unterscheiden zu können, ist er durch einen kleinen Formelbuchstaben gekennzeichnet. Sind die Beträge ΔU und ΔI sehr klein, so daß die Kurve in diesem Abschnitt durch eine Gerade — die Tangente im Arbeitspunkt — ersetzt werden kann, spricht man auch vom dynamischen Widerstand r. Dies ist der bei dynamischen Vorgängen, d.h. bei Änderungen mit kleinen Amplituden wirksame Widerstand. Der differentielle und der dynamische Widerstand gelten bei einer gekrümmten Kennlinie nur in dem Arbeitspunkt, in dem die Werte von ΔU und ΔI entnommen wurden. Bei linearen Widerständen ist der statische Widerstand gleich dem differentiellen und dem dynamischen Widerstand.

Beispiel: Berechnung des differentiellen Widerstandes der 100-W/220-V-Glühlampe bei einer Spannungsänderung im Bereich zwischen $U_1 = 200$ V und $U_2 = 250$ V (Bild 6.6):

Lösung: Ablesen der Ströme bei den Spannungen

$$U_1 = 200 \text{ V} \to I_1 = 410 \text{ mA}$$

$$U_2 = 250 \text{ V} \to I_2 = 460 \text{ mA}$$

$$r = \frac{\Delta U}{\Delta I} = \frac{U_2 - U_1}{I_2 - I_1} = \frac{250 \text{ V} - 200 \text{ V}}{(460 - 410) \cdot 10^{-3} \text{ A}} = 1 \cdot 10^3 \ \Omega = \underline{\underline{1 \text{ k}\Omega}}$$

179

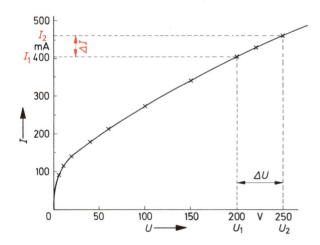

Bild 6.6 Ermittlung des differentiellen Widerstandes aus der Widerstandskennlinie der Glühlampe

Vergleicht man den berechneten differentiellen Widerstand mit dem in diesem Bereich liegenden statischen Widerstand, z.B. bei $U = 220$ V, so erkennt man, daß der für Spannungsänderungen wirksame Widerstand mit $r \approx 1$ kΩ etwa doppelt so groß ist wie der statische Widerstand $R \approx 512$ Ω.

6.2   Widerstand und Material

6.2.1   Spezifischer Widerstand und Leitfähigkeit

Bei gleichen Abmessungen haben Leiter aus verschiedenartigen Werkstoffen unterschiedliche elektrische Widerstände. Der Widerstand eines Leiters hängt also neben seinen Abmessungen von der Art des Materials ab. Dieses ist auf die Unterschiede bezüglich der Anzahl und der Beweglichkeit der Ladungsträger (freie Elektronen) zurückzuführen.

Um den Widerstand eines Leiters aus seinen Abmessungen errechnen zu können, muß der *arteigene oder spezifische Widerstand* des Leitermaterials bekannt sein. Man hat daher einen Einheitsleiter mit solchen Abmessungen festgelegt, von dem man bequem auf die gewünschten Leitermaße umrechnen kann. Wegen der Temperaturabhängigkeit des Widerstandes der meisten Stoffe, mußte außerdem die Temperatur dieses Einheitsleiters festgelegt werden. Zweckmäßigerweise wurde die mittlere Raumtemperatur von 20 °C gewählt.

Der spezifische Widerstand ist der Widerstand eines Leiters von 1 m Länge und 1 mm² Querschnitt bei einer Temperatur von 20 °C.

Als Formelzeichen dient der kleine griechische Buchstabe ϱ (Rho). Der spezifische Widerstand ist also eine Werkstoffkonstante und wird in Tabellen angegeben (Tabelle 6.1).

Der Widerstand eines Leiters steht im gleichen Verhältnis zum spezifischen Widerstand des Werkstoffs und seiner Länge sowie im umgekehrten Verhältnis zum Leiterquerschnitt. In einer Formel ausgedrückt lautet der Zusammenhang:

180

$$R = \frac{\varrho \cdot l}{A}$$

mit
R Leiterwiderstand in Ω
ϱ spezifischer Widerstand in $\Omega \, mm^2/m$
l Leiterlänge in m
A Leiterquerschnitt in mm^2

Tabelle 6.1 Spezifischer Widerstand, Leitfähigkeit und Temperaturbeiwert einiger Werkstoffe. (Die Werte gelten bei 20 °C)

Werkstoff			Spezifischer Widerstand ϱ in Ω mm^2/m	Leitfähigkeit $\varkappa$ in m/Ω mm^2	Temperaturbeiwert α in 1/K
Leiterwerkstoffe	Silber	(Ag)	$0{,}016 = 16 \cdot 10^{-3}$	62,5	$+0{,}0036 = 3{,}6 \cdot 10^{-3}$
	Kupfer	(Cu)	$0{,}0178 = 17{,}8 \cdot 10^{-3}$	56	$+0{,}0039 = 3{,}9 \cdot 10^{-3}$
	Gold	(Au)	$0{,}023 = 23 \cdot 10^{-3}$	43,5	$+0{,}0038 = 3{,}8 \cdot 10^{-3}$
	Aluminium	(Al)	$0{,}0278 = 27{,}8 \cdot 10^{-3}$	36	$+0{,}0040 = 4{,}0 \cdot 10^{-3}$
	Zink	(Zn)	$0{,}063 = 63 \cdot 10^{-3}$	15,9	$+0{,}0037 = 3{,}7 \cdot 10^{-3}$
	Eisen	(Fe)	0,13	7,7	$+0{,}0058 = 5{,}8 \cdot 10^{-3}$
Widerstandswerkstoffe	Nickelin	(CuNi 30 Mn)	0,4	2,5	$\pm 0{,}00015 = 0{,}15 \cdot 10^{-3}$
	Manganin	(CuMn 12 Ni)	0,43	2,3	$\pm 0{,}00001 = 0{,}01 \cdot 10^{-3}$
	Konstantan	(CuNi 44)	0,49	2,0	$\pm 0{,}00004 = 0{,}04 \cdot 10^{-3}$
Heizleiter	Cronix	(NiCr 80 20)	1,12	0,89	—
	Aluchrom I	(CrAl 20 5)	1,37	0,73	—

Beispiel: Wie hoch ist der Widerstand eines Eisendrahts von 20 m Länge und einem Durchmesser von 0,5 mm?

Gegeben: ϱ = 0,13 Ω mm^2/m (Tab. 6.1)
l = 20 m
d = 0,5 mm

Gesucht: R in Ω

Lösung: $A = \dfrac{d^2 \cdot \pi}{4} = \dfrac{(0{,}5 \, mm)^2 \cdot \pi}{4} = 0{,}196 \, mm^2$

$R = \dfrac{\varrho \cdot l}{A} = \dfrac{0{,}13 \, \Omega \, mm^2/m \cdot 20 \, m}{0{,}196 \, mm^2} = \underline{\underline{13{,}3 \, \Omega}}$

Bei Isolierstoffen, Elektrolyten und Halbleitern wird der spezifische Widerstand im allgemeinen auf einen Leiter mit einer Länge von 1 cm und einem Querschnitt von 1 cm^2 bezogen. Der spezifische Widerstand ist hierbei der Widerstand zwischen den gegenüberliegenden Flächen eines Würfels von 1 cm Kantenlänge. Die Einheit lautet:

$$\frac{\Omega \, cm^2}{cm} = \Omega \, cm$$

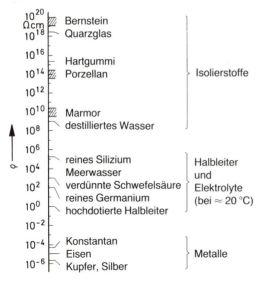

Bild 6.7   Spezifischer Widerstand verschiedener Stoffe

Die Umrechnung zwischen den Einheiten des spezifischen Widerstandes erfolgt durch die Beziehung:

$$1 \, \frac{\Omega \, \text{mm}^2}{\text{m}} = 1 \cdot 10^{-4} \, \Omega \, \text{cm}$$

Die spezifischen Widerstände der verschiedensten Stoffe — von den Metallen bis zu den Isolierstoffen — überspannen einen unvorstellbar großen Bereich. In Bild 6.7 sind die spezifischen Widerstände verschiedenster Stoffe auf einem logarithmischen Zahlenstrahl dargestellt.
Bei den in der Elektrotechnik verwendeten *Leiterwerkstoffen* wird im allgemeinen anstelle des spezifischen Widerstandes die *Leitfähigkeit* angegeben.
   Die Leitfähigkeit oder der spezifische Leitwert ist der Kehrwert des spezifischen Widerstandes. Als Formelzeichen dient der kleine griechische Buchstabe $\varkappa$ (Kappa).

$$\boxed{\varkappa = \frac{1}{\varrho}} \qquad \text{in} \quad \frac{1}{\Omega \, \text{mm}^2/\text{m}} = \frac{\text{m}}{\Omega \, \text{mm}^2} = \frac{\text{S} \cdot \text{m}}{\text{mm}^2}$$

Aus der Einheit m/Ω mm^2 geht hervor, daß man die Leitfähigkeit als die Länge des Leiters in m je 1 Ω Widerstand und je 1 mm^2 Querschnitt verstehen kann.

Der elektrische Widerstand eines Leiters steht im umgekehrten Verhältnis zur Leitfähigkeit seines Materials sowie zum Querschnitt des Leiters und im gleichen Verhältnis zur Leiterlänge.

182

Diesen Zusammenhang drückt die folgende Formel aus:

$$R = \frac{l}{\varkappa \cdot A}$$

mit R Leiterwiderstand   in Ω
     $\varkappa$ Leitfähigkeit   in $m/\Omega\ mm^2$
     l Leiterlänge   in m
     A Leiterquerschnitt   in mm^2

Beispiel 1: Die Leitfähigkeit von Kupfer beträgt etwa 56 m/Ω mm². Wie groß ist der spezifische Widerstand?

$$\varrho = \frac{1}{\varkappa} = \frac{1}{56\ m/\Omega\ mm^2} = \underline{0{,}0178\ \Omega\ mm^2/m}$$

Beispiel 2: Wie lang ist ein Kupferleiter mit 1,5 mm² Querschnitt, wenn sein Widerstand 0,2 Ω beträgt?

Gegeben: $A = 1{,}5\ mm^2$
           $R = 0{,}2\ \Omega$
           $\varkappa = 56\ m/\Omega\ mm^2$

Gesucht: l in m

Lösung: $R = \dfrac{l}{\varkappa \cdot A}$

$l = R \cdot \varkappa \cdot A = 0{,}2\ \Omega \cdot 56\ m/\Omega\ mm^2 \cdot 1{,}5\ mm^2 = \underline{16{,}8\ m}$

6.2.2   Widerstands- und Leiterwerkstoffe

Die spezifischen Widerstände der verschiedenen Metalle und Metallegierungen umfassen einen weiten Bereich. Die reinen Metalle weisen dabei die geringsten spezifischen Widerstände bzw. die höchsten Leitfähigkeiten auf (Tabelle 6.1).

Leiterwerkstoffe dienen hauptsächlich der Energieübertragung und sind daher im allgemeinen *reine Metalle*.

Ausnahmen bilden spezielle Legierungen mit besonderen mechanischen Eigenschaften, wie z.B. Aldrey für Freileitungen und Bronze für Kontaktfedern.

Da geringste Verunreinigungen durch bestimmte Fremdstoffe die Leitfähigkeit der Metalle wesentlich verschlechtern, stellt die Elektrotechnik besondere Forderungen an den Reinheitsgrad (Kupfer für die Elektrotechnik [E-Cu]: $\geqq 99{,}9\%$).

Widerstandswerkstoffe haben höhere spezifische Widerstände als Leiterwerkstoffe; sie werden für Widerstände (Bauelemente) verwendet. Es handelt sich hierbei in der Starkstromtechnik hauptsächlich um *Metallegierungen*. Die wichtigsten Legierungsbestandteile sind Kupfer, Nickel und Mangan. Die Anforderungen an die Widerstandswerkstoffe sind unterschiedlich. Wichtig ist z.B. eine möglichst geringe Temperaturabhängigkeit des elektrischen Widerstandes. Es gibt eine Reihe genormter Widerstandslegierungen mit unterschiedlichen Eigenschaften (DIN 17471):

Konstantan wird wegen der geringen Temperaturabhängigkeit des Widerstands häufig für Meßwiderstände verwendet. Für Normalwiderstände (siehe Meßtechnik) ist es nicht geeignet, da an den Verbindungsstellen mit Kupferleitungen relativ hohe thermoelektrische Spannungen (Abschnitt 4.4.9.3) auftreten. Man verwendet Konstantan daher häufig für Thermoelemente.

Manganin wird für höchste Anforderungen an Präzision, z.B. in Normalwiderständen, verwendet. Die Temperaturabhängigkeit des Widerstandes ist noch geringer als bei Konstantan. Außerdem ist die Thermospannung gegen Kupfer sehr klein.

Nickelin wird wegen der höheren Temperaturabhängigkeit mehr für Belastungswiderstände, z.B. Anlasser, verwendet.

Die Bezeichnungen der Widerstandswerkstoffe geben Aufschluß über Art und Zusammensetzung der wichtigsten Legierungsbestandteile: So trägt z.B. Konstantan die Bezeichnung CuNi 44 → Hauptbestandteil Kupfer mit 44% Nickel.

Die ältere Bezeichnung gibt Aufschluß über den spezifischen Widerstand des Materials. Sie lautet z.B. bei Konstantan: WM 50 → Widerstands-Material $\varrho = 0,50\ \Omega\ \text{mm}^2/\text{m}$.

Die Zahl gibt den gerundeten hundertfachen Wert des spezifischen Widerstandes an.

Widerstandsbauelemente kleiner Leistung (bis zu einigen Watt) in elektronischen Schaltungen sind meist Kohleschichtwiderstände. Ein kohlehaltiges Gemisch dient als Widerstandsmaterial.

Heizleiter zeichnen sich durch besonders hohen spezifischen Widerstand und höchste Belastbarkeit aus. Hauptbestandteil ist meist Eisen (Fe). Die ausreichende Festigkeit bei hohen Temperaturen (rd. 1100 bis 1200 °C) wird hauptsächlich durch Chrom (Cr) erreicht. Aluminiumzusätze bewirken die Korrosionsbeständigkeit bei hohen Temperaturen. Heizleiter sind nach DIN 17470 genormt.

Heizleiter werden mit Einbettmasse aus Tonerde, Magnesit und Quarz umgeben bzw. auf Träger aus Keramik oder Glimmer gewickelt.

6.2.3 Belastbarkeit elektrischer Leiter

Die Erwärmung eines stromdurchflossenen Leiters hängt von der Stromwärmeleistung und seiner Abkühlungsmöglichkeit ab. Ein eigenerwärmter Körper hat dann seine Endtemperatur erreicht, wenn die gleiche Wärmemenge in ihm entwickelt wird, wie er in der gleichen Zeit an seine Umgebung abgibt.

Die in einem Leiter entwickelte Stromwärmeleistung ist von seiner Stromdichte (Abschnitt 4.4.7) *und seiner Leitfähigkeit abhängig.* Je höher die Stromdichte und je geringer die Leitfähigkeit, desto höher die Wärmewirkung. Die *Abkühlungsmöglichkeit* eines Leiters ist oft sehr schwierig zu ermitteln. Sie hängt von einer Reihe Faktoren ab:
a) der *Leiteroberfläche* je Längeneinheit, damit also vom Leiterumfang. Da der Umfang eines runden Leiters linear und der Querschnitt dagegen quadratisch mit dem Durchmesser zunimmt, ist die Abkühlungsmöglichkeit bei dickeren Leitern ungünstiger als bei dünneren Leitern. Im Vergleich zu seinem Querschnitt hat ein dünnerer Leiter eine größere Abkühlungsoberfläche als ein stärkerer Leiter.

Beispiel: Nach der Tabelle für die Belastbarkeit elektrischer Leitungen DIN/VDE 0298 Teil 4 (Tab. 12.2) ergeben sich für Kupferleitungen der beiden herausgewählten Querschnitte folgende zulässigen Ströme:

$$A_1 = 1,5\ \text{mm}^2;\quad I_1 = 15,5\ \text{A} \rightarrow S_1 = \frac{I_1}{A_1} = \frac{15,5\ \text{A}}{1,5\ \text{mm}^2} = 10,3\ \frac{\text{A}}{\text{mm}^2}$$

$$A_2 = 6\ \text{mm}^2;\quad I_2 = 46\ \text{A} \rightarrow S_2 = \frac{I_2}{A_2} = \frac{46\ \text{A}}{6\ \text{mm}^2} = 7,67\ \frac{\text{A}}{\text{mm}^2}$$

Man erkennt sofort, daß der vierfache Querschnitt bei weitem nicht mit dem vierfachen Strom belastet werden darf. Der Vergleich der Stromdichten zeigt, daß der vierfache Querschnitt nur mit etwa dem halben Strom je Quadratmillimeter belastet werden darf.

Noch ungünstiger als bei einzeln verlegten Leitern ist die Abkühlungsmöglichkeit bei dicht benachbarten Leitern in den Wicklungen elektrischer Maschinen. Zur Abkühlung können nur die nach außen weisenden Flächen beitragen. Die zulässigen Stromdichten liegen bei elektrischen Maschinen — je nach Kühlungsart und Größe — bei wenigen Ampere je Quadratmillimeter.

Besonders günstige Verhältnisse bezüglich der Wärmeabgabe bestehen bei dünnen, leitenden Schichten oder Folien, wie z.B. den Leiterbahnen auf den Leiterplatten elektronischer Schaltungen. Eine $b = 1$ mm breite Leiterbahn von $d = 35$ μm Dicke kann beispielsweise mit einem Strom von $I = 1$ A belastet werden. Daraus errechnet sich eine Stromdichte von:

$$S = \frac{I}{A} = \frac{1\,\text{A}}{35 \cdot 10^{-3}\,\text{mm}^2} = 28{,}6\,\text{A/mm}^2$$

Sehr hohe Stromdichte tritt im Glühfaden einer Glühlampe auf. Der Wolframglühfaden einer 220-V/40-W-Lampe hat z.B. einen Durchmesser von $d = 45$ μm. Der Strom beträgt $I = 180$ mA. Die Stromdichte errechnet sich zu:

$$S = \frac{I}{A} = \frac{180 \cdot 10^{-3}\,\text{A}}{1{,}59 \cdot 10^{-3}\,\text{mm}^2} = \underline{113\,\text{A/mm}^2}$$

mit $\qquad A = \frac{d^2 \cdot \pi}{4} = \frac{(45 \cdot 10^{-3}\,\text{mm})^2 \cdot \pi}{4} = \underline{1{,}59 \cdot 10^{-3}\,\text{mm}^2}$

b) *Das den Leiter umgebende Medium* ist für die Wärmeabgabefähigkeit der Leiteroberfläche maßgebend. Bei Leitungen sind damit Art und Dicke der Isolation sowie Verlegungsart maßgebend. Bei frei an der Luft verlegten Leitern kann die Wärmeabstrahlung noch durch dunkle, matte Farbanstriche begünstigt werden (Abschnitt 7.5.6). Bei größeren Transformatoren und bei Belastungswiderständen wird die Wärmeabgabefähigkeit oft durch Ölfüllung verbessert.

c) *Die Umgebungstemperatur* begünstigt die Abkühlungsmöglichkeit um so mehr, je höher der Temperaturunterschied zwischen Leiter und Umgebung ist (Abschnitt 7.5.7).

6.3 Veränderlichkeit des elektrischen Widerstandes

In den meisten Werkstoffen ist der Widerstand von physikalischen Einflüssen, denen das Leitermaterial ausgesetzt wird, abhängig. Dieser Effekt ist zum Teil unerwünscht, er wird jedoch auch häufig ausgenutzt. Bauelemente, bei denen die Abhängigkeit des elektrischen Widerstandes von physikalischen Größen ausgenutzt wird, heißen *veränderliche Widerstände*.

6.3.1 Zug- und Druckabhängigkeit des Widerstandes

Die Abhängigkeit eines elektrischen Widerstandsdrahtes oder einer Folie von den geometrischen Abmessungen kann — über die elastische Verformung durch äußere Kräfte — zur elektrischen Erfassung mechanischer Größen herangezogen werden. *Wird ein Widerstandsdraht gedehnt, vergrößert sich sein Widerstand aufgrund der größeren Länge und des geringeren Querschnitts.* Die relative Widerstandsänderung ist daher doppelt so groß wie die relative Längenänderung:

$$\frac{\Delta R}{R} = 2 \cdot \frac{\Delta l}{l}$$

Der Proportionalitätsfaktor beträgt also 2. Solange die Grenzen der elastischen Verformung eingehalten werden, ist der Zusammenhang zwischen der verformenden Kraft und der Widerstandsänderung linear und exakt reproduzierbar.

Die Proportionalität zwischen der Kraft und der elektrischen Widerstandsänderung wird in **Dehnungsmeßstreifen (DMS)** *ausgenutzt.* Dehnungsmeßstreifen bestehen aus dünnen, in Kunststofffolie eingebetteten Widerstandsdrähten oder Metallfolien. Sie werden mit speziellem Klebstoff auf das mechanisch beanspruchte Meßobjekt geklebt. Der Dehnungsmeßstreifen erfaßt sowohl Dehnung als auch Stauchung, die in der Richtung des Meßgitters verläuft (Näheres mit Abbildungen im Band «Elektrische Meß- und Regeltechnik» unter «Messung nichtelektrischer Größen»).

6.3.2 Temperaturabhängigkeit des Widerstandes

Der Widerstand der meisten elektrisch leitenden Stoffe ist von der Temperatur abhängig. Nach der Art der Temperaturabhängigkeit unterteilt man die Stoffe in *Heißleiter* und *Kaltleiter*.

Bei Heißleitern nimmt der elektrische Widerstand bei Erwärmung ab.

Heißleiter = guter Leiter im «heißen» Zustand.

Dieses Temperaturverhalten ist in erster Linie bei den meisten Halbleitern anzutreffen, wozu auch die Kohle zählt (Abschnitt 4.3.6.2). Auch bei Elektrolyten nimmt der Widerstand bei Erwärmung ab, da der Dissoziationsgrad (Abschnitt 5.1.2) steigt. In ionisierten Gasen sinkt der Widerstand ebenfalls, weil mit steigender Temperatur der Ionisationsgrad zunimmt.

In *Heißleiter- oder NTC-Widerständen* wird die Temperaturabhängigkeit des Widerstandes ausgenutzt. Man verwendet sie als: Meßheißleiter, Kompensationsheißleiter, Anlaßheißleiter, als Fühler zur Ermittlung von Flüssigkeitsständen und zur Spannungsstabilisierung. Die Temperaturabhängigkeit liegt je nach Typ zwischen etwa 2 bis 6% je K (Abschnitt 6.9.1).

Bei Kaltleitern steigt der elektrische Widerstand bei Erwärmung.

Kaltleiter = guter Leiter im «kalten» Zustand.

Dieses Temperaturverhalten weisen in erster Linie die Metalle auf. Auch bei besonderen Halbleiterverbindungen ist diese Charakteristik zu finden (Abschnitt 6.9.2).

In *Kaltleiter- oder PTC-Widerständen* wird diese Temperaturabhängigkeit ausgenutzt. Der Widerstand nimmt nur in einem schmalen Temperaturbereich stark zu (bis etwa 60% je K). Kaltleiterwiderstände dienen als Meßkaltleiter für schmale Temperaturbereiche, thermischer Überlastungsschutz, Fühler für Flüssigkeitsstände und zur Konstanthaltung von Strömen.

6.3.3 Lichtabhängigkeit des Widerstandes

Fotowiderstände sind lichtabhängige Widerstände. Sie bestehen aus Halbleiterstoffen, deren Widerstand bei Beleuchtung abnimmt. Durch den inneren fotoelektrischen Effekt werden durch Licht Ladungsträger erzeugt (Abschnitt 4.4.8.2). Der Widerstand ist von der Stromrichtung unabhängig.

Fotowiderstände werden als Schalter für kleine Leistungen, Flammenwächter, Lichtschranken, Dämmerungsschalter sowie in der Meß- und Regeltechnik verwendet.

186

6.3.4 Magnetfeldabhängigkeit des Widerstandes

Manche Stoffe ändern ihren elektrischen Widerstand unter der Einwirkung äußerer magnetischer Felder. Dieser Effekt ist seit langem bei dem Metall Wismut bekannt.

In *Feldplatten* wird die Magnetfeldabhängigkeit des Widerstandes bestimmter Halbleiterstoffe ausgenutzt. Sie dienen als Meßsonden und Schalter für kleine Leistungen.

6.3.5 Spannungsabhängigkeit des Widerstandes

Bei spannungsabhängigen Widerständen nimmt der Widerstand mit steigender Spannung ab. Es sind also nichtlineare Widerstände (Abschnitt 6.1.4). Sie bestehen aus feinkörnigen, porösen, gesinterten Stoffen. Die Übergangswiderstände an den Berührungsstellen der Körnchen bewirken die Spannungsabhängigkeit. Spannungsabhängige Widerstände dienen in erster Linie der Verhinderung von Überspannungen, also als Überspannungsschutz.

6.3.6 Temperaturbeiwert

Bei Metallen ist der Widerstand in einem größeren Temperaturbereich nahezu linear von der Temperatur abhängig. Diese Linearität ermöglicht eine relativ einfache rechnerische Erfassung. Im linearen Bereich gibt man die Temperaturabhängigkeit durch den *Temperaturbeiwert oder Temperaturkoeffizienten* an. Die Widerstandsänderung liegt bei den meisten reinen Metallen um 0,4% je K. Ein Widerstand von 100 Ω würde also bei einer Temperaturerhöhung um 1 K um $\approx 0{,}4$ Ω steigen. Bei einem Widerstand von 1 Ω beträgt die Änderung dann nur $\approx 4 \cdot 10^{-3}$ Ω/K. Der Temperaturbeiwert beträgt also bei reinen Metallen $\approx 4 \cdot 10^{-3}$ Ω/Ω · K $= 4 \cdot 10^{-3}$ 1/K. Die genaueren Werte sind in Tabelle 6.1 enthalten.

> Der Temperaturbeiwert gibt an, um welchen Wert sich ein Widerstand von 1 Ω bei einer Temperaturänderung von 1 K ändert, bezogen auf 20 °C.

Als Formelzeichen dient der kleine griechische Buchstabe α (Alpha). Die Einheit ist

$$\frac{\Omega}{\Omega \cdot \text{K}} = 1/\text{K}.$$

Bei der Berechnung der Widerstandsänderung muß stets von dem Widerstand bei der Temperatur ausgegangen werden, für die der Temperaturbeiwert gilt. Dieser Bezugswiderstand wird auch *Kaltwiderstand* genannt. Im allgemeinen wird von 20 °C ausgegangen (α_{20}).

Die Temperaturänderung errechnet sich also:

$$\Delta\vartheta = \vartheta_2 - 20\,°\text{C}$$

$\Delta\vartheta$ Temperaturänderung	in K
ϑ_2 Temperatur bei Erwärmung	in °C (bzw. K)
ϑ_1 Bezugstemperatur	20 °C (bzw. 293 K)

Die Widerstandsänderung ist dem Bezugswiderstand, der Temperaturänderung und dem Temperaturbeiwert des Materials verhältnisgleich (Bild 6.8):

187

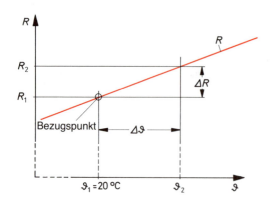

Bild 6.8 Temperaturabhängigkeit des Widerstandes bei Metallen

$$\Delta R = R_1 \cdot \alpha \cdot \Delta\vartheta$$

ΔR	Widerstandsänderung	in Ω
R_1	Bezugswiderstand	in Ω
$\Delta\vartheta$	Temperaturänderung	in K
α	Temperaturbeiwert	in 1/K

Der Widerstand nach einer Temperaturerhöhung, auch *Warmwiderstand* genannt, ist der um die Widerstandsänderung vergrößerte Bezugswiderstand:

$$R_2 = R_1 + \Delta R \qquad\qquad R_2 \quad \text{Warmwiderstand in } \Omega$$

Setzt man die Formel für die Widerstandsänderung in die letztere ein, wird

$$R_2 = R_1 + R_1 \cdot \alpha \cdot \Delta\vartheta$$

Man erhält nach Ausklammern des Bezugswiderstandes die folgende Formel:

$$R_2 = R_1 \cdot (1 + \alpha \cdot \Delta\vartheta)$$

Beispiel 1: Der Widerstand einer Kupferwicklung beträgt bei 20 °C 70 Ω. Im Betrieb steigt die Temperatur auf 75 °C.

a) Wie groß ist die Widerstandsänderung?
b) Wie groß ist der Wicklungswiderstand bei Betriebstemperatur?

Gegeben: R_1 = 70 Ω
$\qquad\qquad \vartheta_1$ = 20 °C
$\qquad\qquad \vartheta_2$ = 75 °C
$\qquad\qquad \alpha$ = 3,9 · 10^{-3} 1/K (Tabelle 6.1)

Gesucht: a) ΔR
$\qquad\quad$ b) R_2

Lösung:
zu a) $\quad \Delta\vartheta$ = $\vartheta_2 - \vartheta_1$ = 75 °C − 20 °C = 55 K
$\qquad\quad \Delta R$ = $R_1 \cdot \alpha \cdot \Delta\vartheta$ = 70 Ω · 3,9 · 10^{-3} 1/K · 55 K = $\underline{15\ \Omega}$

188

zu b) $R_2 = R_1 + \Delta R = 70\ \Omega + 15\ \Omega = \underline{85\ \Omega}$

oder: $R_2 = R_1\,(1 + \alpha \cdot \Delta\vartheta) = 70\ \Omega\,(1 + 3{,}9 \cdot 10^{-3}\ 1/K \cdot 55\ K)$

            $R_2 = 70\ \Omega \cdot 1{,}214 = \underline{85\ \Omega}$

Im Elektromaschinenbau wird die Widerstandsänderung durch Erwärmung der Wicklungen zur Bestimmung der Betriebstemperatur herangezogen. Man kann so, ohne Temperaturmeßfühler, die mittlere Temperatur einer Wicklung mühelos bestimmen.

Beispiel 2:   Der Wicklungswiderstand einer elektrischen Maschine hat bei 20 °C den Betrag von 12,5 Ω. Der Widerstand der betriebswarmen Wicklung wurde zu 16,7 Ω gemessen. Wie hoch ist die Betriebstemperatur?

Gegeben: $R_1 = 12{,}5\ \Omega$

           $R_2 = 16{,}7\ \Omega$

           $\vartheta_1 = 20\ °C$

           $\alpha = 3{,}9 \cdot 10^{-3}\ 1/K$

Gesucht: ϑ_2

Lösung: $\Delta R = R_2 - R_1 = 16{,}7\ \Omega - 12{,}5\ \Omega = 4{,}2\ \Omega$

           $\Delta R = R_1 \cdot \alpha \cdot \Delta\vartheta$

$$\Delta\vartheta = \frac{\Delta R}{R_1 \cdot \alpha} = \frac{4{,}2\ \Omega}{12{,}5\ \Omega \cdot 3{,}9 \cdot 10^{-3}\ 1/K} = 86\ K$$

$$\vartheta_2 = \vartheta_1 + \Delta\vartheta = 20\ °C + 86\ K = \underline{106\ °C}$$

Bei Widerstandswerkstoffen braucht im Normalfall der Temperatureinfluß nicht berücksichtigt zu werden, da er vernachlässigbar gering ist. Die Tabelle 6.1 zeigt außerdem, daß der Temperaturbeiwert, bedingt durch kleinste Schwankungen in der Materialzusammensetzung, einer gewissen Streuung unterliegt.

Ein Beispiel soll die Geringfügigkeit der Widerstandsänderung bei Widerstandswerkstoffen verdeutlichen:

Um welchen prozentualen Wert ändert sich ein Konstantanwiderstand bei einer Temperaturänderung von 20 °C auf 120 °C im ungünstigsten Fall?

Laut Tabelle 4 ist $\alpha = \pm 0{,}000\,04\ 1/K = \pm 4 \cdot 10^{-5}\ 1/K$

                   $\Delta\vartheta = \vartheta_2 - \vartheta_1 = 120\ °C - 20\ °C = 100\ K$

                   $\Delta R = R_1 \cdot \alpha \cdot \Delta\vartheta$

$$\frac{\Delta R}{R_1} = \alpha \cdot \Delta\vartheta = \pm 4 \cdot 10^{-5}\ 1/K \cdot 100\ K = \pm 4 \cdot 10^{-3}$$

$$\frac{\Delta R \cdot 100\%}{R_1} = \frac{\pm 4 \cdot 10^{-3}\ \Omega \cdot 100\%}{1\ \Omega} = \underline{\pm 0{,}4\%}$$

6.3.7   Supraleitung

Einige Metalle und Metallegierungen verlieren unterhalb einer sogenannten Sprungtemperatur, die in der Nähe des absoluten Nullpunkts der Temperatur ($-273\,°C = 0\,K$) liegt, vollständig ihren elektrischen Widerstand. Wegen der unendlich hohen elektrischen Leitfähigkeit tritt keine Stromwärmearbeit auf.

Die Elektrizitätsleitung erfolgt während der Supraleitung nur in einer sehr dünnen Grenzschicht unter der Leiteroberfläche. Die Supraleitung reißt oberhalb bestimmter hoher magnetischer Feldstärken ab. Durch das Magnetfeld, das jeder Stromfluß erzeugt, sind dadurch auch den Stromstärken in Supraleitern Grenzen gesetzt. Die zur Zeit praktisch verwendeten Supraleiter sind meist Kupferdrähte, die mit dem supraleitenden Material beschichtet sind. Dadurch kann das Kupfer kurzzeitig den Strom übernehmen, wenn die Normalleitung einsetzt. Die Kühlung erfolgt mit flüssigem Helium.

Die Anwendung der Supraleitung erfolgt in erster Linie in Elektromagneten zur Erzeugung starker magnetischer Felder, wie sie z. B. in Teilchenbeschleunigern benötigt werden.

Um von der aufwendigen Kühlung mit flüssigem Helium auf kostengünstigere Kühlmedien (flüssigen Stickstoff) ausweichen zu können, ist die Wissenschaft ständig auf der Suche nach neuen Werkstoffen, in denen die Supraleitung bereits bei höheren Temperaturen einsetzt. Es handelt sich bei diesen sogenannten Hochtemperatur-Supraleitern um keramische Werkstoffe.

6.4 Grundschaltungen von Widerständen

6.4.1 Kirchhoffsche Gesetze

Allen Berechnungen in elektrischen Schaltungen liegen die *Kirchhoffschen* Gesetze* zugrunde.

Die *Knotenpunktregel* oder das *1. Kirchhoffsche Gesetz* beschreibt das Gleichgewicht der Ströme in einem Stromverzweigungspunkt:

In jeden Punkt oder Teil einer Schaltung können je Zeiteinheit nicht mehr Ladungen hineinfließen als herausfließen.

Die Summe der hineinfließenden Ströme ist in einem Knotenpunkt in jedem Augenblick gleich der Summe der herausfließenden Ströme.

$$\Sigma I_{zu} = \Sigma I_{ab}$$

Auf den im Beispiel (Bild 6.9) dargestellten Knotenpunkt angewandt, erhält man die Gleichung

$$I_1 + I_3 = I_2 + I_4 + I_5$$

Im allgemeinen werden von den Strömen jedoch nur Zählrichtungen angegeben. Es ist häufig im voraus noch nicht die Richtung eines zu berechnenden Stroms bekannt. In der Vierpoltechnik und bei elektronischen Bauteilen wird der hineinfließende Strom positiv gezählt.

Berücksichtigt man die Stromrichtung durch Angabe eines Vorzeichens, erhält man die Knotenpunktregel in der folgenden allgemeinen Formulierung:

In jedem Stromverzweigungspunkt oder Teil einer Schaltung ist die Summe aller Ströme unter Berücksichtigung der Zählrichtungen in jedem Augenblick gleich Null.

$$\Sigma I = 0$$

* Robert Kirchhoff, 1824 bis 1887, Physikprofessor in Breslau, Heidelberg, Berlin.

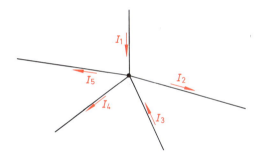

Bild 6.9   Stromverzweigungspunkt
oder Knotenpunkt

Durch den Zusatz — in jedem Augenblick — erhält dieser Satz allgemeine Gültigkeit, d.h., er ist nicht nur auf die Gleichstromtechnik anwendbar. Konsequenterweise müßte jedoch für den Augenblicks- oder Momentanwert ein kleines i geschrieben werden.

Die Formel für Bild 6.9 lautet dann:

$$I_1 - I_2 + I_3 - I_4 - I_5 = 0$$

Bringt man die negativen Glieder auf die andere Seite, erhält man das gleiche Ergebnis wie vor.

Beispiel 1:   Welchen Betrag hat der Strom I_5 aus Bild 6.9, wenn die übrigen Ströme folgende Werte aufweisen:

$$I_1 = 6\,\text{A}; \qquad I_2 = 2\,\text{A}; \qquad I_3 = 15\,\text{A}; \qquad I_4 = 8\,\text{A}$$

Lösung: $\Sigma I_{ab} = \Sigma I_{zu}$

$$I_5 + I_2 + I_4 = I_1 + I_3$$

$$I_5 = I_1 + I_3 - (I_2 + I_4) = 6\,\text{A} + 15\,\text{A} - (2\,\text{A} + 8\,\text{A})$$

$$\underline{I_5 = 11\,\text{A}}$$

Jedes Bauelement — oder auch eine Baugruppe — kann als ein Knotenpunkt betrachtet werden. Unter Einbeziehung aller angeschlossenen Leitungen muß die Summe aller Ströme gleich Null sein. In der Elektronik werden gelegentlich an Schaltungen oder Bauelementen alle Ströme hineinfließend positiv gezählt. Ein herausfließender Strom ist somit durch ein negatives Vorzeichen gekennzeichnet. Das Vorzeichen kann dabei dem Formelzeichen oder dem Zahlenwert zugeordnet werden.

Beispiel 2 (Bild 6.10):

Gegeben: $I_1 = 15\,\text{mA}$
$I_2 = -20\,\text{mA}$
$I_3 = 10\,\text{mA}$

Bild 6.10   Knotenpunkt
zu Beispiel 2

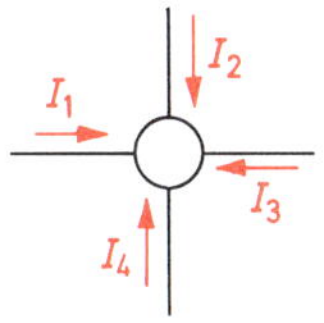

Gesucht: I_4

Lösung: $I_1 + I_2 + I_3 + I_4 = 0$

$$I_4 = -I_1 - I_2 - I_3 = -15\,\text{mA} - (-20\,\text{mA}) - 10\,\text{mA}$$

$$I_4 = -15\,\text{mA} + 20\,\text{mA} - 10\,\text{mA} = \underline{-5\,\text{mA}}$$

Die *Maschenregel* oder das *2. Kirchhoffsche Gesetz* beschreibt das Gleichgewicht der Spannungen in einem Stromkreis oder einer Masche:

Die erzeugten Spannungen oder Urspannungen müssen mit den verbrauchten Spannungen oder Spannungsabfällen im Gleichgewicht stehen.

In einem einfachen Stromkreis mit einer Spannungsquelle oder mehreren Spannungsquellen, deren Spannungen sich addieren, ist die Summe der Urspannungen gleich der Summe der Spannungsabfälle:

$$\Sigma U_0 = \Sigma U_v$$

Auf den im Beispiel (Bild 6.11) dargestellten Stromkreis angewandt, ergibt sich folgende Gleichung:

$$U_{01} + U_{02} = U_1 + U_2 + U_3 + U_4$$

Sind dagegen in einem Stromkreis mehrere Spannungsquellen enthalten, die zum Teil gegeneinander wirken, muß der genannte Satz eingeschränkt werden. Es ist daher auch hier sinnvoller, eine Zählrichtung einzuführen und alle Spannungen — ob Urspannung oder Spannungsabfall — auf einer Seite der Gleichung zusammenzufassen:

In einem Stromkreis oder einer Masche ist die Summe aller Spannungen unter Berücksichtigung ihrer Zählrichtung in jedem Augenblick gleich Null:

$$\Sigma U = 0$$ für einen Umlauf in der Masche

Alle Spannungen, deren Zählpfeile gegen die Zählrichtung zeigen, werden negativ eingesetzt.

Auf das Beispiel (Bild 6.11) angewandt, ergibt sich die folgende Gleichung, wenn die positive Zählrichtung rechts herum gewählt wird:

$$-U_{01} + U_1 + U_3 + U_4 - U_{02} + U_2 = 0$$

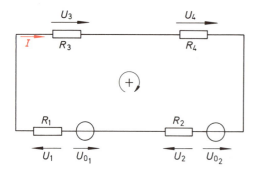

Bild 6.11   Geschlossener Stromkreis oder Masche

192

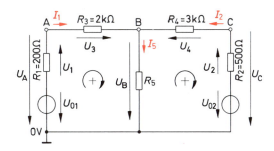

Bild 6.12 Beispiel für die Anwendung der Kirchhoffschen Gesetze

Die letztgenannte Formulierung der Maschenregel ist vor allem unumgänglich, wenn in einer verzweigten Schaltung (wie Bild 6.12) mit mehreren Spannungsquellen die Gleichung einer Masche aufgestellt wird. Hierin ist oftmals vor der Rechnung nicht zu erkennen, ob die Spannung an einem Widerstand (hier z.B. R_5) in der betrachteten Masche als Spannungsabfall oder als Urspannung erscheint.

Auf das folgende Beispiel (Bild 6.12) sollen die beiden Kirchhoffschen Gesetze und das Ohmsche Gesetz angewandt werden. In dieser Schaltung können drei Maschengleichungen aufgestellt werden:

$$U_3 + U_B - U_{01} + U_1 = 0$$

$$U_3 - U_4 - U_2 + U_{02} - U_{01} + U_1 = 0$$

$$-U_4 - U_2 + U_{02} - U_B = 0$$

Wenn möglich, wird mit einer Masche begonnen, die nur eine unbekannte Spannung enthält.

Gegeben: Bild 6.12 und die an den Meßpunkten A, B und C gemessene Potentiale $U_A = 10$ V, $U_B = 2$ V, $U_C = -4$ V.

Gesucht: a) Die Urspannungen der beiden Spannungsquellen U_{01} und U_{02}.

b) Der Widerstand R_5.

Lösung: zu a) Die Spannungen an den Widerständen R_3 bzw. R_4 sind die Potentialdifferenzen zwischen den Meßpunkten A und B bzw. C und B. Sie können über die Maschenregel ermittelt werden:

linke Masche

$$U_3 + U_B - U_A = 0$$
$$U_3 = U_A - U_B = 10\,\text{V} - 2\,\text{V} = 8\,\text{V}$$

rechte Masche

$$-U_4 + U_C - U_B = 0$$
$$U_4 = U_C - U_B = -4\,\text{V} - 2\,\text{V} = -6\,\text{V}$$

Die Ströme I_1 und I_2 liefert das Ohmsche Gesetz, da die Widerstände R_3 und R_4 gegeben sind:

$$I_1 = \frac{U_3}{R_3} = \frac{8\,\text{V}}{2 \cdot 10^3\,\Omega} = 4 \cdot 10^{-3}\,\text{A} = 4\,\text{mA}$$

$$I_2 = \frac{U_4}{R_4} = \frac{-6\,\text{V}}{3 \cdot 10^3\,\Omega} = -2 \cdot 10^3\,\text{A} = -2\,\text{mA}$$

193

Die Ströme I_1 bzw. I_2 verursachen an den Widerständen R_1 bzw. R_2 folgende Spannungsabfälle:

$$U_1 = I_1 \cdot R_1 = 4 \cdot 10^{-3}\,\text{A} \cdot 200\,\Omega = 0{,}8\,\text{V}$$

$$U_2 = I_2 \cdot R_2 = -2 \cdot 10^{-3}\,\text{A} \cdot 500\,\Omega = -1\,\text{V}$$

Die Urspannung U_{01} kann nun über die Maschengleichung ermittelt werden:

$$U_3 + U_B - U_{01} + U_1 = 0$$

$$U_{01} = U_3 + U_B + U_1 = 8\,\text{V} + 2\,\text{V} + 0{,}8\,\text{V}$$

$$\underline{U_{01} = 10{,}8\,\text{V}}$$

oder einfacher über das Potential U_A:

$$U_A = -U_1 + U_{01}$$

$$U_{01} = U_A + U_1 = 10\,\text{V} + 0{,}8\,\text{V} = \underline{10{,}8\,\text{V}}$$

Entsprechend gilt für U_{02}:

$$-U_4 - U_2 + U_{02} - U_B = 0$$

$$U_{02} = U_4 + U_2 + U_B = -6\,\text{V} - 1\,\text{V} + 2\,\text{V}$$

$$\underline{U_{02} = -5\,\text{V}}$$

oder $\quad U_C = -U_2 + U_{02}$

$$U_{02} = U_C + U_2 = -4\,\text{V} - 1\,\text{V} = \underline{-5\,\text{V}}$$

zu b) Die Knotenpunktregel auf den Punkt B angewandt, liefert den Strom I_5;

$$I_1 + I_2 - I_5 = 0$$

$$I_5 = I_1 + I_2 = 4\,\text{mA} - 2\,\text{mA} = 2\,\text{mA}$$

Das Ohmsche Gesetz ermöglicht die Berechnung von R_5 mittels U_B:

$$R_5 = \frac{U_B}{I_5} = \frac{2\,\text{V}}{2 \cdot 10^{-3}\,\text{A}} = 1 \cdot 10^3\,\Omega = \underline{1\,\text{k}\Omega}$$

6.4.2   Reihenschaltung von Widerständen

6.4.2.1   Regeln der Reihenschaltung

Zur Vereinfachung der Rechnungen in reinen Grundschaltungen, d.h. Reihen- oder Parallelschaltungen von linearen Widerständen, lassen sich einige Regeln aufstellen. Die Grundlage für diese Regeln bilden die *Kirchhoffschen Gesetze* und das *Ohmsche Gesetz*.

Die erste Grundregel, an der man eine Reihenschaltung erkennt, lautet:

> In einer Reihenschaltung wird jedes Bauelement vom selben Strom durchflossen.

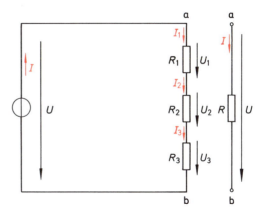

Bild 6.13   Reihenschaltung von Widerständen

Es erübrigt sich daher, in einer Reihenschaltung den Strom in den einzelnen Bauelementen mit verschiedenen Indizes zu benennen. In der Reihenschaltung Bild 6.13 gilt:

$$I = I_1 = I_2 = I_3$$

Die zweite Regel der Reihenschaltung von Verbrauchern liefert die Kirchhoffsche Maschenregel. Auf die Reihenschaltung von Bild 6.13 angewandt, heißt dieses:

In einer Reihenschaltung von Verbrauchern ist die Summe aller Teilspannungen gleich der Gesamtspannung.

$$U = U_1 + U_2 + U_3$$

Aus den beiden Grundregeln lassen sich für die Reihenschaltung von linearen Widerständen mit Hilfe des Ohmschen Gesetzes weitere Regeln ableiten. Die Teilspannung an einem Widerstand läßt sich durch das Produkt aus dem Strom und dem Widerstand ersetzen:

$$U_1 = I \cdot R_1$$
$$U_2 = I \cdot R_2$$
$$U_3 = I \cdot R_3$$

Die Gesamtspannung kann durch das Produkt aus dem Strom und dem Gesamt- oder Ersatzwiderstand der Schaltung beschrieben werden:

$$U = I \cdot R$$

Durch Einsetzen dieser Formeln in die Gleichung der zweiten Regel erhält man:

$$I \cdot R = I \cdot R_1 + I \cdot R_2 + I \cdot R_3$$

Der Strom läßt sich herauskürzen, indem auf beiden Seiten durch I dividiert wird. Die Gleichung lautet dann:

$$R = R_1 + R_2 + R_3$$

In einer Reihenschaltung von Widerständen ist der Gesamtwiderstand gleich der Summe der Teilwiderstände.

Eine vierte Regel läßt sich gewinnen, indem der Strom zweier Widerstände durch die Verhältnisse der Spannungen zu den Widerständen beschrieben wird:

$$I = \frac{U_1}{R_1} \quad \text{und} \quad I = \frac{U_2}{R_2}$$

Somit ist: $\quad \dfrac{U_1}{R_1} = \dfrac{U_2}{R_2}$

Bringt man Spannungen und Widerstände jeweils auf eine Seite der Gleichung, ergibt sich hieraus:

$$\frac{U_1}{U_2} = \frac{R_1}{R_2}$$

In einer Reihenschaltung von Widerständen verhalten sich die Spannungen wie die dazugehörigen Widerstände.

Bei einer *Reihenschaltung von gleichen Widerstandswerten* errechnet sich der Gesamtwiderstand der Schaltung einfach durch Multiplikation des Einzelwiderstandes mit der Anzahl der gleichen Widerstände:

$$R_{ges} = R_1 + R_2 + \cdots + R_n = n \cdot R_1$$

dabei ist $R_1 = R_2 = \cdots = R_n$.

Beispiel 1: Aus der Schaltung in Bild 6.13 sind die Teilwiderstände sowie die angelegte Spannung gegeben. Gesucht sind der Strom und die Teilspannungen.

Gegeben: $R_1 = 30\ \Omega$
$ R_2 = 80\ \Omega$
$ R_3 = 40\ \Omega$
$ U\ = 30\ V$

Gesucht: $I\ \ U_1;\ U_2;\ U_3$

Lösung: Um den Strom errechnen zu können, muß zunächst der Gesamt- oder Ersatzwiderstand bestimmt werden:

$$R = R_1 + R_2 + R_3 = 30\ \Omega + 80\ \Omega + 40\ \Omega = \underline{150\ \Omega}$$

$$I = \frac{U}{R} = \frac{30\ V}{150\ \Omega} = \underline{0{,}2\ A}$$

Die Teilspannungen können mittels des Stroms errechnet werden:

$$U_1 = I \cdot R_1 = 0,2 \text{ A} \cdot 30 \,\Omega = \underline{6 \text{ V}}$$

$$U_2 = I \cdot R_2 = 0,2 \text{ A} \cdot 80 \,\Omega = \underline{16 \text{ V}}$$

$$U_3 = I \cdot R_3 = 0,2 \text{ A} \cdot 40 \,\Omega = \underline{8 \text{ V}}$$

oder über die Verhältnisse:

$$\frac{U_1}{U} = \frac{R_1}{R} \,; \quad U_1 = \frac{U \cdot R_1}{R} = \frac{30 \text{ V} \cdot 30 \,\Omega}{150 \,\Omega} = \underline{6 \text{ V}}$$

$$\frac{U_2}{U} = \frac{R_2}{R} \,; \quad U_2 = \frac{U \cdot R_2}{R} = \frac{30 \text{ V} \cdot 80 \,\Omega}{150 \,\Omega} = \underline{16 \text{ V}}$$

$$\frac{U_3}{U} = \frac{R_3}{R} \,; \quad U_3 = \frac{U \cdot R_3}{R} = \frac{30 \text{ V} \cdot 40 \,\Omega}{150 \,\Omega} = \underline{8 \text{ V}}$$

Beispiel 2: In einer Reihenschaltung aus drei Widerständen (Bild 6.14) sind die Widerstände $R_1 = 2,2 \text{ k}\Omega$ und $R_3 = 4,7 \text{ k}\Omega$ gegeben. An R_3 soll bei einer Gesamtspannung von $U = 24$ V eine Spannung von $U_3 = 9$ V abfallen. Welchen Wert muß R_2 haben?

Bild 6.14 Reihenschaltung zu
Beispiel 2

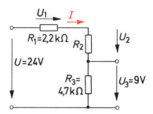

Lösung a: Aus U_3 und R_3 kann der gemeinsame Strom berechnet werden:

$$I = \frac{U_3}{R_3} = \frac{9 \text{ V}}{4,7 \cdot 10^3 \,\Omega} = 1,91 \cdot 10^{-3} \text{ A}$$

An R_1 ruft dieser Strom einen Spannungsabfall hervor:

$$U_1 = I \cdot R_1 = 1,91 \cdot 10^{-3} \text{ A} \cdot 2,2 \cdot 10^3 \,\Omega = 4,21 \text{ V}$$

Über die Regel $U = U_1 + U_2 + U_3$ erhält man durch Umstellung:

$$U_2 \doteq U - U_1 - U_3 = 24 \text{ V} - 4,21 \text{ V} - 9 \text{ V} = 10,8 \text{ V}$$

Aus Spannung und Strom kann der gesuchte Widerstand berechnet werden:

$$R_2 = \frac{U_2}{I} = \frac{10,8 \text{ V}}{1,91 \cdot 10^{-3} \text{ A}} = 5,63 \cdot 10^3 \,\Omega \approx \underline{5,6 \text{ k}\Omega}$$

Lösung b: Der Gesamtwiderstand der Schaltung kann über das Verhältnis berechnet werden:

$$\frac{R}{R_3} = \frac{U}{U_3} \quad \text{oder} \quad R = R_3 \cdot \frac{U}{U_3} = 4,7 \text{ k}\Omega \cdot \frac{24 \text{ V}}{9 \text{ V}} = 12,5 \text{ k}\Omega$$

Über $R = R_1 + R_2 + R_3$ erhält man:

$$R_2 = R - R_1 - R_3 = 12,5 \text{ k}\Omega - 2,2 \text{ k}\Omega - 4,7 \text{ k}\Omega = \underline{5,6 \text{ k}\Omega}$$

6.4.2.2 Unbelasteter Spannungsteiler

Jede Reihenschaltung von Widerständen teilt eine Gesamtspannung in Teilspannungen auf und stellt damit einen Spannungsteiler dar. Der eigentliche Spannungsteiler hat die Aufgabe, aus einer Eingangsspannung U_E eine kleinere Ausgangsspannung U_A zu gewinnen.

Um die Grundvoraussetzung der Reihenschaltung zu erfüllen, d.h., der Strom hat in jedem Widerstand den gleichen Betrag, wird zunächst nur der unbelastete Fall oder Leerlauf betrachtet (Bild 6.15).

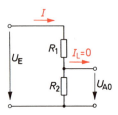

Bild 6.15 Unbelasteter Spannungsteiler

Die Verhältnisse des unbelasteten Spannungsteilers gelten in der Praxis meist noch für den Fall, daß der Laststrom I_L sehr klein im Verhältnis zu dem im Spannungsteiler fließenden Strom I ist, d.h. $I_L \ll I$.

Beispiel 1 (Berechnung der Ausgangsspannung):

Gegeben: $R_1 = 470 \ \Omega$; $R_2 = 150 \ \Omega$; $U_E = 18 \text{ V}$ (Bild 6.15)

Gesucht: U_{A0}, Leerlauf-Ausgangsspannung ($I_L = 0$)

Lösung a: Die Ausgangsspannung kann mit Hilfe des Stroms berechnet werden:

$$I = \frac{U_E}{R_{ges}} \quad \text{darin ist} \quad R_{ges} = R_1 + R_2$$

also

$$I = \frac{U_E}{R_1 + R_2} = \frac{18 \text{ V}}{470 \ \Omega + 150 \ \Omega} = 29{,}0 \cdot 10^{-3} \text{ A}$$

Der Strom fließt durch R_2 und erzeugt daran

$$U_{A0} = I \cdot R_2 = 29{,}0 \cdot 10^{-3} \text{ A} \cdot 150 \ \Omega = \underline{4{,}35 \text{ V}}$$

Lösung b: Am unbelasteten Spannungsteiler bietet sich die Verhältnisrechnung an:

Die Teilspannung verhält sich zur Gesamtspannung wie der zugehörige Teilwiderstand zum Gesamtwiderstand.

$$\frac{U_{A0}}{U_{ges}} = \frac{R_2}{R_{ges}} \quad \text{darin ist} \quad R_{ges} = R_1 + R_2$$

198

oder

$$U_{A0} = U_E \cdot \frac{R_2}{R_1 + R_2} = 18\,\text{V} \cdot \frac{150\,\Omega}{470\,\Omega + 150\,\Omega} = \underline{4{,}35\,\text{V}}$$

Beispiel 2 (Berechnung eines Spannungsteilers):

Mit einem Spannungsteiler soll aus einer Spannung von $U_E = 60\,\text{V}$ eine Ausgangsspannung von $U_{A0} = 9\,\text{V}$ gewonnen werden. Der Strom durch den Spannungsteiler soll $I = 10\,\text{mA}$ betragen. Wie groß müssen die Widerstandswerte von R_1 und R_2 gewählt werden?

Gegeben: Bild 6.16

Bild 6.16 Spannungsteiler zu
Beispiel 2

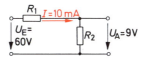

Lösung: Aus den gegebenen Spannungen und dem Strom lassen sich der Gesamtwiderstand und der Teilwiderstand R_2 berechnen:

$$R_{ges} = \frac{U_E}{I} = \frac{60\,\text{V}}{10 \cdot 10^{-3}\,\text{A}} = 6 \cdot 10^3\,\Omega$$

und

$$R_2 = \frac{U_{A0}}{I} = \frac{9\,\text{V}}{10 \cdot 10^{-3}\,\text{A}} = \underline{900\,\Omega}$$

Weil $R_{ges} = R_1 + R_2$ ist, berechnet sich

$$R_1 = R_{ges} - R_2 = 6 \cdot 10^3\,\Omega - 0{,}9 \cdot 10^3\,\Omega = 5{,}1 \cdot 10^3\,\Omega = \underline{5{,}1\,\text{k}\Omega}$$

Die Verhältnisse in einem Spannungsteiler lassen sich grafisch im Strom-Spannungs-Diagramm darstellen. Als Lösungsmethode ist dieses Verfahren von Bedeutung, sobald eines der Bauteile des Spannungsteilers ein nichtlineares Verhalten aufweist (Abschnitt 6.5).

Die Abhängigkeit der Größen im Spannungsteiler können durch zwei sich schneidende Funktionen im I-U-Diagramm beschrieben werden. Der Schnittpunkt ist der Arbeitspunkt mit den Koordinaten U_2 und I.

Die beiden Funktionen sind:

a) Die Kennlinie des Widerstandes R_2, dessen Spannung U_2 betrachtet werden soll. Da es sich zunächst noch um einen linearen Widerstand handelt, ist es eine Gerade mit der Funktion

$$I = \frac{U_2}{R_2}.$$

b) Die Widerstandsgerade stellt den Zusammenhang zwischen dem Strom I und der Spannung U_2 dar, wie er sich aufgrund der konstanten Größen (Parameter) Eingangsspannung U_E und vorgeschalteter Widerstand R_1 ergibt. Die Ausgangsspannung U_2 ist die um den Spannungsabfall an R_1 verminderte Eingangsspannung. Sie muß daher mit steigendem Strom linear abnehmen (Bild 6.17):

$$U_2 = U_E - U_1 = U_E - I \cdot R_1$$

199

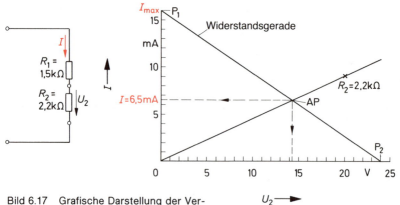

Bild 6.17 Grafische Darstellung der Verhältnisse im Spannungsteiler (zu Beispiel 3)

$U_2 \longrightarrow$

Die Widerstandsgerade schneidet die x-Achse (also bei $I = 0$) im Punkt $U_2 = U_E$, der maximalen Ausgangsspannung, die sich bei $R_2 = \infty$ einstellen würde.

Der Schnittpunkt mit der y-Achse (also bei $U_2 = 0$) liegt beim maximal möglichen Strom, der sich bei kurzgeschlossenem Widerstand $R_2 = 0$ einstellt. Da dann $U_1 = U_E$ ist, ergibt sich:

$$I_{max} = \frac{U_E}{R_1} \quad \text{bei} \quad R_2 = 0$$

Beispiel 3 (Bild 6.17):

Gegeben: $U_E = 24$ V; $R_1 = 1,5$ kΩ; $R_2 = 2,2$ kΩ

Gesucht: U_2; I (grafische Lösung)

a) Zeichnen eines Koordinatensystems mit:

x-Achse bis $U_E = 24$ V;

$$y\text{-Achse bis } I_{max} = \frac{U_E}{R_1} = \frac{24 \text{ V}}{1,5 \text{ k}\Omega} = 16 \text{ mA}$$

b) Die Widerstandsgerade durch Verbinden der Koordinaten:
$U_2 = 24$ V bei $I = 0$ und $I = 16$ mA bei $U_2 = 0$

c) Zum Eintragen der Widerstandskennlinie müssen die Koordinaten eines Punktes berechnet werden:
Angenommen $U_2' = 20$ V, dann wäre $I_2' = \dfrac{U_2'}{R_2} = \dfrac{20 \text{ V}}{2,2 \text{ k}\Omega} = 9,09$ mA

Die Verbindung des Koordinatennullpunkts über den berechneten Punkt hinaus ist die Widerstandskennlinie für R_2.

d) Der Schnittpunkt der Widerstandskennlinie mit der Widerstandsgeraden ist der Arbeitspunkt (AP). Die Ablesung seiner Koordinaten ergibt die gesuchten Werte:

$\underline{U_2 = 14,3 \text{ V}}$ und $\underline{I = 6,5 \text{ mA}}$

200

Kontrollrechnung:

$$I = \frac{U_E}{R_1 + R_2} = \frac{24\ \text{V}}{(1,5 + 2,2) \cdot 10^3\ \Omega} = 6,49\ \text{mA}$$

$$U_2 = I \cdot R_2 = 6,5 \cdot 10^{-3}\ \text{A} \cdot 2,2 \cdot 10^3\ \Omega = 14,3\ \text{V}$$

6.4.2.3 Reihenschaltung mit einem nichtlinearen Widerstand

In elektronischen Schaltungen liegt häufig ein Bauelement mit nichtlinearer Strom-Spannungs-Charakteristik mit einem linearen Widerstand in Reihe, der oft den Lastwiderstand bildet. Das nichtlineare Bauelement muß durch seine Strom-Spannungs-Kennlinie gegeben sein, die z.B. dem Datenblatt entnommen ist. Liegt die Reihenschaltung an einer konstanten Gleichspannung, kann der Arbeitspunkt durch Eintragen der Widerstandsgeraden leicht ermittelt werden.

Beispiel 4 (Bild 6.18):

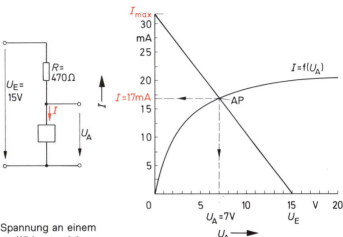

Bild 6.18 Ermittlung der Spannung an einem Bauelement mit nichtlinearer Widerstandskennlinie (zu Beispiel 4)

Ein Bauelement mit der im Bild dargestellten Kennlinie liegt in Reihe mit einem linearen Widerstand von $R = 470\ \Omega$ an $U_E = 15\ \text{V}$. Wie hoch sind die Ausgangsspannung und der Strom I?

Lösung: Eintragen der Widerstandsgeraden für $U_E = 15\ \text{V}$ und $R = 470\ \Omega$
Verbindung der Punkte: $I = 0$ bei $U_A = U_E = 15\ \text{V}$ mit

$$U_A = 0 \quad \text{bei} \quad I = I_{max} = \frac{U_E}{R} = \frac{15\ \text{V}}{470\ \Omega} = 31,9\ \text{mA}$$

Aus dem Diagramm entnimmt man: $U_A = 7\ \text{V}$ und $I = 17\ \text{mA}$.

6.4.3   Parallelschaltung von Widerständen

6.4.3.1   Regeln der Parallelschaltung

Die erste Grundregel der Parallelschaltung, die die Voraussetzung für die Richtigkeit der folgenden Regeln bildet, liefert die Kirchhoffsche Maschenregel:

> In einer Parallelschaltung liegt an jedem Bauelement die selbe Spannung.

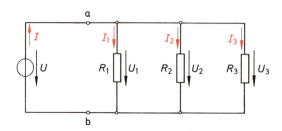 

Bild 6.19   Parallelschaltung von Widerständen

Für Bild 6.19 gilt somit:

$$U = U_1 = U_2 = U_3$$

Die zweite Grundregel der Parallelschaltung liefert die Kirchhoffsche Knotenpunktregel:

> In einer Parallelschaltung von Bauelementen ist die Summe der Teilströme gleich dem Gesamtstrom.

Für Bild 6.19 gilt:

$$I = I_1 + I_2 + I_3$$

Unter Zuhilfenahme des Ohmschen Gesetzes lassen sich aus den beiden Grundregeln zwei weitere Regeln ableiten. Ersetzt man z.B. in der letzten Formel die Ströme durch die jeweiligen Quotienten von Spannung durch Strom, erhält man:

$$\frac{U}{R} = \frac{U}{R_1} + \frac{U}{R_2} + \frac{U}{R_3}$$

Da die Spannung an jedem Widerstand gleich ist, kann diese aus der Gleichung herausgekürzt werden:

$$\frac{1}{R} = \frac{1}{R_1} + \frac{1}{R_2} + \frac{1}{R_3}$$

202

In einer Parallelschaltung von Widerständen ist der Kehrwert des Ersatzwiderstandes gleich der Summe der Kehrwerte der Teilwiderstände.

Wird auf beiden Seiten der Gleichung der Kehrwert gebildet, ergibt sich der Ersatzwiderstand einer Parallelschaltung zu:

$$R = \cfrac{1}{\cfrac{1}{R_1} + \cfrac{1}{R_2} + \cfrac{1}{R_3}}$$

Die Kehrwerte der Widerstände lassen sich durch die betreffenden Leitwerte ersetzen. Diese Regel kann daher auch wie folgt formuliert werden:

In einer Parallelschaltung von Widerständen ist der Ersatzleitwert gleich der Summe der Teilleitwerte.

$$G = G_1 + G_2 + G_3$$

Werden die Spannungen an zwei Verbrauchern durch die Produkte aus Strom und Widerstand ersetzt, ergibt sich folgender Zusammenhang:

$$U_1 = U_2$$

$$I_1 \cdot R_1 = I_2 \cdot R_2 \qquad\qquad \Big/ \cdot \frac{1}{I_2 \cdot R_1}$$

$$\frac{I_1}{I_2} = \frac{R_2}{R_1}$$

In einer Parallelschaltung verhalten sich die Ströme umgekehrt zueinander wie die zugehörigen Widerstände.

Anders formuliert, besagt diese Regel: In einer Parallelschaltung wird der kleinste Widerstand vom größten Strom durchflossen.

Bei einer *Parallelschaltung von gleichen Widerstandswerten* errechnet sich der Ersatzwiderstand der Schaltung einfach durch Division des Einzelwiderstandes durch die Anzahl der Widerstände:

$$R_{ers} = \cfrac{1}{\cfrac{1}{R_1} + \cfrac{1}{R_2} + \cdots \cfrac{1}{R_m}} = \cfrac{1}{m \cdot \cfrac{1}{R_1}} = \frac{R_1}{m}$$

dabei ist $R_1 = R_2 = \cdots = R_m$

6.4.3.2 Beispiele mit Parallelschaltungen

Die Parallelschaltung findet in fast allen Verbrauchernetzen Anwendung. *Verbraucher werden parallelgeschaltet, da im allgemeinen eine konstante, von der Anzahl der übrigen Verbraucher unabhängige Spannung gefordert wird.* Bei der Berechnung von Verbraucherschaltungen wird im allgemeinen nicht mit Widerständen oder Leitwerten gerechnet, sondern es werden zur Berechnung der Gesamtbelastung entweder die Ströme oder die Leistungen addiert.

Lineare Widerstände werden gelegentlich parallel geschaltet, um aus gegebenen Teilwiderständen einen niederohmigeren Widerstandswert zu bekommen.

Beispiel 1: Die Widerstände aus Bild 6.19 haben die Werte $R_1 = 12\ \Omega$, $R_2 = 20\ \Omega$ und $R_3 = 8\ \Omega$. Die angelegte Spannung beträgt $U = 60\ V$. Gesucht sind der Ersatzwiderstand und der Gesamtstrom.

Gegeben: $R_1 = 12\ \Omega$
$\qquad\quad R_2 = 20\ \Omega$
$\qquad\quad R_3 = \ \ 8\ \Omega$
$\qquad\quad U = 60\ V$

Gesucht: R; I

Lösungsweg a) über die Teilströme

$$I_1 = \frac{U}{R_1} = \frac{60\ V}{12\ \Omega} = 5{,}0\ A$$

$$I_2 = \frac{U}{R_2} = \frac{60\ V}{20\ \Omega} = 3{,}0\ A \qquad\qquad I = I_1 + I_2 + I_3 = \underline{15{,}5\ A}$$

$$I_3 = \frac{U}{R_3} = \frac{60\ V}{8\ \Omega} = 7{,}5\ A \qquad\qquad R = \frac{U}{I} = \frac{60\ V}{15{,}5\ A} = \underline{3{,}87\ \Omega}$$

Lösungsweg b) zuerst Errechnen des Ersatzwiderstandes

$$R_{\text{ers}} = \cfrac{1}{\cfrac{1}{R_1} + \cfrac{1}{R_2} + \cfrac{1}{R_3}} = \cfrac{1}{\cfrac{1}{12\ \Omega} + \cfrac{1}{20\ \Omega} + \cfrac{1}{8\ \Omega}} = \underline{3{,}87\ \Omega}$$

$$I = \frac{U}{R} = \frac{60\ V}{3{,}87\ \Omega} = \underline{15{,}5\ A}$$

Beispiel 2: Durch Parallelschaltung eines zweiten Widerstandes zu einem gegebenen Widerstand von $R_1 = 5{,}6\ k\Omega$ soll der Ersatzwiderstand der Parallelschaltung auf $R_{\text{ers}} = 4{,}5\ k\Omega$ reduziert werden. Welchen Ohmwert muß der Widerstand R_2 haben?

Gegeben: $R_1 = 5{,}6\ k\Omega$; $\quad R_{\text{ers}} = 4{,}5\ k\Omega$

Gesucht: R_2

Lösung: Durch Umstellen der Formel mit den Kehrwerten der Widerstände

$$\frac{1}{R_{\text{ers}}} = \frac{1}{R_1} + \frac{1}{R_2}$$

nach dem Kehrwert des gesuchten Widerstandes erhält man:

$$\frac{1}{R_2} = \frac{1}{R_{\text{ers}}} - \frac{1}{R_1}$$

Die Bildung des Kehrwerts der gesamten Gleichung ergibt:

$$R_2 = \boxed{\cfrac{1}{\cfrac{1}{R_{\text{ers}}} - \cfrac{1}{R_1}}} = \cfrac{1}{\cfrac{1}{4,5} - \cfrac{1}{5,6}} \, \text{k}\Omega = \underline{\underline{22,9 \, \text{k}\Omega}}$$

Die Schreibweise der Zahlenwertgleichung ist so korrekt. Unter der Voraussetzung, daß alle Werte in z.B. kΩ eingesetzt werden, kann die Einheit mit Maßvorsatz an das Ende gezogen werden.

Ein klassisches Beispiel für die Parallelschaltung liefert die Meßbereichserweiterung von Strommessern in der Gleichstromtechnik. Der über das Instrument geleitete Strom ist, vor allem bei großen Strömen, wesentlich kleiner als der zu messende Strom. Vom Instrument wird praktisch der Spannungsabfall von dem in den Hauptstrompfad geschalteten Nebenwiderstand gemessen.

Bei kleineren Strömen muß jedoch der Strom über das Meßinstrument mit berücksichtigt werden.

Beispiel 3 (Bild 6.20):
Drehspulinstrumente zur Gleichstrommessung mit Nebenwiderstand sind häufig für einen Strom von $I_m = 25$ mA und eine Spannung von $U = 60$ mV bei Meßbereichsendwert ausgelegt. Welchen Wert muß der Nebenwiderstand R_p haben, wenn mit einem solchen Instrument ein Meßbereichsstrom von $I = 0,5$ A eingestellt werden soll?

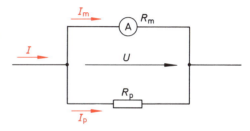

Bild 6.20   Meßbereichserweiterung
beim Strommesser

Gegeben: $I_m = 25$ mA; $U = 60$ mV; $I = 0,5$ A $= 500$ mA

Gesucht: R_p

Lösung: Der Strom im Nebenwiderstand errechnet sich zu:

$$I_p = I - I_m = 500 \, \text{mA} - 25 \, \text{mA} = 475 \, \text{mA}$$

Der Nebenwiderstand errechnet sich hiermit zu:

$$R_p = \frac{U}{I_p} = \frac{60 \cdot 10^{-3} \, \text{V}}{475 \cdot 10^{-3} \, \text{A}} = 0,126 \, \Omega = 126 \, \text{m}\Omega$$

Anmerkung: Würde man bei diesem Beispiel den Strom durch das Instrument vernachlässigen, ergäbe die Berechnung des Nebenwiderstandes:

$$R_p = \frac{U}{I} = \frac{60 \cdot 10^{-3} \, \text{V}}{500 \cdot 10^{-3} \, \text{A}} = 120 \, \text{m}\Omega$$

Die Abweichung von ca. -5% zeigt, daß der Strom im Instrument hier nicht vernachlässigt werden darf.

6.4.4 Gemischte Schaltungen aus linearen Widerständen

Gemischte Schaltungen sind Netzwerke aus Widerständen, die sowohl Reihen- als auch Parallelschaltungen enthalten. Zur Berechnung des Ersatzwiderstandes, einer Teilspannung oder eines Teilstroms, müssen die durch Grundschaltungen verbundenen Widerstände zusammengefaßt werden. *Die gemischte Schaltung muß durch Einführung von Ersatzwiderständen zu einer Grundschaltung vereinfacht werden.*
Eine Grundschaltung liegt immer dann vor, wenn entweder

a) mindestens zwei Widerstände vom gleichen Strom durchflossen werden = Reihenschaltung
   oder
b) mindestens zwei Widerstände an der gleichen Spannung liegen = Parallelschaltung.

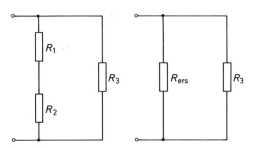

Bild 6.21 Umwandlung einer gemischten Schaltung in eine Parallelschaltung

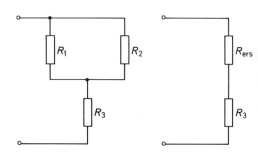

Bild 6.22 Umwandlung einer gemischten Schaltung in eine Reihenschaltung

Hierzu zwei einfache Beispiele:
In der Schaltung Bild 6.21 liegt eine Reihenschaltung der Widerstände R_1 und R_2 vor. Sie können durch den Ersatzwiderstand

$$R_{\mathrm{ers}} = R_1 + R_2$$

ersetzt werden. Die gemischte Schaltung ist somit in eine Parallelschaltung umgewandelt.
In der Schaltung Bild 6.22 liegt eine Parallelschaltung der Widerstände R_1 und R_2 vor. Der Ersatzwiderstand ist

$$R_{\mathrm{ers}} = \cfrac{1}{\cfrac{1}{R_1} + \cfrac{1}{R_2}}$$

Die gemischte Schaltung ist so in eine Reihenschaltung umgewandelt.

Ein weiteres Beispiel soll zeigen, wie die einzelnen Ströme in gemischten Schaltungen aus mehreren Widerständen berechnet werden können. Die Schaltung wird zunächst durch Einsetzen von Ersatzwiderständen vereinfacht. Danach werden die Ströme in den Ersatzschaltbildern zurückgerechnet.

206

Beispiel 1: Der von der Schaltung in Bild 6.23a aufgenommene Strom soll ermittelt werden. Außerdem sind die Spannungen an den Teilwiderständen R_1 bis R_6 zu berechnen.

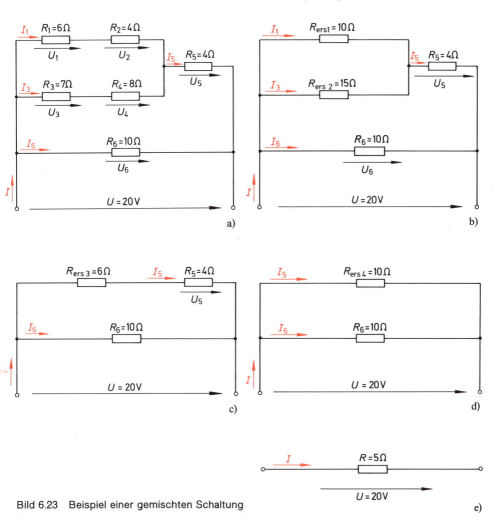

Bild 6.23 Beispiel einer gemischten Schaltung

Lösung:

1. Schritt (Bilder 6.23a→ b):

$$R_{\text{ers}1} = R_1 + R_2 = 6\,\Omega + 4\,\Omega = 10\,\Omega$$
$$R_{\text{ers}2} = R_3 + R_4 = 7\,\Omega + 8\,\Omega = 15\,\Omega$$

2. Schritt (Bilder 6.23b→ c):

$$R_{ers3} = \frac{R_{ers1} \cdot R_{ers2}}{R_{ers1} + R_{ers2}} = \frac{10\,\Omega \cdot 15\,\Omega}{10\,\Omega + 15\,\Omega} = \frac{150\,\Omega}{25} = 6\,\Omega$$

3. Schritt (Bilder 6.23c→ d):

$$R_{ers4} = R_{ers3} + R_5 = 6\,\Omega + 4\,\Omega = 10\,\Omega$$

4. Schritt (Bilder 6.23d→ e):

$$R = \frac{R_{ers4} \cdot R_6}{R_{ers4} + R_6} = \frac{10 \cdot 10\,\Omega}{10 + 10} = 5\,\Omega$$

$$I = \frac{U}{R} = \frac{20\,V}{5\,\Omega} = \underline{4\,A}$$

Die Berechnung der Teilspannungen erfolgt über die jeweils geeigneten Ersatzschaltbilder von rückwärts. Nach den Bildern 6.23d und c ist:

$$I_5 = \frac{U}{R_{ers4}} = \frac{20\,V}{10\,\Omega} = 2\,A$$

$$U_5 = I_5 \cdot R_5 = 2\,A \cdot 4\,\Omega = \underline{8\,V}$$

Nach Bild 6.23b ist:

$$I_1 = \frac{U - U_5}{R_{ers1}} = \frac{20\,V - 8\,V}{10\,\Omega} = 1{,}2\,A$$

$$I_3 = \frac{U - U_5}{R_{ers2}} = \frac{20\,V - 8\,V}{15\,\Omega} = 0{,}8\,A$$

$$U_1 = I_1 \cdot R_1 = 1{,}2\,A \cdot 6\,\Omega = \underline{7{,}2\,V}$$

$$U_2 = I_1 \cdot R_2 = 1{,}2\,A \cdot 4\,\Omega = \underline{4{,}8\,V}$$

$$U_3 = I_3 \cdot R_3 = 0{,}8\,A \cdot 7\,\Omega = \underline{5{,}6\,V}$$

$$U_4 = I_3 \cdot R_4 = 0{,}8\,A \cdot 8\,\Omega = \underline{6{,}4\,V}$$

$$U_6 = U = \underline{20\,V}$$

Die Vereinfachung von Widerstandsnetzwerken auf diese Art ist nicht immer möglich. Liegen Querverbindungen durch Widerstände zwischen den Reihenschaltungen vor, erhält man eine Grundschaltung erst nach Umwandlung (Abschnitt 6.7.4).

6.5 Spannungsquellen

6.5.1 Ersatzschaltbild einer Spannungsquelle

Elektrische oder elektronische Bauelemente oder Schaltungen zeigen nach außen hin häufig ein Verhalten, das dem einer einfachen Grundschaltung entspricht. Die Grundschaltung braucht dabei nicht mit der wirklichen Schaltung übereinzustimmen.

> Grundschaltungen, die das Verhalten von Bauelementen oder Baugruppen nachbilden und dadurch die Berechnung vereinfachen oder erst ermöglichen, nennt man Ersatzschaltbilder.

Bild 6.24 Ersatzschaltbild einer Spannungsquelle

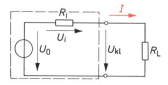

Bei einer realen Spannungsquelle ist die Klemmenspannung von der Belastung abhängig. Sie sinkt normalerweise bei steigender Belastung. Dieses Verhalten wird durch eine ideale Spannungsquelle, die in Reihe mit einem Widerstand liegt, nachgebildet. Die ideale Spannungsquelle liefert die von der Belastung absolut unabhängige *Urspannung* U_0. Der Widerstand ist der *Innenwiderstand* R_i. Um den an ihm vom Laststrom verursachten Spannungsabfall U_i sinkt die Klemmenspannung gegenüber der Urspannung ab (Bild 6.24):

$$U_{kl} = U_0 - U_i, \quad \text{darin ist} \quad U_i = I \cdot R_i$$

Die zweite Formel, in die erste eingesetzt, ergibt

$$U_{kl} = U_0 - I \cdot R_i$$

Die Größen des Ersatzschaltbildes können aus dem Verhalten der Klemmenspannung bei unterschiedlicher Belastung ermittelt werden. *Die Urspannung kann durch Messung der Klemmenspannung bei Leerlauf, d.h. $I = 0$, gemessen werden*, denn in diesem Fall ist der innere Spannungsabfall $U_i = 0$.

Bei Leerlauf, $I = 0$ ist $U_i = 0$ und damit $U_{kl} = U_0$. Bei dieser Messung darf jedoch der Meßstrom des Spannungsmessers die Spannungsquelle praktisch nicht belasten. *Der Innenwiderstand des Spannungsmessers muß hochohmig gegenüber dem der Spannungsquelle sein.*

Den anderen Extremfall zum Leerlauf stellt der Kurzschluß dar, der Lastwiderstand ist $R_L = 0$. *Im Kurzschlußfall fällt die gesamte Urspannung am Innenwiderstand ab.*

Bei Kurzschluß, $U_{kl} = 0$ ist $U_i = U_0$ und damit der Kurzschlußstrom

$$I_K = \frac{U_0}{R_i}$$

Der Innenwiderstand einer Spannungsquelle begrenzt also den maximalen Strom, den Kurzschlußstrom. Bei Spannungsquellen bzw. Netzen in der Energietechnik und in der Elektronik hat daher der

Innenwiderstand häufig die wichtige Aufgabe, die Quelle gegen Zerstörung durch Kurzschlüsse zu schützen.

Ist eine Messung des Kurzschlußstroms ohne Schaden für die Spannungsquelle möglich, kann aus der Leerlaufspannung und dem Kurzschlußstrom der Innenwiderstand errechnet werden:

$$R_i = \frac{U_0}{I_K}$$

Der Innenwiderstand kann auch über die bei einer Belastung auftretende Änderung der Klemmenspannung errechnet werden:

$$R_i = \frac{U_i}{I}, \quad \text{darin ist} \quad U_i = U_0 - U_{kl}$$

Die zweite Formel, in die erste eingesetzt, ergibt:

$$R_i = \frac{U_0 - U_{kl}}{I} = \frac{\Delta U_{kl}}{\Delta I_L}$$

Der Innenwiderstand kann damit über das Verhältnis einer Änderung der Klemmenspannung ΔU_{kl} zu der Änderung des Laststroms ΔI_L errechnet werden.

Die Abhängigkeit der Klemmenspannung von der Belastung wird häufig grafisch als Belastungskennlinie dargestellt. *In der Belastungskennlinie ist die Klemmenspannung meist in Abhängigkeit vom Laststrom aufgetragen; sie heißt $U_{kl} = f(I)$.* Die Belastungskennlinie entspricht der Widerstandsgeraden (Abschnitt 6.4.2.2) mit vertauschten Koordinaten. Sie schneidet die y-Achse bei der Leerlaufspannung U_0 und die x-Achse im Kurzschlußstrom I_K (Bild 6.25a).

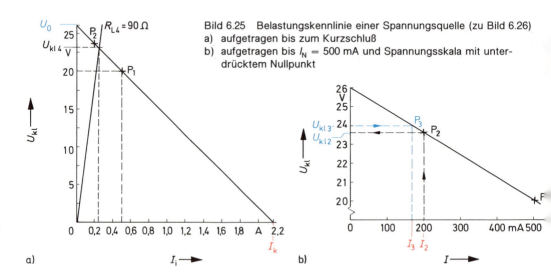

Bild 6.25 Belastungskennlinie einer Spannungsquelle (zu Bild 6.26)
a) aufgetragen bis zum Kurzschluß
b) aufgetragen bis $I_N = 500$ mA und Spannungsskala mit unterdrücktem Nullpunkt

Ist der Nennstrom einer Spannungsquelle klein im Vergleich zu ihrem Kurzschlußstrom, braucht der Strom nicht bis zum Kurzschluß aufgetragen zu werden. Wird beim Spannungsmaßstab noch der Nullpunkt unterdrückt, erhält man eine gute Ablesbarkeit. Die Darstellung ist allerdings verzerrt (Bild 6.25b).

Beispiel: Bei einem Netzgerät wurde im Leerlauf eine Klemmenspannung von 26 V gemessen. Bei Belastung mit einem Laststrom von $I_1 = 500$ mA sinkt die Klemmenspannung auf $U_{kl1} = 20$ V ab. Aus diesen Meßwerten lassen sich die Kenngrößen des Ersatzschaltbildes ermitteln, um daraus das Verhalten bei jeder anderen Belastung berechnen zu können.

Gesucht sind von diesem Netzgerät:

a) Ersatzschaltbild mit Angabe der Kenngrößen,
b) Belastungskennlinie,
c) Kurzschlußstrom I_K,
d) Klemmenspannung U_{kl2} bei $I_2 = 200$ mA,
e) der Laststrom I_3, bei dem die Klemmenspannung $U_{kl3} = 24$ V beträgt,
f) die Klemmenspannung U_{kl4} bei einem Lastwiderstand von $R_{L4} = 90$ Ω.

Bild 6.26   Ersatzschaltbild der
Spannungsquelle aus dem Beispiel

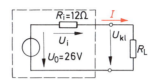

Lösung:

zu a)   Die Urspannung ist die im Leerlauf gemessene Spannung $U_0 = 26$ V
        Der Innenwiderstand errechnet sich zu

$$R_i = \frac{U_0 - U_{kl1}}{I_1} = \frac{26\,\text{V} - 20\,\text{V}}{0,5\,\text{A}} = 12\,\Omega \quad \text{(Bild 6.26)}$$

zu b)   Belastungskennlinie Bild 6.25a und b
        Verbinden der Punkte
        $U_{kl} = U_0 = 26$ V bei $I = 0$ und P_1 bei $U_{kl1} = 20$ V, $I_1 = 500$ mA.

zu c)   Der Kurzschlußstrom kann der Belastungskennlinie Bild 6.25a nach Verlängerung bis
        $U_{kl} = 0$ im Schnittpunkt mit der x-Achse entnommen oder berechnet werden

$$I_K = \frac{U_0}{R_i} = \frac{26\,\text{V}}{12\,\Omega} = 2,17\,\text{A}.$$

zu d)   Ablesen aus der Belastungskennlinie (P_2) oder Rechnung

$$U_{kl2} = U_0 - I_2 \cdot R_i = 26\,\text{V} - 0,2\,\text{A} \cdot 12\,\Omega = 23,6\,\text{V}.$$

zu e)   Ablesen aus der Kennlinie (P_3) oder Rechnung

$$I_3 = \frac{U_i}{R_i} = \frac{U_0 - U_{kl3}}{R_i} = \frac{26\,\text{V} - 24\,\text{V}}{12\,\Omega} = 167\,\text{mA}.$$

zu f)   Einzeichnen der Widerstandskennlinie für $R_{L4} = 90\,\Omega$ (nur in Bild 6.25a möglich) oder
        Rechnung

$$I_4 = \frac{U_0}{R_i + R_{L4}} = \frac{26\ \text{V}}{12\ \Omega + 90\ \Omega} = 0{,}255\ \text{A}$$

$$\underline{U_{kl4}} = I_4 \cdot R_{L4} = 0{,}255\ \text{A} \cdot 90\ \Omega = \underline{22{,}9\ \text{V}}$$

oder durch Verhältnisrechnung, denn der Innenwiderstand bildet mit dem Lastwiderstand einen Spannungsteiler

$$\underline{U_{kl4}} = U_0 \cdot \frac{R_L}{R_L + R_i} = 26\ \text{V} \cdot \frac{90\ \Omega}{90\ \Omega + 12\ \Omega} = \underline{22{,}9\ \text{V}.}$$

6.5.2   Spannungsquellen mit nichtlinearem Verhalten

Viele Spannungsquellen zeigen ein nichtlineares Verhalten. Der innere Spannungsabfall steigt nicht
linear mit dem Laststrom. Der innere Widerstand ist also ein nichtlinearer Widerstand. Bei manchen Spannungsquellen, insbesondere bei galvanischen Elementen, kommt noch eine zeitliche
Änderung des Innenwiderstandes durch die Erwärmung und durch die elektrolytische Polarisation
hinzu (Abschnitt 5.3.3).
    Bei vielen elektronisch stabilisierten oder geregelten Spannungsversorgungsgeräten setzt bei
Überschreitung eines bestimmten Stroms eine Strombegrenzung ein, oder es erfolgt eine automatische Abschaltung. Die Belastungskennlinie einer Spannungsquelle mit Strombegrenzung (Bild
6.27) zeigt, daß bei Strömen unterhalb I_{max} ($I < I_{max}$) eine Konstantspannungsquelle vorliegt.

> Der Innenwiderstand einer Konstantspannungsquelle ist sehr klein im Vergleich zum Last-
> widerstand.

Ist der Maximalstrom erreicht, bleibt der Strom auch bei einer weiteren Verringerung des Lastwiderstandes nahezu konstant.
    Die Klemmenspannung sinkt im Konstantstrombereich mit abnehmendem Lastwiderstand bis
auf $U_{kl} = 0$ im Kurzschlußfall ab.

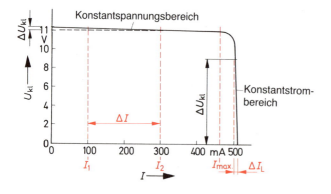

Bild 6.27   Belastungskennlinie
einer elektronisch stabilisierten
Spannungsquelle mit Strombegrenzung

> Der Innenwiderstand einer Konstantstromquelle ist im Vergleich zum Lastwiderstand sehr groß.

Der Innenwiderstand einer solchen Spannungsquelle mit nichtlinearer Kennlinie kann daher nur in einem begrenzten Bereich angegeben werden, in dem die Kennlinie als geradlinig angesehen werden kann. Der Innenwiderstand wird in diesem Bereich aus einer Änderung der Klemmenspannung und der Änderung des Laststroms errechnet:

$$R_i = \frac{U_{kl1} - U_{kl2}}{I_2 - I_1} = \frac{\Delta U_{kl}}{\Delta I}$$

Genaugenommen ist der so berechnete, nur für einen begrenzten Bereich geltende Widerstand ein differentieller Widerstand (Abschnitt 6.1.4) und müßte mit r_i bezeichnet werden.

Beispiel 2: Bei einem geregelten Netzgerät mit Strombegrenzung tritt im Konstantspannungsbereich bei einer Stromänderung von $I_1 = 100$ mA auf $I_2 = 200$ mA eine Klemmenspannungsänderung von $U_{kl1} = 12{,}2$ V auf $U_{kl2} = 11{,}9$ V auf. Im Bereich der Strombegrenzung ändert sich bei einer Änderung des Lastwiderstandes bei einer Spannungsänderung von $U_{kl4} = 0$ V auf $U_{kl3} = 5$ V der Strom nur von $I_4 = 510$ mA auf $I_3 = 505$ mA.

Gesucht sind die Innenwiderstände im Konstantspannungsbereich und im Konstantstrombereich.

Lösung: Innenwiderstand im Konstantspannungsbereich:

$$\underline{R_{i1}} = \frac{U_{kl1} - U_{kl2}}{I_2 - I_1} = \frac{12{,}2 \text{ V} - 11{,}9 \text{ V}}{(200 - 100) \text{ mA}} = \underline{3 \text{ }\Omega}$$

Innenwiderstand im Konstantstrombereich:

$$\underline{R_{i2}} = \frac{U_{kl3} - U_{kl4}}{I_4 - I_3} = \frac{5 \text{ V} - 0 \text{ V}}{(510 - 505) \text{ mA}} = \underline{1 \text{ k}\Omega}$$

6.5.3 Reihenschaltung von Spannungsquellen

Reicht die von einer Spannungsquelle gelieferte Spannung nicht aus, so können mehrere Spannungsquellen in Reihe geschaltet werden. Die größte Bedeutung liegt hier wohl bei den chemischen Stromquellen. Da diese relativ geringe Urspannungen aufweisen, werden mehrere Zellen zu Batterien zusammengeschaltet. Im allgemeinen wird es sich um die Reihenschaltung von gleichartigen Zellen handeln, d.h. Zellen mit gleichen Kenndaten wie Urspannung und Innenwiderstand.
Zur Vereinfachung soll die Anzahl der gleichen Zellen mit n bezeichnet werden. Die Zellendaten erhalten kleine und die Batteriedaten große Buchstaben.
Aus dem Ersatzschaltbild (Bild 6.28a) geht hervor, daß die Urspannungen wie die Innenwiderstände der Zellen in Reihe geschaltet sind. Die Größen für das Ersatzschaltbild der Batterie (Bild 6.28b) errechnen sich somit:

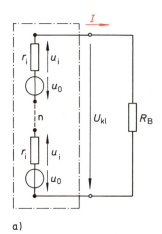

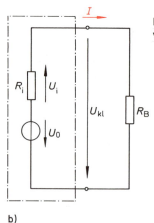

Bild 6.28 Reihenschaltung von Spannungsquellen

a)   b)

$$U_0 = n \cdot u_0$$

$$R_i = n \cdot r_i$$

n Anzahl der gleichen in Reihe geschalteten Zellen
u_0 Urspannung einer Zelle
r_i Innenwiderstand einer Zelle
U_0 Urspannung der Batterie
R_i Innenwiderstand der Batterie

Beispiel: Eine Bleiakkumulatorenbatterie wird aus Einzelzellen mit der Nenn-Urspannung von 2 V und dem Innenwiderstand von 10 mΩ zusammengestellt. Die Batterie soll eine Leerlaufspannung von 24 V haben.

a) Wie viele Zellen werden benötigt?
b) Wie hoch ist der Kurzschlußstrom der Batterie?
c) Wie groß ist die Klemmenspannung bei einer Belastung von 50 A?

Gegeben: u_0 = 2 V
r_i = 10 mΩ
U_0 = 24 V
I = 50 A

Gesucht: a) n
b) I_K
c) U_{Kl}

Lösung:

zu a) $U_0 = n \cdot u_0$; $n = \dfrac{U_0}{u_0} = \dfrac{24\ \text{V}}{2\ \text{V}} = \underline{12\ \text{Zellen}}$

zu b) $R_i = n \cdot r_i = 12 \cdot 10\ \text{mΩ} = 120\ \text{mΩ} = \underline{0{,}12\ \Omega}$

$I_K = \dfrac{U_0}{R_i} = \dfrac{24\ \text{V}}{0{,}12\ \Omega} = \underline{200\ \text{A}}$

oder einfacher:

$I_K = \dfrac{u_0}{r_i} = \dfrac{2\ \text{V}}{0{,}01\ \Omega} = \underline{200\ \text{A}}$

214

Der Kurzschlußstrom einer Batterie aus beliebig vielen gleichen in Reihe geschalteten Zellen ist genauso groß wie der Kurzschlußstrom einer Zelle. Denn Urspannung und Innenwiderstand sind proportional größer geworden.

zu c) $\quad U_{Kl} = U_0 - I \cdot R_i = 24\ V - 50\ A \cdot 0{,}12\ \Omega = \underline{18\ V}$

6.5.4 Parallelschaltung von Spannungsquellen

Die Strombelastbarkeit einer Spannungsquelle ist durch ihren Innenwiderstand begrenzt. Das letzte Beispiel zeigte, daß auch eine Reihenschaltung von mehreren Zellen nicht höher belastet werden kann als eine einzelne Zelle.

Bild 6.29 Parallelschaltung
von Spannungsquellen

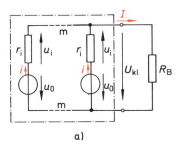 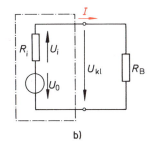

a)   b)

Zur Steigerung der Strombelastbarkeit müssen die Spannungsquellen parallel geschaltet werden. Der Gesamtstrom verteilt sich auf die Einzelzellen. Das Ersatzschaltbild (Bild 6.29a) zeigt, daß die Zellen-Innenwiderstände parallel geschaltet sind, wodurch der Innenwiderstand der Batterie (Bild 6.29b) kleiner wird. Auf die Urspannung bleibt die Parallelschaltung ohne Einfluß.

$$U_0 = u_0$$

$$R_i = \frac{r_i}{m}$$

m Anzahl der gleichen parallel geschalteten Zellen

Bei der Parallelschaltung ist die Gleichheit der Spannungsquellen von besonderer Bedeutung. Bei ungleichen Urspannungen würden schon im unbelasteten Zustand innerhalb der Batterie Ströme fließen. Ungleiche Innenwiderstände hätten unterschiedliche Belastung der einzelnen Quellen im Betrieb zur Folge.

Beispiel: Aus den gleichen Zellen wie im vorigen Abschnitt soll eine Batterie aufgebaut werden, die im Leerlauf 2 V und bei Belastung mit $I = 250\ A$ noch 1,5 V liefert.

a) Wie viele Zellen sind erforderlich?
b) Wie groß ist der Kurzschlußstrom?

Gegeben: $\quad u_0 = 2\ V$
$\qquad\qquad\ \ r_i = 10\ m\Omega$
$\qquad\qquad\ \ U_0 = 2\ V$
$\qquad\qquad\ \ U_{Kl} = 1{,}5\ V$ bei $I = 250\ A$

Gesucht: a) m
$\qquad\qquad$ b) I_K

Lösung:

zu a) Aus der geforderten Belastung errechnet sich der Innenwiderstand der Batterie zu:

$$R_i = \frac{U_i}{I} = \frac{U_0 - U_{Kl}}{I} = \frac{2\,V - 1{,}5\,V}{250\,A} = 2 \cdot 10^{-3}\,\Omega = 2\,m\Omega$$

$$R_i = \frac{r_i}{m}; \quad m = \frac{r_i}{R_i} = \frac{10\,m\Omega}{2\,m\Omega} = \underline{5\,\text{Zellen}}$$

zu b) $$I_K = \frac{U_0}{R_i} = \frac{2\,V}{2 \cdot 10^{-3}\,\Omega} = 1 \cdot 10^3\,A = \underline{1000\,A}$$

6.5.5 Reihen- und Parallelschaltung von Spannungsquellen

Soll eine Batterie sowohl eine höhere Spannung als auch eine höhere Strombelastbarkeit als die einzelnen Zellen aufweisen, muß die Reihenschaltung mit der Parallelschaltung kombiniert werden. Man spricht von *gemischter Schaltung oder Reihen-Parallel-Schaltung*. Die Batterie besteht dann aus mehreren parallelen Zweigen. Jeder Zweig besteht aus der gleichen Anzahl in Reihe geschalteter Zellen (Bild 6.30a).

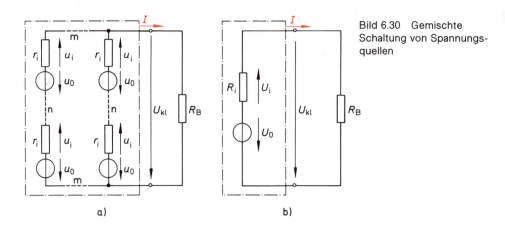

Bild 6.30 Gemischte Schaltung von Spannungsquellen

a)   b)

Während die Urspannung der Batterie nur von der Anzahl der Zellen je Zweig (n) abhängt, geht in den Innenwiderstand der Batterie auch die Zahl der parallelen Zweige ein. Dieser ist um so größer, je mehr Zellen in Reihe liegen und um so geringer, je mehr Zellen parallel liegen.

Die Größen des Batterie-Ersatzschaltbildes (Bild 6.30b) ergeben sich aus der Batterieschaltung (Bild a) zu:

$$U_0 = n \cdot u_0 \qquad n \text{ Anzahl der in Reihe geschalteten Zellen je Zweig}$$

$$R_i = \frac{n}{m} \cdot r_i \qquad m \text{ Anzahl der parallelen Zweige}$$

216

Beispiel: Aus den bereits in den beiden letzten Beispielen verwendeten Zellen soll eine Batterie zusammengestellt werden. Sie soll im Leerlauf eine Spannung von 12 V liefern, und bei Belastung mit 100 A darf die Klemmenspannung nicht unter 10 V sinken.

a) Wie viele Zellen je Zweig sind erforderlich?
b) Wie viele parallele Zweige sind erforderlich?
c) Aus wie vielen Zellen muß die Batterie aufgebaut werden?
d) Wie hoch ist der Kurzschlußstrom?

Gegeben: $u_0 = 2\ V$
$\quad\quad\quad\ r_i = 10\ m\Omega$
$\quad\quad\quad\ U_0 = 12\ V$
$\quad\quad\quad\ U_{Kl} = 10\ V$ bei $I = 100\ A$

Gesucht: a) n
$\quad\quad\quad$ b) m
$\quad\quad\quad$ c) Zellenzahl (z)
$\quad\quad\quad$ d) I_K

Lösung:

zu a) $U_0 = n \cdot u_0\ ; \quad n = \dfrac{U_0}{u_0} = \dfrac{12\ V}{2\ V} = \underline{6\ \text{Zellen je Zweig}}$

zu b) Zuerst muß wieder der geforderte Innenwiderstand der Batterie ermittelt werden:

$$R_i = \frac{U_i}{I} = \frac{U_0 - U_{Kl}}{I} = \frac{12\ V - 10\ V}{100\ A} = 0{,}02\ \Omega = \underline{20\ m\Omega}$$

Die Zahl der parallelen Zweige erhält man nun durch Umstellung der Formel:

$$R_i = \frac{n}{m} \cdot r_i \quad \text{nach} \quad m = \frac{n \cdot r_i}{R_i} = \frac{6 \cdot 10\ m\Omega}{20\ m\Omega} = \underline{3\ \text{parallele Zweige}}$$

zu c) Erforderliche Zellenzahl $z = n \cdot m = 6 \cdot 3 = \underline{18}$

zu d) $I_K = \dfrac{U_0}{R_i} = \dfrac{12\ V}{0{,}02\ \Omega} = \underline{600\ A}$

6.6 Belasteter Spannungsteiler

Der unbelastete Spannungsteiler wurde als Reihenschaltung zweier Widerstände behandelt (Abschnitt 6.4.2.2). Wird dem Spannungsteiler ein Laststrom I_L entnommen, der gegenüber dem Strom im Spannungsteiler nicht vernachlässigbar klein ist, wird aus der Reihenschaltung eine gemischte Schaltung. Der Spannungsteiler wird häufig als ein *Vierpol* dargestellt, der grundsätzlich zwei Eingangs- und zwei Ausgangsklemmen besitzt (Bild 6.31).

Dabei wird die Eingangsspannung mit U_E, U_I (Index I von input = Eingang) oder allgemein U_1 bezeichnet. Die Ausgangsspannung heißt U_A, U_Q (Index Q statt o von output = Ausgang) oder allgemein U_2. Die Ausgangsspannung im unbelasteten Zustand ($R_L = \infty$, $I_L = 0$) wird U_{A0}, U_{Q0} bzw. U_{20} genannt.

Bei Vierpolen spricht man bei dem Schaltungsteil, der die Verbindung zwischen dem Eingang und dem Ausgang herstellt, hier also dem Widerstand R_1, vom *Längszweig*. Der parallel zum Ausgang liegende Teil, also R_2, bildet den *Querzweig*. Der den Querzweig durchfließende Strom heißt auch Querstrom I_q.

Um diese gemischte Schaltung in ein einfaches Ersatzschaltbild umzuwandeln, gibt es zwei Möglichkeiten:

a) Den Lastwiderstand in den Spannungsteiler mit einzubeziehen oder
b) den Spannungsteiler als Spannungsquelle mit Innenwiderstand und Urspannung zu betrachten.

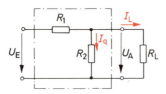

Bild 6.31   Spannungsteiler als Vierpol

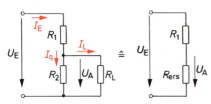

Bild 6.32   Ersatzschaltbild eines belasteten Spannungsteilers

6.6.1 Einbeziehung des Lastwiderstandes in den Spannungsteiler

Der Lastwiderstand bildet mit dem Querzweig des Spannungsteilers eine Parallelschaltung, die durch einen Ersatzwiderstand ersetzt werden kann (Bild 6.32).

$$R_{ers} = \frac{1}{\dfrac{1}{R_L} + \dfrac{1}{R_2}}$$

Nach Einfügung des Ersatzwiderstandes kann die Ausgangsspannung wie beim unbelasteten Spannungsteiler über die Verhältnisgleichung berechnet werden:

$$U_A = U_E \cdot \frac{R_{ers}}{R_{ers} + R_1}$$

Beispiel 1:   Ein Spannungsteiler (Bild 6.32) besteht aus $R_1 = 40\ \Omega$ und $R_2 = 10\ \Omega$. Die Eingangsspannung beträgt 60 V.

a) Welchen Wert hat die Ausgangsspannung U_{A0} ohne Belastung (Leerlauf)?
b) Auf welchen Wert sinkt die Ausgangsspannung bei Belastung mit 30 Ω?

Gegeben: $R_1 = 40\ \Omega$
$\qquad\qquad R_2 = 10\ \Omega$
$\qquad\qquad U_E = 60\ V$
$\qquad\qquad R_L = 30\ \Omega$

Gesucht: a) $U_{A0}(R_L = \infty)$
$\qquad\qquad$ b) $U_A\ (R_L = 30\ \Omega)$

218

Lösung zu a): Leerlauf ($R = \infty$)

$$\frac{U_{A0}}{U_E} = \frac{R_2}{R_{ges}}; \quad R_{ges} = R_1 + R_2; \quad U_{A0} = U_E \cdot \frac{R_2}{R_1 + R_2} = 60\ V \cdot \frac{10}{40 + 10} = \underline{12\ V}$$

oder: $\quad I_E = \dfrac{U_E}{R_1 + R_2} = \dfrac{60\ V}{40\ \Omega + 10\ \Omega} = 1{,}2\ A; \quad U_{A0} = I_E \cdot R_2 = 1{,}2\ A \cdot 10\ \Omega = \underline{12\ V}$

zu b): Belastung mit $R_L = 30\ \Omega$

$$R_{ers} = \frac{1}{\dfrac{1}{R_2} + \dfrac{1}{R_L}} = \frac{1}{\dfrac{1}{10\ \Omega} + \dfrac{1}{30\ \Omega}} = 7{,}5\ \Omega$$

$$U_A = U_E \cdot \frac{R_{ers}}{R_1 + R_{ers}} = 60\ V \cdot \frac{7{,}5\ \Omega}{40\ \Omega + 7{,}5\ \Omega} = \underline{9{,}48\ V}$$

oder: $\quad I_E = \dfrac{U}{R_1 + R_{ers}} = \dfrac{60\ V}{40\ \Omega + 7{,}5\ \Omega} = 1{,}262\ A$

$$U = I \cdot R_{ers} = 1{,}262\ A \cdot 7{,}5\ \Omega = \underline{9{,}48\ V}$$

Die Spannung sinkt also bei Belastung von $U_{A0} = 12\ V$ auf $U_A = 9{,}48\ V$ ab.

Von Spannungsteilern in elektronischen Schaltungen wird meist eine Ausgangsspannung gefordert, die von Laststromänderungen wenig abhängig ist. Bei konstantem Laststrom und damit auch konstantem Lastwiderstand stellt ohnehin der einfache Vorwiderstand die wirtschaftlichere Lösung dar. Der Lastwiderstand bildet dann mit dem Vorwiderstand selbst den Spannungsteiler. Es wird der Spannungsquelle nicht mehr Strom entnommen als von der Last benötigt.

Um die Ausgangsspannung des Spannungsteilers gegenüber Laststromänderungen relativ stabil zu halten, muß der Spannungsteiler entsprechend niederohmig gegenüber den Lastwiderständen bleiben. Als Richtmaß für die Dimensionierung von Spannungsteilern gilt meist das Verhältnis des Querstroms zum mittleren Laststrom. Je höher der Querstrom, um so weniger weicht die Ausgangsspannung des belasteten Spannungsteilers von der des unbelasteten ab. In der Praxis muß jedoch stets ein Kompromiß eingegangen werden, denn hoher Querstrom bedeutet wiederum hohe Verlustleistung im Spannungsteiler und entsprechend höhere Belastung der Spannungsquelle.

> Je nach Anforderung an die Einhaltung der Ausgangsspannung bei Belastungsänderung und Kleinhaltung der Verlustleistung wird der Querstrom meist drei- bis zehnmal so hoch wie der mittlere Laststrom gewählt.

$$\frac{I_q}{I_L} \approx 3 \text{ bis } 10$$

Bei hohen Anforderungen an eine konstante Ausgangsspannung bei relativ kleinen Strömen wird heute meist ein Halbleiterbauelement (Z-Diode) in den Querzweig gelegt, das ein stark nichtlineares Verhalten hat. Durch den sehr kleinen differentiellen Widerstand gleichen sich so Spannungsänderungen nahezu aus. Bei hohen Strömen, in stabilisierten oder geregelten Netzteilen, ist das Bauelement im Längszweig meist ein Transistor, dessen Widerstand bei Belastung geändert wird. Aufgrund des geringeren Querstroms sind dann die Verluste geringer.

Beispiel 2: In einer elektronischen Schaltung wird eine Spannung von $U_A = 3$ V bei einem Laststrom von $I_L = 2$ mA benötigt. Es steht eine Spannung von $U_E = 15$ V zur Verfügung. Damit die Spannung U_A bei Laststromschwankung möglichst gleich bleibt, soll der Querstrom 8mal so hoch wie der Laststrom sein. Zu berechnen sind die Spannungsteilerwiderstände und die Ausgangsspannung ohne Belastung.

Gegeben: Bild 6.33

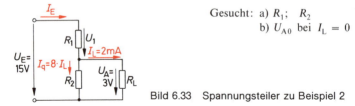

Gesucht: a) R_1; R_2
b) U_{A0} bei $I_L = 0$

Bild 6.33 Spannungsteiler zu Beispiel 2

Lösung:

zu a) $\quad I_q \;= 8 \cdot I_L = 8 \cdot 2 \text{ mA} = 16 \text{ mA}$

$$R_2 \;= \frac{U_A}{I_q} = \frac{3 \text{ V}}{16 \cdot 10^3 \text{ A}} = 0{,}188 \cdot 10^3 \;\Omega = \underline{188 \;\Omega}$$

$$I_E \;= I_q + I_L = 16 \text{ mA} + 2 \text{ mA} = 18 \text{ mA}$$

$$U_1 \;= U_E - U_A = 15 \text{ V} - 3 \text{ V} = 12 \text{ V}$$

$$R_1 \;= \frac{U_1}{I} = \frac{12 \text{ V}}{18 \cdot 10^{-3} \text{ A}} = 0{,}667 \cdot 10^3 \;\Omega = \underline{667 \;\Omega}$$

oder $\quad R_1 \;= \dfrac{U_E - U_A}{I_q + I_L} = \dfrac{15 \text{ V} - 3 \text{ V}}{(16 + 2) \cdot 10^{-3} \text{ A}} = \underline{667 \;\Omega}$

zu b) $\quad R_L \;= \infty \rightarrow I_L = 0$

$$U_{A0} = U_E \cdot \frac{R_2}{R_1 + R_2} = 15 \text{ V} \; \frac{188 \;\Omega}{667 \;\Omega + 188 \;\Omega} = \underline{3{,}3 \text{ V}}$$

Die Leerlaufspannung liegt damit um nur 10% über der Spannung bei Belastung.

6.6.2 Belasteter Spannungsteiler als Spannungsquelle

Ein Spannungsteiler stellt sich der angeschlossenen Last als Spannungsquelle dar. Daher muß auch auf einen Spannungsteiler das allgemeine Ersatzschaltbild einer Spannungsquelle (Abschnitt 6.5, Bild 6.24) angewendet werden können (Bild 6.34).

Bild 6.34 Spannungsteiler als Spannungsquelle

Die Kenngrößen des Ersatzschaltbildes U_0 und R_i lassen sich aus den Widerständen R_1 und R_2 des Spannungsteilers sowie der Eingangsspannung U_E so errechnen, daß sich beide Schaltungen vollkommen gleich verhalten. *Die Urspannung des Ersatzschaltbildes ist die Leerlauf-Ausgangsspannung U_{A0} des Spannungsteilers:*

$$U_{A0} = U_E \cdot \frac{R_2}{R_1 + R_2}$$

Der Innenwiderstand R_i könnte über den Kurzschlußstrom des Spannungsteilers ermittelt werden:

$$\text{bei } R_L = 0 \quad \text{ist} \quad I_L = I_K = \frac{U_E}{R_1}$$

Setzt man den Kurzschlußstrom und die Leerlaufspannung in die folgende Gleichung ein, erhält man:

$$R_i = \frac{U_{A0}}{I_K} = \frac{U_E \cdot \dfrac{R_2}{R_1 + R_2}}{\dfrac{U_E}{R_1}}$$

Nach Vereinfachung dieser Gleichung fällt die Spannung heraus, und es ergibt sich für den Innenwiderstand eines Spannungsteilers:

$$R_i = \frac{R_1 \cdot R_2}{R_1 + R_2} = \frac{1}{\dfrac{1}{R_1} + \dfrac{1}{R_2}} = R_1 /\!/ R_2$$

Der Innenwiderstand ist der Parallelersatzwiderstand der beiden Spannungsteilerwiderstände.

Mit Hilfe dieses Ersatzschaltbildes eines Spannungsteilers kann die Ausgangsspannung bei einem gegebenen Laststrom berechnet werden. Dies war nach der vorigen Methode (Abschnitt 6.6.1) nur bei gegebenem Lastwiderstand möglich.

Beispiel 3: Ein Spannungsteiler, bestehend aus $R_1 = 1\ \text{k}\Omega$ und $R_2 = 220\ \Omega$, liegt an $U_E = 24\ \text{V}$ (Bild 6.34). Zu berechnen sind:

a) Kenngrößen des Ersatzschaltbildes U_{A0} und R_i,
b) Ausgangsspannung U_A bei einem Laststrom von $I_L = 5\ \text{mA}$.

Lösung:

zu a) $\quad U_{A0} = U_E \cdot \dfrac{R_2}{R_1 + R_2} = 24\ \text{V} \cdot \dfrac{220\ \Omega}{1000\ \Omega + 220\ \Omega} = \underline{4,33\ \text{V}}$

$\quad\quad R_i = R_1 /\!/ R_2 = \dfrac{1}{\dfrac{1}{1000} + \dfrac{1}{220}}\ \Omega = \underline{180\ \Omega}$

zu b) $\quad U_A = U_{A0} - I_L \cdot R_i = 4,33\ \text{V} - 5 \cdot 10^{-3}\ \text{A} \cdot 180\ \Omega = \underline{3,43\ \text{V}}$

Über die Größen des Ersatzschaltbildes können beide Widerstände eines Spannungsteilers genau berechnet werden, wenn bei einer bestimmten Leerlaufspannung die Ausgangsspannung bei einer gegebenen Belastung nicht stärker als angegeben absinken darf.

Beispiel 4: Ein Spannungsteiler soll bei $U_E = 15$ V im Leerlauf $U_{A0} = 5$ V liefern. Bei Belastung mit $I_L = 10$ mA darf die Ausgangsspannung auf $U_A = 4,5$ V absinken.
Wie müssen die Widerstände R_1 und R_2 gewählt werden?

Lösung: Aus den geforderten Bedingungen kann der Innenwiderstand berechnet werden:

$$R_i = \frac{\Delta U_A}{\Delta I_L} = \frac{U_{A0} - U_A}{I_L} = \frac{5\text{ V} - 4,5\text{ V}}{10 \cdot 10^{-3}\text{ A}} = 50\ \Omega$$

Die beiden Formeln für die Leerlauf-Ausgangsspannung U_{A0} und den Innenwiderstand R_i des Spannungsteilers liefern zwei Gleichungen mit den Unbekannten R_1 und R_2 dieser Aufgabe. Nach dem Gleichsetzungs- oder dem Einsetzungsverfahren (Abschnitt 1.7.4) erhält man daraus die folgenden Formeln für die Widerstände des Spannungsteilers:

$$R_1 = R_i \cdot \frac{U_E}{U_{A0}} \qquad = 50\ \Omega \cdot \frac{15\text{ V}}{5\text{ V}} = \underline{150\ \Omega}$$

$$R_2 = R_i \cdot \frac{U_E}{U_E - U_{A0}} \qquad = 50\ \Omega \cdot \frac{15\text{ V}}{15\text{ V} - 5\text{ V}} = \underline{75\ \Omega}$$

Kontrolle der Ergebnisse:

$$U_{A0} = U_E \cdot \frac{R_2}{R_1 + R_2} = 15\text{ V} \cdot \frac{75\ \Omega}{150\ \Omega + 75\ \Omega} = 5\text{ V}$$

$$R_i = R_1 // R_2 = \frac{1}{\dfrac{1}{150} + \dfrac{1}{75}}\ \Omega = 50\ \Omega$$

$$U_A = U_{A0} - I_L \cdot R_i = 5\text{ V} - 10 \cdot 10^{-3}\text{ A} \cdot 50\ \Omega = 4,5\text{ V}$$

6.6.3   Einstellbarer Spannungsteiler

Spannungsteilerschaltungen mit einstellbarer Ausgangsspannung werden allgemein Potentiometerschaltungen genannt. Die Bezeichnung *Potentiometer*, oder einfach *Poti*, wird meist schon auf das Bauelement, den veränderbaren Widerstand, übertragen. Die Potis sind so aufgebaut, daß sie als veränderbare Widerstände oder als Potentiometer eingesetzt werden können. Von den drei Anschlußklemmen sind die beiden äußeren der Anfang und das Ende der Widerstandsbahn und der mittlere der verstellbare Abgriff oder Schleifkontakt (Kapitel 6).

Wird an einer Last mit konstantem Widerstandswert eine veränderbare Spannung mit geringem Einstellbereich benötigt, stellt der veränderbare Vorwiderstand die sinnvollste Lösung dar (Bild 6.35a). Der Vorwiderstand bildet mit dem Lastwiderstand zusammen eine Potentiometerschaltung. Der Lastwiderstand muß daher einen konstanten Wert behalten.

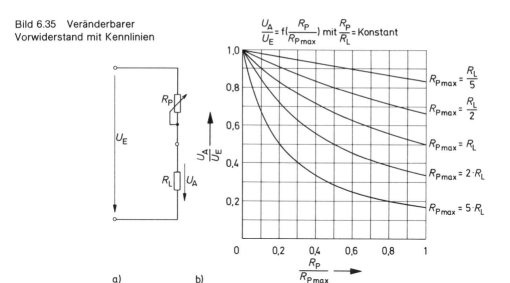

Bild 6.35 Veränderbarer Vorwiderstand mit Kennlinien

$$\frac{U_A}{U_E} = f\left(\frac{R_P}{R_{P\,max}}\right) \text{ mit } \frac{R_P}{R_L} = \text{Konstant}$$

$R_{P\,max} = \dfrac{R_L}{5}$

$R_{P\,max} = \dfrac{R_L}{2}$

$R_{P\,max} = R_L$

$R_{P\,max} = 2 \cdot R_L$

$R_{P\,max} = 5 \cdot R_L$

a)   b)

Die Spannung U_A an der Last hat bei maximalem Vorwiderstand $R_{P\,max}$ ihren Minimalwert. Der Schleiferanschluß des Potis wird mit dem Ende der Widerstandsbahn verbunden, das den Anschlag bildet, bei dem die Spannung den kleinsten Wert $U_{A\,min}$ haben soll. Der Einstellbereich liegt zwischen

$$U_{A\,min} = U_E \cdot \frac{R_L}{R_{P\,max} + R_L} \quad \text{und} \quad U_{A\,max} = U_E$$

> Bei einer Potentiometerschaltung mit veränderbarem Vorwiderstand besteht kein linearer Zusammenhang zwischen der Ausgangsspannung und dem am Poti eingestellten Widerstandswert (Bild 6.35b).

Je größer der Einstellbereich, d.h. je größer der Vorwiderstand im Vergleich zum Lastwiderstand, um so stärker zeigt sich die Nichtlinearität. Im Bereich der maximalen Ausgangsspannung ist z.B. bei $R_{P\,max} > 5 \cdot R_L$ keine genaue Einstellung der Ausgangsspannung möglich. Außerdem ist das Ende der Widerstandsbahn des Potis in diesem Bereich durch Überbelastung gefährdet, sofern es nicht bezüglich der Belastbarkeit entsprechend überdimensioniert ist.

Ein zusätzlicher fester Vorwiderstand (Bild 6.36) wirkt sich günstig (linearisierend) auf die Verstellkennlinie aus. Er kann jedoch nur gewählt werden, wenn die Ausgangsspannung nicht bis $U_{A\,max} = U_E$ einstellbar sein muß.

Bild 6.36 Potentiometerschaltung mit veränderbarem und festem Vorwiderstand

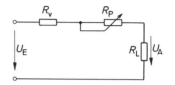

223

Beispiel 5: An einem Lastwiderstand von $R_L = 500\ \Omega$ soll die Spannung zwischen $U_{A\,min} = 5$ V bis $U_{A\,max} = 9$ V einstellbar sein. Als Eingangsspannung stehen $U_E = 12$ V zur Verfügung. Welche Widerstandswerte müssen für den festen Vorwiderstand R_V und das Poti R_P gewählt werden?

Gegeben: $\quad U_E \quad = 12$ V
$\qquad\qquad U_{A\,min} = 5$ V
$\qquad\qquad U_{A\,max} = 9$ V
$\qquad\qquad R_L \quad = 500\ \Omega$

Gesucht: $\quad R_V$; $\quad R_{P\,max}$ (Bild 6.36)

Lösung: $\quad$ Zuerst wird R_V berechnet. Bei $R_P = 0$ muß $U_A = U_{A\,max} = 9$ V sein. Durch Verhältnisrechnung ergibt sich:

$$\frac{R_V}{R_L} = \frac{U_E - U_{A\,max}}{U_{A\,max}} = \frac{U_E}{U_{A\,max}} - 1 \qquad \text{nach } R_V \text{ umgestellt, ist}$$

$$R_V = R_L \cdot \left(\frac{U_E}{U_{A\,max}} - 1\right) = 500\ \Omega \cdot \left(\frac{12\ \text{V}}{9\ \text{V}} - 1\right) = \underline{\underline{167\ \Omega}}$$

Bei $R_P = R_{P\,max}$ muß $U_A = U_{A\,min}$ sein. Die Verhältnisrechnung liefert:

$$\frac{R_{P\,max} + R_V}{R_L} = \frac{U_E - U_{A\,min}}{U_{A\,min}} = \frac{U_E}{U_{A\,min}} - 1$$

Umstellung nach $R_{P\,max}$ liefert:

$$R_{P\,max} = R_L \cdot \left(\frac{U_E}{U_{A\,min}} - 1\right) - R_V = 500\ \Omega \cdot \left(\frac{12\ \text{V}}{5\ \text{V}} - 1\right) - 167\ \Omega = \underline{\underline{533\ \Omega}}$$

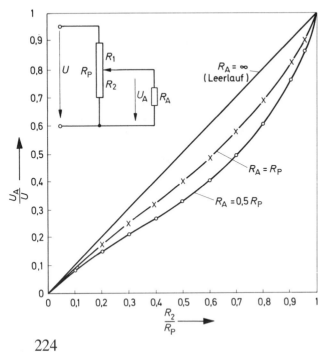

Bild 6.37 Verstellkennlinien eines Spannungsteilers bei verschiedenen Belastungswiderständen

Wird an einer Last, deren Widerstandswert nicht konstant ist, eine einstellbare Spannung benötigt, die vom Laststrom I_L nahezu unabhängig ist, muß eine Potentiometerschaltung gewählt werden, die unabhängig vom Lastwiderstand ist (Bild 6.37). Diese Schaltung ermöglicht außerdem einen annähernd linearen Verstellbereich der Ausgangsspannung bis $U_{A\,min} = 0$ V.

> Um einen nahezu linearen Zusammenhang zwischen der Schleiferstellung und der Ausgangsspannung zu erhalten, muß der Querstrom im Potentiometer möglichst hoch sein (Abschnitt 6.6.1).

Bild 6.37 zeigt die Abhängigkeit der Ausgangsspannung von der Schleiferstellung bei verschiedenen Lastwiderständen. Die Schleiferstellung ist durch das Verhältnis des im Querzweig liegenden Teilwiderstandes R_2 zum Gesamtwiderstand R_P des Potis angegeben. Nur bei Leerlauf, d.h. $R_L = \infty$ oder bei hochohmigem Lastwiderstand $R_L \gg R_P$, ergibt sich ein linearer Zusammenhang zwischen der Schleiferstellung und der Ausgangsspannung.

6.7 Wheatstone-Brückenschaltung

Eine Brückenschaltung ist grundsätzlich die Parallelschaltung zweier Spannungsteiler, die man Zweige nennt. Die Spannungen der beiden Brückenzweige heben sich zwischen den Abgriffen — im Diagonalzweig — ganz oder teilweise auf. Brückenschaltungen können aus linearen oder nichtlinearen Widerständen, aus Induktivitäten, Kapazitäten oder Kombinationen bestehen. *Die nur aus ohmschen Widerständen bestehende Brückenschaltung heißt Wheatstone-Brückenschaltung* (Bild 6.38).

Die Wheatstone-Brückenschaltung wird in der Meßtechnik z.B. zum Vergleich bzw. zur Messung von Widerständen verwendet. In Meßumformern zur elektrischen Messung nichtelektrischer Größen, die in Meßwertaufnehmern kleine Widerstandsänderungen hervorrufen, erzeugt man mit Brückenschaltungen das elektrische Ausgangssignal.

Bild 6.38 Wheatstone-Brückenschaltung in verschiedenen Darstellungsarten

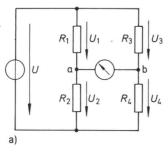 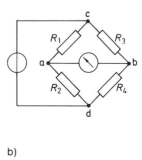

a)   b)

6.7.1 Die abgeglichene Wheatstone-Brückenschaltung

Bei einer abgeglichenen Brückenschaltung teilt sich die angelegte Spannung in beiden Brückenzweigen im gleichen Verhältnis auf. Im Diagonalzweig, zwischen den beiden Abgriffen, besteht keine Potentialdifferenz (Bild 6.38 zwischen den Punkten a und b). Ein zum Nachweis kleinster elektrischer Spannungen dort angeschlossenes Nullgalvanometer oder ein anderer Nullindikator würde nichts anzeigen. Um eine Brückenschaltung genau abgleichen zu können, ist daher kein genaues Meßinstrument erforderlich, sondern nur ein empfindlicher Indikator. Die Versorgungsspannung hat keinen Einfluß auf die Abgleichgenauigkeit der Brückenschaltung, sofern nur lineare Widerstände in ihr Verwendung finden. Lediglich die Abgleichempfindlichkeit steigt bei höherer Versorgungsspannung.

Bei einer abgeglichenen Wheatstone-Brückenschaltung besteht zwischen den Widerständen der beiden Zweige ein bestimmtes Verhältnis, die sogenannte *Abgleichbedingung*.

Die *Abgleichbedingung* kann folgendermaßen abgeleitet werden: Die Meßpunkte a und b der Brücke in Bild 6.38 sind potentialgleich, wenn

$$U_1 = U_3 \text{ und zwangsläufig } U_2 = U_4 \text{ sind.}$$

Es müssen also beide Spannungsteiler die Spannungen im gleichen Verhältnis aufteilen:

$$\frac{U_1}{U_2} = \frac{U_3}{U_4}$$

Da sich die Spannungen in Reihenschaltungen wie die dazugehörigen Widerstände verhalten, lautet die Abgleichbedingung dieser Brücke:

$$\frac{R_1}{R_2} = \frac{R_3}{R_4}$$

Werden die Brüche beseitigt, indem mit $R_2 \cdot R_4$ multipliziert wird, ergibt sich

$$R_1 \cdot R_4 = R_2 \cdot R_3$$

Diese Formel läßt sich sehr gut allgemein formulieren, wenn man dazu noch die häufig verwendete Brückendarstellung von Bild 6.38b betrachtet:

> Eine Wheatstone-Brückenschaltung ist abgeglichen, wenn das Produkt der gegenüberliegenden Widerstände (Diagonalwiderstände) gleich ist.

Dieser Satz gibt außerdem zu erkennen, daß es vollkommen ohne Belang ist, ob die Brücke (Bild 6.38b) an den Punkten c—d eingespeist und an a—b das Galvanometer liegt oder ob an a—b eingespeist und an c—d gemessen wird.

Beispiel 1: Die Brückenschaltung von Bild 6.38 erwies sich bei den Werten von $R_1 = 200\,\Omega$, $R_2 = 150\,\Omega$ und $R_3 = 857\,\Omega$ als abgeglichen. Wie groß ist der Widerstand R_4?

Lösung:

$$\frac{R_4}{R_3} = \frac{R_2}{R_1}$$

$$R_4 = \frac{R_2 \cdot R_3}{R_1} = \frac{150\,\Omega \cdot 857\,\Omega}{200\,\Omega} = \underline{643\,\Omega}$$

Die zur genaueren Messung von Widerständen übliche Wheatstone-Meßbrücke (Band «Elektrische Meß- und Regeltechnik», Bild 2.20) wird auch Schleifdraht-Brückenschaltung genannt. Der eine Brückenzweig ist ein Wendelpotentiometer, das aus einem eng gewendelten Widerstandsdraht

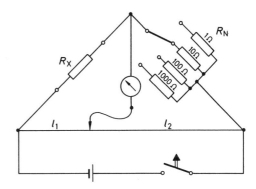

Bild 6.39   Schleifdrahtbrücke

besteht, der durch einen Schleifkontakt in zwei Teillängen unterteilt wird (Bild 6.39). Der Dreh-
knopf ist mit einer Skala versehen, die entsprechend den Verhältnissen der Teillängen l_1/l_2 beschrif-
tet ist. Den anderen Zweig der Brücke bilden das Meßobjekt — der unbekannte Widerstand R_x —
und ein Vergleichswiderstand R_N. Um den günstigsten Meßbereich wählen zu können, sind mehrere dekadisch abgestufte Vergleichswiderstände vorhanden. Der Meßbereich sollte so gewählt
werden, daß der Abgleich möglichst nahe der Mittelstellung des Wendelpotentiometers liegt.

Aus der Abgleichbedingung ergibt sich der gesuchte Widerstand zu:

$$\frac{R_x}{R_N} = \frac{l_1}{l_2} \quad \text{oder} \quad \underline{R_x = R_N \cdot \frac{l_1}{l_2}}$$

Das bei Abgleich auf dem Schleifdraht abgelesene Verhältnis l_1/l_2 braucht also nur mit dem ein-
gestellten Stufenwiderstand R_N (z.B. 10 Ω) multipliziert zu werden.
Eine weitere Anwendung der Wheatstone-Brückenschaltung in der Meßtechnik stellt die Fehler-
ortbestimmung bei Ader- oder Erdschlüssen von Fernmeldekabeln dar. Bei der Meßschaltung zur
Fehlerortung nach Murray wird mit dem fehlerhaften Kabel und dem Meßgerät eine Brückenschaltung gebildet (Bild 6.40).
Die fehlerhafte Ader wird am Kabelende mit einer gesunden Ader (gleicher Länge und gleichem
Querschnitt) verbunden. Diese Schleife bildet den einen Brückenzweig, mit dem Fehlerort als
Abgriff. Der zweite Spannungsteiler (R) ist stufenlos verstellbar und mit einer Skala versehen. Er
befindet sich im Meßgerät. Über die Anschlußleitungen (A, B) werden die Spannungsteiler parallel
geschaltet. Der Brückenabgleich erfolgt mit dem verstellbaren Spannungsteiler, bis das Galvanometer stromlos ist.
Damit die Übergänge zum Erdreich nicht innerhalb der Brücke liegen, wird das Galvanometer
mit der Spannungsquelle vertauscht (wie Bild 6.40). Galvanisch erzeugte Spannungen können so
nicht zu einem Fehlabgleich führen.

Bild 6.40   Fehlerortbestimmung
nach Murray

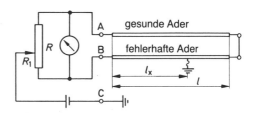

227

Setzt man wieder für die Leitungswiderstände das Längenverhältnis ein, lautet die Abgleichbedingung:

$$\frac{l_x}{2\,l} = \frac{R_1}{R}$$

l_x Abstand des Fehlerortes vom Meßort,

l Länge des Kabels

oder $l_x = \dfrac{R_1}{R} \cdot 2 \cdot l$

$\dfrac{R_1}{R}$ Spannungsteilerverhältnis

Die einzige erforderliche Angabe ist also die Länge des Kabels.

Liegt ein Nebenschluß oder eine Isolationsminderung zwischen zwei Adern vor, wird die Spannungsquelle (Klemme C) gegen die zweite defekte Ader gelegt.

Bei den niederohmigen Starkstromkabeln treten bei dieser Methode Fehler durch die Übergangswiderstände der Anschlußleitungen auf. Durch besondere Schaltungen kann dieser Fehler jedoch kompensiert werden. In der Starkstromtechnik wird neben den klassischen Brückenverfahren häufig die Hochfrequenz-Reflexionsmethode verwendet. Sie benötigt keine gesunden Adern zur Rückleitung und kann außerdem bei Aderbruch verwendet werden.

6.7.2   Die unabgeglichene Wheatstone-Brückenschaltung

> Die Wheatstone-Brückenschaltung ist besonders dann als Meßwertumformer geeignet, wenn Widerstands-Meßwertaufnehmer mit kleinen Widerstandsänderungen Verwendung finden.

Die Brücke wird für einen bestimmten Grundwert des veränderlichen Widerstandes abgeglichen. Der durch den Grundwert am Aufnehmer vorhandene Spannungsabfall wird somit durch den zweiten Brückenzweig kompensiert. Durch geringe Widerstandsänderung des Aufnehmers tritt eine Verstimmung der Brückenschaltung auf, die eine entsprechende Ausgangsspannung im Diagonalzweig bewirkt. Das durch die Verstimmung der Brücke erzeugte Signal muß häufig für eine weitere Verarbeitung noch verstärkt werden.

Elektrische *Widerstandsthermometer* verwenden einen temperaturabhängigen Widerstand als Meßwertaufnehmer (Abschnitt 6.8.3), der oft in einer Brückenschaltung liegt. Die durch eine Temperaturänderung hervorgerufene Verstimmung hat eine Differenzspannung ΔU zur Folge, die als Maß für die Temperatur dient.

Beispiel 2: In der Brückenschaltung nach Bild 6.41 befindet sich als Temperaturfühler ein NTC-Widerstand. Sein Nennwert bei $\vartheta_N = 25\,^\circ C$ beträgt $R_N = 15\ \text{k}\Omega$. Sein Temperaturbeiwert beträgt $\alpha = -3 \cdot 10^{-2}\ 1/\text{K}$. Die Widerstände des anderen Zweiges betragen $R_1 = 5,6\ \text{k}\Omega$ und $R_2 = 2,2\ \text{k}\Omega$.

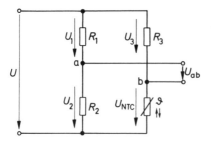

Bild 6.41   Brückenschaltung mit temperaturabhängigem Widerstand

Die Brückenschaltung liegt an einer Versorgungsspannung von $U = 6$ V.

a) Welchen Wert muß der Widerstand R_3 haben, wenn die Brückenschaltung bei $\vartheta_1 = 25\,°C$ abgeglichen sein soll?

b) Um welchen Betrag und mit welchem Vorzeichen ändert sich die Ausgangsspannung U_{ab} der nach a) dimensionierten Schaltung, wenn sich die Temperatur des Fühlers von $\vartheta_1 = 25\,°C$ auf $\vartheta_2 = 20\,°C$ verringert?

Lösung:

zu a)   Aus der Abgleichbedingung erhält man den Widerstand R_3 zu:

$$\frac{R_3}{R_{NTC1}} = \frac{R_1}{R_2}$$

$$R_3 = R_{NTC1} \cdot \frac{R_1}{R_2} = 15\text{ k}\Omega \cdot \frac{5{,}6\text{ k}\Omega}{2{,}2\text{ k}\Omega} = \underline{\underline{38{,}2\text{ k}\Omega}}$$

zu b)   Die Änderung des NTC-Widerstandes beträgt bei der Temperaturänderung von ϑ_1 auf ϑ_2 (Abschnitt 6.3.5):

$$\Delta\vartheta = \vartheta_2 - \vartheta_1 = 20\,°C - 25\,°C = -5\text{ K}$$

$$\Delta R_{NTC} = \alpha \cdot \Delta\vartheta \cdot R_{NTC1} = -3 \cdot 10^{-2}\text{ 1/K} \cdot (-5\text{ K}) \cdot 15\text{ k}\Omega - 2{,}25\text{ k}\Omega$$

Der Widerstandswert nach der Temperaturänderung beträgt:

$$R_{NTC2} = R_{NTC1} + \Delta R_{NTC} = 15\text{ k}\Omega + 2{,}25\text{ k}\Omega = 17{,}25\text{ k}\Omega$$

Die beiden Spannungen U_2 und U_{NTC2} können über Verhältnisrechnung bestimmt werden:

$$U_{NTC2} = U \cdot \frac{R_{NTC2}}{R_{NTC2} + R_3} = 6\text{ V} \cdot \frac{17{,}25\text{ k}\Omega}{(17{,}25 + 38{,}2)\text{ k}\Omega} = 1{,}867\text{ V}$$

$$U_2 = U \cdot \frac{R_2}{R_1 + R_2} = 6\text{ V} \cdot \frac{2{,}2\text{ k}\Omega}{(2{,}2 + 5{,}6)\text{ k}\Omega} = 1{,}692\text{ V}$$

Über die Kirchhoffsche Maschenregel errechnet sich nun die Ausgangsspannung U_{ab} zu:

$$U_{ab} + U_{NTC2} - U_2 = 0 \quad \text{oder}$$

$$U_{ab} = U_2 - U_{NTC2} = 1{,}692\text{ V} - 1{,}867\text{ V} = -0{,}175\text{ V} = \underline{\underline{-175\text{ mV}}}$$

Ein weiterer Vorteil der Brückenschaltung liegt darin, daß sich durch geeignete Anordnung mehrerer Widerstandsaufnehmer in einer Brücke die Einflüsse störender Widerstandsänderungen auf das Ausgangssignal kompensieren lassen. Dagegen kann das Nutzsignal durch die Anordnung häufig noch verstärkt werden. Ein Beispiel hierfür bietet die Meßtechnik mit Dehnungsmeßstreifen (Abschnitt 6.3.2). Die das Signal erzeugenden Widerstandsänderungen betragen meist nur wenige Promille und werden von störenden Einflüssen überlagert.

Als Beispiel sei die Messung einer Kraft über die Durchbiegung eines einseitig eingespannten Biegestabs gewählt (Bild 6.42a).

Die durch eine Kraft F verursachte Durchbiegung des Stabs führt zu einer Streckung von DMS I und zu einer Stauchung von DMS II. Die gegensinnigen Widerstandsänderungen führen in der in

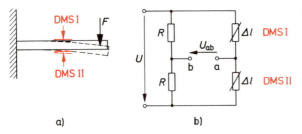

a)   b)

Bild 6.42b dargestellten Schaltung — einer sogenannten Halbbrückenschaltung — zu einer Ver-
dopplung des Ausgangssignals U_{ab}. Unerwünschte Einflußgrößen, die gleichsinnige Widerstandsänderungen bewirken, wie z.B. Temperatureinflüsse oder Kräfte in Richtung des Stabs, wirken sich
nicht auf eine Verstimmung der Brücke aus. Sie haben also kein Ausgangssignal zur Folge.

6.7.3   Unabgeglichene Brückenschaltung mit belastetem Diagonalzweig

Eine unabgeglichene Wheatstone-Brückenschaltung kann im Diagonalzweig zwischen den beiden
Spannungsteilern durch einen Widerstand R_L belastet sein (Bild 6.43a). Dieser ist z.B. der Innenwiderstand des angeschlossenen Meßinstruments oder der Eingangswiderstand eines Verstärkers.

Der Strom durch den Belastungswiderstand R_L läßt sich mit den bisher bekannten Methoden —
das Einfügen von Ersatzwiderständen für Grundschaltungen — nicht errechnen. Die Schaltung
enthält weder eine Reihen- noch eine Parallelschaltung. Eine einfache Lösung des Problems erhält
man, wenn man die beiden Spannungsteiler als Spannungsquellen (Bild 6.43b) betrachtet. Für jeden
Spannungsteiler kann das Ersatzschaltbild einer gleichwertigen Spannungsquelle in die Schaltung
eingesetzt werden (Bild 6.43c). Die Ersatzschaltung enthält nur eine Masche, die aus den beiden
Urspannungen der Spannungsteiler $U_{01.2}$ und $U_{03.4}$ sowie den beiden Innenwiderständen $R_{i1.2}$ und
$R_{i3.4}$ und dem Lastwiderstand R_L besteht.

Beispiel 3:   In der in Bild 6.43a gegebenen Brückenschaltung ist der Spannungsabfall am Lastwiderstand U_{ab} zu berechnen.

Gegeben: Bild 6.43a
Gesucht: U_{ab}
Lösung: Zuerst werden die Größen der Ersatzschaltbilder beider Brückenzweige berechnet (Bild
6.43a):

$$U_{01.2} = U_E \cdot \frac{R_2}{R_1 + R_2} = 12\,\text{V} \cdot \frac{1\,\text{k}\Omega}{(1 + 2{,}2)\,\text{k}\Omega} = 3{,}75\,\text{V}$$

$$R_{i1.2} = R_1 /\!/ R_2 = \frac{1}{\dfrac{1}{1} + \dfrac{1}{2{,}2}}\,\text{k}\Omega = 688\,\Omega$$

$$U_{03.4} = U_E \cdot \frac{R_4}{R_3 + R_4} = 12\,\text{V} \cdot \frac{560\,\Omega}{(470 + 560)\,\Omega} = 6{,}524\,\text{V}$$

$$R_{i3.4} = R_3 /\!/ R_4 = \frac{1}{\dfrac{1}{470} + \dfrac{1}{560}}\,\Omega = 256\,\Omega$$

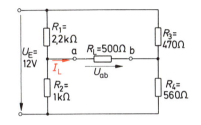

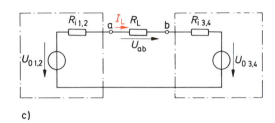

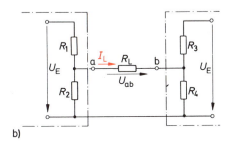

a)

b)

c)

Bild 6.43   Vereinfachung einer belasteten Brückenschaltung durch Einsatz von Ersatz-spannungsquellen

Aus den drei Widerständen kann nun ein Gesamt-Ersatzwiderstand gebildet werden:

$$R_{ges} = R_{i1.2} + R_{i3.4} + R_L = 688\ \Omega + 256\ \Omega + 500\ \Omega = 1,44\ k\Omega$$

Der Strom I_L errechnet sich nun zu:

$$I_L = \frac{U_{01,2} - U_{03,4}}{R_{ges}} = \frac{3,75\ V - 6,524\ V}{1,44 \cdot 10^3\ \Omega} = -1,93\ mA$$

Das negative Vorzeichen sagt aus, daß der Strom entgegen der vorher angenommenen Zählrichtung fließt. Mit dem Strom kann nun der Spannungsabfall am Lastwiderstand berechnet werden:

$$U_{ab} = I_L \cdot R_L = -1,93\ mA \cdot 500\ \Omega = -0,963\ V = \underline{-963\ mV}$$

6.7.4   Ersatzwiderstand einer Brückenschaltung

Der Ersatzwiderstand einer abgeglichenen Brückenschaltung errechnet sich einfach aus der Parallelschaltung der beiden Spannungsteiler-Ersatzwiderstände (Bild 6.38). Da im diagonalen Zweig (zwischen den Punkten a und b) kein Strom fließt, bleibt der dort liegende Widerstand unberücksichtigt.

Es muß das gleiche Ergebnis herauskommen, wenn die Ersatzwiderstände der Parallelschaltung von $R_1 \| R_3$ und $R_2 \| R_4$ addiert werden.

Beispiel 4:   Die Widerstände der abgeglichenen Brücke (Bild 6.38, Beispiel 1 von Abschnitt 6.7.1) betragen: $R_1 = 200\ \Omega$, $R_2 = 150\ \Omega$, $R_3 = 857\ \Omega$, $R_4 = 643\ \Omega$. Gesucht ist der Ersatzwiderstand der Brücke.

231

Lösung: Die Ersatzwiderstände der beiden Spannungsteiler betragen:

$$R_{ers1} = R_1 + R_2 = 200\,\Omega + 150\,\Omega = 350\,\Omega$$

$$R_{ers2} = R_3 + R_4 = 857\,\Omega + 643\,\Omega = 1500\,\Omega$$

Der Parallelersatzwiderstand ist dann

$$R = \frac{R_{ers1} \cdot R_{ers2}}{R_{ers1} + R_{ers2}} = \frac{350\,\Omega \cdot 1500\,\Omega}{350\,\Omega + 1500\,\Omega} = \underline{283{,}5\,\Omega}$$

oder es werden die Ersatzwiderstände für die Parallelschaltungen $R_1 \| R_3$ und $R_2 \| R_4$ berechnet:

$$R_{ers1} = \frac{R_1 \cdot R_3}{R_1 + R_3} = \frac{200\,\Omega \cdot 857\,\Omega}{200\,\Omega + 857\,\Omega} = 162\,\Omega$$

$$R_{ers2} = \frac{R_2 \cdot R_4}{R_2 + R_4} = \frac{150\,\Omega \cdot 643\,\Omega}{150\,\Omega + 643\,\Omega} = 121{,}5\,\Omega$$

Der Gesamtwiderstand ist dann die Summe der beiden Einzelwiderstände:

$$R = R_{ers1} + R_{ers2} = 162\,\Omega + 121{,}5\,\Omega = \underline{283{,}5\,\Omega}$$

Eine *unabgeglichene Brückenschaltung* läßt sich mit den bisher bekannten Methoden nicht in einen Ersatzwiderstand umwandeln (Bild 6.44). Es sind keine zwei Widerstände vorhanden, für die die Grundgesetze einer der Grundschaltungen zutreffen, d.h. dieselbe Spannung oder denselben Strom.

Es gibt für derartige Schaltungen verschiedene Lösungswege, von denen hier nur die *Schaltungsumwandlung* (Transfiguration) erwähnt werden soll.

Eine Dreieckschaltung aus drei Widerständen kann in eine gleichwertige (äquivalente) Sternschaltung umgewandelt werden. Die Schaltungen sind äußerlich gleichwertig, wenn zwischen den Eckpunkten der beiden Schaltungen die gleichen Widerstände gemessen werden. Eine Umwandlung im umgekehrten Sinne, d.h. Stern- in Dreieckschaltung, ist selbstverständlich auch möglich. Die drei Widerstände R_1, R_2, R_3 sowie die Widerstände R_2, R_4, R_5 (Bild 6.44a) bilden ein geschlossenes Dreieck. Eines dieser Dreiecke kann in eine Sternschaltung umgewandelt werden. In Bild 6.44b wurde das Dreieck aus den Widerständen R_1, R_2, R_3 mit den Eckpunkten A, B, C zur

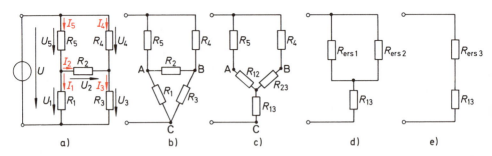

Bild 6.44 Bestimmung des Ersatzwiderstandes einer unabgeglichenen Brückenschaltung durch Schaltungsumwandlung

Umwandlung bestimmt. Die gleichwertige Sternschaltung zeigt Bild 6.44c. Die Indizes der Stern-widerstände wurden aus den Indizes der beiden Dreieckwiderstände gebildet, die in den gleichen Eckpunkt münden. Die Formel für die Umwandlung der Dreieck- in eine gleichwertige Sternschal-tung lauten:

$$R_{12} = \frac{R_1 \cdot R_2}{R_1 + R_2 + R_3} \; ; \quad R_{23} = \frac{R_2 \cdot R_3}{R_1 + R_2 + R_3} \; ; \quad R_{13} = \frac{R_1 \cdot R_3}{R_1 + R_2 + R_3}$$

Jeder Sternwiderstand ist das Produkt der beiden am gleichen Eckpunkt liegenden Dreieckwiderstän-de, dividiert durch die Summe aller Dreieckwiderstände.

Auf die Ableitung der Formeln soll in diesem Rahmen verzichtet werden. Nach der Umwandlung kann die Schaltung durch das Einfügen von Ersatzwiderständen für die darin enthaltenen Grund-schaltungen vereinfacht werden.

Beispiel 2: Die Widerstände der Schaltung von Bild 6.44a haben folgende Werte: $R_1 = 10 \, \Omega$, $R_2 = 5 \, \Omega$, $R_3 = 35 \, \Omega$, $R_4 = 15 \, \Omega$, $R_5 = 40 \, \Omega$. Welchen Betrag hat der Ersatzwiderstand der Brücken-schaltung?

1. Schritt: Umwandlung des Widerstandsdreiecks A, B, C in eine Sternschaltung:

$$R_{12} = \frac{R_1 \cdot R_2}{R_1 + R_2 + R_3} = \frac{10 \, \Omega \cdot 5 \, \Omega}{10 \, \Omega + 5 \, \Omega + 35 \, \Omega} = \underline{1 \, \Omega}$$

$$R_{23} = \frac{R_2 \cdot R_3}{R_1 + R_2 + R_3} = \frac{5 \, \Omega \cdot 35 \, \Omega}{10 \, \Omega + 5 \, \Omega + 35 \, \Omega} = \underline{3,5 \, \Omega}$$

$$R_{13} = \frac{R_1 \cdot R_3}{R_1 + R_2 + R_3} = \frac{10 \, \Omega \cdot 35 \, \Omega}{10 \, \Omega + 5 \, \Omega + 35 \, \Omega} = \underline{7 \, \Omega}$$

Der Beweis für die Richtigkeit dieser Formeln kann durch die Kontrolle der Gleichheit der Widerstände zwischen den Eckpunkten beider Figuren erbracht werden:

In der Dreieckschaltung ist der Widerstand zwischen den Punkten A und C:

$$R_{AC} = \frac{R_1 \cdot (R_2 + R_3)}{R_1 + R_2 + R_3} = \frac{10 \, \Omega \cdot (5 + 35) \, \Omega}{10 \, \Omega + 5 \, \Omega + 35 \, \Omega} = \underline{8 \, \Omega}$$

In der Sternschaltung ist:

$$R_{AC} = R_{12} + R_{13} = 1 \, \Omega + 7 \, \Omega = \underline{8 \, \Omega}$$

Die Widerstände R_{AB} und R_{BC} können entsprechend zwischen den Schaltungen verglichen wer-den.

2. Schritt: Einfügen von Ersatzwiderständen für die Reihenschaltungen von R_5 mit R_{12} und R_4 mit R_{23} (Bilder 6.44c→d):

$$R_{ers1} = R_5 + R_{12} = 40 \, \Omega + 1 \, \Omega = 41 \, \Omega$$

$$R_{ers2} = R_4 + R_{23} = 15 \, \Omega + 3,5 \, \Omega = 18,5 \, \Omega$$

3. Schritt: Ersatzwiderstand für die Parallelschaltung aus R_{ers1} mit R_{ers2} (Bilder 6.44d→e):

$$R_{ers3} = \frac{R_{ers1} \cdot R_{ers2}}{R_{ers1} + R_{ers2}} = \frac{41 \, \Omega \cdot 18,5 \, \Omega}{41 \, \Omega + 18,5 \, \Omega} = 12,75 \, \Omega$$

4. Schritt: Errechnung des Gesamtwiderstandes

$$R = R_{ers3} + R_{13} = 12{,}75\,\Omega + 7\,\Omega = \underline{19{,}75\,\Omega}$$

6.8 Widerstandsbauelemente

6.8.1 Lineare Festwiderstände

Widerstände sind wichtige passive Bauelemente der Elektrotechnik — insbesondere der Elektronik. Für die unterschiedlichsten Anwendungsfälle werden verschiedenste Anforderungen an Widerstände gestellt, z.b. bezüglich Widerstandsnennwert, Auslieferungstoleranz, Belastbarkeit, Temperaturabhängigkeit, Frequenzabhängigkeit, zeitlicher Stabilität (Alterung), mechanischer Beanspruchbarkeit (z.B. Schüttelfestigkeit), Anwendungsklasse (Umgebungstemperatur und Feuchtigkeit).

Festwiderstände haben einen festen Nennwert. Die Nennwerte von Widerständen sind — wie bei anderen Bauelementen — nach internationalen Reihen gestaffelt.

6.8.1.1 Staffelung der Nennwerte

Die Nennwerte von Widerständen sind, von wenigen Ausnahmen abgesehen, nach den E-Reihen gestaffelt (DIN 41426). Die E-Reihen sind so aufgebaut, daß das Verhältnis zweier aufeinanderfolgender Nennwerte derselben Reihe stets gleich ist. Die Ziffern wiederholen sich in jeder Dekade; d.h., jede Dekade erhält die gleiche Anzahl Nennwerte. So ist z.B. die Reihe E 6 in 6 Werte je Dekade

Tabelle 6.2 Staffelung von Nennwerten nach E-Reihen

Reihe	E 6	E 12	E 24
Toleranz	±20%	±10%	±5%
	1,0	1,0	1,0
			1,1
		1,2	1,2
			1,3
	1,5	1,5	1,5
			1,6
		1,8	1,8
			2,0

Reihe	E 6	E 12	E 24
Nennwert	2,2	2,2	2,2
			2,4
		2,7	2,7
			3,0
	3,3	3,3	3,3
			3,6
		3,9	3,9
			4,3
	4,7	4,7	4,7
			5,1
		5,6	5,6
			6,2
	6,8	6,8	6,8
			7,5
		8,2	8,2
			9,1

unterteilt und E 12 in 12 Werte (Tabelle 6.2). Die Nennwerte der Reihen E 6, E 12 und E 24 sind auf zwei Ziffern und die der Reihen E 48 und E 96 auf drei Ziffern gerundet.

Jeder E-Reihe ist eine feste Toleranz zugeordnet, bei der die obere Toleranzgrenze eines Nennwerts an die untere Toleranzgrenze des nächsthöheren Nennwerts stößt. Wegen der Rundungen der Nennwerte kommt es teilweise zu kleinen Überschneidungen.

Beispiel: Einige Werte der Reihe E 12 mit Toleranzgrenzen ± 10%.

Nennwert	1	1,2	1,5	1,8	2,2
genauer Wert	1,000	1,212	1,468	1,778	2,154
untere/obere Toleranzgrenzen	0,9/1,1	1,08/1,32	1,35/1,65	1,62/1,98	1,98/2,42

6.8.1.2 Kennzeichnung von Festwiderständen

Zur Kennzeichnung von Widerständen kleinerer Bauformen wird heute allgemein der *internationale Farbcode* verwendet. Bei Widerständen höherer Belastbarkeit (mehrere Watt) sind Nennwert, Toleranz und Nennleistung häufig als Zahlenwerte aufgedruckt.

Die Farbkennzeichnung von Widerständen nach dem internationalen Farbcode nach DIN 41429 erfolgt je nach Bauform durch Ringe, Striche oder Punkte. Der erste Ring oder Strich liegt näher am Ende des Widerstandes, während der letztere einen größeren Abstand zum Ende aufweist (Bild 6.45).

Widerstände der Reihen E 6, E 12 und E 24 sind durch vier Ringe gekennzeichnet (Tabelle 6.3 und Bild 6.45).

Tabelle 6.3 Internationaler Farbcode zur Kennzeichnung von Festwiderständen (Reihen E 6 bis E 24)

	1. Ring	2. Ring	3. Ring	4. Ring
	Nennwert in Ω			Toleranz in %
Farbe	1. Ziffer	2. Ziffer	Multiplikator	
schwarz	0	0	1	—
braun	1	1	10^1	± 1
rot	2	2	10^2	± 2
orange	3	3	10^3	—
gelb	4	4	10^4	—
grün	5	5	10^5	± 0,5
blau	6	6	10^6	—
violett	7	7	10^7	—
grau	8	8	10^8	—
weiß	9	9	10^9	—
gold	—	—	10^{-1}	± 5
silber	—	—	10^{-2}	± 10
keine	—	—	—	± 20

1. Ziffer:	gelb	orange	blau
2. Ziffer:	violett	orange	grau
Multiplikator:	orange	braun	gold
Toleranz:	gold	silber	gold

$R = 47k\Omega \pm 5\%$ | $330\Omega \pm 10\%$ | $6,8\Omega \pm 5\%$

Bild 6.45 Beispiele für Farbkennzeichnung von Widerständen

Widerstände der Reihen E 48 und E 96 sind durch fünf Ringe gekennzeichnet, da hier drei Wertziffern erforderlich sind:

1. Ring	2. Ring	3. Ring	4. Ring	5. Ring
1. Ziffer	2. Ziffer	3. Ziffer	Multiplikator	Toleranz

6.8.1.3   Belastbarkeit von Widerständen

Die Belastbarkeit von Widerständen wird durch die Nennleistung angegeben. Sie ist abhängig von der Baugröße (Oberfläche), der zulässigen Oberflächentemperatur und der Umgebungstemperatur. Die Hersteller geben die Nennleistung meist für eine Umgebungstemperatur von $\vartheta_u = 40\,°C$, häufig zusätzlich bei $\vartheta_u = 70\,°C$ an. Sie gilt bei waagerechter freier Anordnung. *Bei mehreren eng nebeneinanderliegenden, höher belasteten Widerständen oder allgemein erhöhter Umgebungstemperatur müssen Widerstände mit höherer Nennleistung gewählt werden.*

Es ist nicht möglich, allein aus der Baugröße auf die Nennleistung eines Widerstandes zu schließen, da die zulässigen Oberflächentemperaturen der verschiedenen Widerstandsmaterialien voneinander abweichen. Bei Schichtwiderständen ist nicht erkennbar, welches Widerstandsmaterial vorliegt. In den letzten Jahren sind durch temperaturbeständigere Materialien die Nennleistungen, vor allem von Schichtwiderständen, bei gleichen Baugrößen gestiegen.

Schichtwiderstände sind nach Nennleistungen gestaffelt (DIN 41400):

Nennleistung in W	0,05	0,1	0,25	0,5	1	2	3	6	10	20
Anschlußart	Draht		oder			Fahne			Schelle	
Körper	Stab (voll)				Stab oder Rohr			Rohr		

6.8.1.4   Bauformen von Festwiderständen

6.8.1.4.1 Drahtwiderstände

Drahtwiderstände bestehen aus einem massiven oder rohrförmigen Wickelkörper, auf den eine Wicklung aus Widerstandsdraht aufgebracht ist (Bild 6.46).

Als Widerstandsdrähte finden Legierungen mit geringem Widerstands-Temperaturbeiwert, wie z.B. Konstantan oder Manganin (Abschnitt 6.2.2), Verwendung. Als elektrische Isolierung und zum Schutz gegen mechanische Beschädigung sowie gegen Korrosion sind Drahtwiderstände meist mit einer Umhüllung versehen, die aus einer Glasur, Zementschicht oder Lackschicht (Silikonbasis)

236

Bild 6.46 Aufbau von
Drahtwiderständen
a) Widerstand mit Kappen
b) Hochlastwiderstände

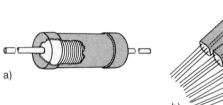

a)

b)

besteht. Widerstände ohne Umhüllung sind oft mit verstellbarer Abgreifschelle versehen. Die Anschlüsse bestehen aus aufgepreßten Metallkappen oder — bei größeren Nennleistungen — Schellen.

Hochlastdrahtwiderstände für besondere Sicherheitsanforderungen sind in einen Keramikkörper eingekittet (Bild 6.46).

Mehrfachwiderstände enthalten vier Widerstände in einem Keramikkörper, die im Verhältnis $1 R : 2 R : 4 R : 8 R$ stehen. Durch Kombinieren können daraus 47 Widerstandswerte zwischen $0,5 R$ und $15 R$ erzielt werden. Bei $R = 100 \Omega$ und Nennleistung $P_N = 10$ W lassen sich also Werte zwischen $R = 50 \Omega$ bis $R = 1500 \Omega$ mit $P_N = 10$ W kombinieren.

Diese Mehrfachwiderstände sind besonders für Erprobungsphasen oder Reparaturzwecke geeignet, weil Hochlastwiderstände oft nicht in allen benötigten Werten zur Verfügung stehen. Drahtwiderstände werden in einem großen Widerstandsbereich von mΩ bis MΩ gefertigt. Sie sind in engen Toleranzen (z.B. ±0,01%) lieferbar und haben eine hohe Stabilität (geringe Alterung). Sie werden vorzugsweise dort eingesetzt, wo hohe Nennleistungen und kleine Baugrößen verlangt sind. Wegen der relativ hohen zulässigen Betriebstemperatur (bis 450 °C) sind sie kleiner als z.B. Kohleschichtwiderstände gleicher Nennleistung.

Nachteilig ist die relativ hohe Frequenzabhängigkeit infolge der Eigeninduktivität der Wicklung. Besondere Bauformen sind durch spezielle Anordnung der Wicklung (z.B. Bifilarwicklung) induktionsarm ausgeführt. Typische Anwendungsfälle für Drahtwiderstände sind: Präzisionswiderstände z.B. in Meßgeräten, Last-, Vorschalt- und Anlaßwiderstände, Nebenwiderstände (Shunts) bei Strommessung und Regelung sowie Spannungsteiler höherer Belastbarkeit oder Präzision.

Drahtwiderstände werden auch als Kombinationen aus Vorwiderstand und Sicherung hergestellt. Der Widerstand besitzt eine Sicherheitslötstelle. Bei Überschreitung der Grenzleistung als Folge eines Fehlers in der Schaltung steigt die Temperatur bis zur Schmelztemperatur des federnden Anschlußdrahts, der mit speziellem Lot angelötet ist.

6.8.1.4.2 Schichtwiderstände

Schichtwiderstände bestehen aus einem massiven oder rohrförmigen Keramik- oder Glaskörper, auf den eine Widerstandsschicht aufgebracht ist. Eine Umhüllung aus wärmebeständigem Lack bewirkt elektrische Isolation, mechanischen Schutz und verhindert Korrosion (Bild 6.47). Die Widerstandswerte lassen sich durch Schichtdicke und Zusammensetzung des Widerstandsmaterials einstellen. Eine Vergrößerung und der genaue Abgleich des Widerstandswertes erfolgen durch Einschleifen von Rillen in die Widerstandsschicht bis auf den Trägerkörper. Übliche Schliffmuster sind (Bild 6.47c):

a) der Wendelschliff, eine spiralförmig umlaufende Rille. Die gewendelte Widerstandsbahn hat jedoch eine Vergrößerung der Eigeninduktivität zur Folge.

b) der Mäanderschliff; er führt dagegen zu geringerer Vergrößerung der Eigeninduktivität.

237

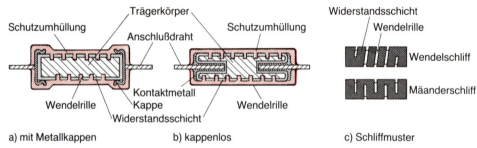

Schutzumhüllung   Trägerkörper   Anschlußdraht   Schutzumhüllung   Widerstandsschicht   Wendelrille

Wendelschliff

Mäanderschliff

Wendelrille   Kontaktmetall   Kappe   Widerstandsschicht   Wendelrille

a) mit Metallkappen   b) kappenlos   c) Schliffmuster

Bild 6.47   Aufbau von Schichtwiderständen

Zum Erreichen feinerer Schliffmuster mit schmaleren Widerstandsbahnen verwendet man heute anstelle von Schleifscheiben häufig Laserstrahlen. Im Laserstrahl verdampft die Widerstandsschicht. Der Widerstandswert wird während dieses Vorgangs gemessen und mit enger Toleranz abgeglichen.

Bezüglich der Kontaktierung unterscheidet man:

a) bekappte Widerstände. Die aufgepreßten Metallkappen sind mit angeschweißten Anschlußdrähten versehen.

b) kappenlose Widerstände. Die Anschlußdrähte sind in den Widerstandskörper eingekittet und leitend mit der Widerstandsschicht verbunden. Kappenlose Widerstände sind zuverlässiger und haben geringere Baugröße und Kapazität als bekappte Widerstände gleicher Leistung.

Schichtwiderstände müssen nach der Art des Widerstandsmaterials unterschieden werden:

a) **Kohleschichtwiderstände** verwenden ein Kohlegemisch als Widerstandsmaterial. Es lassen sich hohe Widerstandswerte und Nennleistungen herstellen. Nachteilig ist die zunehmende Temperaturabhängigkeit (negativer Temperaturkoeffizient) und alterungsbedingte Widerstandsänderungen bei größer werdenden Nennwerten. Anwendung erfolgt allgemein in der Elektronik bei geringeren Anforderungen an die Stabilität des Widerstandswerts. Es werden jedoch auch Kohleschichtwiderstände für höhere Anforderungen hergestellt.

b) **Metalloxidschichtwiderstände** verwenden als Widerstandsmaterial Metalloxide, die besonders temperaturbeständig und mechanisch stabil sind. Vorteilhaft sind besonders hohe zulässige Betriebsspannungen und Impulsfestigkeit. Wegen der höheren Grenztemperatur sind sie kleiner als Kohleschichtwiderstände gleicher Nennleistung. Nachteilig ist der hohe Temperaturbeiwert und geringe Stabilität bei hohen Nennwerten.

c) **Metallschicht- oder Metallfilmwiderstände** haben als Widerstandsmaterial eine besonders dünne, im Vakuum aufgedampfte Metallschicht. Bei hochwertigen Bauelementen handelt es sich um Edelmetallegierungen (Edelmetallschicht- oder EMS-Widerstände).
Metallschichtwiderstände zeichnen sich durch besonders hohe Zuverlässigkeit, geringen Temperaturbeiwert und hohe Stabilität des Widerstandswerts aus.

6.8.1.4.3   Widerstandsmodule

Um den Bestückungsaufwand und den Flächenbedarf auf Leiterplatten elektronischer Schaltungen zu verringern, verwendet die Industrie in der Massenproduktion zunehmend Widerstandsmodule. Mehrere Widerstände sind auf einen Keramikträger aufgebracht und verschaltet (Bild 6.48). Bei Dickfilmnetzwerken besteht die Widerstandsschicht aus Kohlegemisch. Dünnschichtwiderstände verwenden aufgedampfte Edelmetallschichten. Bei besonderen Anforderungen an geringe Toleranz erfolgt vor dem Vergießen mit Epoxidharz ein Abgleich durch Abtragung von Material mittels Laserstrahl.

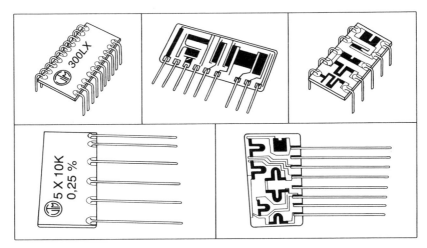

Bild 6.48 Widerstandsmodule

Die Module werden speziell nach Angaben des Anwenders hergestellt. In der Digitalelektronik verwendet man vielfach *Widerstandsarrays,* die aus mehreren gleichen Widerstandswerten bestehen, die einen gemeinsamen Anschluß besitzen.

6.8.2 Verstellbare Widerstände

Verstellbare Widerstände sind meist mit drei Anschlüssen ausgeführt: Anfang, Ende der Widerstandsbahn und Schleifer.

Der Schleiferanschluß ist im allgemeinen zwischen den anderen beiden Anschlüssen angeordnet. Verstellbare Widerstände können als Potentiometer (Spannungsteiler) oder veränderbare Widerstände geschaltet werden (Bild 6.49).

Verstellbare Widerstände können unterschiedliche Aufgaben erfüllen:

a) Als Bedienungselemente (Potentiometer) müssen sie mechanisch stabil ausgeführt sein.

Bild 6.49 Anschlußmöglichkeiten
von verstellbaren Widerständen

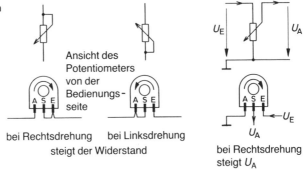

Ansicht des
Potentiometers
von der
Bedienungs-
seite

bei Rechtsdrehung   bei Linksdrehung
steigt der Widerstand

bei Rechtsdrehung
steigt U_A

b) Als Trimmerwiderstände zum Abgleich oder Justieren von Schaltungen haben sie meist geringere Baugröße und einfachen mechanischen Aufbau. Sie überstehen wesentlich weniger Betätigungen als Potentiometer.

c) Als Widerstandsgeber wandeln sie mechanische Größen, wie Drehwinkel oder Weg, in elektrische Signale um. Geberpotentiometer sind oft mechanisch sehr präzise mit größerem Drehwinkel ausgeführt.

Wie bei den Festwiderständen muß bei veränderbaren Widerständen zwischen Draht- und Schichtwiderständen unterschieden werden.

6.8.2.1 Widerstandskurven von Potentiometern

Für die meisten allgemeinen Anwendungen in der Elektronik werden Drehwiderstände mit linearer Widerstandskurve verlangt. Der vom Schleifer abgegriffene Widerstand steigt linear mit dem Drehwinkel bis zum Gesamtwiderstand, der als *Nennwiderstand* bezeichnet wird (Bild 6.50). In besonderen Fällen, z.B. bei Einstellpotentiometern in Meßgeräten und Sollwertgebern mit Skala und Zeigerknopf oder bei Geberpotentiometern, ist die Linearität der Widerstandskurve von besonderer Bedeutung. Neben der Toleranz des Nennwiderstandes wird bei Präzisionspotentiometern auch die relative *Linearitätsabweichung* in % angegeben.

In besonderen Fällen verlangt man nichtlineare Widerstandskurven, bei denen der Widerstand nach einer bestimmten Funktion mit dem Drehwinkel steigt oder fällt (Bild 6.50).

Besondere Bedeutung haben *Potentiometer mit logarithmischer Kennlinie als Lautstärkesteller* in elektroakustischen Geräten. Wegen der logarithmischen Empfindlichkeitscharakteristik des menschlichen Ohrs erreicht man nur mit einem positiv-logarithmischen Potentiometer eine mit dem Drehwinkel bzw. Schiebeweg etwa linear zunehmende Lautstärke.

6.8.2.2 Drahtpotentiometer

Drahtdrehwiderstände werden in erster Linie bei höheren Nennleistungen, bei kleineren bis mittleren Widerstandsnennwerten und als Präzisionspotentiometer eingesetzt. Der Widerstandsdraht ist auf einen ringförmigen Keramikkörper gewickelt (Bild 6.51a). Abgesehen von der Schleiferbahn,

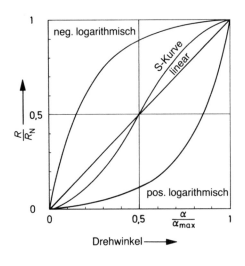

Bild 6.50 Widerstandskurven von Potentiometern

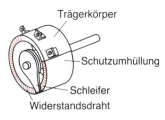

a) Drahtdrehwiderstand

b) Wendelpotentiometer

c) Spindel-Drahttrimmpotentiometer

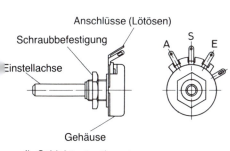

d) Schichtpotentiometer

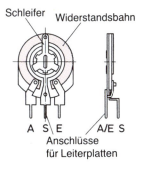

e) Schicht-Trimmpotentiometer für stehenden Einbau auf Leiterplatte

Bild 6.51   Einige Bauformen veränderbarer Widerstände

241

ist bei offenen Drahtdrehwiderständen der Widerstandskörper meist mit einer isolierenden Zementschicht oder Glasur geschützt.

Präzisions-Drahtpotentiometer (Bild 6.51b) mit hoher Auflösung und Linearität sind *Wendelpotentiometer*. Der Widerstandsdraht ist als feine Wendel auf einen Kunststoffstab gewickelt, ringförmig in das geschlossene Gehäuse eingelegt. Der Schleifer ist oft ein an einem Hebelarm befestigtes Röllchen. Bei *mehrgängigen Wendelpotentiometern* mit z.B. 10 Umdrehungen für einen vollen Durchlauf ist die Widerstandswendel in entsprechend vielen nebeneinanderliegenden Windungen im Gehäuse verteilt. Der Schleifer wird auf der Wendel entlanggeführt.

Spindel-Trimmpotentiometer enthalten einen normalen, unbeschichteten Drahtwiderstand. Ein Schleifkontakt, der an einer Wandermutter befestigt ist, wird bei Drehung der Spindel verschoben (Bild 6.51c). Die Spindel wird mittels Schraubendreher oder Rändelrad gedreht. Da relativ viele Umdrehungen bei Verstellung des Schleifers erforderlich sind, ermöglichen Spindeltrimmer einen besonders feinen Abgleich.

6.8.2.3 Schichtpotentiometer

Die Widerstandsschicht besteht bei Schichtpotentiometern aus einem abriebfesten Kohlegemisch, das als ringförmige Bahn auf einen Keramik- oder Hartpapierträger aufgebracht ist. Der Schleifer ist meist ein an einer Metallfeder befestigter Kohlekontakt. Bei verschleißarmen Typen wird eine feststehende Scheibe an entsprechender Stelle von dem drehbar gelagerten Arm auf die Widerstandsbahn gedrückt.

Schiebewiderstände werden häufig als Lautstärkesteller mit logarithmischer Widerstandskurve eingesetzt. Die Widerstandsbahn ist geradlinig angeordnet. Der logarithmische Widerstandsverlauf ist durch unterschiedliche Breite der Widerstandsbahn realisiert.

Schicht-Trimmpotentiometer sind meist offene Drehwiderstände mit einfacher mechanischer Ausführung (Bild 6.51e). Wird die Forderung nach einem Feinabgleich gestellt, sollten *Spindel-Trimmpotentiometer* eingesetzt werden. Der Aufbau entspricht dem der Draht-Spindeltrimmpotentiometer mit einer Widerstandsbahn aus einer Kohleschicht anstelle des Drahtwiderstandes.

6.9   Temperaturabhängige Widerstände

6.9.1   Heißleiter- oder NTC-Widerstände

6.9.1.1   Aufbau und Eigenschaften von Heißleitern

> Heißleiter oder NTC-Widerstände sind Halbleiterbauelemente, deren elektrischer Widerstand bei Erwärmung sinkt.

Heißleiter haben also einen **n**egativen Temperaturbeiwert oder Temperaturkoeffizienten (engl. Coefficient).

Der Temperaturbeiwert von NTC-Widerständen liegt im Bereich der Raumtemperatur je nach Typ zwischen $\alpha \approx -3\%/K$ bis $-6\%/K$. Der Temperaturbeiwert ist damit etwa zehnmal höher als der meisten reinen Metalle ($\alpha \approx 0,4\%/K$ abgesehen von dem umgekehrten Vorzeichen).

NTC-Widerstände bestehen aus gesinterten keramischen Mischkristallen von halbleitenden Schwermetalloxiden. Ausgenutzt wird im wesentlichen die mit steigender Temperatur wachsende

242

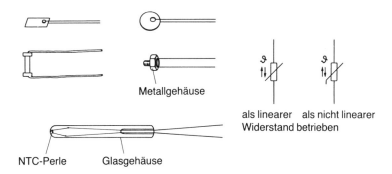

Bild 6.52 Bauformen und Schaltzeichen von NTC-Widerständen

Metallgehäuse

als linearer als nicht linearer
Widerstand betrieben

NTC-Perle   Glasgehäuse

Eigenleitfähigkeit. Die Eigenleitfähigkeit entsteht in Halbleitern durch das Freisetzen von Ladungsträgern (Elektronen und Löcher) infolge des Aufbrechens von Elektronenpaarbindungen durch Wärmeschwingungen.

Die Bauformen von NTC-Widerständen sind Scheiben, Stäbe und Perlen (Bild 6.52).

Kontaktierung erfolgt durch aufgebrannte Silberpaste mit angelöteten Drähten. Bei Perlen sind die Drähte mit eingesintert. Um zeitlich stabile elektrische Werte zu erhalten, erfolgt vor der Auslieferung meist eine künstliche Alterung.

Kennwerte von NTC-Widerständen sind:

a) *Nennwiderstand* R_N ist der Widerstandswert bei der Nenntemperatur ϑ_N. Auf den Widerstand R_N ist auch die Auslieferungstoleranz bezogen.

b) Als *Nenntemperatur* ϑ_N wird bei NTC-Widerständen für allgemeine Anwendung die Raumtemperatur $\vartheta_N = 20\,°C$ bzw. 25 °C gewählt. Für Anwendung als Temperaturfühler in einem anderen Temperaturbereich, z.B. in Gefriergeräten ($\vartheta_N = -30\,°C$) oder aufgeheizte Flüssigkeiten ($\vartheta_N = 90\,°C$), wird die Nenntemperatur entsprechend geändert.

c) Die *Temperaturabhängigkeit* des Widerstandes ist im allgemeinen als Kurve $R = f(\vartheta)$ dargestellt. Wegen des großen Widerstandsbereichs ist dieser meist logarithmisch aufgetragen (Bild 6.53). Für die Berechnung, auf die hier jedoch nicht eingegangen werden soll, ist eine Materialkonstante B in K angegeben.

d) Die thermische Abkühlzeitkonstante τ_{th} ist die Zeit, nach der sich sein Temperaturunterschied zur Temperatur des umgebenden Mediums nach Abschaltung einer elektrischen Belastung bis auf 37% verringert hat. Sie gilt auch bei plötzlichen Änderungen der Umgebungstemperatur und ist damit ein Maß für die Trägheit bei Temperaturfühlern. Die thermische Zeitkonstante ist von der Masse, der Oberfläche des NTC-Widerstandes und der Wärmeleitung des umgebenden Mediums abhängig. Bei kleinen, perlenförmigen NTC-Widerständen liegt sie im Sekundenbereich.

Grenzwerte *von NTC-Widerständen* sind maximale Temperatur ϑ_{max} und Belastbarkeit P_{max}.

Bei Betrieb von NTC-Widerständen sind zwei Bereiche zu unterscheiden:

a) *Bei Fremderwärmung ist die im Widerstand auftretende Leistung so gering, daß praktisch keine Erwärmung gegenüber dem umgebenden Medium auftritt.* Temperaturfühler arbeiten im Bereich der Fremderwärmung mit geringer Verlustleistung.

b) *Im Bereich der Eigenerwärmung tritt aufgrund der höheren elektrischen Verlustleistung im Widerstand eine Erwärmung gegenüber dem umgebenden Medium auf.* Der NTC-Widerstand darf ohne Strombegrenzung, z.B. durch einen Vorwiderstand, nicht bis zum Kippunkt (Bild 6.54) betrieben werden. Durch den abnehmenden Widerstand würde der Strom bis zur Selbstzerstörung steigen. Wird der Strom jedoch durch einen Vorwiderstand begrenzt, nimmt oberhalb des Kippunkts die Spannung am NTC-Widerstand mit steigendem Strom ab (Bild 6.54). Der Widerstand des

243

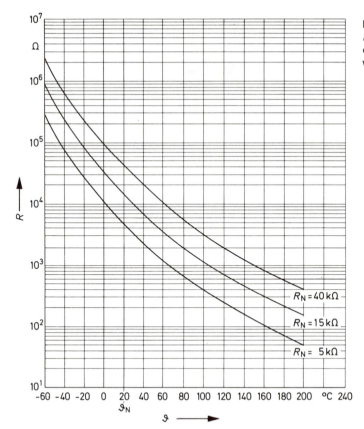

Bild 6.53 Widerstandskurven $R = f(\vartheta)$ von NTC-Widerstän-den unterschiedlicher Nenn-widerstände

NTC-Widerstandes nimmt oberhalb des Kippunkts stärker ab als der Strom steigt, dadurch sinkt die Spannung. Bei NTC-Widerständen wird in einem Spannungs-Strom-Diagramm $U_{NTC} = f(I_{NTC})$ die Spannung aufgetragen, die sich nach Erreichen des thermischen Gleichgewichts bei unterschied-lichen Strömen an ihm einstellt. Die Temperatur des umgebenden Mediums (z.B. Luft oder Wasser) bleibt dabei konstant (Parameter).

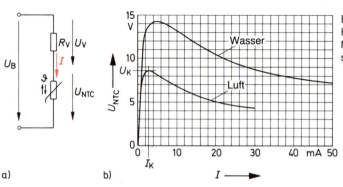

Bild 6.54 Spannungs-Strom-Kennlinie $U = f(I)$ eines NTC-Widerstandes in unter-schiedlicher Umgebung

a)   b)

244

Der NTC-Widerstand ist im Bereich der Eigenerwärmung ein nichtlinearer Widerstand. Infolge der thermischen Zeitkonstante stellt sich ein neuer stabiler Zustand stets mit Verzögerung ein.

Die Verzögerung, mit der der Strom im NTC-Widerstand bei Eigenerwärmung nach dem Einschalten ansteigt, wird in *Anlaßheißleitern* z.b. zur Unterdrückung von Einschalt-Stromspitzen und zur Anzugsverzögerung von Relais ausgenutzt.

Endtemperatur und Endwiderstand, die sich bei Betrieb im Bereich der Eigenerwärmung einstellen, hängen stark von der Wärmeleitfähigkeit des umgebenden Mediums ab. Diese Eigenschaft wird z.b. zur Niveaugrenzwerterfassung von Flüssigkeiten und in Analysegeräten für Gase ausgenutzt.

Der durch die Strömung eines umgebenden Gases auftretende Wärmetransport führt zu einer Abkühlung, die zur Messung von Strömungsgeschwindigkeiten ausgenutzt wird.

6.9.1.2 Anwendung von NTC-Widerständen

a) Temperaturfühler

In *Widerstandsthermometern* dienen häufig NTC-Widerstände als Temperaturfühler. Vorteil gegenüber anderen Temperaturfühlern ist die kurze Ansprechzeit bei kleiner Masse (Perlen) und die hohe Empfindlichkeit.

In einfachen Meßgeräten bildet der NTC-Widerstand mit einem Vorwiderstand in Reihe an einer konstanten Spannung einen temperaturabhängigen Spannungsteiler. *Am NTC-Widerstand sinkt die Spannung, und am Vorwiderstand steigt die Spannung bei Erwärmung, weil der Strom steigt* (Bild 6.54a).

Zur Temperaturmessung in kleinen Temperaturbereichen wird der NTC-Widerstand in eine Brückenschaltung gelegt (Abschnitt 6.7.2). Die Brückenschaltung kann bei der Bezugstemperatur, bei der der Meßbereich beginnt, abgeglichen sein. Zur Messung von Temperaturdifferenzen liegen zwei NTC-Widerstände in einem Brückenzweig in Reihe. Die Brücke wird nur durch Temperaturunterschiede zwischen den beiden Fühlern verstimmt.

b) Temperaturkompensation

Der NTC-Widerstand hat die Aufgabe, den unerwünschten Einfluß zu kompensieren, den andere Bauteile aufgrund ihrer Temperaturabhängigkeit auf eine Schaltung ausüben. Tritt in dem Bauelement wegen seiner Verlustleistung eine Eigenerwärmung auf (z.B. Leistungstransistor), muß der NTC-Fühler mit diesem in thermisch engem Kontakt stehen.

c) Anzugsverzögerung von Relais

Der NTC-Widerstand wird im Bereich der Eigenerwärmung betrieben und liegt in Reihenschaltung mit dem Lastwiderstand, der Relaisspule (Bild 6.55a). Auf Raumtemperatur abgekühlt, ist der NTC-Widerstand hochohmig. Beim Anlegen der Betriebsspannung fließt nur ein kleiner Strom (I_A) (Bild 6.55b, Arbeitspunkt A). Infolge der Eigenerwärmung sinkt der Widerstandswert des Heißleiters. Der Arbeitspunkt bewegt sich zu größeren Stromwerten, bis sich im thermischen Gleichgewicht ein stabiler Punkt einstellt (Arbeitspunkt B).

Meist wird der Anlaßheißleiter durch das Relais beim Anzug überbrückt. Das Relais erhält somit die volle Betriebsspannung, und der Heißleiter kann sich wieder abkühlen. Die Wiederbereitschaftszeit wird dadurch verkürzt, denn die Verzögerung ist erneut erst nach Abkühlung des Heißleiters wieder voll wirksam.

Durch unterschiedliche Masse der Umhüllung von Anlaßheißleitern werden Anzugsverzögerungszeiten von einigen zehntel bis zu einigen Sekunden erreicht.

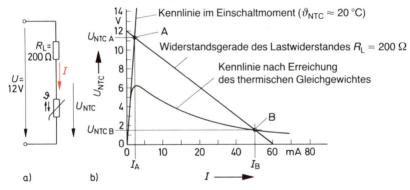

Bild 6.55 Spannungs-Strom-Kennlinie eines Anlaßheißleiters mit der Widerstandsgeraden des Lastwiderstandes

d) Stromstoßunterdrückung

Ein im Bereich der Eigenerwärmung betriebener NTC-Widerstand, der mit dem Lastwiderstand in Reihe liegt, kompensiert durch seinen hohen Anfangswiderstand den geringen Einschaltwiderstand der Last, z.B. einer Glühlampe oder eines Heizfadens. Er unterdrückt den Einschaltstromstoß und kann dadurch andere Bauelemente, z.B. Heizfäden von Röhren, schützen.

e) Spannungsstabilisierung

Ein NTC-Widerstand hat im Bereich der Eigenerwärmung einen negativen differentiellen Widerstand. Die Spannung sinkt, wenn auch mit einer Verzögerung, bei steigendem Strom. Wird dieses Sinken der Spannung durch Reihenschaltung mit einem weiteren geeigneten linearen Widerstand gerade kompensiert, bleibt an der Reihenschaltung in einem begrenzten Strombereich die Spannung nahezu konstant (Bild 6.56). Diese Schaltung eignet sich besonders zum Stabilisieren von Wechselspannungen, da der NTC-Widerstand wegen seiner Trägheit seinen Widerstand nicht mit der Frequenz ändert.

f) Steuerbarer Widerstand

Fremdgeheizte Heißleiter bestehen aus einer Heißleiterperle, die mit einer Heizwicklung versehen in Glas eingeschmolzen ist. Der Widerstand der Heißleiterperle ist durch einen kleinen Heizstrom (z.B. 0 bis 10 mA) in einem weiten Bereich steuerbar. Anwendung erfolgt z.B. zur Amplitudenregelung in der Hf-Technik und in der Meßtechnik zur Effektivwertmessung.

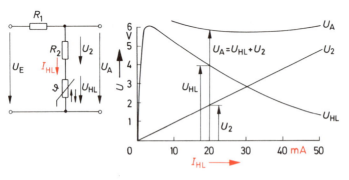

Bild 6.56
Spannungsstabilisierung
mit NTC-Widerstand

246

6.9.2 Kaltleiter oder PTC-Widerstände

6.9.2.1 Aufbau und Eigenschaften von PTC-Widerständen

> Kaltleiter oder PTC-Widerstände sind Halbleiterbauelemente, deren Widerstandswert in einem bestimmten Temperaturbereich mit steigender Temperatur stark ansteigt.

Die Temperatur, oberhalb der der Widerstandswert stark ansteigt, liegt je nach Typ zwischen ca. $-30\,°C$ bis $+200\,°C$ (Bild 6.57). Der Temperaturkoeffizient liegt im anschließenden Bereich je nach Typ zwischen $\alpha \approx +6\%/K$ und $+60\%/K$. Er beträgt damit nochmals rund das Zehnfache, bezogen auf NTC-Widerstände (abgesehen vom umgekehrten Vorzeichen).

PTC-Widerstände sind bei hohen Temperaturen (bis $1400\,°C$) gesinterte Keramikkörper (Titanatkeramik) aus einem Kristallgemisch. Der starke Widerstandsanstieg bei Erwärmung entsteht durch eine Umwandlung der Kristallgefüge, bei der an den Korngrenzen Sperrschichten entstehen. Der betreffende Temperaturbereich hängt von der Zusammensetzung ab. Unterhalb dieses Temperaturbereichs verhalten sich PTC-Widerstände wie normale Halbleiter, d.h., der Widerstand sinkt bei steigender Temperatur.

Bild 6.57 Widerstandskurven $R_{PTC} = f(\vartheta_{PTC})$ von PTC-Widerständen mit unterschiedlichen Nenntemperaturen

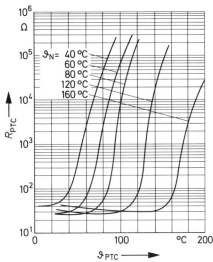

Bauformen von PTC-Widerständen sind Scheiben, Stäbe oder Perlen mit Anschlußdrähten oder — bei größeren Abmessungen — Scheiben mit metallisierten Kontaktflächen.

Kennwerte und Grenzwerte von PTC-Widerständen:

a) Der Minimal- oder Anfangswiderstand R_A ist der Widerstandswert bei der Anfangstemperatur ϑ_A, ab der der Widerstand mit steigender Temperatur zunimmt. Der Anfangswiderstand liegt — je nach Anwendungsbereich — bei einigen Ω bis $k\Omega$.

b) Der Bezugs- oder Nennwiderstand R_N ist der Widerstand bei der Nenntemperatur ϑ_N und die für den Anwender wichtigste Kenngröße. Die Nenntemperatur ist als diejenige Temperatur definiert, bei der der Widerstand auf den doppelten Wert des Anfangswiderstandes gestiegen ist.

c) Für die Überprüfung, z.B. mit dem Ohmmeter, im kalten Zustand ist der Widerstandswert R_{25} bei $\vartheta = 25\,°C$ geeignet.

d) Die thermische Abkühlzeitkonstante τ_{th} ist die Zeit, nach der sich der Temperaturunterschied des Kaltleiters gegenüber seiner Umgebung nach vorheriger Erwärmung um $\approx 63\%$ verringert hat. Sie hängt damit im wesentlichen von seiner Masse, Oberfläche und der Art des umgebenden Mediums ab.

e) Ein Grenzwert ist die zulässige Temperatur ϑ_{max}.

f) Da im PTC-Widerstand bei hohen Widerstandswerten Sperrschichten vorhanden sind, zeigt sich eine gewisse Spannungsabhängigkeit des Widerstands (Varistoreffekt). Bei der Anwendung als Temperaturfühler soll die Meßspannung daher möglichst unterhalb $U \leq 1,5$ V bleiben. Für andere Anwendungen ist eine maximal zulässige Betriebsspannung U_{max} angegeben.

Je nach Anwendung wird auch der PTC-Widerstand im Bereich der Fremd- oder Eigenerwärmung betrieben. In der Strom-Spannungs-Kennlinie ist der Strom I in Abhängigkeit von der Spannung U in ruhender Luft bei $\vartheta_u = 25\,°C$ Umgebungstemperatur aufgetragen (Bild 6.58).

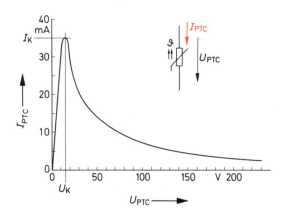

Bild 6.58 Strom-Spannungs-Kennlinie $I_{PTC} = f(U_{PTC})$ eines PTC-Widerstandes (in ruhender Luft)

a) Im Bereich der Fremderwärmung bei kleiner Spannung ($U \leq 1,5$ V) ist die Verlustleistung so gering, daß der Kaltleiter die Temperatur des umgebenden Mediums annimmt.

b) Im Bereich der Eigenerwärmung bei Erhöhung der Betriebsspannung über den Kippunkt (U_K; I_K) hat sich die Temperatur des Kaltleiters in den Bereich des steilen Widerstandsanstiegs erhöht. Der Strom sinkt bei steigender Spannung. Bei konstanter Spannung stellt sich ein stabiler Arbeitspunkt ein, wenn das thermische Gleichgewicht zwischen zugeführter elektrischer Leistung und an die Umgebung abgegebener Wärmeleistung besteht. *Der PTC-Widerstand begrenzt oberhalb des Kippunkts den Strom auf einen relativ geringen Wert; er kann sich ohne Vorwiderstand daher nicht selbst zerstören.*

6.9.2.2   Anwendung von PTC-Widerständen

a) Temperaturfühler

Beim Betrieb im Bereich der Fremderwärmung stellt der PTC-Widerstand im Temperaturbereich des steilen Anstiegs seiner Widerstands-Temperaturkurve einen sehr empfindlichen Temperaturfühler dar. Die Nenntemperatur wird dabei so gewählt, daß sie kurz unter dem Temperaturmeßbereich liegt. Häufigste Anwendungsart als Temperaturfühler ist der Schutz elektrischer Maschinen vor Überlastung. PTC-Widerstände spezieller Bauformen werden in die Wicklungen mit eingelegt.

b) Verzögertes Schaltglied

Beim Anlegen einer Spannung an eine Reihenschaltung aus Kaltleiter und Lastwiderstand, die in den Bereich der Eigenerwärmung führt, stellt der Kaltleiter zunächst einen niederohmigen Vorwiderstand dar. Strom und Spannung am Lastwiderstand sinken stark ab, sobald der PTC-Widerstand die Anfangstemperatur überschreitet. Anwendung erfolgt z.B. bei verzögerter Abschaltung der Entmagnetisierungsdrosseln bei Farbfernsehbildröhren, Abfallverzögerung von Relais für Anlauf-Hilfswicklungen von Einphasen-Induktionsmotoren und flackerfreie Leuchtstofflampenstarter.

c) Überstromsicherung

Ein niederohmiger Kaltleiter liegt in Reihe mit dem zu schützenden Verbraucher an der Versorgungsspannung. Der normale Betriebsstrom vermag den Kaltleiter nicht in den Bereich des ansteigenden Widerstandes zu erwärmen. Erst eine länger andauernde Überlastung oder Kurzschluß des Verbrauchers erwärmen den PTC-Widerstand so weit, daß er den Strom absenkt.

d) Flüssigkeitsniveau-Grenzwertgeber

Der Kippunkt der Strom-Spannungs-Kennlinie eines PTC-Widerstandes hängt wesentlich von der Wärmeleitfähigkeit des umgebenden Mediums ab. In Luft kann der Arbeitspunkt im hochohmigen Bereich liegen, so daß an dem in Reihe liegenden Lastwiderstand (z.B. Relais oder Signallampe) eine geringe Spannung abfällt. Taucht der PTC-Widerstand in Flüssigkeit ein, wird der Arbeitspunkt durch Abkühlung in den niederohmigen Bereich verlagert. Der größte Teil der Betriebsspannung liegt nun am Lastwiderstand.

e) Heizer mit Thermostatwirkung

Liegt ein PTC-Widerstand direkt an einer genügend hohen Betriebsspannung, wird ihm eine entsprechende Leistung zugeführt. Bei gutem Wärmekontakt zu dem zu erwärmenden Gut dient die Kaltleiterscheibe als Heizer. Ist die Nenntemperatur erreicht, steigt der Widerstand des Heizers, und die zugeführte Leistung sinkt, bis sich das thermische Gleichgewicht einstellt. Bei steigendem Wärmeentzug würde infolge geringfügig sinkender Temperatur auch der Widerstand des Heizers sinken und damit die zugeführte Leistung steigern. Es tritt somit ein Regeleffekt ein. Anwendung erfolgt in Kleinheizsystemen, z.B. Kaffeemaschinen und Eierkochern.

6.10 Spannungsabhängige Widerstände oder Varistoren

Spannungsabhängige Widerstände oder Varistoren, auch VDR (voltage dependent resistor), sind Bauelemente, deren Widerstand mit steigender Spannung abnimmt. Sie sind damit nichtlineare Widerstände, deren Strom überproportional mit der Spannung ansteigt.

Varistoren bestehen aus gesinterten Siliziumkarbidkörnern oder gesinterten Metalloxiden (überwiegend Zinkoxid). Metalloxidvaristoren haben wesentlich steileren Stromanstieg bei Überschreitung der Ansprechspannung. Bei Siliziumkarbidvaristoren verläuft der Stromanstieg am Anfang wesentlich flacher (Bild 6.59). Die Strom-Spannungs-Kennlinien von Varistoren sind im allgemeinen symmetrisch, d.h. unabhängig von der Polarität der angelegten Spannung. Metalloxidvaristoren sind jedoch auch mit unsymmetrischen Kennlinien erhältlich.

Die Spannungsabhängigkeit entsteht an den vielen Sperrschichten, die sich an den Berührungsstellen der Körner ausbilden. Viele derartige Übergänge bilden ein Netzwerk aus Reihen- und Parallelschaltungen. Der Spannungsbereich, in dem der Strom stark ansteigt, liegt je nach Typ zwischen einigen zehn bis tausend Volt. Er wird durch die Korngröße und den Abstand der Metallbeläge bestimmt, d.h. die Zahl der in Reihe liegenden Übergänge.

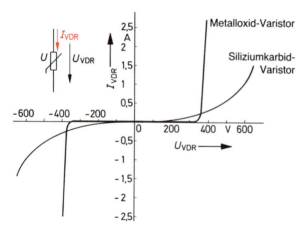

Bild 6.59 Strom-Spannungs-Kennlinien $I_{VDR} = f(U_{VDR})$ von Varistoren

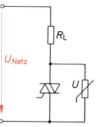

Bild 6.60 Schutzbeschaltung eines
Halbleiterschalters (z.B. Triac)
gegen Überspannungen

Hauptanwendungsbereich von Varistoren liegt im Schutz von Bauelementen und Anlagen vor Überspannungen. Bei entsprechender Dimensionierung vermögen Varistoren sehr energiereiche Überspannungsspitzen zu absorbieren, wie sie z.B. bei Blitzeinschlägen entstehen. Varistoren schützen häufig Halbleiterschalter (z.B. Thyristoren und Triacs) vor schädlichen Überspannungsspitzen, die z.B. beim Schalten induktiver Lasten entstehen. Das Ansprechen auf steile Spannungsimpulse erfolgt innerhalb weniger µs. Varistoren sind stets den zu schützenden Bauelementen oder Schaltungen parallelgeschaltet (Bild 6.60).

7 Arbeit, Leistung, Energie

7.1 Begriff der Arbeit in der Mechanik

Im allgemeinen Sprachgebrauch bezeichnet man alle Tätigkeiten, bei denen ein bestimmter Nutzen erzielt wird, mit Arbeit. In der Mechanik ist der Begriff Arbeit sehr viel strenger definiert:

Arbeit wird verrichtet, wenn ein Weg unter Überwindung eines Widerstandes zurückgelegt wird.

Die Art des zu überwindenden Widerstandes ist dabei ohne Belang. Es kann z.B. ein Reibungswiderstand, ein Trägheitswiderstand, der einer Verformung entgegenwirkende Widerstand oder der durch die Schwerkraft verursachte Widerstand sein. *Die Kraft hat stets den gleichen Betrag wie die durch den Widerstand verursachte Gegenkraft.*

Die Arbeit ist der Kraft in Richtung des zurückgelegten Weges und der Länge dieses Weges proportional.

Wirkt die Kraft unter einem Winkel zum Weg, so darf das Produkt nur mit der Kraftkomponente in Richtung des Weges gebildet werden.

$$W = F \cdot s$$

F Kraft in Richtung des Weges	in N
s zurückgelegter Weg	in m
W mechanische Arbeit (Work)	in Nm

Beispiel 1: Wie groß ist die erforderliche Arbeit, die eine Last über einen Weg von 20 m bewegt, wenn der zu überwindende Reibungswiderstand 1550 N beträgt (Massenträgheit vernachlässigt)?

Gegeben: F = 1550 N; s = 20 m

Gesucht: W

Lösung: $W = F \cdot s = 1550 \, \text{N} \cdot 20 \, \text{m} = \underline{31 \cdot 10^3 \, \text{Nm}}$

Wird eine Last angehoben, so ist die erforderliche Kraft F gleich der Gewichtskraft G des Körpers. Der zurückgelegte Weg s in Kraftrichtung ist stets der Höhenunterschied Δh, auch wenn der Körper nicht senkrecht angehoben wird. Die zur Hebung einer Last erforderliche Hubarbeit ist also:

$$W_{\text{hub}} = G \cdot \Delta h$$

G Gewichtskraft	in N
Δh Höhenunterschied	in m
W_{hub} Hubarbeit	in Nm

251

Beispiel 2: Welcher Höhenunterschied wurde mit einer Last von 343 N überwunden, wenn die aufgewendete Hubarbeit 2340 Nm betrug?

Gegeben: $G = 343$ N; $W_{hub} = 2340$ Nm

Gesucht: h

Lösung: $W_{hub} = G \cdot h$; $\quad h = \dfrac{W_{hub}}{G} = \dfrac{2340 \text{ Nm}}{343 \text{ N}} = \underline{6,82 \text{ m}}$

7.2 Energie und Energieformen

Besitzt ein Körper die Fähigkeit, eine Arbeit zu verrichten, spricht man von gespeicherter Arbeit oder Energie.

Energie ist gespeicherte Arbeit oder die Fähigkeit, Arbeit zu verrichten.

Energie kann in einem Körper in verschiedenster Form enthalten sein. Wird Arbeit verrichtet, so wird eine Energieform in eine andere umgewandelt.

Die beiden Begriffe Arbeit und Energie sind also — physikalisch gesehen — absolut gleichwertig. Energie und Arbeit werden in den gleichen Einheiten gemessen.

Für Energie wird außer dem Formelbuchstaben W auch E verwendet.

Nach dem Satz von der Erhaltung der Energie kann diese, in welcher Form sie auch auftritt, weder erzeugt noch vernichtet werden. Energie läßt sich nur in eine andere Form umwandeln.

Wenn im Sprachgebrauch von Energieerzeugung die Rede ist, so ist damit die Energieumwandlung in eine Form gemeint, die der Mensch zur Nutzung benötigt. Von Energieverlust spricht man, wenn bei Energieumwandlung ein Teil in nicht nutzbare Energieform übergeführt wird (Wirkungsgrad Kapitel 4).

Energie kann im wesentlichen in folgenden Formen auftreten: mechanische Energie, elektrische Energie, magnetische Energie, elektromagnetische Wellen, Wärmeenergie, chemische Energie, Schallenergie und Atomenergie. Es werden nicht alle Energieformen in den gleichen Einheiten gemessen, obwohl sie alle äquivalent sind. Prinzipiell kann aber jede Energieform in eine beliebige Energieeinheit umgerechnet werden. Die verschiedenen gebräuchlichen Einheiten sind in Tabelle 7.2 aufgeführt.

7.2.1 Mechanische Energie

7.2.1.1 Potentielle Energie

Wird ein Körper unter Überwindung seiner Schwerkraft angehoben, so ist die ihm zugeführte Hubarbeit in ihm als potentielle Energie oder Energie der Lage enthalten.

$$E_{pot} = W_{hub} = G \cdot h \qquad \text{in Nm}$$

252

Potentielle Energie ist auch in einem elastisch verformbaren Körper, z.B. einer mechanischen Feder, enthalten, wenn vorher eine Verformung vorgenommen wurde. Die aufgewendete Verformungsarbeit ist in elastische Energie umgewandelt. Beim Zusammendrücken eines Gases (Kompression) wird die aufgewendete Druckarbeit ebenfalls in potentielle Energie umgesetzt. Sie kann bei der Entspannung des Gases (Expansion) wieder in Bewegung umgesetzt werden.

7.2.1.2 Kinetische Energie

Wird ein Körper unter Überwindung seiner Massenträgheit in einen Bewegungszustand versetzt, so ist die aufgewendete Beschleunigungsarbeit in ihm als kinetische Energie oder Energie der Bewegung enthalten.

$$E_{kin} = W_{kin} = F_T \cdot s = m \cdot a \cdot s$$

F_T	Trägheitskraft	in N
s	Beschleunigungsstrecke	in m
m	Masse des Körpers	in kg
a	Beschleunigung	in m/s²
$W_{kin} = E_{kin}$	kinetische Energie	in Nm

Wird ein Körper gleichförmig aus dem Ruhezustand auf die Endgeschwindigkeit v beschleunigt, so errechnet sich die Beschleunigung:

$$a = \frac{v}{t} \quad \text{in} \quad \frac{m/s}{s} = m/s^2$$

Die zurückgelegte Beschleunigungsstrecke errechnet sich aus der mittleren Geschwindigkeit v_{mi}, die der Hälfte der Endgeschwindigkeit entspricht:

$$s = v_{mi} \cdot t = \frac{v \cdot t}{2} \quad \text{in} \quad \frac{m}{s} \cdot s = m$$

Setzt man die Endgeschwindigkeit und die Beschleunigungsstrecke in die obige Gleichung ein, erhält man den Zusammenhang zwischen der Energie und der Geschwindigkeit eines Körpers:

$$W_{kin} = m \cdot a \cdot s = m \cdot \frac{v}{t} \cdot \frac{v \cdot t}{2}$$

$$W_{kin} = \frac{m \cdot v^2}{2} \qquad \text{in} \quad \frac{kg \cdot m^2}{s^2} = Nm$$

> Die kinetische Energie eines bewegten Körpers ist der Masse und dem Quadrat der Geschwindigkeit verhältnisgleich.

Beispiel:

a) Wie groß ist die in einem Fahrzeug enthaltene kinetische Energie, wenn die Masse des Wagens 950 kg und die Geschwindigkeit 80 km/h beträgt?

b) Welche Schubkraft würde aufgrund der Massenträgheit im Mittel entstehen, wenn das Fahrzeug über eine Strecke von 50 m von dieser Geschwindigkeit bis zum Stillstand abgebremst werden soll?

Gegeben: $m = 950$ kg
$\quad\quad\quad\;\; v = 80$ km/h
$\quad\quad\quad\;\; s = 50$ m

Gesucht: a) W_{kin}
$\quad\quad\quad$ b) F_T

Lösung:

zu a)   Umrechnung der Geschwindigkeit in m/s.

$$1\ \text{km/h} = \frac{1000\ \text{m}}{3600\ \text{s}} = \frac{1}{3,6}\ \text{m/s} \qquad\qquad v = 80\ \frac{\text{km}}{\text{h}} = \frac{80\ \text{m}}{3,6\ \text{s}} = 22,2\ \text{m/s}$$

$$W_{kin} = \frac{m \cdot v^2}{2} = \frac{950\ \text{kg} \cdot 22,2^2}{2}\ \frac{\text{m}^2}{\text{s}^2} = 234 \cdot 10^3\ \frac{\text{kg}\,\text{m}^2}{\text{s}^2}$$

$$\underline{W_{kin} = 234 \cdot 10^3\ \text{Nm}} \quad \left(\text{denn es ist } 1\ \frac{\text{kg}\,\text{m}}{\text{s}^2} = 1\ \text{N}\right)$$

zu b) $W_{kin} = F_T \cdot s$

$$F_T = \frac{W_{kin}}{s} = \frac{234 \cdot 10^3\ \text{Nm}}{50\ \text{m}} = \underline{4,68\ \text{kN}}$$

Kinetische Energie ist außer in geradlinig (translatorisch) bewegten Körpern auch in drehenden (rotatorisch bewegten) Körpern enthalten. Die kinetische Energie eines drehenden Körpers ist dem Quadrat der Winkelgeschwindigkeit (Abschnitt 3.4.1.3) oder der Drehzahl, der Masse des Körpers und dem Quadrat des Trägheitsradius verhältnisgleich. Der Trägheitsradius ist der Abstand des Schwerpunkts der rotierenden Masse von der Rotationsachse.

$$\boxed{W_{kin} = \frac{m \cdot r^2 \cdot \omega^2}{2}}$$

$\quad m$ Masse des rotierenden Körpers   in kg
$\quad \omega$ Winkelgeschwindigkeit   in 1/s
$\quad r$ Trägheitsradius   in m
$\quad W_{kin}$ kinetische Energie des rotierenden Körpers

$$\text{in } \frac{\text{kg} \cdot \text{m}^2}{\text{s}^2} = \text{Nm}$$

Das Produkt aus der Masse und dem Trägheitsradius wird auch Trägheitsmoment genannt:

$$J = m \cdot r^2 \quad \text{in} \quad \text{kg} \cdot \text{m}^2 = \text{kg}\,\text{m}^2$$

Setzt man das Trägheitsmoment in die Energiegleichung ein, erhält man:

$$W_{kin} = \frac{J \cdot \omega^2}{2}$$

7.2.2   Elektrische Energie

Die für die Trennung elektrischer Ladungen erforderliche Arbeit ist in den Ladungen aufgrund ihres Ausgleichsbestrebens in Form von potentieller Energie enthalten.

> Die elektrische Energie aufgrund des Ladungsunterschieds zweier Körper ist der Ladungsmenge und der Potentialdifferenz verhältnisgleich.

$$W_{el} = U \cdot Q$$

U elektrische Spannung in V
Q elektrische Ladung   in As
W_{el} elektrische Energie   in VAs = Ws

Die elektrische Ladung kann durch das Produkt von Strom und Zeit ersetzt werden (Abschnitt 2.1.4.2):

$$Q = I \cdot t$$

I Strom   in A
t Zeit   in s

Die Energieformel lautet dann

$$W_{el} = U \cdot I \cdot t$$

Elektrische Energie ist also potentielle Energie. Sie ist mit der Energie der Lage in der Mechanik vergleichbar, da beide dem Potentialunterschied (Höhe bzw. Spannung) und der Menge (entsprechend dem Gewicht bzw. der Ladungsmenge) verhältnisgleich sind. Energie der Lage $W_{hub} = h \cdot G$, elektrische Energie $W_{el} = U \cdot Q$.

Die Einheit der elektrischen Energie leitet sich aus diesem physikalischen Zusammenhang zu einer Voltamperesekunde ab. Da für Voltampere auch Watt (W) gesagt wird, lautet die Einheit der elektrischen Energie Wattsekunde (Ws).

Diese Einheit stellt in der Energietechnik nur einen sehr geringen Betrag dar. Man benutzt daher häufig ein Vielfaches davon. Wird zunächst die Zeiteinheit Sekunde (s) durch die Stunde (h) ersetzt, erhält man:

$$1 \text{ Wh} = 3600 \text{ Ws} = 3{,}6 \cdot 10^3 \text{ Ws oder}$$
$$1 \text{ Ws} = \frac{1}{3{,}6} \, 10^{-3} \text{ Wh} = 0{,}278 \cdot 10^{-3} \text{ Wh}$$

Wird die Wattstunde nochmals um den Faktor 1000 erweitert, entsteht die Kilowattstunde:

$$1 \text{ kWh} = 10^3 \text{ Wh} = 3{,}6 \cdot 10^6 \text{ Ws oder}$$
$$1 \text{ Ws} = \frac{1}{3{,}6} \cdot 10^{-6} \text{ kWh} = 0{,}278 \cdot 10^{-6} \text{ kWh}$$

Beispiel 1:   Welchen Betrag hat die in einem 12-V-Akkumulator mit einer Nennkapazität von 60 Ah enthaltene Energie?

Gegeben: U = 12 V
$ Q$ = 60 Ah

Gesucht: W_{el}

Lösung: $W_{el} = U \cdot Q = 12 \text{ V} \cdot 60 \text{ Ah} = \underline{720 \text{ Wh}}$

Beispiel 2: Wie groß ist die elektrische Arbeit, die ein Gleichstrom von 15 A bei einer Spannung von 60 V während einer Zeit von 8 h verrichtet hat?

Gegeben: $I\ =\ 15\ A$
$U\ =\ 60\ V$
$t\ =\ \ 8\ h$

Gesucht: W_{el}

Lösung: $W_{el} = U \cdot I \cdot t = 60\ V \cdot 15\ A \cdot 8\ h = 7200\ Wh$
$W_{el} = 7200\ Wh = \underline{7,2\ kWh}$

Beispiel 3: In einem elektrischen Heizgerät wird eine Energie von 15 kWh benötigt. Die Stromaufnahme beträgt bei Netzspannung von 220 V 40 A. Wie lange muß das Heizgerät eingeschaltet bleiben?

Gegeben: $W\ =\ 15\ kWh$
$U\ =\ 220\ V$
$I\ =\ 40\ A$

Gesucht: t

Lösung: $W = U \cdot I \cdot t$

$$t\ =\ \frac{W_{el}}{U \cdot I} = \frac{15 \cdot 10^3\ Wh}{220\ V \cdot 40\ A} = 1,7\ h = \underline{1\ h\ 42\ min}$$

Die Energieversorgungsunternehmen verrechnen mit den Abnehmern die elektrische Energie in Kilowattstunden (kWh) bzw. bei Großabnehmern oder im internen Bereich in Megawattstunden (MWh). *Die Bestimmung der entnommenen Energie erfolgt mit dem Elektrizitätszähler* (siehe Meßtechnik). Der Zähler bildet mittels Strompfad und Spannungspfad zunächst ein der Leistung proportionales Drehmoment, das die Zählerscheibe in eine entsprechende Umdrehungszahl je Zeiteinheit versetzt. Die Multiplikation mit der Zeit erfolgt durch Summierung der Zahl der Umdrehungen in einem Zählwerk.

Die Zählerkonstante gibt die Anzahl der Umdrehungen der Zählerscheibe je Energieeinheit (kWh) an.

Zählerkonstante c in 1/kWh (= Umdr./kWh)

Die Umdrehungszahl ist ein einheitloser Faktor; sie erscheint daher in der Einheit nur als 1.

Die über einen Zähler transportierte Energie steht im gleichen Verhältnis zur Anzahl der Scheibenumdrehungen und im umgekehrten Verhältnis zur Zählerkonstanten.

$$W_{el} = \frac{n}{c_z}$$

n Differenz der Zählerwerksziffern zwischen Beginn und Ende des Energieflusses
c_z Zählerkonstante in 1/kWh
W_{el} gemessener Energiebetrag in kWh

Beispiel 4: Auf dem Zählerwerk eines Zählers mit der Zählerkonstanten von 75 1/kWh wurden 22 Umdrehungen abgelesen. Die Energiekosten betragen 0,23 DM je Kilowattstunde. Wie hoch belaufen sich die Energiekosten für einen Arbeitsprozeß?

Gegeben: $c_z = 75\ 1/kWh$
$n = 22$

Kosten 0,23 DM/kWh
Gesucht: Gesamtkosten

Lösung: $W_{el} = \dfrac{n}{c_z} = \dfrac{22}{75\ 1/kWh} = \underline{293\ Wh}$

Gesamtkosten $= 0,23\ DM/kWh \cdot 293\ Wh = \underline{0,0675\ DM}$

256

Elektrische Energie besitzt gegenüber anderen Energieformen den großen Vorteil, daß sie sich mit relativ geringem Aufwand und geringen Verlusten über große Entfernungen übertragen und in fast alle anderen Energieformen umwandeln läßt. Der einzige Nachteil der elektrischen Energie ist, daß sie sich schwer speichern läßt.

7.2.3 Wärmeenergie

Wärmeenergie ist in der Materie aufgrund der Bewegung ihrer Elementarteilchen enthalten (Abschnitt 4.5).

Man unterscheidet natürliche und künstliche Wärmequellen. Die wichtigste Wärmequelle für alles Leben auf der Erde ist eine natürliche: die Sonne. Durch elektromagnetische Wellen (Wärmestrahlung) vermittelt sie der Erde auf jeden Quadratmeter, der senkrecht bestrahlt wird, im Mittel $\approx$ 1,3 kJ/s = 1,3 kW (Solarkonstante). Etwa die Hälfte davon wird jedoch bereits von der Erdatmosphäre absorbiert oder von den Wolken reflektiert. Gewaltige Wärmeenergiebeträge sind auch im Innern der Erde aufgespeichert. Ab etwa 20 m Tiefe steigt die Temperatur je 33 m um etwa 1 K (geothermische Tiefenstufe). Die Ausnutzung dieser Energie erfolgt nur in sehr geringem Umfang, z.B. bei den Warmwasserquellen in Island für Heizzwecke. In Italien (Larderello) wird Vulkanwärme zur Erzeugung elektrischer Energie genutzt. Ein kleines Elektrizitätswerk in Abidjan an der Elfenbeinküste nutzt die aufgrund des Temperaturgefälles zwischen Tiefenwasser und Oberflächenwasser im Ozean enthaltene Wärmeenergie.

Die wichtigsten künstlichen Wärmequellen stellen die verschiedenen Brennstoffe dar, in denen die Energie in chemischer Form enthalten ist.

Die Einheit der Wärmeenergie im Internationalen Einheitensystem ist das Joule (J) oder Kilojoule (kJ). Im heute nicht mehr gültigen Technischen Maßsystem wurde die Kilokalorie (kcal) verwendet.

7.2.4 Chemische Energie

Chemische Energie ist in vielen Stoffen aufgrund ihrer Bindungsfähigkeit zum Sauerstoff enthalten. Die chemische Verbindung eines Stoffs mit Sauerstoff wird Verbrennung genannt. Meist wird bei der Verbrennung Energie in Form von Wärme frei (exotherme Reaktion). In galvanischen Elementen (Abschnitt 5.3), insbesondere den Brennstoffzellen (Abbschnitt 5.5), wird chemische Energie unmittelbar in elektrische Energie umgewandelt. Die in den Brennstoffen enthaltene chemische Energie wird mit *Heizwert* bezeichnet. Bei festen und bei flüssigen Brennstoffen gibt der Heizwert die bei der Verbrennung von einem Kilogramm des Stoffes freiwerdende Wärmeenergie in Kilojoule an: (Tabelle 7.1)

Heizwert von festen und flüssigen Brennstoffen H in kJ/kg.

Bei gasförmigen Brennstoffen wird die darin enthaltene Energie auf einen Kubikmeter unter Normalbedingungen (20 °C; 1013 mb) bezogen.

Heizwert von gasförmigen Brennstoffen H in kJ/m^3.

Die Berechnung der bei einer Verbrennung freiwerdenden Wärmeenergie erfolgt somit:

	m Brennstoffmenge	in kg
$Q = m \cdot H$	V_0 Brennstoffvolumen	in m^3
$Q = V_0 \cdot H$	H Heizwert	in kJ/kg bzw. kJ/m^3
	Q Verbrennungsenergie	in kJ

Die Heizwerte der Brennstoffe sind in Tabellen (Tabelle 7.1) angegeben. Bei Brennstoffen, die Wasser bzw. Wasserstoff enthalten, wird ein Teil der Verbrennungsenergie zur Verdampfung des

Tabelle 7.1 Untere Heizwerte einiger Brennstoffe

Feste Stoffe in	10^6 J/kg	Flüssige Stoffe in	10^6 J/kg	Gase in	10^6 J/m^3
Anthrazit	29 bis 34	Benzin	42 bis 43	Propan	94
Steinkohle	27 bis 33	Gasöl (Dieselöl)	41 bis 43	Azetylen	57
Holz (lufttrocken)	15 bis 17	Heizöl	40 bis 42	Stadtgas	16 bis 19
Torf (lufttrocken)	15 bis 16	Petroleum	42 bis 43	Wasserstoff	11

Wassers benötigt. Die Wärmeabgabe an die Umgebung ist daher geringer. Sie wird mit dem *unteren Heizwert* angegeben.

Die Bestimmung des Heizwerts erfolgt im allgemeinen mit der Kaloriemeterbombe. Eine bestimmte Menge des Brennstoffes wird in einem dickwandigen Stahlgefäß in reinem Sauerstoff elektrisch entzündet. Aus der Erwärmung des Stahlgefäßes und dem umgebenden Wasser wird die Verbrennungswärme berechnet.

7.2.5 Atomenergie

Der ständig steigende Energiebedarf der Welt zwingt die Menschen dazu, sich neue Energiequellen zu erschließen. Der Vorrat der Erde an fossilen* Brennstoffen, die außerdem eine wichtige Grundlage für die chemische Industrie darstellen, ist begrenzt. Eine wachsende Bedeutung hat die Atomenergie. Sie wird aus verschiedenen Reaktionen der Atomkerne gewonnen.

In den Atomkernen ist Bindungsenergie (Kernenergie) enthalten, die mit der chemischen Bindungsenergie in den Molekülen vergleichbar ist. Die Kernenergie ist jedoch im Verhältnis zur Masse wesentlich größer als die chemische Energie.

> Im Atomreaktor oder Kernreaktor wird die bei der Kernspaltung schwerer Atomkerne freiwerdende Energie ausgenutzt (Massendefekt).

Die Atomkerne des Urans besitzen aufgrund ihrer vielen, sich abstoßenden positiven Ladungen (Protonen) nur eine geringe Stabilität. Bei dem in geringer Konzentration (0,7%) im natürlichen Uran vorkommenden Isotop (Abschnitt 4.3.5) U 235 genügt eine geringe Anregung — sie kann durch ein auftreffendes Neutron geliefert werden —, um den Kern unter Aussendung von Energie und weiterer Neutronen in zwei Kerne zu spalten. Bei einer ausreichenden Menge (kritische Masse) des U 235 rufen die ausgeschleuderten Neutronen in anderen Kernen weitere Spaltungen hervor: es kommt zu einer Kettenreaktion. Die hierfür erforderliche kritische Masse hängt vom Konzentrationsverhältnis der spaltbaren U 235- zu den normalen U 238-Kernen ab. Durch Anreicherung mit U 235 wird die kritische Masse herabgemindert.

Im *Kernreaktor* ist der Spaltstoff, meist angereichertes Uran, in Form von Brennelementen enthalten. Zur Abbremsung der bei der Spaltung freiwerdenden Neutronen dient der sogenannte Moderator (normales Wasser, schweres Wasser oder Graphit), der die Brennstäbe umgibt.

---

* fossil (lateinisch) = versteinert.

Tabelle 7.2 Energie (Arbeit): $W = Q$

1 Joule 1 J	= 1 Newtonmeter = 1 Nm	= 1 Wattsekunde = 1 Ws

Einheiten für Energie	Joule J	Wattsekunde Ws	Newtonmeter Nm	Kilowattstunde kWh	Kilopondmeter* kpm	Kilokalorie* kcal	Pferdestärkestunde* PSh
1 Joule J	1	1	1	$\approx 2{,}778 \cdot 10^{-7}$	$\approx 0{,}102$	$\approx 0{,}239 \cdot 10^{-3}$	$\approx 3{,}78 \cdot 10^{-7}$
1 Wattsekunde Ws	1	1	1	$\approx 2{,}778 \cdot 10^{-7}$	$\approx 0{,}102$	$\approx 0{,}239 \cdot 10^{-3}$	$\approx 3{,}78 \cdot 10^{-7}$
1 Newtonmeter Nm	1	1	1	$\approx 2{,}778 \cdot 10^{-7}$	$\approx 0{,}102$	$\approx 0{,}239 \cdot 10^{-3}$	$\approx 3{,}78 \cdot 10^{-7}$
1 Kilowattstunde kWh	$= 3{,}6 \cdot 10^{6}$	$= 3{,}6 \cdot 10^{6}$	$= 3{,}6 \cdot 10^{6}$	1	$\approx 0{,}367 \cdot 10^{6}$	≈ 860	$\approx 1{,}36$
1 Kilopondmeter* kpm	$\approx 9{,}81$	$\approx 9{,}81$	$\approx 9{,}81$	$\approx 2{,}724 \cdot 10^{-6}$	1	$\approx 2{,}342 \cdot 10^{-3}$	$\approx 3{,}704 \cdot 10^{-6}$
1 Kilokalorie* kcal	≈ 4187	≈ 4187	≈ 4187	$\approx 1{,}163 \cdot 10^{-3}$	≈ 427	1	$\approx 1{,}581 \cdot 10^{-3}$
1 Pferdestärkestunde* PSh	$\approx 2{,}65 \cdot 10^{6}$	$\approx 2{,}65 \cdot 10^{6}$	$\approx 2{,}65 \cdot 10^{6}$	$\approx 0{,}736$	$\approx 0{,}270 \cdot 10^{6}$	≈ 632	1

* Seit dem 31. 12. 1977 nicht mehr zugelassen.

Die Steuerung des Spaltprozesses erfolgt durch Regelstäbe (aus Kadmium oder Bor), die einen Teil der Neutronen absorbieren. Werden sie voll in den Reaktor eingeschoben, kommt der Prozeß zum Erliegen.

Die entstandene Wärme wird vom Kühlmittel (meist Wasser), das die Brennstäbe durchflutet, aufgenommen und der Wärmekraftmaschine zugeführt. Da das Kühlmittel radioaktiv wird, erfolgt die Wärmeabgabe über einen Wärmeaustauscher.

Da auch das natürliche spaltbare Material auf der Erde nicht in unbegrenztem Umfang vorhanden ist, zielt die Entwicklung auf eine Nutzbarmachung der Kernfusionsenergie im Fusionsreaktor. Diese wird bei der Verschmelzung leichter Atomkerne zu schwereren Kernen frei. Die dafür erforderlichen hohen Temperaturen (von einigen Millionen Grad) und Drücke sind jedoch noch nicht über ausreichende Zeiträume realisierbar. Derart heiße Materie (Plasma) kann nur durch stärkste magnetische Felder eingeschnürt in einem Vakuum aufrechterhalten werden.

7.2.6 Umrechnung von Energieeinheiten

Am Anfang des Abschnitts 7.2 wurde aus dem Satz von der Erhaltung der Energie gefolgert, daß alle Energieformen gleichwertig sein müssen. Die verschiedenen Energieeinheiten können daher beliebig untereinander umgerechnet werden (Tabelle 7.2).

Im «Internationalen Einheitensystem» (SI) ist keine Umrechnung erforderlich (kohärentes* Maßsystem), der Umrechnungsfaktor ist eins:

$$1\,\mathrm{Nm} = 1\,\mathrm{Ws} = 1\,\mathrm{J}$$

Im «Technischen Maßsystem» (TM) mußte zwischen den Einheiten stets eine Umrechnung vorgenommen werden (inkohärentes Maßsystem). Die zahlenmäßigen Beziehungen zwischen den Einheiten nennt man *Äquivalente:*

Elektrisches Wärmeäquivalent: 1 kWh = 860 kcal
Mechanisches Wärmeäquivalent: 427 kpm = 1 kcal
Alle übrigen Beziehungen der Tabelle 7.2 sind aus diesen Äquivalenten abgeleitet.

7.3 Leistung

Für die Verrichtung jeder Arbeit ist eine gewisse Zeit erforderlich. Im täglichen Leben beurteilt man die Leistungsfähigkeit, indem man die verrichtete Arbeit zur dafür benötigten Zeit ins Verhältnis setzt. Die Leistung einer Maschine ist um so höher, je größer die verrichtete Arbeit und je kürzer die benötigte Zeit. Leistung steht also im gleichen Verhältnis zur Arbeit und im umgekehrten Verhältnis zu der für die Verrichtung der Arbeit erforderlichen Zeit.

Leistung ist das Verhältnis der Arbeit zur Zeit.

$$P = \frac{W}{t}$$

P Leistung (Power)
W Arbeit
t Zeit

---

* kohärent (lateinisch) = zusammenhängend.

Die Einheit der Leistung hängt davon ab, welcher Art die verrichtete Arbeit ist bzw. in welcher Einheit die Arbeit gemessen wird.

7.3.1   Mechanische Leistung

Die Einheit der Leistung in der Mechanik ergibt sich aus der Beziehung:

$$P = \frac{W}{t}$$

oder $\boxed{P = \frac{F \cdot s}{t}}$

W	Arbeit in	Nm
t	Zeit in	s
P	Leistung in	Nm/s

Leistung wird in der Mechanik in Nm/s gemessen.

Beispiel 1:   Welche Zeit ist erforderlich, um eine Last von 1,3 kN mit einer Leistung $5,5 \cdot 10^3$ Nm/s auf eine Höhe von 40 m zu heben?

Gegeben: $G = 1,3$ kN
$\quad\quad\quad P = 5,5 \cdot 10^3$ Nm/s
$\quad\quad\quad h = 40$ m

Gesucht: t

Lösung: $P = \dfrac{W}{t} = \dfrac{G \cdot h}{t}$

$\quad\quad\quad t = \dfrac{G \cdot h}{P} = \dfrac{1,3 \cdot 10^3 \text{ N} \cdot 40 \text{ m}}{5,5 \cdot 10^3 \text{ Nm/s}} = \underline{9,45 \text{ s}}$

Bei gleichförmigen Bewegungsvorgängen läßt sich die Leistung bequemer mit der Geschwindigkeit errechnen. Das Verhältnis des zurückgelegten Weges zur benötigten Zeit kann durch die Geschwindigkeit ersetzt werden.

$$P = \frac{F \cdot s}{t} = F \cdot \frac{s}{t} \quad \text{mit} \quad \frac{s}{t} = v$$

$\boxed{P = F \cdot v}$

F	Kraft	in N
v	Geschwindigkeit	in m/s
P	mechanische Leistung	in Nm/s

> Bei einem gleichförmigen Bewegungsvorgang ist die Leistung der entgegenwirkenden Kraft (Widerstand) und der Geschwindigkeit verhältnisgleich.

Beispiel 2:   Welche Leistung ist erforderlich, um ein Fahrzeug mit einer Geschwindigkeit von 40 km/h fortzubewegen, wenn der Reibungswiderstand 55 N beträgt?

Gegeben: $v = 40$ km/h
$\quad\quad\quad F = 55$ N

Gesucht: P

Lösung: Umrechnung der Geschwindigkeit in m/s

$$1 \text{ km/h} = 10^3 \text{ m/h} = \frac{10^3}{3,6 \cdot 10^3} \text{ m/s} = \frac{1}{3,6} \text{ m/s}$$

$$v = 40 \text{ km/h} = \frac{40}{3,6} \text{ m/s} = 11,1 \text{ m/s} \qquad P = F \cdot v = 55 \text{ N} \cdot 11,1 \text{ m/s} = \underline{610 \text{ Nm/s}}$$

Beispiel 3:   In welcher Zeit kann ein Fahrzeug mit der Masse von 800 kg unter Vernachlässigung jeglicher Reibung aus dem Stand auf eine Geschwindigkeit von 60 km/h beschleunigt werden? Die wirksame Leistung beträgt 32 kW.

Gegeben: m = 800 kg
$\quad\qquad v$ = 60 km/h
$\quad\qquad P$ = 32 kW

Gesucht: t

Lösung: v = 60 km/h = $\dfrac{60}{3,6}$ m/s = 16,7 m/s

$$W_{kin} = \frac{m \cdot v^2}{2} = \frac{800 \text{ kg} \cdot 16,7^2 \text{ m}^2}{2 \text{ s}^2} = 112 \cdot 10^3 \frac{\text{kg m}^2}{\text{s}^2} = 112 \cdot 10^3 \text{ Nm}$$

$$P \quad = 32 \text{ kW} = 32 \cdot 10^3 \text{ Nm/s}$$

$$P \quad = \frac{W}{t}; \quad t = \frac{W}{P} = \frac{112 \cdot 10^3 \text{ Nm} \cdot \text{s}}{32 \cdot 10^3 \text{ Nm}} = \underline{3,5 \text{ s}}$$

7.3.2   Elektrische Leistung

Der grundsätzliche Zusammenhang, Leistung gleich Arbeit durch Zeit, gilt selbstverständlich auch in der Elektrotechnik. Setzt man für die Arbeit das in Abschnitt 7.2.2 abgeleitete Produkt aus Spannung, Strom und Zeit, so ergibt sich die einfache Beziehung:

$$P = \frac{W_{el}}{t} \quad \text{mit} \quad W_{el} = U \cdot Q = U \cdot I \cdot t$$

$$P = \frac{U \cdot I \cdot t}{t}$$

$$\boxed{P = U \cdot I}$$
$\quad U$ Spannung   in V
$\quad I$ Strom   in A
$\quad P$ Leistung   in W

> Die elektrische Leistung ist das Produkt aus Spannung und Strom.

In der Formel für die elektrische Leistung scheint die Zeit nicht mehr enthalten zu sein. Sie steckt jedoch in der Stromstärke I, die bekanntlich durch das Verhältnis der transportierten Ladungsmenge zur Zeit definiert ist. Setzt man die Ladung in die Leistungsgleichung ein, lautet diese:

$$P = \frac{W}{t} = \frac{U \cdot Q}{t}$$

262

Bild 7.1 Kurven gleicher Leistung
im Strom-Spannungs-Diagramm

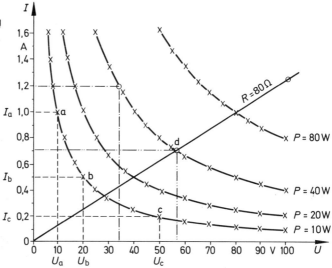

Trägt man in ein Strom-Spannungs-Diagramm viele Punkte ein, für die das Produkt der beiden Koordinaten konstant ist, erhält man eine Hyperbel (Bild 7.1).

In einem Strom-Spannungs-Diagramm wird eine Kurve konstanter Leistung durch eine Hyperbel beschrieben.

In das Diagramm von Bild 7.1 sind Hyperbeln verschiedener Leistungen eingetragen. Je höher die Leistung, um so weiter entfernen sich die Kurven von den Achsen des Koordinatensystems.

Beispiel 1: Aus dem Diagramm Bild 7.1 sollen die Ströme ermittelt werden, die bei Spannungen von jeweils 10 V, 20 V und 50 V eine Leistung von 10 W ergeben. Die Werte sind durch Rechnung zu kontrollieren.

Lösung: Die gegebenen Spannungen werden von der Spannungsachse senkrecht auf die 10-W-Hyperbel projiziert und die zu den entsprechenden Punkten a, b und c gehörenden Ströme abgelesen.

gegeben:	abgelesen:	Kontrolle
U_a = 10 V	I_a = 1,0 A	$P_a = U \cdot I$ = 10 V · 1,0 A = 10 W
U_b = 20 V	I_b = 0,5 A	$P_b = U \cdot I$ = 20 V · 0,5 A = 10 W
U_c = 50 V	I_c = 0,2 A	$P_c = U \cdot I$ = 50 V · 0,2 A = 10 W

Beispiel 2: Bei welcher Spannung erzeugt ein Strom von 1,2 A eine Leistung von 40 W?

Gegeben: I = 1,2 A; P = 40 W

Gesucht: U

Lösung: $P = U \cdot I$

$$U = \frac{P}{I} = \frac{40 \text{ W}}{1,2 \text{ A}} = \underline{33,3 \text{ V}}$$

263

Kontrolle durch Bild 7.1, indem von 1,2 A horizontal auf die 40-W-Hyperbel und dann senkrecht herunterprojiziert wird.

Beispiel 3: (zeichnerische Lösung mittels Bild 7.1).
Welchen Betrag dürfen Strom und Spannung an einem Widerstand von 80 Ω haben, wenn er eine maximale Leistung von 40 W abführen kann?

Gegeben: $R = 80\ \Omega$
$\qquad\qquad P = 40\ \text{W}$

Gesucht: I, U

Lösung: Zuerst Eintragung der Widerstandskennlinie für $R = 80\ \Omega$ in Bild 7.1.

$$\left(\text{Berechnung eines Punkts, angenommen } U = 100\ \text{V}, I = \frac{U}{R} = \frac{100\ \text{V}}{80\ \Omega} = 1,25\ \text{A.}\right)$$

Ablesung der Koordinaten U und I des Schnittpunkts d der Widerstandsgeraden mit der Leistungshyperbel für $P = 40\ \text{W}$.
$U = \underline{56,5\ \text{V}}$
$I = \underline{0,71\ \text{A}}$

7.3.3 Leistung und Widerstand

Spannung und Strom stehen an einem linearen Widerstand in einem durch den Widerstand bestimmten Verhältnis. Man kann also eine der beiden Größen durch die Beziehung der anderen zum Widerstand ausdrücken. Ersetzt man in der Leistungsgleichung die Spannung durch das Produkt aus Strom und Widerstand, ergibt sich folgende Gesetzmäßigkeit:

$$P = U \cdot I \quad \text{für } U = I \cdot R \quad \text{ergibt } P = I \cdot R \cdot I$$

oder $\boxed{P = I^2 \cdot R}$ oder $\boxed{I = \sqrt{\dfrac{P}{R}}}$

> Die elektrische Leistung ist in einem linearen Widerstand dem Quadrat des Stromes verhältnisgleich.

Physikalisch ist der quadratische Zusammenhang einfach einzusehen, wenn man bedenkt, daß einer Stromänderung stets eine entsprechende Spannungsänderung folgt. Würde sich nur der Strom ändern, wäre eine lineare Leistungsänderung die Folge. Da sich aber bei konstantem Widerstand beide Größen ändern, muß die Leistungsänderung nochmals um den gleichen Faktor höher sein.
Die Abhängigkeit der Leistung vom Strom bei konstantem Widerstand wird durch eine Parabel beschrieben. In Bild 7.2 sind die Parabeln verschiedener Widerstände dargestellt. Da bei gleichem Strom die Leistung dem Widerstand proportional ist, verlaufen die Kurven um so steiler, je höher der Widerstandswert.

Beispiel 1: Welche Leistung verursacht ein Strom von 0,9 A in einem Widerstand von 50 Ω?

Gegeben: $I = 0,94\ \text{A}$
$\qquad\qquad R = 50\ \Omega$

Gesucht: P

264

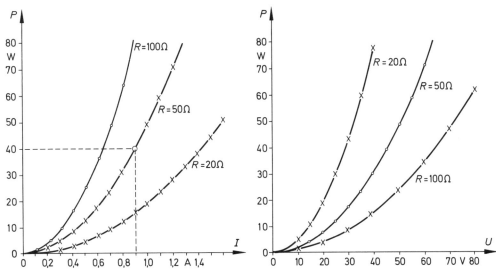

Bild 7.2 Leistung in Abhängigkeit vom Strom bei linearen Widerständen

Bild 7.3 Leistung in Abhängigkeit von der Spannung bei linearen Widerständen

Lösung: $P = I^2 \cdot R = 0{,}9^2 \, A^2 \cdot 50 \, V/A = \underline{40{,}5 \, W}$

oder über die Spannung

$$U = I \cdot R = 0{,}9 \, A \cdot 50 \, \Omega = 45 \, V$$
$$P = U \cdot I = 45 \, V \cdot 0{,}9 \, A = \underline{40{,}5 \, W}$$

Ablesung aus Bild 7.2: Von der I-Achse bei 0,9 A senkrecht auf die 50-Ω-Parabel und dann auf der P-Achse ablesen.

Im letzten Beispiel konnte die vorher genannte Formel ($P = I^2 \cdot R$) durch Berechnung der Spannung umgangen werden. Soll jedoch an einem Widerstand bekannter Größe eine gegebene Leistung erzeugt werden, ist die Formel unumgänglich.

Beispiel 2: Die in Beispiel 3 des vorherigen Abschnitts aus dem Diagramm abgelesenen Werte sind zu berechnen.

Gegeben: $R = 80 \, \Omega$
$\qquad\qquad P = 40 \, W$

Gesucht: I, U

Lösung: $P = I^2 \cdot R \qquad \text{oder} \qquad I^2 = \dfrac{P}{R}$

$$I = \sqrt{\frac{P}{R}} = \sqrt{\frac{40 \, W}{80 \, \Omega}} = \sqrt{\frac{1 \, VA^2}{2 \, V}} = \underline{0{,}707 \, A}$$

$$U = I \cdot R = 0{,}707 \, A \cdot 80 \, \Omega = \underline{56{,}5 \, V}$$

Ersetzt man in der Gleichung $P = U \cdot I$ den Strom durch das Verhältnis der Spannung zum Strom, so erhält man eine Formel, die die direkte Berechnung der Spannung aus Leistung und Widerstand gestattet.

$$P = U \cdot I \quad \text{für} \quad I = \frac{U}{R} \quad \text{ergibt} \quad P = U \cdot \frac{U}{R}$$

oder $\boxed{P = \dfrac{U^2}{R}}$ oder $\boxed{U = \sqrt{P \cdot R}}$

Die elektrische Leistung ist in einem linearen Widerstand dem Quadrat der Spannung verhältnisgleich.

Sie steht bei konstanter Spannung im umgekehrten Verhältnis zum Widerstand.

Die Parabeln von Bild 7.3 zeigen die Abhängigkeit der Leistung von der Spannung für drei verschiedene Widerstände. Da bei konstanter Spannung die Leistung mit zunehmendem Widerstand geringer wird, verlaufen die Parabeln für größere Widerstandswerte flacher (entgegen Bild 7.2). Die in Beispiel 2 gesuchte Spannung kann mit der letzten Formel direkt berechnet werden:

Gegeben: $R = 80\ \Omega$
$\qquad\qquad P = 40\ \text{W}$

Gesucht: U

Lösung: $P = \dfrac{U^2}{R}$ oder $U^2 = P \cdot R$

$$U = \sqrt{P \cdot R} = \sqrt{40\ \text{W} \cdot 80\ \Omega} = \underline{56{,}5\ \text{V}}$$

Beispiel 3: Wie hoch darf die Spannung an einem Kohleschichtwiderstand von $R = 2{,}2\ \text{k}\Omega$ sein, wenn dieser mit $P_{max} = 500\ \text{mW}$ belastet werden darf?

Gegeben: $R = 2{,}2\ \text{k}\Omega$;
$\qquad\qquad P_{max} = 500\ \text{mW}$

Gesucht: U_{max}

Lösung: $P_{max} = \dfrac{U_{max}^2}{R}$

oder $\qquad U_{max} = \sqrt{P_{max} \cdot R} = \sqrt{500 \cdot 10^{-3}\ \text{W} \cdot 2{,}2 \cdot 10^3\ \Omega} = \underline{33{,}3\ \text{V}}$

Beispiel 4: Welchen Widerstand hat die Heizpatrone eines Lötkolbens, wenn diese bei einer Spannung von $U = 220\ \text{V}$ eine Leistung von $P = 60\ \text{W}$ entwickelt?

Gegeben: $U = 220\ \text{V}$
$\qquad\qquad P = 60\ \text{W}$

Gesucht: R

Lösung: $P = \dfrac{U^2}{R}$; $\quad R = \dfrac{U^2}{P} = \dfrac{220^2\ \text{V}^2}{60\ \text{VA}} = \underline{807\ \Omega}$

oder über den Strom

$$P = U \cdot I; \quad I = \frac{P}{U} = \frac{60\ \text{W}}{220\ \text{V}} = 0{,}273\ \text{A}$$

dann ist $\quad R = \dfrac{U}{I} = \dfrac{220\ \text{V}}{0{,}273\ \text{A}} = \underline{807\ \Omega}$

Tabelle 7.3 Leistung

1 Watt = Joule/Sekunde = 1 Newtonmeter/Sekunde
1 W = J/s = 1 Nm/s

Einheiten für Leistung		Joule/ Sekunde J/s	Watt W	Newtonme- ter/Sekunde Nm/s	Kilowatt kW	Kilopondme- ter/Sekunde* kpm/s	Kilokalorie/ Sekunde* kcal/s	Pferdestärke* PS
1 Joule/Sekunde	J/s	1	1	1	10^{-3}	$\approx 0{,}102$	$\approx 0{,}239 \cdot 10^{-3}$	$\approx 1{,}36 \cdot 10^{-3}$
1 Watt	W	1	1	1	10^{-3}	$\approx 0{,}102$	$\approx 0{,}239 \cdot 10^{-3}$	$\approx 1{,}36 \cdot 10^{-3}$
1 Newtonmeter/ Sekunde	Nm/s	1	1	1	10^{-3}	$\approx 0{,}102$	$\approx 0{,}239 \cdot 10^{-3}$	$\approx 1{,}36 \cdot 10^{-3}$
1 Kilowatt	kW	10^3	10^3	10^3	1	≈ 102	$\approx 0{,}239$	$\approx 1{,}36$
1 Kilopondme- ter*/ Sekunde*	kpm/s	$\approx 9{,}81$	$\approx 9{,}81$	$\approx 9{,}81$	$\approx 9{,}81 \cdot 10^{-3}$	1	$\approx 2{,}342 \cdot 10^{-3}$	$\approx 13{,}33 \cdot 10^{-3}$
1 Kilokalorie*/ Sekunde*	kcal/s	≈ 4187	≈ 4187	4187	$\approx 4{,}187$	≈ 427	1	$\approx 5{,}69$
1 Pferdestärke*	PS	≈ 736	≈ 736	≈ 736	$0{,}736$	75	$\approx 0{,}176$	1

* Seit dem 31. 12. 1977 nicht mehr zugelassen.

7.3.4 Umrechnung von Leistungseinheiten

Leistungseinheiten können wie Energieeinheiten beliebig umgerechnet werden. In Tabelle 7.3 sind die gebräuchlichsten Leistungseinheiten aufgeführt. Auch hier fällt wieder der Vorteil des «Internationalen Einheitensystems» (SI) auf: Der Umrechnungsfaktor ist 1, d.h. es ist keine Umrechnung erforderlich.

$$1 \text{ Nm/s} = 1 \text{ W} = 1 \text{ J/s}$$

Im «Technischen Maßsystem» (TM) kam zu den abgeleiteten Einheiten noch die althergebrachte, festgelegte Einheit Pferdestärke (PS) hinzu. Sie diente häufig als Bindeglied zwischen elektrischer und mechanischer Leistung.

Die Festlegung lautet: 1 PS = 75 kpm/s = 735,8 Nm/s ≈ 0,736 kW

7.3.5 Messung der elektrischen Leistung

Die Leistungsbestimmung kann wie die Widerstandsbestimmung auf direktem oder indirektem Wege erfolgen.

Die indirekte Leistungsbestimmung erfolgt rechnerisch aus einer Strom-Spannungs-Messung (Abschnitt 6.1.3). Diese Methode ergibt jedoch in der Wechselstromtechnik nur bei ohmschen Verbrauchern die wirksame Leistung.

Die direkte Leistungsbestimmung erfolgt mit einem Leistungsmesser oder Wattmeter (siehe Meßtechnik). Die Multiplikation von Spannung und Strom erfolgt in *einem* Meßwerk mittels Strom- und Spannungspfad.

In der Starkstromtechnik bietet sich häufig zur einfachen und genauen Leistungsbestimmung der *Elektrizitätszähler* an. Da der Zähler nur Energiebeträge messen kann, muß zusätzlich die Zeit ermittelt werden, in der die gemessene Arbeit entnommen wurde.

Die Arbeit ermittelt sich laut Abschnitt 7.2.2 aus Umdrehungszahl und Zählerkonstante zu:

$$W = \frac{n}{c_z}$$

In die Leistungsformel $P = \dfrac{W}{t}$ kann die Zählerformel eingesetzt werden:

$$P = \frac{n}{c_z \cdot t}$$

P Leistung in kW
n Anzahl der Scheibenumdrehungen
t Zeit des Energieflusses in h

Beispiel: An der Zählerscheibe wurden innerhalb von 5 min 22 Umdrehungen gezählt. Die Zählerkonstante beträgt 60 1/kWh.

a) Wie groß ist die Leistungsaufnahme des Verbrauchers?
b) Wie hoch beläuft sich der tägliche Energiebedarf bei 8stündigem Betrieb des Verbrauchers?

Gegeben: n = 22

t_m = 5 min = $\dfrac{5}{60}$ h = 0,0833 h

c_z = 60 1/kWh

t_{ges} = 8 h

268

Gesucht: a) P

b) W_{ges}

Lösung:

zu a) $\quad P \;=\; \dfrac{n}{c_z \cdot t_m} \;=\; \dfrac{22}{60 \; 1/\text{kWh} \cdot 0{,}0833 \; \text{h}} \;=\; \underline{4{,}4 \; \text{kW}}$

zu b) $\quad W_{ges} \;=\; P \cdot t_{ges} \;=\; 4{,}4 \; \text{kW} \cdot 8 \; \text{h} \;=\; \underline{35{,}2 \; \text{kWh}}$

7.3.6 Leistungsminderung durch Vorwiderstand

Gelegentlich ist die an einem gegebenen Lastwiderstand auftretende Leistung bei gleichbleibender Versorgungsspannung zu verringern. Eine einfache Möglichkeit der Leistungsminderung ist der Vorwiderstand. Die Spannung und der Strom am Lastwiderstand werden durch Reihenschaltung mit dem Vorwiderstand verringert (Bild 7.4).

Beispiel: Die Leistung an einem Heizwiderstand beträgt $P_1 = 15$ W an $U_1 = 24$ V. Die Leistung an dem Heizwiderstand soll durch einen Vorwiderstand auf $P_2 = 10$ W verringert werden. Die Betriebsspannung beträgt $U_1 = 24$ V. Für welchen Widerstandswert und welche Verlustleistung muß der Vorwiderstand dimensioniert werden?

Gegeben: Bild 7.4

Bild 7.4 Leistungsminderung durch Vorwiderstand

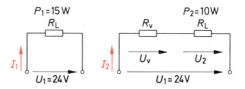

Lösung: Die einzige Größe, die in der Reihenschaltung erhalten bleibt, ist der Widerstandswert des Lastwiderstandes (Linearer Lastwiderstand vorausgesetzt):

$$R_L = \frac{U_1^2}{P_1} = \frac{(24 \; \text{V})^2}{15 \; \text{W}} = 38{,}4 \; \Omega$$

Um an diesem Widerstand eine Leistung von $P_2 = 10$ W zu entwickeln, muß die Spannung folgenden Wert annehmen:

$$U_2 = \sqrt{P_2 \cdot R_L} = \sqrt{10 \; \text{W} \cdot 38{,}4 \; \Omega} = 19{,}6 \; \text{V}$$

Der Spannungsabfall am Vorwiderstand muß also folgenden Wert haben:

$$U_v = U_1 - U_2 = 24 \; \text{V} - 19{,}6 \; \text{V} = 4{,}4 \; \text{V}$$

Der Vorwiderstand kann nun z.B. durch Verhältnisrechnung ermittelt werden:

$$\frac{R_v}{R_L} = \frac{U_v}{U_2} \quad \text{oder} \quad R_v = R_L \cdot \frac{U_v}{U_2} = 38{,}4 \; \Omega \cdot \frac{4{,}4 \; \text{V}}{19{,}6 \; \text{V}} = \underline{8{,}63 \; \Omega}$$

269

Die Leistung am Vorwiderstand ergibt sich zu:

$$P_v = \frac{U_v^2}{R_v} = \frac{(4,4\ \text{V})^2}{8,63\ \Omega} = \underline{2,25\ \text{W}}$$

Die insgesamt aufgenommene Leistung hat sich somit verringert von

$$P_1 = 15\ \text{W} \quad \text{auf} \quad P_{ges\,2} = P_2 + P_v = 10\ \text{W} + 2,25\ \text{W} = 12,5\ \text{W}$$

7.3.7 Leistung an einer pulsierenden Gleichspannung

In der Energietechnik stellt die Leistungsminderung durch den Vorwiderstand wegen der hohen Verlustleistung eine unwirtschaftliche Lösung dar. Eine andere Möglichkeit bietet die Leistungselektronik mit schnellen, kontaktlosen Schaltern. Der Laststrom kann bei geringer Verlustleistung mit höherer Frequenz getaktet, d.h. periodisch eingeschaltet und unterbrochen werden (Bild 7.5).

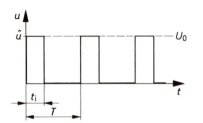 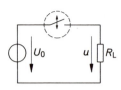

Bild 7.5 Takten einer Gleichspannung

Die Spannung der Quelle U_0 liegt nun nur noch während der Einschaltzeit oder Impulszeit t_i an der Last (Innenwiderstand der Spannungsquelle vernachlässigt). Sie tritt nur noch als Impulsamplitude $\hat{u} = U_0$ auf. Auch der Strom tritt nur als Stromamplitude $\hat{i} = U_0/R_L$ auf. Die Leistung beträgt während der Einschaltzeit:

$$\hat{p} = P_0 = \frac{\hat{u}^2}{R_L} = \frac{U_0^2}{R_L}$$

Die mittlere Leistung verringert sich durch das Takten im gleichen Verhältnis, in dem die Einschalt- oder Impulszeit gegenüber der Gesamtzeit oder Taktperiode verkürzt wurde. *Das Verhältnis der Impulszeit t_i zur Taktperiode T wird Tastverhältnis V_T (oder ν) genannt:*

$$V_T = \frac{t_i}{T}$$

Die mittlere Leistung einer getakteten Gleichspannung an einem Widerstand ist somit:

$$P = P_0 \cdot \frac{t_i}{T} = P_0 \cdot V_T = \frac{U_0^2}{R_L} \cdot V_T$$

Beispiel: An einem Widerstand von $R_L = 60\ \Omega$ liegt eine getaktete Gleichspannung von $U_0 = 30\ \text{V}$. Bei einer Taktperiode von $T = 5\ \text{ms}$ beträgt die Impulsdauer $t_i = 2\ \text{ms}$. Wie hoch ist die mittlere Leistung an dem Lastwiderstand?

270

Gegeben: $U_0 = 30\ \text{V}$; $R_\text{L} = 60\ \Omega$; $T = 5\ \text{ms}$; $t_\text{i} = 2\ \text{ms}$

Gesucht: P

Lösung: Das Tastverhältnis beträgt:

$$V_\text{T} = \frac{t_\text{i}}{T} = \frac{2\ \text{ms}}{5\ \text{ms}} = 0{,}4$$

Die mittlere Leistung ist somit:

$$P = \frac{U_0^2}{R_\text{L}} \cdot V_\text{T} = \frac{(30\ \text{V})^2}{60\ \Omega} \cdot 0{,}4 = \underline{6\ \text{W}}$$

Bei einer getakteten Gleichspannung kann die mittlere Leistung an einem Widerstand leicht über das Tastverhältnis berechnet werden, da sie über die gesamte Impulszeit konstant bleibt. Bei nicht rechteckförmigen Strom- oder Spannungsimpulsen ist diese Art der Berechnung nicht mehr möglich; es muß ein für die Leistung wirksamer mittlerer Wert von Spannung und Strom gefunden werden.

> Der für die Berechnung der mittleren Leistung maßgebliche Wert eines Stroms oder einer Spannung wird Effektivwert genannt. Der Effektivwert ist der quadratische Mittelwert.

Für die Leistung ist stets der quadratische Mittelwert oder Effektivwert maßgebend, weil die Leistung am linearen Widerstand dem Quadrat von Spannung bzw. Strom proportional ist. Der Effektivwert einer pulsierenden Gleichspannung läßt sich über die Leistung bestimmen:

$$U_\text{eff} = \sqrt{P \cdot R_\text{L}} \quad \text{mit} \quad P = \frac{U_0^2}{R_\text{L}} \cdot V_\text{T}$$

Den Effektivwert erhält man durch Einsetzen zu:

$$U_\text{eff} = \sqrt{\frac{U_0^2}{R_\text{L}} \cdot V_\text{T} \cdot R_\text{L}} = \sqrt{U_0^2 \cdot V_\text{T}}$$

$$U_\text{eff} = U_0 \cdot \sqrt{V_\text{T}}$$

Effektivwert einer pulsierenden
Gleichspannung

Die Leistung an dem Lastwiderstand des vorangegangenen Beispiels errechnet sich über den Effektivwert wie folgt:

Gegeben: $U_0 = 30\ \text{V}$; $R_\text{L} = 60\ \Omega$; $T = 5\ \text{ms}$; $t_\text{i} = 2\ \text{ms}$

Gesucht: P

Lösung: $V_\text{T} = \dfrac{t_\text{i}}{T} = \dfrac{2\ \text{ms}}{5\ \text{ms}} = 0{,}4$

$$U_\text{eff} = U_0 \cdot \sqrt{V_\text{T}} = 30\ \text{V} \cdot \sqrt{0{,}4} = 19\ \text{V}$$

$$P = \frac{U_\text{eff}^2}{R_\text{L}} = \frac{(19\ \text{V})^2}{60\ \Omega} = \underline{6\ \text{W}}$$

7.3.8   Wirkungsgrad

Bei einer Energieumwandlung bzw. Energieübertragung steht im allgemeinen nicht der gesamte zugeführte Energiebetrag wieder in der gewünschten Form zur Verfügung. Meistens handelt es sich bei den für die Nutzung verlorengegangenen Energieverlusten um Wärmeenergie. Die Umwandlungsvorgänge, bei denen Wärme gewünscht wird, verlaufen daher mit den geringsten Verlusten.

> Das Verhältnis der abgegebenen Energie zur zugeführten Energie nennt man Wirkungsgrad η*.

$$\eta = \frac{W_{ab}}{W_{zu}} \qquad\qquad \text{oder in Prozent} \quad \eta = 100\% \, \frac{W_{ab}}{W_{zu}}$$

Der Wirkungsgrad ist stets kleiner als 1 ($\eta < 1$) bzw. kleiner als 100% ($\eta < 100\%$).

Da jede Verrichtung einer Arbeit eine Leistung und eine bestimmte Zeit voraussetzt, kann Energie durch Leistung und Zeit ausgedrückt werden:

$$W_{ab} = P_{ab} \cdot t; \quad W_{zu} = P_{zu} \cdot t; \quad \eta = \frac{P_{ab} \cdot t}{P_{zu} \cdot t}$$

$$\eta = \frac{P_{ab}}{P_{zu}}$$

> Der Wirkungsgrad ist das Verhältnis der abgegebenen zur zugeführten Leistung.

Neben dem Energie- und dem Leistungswirkungsgrad arbeitet man bei Akkumulatoren noch mit dem Amperestundenwirkungsgrad (Abschnitt 5.6.1.4).

Allgemein ausgedrückt ist der Wirkungsgrad stets das Verhältnis von Nutzen durch Aufwand.

Beispiel 1:   Für die Füllung eines 500 Liter fassenden Wasserbehälters in 22 m Höhe benötigt eine Pumpe 15 min. Wie groß ist der Wirkungsgrad der Anlage, wenn die Aufnahmeleistung des Motors 200 W beträgt?

Gegeben: $V \quad = 500 \, \text{l Wasser} = 500 \, \text{dm}^3$
$\qquad\qquad h \quad = \quad 22 \, \text{m}$
$\qquad\qquad P_{zu} \ = 200 \, \text{W}$
$\qquad\qquad t \quad = 15 \, \text{min}$

Gesucht: η

Lösung: a) über das Verhältnis der Energiebeträge.

$$G \quad = V \cdot \gamma = 500 \, \text{dm}^3 \cdot 9{,}81 \, \frac{\text{N}}{\text{dm}^3} = 4900 \, \text{N}$$

---

* η (Eta) = kleiner griechischer Buchstabe.

272

$$W_{ab} = G \cdot h = 4.9 \cdot 10^3 \text{ N} \cdot 22 \text{ m} = 108 \cdot 10^3 \text{ Nm}$$
$$W_{zu} = P_{zu} \cdot t = 200 \text{ W} \cdot 15 \cdot 60 \text{ s} = 180 \cdot 10^3 \text{ Ws}$$

Umrechnung ist nicht erforderlich, da 1 Nm = 1 Ws

$$\eta = \frac{W_{ab}}{W_{zu}} = \frac{108 \cdot 10^3 \text{ Nm}}{180 \cdot 10^3 \text{ Ws}} = \underline{0.6}$$

b) über das Verhältnis der Leistungen.

$$P_{ab} = \frac{W_{ab}}{t} = \frac{G \cdot h}{t} = \frac{4.9 \cdot 10^3 \text{ N} \cdot 22 \text{ m}}{15 \cdot 60 \text{ s}} = 120 \text{ Nm/s}$$

Umrechnung nicht erforderlich, da 1 W = 1 Nm/s

$$\eta = \frac{P_{ab}}{P_{zu}} = \frac{120 \text{ Nm/s}}{200 \text{ W}} = \underline{0.6}$$

Erfolgt eine Energieumwandlung in mehreren Stufen, erhält jede folgende Stufe eine geringere Leistung als ihre vorhergehende. Der Gesamtwirkungsgrad muß daher kleiner sein als der kleinste Teilwirkungsgrad.

In einer Kette von Energieumwandlungsvorgängen ist der Gesamtwirkungsgrad das Produkt der Teilwirkungsgrade.

$$\eta_{ges} = \eta_1 \cdot \eta_2 \cdot \eta_3 \cdots$$

Beispiel 2: Ein elektrischer Umformersatz (Leonardsatz), bestehend aus Motor, Generator und Antriebsmotor, hat eine Aufnahmeleistung von 75 kW. Der Wirkungsgrad des Motors beträgt 0,88, der des Generators 0,86 und der des Antriebsmotors 0,78. Welche Leistung steht an der Welle des Antriebsmotors zur Verfügung?

Gegeben: $P_{zu1} = 75$ kW
$\quad\quad\quad\quad \eta_1 = 0.88$
$\quad\quad\quad\quad \eta_2 = 0.86$
$\quad\quad\quad\quad \eta_3 = 0.78$

Gesucht: P_{ab3}

Lösung:
a) über den Gesamtwirkungsgrad

$$\eta_{ges} = \eta_1 \cdot \eta_2 \cdot \eta_3 = 0.88 \cdot 0.86 \cdot 0.78 = \underline{0.59}$$

$$\eta_{ges} = \frac{P_{ab3}}{P_{zu1}}; \quad\quad P_{ab3} = P_{zu1} \cdot \eta_{ges} = 75 \cdot 0.59 = \underline{44.3 \text{ kW}}$$

b) in einzelnen Stufen über die Teilwirkungsgrade

Motor: $\quad \eta_1 = \frac{P_{ab1}}{P_{zu1}}; \quad\quad P_{ab1} = P_{zu1} \cdot \eta_1 = 75 \cdot 0.88 = \underline{66 \text{ kW}}$

$$\eta_2 = \frac{P_{ab2}}{P_{zu2}}; \qquad P_{ab2} = P_{zu2} \cdot \eta_2 = 66 \cdot 0,86 = \underline{56,8 \text{ kW}}$$

Antriebs-
motor:
$$\eta_3 = \frac{P_{ab3}}{P_{zu3}}; \qquad P_{ab3} = P_{zu3} \cdot \eta_3 = 56,8 \cdot 0,78 = \underline{44,3 \text{ kW}}$$

Beispiel 3: Ein Pumpspeicherwerk soll während der Spitzenbedarfszeit von 4 h eine elektrische Leistung von 80 MW bereitstellen. Der Wasserspiegel des Speicherbeckens liegt im Mittel 83 m über der Turbinenwelle. Wieviel Kubikmeter Wasser muß das Becken enthalten, wenn die Wirkungsgrade mit 0,84 für die Turbine (einschließlich der Rohrleitungen) und 0,96 für den Generator angegeben sind.

Gegeben: $t = 4$ h
$P_{ab} = 80$ MW
$h = 83$ m
$\eta_1 = 0,84$
$\eta_2 = 0,96$

Gesucht: V in m^3

Lösung: (Die Rechnung kann auf verschiedene Weise erfolgen, diese Lösung soll daher nur als Beispiel gelten.) Es soll zuerst der abzugebende Energiebetrag in den Einheiten der Mechanik errechnet werden.

$$P_{ab} = 80 \text{ MW} = 80 \cdot 10^6 \text{ W} = 80 \cdot 10^6 \text{ Nm/s}$$

$$W_{ab} = P_{ab} \cdot t = 80 \cdot 10^6 \text{ Nm/s} \cdot 4 \cdot 3,6 \cdot 10^3 \text{ s} = 1150 \cdot 10^9 \text{ Nm}$$

Wird nun der Wirkungsgrad berücksichtigt, erhält man die im Wasserbecken enthaltene potentielle Energie:

$$\eta_{ges} = \eta_1 \cdot \eta_2 = 0,84 \cdot 0,96 = 0,806$$

$$\eta_{ges} = \frac{W_{ab}}{W_{zu}}; \qquad W_{zu} = \frac{W_{ab}}{\eta_{ges}} = \frac{1150 \cdot 10^9 \text{ Nm}}{0,806} = 1425 \cdot 10^9 \text{ Nm}$$

Damit kann sofort das Gewicht des Wassers berechnet werden:

$$W_{zu} = G \cdot h; \qquad G = \frac{W_{zu}}{h} = \frac{1425 \cdot 10^9 \text{ Nm}}{83 \text{ m}} = 17,2 \cdot 10^9 \text{ N}$$

$$V = \frac{G}{\gamma} = \frac{17,2 \cdot 10^9 \text{ N}}{9,81 \cdot 10^3 \text{ N/m}^3} = \underline{1,75 \cdot 10^6 \text{ m}^3}$$

7.3.9 Elektrische Anpassung

Die von einer Spannungsquelle an ihren Verbraucher abgegebene Leistung ist der Klemmenspannung und dem Laststrom verhältnisgleich:

$$P_{ab} = U_{kl} \cdot I_L \quad \text{in} \quad W = V \cdot A$$

Infolge des Innenwiderstandes einer Spannungsquelle (Abschnitt 6.5.1) nimmt die Klemmenspan-

Bild 7.6 Abhängigkeit der Klemmenspannung, der Abgabeleistung, der Verlustleistung und des Wirkungsgrades vom
Laststrom einer Spannungsquelle

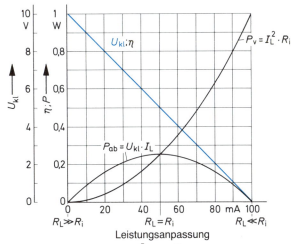

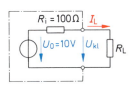

nung bei steigendem Laststrom ab (Bild 7.6). Unter der Voraussetzung eines linearen Innenwiderstandes ist die Klemmenspannung:

$$U_{kl} = U_0 - I_L \cdot R_i$$

Die abgegebene Leistung steigt daher nicht linear mit dem Laststrom an. Sie erreicht bei der Hälfte
des Kurzschlußstroms $I_L = I_K/2$ ihr Maximum und geht bei $I_L = I_K$ gegen $P_{ab} = 0$ (Bild 7.6). Die
abgegebene Leistung errechnet sich nach Einsetzen der Formel für die Klemmenspannung in
diejenige für die Leistung zu:

$$P_{ab} = (U_0 - I_L \cdot R_i) \cdot I_L = U_0 \cdot I_L - I_L^2 \cdot R_i$$

Darin ist $P_V = I_L^2 \cdot R_i$ die Verlustleistung der Spannungsquelle. Im Kurzschlußfall ist die Verlustleistung in der Spannungsquelle am größten. Am Innenwiderstand tritt viermal soviel Leistung auf,
wie die Spannungsquelle im günstigsten Fall abgeben kann (Bild 7.6b):

$$P_{V\,max} = U_0 \cdot I_K = \frac{U_0^2}{R_i} \quad \text{denn es ist} \quad I_K = \frac{U_0}{R_i}$$

> Eine Spannungsquelle gibt die maximal mögliche Leistung an den Verbraucher ab, wenn der
> Lastwiderstand und der Innenwiderstand gleich groß sind. Der Fall $R_i = R_L$ wird daher
> Leistungsanpassung genannt.

Die nutzbare Klemmenspannung ist bei Leistungsanpassung halb so groß wie die Urspannung und
der Laststrom halb so groß wie der Kurzschlußstrom:

$$\text{Bei} \qquad R_L = R_i \quad \text{ist} \quad U_{kl} = \frac{U_0}{2} \quad \text{und} \quad I_L = \frac{I_K}{2} = \frac{U_0}{2 \cdot R_i}$$

275

Die maximale Abgabeleistung errechnet sich somit zu:

$$P_{ab\,max} = \frac{U_0}{2} \cdot \frac{I_K}{2} = \frac{U_0}{2} \cdot \frac{U_0}{2 \cdot R_i}$$

$$P_{ab\,max} = \frac{U_0^2}{4 \cdot R_i} \qquad \text{bei} \qquad R_L = R_i$$

Da bei Leistungsanpassung die gleiche Leistung am Lastwiderstand wie am Innenwiderstand der Spannungsquelle verbraucht wird, ist der Wirkungsgrad in diesem Betriebsfall:

$$\eta = \frac{P_{ab}}{P_{ab} + P_V} = \frac{P_{ab}}{2 \cdot P_{ab}} = 0{,}5$$

Wegen des schlechten Wirkungsgrades findet der Betriebsfall Leistungsanpassung bei Spannungs-quellen in der Energietechnik nur selten Anwendung. Die größere Bedeutung der Leistungsanpassung liegt bei Signalquellen in der Nachrichtentechnik. Durch Leistungsanpassung ergibt sich das günstigste Verhältnis zwischen dem zu übertragenden Nutzsignal und den von außen einwirkenden Störsignalen. Ein weiteres wichtiges Argument für Leistungsanpassung in der Hf-Technik ist die Forderung nach reflexionsfreien Verbindungen.

Da in der Nachrichtentechnik weniger mit Lastströmen als mit Lastwiderständen gerechnet wird, trägt man die von einer Signalquelle oder einem Verstärker abgegebene Leistung meist in Abhängigkeit vom Lastwiderstand auf. In Bild 7.7 wurde der Lastwiderstand auf den Innenwiderstand der Signalquelle und die Abgabeleistung auf den Maximalwert bei Leistungsanpassung bezogen (normierte Darstellung). Auch hier ist zu erkennen (wie Bild 7.6), daß kleine Abweichungen des Lastwiderstandswerts vom Idealwert nur sehr geringe Änderungen der abgegebenen Leistung zur Folge haben.

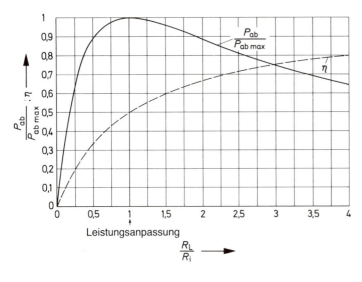

Bild 7.7 Normierte Darstellung der Abhängigkeit der abgegebenen Leistung an den Lastwiderstand und Wirkungsgrad einer Spannungsquelle

Beispiel: Eine Signalquelle hat einen Innenwiderstand von $R_i = 60\,\Omega$. Die Leerlaufspannung beträgt $U_0 = 200\,\text{mV}$.

a) Wie hoch ist die bei Leistungsanpassung abgegebene Leistung, und welchen Wert muß der Lastwiderstand hierbei haben?

b) Wie hoch ist die an einen Lastwiderstand von $R_L = 100\,\Omega$ abgegebene Leistung?

Lösung:

a) Leistungsanpassung liegt vor bei $R_L = R_i = 60\,\Omega$. Die abgegebene Leistung beträgt:

$$P_{ab\,max} = \frac{U_0^2}{4 \cdot R_i} = \frac{(0,2\,\text{V})^2}{4 \cdot 60\,\Omega} = \underline{0,167\,\text{mW}}$$

b) Aus Bild 7.7 entnimmt man bei

$$\frac{R_L}{R_i} = \frac{100\,\Omega}{60\,\Omega} = 1,67 \qquad \frac{P_{ab}}{P_{ab\,max}} = 0,94$$

$$P_{ab} = 0,167\,\text{mW} \cdot 0,94 = \underline{0,157\,\text{mW}}$$

Die rechnerische Lösung liefert:

$$U_{kl} = U_0 \cdot \frac{R_L}{R_i + R_L} = 200\,\text{mV} \cdot \frac{100\,\Omega}{60\,\Omega + 100\,\Omega} = 125\,\text{mV}$$

$$P_{ab} = \frac{U_{kl}^2}{R_L} = \frac{(0,125\,\text{V})^2}{100\,\Omega} = \underline{0,157\,\text{mW}}$$

In der Energietechnik ist der Wirkungsgrad einer Spannungsquelle ein entscheidendes Kriterium. Außerdem soll die Klemmenspannung meistens eine geringe Abhängigkeit von der Belastung aufweisen. Aus beiderlei Gründen ist in der Energietechnik der Innenwiderstand der Spannungsquellen klein gegenüber den Lastwiderständen. Der Laststrom ist somit wesentlich kleiner als der Kurzschlußstrom, bzw. die Klemmenspannung ist nahezu konstant, gleich der Urspannung. Dieser Betriebsfall wird auch *Spannungsanpassung* genannt:

$$\text{Bei} \qquad R_L \gg R_i \quad \text{ist} \quad I_L \ll I_K = \frac{U_0}{R_i} \quad \text{und} \quad U_{kl} \approx U_0$$

7.3.10 Pegelrechnung

In der Nachrichtentechnik werden elektrische Nutzsignale und Störungen an Übertragungseinrichtungen häufig als Pegel angegeben. Auch das Übertragungsverhalten von Leitungen, Verstärkern, Weichen und Filtern wird durch Pegelwerte beschrieben.

Der Pegel ist der Logarithmus des Verhältnisses von Leistungs-, Spannungs- oder Stromwerten. Als Bezugswert des Verhältnisses dient bei relativen Pegeln die auf den Eingang der Schaltung gegebene Größe und bei absoluten Pegeln eine genormte Bezugsgröße. Der hier verwendete dekadische oder Briggsche Logarithmus einer Zahl x, der $\lg x$ ist der Exponent (Hochzahl) zur Basis 10, bei der Darstellung der Zahl x als Potenz. Am einfachsten lassen sich die Logarithmen von Zahlen aufstellen, die als Zehnerpotenz mit ganzzahligen Exponenten geschrieben werden können.

Beispiele für einfache Logarithmen:

$$100 = 10^2, \quad \text{also ist} \quad \lg 100 = 2$$
$$10 = 10^1, \quad \text{also ist} \quad \lg 10 = 1$$
$$1 = 10^0, \quad \text{also ist} \quad \lg 1 = 0$$
$$0{,}1 = 10^{-1}, \quad \text{also ist} \quad \lg 0{,}1 = -1$$
$$0{,}01 = 10^{-2}, \quad \text{also ist} \quad \lg 0{,}01 = -2$$

Der Logarithmus einer Zahl $x > 1$ ist also stets ein positiver Wert, der Logarithmus einer Zahl $x < 1$ ist ein negativer Wert.

Die übliche Einheit für Pegelwerte ist das Dezibel mit dem Kurzzeichen dB. Das Dezibel ist der zehnte Teil des nicht mehr verwendeten Bel.

Als Formelzeichen dienen:

n für absolute Pegel
V für Verstärkungsmaße
a für Dämpfungsmaße

Der Vorteil der Pegelrechnung liegt in der durch das logarithmische Maß begründeten Vereinfachung der Rechnungen:

a) Bei Verstärkung eines Signals erhält man den Ausgangspegel n_2 durch Addition des Verstärkungsmaßes v zum Eingangspegel n_1:

$$n_2 = n_1 + v$$

b) Bei Dämpfung eines Signals erhält man den Ausgangspegel n_2 durch Substraktion des Dämpfungsmaßes a von Eingangspegel n_1:

$$n_2 = n_1 - a$$

Im Gegensatz zur Pegelrechnung muß bei der Rechnung mit linearen Verhältnisgrößen, wie Verstärkungsfaktoren bzw. Dämpfungsfaktoren, multipliziert bzw. dividiert werden.

Die Pegelrechnung geht stets von Leistungsverhältnissen aus. Das Verstärkungsmaß in Dezibel ist der zehnfache dekadische Logarithmus vom Leistungsverstärkungsfaktor.

$$v = 10 \cdot \lg \frac{P_2}{P_1} \quad \text{in dB mit} \quad \begin{array}{l} P_1 \text{ Eingangsleistung und} \\ P_2 \text{ Ausgangsleistung eines Übertragungsgliedes.} \end{array}$$

Beispiel 1: Wie hoch ist die Verstärkung in dB eines Verstärkers, der mit $P_1 = 400\,\mu\text{W}$ angesteuert wird und $P_2 = 4\,\text{W}$ abgibt?

Lösung:

$$v = 10 \cdot \lg \frac{P_2}{P_1} = 10 \cdot \lg \frac{4\,\text{W}}{400 \cdot 10^{-6}\,\text{W}} = 10 \cdot \lg (10^4)$$

$$v = 10 \cdot 4 = \underline{40\,\text{dB}}$$

278

Bei einem Übertragungsglied mit einer Dämpfung, dessen Ausgangsleistung kleiner ist als die Eingangsleistung ($P_2 < P_1$), ist das Verhältnis $P_2/P_1 < 1$ und damit der Logarithmus des Verhältnisses negativ. Ein negatives Verstärkungsmaß bedeutet also, daß eine Dämpfung vorliegt. Um bei positiven Werten zu bleiben, wird bei der Berechnung des Dämpfungsmaßes der Logarithmus aus dem Verhältnis der Eingangs- zur Ausgangsleistung gebildet ($P_1/P_2 > 1$).

$$a = 10 \cdot \lg \frac{P_1}{P_2} \qquad \text{in dB}$$

Beispiel 2: Eine Leitung hat eine Dämpfung von $a = 20$ dB. Die eingespeiste Leistung beträgt $P_1 = 20$ mW. Wie hoch ist die Ausgangsleistung P_2?

Lösung: Die Umstellung der Formel $a = 10 \cdot \lg \frac{P_1}{P}$ ergibt:

$$\lg \frac{P_1}{P_2} = \frac{a}{10} \quad \text{und daraus} \quad \frac{P_1}{P_2} = 10^{a/10}$$

$$P_2 = \frac{P}{10^{a/10}} = \frac{20 \text{ mW}}{10^{20/10}} = \underline{0,2 \text{ mW}}$$

Anstelle der Leistungsverhältnisse werden bei der Pegelrechnung meist Spannungsverhältnisse eingesetzt, da Spannungen erheblich einfacher meßbar sind als Leistungen. Die Leistung an einem ohmschen Widerstand kann über die Spannung berechnet werden:

$$P = \frac{U^2}{R}$$

Unter der Voraussetzung gleicher Eingangs- und Abschlußwiderstände eines Übertragungsgliedes verhalten sich die Leistungen wie die Quadrate der Spannungen.
An einem Verstärker mit dem Eingangswiderstand R_1 und dem Abschlußwiderstand R_2 ist

$$P_1 = \frac{U_1^2}{R_1} \quad \text{und} \quad P_2 = \frac{U_2^2}{R_2}$$

$$\text{Bei } R_1 = R_2 \text{ und } \frac{U_1^2}{P_1} = \frac{U_2^2}{P_2} \quad \text{oder} \quad \frac{P_2}{P_1} = \left(\frac{U_2}{U_1}\right)^2$$

Durch Einsetzen in die Formel für das Verstärkungsmaß erhält man:

$$v = 10 \cdot \lg \frac{P_2}{P_1} = 10 \cdot \lg \left(\frac{U_2}{U_1}\right)^2 = 10 \cdot 2 \lg \frac{U_2}{U_1}$$

$$v = 20 \cdot \lg \frac{U_2}{U_1} \qquad \text{in dB} \quad \text{bei } R_2 = R_1$$

Für das Dämpfungsmaß gilt dementsprechend:

$$a = 20 \cdot \lg \frac{U_1}{U_2} \qquad \text{in dB} \quad \text{bei } R_2 = R_1$$

Anstelle der Spannungsverhältnisse können in beiden Gleichungen auch Stromverhältnisse eingesetzt werden, da die Leistung bei gleichem Widerstand auch dem Quadrat des Stromes verhältnisgleich ist.

In der Praxis werden die aus den Spannungsverhältnissen errechneten Verstärkungs- und Dämpfungsmaße häufig auch dann verwendet, wenn die Voraussetzung gleicher Eingangs- und Ausgangswiderstände nicht erfüllt ist. Es darf dann jedoch nur von einer Spannungsverstärkung V_u gesprochen werden, die nicht auf die Leistungen übertragbar ist.

Beispiel: Am Eingang eines Verstärkers mit einer Spannungsverstärkung $v_u = 50$ dB liegt ein Signal $U_1 = 6$ mV. Wie hoch ist das Ausgangssignal?

Lösung:

Aus $\qquad v_u = 20 \cdot \lg \dfrac{U_2}{U_1} \quad$ erhält man durch Umstellung

$$U_2 = U_1 \cdot 10^{V_u/20} = 6 \cdot 10^{-3}\,\text{V} \cdot 10^{50/20} = 6 \cdot 10^{-3}\,\text{V} \cdot 316$$

$$\underline{U_2 \approx 1{,}9\,\text{V}}$$

Beim absoluten Pegel ist die an einem Übertragungsglied gemessene Spannung oder Leistung auf einen genormten Bezugswert bezogen. In der Nachrichtentechnik gilt eine Bezugsleistung von $P_0 = 1$ mW an einen Widerstand von $R = 600\,\Omega$ als $n = 0$ dB.

Die Bezugsspannung errechnet sich daraus zu

$$U_0 = P_0 \cdot R_0 = 1 \cdot 10^{-3}\,\text{W} \cdot 600\,\Omega = 0{,}775\,\text{V} = \underline{775\,\text{mV}}$$

und der Bezugsstrom beträgt

$$I_0 = \frac{P_0}{R_0} = \frac{1 \cdot 10^{-3}\,\text{W}}{600\,\Omega} = \underline{1{,}29\,\text{mA}}$$

Der absolute Pegel in einer Übertragungseinrichtung mit einem Widerstand von $R = 600\,\Omega$ kann durch eine Spannungsmessung ermittelt werden:

$$n = 20 \cdot \lg \frac{U}{U_0} = 20 \cdot \lg \frac{U}{775\,\text{mV}}$$

Ist die gemessene Spannung kleiner als die Bezugsspannung $U_0 = 775$ mV, ergibt sich ein negativer Wert für den Absolutpegel.

Beispiel 3: Ein Verstärker mit einem Eingangswiderstand von $R_1 = 600\,\Omega$ ist mit einem Widerstand von $R_2 = 600\,\Omega$ belastet. Am Eingang werden $U_1 = 20$ mV und am Ausgang $U_2 = 500$ mV gemessen.

a) Wie hoch ist die Verstärkung V in dB?
b) Wie hoch sind die absoluten Pegel am Eingang und am Ausgang?

Lösung: a)

$$v = 20 \cdot \lg \frac{U_2}{U_1} = 20 \cdot \lg \frac{50\,\text{mV}}{20\,\text{mV}} = 20 \cdot \lg 25 = 20 \cdot 1{,}4$$

$$\underline{v = 28\,\text{dB}}$$

b) absoluter Eingangspegel

$$n_1 = 20 \cdot \lg \frac{U_1}{U_0} = 20 \cdot \lg \frac{20 \text{ mV}}{775 \text{ mV}} = 20 \cdot (-1,59)$$

$$\underline{n_1 = -31,8 \text{ dB}}$$

der absolute Ausgangspegel errechnet sich zu

$$n_2 = n_1 + V = -31,8 \text{ dB} + 28 \text{ dB} = \underline{-3,8 \text{ dB}}$$

oder über die Ausgangsspannung

$$n_2 = 20 \cdot \lg \frac{U_2}{U_0} = 20 \cdot \lg \frac{500 \text{ mV}}{775 \text{ mV}} = 20 \cdot (-0,190)$$

$$\underline{n_2 = -3,8 \text{ dB}}$$

In Antennenanlagen beträgt der Anpassungswiderstand im allgemeinen $R_1 = R_2 = 75 \ \Omega$ bei erheblich kleineren Spannungswerten. Als Bezugs- oder Nullpegel wird daher in Antennenanlagen $U_0 = 1 \ \mu\text{V}$ an $R_0 = 75 \ \Omega$ festgelegt. Durch diese Herabsetzung des Bezugspegels ergeben sich im allgemeinen positive Werte für Absolutpegel.
In Antennenanlagen gilt 1 µV an 75 $\Omega \triangleq 0$ dB µV

7.4 Wärmelehre

7.4.1 Temperatur

Wärme ist Bewegungsenergie der Moleküle und Atome der Materie.

Mit dem Temperaturempfinden kann man die Stärke der Molekülbewegung als kalt, warm, heiß oder dergleichen wahrnehmen. *Die Temperatur ist die physikalische Größe, die den Wärmezustand eines Körpers kennzeichnet.*
   Eine Temperaturmessung ist mit dem subjektiven Temperaturempfinden nicht möglich. Durch die Meßtechnik kann mit Hilfe der Temperaturskalen eine objektive Angabe des Wärmezustandes erfolgen.
   Als *Maßeinheit der Temperatur* wird in den meisten Ländern der Erde das *Celsiusgrad** (°C) verwendet. Die Celsiusskala ist festgelegt durch zwei Fixpunkte, die sehr genau und relativ einfach (Abschnitt 7.4.5) reproduzierbar sind:

0 °C ist die Temperatur des schmelzenden Eises.
100 °C ist die Temperatur des siedenden Wassers bei einem Luftdruck von 1013 mb.

---

*   Eingeführt 1742 durch A. Celsius.

Ein Celsiusgrad ist der 100. Teil des Temperaturunterschiedes zwischen diesen beiden Fixpunkten.

In einigen Gebieten der Physik und der Technik bietet die *Kelvinskala** entscheidende Vorteile. Diese ist eine thermodynamische oder absolute Temperaturskala, d.h., sie beginnt beim absoluten Nullpunkt von $-273\,°C$ mit $0\,K$.

Der absolute Nullpunkt ist die tiefste physikalisch denkbare Temperatur, bei der keine Molekülbewegung mehr vorhanden ist. Bis auf Bruchteile von einem Grad hat man sie bereits erreicht.

Die Unterteilung der Kelvinskala wurde von der Celsiusskala übernommen. Die Kelvinskala ist also im Vergleich zur Celsiusskala nur um $273\,K$ zu tieferen Temperaturen hin verschoben.

$$0\,K = -273\,°C \text{ und } 273\,K = 0\,°C$$

Die Umrechnungsformel lautet:

$$T = \vartheta + 273\,K$$
$$\vartheta = T - 273\,K$$

T absolute Temperatur in K
ϑ Temperatur in °C

Da Temperaturunterschiede in der Celsiusskala wie in der Kelvinskala den gleichen Zahlenwert haben, erhalten sie das Einheitszeichen K.

Temperaturunterschiede: $\Delta\vartheta$ in K.

Neben der Celsiusskala wird zum Teil in englischsprechenden Ländern noch die Fahrenheitskala (°F) verwendet. Ihre Beziehung zur Celsiusskala lautet:

$$0\,°C = 32\,°F \text{ und } 100\,°C = 212\,°F$$

Für die Umrechnung von Celsiusgraden (ϑ_C) in Fahrenheitgrade (ϑ_F) bzw. umgekehrt gelten folgende Formeln:

$$\vartheta_F = \frac{9}{5}\,\vartheta_C + 32° \quad \text{oder} \quad \vartheta_C = \frac{5}{9}\,(\vartheta_F - 32°)$$

7.4.2 Temperaturmessung

Viele physikalische Eigenschaften der Stoffe ändern sich nach bestimmten Gesetzmäßigkeiten unter dem Einfluß der Wärme.

In Thermometern wird die Temperaturabhängigkeit solcher physikalischer Eigenschaften ausgenutzt, die leicht meßbar sind.

Am häufigsten wird die unterschiedliche Temperaturabhängigkeit der Abmessungen bzw. der Volumina der Stoffe ausgenutzt.

Flüssigkeitsthermometer beruhen auf der wesentlich stärkeren Volumenänderung von Flüssigkeiten im Gegensatz zu ihren Gefäßen. Je nach dem geforderten Temperaturbereich verwendet man als Flüssigkeit Quecksilber ($-39\,°C$ bis $357\,°C$) oder für tiefere Temperaturen (bis $-70\,°C$) Alkohol oder Pentan.

Metallthermometer — meist als *Bimetallthermometer* ausgeführt — nutzen die unterschiedliche Längenänderung zweier Metalle. Zwei dünne, aufeinandergewalzte oder gelötete Metallstreifen

---

* Lord Kelvin, englischer Physiker, 1824 bis 1907. Genauer Wert $-273,16\,°C$.

282

bewirken bei unterschiedlicher Längenänderung eine Verformung. Die Anwendung erfolgt in Thermometern, Thermographen (Temperaturschreibern) und Thermostaten wie in Überwachungsgeräten.

Gasthermometer — sie nutzen die Volumenänderung von Gasen — werden nur für höchste Anforderungen an Genauigkeit in Eichanstalten verwendet.

Elektrische Thermometer zeigen die Temperatur auf einem in Celsiusgraden geeichten Meßinstrument an. Bei *Widerstandsthermometern* ist der Meßfühler ein temperaturabhängiger Widerstand (Abschnitt 6.9). Widerstandsthermometer sind besonders zur Fernmessung geeignet.

Thermoelektrische Thermometer nutzen die von einem Thermoelement erzeugte temperaturabhängige Spannung (Abschnitt 4.4.9.3). Sie benötigen daher keine fremde Spannungsquelle. Je nach dem erforderlichen Temperaturbereich werden Thermoelemente unterschiedlicher Zusammenstellung verwendet: Kupfer−Konstantan (bis 600 °C), Eisen−Konstantan (bis 900 °C), Nickelchrom−Nickel (bis 1200 °C) oder Platinrhodium−Platin (bis 1600 °C).

Strahlungspyrometer nutzen die von Körpern ausgehende Wärmestrahlung (Abschnitt 7.4.6) zur berührungslosen Temperaturmessung. Die Strahlung wird, durch ein Linsensystem gebündelt, in einem Thermoelement zur Spannungserzeugung herangezogen (Gesamtstrahlungspyrometer). Strahlungspyrometer werden im allgemeinen erst für Temperaturen ab etwa 600 °C verwendet. Besonders empfindliche Geräte arbeiten schon bei Raumtemperatur.

Aus der Schmelztemperatur bestimmter Stoffe ist eine Temperaturbestimmung möglich, wenn sie eine bleibende Formveränderung bewirkt. Diese Tatsache wird bei den vorwiegend in den Brennöfen der keramischen Industrie verwendeten Segerkegeln ausgenutzt. Die kleinen, pyramidenförmigen Körper mit genau abgestuften Schmelztemperaturen (600 bis 2000 °C) zeigen durch Umbiegen die Temperatur an.

Wärmeempfindliche Farbstoffe werden bei Temperaturmeßfarben zur Überwachung von Maschinenteilen und von elektrischen Anlagen verwendet. Sie zeigen durch bleibenden Farbumschlag die Überschreitung einer zulässigen Grenztemperatur (35 bis 170 °C) an.

7.4.3 Wärmemenge

Für die Erwärmung eines Körpers ist stets Energie in Form einer Wärmemenge erforderlich.

Das Formelzeichen für Wärmemenge oder Wärmearbeit ist der Buchstabe Q.

Die Einheit der Wärmemenge des «Internationalen Einheitensystems» ist das Joule (J), das den gleichen Energiebetrag wie die Wattsekunde (Ws) und das Newtonmeter (Nm) darstellt.

$$1\,J = 1\,Ws = 1\,Nm$$

Der Vergleich der Kilokalorie mit dem Joule ergibt sich daraus zu:

$$860\,kcal = 1\,kWh = 3{,}6 \cdot 10^6\,Ws = 3{,}6 \cdot 10^6\,J$$

$$\underline{1\,kcal = \frac{3{,}6 \cdot 10^6}{860}\,J = \underline{4{,}18 \cdot 10^3\,J}}$$

oder $\underline{1\,cal = 4{,}18\,J}$

Die für die Erwärmung eines Körpers erforderliche Wärmemenge hängt neben der Stoffmenge und dem zu erzielenden Temperaturunterschied von der Art des Stoffes ab. Die einem Stoff arteigene Wärmemenge, die sogenannte *spezifische Wärme,* wird auf eine Masseneinheit und ein Grad Temperaturunterschied bezogen und in Tabellen angegeben (Tabelle 7.4).

283

Tabelle 7.4 Spezifische Wärme verschiedener Stoffe im Temperaturintervall 0 °C bis 100 °C

Flüssigkeiten	$\dfrac{kJ}{kg \cdot K}$	Metalle	$\dfrac{kJ}{kg \cdot K}$	andere feste Stoffe	$\dfrac{kJ}{kg \cdot K}$	Gase (bei konst. Druck)	$\dfrac{kJ}{m^3}$
Wasser	4,19	Aluminium	0,890	Eis (−20 bis 0 °C)	2,10	Wasserstoff	14,30
Alkohol	2,43	Eisen (rein)	0,465	Erdreich	1,30 bis 2,50	Helium	5,25
Glyzerin	2,39	Nickel	0,423	Mauerwerk	0,84 bis 2,10	Wasserdampf	1,90
Azeton	2,18	Kupfer	0,390	Holz	1,00 bis 1,70	Stickstoff	1,05
Petroleum	2,14	Silber	0,243	Porzellan	0,92	Luft	1,00
Benzol	1,72	Platin	0,195	Glas	0,80	Sauerstoff	0,92
Öl	2,05	Blei	0,130	Quarzglas	0,71	Kohlendioxid	0,84
				Gummi	1,40 bis 2,10	Chlor	0,50

Die spezifische Wärme ist die für die Erwärmung um 1 K von 1 kg eines Stoffs erforderliche Wärmemenge in J.

Die spezifische Wärmemenge ist damit das Verhältnis der Wärmemenge zur Stoffmenge und zum Temperaturunterschied:

$$c = \frac{Q}{m \cdot \Delta\vartheta} \text{ in } \frac{J}{kg \cdot K}$$

In Tabelle 7.4 sind die spezifischen Wärmen verschiedener fester, flüssiger und gasförmiger Stoffe angegeben. Bei Gasen wird sie auch auf eine Volumeneinheit (m³) bei konstantem Druck bezogen. Auffallend ist die im Vergleich zu fast allen Stoffen hohe spezifische Wärme des Wassers. Nur Wasserstoff und Helium liegen höher. Wasser ist daher ein guter Wärmespeicher.

Die für die Erwärmung eines Körpers erforderliche Wärmemenge ist seiner Masse, der Temperaturdifferenz und der spezifischen Wärme des Stoffs verhältnisgleich.

$$Q = m \cdot \Delta\vartheta \cdot c$$

$$\Delta\vartheta = \vartheta_2 - \vartheta_1$$

Q	Wärmemenge	in J
m	Masse (Stoffmenge)	in kg
$\Delta\vartheta$	Temperaturdifferenz	in K
ϑ_1	Temperatur vorher	in °C oder K
ϑ_2	Temperatur nachher	in °C oder K
c	spezifische Wärme	in $\dfrac{J}{kg \cdot K}$

284

Beispiel 1: Welche Wärmemenge ist erforderlich, um einen Eisenblock von 2 kg von 20 °C auf 80 °C zu erwärmen?

Gegeben: $m = 2$ kg

$\vartheta_1 = 20$ °C

$\vartheta_2 = 80$ °C

$c = 465 \dfrac{\text{J}}{\text{kg} \cdot \text{K}}$ (Tabelle 7.4)

Gesucht: Q

Lösung: $\Delta\vartheta = \vartheta_2 - \vartheta_1 = 80\,°\text{C} - 20\,°\text{C} = 60$ K

$Q = m \cdot \Delta\vartheta \cdot c = 2\ \text{kg} \cdot 60\ \text{K} \cdot 465 \dfrac{\text{J}}{\text{kg} \cdot \text{K}} = 55{,}8 \cdot 10^3\ \text{J} = \underline{55{,}8\ \text{kJ}}$

Beispiel 2: Ein Wasserboiler mit 80 Liter Fassungsvermögen hat eine Anschlußleistung von 6 kW. Wie hoch sind Energiebedarf und Aufheizzeit, wenn das Wasser von 15 °C auf 85 °C erwärmt werden soll? Der Wirkungsgrad sei mit 95% angenommen.

Gegeben: $V = 80\ \text{l} \triangleq m = 80$ kg (Wasser)

$P_{zu} = 6$ kW

$\vartheta_1 = 15$ °C

$\vartheta_2 = 85$ °C

$c = 4{,}19 \dfrac{\text{kJ}}{\text{kg} \cdot \text{K}}$

$\eta = 0{,}95$

Gesucht: a) W_{zu} in kWh

b) t in min

Lösung:

zu a) $\Delta\vartheta = \vartheta_2 - \vartheta_1 = 85\,°\text{C} - 15\,°\text{C} = 70$ K

$Q = m \cdot \Delta\vartheta \cdot c = 80\ \text{kg} \cdot 70\ \text{K} \cdot 4{,}19 \dfrac{\text{kJ}}{\text{kg} \cdot \text{K}} = 23{,}5 \cdot 10^3\ \text{kJ}$

$Q_{zu} = \dfrac{Q_{ab}}{\eta} = \dfrac{23{,}5 \cdot 10^3\ \text{kJ}}{0{,}95} = 24{,}7 \cdot 10^3\ \text{kJ} = 24{,}7 \cdot 10^6\ \text{J}$

$W_{zu} = Q_{zu} = 24{,}7 \cdot 10^6\ \text{Ws} = \dfrac{24{,}7 \cdot 10^6}{3{,}6 \cdot 10^3}\ \text{Wh} = \underline{6{,}85\ \text{kWh}}$

zu b) $P_{zu} = \dfrac{W_{zu}}{t}$

$t = \dfrac{W_{zu}}{P_{zu}} = \dfrac{6{,}85\ \text{kWh}}{6\ \text{kW}} = 1{,}14\ \text{h} \approx \underline{1\ \text{h}\ 8\ \text{min}}$

Wird die für die Erwärmung eines Stoffs erforderliche Energie durch Verbrennung gewonnen, kann der Brennstoffbedarf mittels Heizwert (Abschnitt 7.2.4 Chemische Energie) berechnet werden.

Beispiel 3: Wieviel kg Heizöl sind erforderlich, um das Wasser eines 120 m³ fassenden Schwimmbeckens von 12 °C auf 24 °C zu erwärmen? Der gesamte Wirkungsgrad wird mit 50% angenommen.

Gegeben: V $= 120$ m³

c $= 4190 \dfrac{J}{kg \cdot K}$ (Tabelle 7.4)

ϑ_1 $= 12$ °C

ϑ_2 $= 24$ °C

H $= 41 \cdot 10^6$ J/kg (Tabelle 7.1)

η $= 0,5$

Gesucht: Brennstoffmenge m in kg

Lösung: Wassermenge $m = V \cdot \varrho = 120 \cdot 10^3 \text{ dm}^3 \cdot 1 \text{ kg/dm}^3 = 120 \cdot 10^3$ kg

$Q_{ab} = m \cdot c \cdot (\vartheta_2 - \vartheta_1) = 120 \cdot 10^3 \text{ kg} \cdot 4,190 \cdot 10^3 \dfrac{J}{kg \cdot K} (24 °C - 12 °C)$

$Q_{ab} = 6,03 \cdot 10^9$ J

$Q_{zu} = \dfrac{Q_{ab}}{\eta} = \dfrac{6,03 \cdot 10^9 \text{ J}}{0,5} = 12,06 \cdot 10^9$ J

$Q_{zu} = m \cdot H$

$m = \dfrac{Q_{zu}}{H} = \dfrac{12,06 \cdot 10^9 \text{ J}}{41 \cdot 10^6 \text{ J/kg}} = \underline{294 \text{ kg}}$

7.4.4 Mischungsregel

Alle Stoffe, die miteinander in Berührung gebracht werden, sind bestrebt, ihre Temperaturen einander anzugleichen. Es findet zwischen den Körpern solange ein Wärmetransport statt, bis beide Stoffe die gleiche Temperatur, die sogenannte *Mischungstemperatur,* aufweisen. Wird während des Ausgleichsvorganges weder Wärme an die Umgebung abgegeben noch von außen zugeführt, ist die vom wärmeren Stoff abgegebene gleich der vom kälteren Stoff aufgenommenen Wärmemenge.

Abgegebene Wärmemenge = aufgenommene Wärmemenge

$$Q_{ab} = Q_{zu}$$

Die abgegebene Wärmemenge ist der Masse des wärmeren Stoffes, seinem Temperaturgefälle bis zur Mischungstemperatur und der spezifischen Wärmemenge verhältnisgleich:

$$Q_{ab} = m_1 \cdot c_1 (\vartheta_1 - \vartheta_m)$$

Für den kälteren Stoff gilt entsprechend:

$$Q_{zu} = m_2 \cdot c_2 (\vartheta_m - \vartheta_2)$$

286

Setzt man die Wärmemengen wieder gleich, so ergibt sich die Mischungsformel:

$$m_1 \cdot c_1 \, (\vartheta_1 - \vartheta_m) = m_2 \cdot c_2 \, (\vartheta_m - \vartheta_2)$$

darin sind:

m_1 Masse des wärmeren Stoffs   in kg

c_1 spezifische Wärme des wärmeren Stoffs   in $\dfrac{J}{kg \cdot K}$

ϑ_1 Ausgangstemperatur des wärmeren Stoffs   in °C

m_2 Masse des kälteren Stoffs   in kg

c_2 spezifische Wärme des kälteren Stoffs   in $\dfrac{J}{kg \cdot K}$

ϑ_2 Ausgangstemperatur des kälteren Stoffs   in °C

ϑ_m Mischungstemperatur   in °C

Beispiel 1: Wieviel kg Öl ($c = 2050$ J/kg · K)von 20 °C sind erforderlich, um einen 2-kg-Kupferblock von 180 °C durch Temperaturausgleich bis auf 40 °C abkühlen zu können?

Gegeben:
$c_2 = 2050 \, \dfrac{J}{kg \cdot K}$

$\vartheta_2 = 20 \,°C$

$m_1 = 2 \, kg$

$c_1 = 390 \, \dfrac{J}{kg \cdot K}$ (Tabelle 7.4)

$\vartheta_1 = 180 \,°C$

$\vartheta_m = 40 \,°C$

Gesucht: m_2

Lösung: $m_1 \cdot c_1 \, (\vartheta_1 - \vartheta_m) = m_2 \cdot c_2 \, (\vartheta_m - \vartheta_2)$

$$m_2 = \frac{m_1 \cdot c_1 \cdot (\vartheta_1 - \vartheta_m)}{c \cdot (\vartheta_m - \vartheta_2)} = \frac{2 \, kg \cdot 390 \, \dfrac{J}{kg \cdot K} \cdot (180 \,°C - 40 \,°C)}{2050 \, \dfrac{J}{kg \cdot K} \cdot (40 \,°C - 20 \,°C)}$$

$$m_2 = \frac{109 \cdot 10^3 \, J}{41 \cdot 10^3 \, J/kg} = \underline{2{,}66 \, kg}$$

Zur *Berechnung der Mischungstemperatur* — vor allem, wenn mehr als zwei Stoffe im Ausgleich beteiligt sind — bietet der Weg über die *Wärmeinhalte* der Stoffe erhebliche Vorteile. *Der Wärmeinhalt ist die in einem Körper enthaltene Wärmeenergie, bezogen auf die Temperatur von 0 °C.* Der Wärmeinhalt eines Körpers ist damit auch die Wärmemenge, die den Körper von 0 °C auf seine Endtemperatur erwärmt hat.

$$Q = m \cdot c \cdot \vartheta$$

mit Q Wärmeinhalt   in J

c spez. Wärmemenge   in $\dfrac{J}{kg \cdot K}$

ϑ Temperatur   in °C

Gilt wieder die Voraussetzung, daß der Temperaturausgleich ohne Abgabe an die Umgebung erfolgt, so muß die Summe der Wärmeinhalte aller Mischungskomponenten vor und nach dem Temperaturausgleich dieselbe sein.

$$Q_1 + Q_2 + \ldots = Q_1 + Q_2 + \ldots$$
$$\text{vor dem Ausgleich} \quad \text{nach dem Ausgleich}$$

oder:
$$m_1 \cdot c_1 \cdot \vartheta_1 + m_2 \cdot c_2 \cdot \vartheta_2 + \ldots = m_1 \cdot c_1 \cdot \vartheta_m + m_2 \cdot c_2 \cdot \vartheta_m + \ldots$$

Die Mischungstemperatur kann auf der rechten Seite einfach ausgeklammert und vom übrigen Bruch getrennt werden:

$$m_1 \cdot c_1 \cdot \vartheta_1 + m_2 \cdot c_2 \cdot \vartheta_2 + \ldots = \vartheta_m (m_1 \cdot c_1 + m_2 \cdot c_2 + \ldots)$$

$$\vartheta_m = \frac{m_1 \cdot c_1 \cdot \vartheta_1 + m_2 \cdot c_2 \cdot \vartheta_2 + \ldots}{m_1 \cdot c_1 + m_2 \cdot c_2 + \ldots}$$

Beispiel 2: Welche Mischungstemperatur stellt sich ein, wenn 40 kg Wasser von 85 °C mit 65 kg Wasser von 15 °C zusammengeschüttet werden?

Gegeben: $m_1 = 40$ kg
$\vartheta_1 = 85$ °C
$m_2 = 65$ kg
$\vartheta_2 = 15$ °C
$c_1 = c_2 = 4190 \dfrac{J}{kg \cdot K}$

Gesucht: ϑ_m

Lösung: $\vartheta_m = \dfrac{m_1 \cdot c_1 \, \vartheta_1 \cdot m_2 \cdot c_2 \cdot \vartheta_2}{m_1 \cdot c_1 + m_2 \cdot c_2} = \dfrac{40 \text{ kg} \cdot 4190 \dfrac{J}{kg \cdot K} \cdot 85 \text{ °C} + 65 \text{ kg} \cdot 4190 \dfrac{J}{kg \cdot K} \cdot 15 \text{ °}}{40 \text{ kg} \cdot 4190 \dfrac{J}{kg \cdot K} + 65 \text{ kg} \cdot 4190 \dfrac{J}{kg \cdot K}}$

$$\vartheta_m = \frac{40 \cdot 85 \text{ °C} + 65 \cdot 15 \text{ °C}}{40 + 65} = \frac{4375 \text{ °C}}{105} = \underline{41{,}7 \text{ °C}}$$

Ergänzung:

Bei der Mischung *gleichartiger* Stoffe kann die spezifische Wärme sofort aus der Formel herausgekürzt werden. Es gilt dann:

$$\vartheta_m = \frac{m_1 \cdot \vartheta_1 + m_2 \cdot \vartheta_2}{m_1 + m_2}$$

7.4.5 Umwandlung in anderen Aggregatzustand

Jeder Zusammenhalt von Materieteilchen stellt einen Energiezustand dar. Je höher die Ordnung im Zusammenhang der Teilchen, wie z.B. im Kristallverband, je höher ist die dadurch bedingte Energie.

Jede Auflösung eines Zusammenhalts von Atomen oder Molekülen eines Stoffs, d.h. die Änderung des Aggregatzustandes, erfordert Energie, die sogenannte Umwandlungswärme.

288

Zwischen den drei Aggregatzuständen (Abschnitt 4.3.2) fest, flüssig und gasförmig sind zwei Arten von Umwandlungen mit den entsprechenden Umwandlungswärmen möglich.

Beim *Schmelzen* bzw. *Erstarren* eines Stoffs ändert sich der Aggregatzustand von fest in flüssig bzw. umgekehrt.

Die Wärmemenge, die 1 kg eines Stoffs bei seiner Schmelztemperatur zum Schmelzen bringt, nennt man Schmelzwärme.

Die gleiche Wärmemenge wird beim Erstarren von 1 kg desselben Stoffs als Erstarrungswärme frei.

In Tabelle 7.5 sind Schmelz- bzw. Erstarrungswärmen mit den zugehörigen Schmelz- bzw. Erstarrungstemperaturen einiger Stoffe aufgeführt. Die Wärmemenge, die einen Körper bei seiner Schmelztemperatur zum Schmelzen bringt, ist das Produkt seiner Masse und Schmelzwärme.

$$Q = m \cdot q_s$$

Q benötigte Wärmemenge in J
m Masse des Körpers in kg
q_s Schmelzwärme in J/kg

Während des Schmelzvorgangs bleibt die Temperatur trotz der ständigen Wärmezuführung konstant.

Eine gleichmäßige und langsame Wärmezuführung muß allerdings vorausgesetzt werden. Die aufgewendete Wärme wird nur zur Auflösung des Gitterverbandes benötigt, wobei die Bewegungsenergie der Teilchen gleich bleibt. Erst wenn der Schmelzprozeß beendet ist, steigt die Temperatur weiter an.

Diese Tatsache hat man sich bei der Festlegung eines Fixpunkts der Temperaturskala und zur Erzeugung konstanter Vergleichstemperaturen zunutze gemacht. In einer Eis-Wasser-Flasche,

Tabelle 7.5 Schmelzwärmen und Verdampfungswärmen mit den entsprechenden Temperaturen einiger Stoffe (bei 1013 mb)

	Schmelz- bzw. Erstarrungs- temperatur °C	Schmelz- bzw. Erstarrungs- wärme kJ/kg	Verdampfungs- bzw. Kondensations- temperatur °C	Verdampfungs- bzw. Kondensations- wärme kJ/kg
Äthylalkohol	−110	105	78,3	8 400
Aluminium	658	360	2270	11 700
Eisen (rein)	1530	270	2500	6 400
Kupfer	1083	210	2330	4 650
Quecksilber	− 38,8	12	357	300
Wasser	0	340	100	2 260
Zinn	232	59	2300	2 600

einem wärmeisolierten Gefäß mit einer Füllung aus in Wasser verteiltem Eis, bleibt die Temperatur von 0 °C über längere Zeit mit hoher Genauigkeit erhalten.

Beim *Verdampfen* bzw. *Kondensieren* ändert sich der Aggregatzustand von flüssig in gasförmig bzw. umgekehrt.

Die Wärmemenge, die 1 kg eines Stoffes bei seiner Siedetemperatur verdampft, nennt man Verdampfungswärme.

Die gleiche Wärmemenge wird beim Kondensieren von 1 kg desselben Stoffs als Kondensationswärme frei.

Tabelle 7.5 enthält Verdampfungs- bzw. Kondensationstemperaturen sowie Verdampfungs- bzw. Kondensationswärmen einiger Stoffe. Die zum Verdampfen einer bestimmten Stoffmenge erforderliche Wärmemenge bei Siedetemperatur errechnet sich ebenfalls nach der Formel:

$$Q = m \cdot q_v$$ mit q_v Verdampfungswärme in J/kg

Während eines Verdampfungsvorganges bleibt die Temperatur der verbleibenden Flüssigkeit konstant, unter der Voraussetzung, daß der Druck konstant bleibt.

Die Ausnutzung dieses Tatbestandes erfolgte bei der Festlegung des zweiten Fixpunkts der Temperaturskala.

Da beim Verdampfen die Kohäsionskräfte zwischen den Molekülen vollständig überwunden werden müssen, sind die Verdampfungswärmen wesentlich höher als die Schmelzwärmen. Die Verdampfung ist außerdem mit einem großen Volumenzuwachs verbunden.

Wasserdampf von 100 °C nimmt fast 1700mal mehr Raum ein als die gleiche Masse Wasser von 100 °C.

Beispiel: Welche Wärmemenge ist erforderlich, um 5 kg Eis von -20 °C vollständig bei normalem Luftdruck (1013 mb) zu verdampfen?

Gegeben: $m = 5$ kg
$\vartheta_1 = -20$ °C

für Eis $c_E = 2100 \dfrac{J}{kg \cdot K}$ ⎫
                                                    ⎬   Tabelle 7.4
für Wasser $c_W = 4190 \dfrac{J}{kg \cdot K}$ ⎭

Schmelztemperatur $\vartheta_s = 0$ °C ⎫
Schmelzwärme $q_s = 340$ kJ/kg ⎬   Tabelle 7.5
Verdampfungstemperatur $\vartheta_v = 100$ °C ⎪
Verdampfungswärme $q_v = 2260$ kJ/kg ⎭

Gesucht: Q

Lösung:
a) Erwärmung bis zur Schmelztemperatur

$$Q_1 = m \cdot c_E \, (\vartheta_s - \vartheta_1) = 5 \, \text{kg} \cdot 2100 \, \frac{\text{J}}{\text{kg} \cdot \text{K}} \, [0 \, °\text{C} - (-20 \, °\text{C})]$$

$$Q_1 = 5 \, \text{kg} \cdot 2{,}1 \cdot 10^3 \, \frac{\text{J}}{\text{kg} \cdot \text{K}} \cdot 20 \, \text{K} = \underline{210 \, \text{kJ}}$$

b) Schmelzen

$$Q_2 = 5 \, \text{kg} \cdot 340 \, \text{kJ/kg} = \underline{1700 \, \text{kJ}}$$

c) Erwärmung bis zur Siedetemperatur

$$Q_3 = m \cdot c_w \, (\vartheta_v - \vartheta_s) = 5 \, \text{kg} \cdot 4190 \, \frac{\text{J}}{\text{kg} \cdot \text{K}} \cdot (100 \, °\text{C} - 0 \, °\text{C})$$

$$Q_3 = 5 \, \text{kg} \cdot 4{,}19 \cdot 10^3 \, \frac{\text{J}}{\text{kg} \cdot \text{K}} \cdot 100 \, \text{K} = \underline{2100 \, \text{kJ}}$$

d) Verdampfen

$$Q_4 = 5 \, \text{kg} \cdot 2260 \, \text{kJ/kg} = \underline{11{,}3 \cdot 10^3 \, \text{kJ}}$$

e) Summieren der einzelnen Wärmemengen

$$Q_{ges} = Q_1 + Q_2 + Q_3 + Q_4 = (0{,}21 + 1{,}7 + 2{,}1 + 11{,}3) \cdot 10^3 \, \text{kJ}$$

$$\underline{Q_{ges} = 15{,}31 \, \text{MJ}}$$

7.4.6 Ausbreitung der Wärme

Alle Körper sind bestrebt, ihren Wärmezustand einander anzugleichen, d.h. einen Wärmetransport im Sinne eines Temperaturausgleichs vorzunehmen. Diese Tatsache wurde bereits bei der Berechnung der Mischungstemperatur (Abschnitt 7.4.4) zugrunde gelegt.

Die Ausbreitung der Wärme kann auf drei verschiedene Arten erfolgen: es sind Wärmeleitung, Wärmeströmung oder -konvektion und Wärmestrahlung.

7.4.6.1 Wärmeleitung

> Bei der Wärmeleitung erfolgt der Wärmetransport durch Weitergabe der Bewegungsenergie zwischen Molekülen bzw. Atomen.

Wärmeleitung erfolgt daher in erster Linie in festen Stoffen, da die Moleküle hier die innigste gegenseitige Berührung aufweisen. Die festen Stoffe zeigen erhebliche Unterschiede in ihrer Wärmeleitfähigkeit. Die Metalle sind die besten Wärmeleiter. Ihre hohe Wärmeleitfähigkeit bewirken die freien Elektronen. Metalle mit guter elektrischer Leitfähigkeit weisen daher auch hohe Wärmeleitfähigkeit auf.

Die Nutzung der Wärmeleitung erfolgt z.B. im Lötkolben, bei Kupferkesseln oder Kupferrohren von Heißwassergeräten sowie innerhalb der Wicklungen und Eisenpakete elektrischer Maschinen.

Tabelle 7.6   Wärmeleitzahlen einiger Stoffe in W/m · K (bei ≈ 20 °C)

Silber (rein)	408	Beton (lufttrocken)	0,8 bis 1,3
Kupfer	380	Porzellan	0,9 bis 1,1
Aluminium	210	Glas	≈ 0,8
Eisen (rein)	58	Vollziegel	0,47
Stahl (hochlegiert)	15 bis 20	Holz	0,06 bis 0,4
Blei	35	Glaswolle	0,042
Eis (bei 0 °C)	2,2 bis 2,3		

Bei elektronischen Bauelementen größerer Leistung wird die Wärme vom Erzeugungsort im Bauelement zur Oberfläche des Kühlkörpers geleitet.

Die Wärmeleitfähigkeit wird durch die *Wärmeleitzahl* λ* angegeben und in der Einheit W/m · K gemessen (Tabelle 7.6).

Die Wärmeleitzahl gibt an, mit welcher Leistung die Wärmeenergie durch einen Körper von einem m² Querschnitt bei einem Temperaturunterschied von 1 K über eine Entfernung von 1 m geleitet wird.

Die durch einen Körper geleitete Wärmemenge steht im gleichen Verhältnis zum Temperaturunterschied der Grenzflächen, dem am Transport beteiligten Querschnitt, zur Zeit des Wärmeflusses und zur Wärmeleitzahl. Sie ist nur der Dicke der Schicht umgekehrt verhältnisgleich.

$$Q = \frac{\lambda \cdot A \cdot t \cdot \Delta\vartheta}{\delta}$$

Q durch Leitung transportierte Wärmemenge in Ws = J bzw. Wh

λ Wärmeleitzahl in $\dfrac{W}{m \cdot K}$

A Querschnitt in m²

t Zeit in s bzw. h

$\Delta\vartheta$ Temperaturunterschied in K

δ Dicke der Schicht in m

Beispiel: Mit welcher Leistung dringt Wärme durch eine Kupferplatte von 100 cm² Fläche und 5 mm Dicke? Die Temperatur der einen Seite beträgt 20 °C und die der anderen Seite 80 °C.

Gegeben: λ = 380 $\dfrac{W}{m \cdot K}$ (Tabelle 7.6)

A = 100 cm² = 0,01 m²

δ = 5 mm = 5 · 10⁻³ m

ϑ_1 = 20 °C

ϑ_2 = 80 °C

Gesucht: P in kW

* λ (Lambda) = kleiner griechischer Buchstabe.

Lösung: $\Delta \vartheta = \vartheta_2 - \vartheta_1 = 80\,°C - 20\,°C = 60\,K$

$$Q = \frac{\lambda \cdot A \cdot t \cdot \Delta \vartheta}{\delta}$$

oder $P = \dfrac{Q}{t} = \dfrac{\lambda \cdot A \cdot \Delta \vartheta}{\delta} = \dfrac{380\,W \cdot 0,01\,m^2 \cdot 60\,K}{m \cdot K \cdot 5 \cdot 10^{-3}\,m} = \underline{45,6\,kW}$

7.4.6.2 Wärmeströmung oder -konvektion

> Bei der Wärmeströmung erfolgt der Wärmetransport durch bewegte Materie.

Sie tritt daher nur in leicht beweglichen Stoffen, also in Gasen und Flüssigkeiten, auf. Die je Zeiteinheit transportierte Wärmemenge ist proportional zum Temperaturgefälle, zur Masse des bewegten Stoffs und zur Strömungsgeschwindigkeit.

Die Bewegung der Massen kann entweder durch eigene Antriebskräfte (Schwerkraft) der erwärmten und dadurch leichteren Massen oder durch einen Ventilator bzw. eine Pumpe erfolgen.

In der Natur sind die Witterungserscheinungen auf Strömung der Luftmassen, hervorgerufen durch Auftriebskräfte erwärmter Massen, zurückzuführen. Auch der Golfstrom stellt einen natürlichen Wärmestrom dar.

Anwendung der Wärmeströmung erfolgt in den meisten Heizanlagen. In Rohren der Heißwasser- oder Dampfheizung erfolgt der Transport durch erwärmte Massen. Auch die Heizkörper (Konvektoren) geben aufgrund ihrer vergrößerten Oberflächen die Wärme in erster Linie durch Strömung an die Luftmassen ab. Speicherheizgeräte geben die Wärme durch Strömung der vom Lüfter bewegten Luft ab.

Bei der Kühlung elektrischer Maschinen wird durch Strömung die Verlustwärme abgeführt. In großen Transformatoren ist noch ein Zwischenträger, das Öl, eingefügt. Auch die Kühlkörper elektronischer Bauelemente sind in erster Linie auf Strömung angewiesen.

7.4.6.3 Wärmestrahlung

> Die Wärmestrahlung stellt einen Energietransport durch elektromagnetische Wellen dar.

Je wärmer ein Körper, um so energiereicher ist die von ihm ausgehende Wärmestrahlung. Je geringer die Temperatur eines Körpers, um so größer ist die von ihm absorbierte, wieder in Wärme umgewandelte Strahlungsenergie. Die Wärmestrahlung wirkt daher auch im Sinne eines Temperaturausgleichs.

Da die Wärmestrahlung keinen Träger benötigt, ermöglicht sie allein einen Wärmetransport durch Vakuum. Gase werden beim Durchgang von Wärmestrahlung nur wenig erwärmt, da nur ein geringer Teil der Strahlung absorbiert wird.

Manche Stoffe lassen zwar sichtbare elektromagnetische Wellen (Licht) gut durch, während sie für Wärmestrahlung fast undurchlässig sind (z.B. Wasser und Alaun). Andere Stoffe lassen Wärmestrahlung besser hindurch als Licht. Das Verhalten der Stoffe gegenüber elektromagnetischen Wellen hängt also von der Wellenlänge ab.

Die Fähigkeit eines Körpers, die auftretende Wärmestrahlung in Wärme umzuwandeln, nennt man *Absorptionsvermögen*. Körper, die fast alle sichtbaren Strahlen absorbieren, erscheinen schwarz. Das Absorptionsvermögen für Wärmestrahlung hängt von der Oberflächenbeschaffenheit ab. Körper, die auffallende Wärmestrahlung gut absorbieren, strahlen ihre Eigenwärme auch gut ab (Strahlungsemission). Durch Schwärzung der Oberfläche kann dieser Effekt gefördert werden. Die Anwendung erfolgt bei Heizstrahlern, Kühlkörpern und Kühlschlangen, die z.B. die Kondensationswärme von Flüssigkeiten abführen sollen (Kühlschrank).

Die ankommende Strahlung, die ein Körper nicht absorbiert, wird von ihm reflektiert, d.h. zurückgeworfen. Das *Reflexionsvermögen* kann durch Verspiegelung der Oberfläche oder hellen Anstrich gesteigert werden. Die Anwendung erfolgt z.B. bei Reflektoren von Heizstrahlern (und Tropenkleidung).

8   Elektrisches Feld und Kondensator

8.1   Gesetze des elektrischen Feldes

Das Ausgleichsbestreben aller elektrischen Ladungen hat eine gegenseitige Kraftwirkung zur Folge. Das bereits bekannte Gesetz lautet:

> Ungleichnamige Ladungen ziehen sich an, gleichnamige Ladungen stoßen sich ab.

Der französische Physiker *Coulomb* ermittelte mit der von ihm gebauten *Drehwaage* das nach seinem Namen benannte Gesetz. Die Drehwaage oder Torsionswaage* (Bild 8.1) ermöglicht aufgrund des sehr kleinen Verdrehmomentes eines Fadens die erforderliche Bestimmung sehr kleiner Kräfte. Im *Coulombschen Gesetz* heißt es:

> Die Kraft zwischen elektrischen Ladungen ist den beiden Elektrizitätsmengen proportional und steht im umgekehrten Verhältnis zum Quadrat der Entfernung.

$$F = k \cdot \frac{Q_1 \cdot Q_2}{r^2}$$

Für zwei Kugelladungen mit dem Radius r_o gilt für die Konstante $k = \dfrac{r_o}{4 \cdot \pi \cdot \varepsilon_o}$ (ε_o siehe Abschnitt 8.4.1)

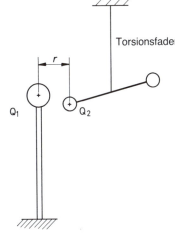

Bild 8.1   Drehwaage

---

* Torsion (lateinisch) = Verdrehung.

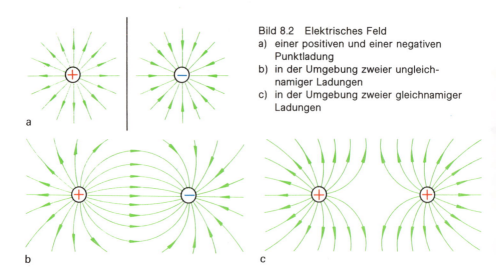

Bild 8.2 Elektrisches Feld
a) einer positiven und einer negativen Punktladung
b) in der Umgebung zweier ungleichnamiger Ladungen
c) in der Umgebung zweier gleichnamiger Ladungen

Die gegenseitige Kraftwirkung ruhender elektrischer Ladungen wird durch ein elektrisches Feld erklärt.

> Jeder elektrisch geladene Körper wird von einem elektrischen Feld umgeben.

Das elektrische Feld wird durch *Feldlinien* veranschaulicht, für deren Verlauf die folgenden Gesetzmäßigkeiten gelten:

a) Feldlinien kennzeichnen die Richtung der Kraft, die das elektrische Feld auf eine punktförmige Ladung ausüben würde. Sie heißen daher auch Kraftlinien. Da die Kräfte bei einer kugelförmigen Ladung stets zum Zentrum hinwirken, wird sie von radial verlaufenden Feldlinien umgeben (Bild 8.2a).

b) Die Feldlinien stehen senkrecht auf ihrer Austrittsebene und versuchen sich abzudrängen, d.h. gleichmäßig auf den Raum zu verteilen.

c) Die Richtung der Feldlinien wurde von der positiven zur negativen Ladung vereinbart. Sie treten damit stets aus positiven Ladungen aus und in negative Ladungen ein (gleiche Festlegung wie bei der Zählrichtung der Spannung).

d) Die Dichte der Feldlinien gibt Aufschluß über die Stärke des Feldes. Je enger die Feldlinien beieinanderliegen, um so größer ist die Kraftwirkung des elektrischen Feldes. An der Austrittsstelle bedeutet eine hohe Feldliniendichte auch eine hohe Ladungsdichte.

Die Bilder 8.2b und c zeigen die gegenseitige Beeinflussung der Felder zweier gleichnamiger und ungleichnamiger Ladungen. Während sich die Feldlinien bei ungleichnamigen Ladungen vereinigen, versuchen sie, sich bei gleichnamigen Ladungen abzudrängen.

Einen *feldfreien Raum* erhält man in einem elektrisch leitenden Hohlkörper (Bild 8.3). Die freien Ladungen befinden sich alle auf der nach außen gekehrten Oberfläche, während die Innenfläche überall potentialgleich ist. Die abschirmende Wirkung wird bei empfindlichen Meßwerken und Schaltungen ausgenutzt (Faradayscher Käfig).

296

Bild 8.3 Abschirmung elektrischer Felder

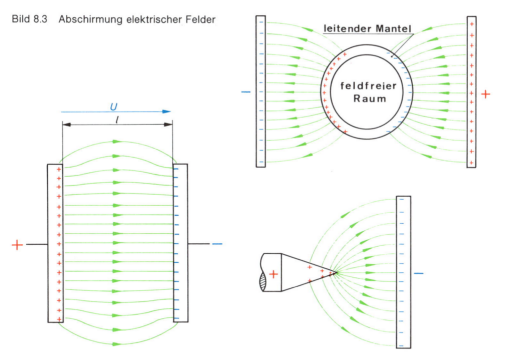

Bild 8.5 Homogenes Feld zwischen planparallelen Platten

Bild 8.4 Erhöhung von Feldstärke und
Ladungsdichte durch Spitzenwirkung

Die Stärke des elektrischen Feldes zwischen geladenen Körpern hängt von der Potentialdifferenz, dem Abstand und der Form der Körper ab. An der Oberfläche scharfer Kanten oder Spitzen metallischer Körper bündeln sich die elektrischen Feldlinien (Bild 8.4), es entstehen hohe elektrische Feldstärken mit hohen Feldkräften, die entsprechende Ladungsdichten an der Oberfläche der Spitzen bewirken. Man spricht von Spitzenwirkung. In Gasen (z.B. Luft) kommt es in der nahen Umgebung zu Glimmentladungen. Die Gasmoleküle werden ionisiert. *Die Glimmentladungen in der Umgebung von Kanten und Spitzen infolge der Spitzenwirkung wird Koronaerscheinung* genannt.*

Zwischen ebenen und parallel angeordneten (planparallelen) leitenden Platten, zwischen denen eine Potentialdifferenz besteht, entsteht ein gleichförmiges oder homogenes elektrisches Feld, wenn von den Randgebieten abgesehen wird (Bild 8.5). *Im homogenen Feld verlaufen die Feldlinien parallel im gleichen Abstand. Die elektrische Feldstärke ist an jedem Ort gleich.* Im homogenen Feld läßt sich die Feldstärke leicht berechnen:

> Die elektrische Feldstärke ist die Potentialdifferenz je Längeneinheit:

* Korona (griechisch) = Kranz, Krone.

$$E = \frac{U}{l}$$

E elektrische Feldstärke in V/cm oder V/m
U Spannung zwischen den
  Platten in V
l Abstand der Platten in m oder cm

Beispiel: Wie hoch ist die elektrische Feldstärke zwischen zwei Metallblechen, deren Abstand durch eine 0,2 mm dicke Papierlage gehalten wird? Die Spannung zwischen den Platten beträgt 300 V.

Gegeben: $l = 0{,}2$ mm $= 2 \cdot 10^{-2}$ cm; $U = 300$ V

Gesucht: E

Lösung: $E = \dfrac{U}{l} = \dfrac{300\ \text{V}}{2 \cdot 10^{-2}\ \text{cm}} = 15 \cdot 10^3$ V/cm $= \underline{15\ \text{kV/cm}}$

Das elektrische Feld übt auf einen geladenen Körper eine Kraft aus. Die Kraftwirkung auf einen elektrisch geladenen Körper ist der elektrischen Feldstärke und der Ladungsmenge proportional:

$$F = Q \cdot E \quad \text{in} \quad \text{N} = \frac{\text{As} \cdot \text{V}}{\text{m}}$$

8.2 Durchschlagsfestigkeit

Jeder elektrische Isolierstoff vermag nur bis zu einer bestimmten elektrischen Feldstärke seine Isolierfähigkeit aufrechtzuerhalten. Wird diese Feldstärke überschritten, kommt es zu einem Durchschlag oder Durchbruch. Der Isolierstoff wird beim Durchschlag beschädigt.

> Die elektrische Feldstärke, die in einem Isolierstoff gerade keinen elektrischen Durchschlag bewirkt, heißt Durchschlagsfestigkeit.

$$E_\text{D} = \frac{U_\text{D}}{l} \qquad \text{in} \ \frac{\text{kV}}{\text{cm}}$$

In Tabelle 8.1 sind die Durchschlagsfestigkeiten einiger Isolierstoffe angegeben.

Beispiel: Bei welcher Spannung muß zwischen zwei in trockener Luft angeordneten Platten im Abstand von 2 mm mit einem Durchschlag gerechnet werden?

Gegeben: $E_\text{D} = 25 \cdot 10^3$ V/cm
  $l = 2$ mm $= 0{,}2$ cm

Gesucht: U_D

Lösung: $E_\text{D} = \dfrac{U_\text{D}}{l}$

  $U_\text{D} = E_\text{D} \cdot l = 25 \cdot 10^3$ V/cm $\cdot$ 0,2 cm $= 5 \cdot 10^3$ V $= \underline{5\ \text{kV}}$

298

Tabelle 8.1 Durchschlagsfestigkeiten und Dielektrizitätszahlen einiger Isolierstoffe

Isolierstoff	Durchschlagsfestigkeit E_D in kV/cm	Permitivität ε_r
Bakelit	100 bis 120	2,8
Bariumtitanat (Keramik)	>2,5	bis 8000
Epoxidharz	>170	3 bis 5
Glas	300 bis 500	5 bis 10
Glimmer, rein	250 bis 500	5 bis 6
Luft, trocken	>25	≈ 1 (1,000 576)
Papier, normal	>50	2 bis 3
Paraffinpapier	>500	≈ 4
Polyvinylchlorid (PVC)	>350	3,2 bis 3,8
Porzellan	300 bis 400	6 bis 7
Preßspan	>70	3,9 bis 4,3
Quarzglas	>240	3,7
Rutilkeramik (TiO_2)	100 bis 200	80 bis 100
Sintertonerde (Al_2O_3)	bis 270	8,8 bis 10
Wasser	−	≈ 80

Der Durchschlag wird durch die geringe Anzahl von freien Ladungsträgern hervorgerufen, die auch im besten Isolierstoff enthalten sind. Diese wenigen Ionen oder Elektronen werden durch die hohe Feldstärke stark beschleunigt. Prallen sie mit ausreichender Energie auf andere Atome, werden diese ebenfalls ionisiert. Man spricht daher von *Stoßionisation*.

In Gasen können die Ionen wegen der geringeren Dichte der Teilchen und der daher größeren freien Weglänge leichter höhere Geschwindigkeiten erhalten. Die Durchschlagsfestigkeit ist daher geringer als in festen und flüssigen Stoffen. Bei höherem Druck steigt die Durchschlagsfestigkeit von Gasen.

Die Durchschlagspannung hängt neben dem Elektrodenabstand von der Elektrodenform ab. Wegen der *Spitzenwirkung* erfolgt an scharfen Kanten eher ein Durchschlag als an abgerundeten Elektroden. Der Durchschlag geht stets von den Stellen der höchsten Feldstärke aus.

Die *Spitzenwirkung* wird an Stellen ausgenutzt, an denen ein Durchschlag eingeleitet werden soll, z.B. bei Blitzableitern und Funkenstrecken von Überspannungsableitern. Dort, wo sie unerwünscht ist, müssen spannungführende Teile mit möglichst großen Radien abgerundet werden.

In Elektrofiltern wird die Korona bei der Ionisation von Staubteilchen im starken elektrischen Feld um die Sprühelektroden ausgenutzt. Die Filterspannung (bis zu 100 kV) liegt kurz unter der Durchbruchspannung. Die geladenen Staubteilchen wandern zur Niederschlagselektrode. Je nachdem, ob das Elektrofilter trocken oder naß arbeitet, werden die Staubteilchen durch periodisches Abklopfen oder Abspülen von der Niederschlagselektrode entfernt.

Bei Hochspannungsleitungen müssen häufig besondere Maßnahmen gegen die Koronaerscheinung getroffen werden. Neben den eventuell erheblichen Energieverlusten wirkt sie sich durch die Aussendung elektromagnetischer Wellen störend auf die gesamte drahtlose Nachrichtenübertragung aus. Die hohe Feldstärke an den relativ dünnen Leitern wird durch Anordnung von meist vier Drähten zu Bündelleitern verringert (Bild 8.6).

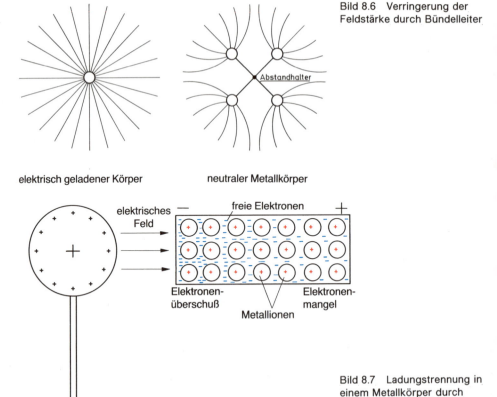

Bild 8.6 Verringerung der Feldstärke durch Bündelleiter

Abstandhalter

elektrisch geladener Körper

neutraler Metallkörper

elektrisches Feld

freie Elektronen

Elektronen- überschuß

Metallionen

Elektronen- mangel

Bild 8.7 Ladungstrennung in einem Metallkörper durch Influenz

8.3   Elektrostatische Influenz und Polarisation

8.3.1   Influenz*

Befindet sich ein neutraler metallischer Körper im elektrischen Feld eines elektrisch geladenen Körpers, so übt dieser auf die Ladungsträger des neutralen Körpers Kräfte aus. Ist der geladene Körper z.B. positiv, so zieht er die freien Elektronen an. Auf dem neutralen Körper steigt die Dichte der freien Elektronen an der dem positiv geladenen Körper zugewandten Seite an (Bild 8.7), während auf der abgewandten Seite Elektronenmangel auftritt.

In einem neutralen metallischen Körper bewirkt ein äußeres elektrisches Feld eine Ladungs- verschiebung, die mit elektrostatischer Influenz bezeichnet wird.

* Influenz (lateinisch) = Beeinflussung.

Würde man die beiden unterschiedlich geladenen Hälften des Körpers im elektrischen Feld trennen, daraus entfernen und auseinanderbewegen, so entstünde zwischen ihnen eine elektrische Spannung. Die zum Trennen der geladenen Hälften zugeführte mechanische Arbeit wäre als potentielle, elektrische Energie in ihnen enthalten. Diese Erscheinung wird in der Influenzmaschine zur Erzeugung hoher elektrischer Spannungen genutzt.

8.3.2   Polarisation

Befindet sich ein elektrisch isolierender Körper in einem elektrischen Feld, so werden auch auf die elektrischen Ladungen in seinen Atomen und Molekülen Kräfte ausgeübt. Da der Isolierstoff keine beweglichen Ladungsträger besitzt, kann es jedoch nicht zu einer Ladungstrennung wie in Metallen kommen. Die Ladungen, aus denen der Isolierstoff besteht, werden nur geringfügig gegeneinander verschoben.

> Die Ladungsverschiebung durch ein elektrisches Feld in einem Isolierstoff nennt man elektrostatische Polarisation.

Es gibt jedoch bei den Isolierstoffen unterschiedliche Mechanismen der Polarisation. Bei manchen Isolierstoffen bewirkt das elektrische Feld nur eine Verformung der Atome. Atomkerne und Elektronenhüllen werden durch die entgegengesetzten Kräfte verspannt. Die Atome werden im elektrischen Feld zu Dipolen. Man spricht von *dielektrischer* Polarisation oder *Elektronenpolarisation* (Bild 8.8a).
Bei vielen Isolierstoffen stellen die Moleküle bereits Dipole dar, ohne daß ein elektrisches Feld auf sie einwirkt. Die Moleküle bestehen aus positiven und negativen Ionen, die zusammen ein Dipolmoment bilden, wie es z.B. beim Wassermolekül der Fall ist (Abschnitt 5.1.3 Elektrolytische

Bild 8.8   Ladungsverschiebung durch Polarisation in Isolierstoffen
a) dielektrische Polarisation durch Bildung von Dipolen (Elektronenpolarisation)

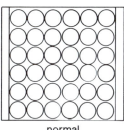

normal

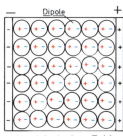

im elektrischen Feld

b) dielektrische Polarisation durch Ausrichten von Dipolen (Ionenpolarisation)

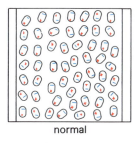

normal

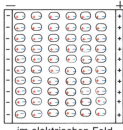

im elektrischen Feld

301

Dissoziation). Die Dipole sind jedoch im Normalzustand infolge der Wärmeschwingungen in völliger Unordnung. Die Dipolmomente heben sich daher nach außen hin insgesamt auf. Erst ein elektrisches Feld vermag die Molekulardipole auszurichten. Der gesamte Körper erscheint polarisiert, man spricht von *Ionenpolarisation* (Bild 8.8b).

Die Dipole halten ihre Ordnung jedoch nur so lange aufrecht, wie ein äußeres Feld wirkt. Die zu ihrer Ausrichtung vom elektrischen Feld aufgewendete Energie wird bei der Zerstörung der Ordnung wieder frei. *Bei schneller Umorientierung der Dipole im hochfrequenten Wechselfeld treten durch innere Reibung dielektrische Verluste auf. Das Dielektrikum wird dabei erwärmt.*

Viele Stoffe mit geringer elektrischer Leitfähigkeit können im hochfrequenten elektrischen Wechselfeld durch ihre dielektrischen Verluste erwärmt werden. In Kondensatoren und Kabeln treten bei Wechselspannung dielektrische Verluste auf, die mit steigender Frequenz zunehmen.

Die Ausrichtung der Molekulardipole führt zu einer Verstärkung der Anziehungskräfte zwischen den Molekülen in Feldrichtung, denn hinter jedem negativen Pol folgt ein positiver Pol des nächsten Moleküls (Bild 8.8b). Diese Kräfte führen zu geringer Verformung des Körpers, die mit Elektrostriktion bezeichnet wird. In elektrostriktiven Ultraschallsendern werden diese elektrischen Kräfte zur Erzeugung hochfrequenter mechanischer Schwingungen ausgenutzt.

Das gleiche Prinzip liegt dem *piezoelektrischen Effekt* zugrunde (Abschnitt 4.4.9.4), der in bestimmten kristallinen Stoffen auftritt, die sich durch äußere mechanische Kräfte polarisieren oder durch elektrische Felder verformen lassen. In einigen Stoffen (z.B. bestimmten Harzen und Kunststoffen), sogenannten Ferroelektrika, können die Molekulardipole in ihrer ausgerichteten Lage eingefroren werden. Sie wirken dann wie «Dauermagneten» für elektrische Felder. *Stoffe mit permanenter dielektrischer Polarisation werden Elektrete genannt.* Bringt man ein Elektret zwischen Metallbeläge, so werden auf diese elektrische Ladungen influenziert. Es entsteht eine Spannung. Anwendung der Elektrete erfolgt in einfachen Kondensatormikrofonen, sogenannten Elektret-Mikrofonen. Dadurch kann die sonst erforderliche, relativ hohe elektrische Gleichspannung zum Aufbau eines elektrischen Feldes eingespart werden.

8.4   Kondensator

In der Elektrotechnik versteht man unter einem Kondensator einen Speicher für potentielle elektrische Energie. Der Kondensator besteht aus zwei elektrisch leitenden, meist metallischen Belägen und einem isolierenden Zwischenraum, der meist durch einen festen Isolierstoff, das Dielektrikum, ausgefüllt ist.

8.4.1   Kapazität des Kondensators

> Die Fähigkeit eines Kondensators, elektrische Ladung zu speichern, wird Kapazität genannt.

Die von einem Kondensator gespeicherte elektrische Ladung ist der elektrischen Spannung zwischen den Belägen proportional:

$$Q \sim U$$

Das Verhältnis der gespeicherten Ladungsmenge zur Spannung zwischen den Belägen ist für jeden Kondensator mit festen Abmessungen ein konstanter Wert, der als Kapazität bezeichnet wird:

$$C = \frac{Q}{U}$$

Q gespeicherte Ladung	in As
U Spannung des Kondensators	in V
C Kapazität	in F

> Die Kapazität eines Kondensators ist das Verhältnis der gespeicherten Ladung zur Spannung.

Sie wird mit dem Formelbuchstaben C bezeichnet und in der Einheit Farad (F) gemessen.

Ein Kondensator hat eine Kapazität von einem Farad, wenn er bei einer Spannung von einem Volt eine Ladung von einer Amperesekunde oder einem Coulomb speichert. Er wäre also von einem Strom von einem Ampere in einer Sekunde auf ein Volt aufgeladen.

Da die in der Technik gebräuchlichsten Kapazitäten um mehrere Größenordnungen niedriger sind als die Einheit Farad, verwendet man diese oft mit Maßvorsätzen:

Millifarad	1 mF	$= 10^{-3}$ F
Mikrofarad	1 μF	$= 10^{-6}$ F
Nanofarad	1 nF	$= 10^{-9}$ F
Pikofarad	1 pF	$= 10^{-12}$ F

Die folgende Darstellung soll einen groben Überblick über wichtige Anwendungsbereiche von Kondensatoren mit Angabe von Größenordnungen liefern:

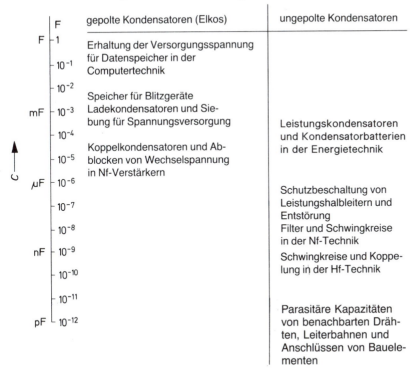

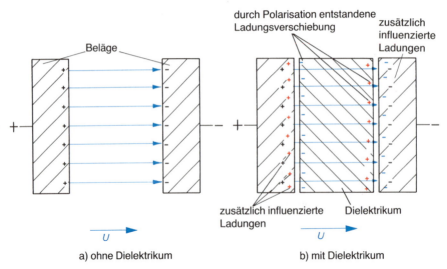

durch Polarisation entstandene Ladungsverschiebung

zusätzlich influenzierte Ladungen

Beläge

zusätzlich influenzierte Ladungen

Dielektrikum

U

U

a) ohne Dielektrikum

b) mit Dielektrikum

Bild 8.9   Schematische Darstellung eines Kondensators

Die Kapazität eines Kondensators ist nur von seinem Aufbau abhängig.

Die Metallbeläge des Kondensators haben meist an allen Stellen den gleichen Abstand, der durch die Dicke des Isolierstoffes bestimmt wird, der das Dielektrikum bildet.

Die Kapazität ist um so höher, je größer die Fläche des Dielektrikums oder die Oberfläche der Beläge ist, auf der die elektrischen Ladungen gesammelt werden. Sie ist außerdem um so größer, je kleiner der Abstand der Beläge ist, da ein kleinerer Abstand höhere elektrische Feldstärke und damit größere Kräfte auf die Ladungen (Influenzkräfte) bedeutet. Die Dicke der Beläge hat keinen Einfluß auf die Kapazität, da die Ladungen nur auf einer dünnen Grenzschicht an der Oberfläche gesammelt werden.

Die Kapazität eines Kondensators ist außerdem von der Polarisierbarkeit des Dielektrikums abhängig. *Je höher die durch die Polarisation im Dielektrikum verursachte Ladungsverschiebung ist, um so mehr Ladungen werden durch die Influenz auf den Belägen gebunden* (Bild 8.9b).

Als Maß für die Polarisierbarkeit des Dielektrikums wird die Permitivitätszahl ε_r angegeben (Tabelle 8.1).

Die Permitivitätszahl ε_r sagt aus, um den wievielfachen Wert sich die Kapazität eines Kondensators infolge der Polarisation vergrößert.

Sie gibt damit die Kapazitätsvergrößerung gegenüber einem Kondensator gleicher Abmessungen mit Luft (genaugenommen Vakuum) zwischen den Belägen an.

Zusammengefaßt ergeben sich für die Kapazität eines Kondensators folgende Abhängigkeiten:

Die Kapazität eines Kondensators ist proportional der *Fläche des Dielektrikums*, dessen Permitivitätszahl und steht im umgekehrten Verhältnis zur *Dicke des Dielektrikums* (oder dem Abstand der Beläge):

$$C \sim \frac{A \cdot \varepsilon_r}{l}$$

304

Um die Kapazität aus diesen Größen berechnen zu können, muß noch eine Naturkonstante, die *elektrische Feldkonstante*, eingeführt werden:

$$\varepsilon_0 = 8{,}86 \cdot 10^{-12}\ \text{As/Vm} = 8{,}86\ \text{pF/m}$$

Die vollständige Gleichung für die Berechnung der Kapazität eines Kondensators mit homogenem Dielektrikum lautet damit:

$$C = \frac{A \cdot \varepsilon_0 \cdot \varepsilon_r}{l} = \frac{A \cdot \varepsilon_r}{l} \cdot 8{,}86\ \text{pF/m}$$

A	Fläche der Beläge	in m^2
l	Abstand der Beläge	in m
ε_r	Permitivitätszahl	
C	Kapazität	in F

Stellt man sich einen Kondensator mit den Abmessungen eines Würfels von 1 m Kantenlänge vor, also zwei Platten mit je 1 m² Fläche im Abstand von 1 m, und Luft als Isolation ($\varepsilon_r \approx 1$), beträgt die Kapazität:

$$C = \frac{A \cdot \varepsilon_0 \cdot \varepsilon_r}{l} = \frac{1\ m^2 \cdot 8{,}86\ \text{pF/m} \cdot 1}{1\ m} = \underline{8{,}86\ \text{pF}}$$

Eine Verringerung des Abstandes auf $l = 0{,}1$ mm unter Einsatz eines Dielektrikums von z.B. Paraffinpapier ($\varepsilon_r \approx 4$, Tabelle 8.1) hätte eine Vergrößerung der Kapazität zur Folge:

$$C = \frac{A \cdot \varepsilon_0 \cdot \varepsilon_r}{l} = \frac{1\ m^2 \cdot 8{,}86 \cdot 10^{-12}\ \text{F/m} \cdot 4}{0{,}1 \cdot 10^{-3}\ m} = 354 \cdot 10^{-9}\ \text{F} = \underline{354\ \text{nF}}$$

8.4.2 Energie eines geladenen Kondensators

> Die in einem geladenen Kondensator in Form von potentieller Energie gespeicherte Arbeit ist der Potentialdifferenz zwischen den Belägen und der gespeicherten Ladung proportional.

Wird dem Kondensator die Energie mit konstantem Strom entzogen, geht die Spannung linear gegen Null, es steht somit im Mittel nur die halbe Anfangsspannung $U_{Co}/2$ zur Verfügung. Die im Kondensator gespeicherte Arbeit errechnet sich somit zu:

$$W = \frac{U_{Co} \cdot Q}{2} \quad \text{in V} \cdot \text{As} = \text{Ws}$$

Die im Kondensator gespeicherte Ladung ist wiederum der Spannung U_{Co} und der Kapazität C proportional. Setzt man nun in die obige Gleichung für:

$$Q = U_{Co} \cdot C$$

so erhält man

$$W = \frac{U_{Co} \cdot U_{Co} \cdot C}{2} \quad \text{oder}$$

$$W = \frac{U_{Co}^2 \cdot C}{2}$$

U_{Co}	Spannung zwischen den Belägen	in V
C	Kapazität	in F
W	Energie	in Ws

Kondensatoren sind in der Lage, die gespeicherte Arbeit in sehr kurzer Zeit abzugeben. Sie können daher kurzzeitig sehr hohe Leistung zur Verfügung stellen.

Die Anwendung dieser Eigenschaft erfolgt z.B. im Kondensator-Blitzgerät.

Beispiel: In einem Blitzgerät wird der Blitzkondensator mit einer Kapazität von $C = 5000\ \mu F$ auf eine Spannung von $U = 300$ V aufgeladen. Die Entladezeit bei Zündung der Blitzlampe sei mit $t = 5$ ms angenommen.

a) Wie groß ist die im Kondensator gespeicherte Ladung?
b) Wie hoch ist der mittlere Entladestrom?
c) Wie hoch ist die im Kondensator gespeicherte Arbeit?
d) Wie hoch ist die im Mittel während der Entladung abgegebene Leistung (unter Vernachlässigung der Verluste)?

Gegeben: $C = 5000\ \mu F$; $U_C = 300$ V; $t_{entl} = 5$ ms

Gesucht: a) Q;   b) I_{entl};   c) W;   d) P_{entl}

Lösung:

a) $\qquad Q \quad = U \cdot C = 300\ \text{V} \cdot 5000 \cdot 10^{-6}\ \text{F} = \underline{1,5\ \text{As}}$

b) $\qquad Q \quad = I \cdot t \quad \text{oder} \quad I_{entl} = \dfrac{Q}{t_{entl}} = \dfrac{1,5\ \text{As}}{5 \cdot 10^{-3}\ \text{s}} = \underline{\underline{300\ \text{A}}}$

c) $\qquad W \quad = \dfrac{U^2 \cdot C}{2} = \dfrac{(300\ \text{V})^2 \cdot 5000 \cdot 10^{-6}\ \text{F}}{2} = \underline{\underline{225\ \text{Ws}}}$

oder $\qquad W \quad = \dfrac{U \cdot Q}{2} = \dfrac{300\ \text{V} \cdot 1,5\ \text{As}}{2} = \underline{\underline{225\ \text{Ws}}}$

d) $\qquad P_{entl} = \dfrac{W}{t_{entl}} = \dfrac{225\ \text{Ws}}{5 \cdot 10^{-3}\ \text{s}} = 45 \cdot 10^3\ \text{W} = \underline{\underline{45\ \text{kW}}}$

8.4.3   Schaltungen von Kondensatoren

Kondensatoren werden parallel geschaltet, um größere Kapazitäten zu erhalten, als bei Einzelkondensatoren verfügbar sind.

Die Parallelschaltung entspricht einer Vergrößerung der Plattenoberfläche. Bei mehreren parallel geschalteten Kondensatoren, wie z.B. Leistungskondensatoren der Starkstromtechnik, spricht man von Kondensatorbatterien. Die Gesamtkapazität ist die Summe der Teilkapazitäten:

Parallelschaltung:

$$C = C_1 + C_2 + \dots$$

Bei einer Parallelschaltung von n gleichen Kondensatoren errechnet sich die Gesamtkapazität einfacher zu:

$$C_{ges} = n \cdot C$$

Durch Reihenschaltung von Kondensatoren wird die Kapazität verringert, da sie einer Vergrößerung des Plattenabstandes entspricht. Der Kehrwert der Gesamtkapazität ist die Summe der Kehrwerte der Teilkapazitäten.

Reihenschaltung:

$$\frac{1}{C} = \frac{1}{C_1} + \frac{1}{C_2} + \cdots$$

oder

$$C = \frac{1}{\dfrac{1}{C_1} + \dfrac{1}{C_2} + \dfrac{1}{C_3} + \cdots}$$

> Bei Hochspannungsanwendung werden häufig gleiche Kondensatoren in Reihe geschaltet,
> um Kapazitäten mit höherer Nennspannung zu erhalten, als bei Einzelkondensatoren ver-
> fügbar sind.

Bei einer Reihenschaltung von n gleichen Kondensatoren verringert sich die Gesamtkapazität
auf:

$$C_{\text{ges}} = \frac{C}{n}$$

Die Gesamtnennspannung erhöht sich um den Faktor n, wenn eine gleichmäßige Aufteilung der
Gesamtspannung auf die einzelnen Kondensatoren gewährleistet ist. Wegen der Toleranzen sollte
sie jedoch um mindestens 10 bis 20% geringer gewählt werden:

$$U_{\text{N ges}} = (0{,}8 \cdots 0{,}9) \cdot n \cdot U_{\text{N}}$$

Bei Betrieb an Wechselspannung liegt an allen in Reihe geschalteten Kondensatoren gleicher
Kapazität stets die gleiche Spannung. Es werden alle Kondensatoren vom gleichen Strom durchflossen und erhalten somit die gleiche Ladung. Bei Betrieb an Gleichspannung kommt es jedoch
nach erfolgter Aufladung allmählich zu einer ungleichmäßigen Spannungsverteilung. Die meist
stärkeren Exemplarstreuungen unterliegenden Isolationswiderstände der Kondensatoren bewirken, daß sich einige Kondensatoren langsam wieder etwas entladen, während sich dafür auf
eine höhere Spannung aufladen. Um eine angenähert gleichmäßige Spannungsverteilung zu erzwin-
gen, müssen allen Kondensatoren hochohmige Widerstände parallel geschaltet werden (Bild 8.10),
die jedoch niederohmiger als der geringste Isolationswiderstand sein müssen.

Bild 8.10   Reihenschaltung von
Kondensatoren an Gleichspannung
mit Parallelwiderständen

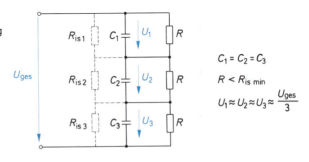

307

Beispiel: Welche Kapazität ergibt die Schaltung der drei Kondensatoren von Bild 8.11?

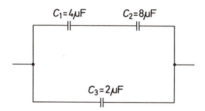

$C_1 = 4\,\mu F \qquad C_2 = 8\,\mu F$

$C_3 = 2\,\mu F$

Bild 8.11 Gemischte Schaltung von Kondensatoren

Lösung: Ersatzkondensator für die Reihenschaltung von C_1 und C_2

$$\frac{1}{C_{\text{ers}}} = \frac{1}{C_1} + \frac{1}{C_2} = \frac{1}{4\,\mu F} + \frac{1}{8\,\mu F} = 0,25\,\frac{1}{\mu F} + 0,125\,\frac{1}{\mu F} = 0,375\,\frac{1}{\mu F}$$

$$C_{\text{ers}} = \frac{1}{0,375}\,\mu F = 2,67\,\mu F$$

Parallelschaltung C_3 mit C_{ers}

$$C = C_3 + C_{\text{ers}} = 2\,\mu F + 2,67\,\mu F = \underline{4,67\,\mu F}$$

8.5 Kondensator im Gleichstromkreis

Wird ein Kondensator an eine Gleichspannungsquelle gelegt, erfolgt seine Aufladung. Es fließt so lange ein Ladestrom, bis der Kondensator zwischen seinen Platten eine Gegenspannung aufgebaut hat, die den gleichen Betrag hat wie die Urspannung der Spannungsquelle (Bild 8.12). Der aufgeladene Kondensator verhält sich wie eine gegengeschaltete Spannungsquelle mit gleicher Urspannung.

> Nach der Aufladung an Gleichspannung wirkt ein Kondensator sperrend.

> Jede Spannungsänderung hat an einem Kondensator einen Stromfluß zur Folge. Bei steigender Spannung fließt ein Ladestrom und bei fallender Spannung ein Entladestrom.

Der Strom in einem Kondensator ist der Geschwindigkeit der Spannungsänderung und der Kapazität verhältnisgleich. Mathematisch wird dieser Zusammenhang durch folgende Formel beschrieben:

$$i_c = C \cdot \frac{\Delta u_c}{\Delta t}$$

i_c	Augenblickswert des Stromes	in	A
C	Kapazität des Kondensators	in	$F = As/V$
Δu_c	Spannungsänderung am Kondensator	in	V
Δt	Zeit der Spannungsänderung	in	s

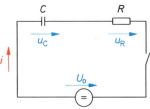

Bild 8.12 Kondensator im Gleichstromkreis

Man erkennt hieraus, daß die Spannung sich an einem Kondensator nie sprunghaft ändern kann, da ein unendlich hoher Strom die Folge wäre.

Auf die Spannung übt der Kondensator stets eine glättende (integrierende) Wirkung aus. Kondensatoren dienen daher zur Siebung oder Glättung welliger Gleichspannungen und zum Abblocken von Wechselspannungen. In der Elektronik werden sie häufig zum Abbau von Spannungsspitzen an Sperrschichten von Halbleitern verwendet.

Auf den Strom übt der Kondensator eine aufrauhende (differenzierende) Wirkung aus. In der Elektronik wird er daher zur Erzeugung oder Umformung von Impulsen verwendet (Abschnitt 8.6).

8.5.1 Ladung und Entladung eines Kondensators mit konstantem Strom

Bei der Ladung bzw. Entladung eines Kondensators mit konstantem Strom I_{konst} wird ihm je Zeiteinheit die gleiche Ladungsmenge zu- bzw. abgeführt. Die Spannung am Kondensator muß sich daher proportional mit der Zeit ändern.

> Bei konstantem Strom ändert sich die Spannung an einem Kondensator linear mit der Zeit.

Die Spannungsänderung Δu_c ist dem Strom I_{konst} und dem Zeitintervall Δt proportional und steht im umgekehrten Verhältnis zur Kapazität des Kondensators:

$$\Delta u_c = \frac{I_{konst} \cdot \Delta t}{C} \quad \text{in} \quad \frac{A \cdot s}{F} = V$$

Beispiel 1: Um welchen Betrag steigt die Spannung an einem Kondensator mit der Kapazität $C = 220 \, \mu F$, wenn er über $\Delta t = 2 \, s$ mit einem konstanten Strom von $I_{konst} = 5 \, mA$ geladen wird?

Gegeben: $C = 220 \, \mu F$; $\Delta t = 2 \, s$; $I_{konst} = 5 \, mA$

Gesucht: Δu_c

Lösung: $\Delta u_c = \dfrac{I_{konst} \cdot \Delta t}{C} = \dfrac{5 \cdot 10^{-3} \, A \cdot 2 \, s}{220 \cdot 10^{-6} \, F} = \underline{45,5 \, V}$

In elektronischen Generatorschaltungen werden durch periodische Ladung bzw. Entladung von Kondensatoren dreieck- oder sägezahnförmige Signale mit linearen Flanken erzeugt.

Beispiel 2: In einem Sägezahngenerator (Bild 8.13) wird ein Kondensator von $C = 100 \, nF$ mit konstantem Strom geladen. Ein schneller elektronischer Schalter entlädt den Kondensator periodisch, wenn er eine Spannung von $\hat{u}_c = 9 \, V$ erreicht hat, und öffnet sofort wieder. Die Entladezeit

309

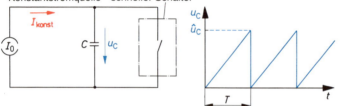

Konstantstromquelle   schneller Schalter

I_konst

I_0

C u_c

u_C

$\hat{u}_\mathrm{C}$

T

t

Bild 8.13 Prinzip eines Sägezahngenerators mit Kondensator und Konstantstromquelle

kann gegenüber der Aufladezeit vernachlässigt werden. Die Frequenz der Sägezahnspannung soll $f = 200$ Hz betragen. Welchen Strom muß die Konstantstromquelle liefern?

Gegeben: $\hat{u}_\mathrm{c} = \Delta u_\mathrm{c} = 9$ V; $C = 100$ nF; $f = 200$ Hz

Gesucht: I_konst

Lösung: Die Aufladezeit von 0 V auf $\hat{u}_\mathrm{c} = 9$ V muß

$$\Delta t \approx T = \frac{1}{f} = \frac{1}{200 \text{ Hz}} = 5 \cdot 10^{-3} \text{ s} \quad \text{betragen.}$$

Der Konstantstrom errechnet sich damit zu:

$$I_\mathrm{konst} = \frac{C \cdot \Delta u_\mathrm{c}}{t} = \frac{100 \cdot 10^{-9} \text{ F} \cdot 9 \text{ V}}{5 \cdot 10^{-3} \text{ s}} = \underline{180 \text{ µA}}$$

8.5.2   Ladung und Entladung eines Kondensators an konstanter Spannung

Wird ein entladener Kondensator über einen linearen Widerstand an eine Gleichspannungsquelle geschaltet (Bild 8.12), so fällt im Einschaltmoment die gesamte Spannung U_0 am Widerstand ab (der Innenwiderstand der Gleichspannungsquelle sei vernachlässigbar klein):

Im Einschaltmoment t_0 ist $u_\mathrm{c} = 0$ und $u_\mathrm{R} = U_0$.

Der Strom i_0 im Einschaltmoment wird allein vom Widerstand und der Urspannung bestimmt:

$$\text{im Einschaltmoment } t_0 \text{ ist } i_0 = \frac{u_\mathrm{R}}{R} = \frac{U_0}{R}$$

In dem Moment, in dem der Schalter geschlossen wird, verhält sich der Kondensator wie ein Kurzschluß, da er sprunghafte Spannungsänderungen nicht zuläßt.

Der Strom i_0 bewirkt in dem folgenden Zeitintervall Δt eine Spannungsänderung Δu_c am Kondensator. Da $u_\mathrm{c} + u_\mathrm{R} = U_0$ sein müssen, nimmt die Spannung am Widerstand um den Betrag ab, um den die Spannung am Kondensator steigt. Somit sinkt auch der Strom, denn es ist:

$$i = \frac{u_\mathrm{R}}{R} = \frac{U_0 - u_\mathrm{c}}{R}$$

Die Steigungsrate der Spannung am Kondensator $\Delta u_\mathrm{c}/\Delta t$ nimmt mit fortschreitender Zeit ab, da der Strom gegen «Ende» der Ladung gegen Null strebt. Theoretisch kann der Kondensator somit niemals genau die Urspannung U_0 erreichen.

310

Hat z.B. der Kondensator bei Ladung nach einem bestimmten Zeitintervall t_H (Halbwertzeit) die halbe Spannung $u_c = U_0/2$ erreicht, so hat er sich nach einer weiteren Halbwertzeit wiederum um die Hälfte der Differenz zur Urspannung U_0 aufgeladen, also auf $^3/_4\,U_0$.

Die Aufladung oder Entladung eines Kondensators hat also immer den gleichen charakteristischen Verlauf, sie kann durch eine *Exponentialfunktion* beschrieben werden. Als Basiszahl dieser Exponential- oder e-Funktion erscheint bei allen natürlichen Ausgleichsvorgängen die gleiche natürliche Zahl, auch *Eulersche Zahl* genannt:

$$e = 2{,}71828 \text{ bis } \approx 2{,}72$$

Als Exponent (Hochzahl) muß das Verhältnis der Zeit t, für die der Wert berechnet werden soll, zu der Zeitkonstanten τ eingesetzt werden.

Bei Entladung ist die Zeitkonstante τ die Zeit, in der der Strom sowie die Spannung an Widerstand und Kondensator jedesmal auf $\approx 37\%$ des Ausgangswerts sinken (Bild 8.14).

Die 37% bzw. der Faktor 0,37 ist der Kehrwert der Zahl e:

$$e^{-1} = \frac{1}{e} \approx \frac{1}{2{,}72} = 0{,}37$$

Bei Ladung des Kondensators steigt die Spannung in jeder Zeitkonstanten um $\approx 63\%$ ($= 100\% - 37\%$), bezogen auf die Differenz zur Urspannung, die der Kondensator anstrebt (Bild 8.14).

Wiederholt man die Rechnung über mehrere Zeitkonstanten, ergeben sich folgende gerundete Werte:

nach Zeitkonstanten	Spannung bei Ladung	Spannung bei Entladung sowie Strom bei Ladung und Entladung
1 τ	63,2%	36,8%
2 τ	86,5%	13,5%
3 τ	95,0%	5,0%
4 τ	98,2%	1,8%
5 τ	99,3%	0,7%

Ein Kondensator kann also praktisch nach 5 Zeitkonstanten als geladen bzw. entladen gelten.

Bild 8.14 Normierte e-Funktion

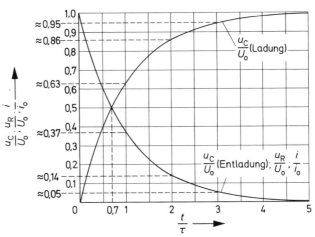

Die Exponentialgleichungen, mit denen man alle Werte zu jedem beliebigen Zeitpunkt berechnen kann, lauten:

Aufladung des Kondensators:

Spannung am Kondensator	u_c	$= U_0 \cdot (1 - e^{-t/\tau})$
Spannung am Widerstand	u_R	$= U_0 \cdot e^{-t/\tau}$
Strom	i	$= i_0 \cdot e^{-t/\tau}$

Entladung des Kondensators:

Spannung am Kondensator	u_c	$= U_0 \cdot e^{-t/\tau}$
Spannung am Widerstand	u_R	$= - U_0 \cdot e^{-t/\tau}$
Strom	i	$= - i_0 \cdot e^{-t/\tau}$

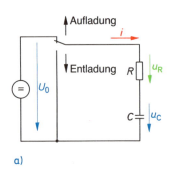

Bild 8.15 Aufladung und Entladung eines Kondensators an Gleichspannung
a) Schaltbild
b) zeitliche Verläufe der Spannungen und des Stromes

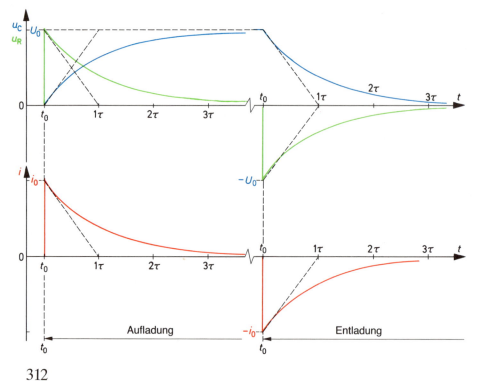

312

Die negativen Vorzeichen für den Strom und die Spannung am Widerstand bei Entladung sagen aus, daß diese Größen ihre Richtung geändert haben, denn die Zählrichtung wurde, wie bei der Aufladung, beibehalten (Bild 8.15). Der Kondensator wirkt während der Entladung als Spannungsquelle.

Die Zeitkonstante τ ist dem Widerstand des Stromkreises, in dem der Kondensator aufgeladen wird, und der Kapazität des Kondensators verhältnisgleich.

Ein größerer Widerstand bedeutet geringeren Ladestrom, und eine höhere Kapazität erfordert größere Ladungsmenge, d.h., in beiden Fällen ist mehr Zeit erforderlich.

Die Zeitkonstante ist das Produkt aus Widerstand und Kapazität:

$$\tau = R \cdot C$$

τ Zeitkonstante	in	s
R Widerstand	in	Ω
C Kapazität	in	F

Zeichnet man an eine e-Funktion (Bild 8.15) an beliebiger Stelle eine Tangente, so schneidet diese stets nach einer Zeitkonstanten die Linie, der die Funktion zustrebt. Mit anderen Worten:
Würde der Strom seinen momentanen Wert beibehalten, wäre der Lade- bzw. Entladevorgang stets nach einer Zeitkonstanten beendet.

Aus dem letztgenannten Sachverhalt läßt sich die Zeitkonstante wie folgt ableiten:
Würde der Strom im Einschaltmoment t_0 seinen Wert als Konstantstrom beibehalten:

$$I_{konst} = i_0 = \frac{U_0}{R}$$

wäre jeder Kondensator nach der Zeit $\Delta t = \tau$ um den Betrag $\Delta u_c = U_0$ aufgeladen:
Aus der Gleichung

$$\Delta u_c = \frac{I_{konst} \cdot \Delta t}{C}$$

erhält man durch Umstellung und Einsetzen:

$$\Delta t = \tau = \frac{\Delta u_c \cdot C}{I_{konst}} = \frac{U_0 \cdot C}{\dfrac{U_0}{R}} = \frac{U_0 \cdot C \cdot R}{U_0} = R \cdot C$$

Beispiel 3: Ein Kondensator mit $C = 100~\mu F$ wird an einer Gleichspannungsquelle (Innenwiderstand vernachlässigbar klein) von $U_0 = 24$ V über einen Widerstand von $R = 2,2$ kΩ aufgeladen ($u_{c0} = 0$ V).

a) Wie hoch ist der Strom im Einschaltmoment?
b) Nach welcher Zeit ist der Kondensator praktisch aufgeladen ($u_c \approx 99\%$ von U_0)?
c) Wie hoch ist die Spannung am Kondensator u_{c1} nach $t_1 = 0,5$ s?
d) Nach welcher Zeit beträgt die Spannung am Kondensator $u_{c2} = 15$ V?

Gegeben: $U_0 = 24$ V; $C = 100~\mu F$; $R = 2,2$ kΩ

Gesucht: a) i_0; b) t_{Lade}; c) u_{c1} nach $t_1 = 0,5$ s; d) t_2 bei $u_{c2} = 15$ V

Lösung:

a) $\quad i_0 \quad = \dfrac{U_0}{R} = \dfrac{24\text{ V}}{2{,}2 \cdot 10^3 \, \Omega} = \underline{10{,}9\text{ mA}}$

b) $\quad \tau \quad = R \cdot C = 2{,}2 \cdot 10^3 \, \Omega \cdot 100 \cdot 10^{-6}\text{ F} = 220\text{ ms} = 0{,}22\text{ s}$

Nach $t_{\text{Lade}} \approx 5 \cdot \tau$ sind $u_c = 0{,}993 \cdot U_0$ erreicht, also

$t_{\text{Lade}} \approx 5 \cdot \tau = 5 \cdot 0{,}22\text{ s} = \underline{1{,}1\text{ s}}$

c) $\quad \dfrac{t_1}{\tau} = \dfrac{0{,}5\text{ s}}{0{,}22\text{ s}} = 2{,}27$

$u_{c1} \quad = U_0 \cdot (1 - e^{-t/\tau}) = 24\text{ V} \cdot (1 - e^{-2{,}27}) = 24\text{ V} \cdot 0{,}897$

$\underline{u_{c1} \quad = 21{,}6\text{ V}}$

Steht ein Taschenrechner mit Exponentialfunktion e^x nicht zur Verfügung, muß der Faktor $0{,}897 \approx 0{,}9$ aus einer normierten Darstellung der e-Funktion entnommen werden (Bild 8.14).

d) $\quad$ Für Rechnung mit dem Taschenrechner muß die Formel

$u_c = U_0 \cdot (1 - e^{-t/\tau})$

nach t umgestellt werden:

$e^{-t/\tau} = 1 - \dfrac{u_c}{U_0}$

$$\boxed{t/\tau = -\ln\left(1 - \dfrac{u_c}{U_0}\right)}$$

ln heißt natürlicher Logarithmus, es ist der Exponent zur Basiszahl e

$t_2 = -\tau \cdot \ln\left(1 - \dfrac{u_c}{U_0}\right) = -220 \cdot 10^{-3}\text{ s} \cdot \ln\left(1 - \dfrac{15\text{ V}}{24\text{ V}}\right)$

$t_2 = -220 \cdot 10^{-3}\text{ s} \cdot (-0{,}981) = \underline{216\text{ ms}}$

Bei Benutzung einer normierten e-Funktion (Bild 8.14) liest man aus der ansteigenden Kurve bei:

$\dfrac{u_{c2}}{U_0} = \dfrac{15\text{ V}}{24\text{ V}} = 0{,}625 \quad$ den Wert $\dfrac{t_2}{\tau} = 0{,}98 \quad$ ab und erhält

$t_2 \quad = \tau \cdot 0{,}98 = \underline{216\text{ ms}}$

8.5.3 Kapazitätsbestimmung durch Zeitmessung

Die Kapazitäten von Kondensatoren höherer Kapazitäten lassen sich auf einfache Weise durch Messung der Zeit für Aufladung oder Entladung auf den halben Wert der Urspannung U_0 bestimmen.

Die Halbwertzeit t_H, nach der sich ein Kondensator zur Hälfte aufgeladen bzw. entladen hat, beträgt $\approx 0{,}7$ Zeitkonstanten.

$t_H = -\tau \cdot \ln 0{,}5 = \tau \cdot 0{,}693 \approx \tau \cdot 0{,}7$

314

Beispiel 4: Ein Kondensator wurde in $t = 7,5$ s über einen Entladewiderstand von $R = 100$ kΩ von $u_{c1} = 12$ V auf $u_{c2} = 6$ V entladen. Wie hoch ist die Kapazität des Kondensators?

Gegeben: $t_H = t = 7,5$ s; $R = 100$ kΩ

Gesucht: C

Lösung: $t \approx 0,7 \cdot \tau$

$$\tau = \frac{t}{0,7} = \frac{7,5 \text{ s}}{0,7} = 10,7 \text{ s}$$

$\tau = R \cdot C$ also ist $\qquad C = \frac{\tau}{R} = \frac{10,7 \text{ s}}{100 \cdot 10^3 \text{ Ω}} = 0,107 \cdot 10^{-3}$ F

$$\underline{C \approx 100 \text{ μF}}$$

Bild 8.16 Aufladung eines Kondensators mit parallelgeschaltetem Widerstand und Ersatzschaltbild

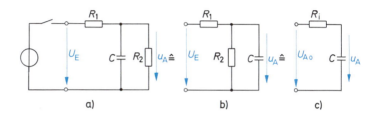

a)   b)   c)

8.5.4   Aufladung eines Kondensators mit parallel geschaltetem Widerstand

Kondensatoren werden häufig in Zeitgliedern eingesetzt. Der Lade- bzw. Entladevorgang wird dabei unter Umständen durch einen Widerstand beeinflußt, der parallel zum Kondensator liegt (Bild 8.16). Dieser Widerstand kann z.B. der Innenwiderstand einer angeschlossenen elektronischen Schaltung sein.

Der Widerstand R_2 bildet mit dem Widerstand R_1 einen Spannungsteiler (Bild 8.16b), der die Spannung vermindert, auf die sich der Kondensator aufladen kann. Außerdem wird die Zeitkonstante vermindert, da — vom Kondensator her betrachtet — der Widerstand der Schaltung geringer wird. Zur Berechnung des Spannungsverlaufes müssen die beiden Widerstände mit der Eingangsspannung zu einer Ersatzspannungsquelle zusammengefaßt werden (Bild 8.16c):

$$R_i = \frac{1}{\dfrac{1}{R_1} + \dfrac{1}{R_2}} = R_1 \| R_2$$

$$U_{A0} = U_E \cdot \frac{R_2}{R_1 + R_2}$$

Beispiel 5: Ein Kondensator mit $C = 22$ μF wird über einen Widerstand $R_1 = 4,7$ kΩ an $U_E = 15$ V aufgeladen. Dem Kondensator liegt ein Belastungswiderstand $R_2 = 10$ kΩ parallel (Bild 8.16a). Nach welcher Zeit beträgt die Ausgangsspannung $u_A = 8$ V, wenn der Schalter geschlossen wird?

Gegeben: $U_E = 15$ V, $C = 22$ μF; $R_1 = 4,7$ kΩ; $R_2 = 10$ kΩ; $u_A = 8$ V

Gesucht: t

Lösung: Zuerst werden die Größen des Ersatzschaltbildes berechnet

$$R_i = \frac{1}{\dfrac{1}{R_1} + \dfrac{1}{R_2}} = \frac{1}{\dfrac{1}{4,7} + \dfrac{1}{10}} \, k\Omega = 3,2 \, k\Omega$$

$$U_{A0} = U_E \cdot \frac{R_2}{R_1 + R_2} = 15 \, V \cdot \frac{10 \, k\Omega}{(4,7 + 10) \, k\Omega} = 10,2 \, V$$

Die Zeitkonstante beträgt $\tau = R_i \cdot C = 3,2 \cdot 10^3 \, \Omega \cdot 22 \cdot 10^{-6} \, F = 70 \, ms$

$$t = -\tau \cdot \ln\left(1 - \frac{u_c}{U_0}\right) = -70 \, ms \cdot \ln\left(1 - \frac{8 \, V}{10,2 \, V}\right)$$

$$t = 70 \, ms \cdot 1,53 = \underline{107 \, ms}$$

8.6 Widerstand und Kondensator als Integrier- und Differenzierglied

Widerstände und Kondensatoren sind die wichtigsten passiven Bauelemente der Elektronik. Als Reihenschaltungen dienen sie den verschiedensten Aufgaben, wie z.B. der Übertragung (Kopplung), Trennung, Siebung, Verzögerung, Beschleunigung und Impulsformung von Signalen. Kapazitäten können auch unbeabsichtigt, d.h. nicht als Kondensatoren, sondern als sogenannte parasitäre Kapazitäten von Leitungen, Schaltungen und Bauelementen, das Übertragungsverhalten von Schaltungen beeinflussen und stören.

Zur Untersuchung der Wirkung, die eine Kombination aus Kondensator und Widerstand auf ein Signal ausübt, wird diese als *Vierpol* betrachtet. Dieses ist eine Schaltung mit zwei Eingangs- und zwei Ausgangsklemmen. Aus der folgenden Bezeichnungsweise geht dabei die Anordnung der Bauelemente im Vierpol hervor.

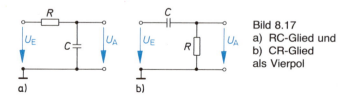

Bild 8.17
a) RC-Glied und
b) CR-Glied
als Vierpol

Beim RC-Glied (Bild 8.17a) *liegt der Widerstand vor dem Kondensator im Längszweig. Am Kondensator, im Querzweig, wird das Ausgangssignal abgenommen.*

Beim CR-Glied (Bild 8.17b) *liegt der Kondensator im Längszweig, und am Widerstand wird das Ausgangssignal abgenommen.*

In diesem Abschnitt soll nur die Wirkung untersucht werden, die das RC- bzw. CR-Glied auf Rechtecksignale ausübt. Genauer ausgedrückt: Es interessiert das nach einer sprunghaften Änderung der Eingangsspannung auftretende Ausgangssignal. In den meisten Fällen besteht das Rechtecksignal nur aus positiven Impulsen (Bild 8.18b). Der Rechteckgenerator schaltet periodisch von einer positiven Spannung auf 0 V (Masse) und umgekehrt um (Bild 8.18a).

316

Bild 8.18 RC-Glied an Rechteckspannung

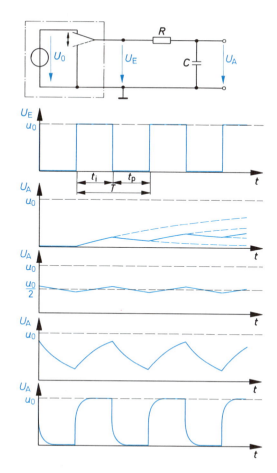

a) Rechtecksignalquelle mit RC-Glied

b) Eingangssignal

c) Ausgangssignal, Einschwingvorgang
bei $\tau \gg t_i = t_p$

d) Ausgangssignal (eingeschwungen)
bei $\tau \gg t_i = t_p$

e) Ausgangssignal bei $\tau \approx t_i = t_p$

f) Ausgangssignal bei $\tau \ll t_i = t_p$

Ein periodisches Ein- und Ausschalten der Spannung genügt nicht. Der Kondensator würde
während der Impulspause seine Spannung auf den Eingang zurückliefern und sich nicht über den
Eingang entladen können.

8.6.1 RC-Glied als Integrierglied

An den Eingang des RC-Gliedes (Bild 8.17a) wird die aus positiven Impulsen bestehende Rechteckspannung gelegt. Die Ausgangsspannung kann den sprungförmigen Änderungen (Flanken) des
Eingangssignals nicht folgen, da sich der Kondensator über den Widerstand niemals schlagartig
aufladen bzw. entladen kann.

Ist die Zeitkonstante $\tau = R \cdot C$ im Vergleich zur Impuls- und Pausendauer des Rechtecksignals
groß (z.B. $\tau \geqq 10 \cdot t_i$), so kann sich der Kondensator in der Impuls- bzw. Pausendauer nur um einen
Bruchteil der Scheitelspannung $\hat{u}$ auf- bzw. entladen. Nach dem Anlegen der Rechteckspannung
pendelt sich die Ausgangsspannung u_A über mehrere Zeitkonstanten auf einen Mittelwert ein (Bild
8.18c), bis die Spannung u_A während der Impulspause um den gleichen Betrag sinkt wie sie während
der Impulsdauer steigt.

317

Unter der Voraussetzung der Gleichheit von Lade- und Entladezeitkonstante (Generatorinnenwiderstand vernachlässigbar) pendelt sich die Ausgangsspannung auf den arithmetischen Mittelwert der Eingangsspannung ein. Bei Gleichheit von Impuls- und Pausendauer ($t_i = t_p$) ist dieses der halbe Scheitelwert der Eingangsspannung (Bild 8.18d).

> Das RC-Glied liefert also bei hinreichend großer Zeitkonstante am Ausgang eine Gleichspannung mit geringer Welligkeit, deren Wert dem arithmetischen Mittelwert der Eingangsspannung entspricht.

Die Summenbildung oder Zusammenfassung einer sich ändernden Größe (Eingangsspannung) über einen Zeitraum wird in der Mathematik *Integration* genannt.

> Ein RC-Glied, dessen Zeitkonstante im Verhältnis zu den Änderungszeiträumen (Periodendauer) des Eingangssignals groß ist, heißt Integrierglied.

Liegt die Zeitkonstante des RC-Gliedes im Bereich der Impuls- und Pausendauer des Rechtecksignals ($\tau \approx t_i \approx t_p$), so schwankt die Ausgangsspannung in einem größeren Bereich um den arithmetischen Mittelwert (Bild 8.18e). Sie erreicht jedoch weder den Wert $\hat{u}$ des Eingangssignals noch 0 V.

Ist die Zeitkonstante wesentlich kleiner als Impuls- und Pausendauer des Rechtecksignals ($\tau \leq t_i/10$), so erreicht die Ausgangsspannung praktisch jedesmal den Wert des Eingangssignals (Bild 8.18f). Lediglich die Flanken des Ausgangssignals sind abgerundet (verschliffen), d.h., die sprunghaften Änderungen am Eingang erscheinen am Ausgang als e-Funktionen.

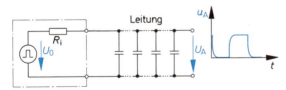

Bild 8.19 RC-Glied aus dem Innenwiderstand der Signalquelle und der Leitungskapazität gebildet

Der letztgenannte Fall tritt häufig störend bei der Übertragung von Rechtecksignalen über längere Leitungen auf. Der Widerstand R, den in erster Linie der innere Ausgangswiderstand der Signalquelle darstellt, bildet mit der Leitungskapazität ein RC-Glied (Bild 8.19). In diesem Fall heißt das RC-Glied auch Tiefpaß, da es die hohen Frequenzanteile des Signales (z.B. Oberwellen des Rechtecksignals) abschwächt und nur die tiefen Frequenzanteile passieren läßt (Abschnitt 10.4.5.2).

8.6.2   CR-Glied als Differenzierglied

Wird an den Eingang eines CR-Gliedes ein positives Rechtecksignal gelegt (Bild 8.20a/b), so erscheint am Ausgang nur während der Ladung bzw. der Entladung des Kondensators eine Spannung, da nur in diesem Fall am Widerstand eine Spannung abfällt. Zunächst sei das Ausgangssignal bei einer gegenüber der Impuls- und Pausendauer kurzen Zeitkonstanten ($\tau \leq t_i/10 = t_p/10$) betrachtet.

318

Bild 8.20 CR-Glied an Rechteckspannung

a) Rechtecksignalquelle mit CR-Glied
b) Eingangssignal
c) Ausgangssignal bei $\tau \ll t_i = t_p$
d) Ausgangssignal bei $\tau \approx t_i = t_p$
e) Ausgangssignal bei $\tau \gg t_i = t_p$

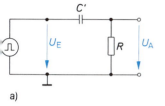

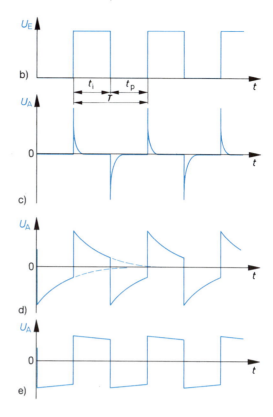

Mit Impulsbeginn fließt ein nach einer e-Funktion rasch abklingender Ladestrom (Bild 8.20c). Dieser erzeugt am Widerstand und damit auch am Ausgang, einen entsprechenden positiven Impuls. Derartige, kurz andauernde Impulse heißen *Nadelimpulse*.

Mit dem Beginn der Impulspause wird der positive Belag des aufgeladenen Kondensators mit 0 V (Masse) verbunden. Der Kondensator wirkt nun als Spannungsquelle, deren negativer Pol am Widerstand, d.h. am Ausgang liegt. Während seiner Entladung über den Widerstand liefert der Kondensator am Ausgang einen negativen Nadelimpuls.

> Das CR-Glied liefert also bei hinreichend kurzer Zeitkonstante am Ausgang praktisch nur während einer Änderung der Eingangsspannung ein Signal.

Bei Änderung der Eingangsspannung in positiver Richtung ist die Ausgangsspannung positiv und bei Änderung in negativer Richtung negativ. Die Erfassung von Änderungen wird in der Mathematik *Differentiation* genannt.

> Ein CR-Glied, dessen Zeitkonstante im Verhältnis zu den Änderungszeiträumen kurz ist, heißt daher Differenzierglied.

319

Das Differenzierglied dient häufig zur Umwandlung von Rechtecksignalen in Nadelimpulse, d.h. als Impulsformer.

Liegt die Zeitkonstante des CR-Gliedes im Bereich der Impuls- und Pausendauer des Rechtecksignals ($\tau \approx t_i \approx t_p$), so kann sich der Kondensator nicht mehr vollständig auf- bzw. entladen (Bild 8.20d). Es fließt ein ständig seine Richtung ändernder Strom, der den Kondensator laufend umlädt. Entsprechend erscheint am Widerstand (Ausgang) eine Wechselspannung.

Ist die Zeitkonstante des CR-Gliedes wesentlich größer als Impuls- und Pausendauer des Rechtecksignals ($\tau \gg t_i \approx t_p$), ändert sich die Kondensatorspannung praktisch nicht mehr.

Der Ladestrom während der Impulsdauer und der Entladestrom während der Pausendauer bleiben daher annähernd konstant. Das Ausgangssignal ist eine Rechteck-Wechselspannung. Ihr Spitze-Spitze-Wert entspricht dem der Eingangsspannung.

Da am Ausgang keine Gleichspannungskomponente erscheinen kann, ist das Ausgangssignal eines CR-Gliedes stets eine reine Wechselspannung.

Ist die Bedingung $\tau \gg T$ nicht ausreichend erfüllt, sinkt die Spannung zum Ende der Rechteckimpulse hin etwas ab (auch Dachschräge genannt). Dieser Fall tritt störend bei der kapazitiven Ankopplung von Rechtecksignalen auf, wenn der Koppelkondensator nicht ausreichend bemessen ist. In diesem Fall heißt das CR-Glied auch Hochpaß, da es die tiefen Frequenzen des Signals (hier die Grundwelle der Rechteckspannung) abschwächt und die hohen Frequenzanteile passieren läßt (Abschnitt 10.4.5.1).

8.7 Bauformen und Eigenschaften von Kondensatoren

8.7.1 Einteilung von Kondensatoren

Die größte Gruppe bilden die Festkondensatoren. Festkondensatoren haben eine bestimmte Nennkapazität, die durch den Aufbau festliegt.

Wesentlich für die Eigenschaften eines Kondensators ist die Art des Isolierstoffs, der das Dielektrikum darstellt. Manche Bauformen sind daher nach ihrem Dielektrikum benannt: z.B. Kunststoffolien-, Keramik-, Papier- und Glimmerkondensatoren. Eine besondere Gruppe bilden die Elektrolytkondensatoren, die in der Regel gepolt sind, d.h. nur an Gleichspannung mit gegebener Polarität betrieben werden dürfen.

Nach Anordnung der Beläge (Platten) und des Dielektrikums unterscheidet man:

a) **Wickelkondensatoren,** bei denen Beläge und Dielektrikum als Folienstreifen aufgewickelt sind.

b) **Vielschichtkondensatoren,** bei denen Beläge und Dielektrikum aus vielen ebenen, übereinanderliegenden Schichten bestehen.

c) **Massekondensatoren,** bei denen das Dielektrikum ein fester Körper (z.B. Keramik) ist, auf den die Metallbeläge aufgebracht sind.

8.7.2 Eigenschaften von Festkondensatoren

Die Eigenschaften der verschiedenen Kondensatorbauformen sind durch eine Reihe von Kenndaten und Grenzdaten vom Hersteller angegeben.

Der wichtigste Kennwert ist die *Nennkapazität,* die mit einer bestimmten *Auslieferungstoleranz* eingehalten werden muß.

320

Die Kapazitätswerte sind nach den E-Reihen (Abschnitt 6.8.1.1) gestaffelt, denen entsprechende Toleranzen zugeordnet sind. Toleranz und E-Reihe sind häufig durch einen Kennbuchstaben angegeben:

Kennbuchstabe	M	K	J	G	F
Kapazitätstoleranz	$+20\%$	$+10\%$	$+5\%$	$+2\%$	$+1\%$
E-Reihe	E 6	E 12	E 24	E 48	E 96

Je nach Art des Dielektrikums ist die Kapazität von verschiedenen Parametern abhängig:
Temperaturabhängigkeit der Kapazität entsteht in erster Linie durch Änderung der Dielektrizitätszahl. Sie wird durch den Temperaturbeiwert oder Temperaturkoeffizienten TK_C angegeben.
Durch die *Frequenzabhängigkeit* der Dielektrizitätszahl nimmt die Kapazität, je nach Art des Dielektrikums, bei steigender Frequenz ab.
Wichtige Grenzwerte von Kondensatoren sind die zulässigen Spannungen:
Die *Nennspannung* ist bei Kondensatoren für allgemeine Anwendung in der Elektronik die Gleichspannung, nach der der Kondensator benannt ist. Sie ist auf eine Umgebungstemperatur von 40 °C bezogen.
Die *Dauergrenzspannung* U_g ist die zulässige Gleichspannung, für die das Dielektrikum ausgelegt ist. Bei Kondensatoren für Netz-Wechselspannung (Energietechnik) ist die *Dauergrenzspannung* U_w der Effektivwert der dauernd zulässigen sinusförmigen Wechselspannung. Das Dielektrikum ist dabei für den Scheitelwert dimensioniert.
Da es kein Dielektrikum gibt, das einen idealen Isolator darstellt, entlädt sich ein geladener Kondensator auch ohne äußeren Stromkreis durch seinen inneren Isolations- oder Leckstrom. Die Güte der Isolation wird in Datenblättern unterschiedlich angegeben:

a) als *Isolationswiderstand* R_{is} (in MΩ oder GΩ)
b) als *Zeitkonstante* (Isolationsgüte), mit der sich der Kondensator selbst entlädt
   $\tau = R_{is} \cdot C_N$ (in MΩ $\cdot$ μF = s)
c) oder, meist bei Elektrolytkondensatoren, als *Leckstrom,* der eine gewisse Zeit (1 min) nach erfolgter Aufladung noch der angeschlossenen Gleichspannungsquelle entnommen wird.

Für den Einsatz in Schwingkreisen, vor allem bei höheren Frequenzen, ist der *Verlustfaktor* tan δ (Abschnitt 10.4.4) von Bedeutung. Verluste entstehen bei Wechselspannung durch die innere Reibung im Dielektrikum infolge ständiger Umorientierung der Dipole (Abschnitt 8.3.2). Diese Verluste steigen mit der Frequenz und sind außerdem von der Temperatur abhängig.
Für besondere Anwendung, vor allem in der Leistungselektronik und bei Kondensatoren für Energierückgewinnung in Schaltstufen (Boosterkondensatoren), ist die *Impulsbelastbarkeit* oder *Impulsfestigkeit* von Bedeutung. Bei kurzen Impulsen oder allgemein steilen Flanken treten in Kondensatoren kurzschlußähnliche Auf- oder Entladungen auf. Die Stromimpulse können einen Kondensator zerstören, wenn sie nicht durch seinen inneren und den äußeren ohmschen Widerstand ausreichend begrenzt werden.
Elektrolytkondensatoren, die als Energiespeicher z.B. in Kondensatorblitzgeräten sehr schnell entladen werden, müssen *schaltfest* sein.

Normale Elektrolytkondensatoren verlieren durch häufigere kurzschlußartige Auf- oder Entladung einen Teil ihrer Kapazität.

Kondensatoren, insbesondere für Hf-Anwendung sowie Entstörung und Begrenzung von Spannungsspitzen, müssen eine möglichst geringe *Eigeninduktivität* aufweisen. Grundsätzlich treten bei jedem Ladungstransport, ob in den Zuleitungen oder Belägen, Magnetfelder auf, d.h., es sind Induktivitäten vorhanden. Aufgrund seiner Eigeninduktivität stellt jeder Kondensator bei hoher Frequenz einen Schwingkreis dar. Seine Kapazität wird durch die Eigeninduktivität z.T. kompensiert. Oberhalb seiner *Eigenfrequenz* wirkt ein Kondensator als Induktivität. Die Betriebsfrequenz sollte daher möglichst weit unter seiner Eigenfrequenz liegen.

Weitere Grenzwerte für Kondensatoren geben Aufschluß über klimatische Beanspruchbarkeit. Durch drei Kennbuchstaben (DIN 40040) werden untere und obere Grenztemperatur und Feuchteklasse angegeben.

8.7.3 Kennzeichnung von Kondensatoren

Bei Kondensatoren kleinerer Bauformen sind Nennkapazität, Toleranz und Nennspannung häufig ohne Angabe von Einheiten und Multiplikatoren hintereinander aufgedruckt:

Der erste Wert ist die Nennkapazität in pF oder µF (welches von beiden zutrifft, ist aus der Baugröße und dem Zahlenwert abschätzbar). Auf die Nennkapazität folgt die Toleranz der Nennkapazität und danach die Nennspannung. Sind nur zwei Werte angegeben (z.B. Elektrolytkondensatoren), folgt hinter der Nennkapazität sofort die Nennspannung.

Beispiele:
a) ein Folienkondensator hat den Aufdruck: 0,047/10/100
Bedeutung: $C_N = 0,047$ µF $= 47$ nF $\pm 10\%$; $U_N = 100$ V
b) Ein Elektrolytkondensator hat den Aufdruck 220/25
Bedeutung: $C_N = 220$ µF; $U_N = 25$ V

Andere Kennzeichnungsarten sind der Farbcode, wie bei Widerständen, oder Ziffern in Klarschrift mit Kennbuchstaben für den Multiplikator anstelle des Kommas.

Beispiele:
a) Aufdruck 2n2   bedeutet $C_N = 2,2$ nF
b) Aufdruck 470p bedeutet $C_N = 470$ pF
Der Farbcode ist ähnlich aufgebaut wie bei Widerständen:

1. Ring $\triangleq$ 1. Ziffer
2. Ring $\triangleq$ 2. Ziffer
3. Ring $\triangleq$ Multiplikator (Exponent zur Basis 10) mal pF
4. Ring $\triangleq$ Auslieferungstoleranz der Nennkapazität
5. Ring $\triangleq$ Nennspannung mal 100 V

Beispiel:
Farbfolge: rot, rot,   orange, silber,   orange
bedeutet   2   2 · 10^3 $\pm 10\%$ 300 V
oder $C_N = 22$ nF $\pm 10\%$; $U_{\tilde{n}} = 300$ V

Bei vielen Anwendungen, z.B. in der Hf-Technik oder in der Impulstechnik, ist es wichtig zu wissen, welcher Anschluß mit dem äußeren Belag des Kondensators verbunden ist. Wenn möglich, legt man diesen Anschluß an Masse oder so, daß er als Abschirmung wirken kann. Unerwünschte kapazitive Kopplungen zu benachbarten Bauteilen können dadurch verringert werden. *Der Außenbelag ist durch einen Ring, Strich oder ein Abschirmungssymbol gekennzeichnet* (Bild 8.21).

322

Bild 8.21 Kennzeichnung des Außenbelags von Kondensatoren

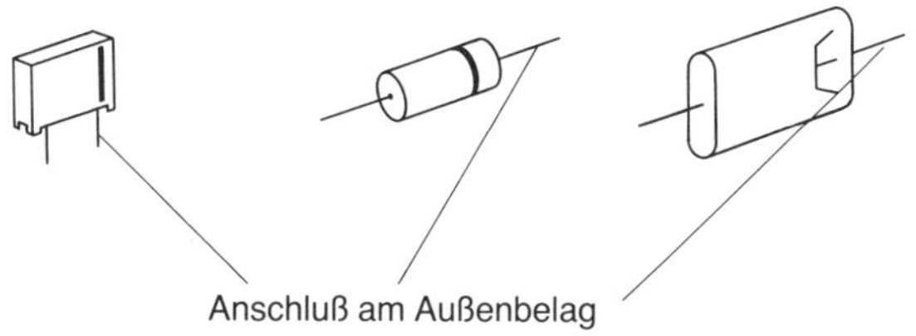

rechteckiges Kunststoffgehäuse für Leiterplattenmontage

Rundwickel mit axialen Anschlüssen

Flachwickel

Anschluß am Außenbelag

8.7.4 Aufbau von Kondensatoren

8.7.4.1 Wickelkondensatoren

Die überwiegende Bauform ist der Wickelkondensator mit Flach- oder Rundwickel. Nach der Art der Anbringung und Kontaktierung der Metallbeläge muß unterschieden werden zwischen:

1. **Kondensatoren mit Metallfolienbelag** aus Aluminium oder Zinn. Die Kontaktierung erfolgt auf zwei verschiedene Arten:
   a) Im mittleren Bereich des Wickels an die Metallfolien angeschweißte Anschlußdrähte (Bild 8.22a).
   b) Stirnseitige Kontaktierung durch versetzte Anordnung der Metallbeläge, so daß jeder Belag an einer Stirnseite durch aufgespritztes Metall auf kürzestem Wege erfaßt wird (Bild 8.22b). Der Vorteil dieser Bauart liegt in der geringeren Eigeninduktivität und dem geringeren ohmschen Widerstand. Der Strom muß nicht mehr um den Wickel herumfließen, da er die Beläge an allen Stellen über die Stirnkontaktierung erreicht.

2. **Kondensatoren mit aufgedampften Belägen** (1. Kennbuchstabe **M**). Die Metallbeläge sind im Vakuum direkt auf das Dielektrikum aufgedampft. Die Dicke der Metallschicht beträgt nur 0,02 bis 0,05 µm. Die Kontaktierung erfolgt (wie bei 1.b) durch stirnseitig aufgespritztes Metall. Da die Metallisierung versetzt bei jeder der beiden Folien jeweils nur an einer Seite bis zum Rand erfolgt ist, wird jeder Belag über eine Stirnseite erreicht (Bild 8.22c).

Vorteile der Kondensatoren mit aufgedampften Belägen sind:

a) *Selbstheilung bei Durchschlag* des Dielektrikums. Die beim Durchschlag in Wärme umgesetzte Energie verdampft die im Vergleich zum Dielektrikum sehr dünne Metallisierung im Bereich der Durchschlagstelle in weniger als 10 µs (Bild 8.23). Der Kapazitätsverlust ist vernachlässigbar gering.

b) *Höhere spezifische Kapazität* (kleinere Baugrößen) durch bessere Raumausnutzung.

c) *Geringe Eigeninduktivität* durch die stirnseitige Kontaktierung.

Nach dem als Dielektrikum dienenden Isolierstoff müssen Kondensatoren außerdem unterteilt werden in:

Papierkondensatoren mit Metallfolien als Belägen (Kennbuchstabe **P**) oder als Metallpapierkondensatoren (Kennbuchstaben **MP**) mit aufgedampften Belägen.
   Das besonders gleichmäßig dichte Papier ist zur Vermeidung von Lufteinschlüssen imprägniert (z.B. mit Chlordiphenyl, Mineralöl oder Epoxiharz). Es handelt sich also um ein Mischdielektrikum.
   Vorteile: Hohe Wechsel- und Gleichspannungen zulässig, hohe Impulsbelastbarkeit, großer Isolationswiderstand.

323

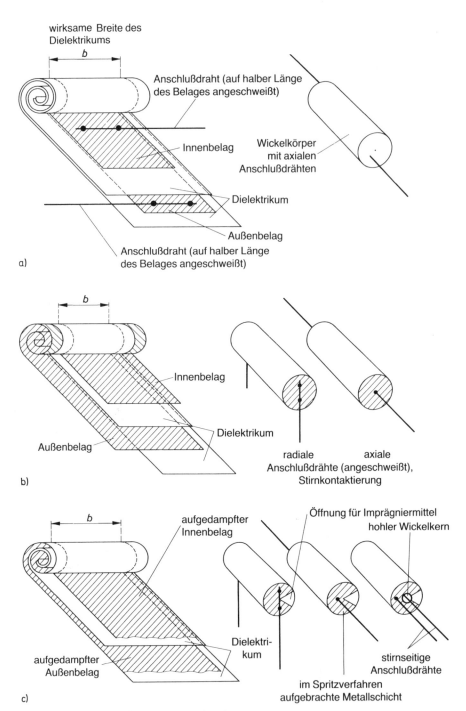

wirksame Breite des
Dielektrikums

b

Anschlußdraht (auf halber Länge
des Belages angeschweißt)

Innenbelag

Wickelkörper
mit axialen
Anschlußdrähten

Dielektrikum

Außenbelag

Anschlußdraht (auf halber Länge
des Belages angeschweißt)

a)

b

Innenbelag

Dielektrikum

Außenbelag

radiale   axiale
Anschlußdrähte (angeschweißt),
Stirnkontaktierung

b)

b

aufgedampfter
Innenbelag

Öffnung für Imprägniermittel
hohler Wickelkern

Dielektri-
kum

aufgedampfter
Außenbelag

stirnseitige
Anschlußdrähte

im Spritzverfahren
aufgebrachte Metallschicht

c)

Bild 8.22   Aufbau von Wickelkondensatoren
a) mit aufgeschweißten Anschlußdrähten
b) mit Stirnkontaktierung
c) mit aufgedampften Belägen

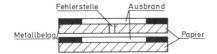

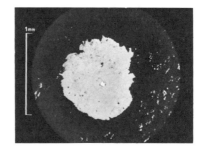

Bild 8.23 Ausbrand eines MP-Kondensators mit schematischer Darstellung im Schnitt (Bosch)

Nachteile: Relativ hoher Verlustfaktor.

Anwendung: Überwiegend in der Energietechnik und bei hohen Impulsbelastungen (z.B. Kommutierungskondensatoren für Thyristoren), Schutzbeschaltung, Entstörung und Motorkondensatoren.

Einige Typen für Betrieb am Wechselstromnetz, z.B. Leuchtstofflampen- und Motorkondensatoren, sind mit Abreißsicherungen versehen. Wenn das Imprägniermittel bei starker Erwärmung Gas abscheidet, entsteht im Metallbecher ein Überdruck. Die dadurch verursachte Verformung bewirkt ein Abreißen von Anschlußdrähten und verhindert damit das Explodieren (Bild 8.24).

Bild 8.24 MP-Kondensator mit Wärmeschutzeinrichtung (Bosch)
a) vor einer Überlastung
b) nach einer Überlastung

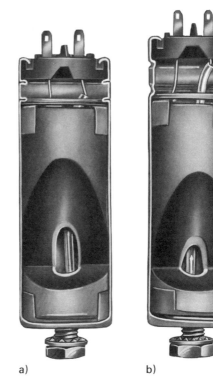

◀

Bild 8.22 Aufbau der Beläge und Kontaktierung von Wickelkondensatoren
a) Metallfolien als Beläge
b) Metallfolien mit stirnseitiger Kontaktierung
c) aufgedampfte Beläge

a)   b)

325

Kunststoffolienkondensatoren mit *Metallfolien* als Beläge (Kennbuchstabe **K**) oder aus *metallisierten Kunststoffolien* (Kennbuchstabe **MK**) werden aus unterschiedlichen Kunststoff-Dielektrika hergestellt. *Der Kennbuchstabe hinter dem K gibt das Dielektrikum an:*

KP   *Polypropylenfolie bzw. MKP metallisierte Polypropylenfolie* für hohe Anforderungen, geringe Toleranz und hohe Impulsbelastbarkeit. Allerdings höherer Verlustfaktor bei hoher Frequenz.

KS   *und MKS, Polystyrolfolien-Kondensatoren* (auch als Styroflexkondensatoren bekannt), haben von allen Kunststoffolienkondensatoren den kleinsten Verlustfaktor bei hoher Frequenz (bis 100 MHz). Hohe zeitliche Kapazitätskonstanz, kleiner Temperaturbeiwert und hoher Isolationswiderstand ($> 10^6$ MΩ). Sie sind jedoch nur in kleinen Kapazitäten lieferbar.

KC   *und MKC (früher MKM) Polycarbonadfolie-Kondensatoren* für mittlere Anforderungen und allgemeine Anwendung in Unterhaltungselektronik, Nachrichten-, Meß- und Regeltechnik.

KT   *und MKT Polyethylenterephthalatfolie-Kondensatoren* wie KC und MKC, jedoch mit geringerer zeitlicher Konstanz (stärkere Alterung).

MKU *(früher MKL) Zelluloseazetatfolie-Kondensatoren* (Lackfolienkondensatoren) mit hoher spezifischer Kapazität. Auch für hohe Spannungen. Jedoch geringe Kapazitätskonstanz, geringe Isolationsgüte und hoher Verlustfaktor. Anwendung dort, wo in erster Linie höhere Kapazitäten (ungepolt) bei geringem Volumen benötigt werden.

8.7.4.2   Vielschichtkondensatoren

Dielektrikum und Beläge sind in vielen ebenen Schichten übereinandergelegt (Bild 8.25). Die Beläge sind als Metallfolien oder Metallisierung auf dem Dielektrikum und an den Stirnseiten durch aufgespritztes Metall kontaktiert.

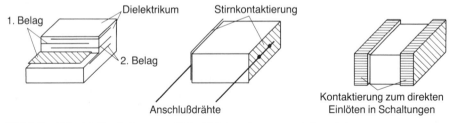

Bild 8.25   Prinzipieller Aufbau von Vielschichtkondensatoren (ohne Schutzumhüllung)

Vielschichtkondensatoren gibt es als:

a) **Kunststoffolienkondensatoren** mit aufgedampften Belägen (MKC und MKT).

b) **Glimmerkondensatoren** für höchste Anforderungen an die Langzeitkonstanz. Für Kapazitäten bis 1 µF.

c) **Glaskondensatoren** mit Metallfolienbelägen (bis 10 nF) mit hoher Kapazitätskonstanz (ähnlich Glimmerkondensatoren). Anwendung z.B. in der Militärelektronik.

d) **Keramische Vielschichtkondensatoren** für höhere Kapazitätswerte bei kleinerer Baugröße als Keramik-Massekondensatoren. Gesintertes Keramikpulver dient als Dielektrikum mit durch Metallpasten kontaktierten metallisierten Belägen.

326

8.7.4.3 Keramikmassekondensatoren

Als Dielektrikum dienen besondere keramische Massen. Die Beläge sind eingebrannte Metallschichten. Nach der Art des Keramik-Dielektrikums werden drei Typen unterschieden:

a) **Keramikkondensatoren Typ I.**
ND-Keramik mit **n**iedriger **D**ielektrizitätszahl (z.B. Rutil) für kleine Kapazitätswerte mit geringem Verlustfaktor und hoher Kapazitätskonstanz. Anwendung in der Hf-Technik.

b) **Keramikkondensatoren Typ II.**
HD-Keramik mit **h**oher **D**ielektrizitätszahl (z.B. Bariumtitanat) für höhere Kapazitätswerte bei geringen Anforderungen an Kapazitätskonstanz und Verlustfaktor.

c) **Keramikkondensatoren Typ III.**
Aus ferroelektrischer keramischer Masse (Abschnitt 8.3.2), auf der durch Oxidationsvorgänge Sperrschichten gebildet werden. Durch zwei gegeneinander in Reihe liegende Sperrschichten kann Betrieb an Gleichspannung beliebiger Polarität oder Wechselspannung erfolgen. Sehr hohe Kapazitätswerte pro Volumeneinheit. Jedoch hohe Temperatur- und Spannungsabhängigkeit der Kapazität, großer Verlustfaktor und geringe Isolationsgüte. Anwendung daher nur zur Kopplung und Entkopplung von Wechselspannungen.

Bauformen von Keramikkondensatoren sind: Scheiben-, Rohr- und Durchführungskondensatoren (Bild 8.26).

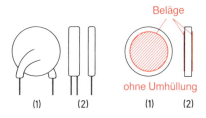

a) Scheibenkondensator

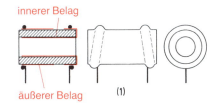

b) Rohrkondensator

c) Durchführungskondensator

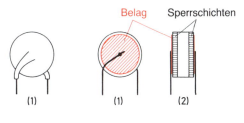

d) Scheibenkondensator mit Sperrschichten (Typ III)

Bild 8.26 Bauformen von Keramikkondensatoren

8.7.5 Elektrolytkondensatoren (Elkos)

8.7.5.1 Aluminium-Elektrolytkondensatoren

Aluminium-Elektrolytkondensatoren (Alu-Elkos) sind überwiegend Wickelkondensatoren. Der Wickel besteht aus zwei Aluminiumfolien mit Zwischenlagen aus saugfähigem Papier, das mit dem stark ätzenden Elektrolyten durchtränkt ist. Auf der Aluminiumelektrode, die den positiven Belag (Anode) bildet, ist auf elektrochemischem Wege (Formierung) eine sehr dünne ($<1\ \mu$m) Aluminiumoxidschicht gebildet worden.

> Die auf der Anodenfolie gebildete Aluminiumoxidschicht stellt das Dielektrikum des Elektrolytkondensators dar.

Aluminiumoxid ist aufgrund seiner guten Isolationseigenschaft, der hohen Durchschlagsfestigkeit und der relativ hohen Dielektrizitätszahl (Tabelle 8.1) als Dielektrikum gut geeignet. Die geringe Dicke der Oxidschicht ist der hauptsächliche Grund für die hohe volumenspezifische Kapazität von Elektrolytkondensatoren.

Den negativen Belag stellt der an die Oxidschicht angrenzende Elektrolyt dar. Dieser steht mit der zweiten Aluminiumfolie, gegebenenfalls auch mit dem Metallgehäuse, in elektrisch leitender Verbindung und bildet den negativen Anschluß.

> Elektrolytkondensatoren sind gepolt, d.h., sie können nur an Gleichspannung oder mit überlagerter Gleichspannung betrieben werden.

Da die Oxidschicht durch den ätzenden Elektrolyten angegriffen wird, wird sie bei Betrieb des Kondensators ständig durch den sehr geringen Leckstrom regeneriert.

Während längerer Ruhepause, besonders bei höherer Temperatur, baut sich die Oxidschicht allmählich ab. Im Kondensator fließt dann bei Inbetriebnahme zuerst ein höherer Leckstrom, der die Oxidschicht regeneriert.

Elektrolytkondensatoren sind relativ empfindlich gegenüber Betrieb an zu hoher Betriebsspannung. Der Leckstrom steigt oberhalb der Nennspannung steil an. Durch den inneren Überdruck kann der Kondensator platzen. Vor allem dann, wenn hohe Umgebungstemperaturen (bis max. 85°C) zu erwarten sind, sollten Elektrolytkondensatoren in bezug auf die Nennspannung überdimensioniert werden.

Bei einigen Typen von Aluminium-Elektrolytkondensatoren sind zwei Spannungswerte angegeben. Der höhere Wert gilt dann nur für kurze Betriebszeit.

Bei falscher Polung der Spannung darf diese höchstens ca. 2 V betragen. Bei höherer Spannung wird er zerstört oder andersherum formiert.

Nach längerer Betriebszeit, insbesondere bei hohen Temperaturen, verringert sich die Kapazität von Aluminium-Elektrolytkondensatoren. Dieses ist auf das Eintrocknen des Elektrolyten zurückzuführen, der mit der Zeit durch die Abdichtung diffundiert. Damit fehlt ein Teil des zweiten elektrisch leitenden Belags, der den Kontakt zum Dielektrikum bildet.

Elektrolytkondensatoren für normale Anwendung, z.B. als Ladekondensatoren und Siebkondensatoren in Gleichrichtergeräten, haben eine relativ hohe Fertigungstoleranz ihrer Kapazität. Sie liegt im Neuzustand meist im positiven Bereich. Die Nennkapazitäten sind daher entsprechend grob gestaffelt (z.B. nach E6).

Elektrolytkondensatoren, die häufig Stoßbelastungen mit hohen Strömen ausgesetzt werden, wie sie z.B. beim Kurzschließen oder bei Blitzkondensatoren auftreten, müssen schaltfest sein. Anderenfalls verringert sich nach jeder Stoßbelastung die Kapazität.

8.7.5.2 Tantal-Elektrolytkondensatoren

Tantal-Elektrolytkondensatoren haben als Anode einen gesinterten hochporösen Tantalkörper. Der Elektrolyt befindet sich in den Poren der Sinteranode. Der Metallbecher bildet die Katode.

Als Dielektrikum dient eine dünne Tantaloxidschicht (Ta_2O_5), die durch elektrochemische Formierung auf der großflächigen Sinteranode gebildet wurde.

Neben der größeren Oberfläche gegenüber Alu-Elkos trägt die höhere Dielektrizitätszahl ($\varepsilon_r \approx 27$) des Tantaloxids zu der hohen spezifischen Kapazität von Tantal-Elektrolytkondensatoren bei. Ein weiterer Vorteil ist die hohe Beständigkeit des Dielektrikums. Auch nach jahrelanger spannungsloser Lagerung tritt keine nennenswerte Vergrößerung des Reststroms auf. Tantal-Elkos werden nur als Niedervolt-Elkos bis ca. $U_N = 100$ V gebaut.

Tantal-Elektrolytkondensatoren müssen unterteilt werden in:

a) Tantal-Elkos mit trockenem Elektrolyten
Sie sind gegenüber Falschpolung relativ unempfindlich (ca. 5% bis 15% U_N, je nach Betriebstemperatur), sind jedoch nicht schaltfest. Bei niederohmigen Stromquellen müssen Widerstände in Reihe geschaltet werden.

b) Tantal-Elkos mit flüssigem Elektrolyten (naß)
Sie dürfen auf keinen Fall falsch gepolt werden, es besteht die Gefahr des Explodierens. Der Elektrolyt ist stark ätzend.

8.7.6 Verstellbare Kondensatoren

8.7.6.1 Drehkondensator

Kondensatoren mit stetig veränderbarer Kapazität werden als Bedienungselemente in Hf-Schaltungen zum Abstimmen von Schwingkreisen benötigt. Es handelt sich hierbei meist um Drehkondensatoren, die aus einem feststehenden Plattenblock (Stator) und einem beweglichen Plattenblock (Rotor) bestehen (Bild 8.27). Die Endkapazität bei voll eingefahrenem Rotor liegt bei einigen hundert pF und die Anfangskapazität bei ca. 10% der Endkapazität.

8.7.6.2 Trimmerkondensatoren

Häufiger werden einstellbare Kondensatoren benötigt, die nur beim Abgleich einer Schaltung verstellt werden. Zum Einstellen ist oft ein Werkzeug (Schraubendreher) erforderlich.

Beim *Keramikscheibentrimmer* wird durch Verdrehen der halbseitig mit einem Metallbelag versehenen Keramikscheibe die Fläche gegenüber dem Statorbelag verändert (Bild 8.28a).

Bild 8.27 Prinzipieller Aufbau eines Drehkondensators

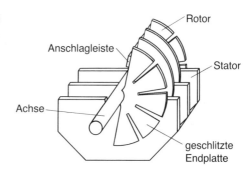

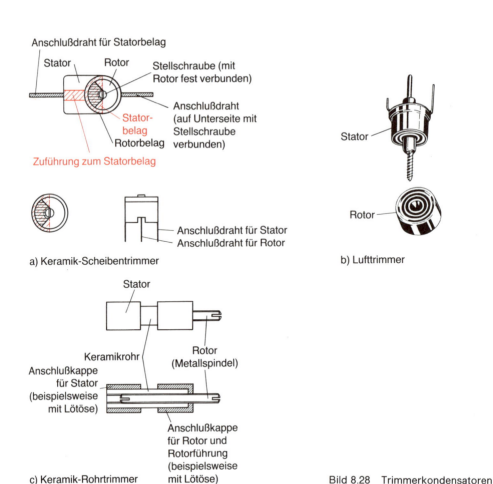

a) Keramik-Scheibentrimmer

b) Lufttrimmer

c) Keramik-Rohrtrimmer

Bild 8.28   Trimmerkondensatoren

Beim *Lufttrimmer* werden mittels einer Gewindespindel die beiden aus konzentrischen Rohren unterschiedlicher Durchmesser bestehenden Beläge mehr oder weniger ineinander geschoben (Bild 8.28b).

Beim *Rohrtrimmer* dient eine metallische Gewindespindel in einem Keramikrohr als Rotorbelag. Der Gegenbelag ist die äußere Metallschicht auf dem Keramikrohr. Bei hineingedrehter Spindel ist die Kapazität am höchsten (Bild 8.28c).

9 Magnetisches Feld

9.1 Grundbegriffe

9.1.1 Historisches

Über die Herkunft des Wortes Magnet gibt es verschiedene Theorien. Am glaubwürdigsten ist die Bezeichnung nach der Landschaft Magnesia in Thessalien (mittelgriechische Landschaft). Sie war im Altertum bekannt für das natürliche Vorkommen von magnetischen Eisenerzen.

9.1.2 Entstehung der magnetischen Wirkung

Wie kommt es, daß nur einige Stoffe eine magnetische Wirkung zeigen? Zur Klärung dieser Frage sollen folgende Lehrsätze genannt werden.

a) *Die Kraft, die ruhende elektrische Ladungen aufeinander ausüben, heißt elektrische Kraft.*
   Abhandlungen hierzu findet man in der *Elektrostatik* (Kapitel 8).
b) *Die Kraft, die bewegte elektrische Ladungen aufeinander ausüben, nennt man magnetische Kraft.*
   Die Lehre hierzu wird *Elektrodynamik* genannt. Bewegt sich eine elektrische Ladung, so bewegt sich auch das durch diese Ladung hervorgerufene elektrische Feld.
c) *Ein bewegtes elektrisches Feld erzeugt ein magnetisches Feld.*
   Zusammenfassend gilt:
d) *Jedes bewegte Elektron ruft eine magnetische Wirkung hervor und erzeugt damit ein magnetisches Feld.*

Wie im Abschnitt 4.3.4 dargestellt, umkreisen die Elektronen den Atomkern in bestimmten Bahnen. Außerdem führen sie eine Eigendrehung um ihre Elektronenbahn aus, den sogenannten Elektronenspin bzw. Spin-Vorgang. Abhängig von der Art der Anordnung der Elektronenbahnen, der Ausrichtung der Spin-Rotationsebenen und der Kristallstruktur des jeweiligen Werkstoffes heben sich die magnetischen Wirkungen gegeneinander auf oder addieren sich teilweise.

Heben sich die magnetischen Wirkungen untereinander auf, so verhält sich der Stoff *magnetisch neutral.*

Einige Stoffe verhalten sich nur fast neutral. Geringe magnetische Restwirkungen bleiben nach außen hin feststellbar, aber für die Praxis unbedeutend (Bild 9.1).

Paramagnetische Werkstoffe (Aluminium, Chrom, Zinn, Luft, Wolfram) verstärken ein äußeres Magnetfeld ganz geringfügig.

Diamagnetische Werkstoffe (Kupfer, Gold, Blei, Wasser, Glas) schwächen ein äußeres Magnetfeld sehr geringfügig.

Diese Stoffe besitzen selbst keine Elementarmagnete. Durch das äußere Magnetfeld werden diese jedoch erzeugt. Nach dem Lenzschen Gesetz erzeugen sie ein Gegenfeld, das das äußere Feld schwächt.

Ferromagnetische* Materialien addieren oder verstärken die magnetischen Wirkungen ganz oder teilweise.

---

* ferro (lateinisch) = Eisen; hier eisenähnliche Werkstoffe.

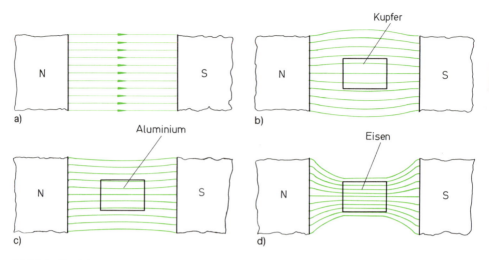

Bild 9.1   Beeinflussung des Magnetfeldes durch verschiedene Materialien
a) homogenes Feld im Vakuum $\mu_r = 1$
b) diamagnetischer Stoff im vorher homogenen Feld (z.B. Kupfer, Gold, Blei, Wasser, Glas) $\mu_r = 0{,}9999 \cdots 1$
c) paramagnetischer Stoff im vorher homogenen Feld (z.B. Aluminium, Chrom, Zinn, Luft) $\mu_r = 1{,}000\,002 \cdots$
d) ferromagnetischer Stoff im vorher homogenen Feld (z.B. Eisen, Kobalt, Nickel) μ_r ca. 10 000

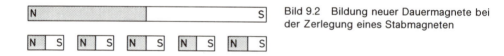

Bild 9.2   Bildung neuer Dauermagnete bei der Zerlegung eines Stabmagneten

Wird ein magnetischer Werkstoff, z.B. ein Dauermagnetstab, in kleinere Teile zerlegt, entstehen jeweils wieder neue Dauermagnete (Bild 9.2).

Diese Verkleinerung läßt sich bis in kleinste Bereiche fortsetzen. Die dabei entstehenden kleinsten Magnete werden *Elementarmagnete* genannt. Diese Elementarmagnete sind keine winzigen Stabmagnete, sondern bestimmte Bereiche mit magnetischem Verhalten. Sie werden als *Weißsche Bezirke** bezeichnet.

> Werkstoffe, die Elementarmagnete oder Weißsche Bezirke enthalten, werden als ferromagnetisch bezeichnet.

Die ferromagnetischen Materialien lassen sich wiederum in
— weichmagnetische Werkstoffe und
— hartmagnetische Werkstoffe unterteilen.
Die Bilder 9.3 und 9.4 geben als Modell die Unterschiede an.

---

*   Pierre Weiß, französischer Physiker, 1865 bis 1940.

Bild 9.3 Ausgerichtete
Elementarmagnete

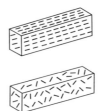

Bild 9.4 Ungeordnete
Elementarmagnete

Hartmagnetische Materialien behalten nach der Aufmagnetisierung die Ausrichtung ihrer Elementarmagnete bei. Sie werden *Dauermagnet,* auch *Permanentmagnet,* genannt.

Weichmagnetische Materialien lassen die Elementarmagnete nach dem Entfernen eines äußeren Magnetfeldes wieder die ungeordnete Lage einnehmen. Dadurch wirkt das Bauelement zunächst nach außen hin magnetisch neutral. Die ungeordneten Wärmeschwingungen der Gitteratome zerstören die Ordnung des ausgerichteten Elementarmagnets.

Magnetische Influenz

Befindet sich ferromagnetisches Material in einem Magnetfeld, so richten sich die Elementarmagnete aus, ohne eine direkte Berührung zum «Magnetfelderzeuger» vorzunehmen. Die Erscheinung wird als *magnetische Influenz* bezeichnet. Das Ausrichten der Elementarmagnete geschieht in Abhängigkeit von der Stärke des magnetisierenden Feldes, der Feldstärke H (siehe Abschnitt 9.2.7).

Die Elementarmagnete (Kristallbezirke) richten sich nach und nach aus. Dabei entstehen winzige, ruckartige Ausrichtungssprünge. In einer umwickelten Spule induzieren diese Sprünge Spannungsimpulse, die nach Verstärkung hörbar gemacht werden können.

Magnetostriktion

Die Veränderung im Kristallgefüge sind an einem Werkstoff auch in Form von Längenänderungen feststellbar.

Ein ferromagnetisches Material ändert seine äußeren Abmessungen in Abhängigkeit von der Dichte der ausgerichteten Elementarmagnete. Man nennt diese Erscheinung *Magnetostriktion λ.*

λ kann sowohl positiv als auch negativ sein und liegt in der Größenordnung 10^{-5} m je 1 m Feldlinienlänge. Magnetostriktion wird zur Erzeugung von Ultraschallwellen genutzt. Brummgeräusche von Transformatoren sind teilweise auf Magnetostriktion zurückzuführen.

Durch Druck auf das Kristallgefüge des ferromagnetischen Materials lassen sich die magnetischen Eigenschaften beeinflussen. Aus diesem Grunde werden weichmagnetische Bleche für elektrische Maschinen, Drosseln, Übertrager mit bestimmten *Walzrichtungen* geliefert. Dieser Vorteil wird insbesondere beim Bandkern (Abschnitt 9.3.3.2) genutzt, da hier die Walzrichtung und die Richtung des magnetischen Feldes gleich sind. Für magnetische Abschirmungen werden Bleche mit besonders hoher Leitfähigkeit (z.B. Mu-Metall) verwendet, die durch mechanische Bearbeitung (Biegen) ihre guten magnetischen Eigenschaften verlieren. Sie müssen anschließend einer Wärmebehandlung unterzogen werden.

Diese Eigenschaften ferromagnetischer Materialien lassen sich außerdem durch Legierungen verschiedenster Art wesentlich beeinflussen.

Alle ferromagnetischen Stoffe verlieren oberhalb der Curie-Temperatur ihre magnetischen Eigenschaften. Sie verhalten sich dann paramagnetisch. Die Atome des Stoffs ordnen sich spontan in eine andere Gitterstruktur, bei der sich die magnetischen Momente der Spins kompensieren.

Diese Tatsache wird teilweise zu gezielter Entmagnetisierung von einzelnen Bauteilen genutzt.

Nach dem Abkühlen ist eine Aufmagnetisierung (Ausrichtung der Elementarmagnete) wieder möglich.

9.1.3 Magnetische Abschirmung

Da alle Materialien magnetisch durchdrungen werden können, die Materie jedoch unterschiedliche Durchlässigkeit hat, ist die Isolierung einzelner Räume nur durch eine Umleitung, nicht jedoch durch eine Sperrung des magnetischen Feldes möglich (Bild 9.5).

Hier wird das Feld also fast vollständig durch den Eisenring geleitet. Der innere Hohlraum ist damit annähernd frei vom magnetischen Feld.

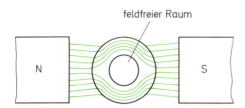

Bild 9.5 Magnetische Abschirmung durch Umleitung des magnetischen Feldes im ferromagnetischen Material

Anwendung: Diese magnetische Abschirmung wird z.B. bei empfindlichen Meßwerken zur Abschirmung gegen das Erdfeld oder gegen Streufelder von elektrischen Maschinen eingesetzt. Als Material verwendet man meistens Mu-Metall* oder Permalloy. Diese Materialien besitzen eine hohe Anfangspermeabilität, d.h. bereits bei geringen Magnetfeldern eine gute magnetische Leitfähigkeit (Abschnitt 9.2.5). Zur Abschirmung hochfrequenter Magnetfelder verwendet man Becher bzw. Ringe aus Aluminium oder Kupfer. In diesen werden Wirbelströme erzeugt, deren Magnetfeld dem ursprünglichen Magnetfeld entgegenwirkt und es somit fast aufhebt (Abschnitt 9.6).

Bild 9.6 Gleichnamige Pole stoßen sich ab   Bild 9.7 Ungleichnamige Pole ziehen sich an

9.1.4 Wirkung magnetischer Pole

Aus der Praxis sind folgende Eigenschaften von Magneten bekannt:

a) Gleichnamige Pole stoßen sich ab (Bild 9.6)

b) *Ungleich*namige Pole ziehen sich an (Bild 9.7).

Es bestehen also Kraftwirkungen zwischen zwei Magnetpolen über «unsichtbare Kraftlinien». Man nennt den Raum, in dem eine magnetische Kraftwirkung feststellbar ist, das magnetische Feld. Eine Erklärung über die Beschaffenheit des Feldes läßt sich nicht bringen. Jedoch ergeben Versuche mit

---

* Mu-Metall: Ni, Fe, Cu; Mo; Cr.

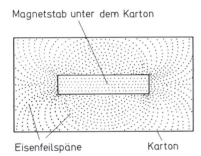

Magnetstab unter dem Karton

Eisenfeilspäne   Karton

Bild 9.8 Darstellung des Verlaufs der
magnetischen Feldlinien mit Eisenfeilspänen

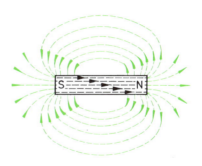

Bild 9.9   Richtung der magnetischen
Feldlinien (Kraftlinien)

Eisenfeilspänen folgendes Bild (Bild 9.8). Die Eisenfeilspäne zeichnen dabei Linien vom Nord- zum Südpol des Magneten. Die Feldlinien verlaufen laut internationaler Vereinbarung außerhalb des Magneten vom Nord- zum Südpol und innerhalb umgekehrt (Bild 9.9).

Im Gegensatz zum elektrischen Feld verlaufen die magnetischen Wirkungslinien (die magnetischen Feldlinien) also nicht nur in dem Zwischenraum der Pole, sondern auch im Magneten.

Welcher ist nun der Nord- und welcher der Südpol? Hängt man einen Dauermagneten an einem möglichst torsionsfreien Faden auf, so wird er immer eine bestimmte Richtung einhalten, denn das Magnetfeld der Erde (Erdfeld) beeinflußt ihn. Nun wurde das Ende, das etwa zum geografischen Nordpol der Erde zeigt, Nordpol genannt. Entsprechend bezeichnete man den Südpol eines Magneten (Bild 9.10).

Bild 9.10 Ausrichtung eines
Magneten zur Himmelsrichtung

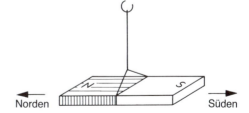

Norden   Süden

9.2   Magnetischer Kreis

Unter einem Magnetkreis versteht man ein definiert vorgegebenes Gebilde, in dem der magnetische Fluß in festen Bahnen geleitet wird. In den meisten Anwendungsfällen ist innerhalb dieses Kreises ein Luftspalt vorhanden. Es ist gleichgültig, ob der magnetische Fluß durch einen Dauermagneten oder eine elektrische Erregung aufrechterhalten wird.

Da die Begriffe des elektrischen Kreises dem Leser vertraut sind, sollen die analogen Größen verglichen werden.

Die Bilder 9.11a und b geben den grundsätzlichen Aufbau eines einfachen Kreises wieder.

Sie entsprechen völlig einander. Dabei stellt man gleichzeitig folgende Abhängigkeit fest:

magnetische Spannung = elektrischer Strom × Windungen und
elektrische Spannung   ~ magnetischer Fluß × Windungen

335

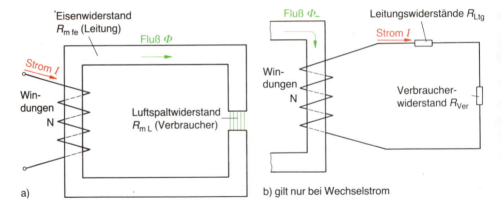

Bild 9.11   Vergleich der Größen eines magnetischen Kreises mit den Größen eines elektrischen Kreises (z. B. beim Trafo mit sinusförmigem Strom, da zur Spannungserzeugung die Flußänderungsgeschwindigkeit $\Delta\Phi/\Delta t$ entscheidend ist).

Die folgenden Zusammenstellungen sollen die in der Magnettechnik bzw. im Elektromaschinenbau üblichen Größen erläutern.

9.2.1 **Magnetischer Fluß** Φ in Vs = Wb (Voltsekunden = Weber)	**Strom** I in A
Der magnetische Fluß kennzeichnet die Gesamtwirkung der Feldlinien oder des magnetischen Feldes. Das Formelzeichen für den magnetischen Fluß ist Φ, die Einheit Voltsekunden (Vs) gleich Weber (Wb). Sie leitet sich aus dem Induktionsgesetz ab.	Obwohl man bei dem magnetischen Fluß nicht von einem «Fließen» wie in der Elektrotechnik beim Strom sprechen darf, läßt sich für die gesamte Kreisberechnung der Fluß Φ mit dem Strom I vergleichen.

$$1 \text{ Vs} = 1 \text{ Wb}$$

9.2.2   Flußdichte — Induktion B in T (Tesla)

Stromdichte S in A/mm^2

Die Flußdichte (auch Feldliniendichte genannt) oder Induktion ist der gesamte Fluß, der senkrecht durch eine Fläche von 1 m^2 tritt bzw. in einem Magnetkreis von 1 m^2 Querschnitt vorhanden ist.

Die Stromdichte gibt an, wie groß der Strom in einem Leiter pro 1 mm^2 Querschnitt ist.

$$B = \frac{\Phi}{A}$$

B in T = Vs/m^2 1 Vs/m^2 = 1 T
Φ in Wb = Vs
A in m^2

$$S = \frac{I}{A}$$

S in A/mm^2
I in A
A in mm^2

336

Besteht ein Magnetkreis aus verschiedenen Teilabschnitten mit unterschiedlichen Querschnitten, so ist die Flußdichte in den Abschnitten unterschiedlich, da der Fluß in jedem Abschnitt des Magnetkreises den gleichen Wert hat. In Bild 9.12 ergibt sich dann:

$$B_1 = \frac{10^{-4}\,\text{Wb}}{2 \cdot 10^{-4}\,\text{m}^2} = 0{,}5 \cdot \text{T}$$

$$B_2 = \frac{10^{-4}\,\text{Wb}}{4 \cdot 10^{-4}\,\text{m}^2} = 0{,}25\,\text{T}$$

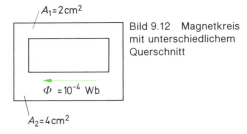

$A_1 = 2\,\text{cm}^2$

$\Phi = 10^{-4}\,\text{Wb}$

$A_2 = 4\,\text{cm}^2$

Bild 9.12 Magnetkreis mit unterschiedlichem Querschnitt

9.2.3 Durchflutung
Θ in A (Ampere)

Im Abschnitt 9.1 wurde bereits angegeben, daß jede bewegte elektrische Ladung ein Magnetfeld zur Folge hat. Die Durchflutung ist ein Maß für die Summe dieser Ladungen mit gleicher Bewegungsrichtung.

Sie berechnet sich somit aus

$$\Theta = I \cdot N$$

Θ in A
I in A
N ohne Einheit

Eine Spule kann viele Windungen und einen kleinen Strom oder umgekehrt haben.

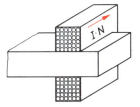

$I \cdot N$

Bild 9.13 Durchflutung einer Spule

Urspannung U_0 in V

In einem Transformator kann die Spannung durch einen großen Fluß × wenig Windungen oder durch einen kleinen Fluß × viel Windungen induziert werden.

Also

$$U_0 \sim \Phi \cdot N$$

(Hier wird natürlich vorausgesetzt, daß es sich um einen Wechselfluß handelt, denn bei konstantem Fluß wird keine Spannung induziert.)

Der Vergleich ist nicht ganz korrekt, da die induzierte Spannung vom Quotienten

$$\frac{\Delta \Phi}{\Delta t} \cdot N$$

abhängig ist.

Setzt man eine konstante Frequenz voraus, dann gilt jedoch die obige Formel (vgl. Abschnitt 9.5.2).

337

Beispiel: Ein Elektromagnet benötigt eine Durchflutung von 240 A. Er soll wahlweise mit einer Spule 120 V/0,2 A oder mit einer Spule 12 V/2 A versehen werden.

Welche Windungszahl ist jeweils erforderlich?

Lösung: $N_1 = \dfrac{\Theta}{I_1} = \dfrac{240\ \text{A}}{0,2\ \text{A}} = \underline{\underline{1200}}$

$\qquad N_2 = \dfrac{\Theta}{I_2} = \dfrac{240\ \text{A}}{2\ \text{A}} = \underline{\underline{120}}$

Ergebnis:
Die 120-V-Spule benötigt 1200 Windungen dünnen Drahtes, die 12-V-Spule erfordert 120 Windungen dickeren Drahtes, damit die gleiche Durchflutung entsteht.

Eine Versorgungsspannung von 12 V soll wahlweise mit galvanischen Elementen von 1,5 V/Zelle (Zink-Kohle) oder 1,2 V/Zelle (NC) erzeugt werden. Wieviel Zellen sind jeweils in Reihe zu schalten?

$n_1 = \dfrac{U}{u_1} = \dfrac{12\ \text{V}}{1,5\ \text{V}} = 8$

$n_2 = \dfrac{U}{u_2} = \dfrac{12\ \text{V}}{1,2\ \text{V}} = 10$

9.2.4 Magnetischer Spannungsfall
V in A (Ampere)

Ein Magnetkreis besteht im allgemeinen aus mehreren Teilabschnitten, für die eine unterschiedlich hohe Durchflutung erforderlich ist.

Diese Durchflutung wird bei Magnetkreisberechnungen häufig als magnetischer Spannungsfall bezeichnet. Ihre Summe ergibt dann die Durchflutung

$$V_1 + V_2 + V_3 = \Sigma V = \Theta$$

Elektrischer Spannungsfall U in V

U_0 in V gleich Summe aller Spannungsfälle in einem Stromkreis

$$U_1 + U_2 + U_3 = \Sigma U = U_0$$

$\Theta = V_{\text{Fe1}} + V_{\text{L}} + V_{\text{Fe2}}$

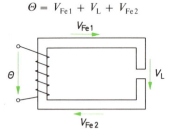

Bild 9.14 Spannungsfälle im Magnetkreis

$U_0 = U_{\text{L1}} + U_{\text{Verbr}} + U_{\text{L2}}$

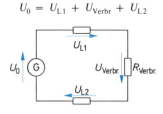

Bild 9.15 Spannungsfälle im elektrischen Stromkreis

Die aufzubringende Durchflutung kann durch einen Dauermagneten oder Elektromagneten hervorgerufen werden.

9.2.5   **Magnetischer Widerstand**

R in $1/\Omega s = A/Vs$

Der magnetische Widerstand ist das Verhältnis von magnetischer Spannung zum Fluß

$$R_\mathrm{m} = \frac{\Theta}{\Phi} \qquad \text{oder} \qquad R_\mathrm{m} = \frac{V}{\Phi}$$

Es werden

a) der lineare und

b) der nichtlineare magnetische Widerstand unterschieden.

a) **Linearer magnetischer Widerstand**

Alle nichtferromagnetischen Stoffe sind für den magnetischen Fluß ein linearer Widerstand (z.B. Luft, elektrisches Isoliermaterial, Kupfer, Aluminium usw.).

$$R_\mathrm{m} = \frac{l}{\mu \cdot A} \qquad \begin{array}{l} \text{in A/Vs} \\ = \text{Ampere/Voltsekunde} \end{array}$$

l Länge des Teilabschnitts l in m

A Querschnitt des Teilabschnitts A in m^2

μ Permeabilität (magnetische Leitfähigkeit)

$$\mu = \mu_0 \cdot \mu_{\text{relativ}} \qquad \mu \text{ in } \frac{Vs}{A \cdot m}$$

μ_0 ist eine durch Messung ermittelte Konstante, ihre Größe beträgt $1{,}256 \cdot 10^{-6}$ Vs/(A · m). Sie wird absolute Permeabilität, magnetische Feldkonstante oder Induktionskonstante genannt. μ_r ist materialabhängig. Entsprechend der obigen Formel ergibt sich folgende Abhängigkeit (Bilder 9.16 und 9.18).

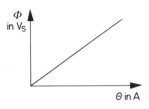

Bild 9.16   Der magnetische Fluß steigt linear mit der Durchflutung (magnetischen Spannung) an. Φ und Θ sind proportional

Elektrischer Widerstand

R in Ω

$$R = \frac{U_0}{I} \qquad \text{oder} \qquad R = \frac{U}{I}$$

Es gibt

a) den linearen (z.B. metallischen, Abschnitt 6.1.3) und

b) den nichtlinearen Widerstand (z.B. Halbleiter, Abschnitt 6.1.4).

a) **Linearer elektrischer Widerstand**

$$R = \frac{l}{\varkappa \cdot A} \qquad \text{in } \Omega = V/A$$

l in m

A in mm^2

$\varkappa$ in $\dfrac{m}{\Omega \cdot mm^2}$

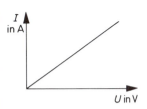

Bild 9.17   Der elektrische Strom steigt linear mit der elektrischen Spannung an. I und U sind proportional

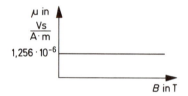

Bild 9.18   Die magnetische Leitfähigkeit (Permeabilität) ist bei konstanter Temperatur unabhängig von der Flußdichte. μ = konstant

Bild 9.19   Die elektrische Leitfähigkeit ist bei konstanter Temperatur unabhängig von der Stromdichte. $\varkappa$ ist konstant

b) **Nichtlinearer magnetischer Widerstand**

Alle ferromagnetischen Stoffe, wie Eisen, Stahl, Nickel und Kobalt, ergeben einen nichtlinearen magn. Widerstand.

$$R_m = \frac{l}{\mu_0 \cdot \mu_r \cdot A}$$

R_m in A/Vs
A in m^2
$\mu_0 = 1{,}256 \cdot 10^{-6} \, \dfrac{\text{Vs}}{\text{A} \cdot \text{m}}$
l in m

Permeabilitätszahl oder relative Permeabilität μ_r ohne Einheit

$$\mu_0 \cdot \mu_r = \mu$$

Die Permeabilität (magnetische Leitfähigkeit) ist bei ferromagnetischen Stoffen stark induktionsabhängig (flußdichteabhängig). Sie sinkt in Abhängigkeit von der magnetischen Sättigung (Bilder 9.22 und 9.24).

b) **Nichtlinearer elektrischer Widerstand**

Jede Elektronenröhre, jeder Transistor oder jede Fotodiode zeigen nichtlineares Verhalten. Man rechnet hierbei nicht mit einem unterschiedlichen Leitwert, sondern entnimmt die zueinander gehörenden Werte für den Arbeitspunkt der Kennlinie des Bauelements.

Bild 9.20   Der magnetische Fluß Φ steigt *nicht*linear mit der Durchflutung Θ an

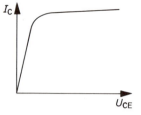

Bild 9.21   Transistorkennlinie. Der elektrische Strom I_c steigt *nicht*linear mit der Spannung U_{CE} an

340

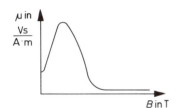

Bild 9.22 Die magnetische Leitfähigkeit ist stark von der Flußdichte abhängig

Da magnetische Leitfähigkeit μ für jede Flußdichte einen anderen Wert hat, verwendet man für Berechnungen bevorzugt Materialkennlinien, in denen der Fluß als Funktion der magnetischen Spannung

$$\Phi = \mathrm{f}(\Theta)$$

oder die Induktion als Funktion der Feldstärke

$$B = \mathrm{f}(H)$$

aufgetragen ist (Abschnitt 9.2.7).

9.2.6 Magnetischer Leitwert
Λ in H = Vs/A

Bei der Berechnung von Spulen für Induktivitäten und Trafos arbeitet man häufig mit ferromagnetischen Kernen, deren Magnetkreisgrößen festliegen.

Für den geplanten Betriebspunkt mit optimaler Flußdichte (Induktion) läßt sich der magnetische Widerstand oder der magnetische Leitwert angeben.

$$\Lambda = \frac{1}{R_{\mathrm{m}}}$$

Dieser magnetische Leitwert wird auch als **Induktivitätsfaktor** A_{L} bezeichnet.

In Herstellerlisten wird sowohl der Λ- als auch der A_{L}-Wert für fertige Kerne sowohl mit als auch ohne Luftspalt angegeben (Beispiele hierzu siehe Abschnittt 9.5.3 Induktivität von Spulen).

Elektrischer Leitwert
G in S = $1/\Omega$ = A/V

$$G = \frac{1}{R}$$

341

Magnetische Feldstärke

H in A/m (Ampere pro Meter)

Bild 9.14 zeigt, daß sich die Durchflutung (Erregung) eines Magnetkreises aus der Summe der einzelnen magnetischen Spannungsfälle V ergibt. Zur einfacheren Magnetkreisberechnung wird häufig mit einem Spannungsfall pro 1 m Magnetkreislänge, der magnetischen Feldstärke, gearbeitet.

Magnetische Feldstärke

$$= \frac{\text{Magnetischer Spannungsfall}}{1 \text{ m Magnetkreislänge}}$$

Besteht ein Magnetkreis mit konstantem Querschnitt durchgehend aus dem gleichem Material, läßt sich die magnetische Feldstärke wie folgt ermitteln:

Magnetische Feldstärke

$$= \frac{\text{Magnetische Gesamtspannung}}{\text{Magnetkreislänge}}$$

bzw.

$$\text{Magnetische Feldstärke} = \frac{\text{Durchflutung}}{\text{Magnetkreislänge}}$$

$$H = \frac{\Theta}{l} \qquad \begin{array}{l} H \text{ in A/m} \\ \Theta \text{ in A} \\ l \ \text{ in m} \end{array}$$

Beispiel:

In einem Magnetkreis von $l = 0,2$ m Länge ist es erforderlich, für eine gewünschte Induktion eine magnetische Feldstärke von $H = 400$ A/m zu erzeugen.
Wie groß muß die magnetische Durchflutung werden?

Lösung: $\Theta = H \cdot l$
$\qquad \Theta = 400 \text{ A/m} \cdot 0,2 \text{ m} = \underline{80 \text{ A}}$

Diese Durchflutung läßt sich nach Abschnitt 9.2.3 durch beispielsweise folgende Spulen erreichen:
$\qquad$ 80 Windungen mit 1 A Stromfluß
oder 40 Windungen mit 2 A Stromfluß usw.

Elektrische Feldstärke

E in V/m (Volt pro Meter)

In der Elektrotechnik arbeitet man mit der Feldstärke meist in Verbindung mit der Durchschlagsfestigkeit von Materialien oder Luftstrecken (Abschnitt 8.2)
Zur einfacheren Spannungsfestigkeitsberechnung wird dann mit dem Spannungsfall pro 1 m Materiallänge (-dicke) gearbeitet (siehe Tabelle 8.1).
Elektrische Feldstärke

$$= \frac{\text{Elektrische Spannung}}{1 \text{ m Materialdicke}}$$

Dieser wird bei gleichbleibendem Material wie folgt ermittelt:

$$\text{Elektrische Feldstärke} = \frac{\text{Gesamtspannung}}{\text{Materialdicke}}$$

$$E = \frac{U}{l} \qquad \begin{array}{l} E \text{ in V/m} \\ U \text{ in V} \\ l \ \text{ in m} \end{array}$$

Beispiel:

Ein Isoliermaterial ist $l = 0,2$ cm dick und hat eine Durchschlagsfestigkeit von 400 kV/cm.
Wie groß darf die angelegte elektrische Spannung maximal werden, damit kein Durchschlag erfolgt?

Lösung:
$U = E \cdot l = 400 \text{ kV/cm} \cdot 0,2 \text{ cm} = \underline{80 \text{ kV}}$

Im vorherigen Beispiel wurde die magnetische Feldstärke mit $H = 400$ A/m vorgegeben. In der Praxis erhält man zur Berechnung eines Magnetkreises jedoch im allgemeinen die magnetische Induktion B als Vorgabe.

Es muß also ein Zusammenhang zwischen Induktion B und Feldstärke H dargestellt werden. Nach Abschnitt 9.2.5 ist der magnetische Widerstand wie folgt definiert:

$$R_m = \frac{\Theta}{\Phi} \quad \text{bzw.} \quad R_m = \frac{l}{\mu \cdot A}$$

also gilt $\quad \dfrac{\Theta}{\Phi} = \dfrac{l}{\mu \cdot A}$

oder $\quad \dfrac{\Theta}{l} = \dfrac{1}{\mu} \cdot \dfrac{\Phi}{A}$

es war: $\quad \dfrac{\Phi}{A} = B$

$$\frac{\Theta}{l} = H$$

somit gilt:

$$H = \frac{1}{\mu} \cdot B$$

$$\mu = \frac{B}{H}$$

B Induktion	in T $=$ Vs/m^2
H Feldstärke	in A/m
μ Permeabilität	in Vs/(A $\cdot$ m)

$$B = \mu \cdot H$$

Bild 9.22 zeigt, daß die Permeabilität (magnetische Leitfähigkeit) von ferromagnetischen Stoffen (Eisen, Stahl usw.) sich in Abhängigkeit von der Induktion stark verändert. Es ist daher üblich, den Zusammenhang zwischen B und H in einer materialspezifischen Kennlinie darzustellen.

Dazu werden die Koordinaten des Bildes 9.20 wie folgt umgerechnet:

Senkrechte (Ordinate):
Φ bezogen auf 1 m^2 Materialquerschnitt ergibt die Induktion B

$$B = \frac{\Phi}{A} \quad \text{in} \quad \frac{\text{Vs}}{\text{m}^2} = \text{T}$$

Θ bezogen auf 1 m Materiallänge ergibt die Feldstärke H

$$H = \frac{\Theta}{l} \quad \text{in} \quad \frac{A}{m}$$

Hieraus ergibt sich dann jeweils eine Kennlinie entsprechend Bild 9.23.

Wird die gleiche Umrechnung auf 1 m Materiallänge beim Bild 9.22 vorgenommen, ergibt sich Bild 9.24.

In Bild 9.23 bedeuten nach DIN 46400:

V = Kennbuchstabe für Elektroblech
300 = 100fache der Ummagnetisierungsverluste, hier: 3 W je kg Material bei 50 Hz, also 3-W-Blech
50 = 100fache der Nenndicke in mm, hier: 0,5 mm Blechdicke
A = kaltgewalztes E-Blech oder Band

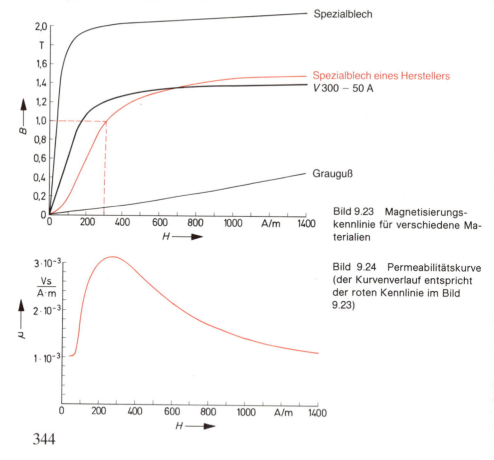

Bild 9.23 Magnetisierungskennlinie für verschiedene Materialien

Bild 9.24 Permeabilitätskurve (der Kurvenverlauf entspricht der roten Kennlinie im Bild 9.23)

Beispiel: In dem skizzierten Ring aus Bild 9.25 soll eine Induktion von $B = 1\,\text{T}$ bestehen.

Material: Dynamoblech (Bilder 9.23 u. 9.24 rote Linie) Wie groß müßten die Durchflutung Θ und der Strom I sein?

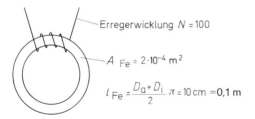

Erregerwicklung $N = 100$

$A_{Fe} = 2 \cdot 10^{-4}\,\text{m}^2$

$l_{Fe} = \dfrac{D_a + D_i}{2} \cdot \pi = 10\,\text{cm} = 0{,}1\,\text{m}$

Bild 9.25 Magnetisierung eines Ringes aus Dynamoblech

Lösung:
Aus Bild 9.23 ergibt sich für das gegebene $B = 1\,\text{T}$ $H = 300\,\text{A/m}$ (rote Linie). D.h., dieses Material benötigt eine Feldstärke von 300 A/m, um die Induktion (Flußdichte) von 1 T zu erhalten.

Lösung:

$\Theta = H \cdot l$

$\Theta = 300 \cdot \text{A/m} \cdot 0{,}1\,\text{m}$

$\Theta = \underline{30\,\text{A}}$

$\Theta = I \cdot N$

$I = \dfrac{\Theta}{N} = \dfrac{30\,\text{A}}{100} = \underline{0{,}3\,\text{A}}$

Beispiel: Nach VDE darf die Feldstärke bei Sicherheitsprüfungen zwischen berührbaren Metallteilen und spannungsführenden Teilen 1000 V/mm in Geräten nicht überschreiten. Welche Isolationsprüfspannung muß demnach ein Luftspalt von 10 mm ohne Überschlag aushalten können?

Lösung:

$U = E \cdot l$

$U = 1000\,\text{V/mm} \cdot 10\,\text{mm}$

$U = \underline{10\,000\,\text{V}}$

345

Zusammenfassung der Gegenüberstellung eines magnetischen Kreises und eines elektrischen Stromkreises

Magnetismus		Elektrotechnik	
Größe	Einheit	Größe	Einheit
magnetische Durchflutung (Urspannung) oder magnetische Spannung $\Theta = I \cdot N$ $\Theta = V_1 + V_2 + V_3$ $V = H \cdot l$ $V = R_m \cdot \Phi$	A	elektrische Urspannung oder Spannung $U_0 = U_1 + U_2 + U_3$ $U = E \cdot l$ $U = R \cdot I$	V
magnetische Feldstärke (spezifischer Spannungsfall) $H = \dfrac{\Theta}{l}$	A/m	elektrische Feldstärke (spezifischer Spannungsfall) $E = \dfrac{U}{l}$	V/m
Fluß $\Phi = \dfrac{\Theta}{R_m} = B \cdot A$	Wb = Vs (früher M)*	Strom $I = \dfrac{U}{R}$ $I = S \cdot A$	A
Induktion (Flußdichte) $B = \dfrac{\Phi}{A} = \mu \cdot H$	$T = Vs/m^2$ (früher G)**	Stromdichte $S = \dfrac{I}{A}$	A/mm^2
Permeabilität (magnetische Leitfähigkeit) $\mu = \mu_0^{***} \cdot \mu_{relativ}$	$\dfrac{H}{m} = \dfrac{Vs}{A \cdot m}$ (H = Henry)	elektrische Leitfähigkeit $\varkappa$	$\dfrac{m}{\Omega \cdot mm^2}$
magnetischer Widerstand $R_m = \dfrac{l}{\mu \cdot A}$	$\dfrac{1}{H} = \dfrac{1}{\Omega \cdot s} = \dfrac{A}{Vs}$	elektrischer Widerstand $R = \dfrac{l}{\varkappa \cdot A}$	$\Omega = V/A$
magnetischer Leitwert $\Lambda = \dfrac{1}{R_m} = \dfrac{\mu \cdot A}{l}$ Induktivitätsfaktor $A_L = \Lambda$	$H = \dfrac{V \cdot s}{A}$	elektrischer Leitwert $G = \dfrac{1}{R} = \dfrac{\varkappa \cdot A}{l}$	S = A/V

* M = Maxell   1 M = 10^{-8} Wb.
** G = Gauß   1 G = 10^{-4} T.

*** $\mu_0 = 1{,}256 \cdot 10^{-6} \dfrac{Vs}{A \cdot m}$ = magnetische Feldkonstante.

346

9.3   Ferromagnetische Materialien

9.3.1   Größen der Magnetisierungskennlinien

Befindet sich ferromagnetisches Material im Magnetkreis, so steigt der Fluß Φ nicht verhältnisgleich zum Magnetisierungsstrom I der Spule bzw. zur magnetischen Spannung (Durchflutung) Θ.

Im Bild 9.26 findet zwischen Punkt a und b eine zur magnetischen Spannung annähernd verhältnisgleiche Ausrichtung der Elementarmagnete (vgl. Abschnitt 9.1.2) statt. Dadurch steigt der Fluß Φ proportional zur Durchflutung Θ.

Bild 9.26   Magnetisierungskennlinie. Der Verlauf der Kennlinie «Eisen mit Luftspalt» ist stark abhängig von der Dicke des Luftspaltes

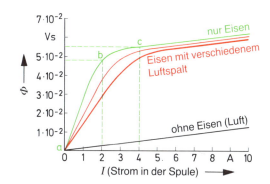

Ab Punkt b findet nur noch eine geringe Ausrichtung der restlichen Elementarmagnete statt.

Ab Punkt c haben sich praktisch alle Elementarmagnete ausgerichtet (vgl. Bild 9.3 ausgerichtete Elementarmagnete); der Fluß nimmt nur noch mit der gleichen Steigung wie bei einer Luftspule zu.

Ab Punkt c befindet sich das ferromagnetische Material in der *Sättigung*.

Die Magnetisierungskennlinie aus Bild 9.26 könnte an folgendem Magnetkreisaufbau gemessen worden sein:

Bild 9.27
Modell zur Messung der Magnetisierungskennlinie im Bild 9.26

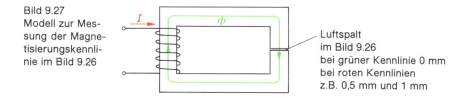

Luftspalt
im Bild 9.26
bei grüner Kennlinie 0 mm
bei roten Kennlinien
z.B. 0,5 mm und 1 mm

9.3.1.1   Remanenz

Wird der Strom I der Spule abgeschaltet, sinkt der Fluß nicht wieder auf seinen Ursprungswert «Null» zurück. Es bleibt ein Restmagnetismus bestehen, da sich nicht alle Elementarmagnete wieder in ihre Ursprungslage zurückdrehen.

In der Praxis wird meistens statt des Magnetisierungsstroms I und des Flusses Φ die magnetische Induktion

$$B = \frac{\Phi}{A} \quad \text{als Funktion von der magnetischen Feldstärke}$$

$$H = \frac{I \cdot N}{l} \quad \text{dargestellt (Bild 9.29).}$$

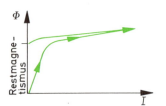

Bild 9.28   Magnetisierungskennlinie
(Fluß als Funktion des Stromes)

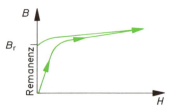

Bild 9.29   Magnetisierungskennlinie
(Induktion als Funktion der Feldstärke)

Die Bilder 9.28 und 9.29 unterscheiden sich in ihrem Verlauf nicht, denn die Größen A = Fläche, N = Windungszahl und I = Feldlinienlänge sind für einen Magnetkreis konstante Werte. Es wird also nur der Maßstab an den Achsen geändert.

In der Magnetisierungskennlinie $B = \mathrm{f}(H)$ (Bild 9.29) wird der Restmagnetismus als *Remanenz* bezeichnet.

9.3.1.2   Hysteresisverluste

Fließt durch die Spule in Bild 9.27 ein Wechselstrom, so befinden sich die Elementarmagnete ständig in einem Wechselmagnetfeld. Sie müssen ihre Lage im Takte der Frequenz verändern. Dabei verändern die Kristallstrukturen auch ihre Abmessungen, und es wird Ummagnetisierungsenergie benötigt. Diese Energie führt zur unerwünschten Erwärmung von Magnetkernen; sie werden als *Ummagnetisierungsverluste* oder *Hysteresisverluste* bezeichnet.

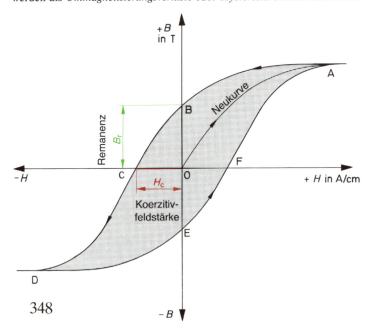

Bild 9.30   Magnetisierungskurve bei Wechselstrom (Hysteresiskurve)

348

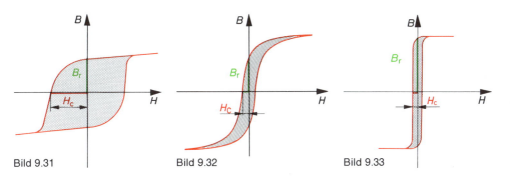

| Bild 9.31 | Bild 9.32 | Bild 9.33 |

Bild 9.31 bis 9.33   Magnetisierungskurven (Hysteresiskurven)
9.31 von hartmagnetischem Material (Dauermagneten)
9.32 von weichmagnetischem Material (Bleche für die Wechselstromtechnik)
9.33 von Rechteckferriten (für Speicher- und Schaltzwecke)

Die Magnetisierungskurven im Bild 9.30 bis Bild 9.33 ergeben sich bei Wechselstrom. Sie werden auch als *Hysteresiskurven* bezeichnet, da die Fläche innerhalb der Hysteresiskurve, graue Fläche; ein Maß für die Hysteresisverluste (Ummagnetisierungsverluste pro Volumeneinheit) ist.

$$\frac{W}{V} = B \cdot H \qquad \text{in} \qquad \frac{\text{Ws}}{\text{m}^3} = \frac{\text{Vs}}{\text{m}^2} \cdot \frac{\text{A}}{\text{m}}$$

W Energie
V Volumen
B Induktion
H Feldstärke

In den Bildern 9.30 bis Bild 9.33 bedeuten:
B_r = Restmagnetismus (Remanenz)
H_c = Koerzitivfeldstärke*
Neukurve = Verlauf der Magnetisierung bei vorher völlig unmagnetisiertem Eisen
  (z.B. nach dem Glühen oberhalb des Curie-Punkts).

Die **Ummagnetisierungsverluste** verhalten sich

– *proportional* zur Frequenz (f)
– *quadratisch* zur Induktion (B)
– und sind außerdem stark abhängig vom Werkstoff, Werkstoffkonstante (σ_H)

$$P_{\text{VHysterese}} = \sigma_H \cdot f \cdot B^2$$

Koerzitivfeldstärke, auch Koerzitivkraft oder Umkehrkraft genannt, ist die Feldstärke, die erforderlich ist, den Restmagnetismus verschwinden zu lassen. Sie ist also proportional dem Strom, der in umgekehrter Richtung durch die Spule fließen muß, um den Restmagnetismus abzubauen.
  Für Bleche der Wechselstromtechnik sollte H_c klein sein, damit eine leichte Ummagnetisierung erfolgen kann (Bild 9.32). Bei Dauermagneten ist die Koerzitivfeldstärke groß, da eine Ummagnetisierung unerwünscht ist (Bild 9.31).

---

* von lat. coercere = in Schranken halten

Würde man in der Wechselstromtechnik ein Material entsprechend Bild 9.31 verwenden, ergäben sich sehr große *Hysteresisverluste*, die zur unerwünschten Erwärmung des Materials führen. In der Wechslstromtechnik und insbesondere in Hochfrequenztechnik müssen Materialien mit schmaler Hysteresiskurve entsprechend der Bilder 9.32 und 9.33 verwendet werden (siehe Abschnitt 9.6).

Die Hysteresisverluste entsprechen den Dielektrizitätsverlusten beim Kondensator (Abschnitt 10.4.4).

9.3.1.3   Entmagnetisierung

Soll aus einem Werkstück (z.B. Schraubendreher) die Remanenz restlos verschwinden, so muß man das Teil entmagnetisieren.

Dafür gibt es folgende Möglichkeiten

Art	Vorteil	Nachteil
Erwärmung über den Curie-Punkt	Total entmagnetisiert	Nicht immer anwendbar, z.B. bei gehärteten oder lackierten Materialien
Langsames Entfernen aus einem starken Wechselmagnetfeld (Bild 9.34)	Gleichmäßiges Entmagnetisieren bis fast $B_r = 0$ möglich	Bei großen Werkstücken starker und räumlich großer Wechselstrommagnet erforderlich
Das Werkstück selbst mit einer Wicklung versehen und dann den Strom mittels Transformator langsam auf Null verkleinern	Bei fast allen Werkstücken bis zur beliebigen Größe möglich	Setzt eine stetige Verkleinerung des Stroms bis zum wirklichen Wert Null voraus. Bei Transformatoren oft schwierig, da der Schleifer Sprünge von Windung zu Windung macht

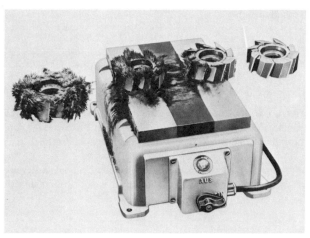

Bild 9.34   Entmagnetisieren von Fräsern (Binder Magnete)

9.3.2 Hartmagnetische Werkstoffe

Hartmagnetische Werkstoffe sind Dauermagnete (Permanentmagnete). Sie werden aus den verschiedensten Werkstoffen für vielfältigste Anwendungen hergestellt.

Grundsätzlich lassen sie sich in die drei großen Gruppen

- Hartferrit-Magnete
- Seltenerd-Magnete
- Metallische Magnete

unterteilen.

Innerhalb dieser Gruppen gibt es die verschiedensten Arten, die jedoch fast alle folgende Eigenschaften besitzen: Jeder Dauermagnet *altert* in den ersten Stunden, besonders nach dem ersten Aufmagnetisieren. Die Alterung ist jedoch geringfügig und hört nach nochmaligem Aufmagnetisieren fast völlig auf. Sollte dennoch ein Dauermagnet plötzlich entmagnetisiert sein, so können nur ein magnetisches Fremdfeld oder eine unzulässig hohe Temperatur Ursache hierfür sein.

Temperaturen bis 250°C (abhängig vom Material) können zu einer Verminderung des magnetischen Flusses führen. Der reversible Temperaturkoeffizient liegt etwa zwischen 0,0002 1/K und 0,006 1/K für die Remanenz. Sinkt die Temperatur wieder, so stellt sich jedoch der alte Zustand ein. Bei höheren Temperaturen tritt eine ständig steigende endgültige Entmagnetisierung auf.

Eine Entmagnetisierung kann auch auftreten, wenn der Magnetkreis verändert wird, z. B. beim Ausbau eines Magneten oder eines Läufers aus einem Dauermagnetmotor. Diese Entmagnetisierung läßt sich vermeiden, wenn der Magnetkreis vorher durch ein ferromagnetisches Material (Eisen) kurzgeschlossen wird (Bild 9.35). Das ist jedoch nicht nötig bei den Hartferrit- und den Seltenerd-Magneten.

Bild 9.35 Dauermagnetmotor mit Kurzschlußbügel bei der Läuferdemontage, um Entmagnetisierung zu verhindern

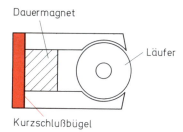

9.3.2.1 Hartferrit-Magneten

Hartferrit-Magnete bestehen zu 80 % aus Eisenoxiden und zu 20 % aus Barium- oder Strontiumoxiden. Diese Magnete sind bis 250°C temperaturbeständig. Sie sind hart und spröde und lassen sich nur mit Spezial-Diamant-Werkzeugen bearbeiten. Die Formgebung erfolgt durch Pressen vor dem Sintern*.

Häufig findet man sie in Kleinmotoren direkt als Pole um den Läufer angeordnet (Bild 9.37a und 9.37b).

Vorteilhaft ist, daß sie sich nur gewaltsam durch Temperatur oder Gegenfelder entmagnetisieren lassen. Somit können die Läufer ausgebaut werden, ohne Entmagnetisierung als Folge.

Anwendungen: Haftmagnete, Fernsehkorrekturmagnete, Motoren und Generatoren, Fahrraddynamo, Kupplungen usw.

---

* sintern = Verbacken von Pulverteilchen unter Druck und Wärmeeinwirkung (Magnetpulver bei 1200 °C bis 1400 °C).

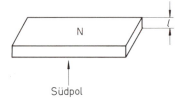

Bild 9.36 Typische Abmessungen eines
Hartferrit-Magneten, z.B. Bariumferrit
(kleine Länge *l*, großer Querschnitt)

Südpol

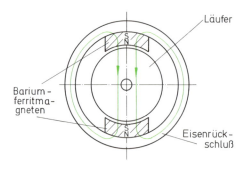

Läufer

Barium-
ferritm a-
gneten

Eisenrück-
schluß

Bild 9.37a Gleichstrommotor mit
Bariumferritmagnetpolen

Bild 9.37b Ständer von Gleichstrom
motoren mit Bariumferrit
(links und Mitte) und Alnico (rechts)
sowie Bariumferritschalenmagneten
(oben), Dauermagnete geschwärzt
(Krupp-Widia)

9.3.2.2 Seltenerd-Magneten

In jüngster Zeit wurden die «Seltenerd-Magneten» entwickelt. Sie bestehen aus «Seltenerd»-Rohstoffen und Kobalt (z. B. *Samarium-Kobalt*). Die Magnetkraft ist deutlich höher als bei den Hartferrit- oder den metallischen Magneten. Die Temperaturbeständigkeit liegt bei 450°C. Die Magnete sind sehr spröde, sie müssen äußerst vorsichtig verarbeitet werden. Um die Weiterbearbeitung und die Anwendungsmöglichkeiten zu verbessern, werden die Seltenerd-Magneten häufig in kunststoffgebundener Form gefertigt. Dann besitzen sie eine hohe Maßgenauigkeit, dürfen jedoch nur bis zu einer Umgebungstemperatur von 70°C bis 100°C eingesetzt werden.

Anwendungen: Magnete für Schutzrohrkontakte (Reedkontakte), Lautsprecher, Kleinmotoren, Magnetkupplungen usw.

9.3.2.3 Metallische Dauermagnete

Sie werden häufig aus einer Aluminium-Nickel-Kobalt-Legierung hergestellt und heißen dann *Alnico*-Magnete. Sie haben daher metallisches Aussehen und auch metallische Haltbarkeit. Sie sind im Gegensatz zu den Bariumferriten lang und dünn (Bild 9.38). Ihr Vorteil ist eine hohe

352

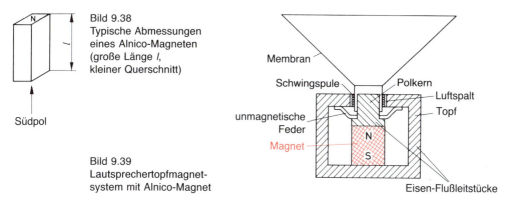

Bild 9.38
Typische Abmessungen
eines Alnico-Magneten
(große Länge *l*,
kleiner Querschnitt)

Südpol

Bild 9.39
Lautsprechertopfmagnet-
system mit Alnico-Magnet

Induktion und Festigkeit. Leider entmagnetisieren sie sich selbst, wenn der Magnetkreis verändert wird. Ein Anwendungsbeispiel zeigen Bild 9.35 und 9.37b. Die Temperaturabhängigkeit und die Gefügealterung sind bei den Alnico-Magneten geringer als bei den Bariumferriten. Sie werden deshalb häufig in Meßgeräten und Zählern eingesetzt.

Weitere Anwendungen: Motoren, Generatoren, Lautsprecher, Tachometer, Hörkapseln, Mikrofon, Schutzrohrkontakte usw.

9.3.2.4 Magnetisierungsarten

Die Permanentmagneten werden schon bei der Herstellung in

a) Anisotrope Magnete (mit magnetischer Vorzugsrichtung) und in
b) Isotrope Magnete (ohne magnetische Vorzugsrichtung)

unterschieden.

Die eigentliche Magnetisierung wird nach der Produktion vorgenommen. Dabei gibt es die unterschiedlichsten Möglichkeiten bezüglich der Magnetpoleinprägung. Die Bilder 9.40a bis d zeigen einige Beispiele.

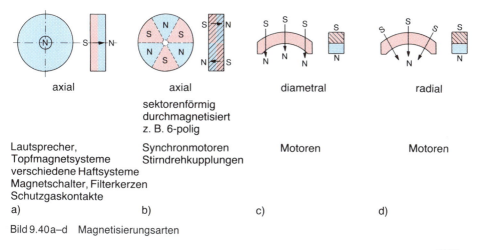

axial	axial	diametral	radial
	sektorenförmig durchmagnetisiert z. B. 6-polig		
Lautsprecher, Topfmagnetsysteme verschiedene Haftsysteme Magnetschalter, Filterkerzen Schutzgaskontakte	Synchronmotoren Stirndrehkupplungen	Motoren	Motoren
a)	b)	c)	d)

Bild 9.40a–d   Magnetisierungsarten

353

9.3.2.5 Aufmagnetisierung von Dauermagneten

Die Industrie verwendet zur Aufmagnetisierung eines Dauermagneten Spezialeinrichtungen mit Spulen, über die sich ein Kondensator schlagartig entlädt. Diese Impulsmagnetisiergeräte stehen dem Handwerker in der Regel nicht zur Verfügung.

Eine weitere Möglichkeit bietet eine vom Gleichstrom durchflossene Spule, was aber meistens an einer geeigneten Gleichstromquelle scheitert. Sollte jedoch unbedingt eine Aufmagnetisierung eines vielleicht sogar kompliziert geformten Werkstückes mit einfacher Magnetisierungsrichtung erforderlich sein, so hilft folgende Möglichkeit:

Man wickelt mehrere Windungen um den Magneten oder das Eisenjoch und bildet dann einen Kurzschluß an der normalen 230-V-Wechselstromleitung (Bild 9.41). Der hohe Kurzschlußstrom magnetisiert den Magneten und schaltet gleichzeitig über die Sicherung den Kreis während einer Halbwelle ab. Sollte dabei die Magnetisierungsrichtung falsch werden, muß der Vorgang wiederholt werden.

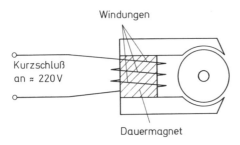

Windungen

Kurzschluß
an ≈ 220 V

Dauermagnet

Bild 9.41 Möglichkeit zur Aufmagnetisierung eines Dauermagneten

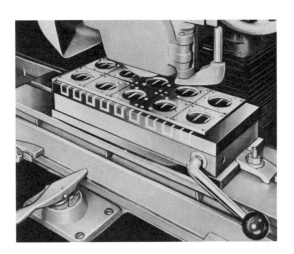

Bild 9.42 Flachschleifen dünner Flansche auf einer permanentmagnetischen Spannplatte mit durchgehender Querpolteilung (Binder-Magnete)

354

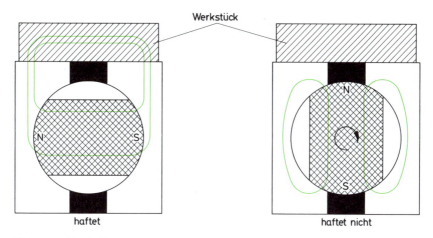

Werkstück

haftet   haftet nicht

Bild 9.43   Abschaltbares Dauermagnetsystem

9.3.3   Weichmagnetische Bauelemente

In Verbindung mit Spulen verwendet man in der Wechselstrom-, Hochfrequenz- und auch Gleich-stromtechnik fast ausschließlich weichmagnetische Materialien, da die Hysteresisverluste (Abschnitt 9.3.1.2) klein bleiben sollen. Je nach Anwendungsfall unterscheidet man

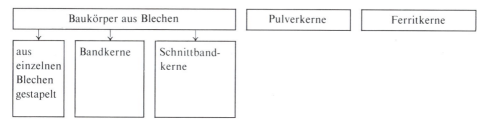

9.3.3.1   Kerne aus einzelnen Blechen

Diese werden insbesondere im Elektromaschinenbau bei Motoren, Generatoren, Transformatoren, Schützspulen usw. angewendet. Die einzelnen Bleche sind häufig nur durch eine Oxidschicht, manchmal auch durch Lack voneinander isoliert, um die Wirbelstromverluste klein zu halten (Abschnitt 9.6). Die Bleche werden durch Klammern, Schrauben oder Klebmaterialien zusammen-gehalten.

Im allgemeinen besitzen Bleche abhängig von der Walzrichtung eine magnetische Vorzugsrich-tung. In bestimmten Fällen des Elektromaschinenbaus wird diese Vorzugsrichtung durch nach-trägliches Glühverfahren gezielt wieder aufgehoben, damit der magnetische Fluß in allen Rich-tungen gleiche magnetische Leitwerte vorfindet.

9.3.3.2 Bandkerne

Sie bestehen im Prinzip aus dem gleichen Material wie die unter 9.3.3.1 genannten Kerne. Aus Fertigungsgründen wird lediglich das Material gewickelt.

Da der magnetische Fluß nur in einer Richtung, der Walzrichtung, verläuft, kann man die höhere Permeabilität (magnetische Leitfähigkeit) in Walzrichtung voll ausnutzen.

Außerdem verbessern sich die Eigenschaften, da kein Luftspalt vorhanden ist. Die Kerne haben bei gleicher Eigenschaft geringes Volumen und kleine Streuverluste.

Nachteilig wirkt sich der relativ hohe Fertigungsaufwand beim Aufwickeln der Spulen mit Spezialmaschinen oder von Hand aus.

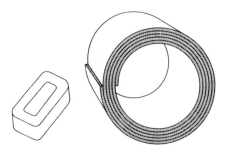

Bild 9.44
Bandkerne

9.3.3.3 Schnittbandkerne

Es handelt sich hierbei nur um durchgeschnittene Bandkerne mit sehr genau plan geschliffenen Flächen (Bild 9.45). Dadurch lassen sich fertig gewickelte Spulen einsetzen. Bei kleinen Schnittbandkernen werden die beiden Kernhälften nach der Spulenbestückung wieder zusammengeklebt oder bei größeren Kernen durch Bandschellen zusammengezogen.

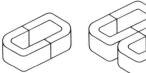 

Bild 9.45   Schnittbandkerne

9.3.3.4 Pulverkerne

Sie bestehen aus feinem, weichmagnetischem Pulver, das isoliert ist, und Bindemitteln. Sie werden häufig auch als *Massekerne* bezeichnet.

Das Pulver wird unter hohem Druck zu den einzelnen Formen gepreßt.

Ihre Anwendung finden diese Pulverkerne überwiegend in der Hochfrequenztechnik, 20 kHz bis 120 MHz, da die einzelnen isolierten Kügelchen die Wirbelstromverluste gering halten.

Die magnetische Leitfähigkeit ist nicht so gut wie bei Blechkernen.

9.3.3.5 Ferritkerne

Ferrite sind Metalloxide, deren Permeabilität ein ähnliches nichtlineares Verhalten aufweist wie die ferromagnetischen Stoffe.

356

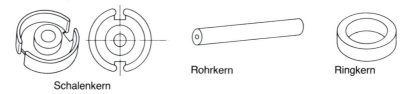

Schalenkern

Rohrkern

Ringkern

Bild 9.46   Pulver- und Ferritkerne

Andererseits sind sie praktisch elektrische Nichtleiter. Dadurch werden die Wirbelstromverluste (Abschnitt 9.6) bei hohen Frequenzen sehr klein gehalten. Die Ferrite werden auch unter hohem Druck gepreßt und anschließend bei hohen Temperaturen gesintert*.

9.4   Elektromagnete

9.4.1   Magnetfeld eines stromdurchflossenen Leiters

Im Abschnitt 9.1.2 wurde gesagt, daß jede bewegte elektrische Ladung eine magnetische Kraft zur Folge hat. Fließt ein elektrischer Strom, so werden viele elektrische Ladungen bewegt. Je größer der Strom ist, um so mehr Ladungen bewegen sich je Zeiteinheit, und somit entsteht eine größere magnetische Kraft.
Die Richtung des Magnetfeldes zeigt Bild 9.47. Bild 9.48 gibt die Erklärung zu den Zeichen in Bild 9.47.
Die Richtung des Magnetfeldes läßt sich gut nach der Schraubenregel merken.

Man denkt sich eine Schraube mit Rechtsgewinde in den Leiter in Stromrichtung hineingeschraubt. Die Drehrichtung gibt dann die Richtung der Feldlinien an (Bild 9.49).

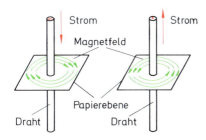

Bild 9.47   Magnetfeldrichtung eines
stromdurchflossenen Leiters

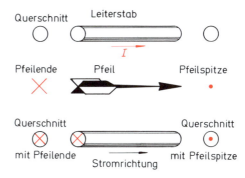

Bild 9.48   Symbole für die Stromrichtung

---

* sintern = Verbacken von Pulverteilchen unter Druck- und Wärmeeinwirkung.

357

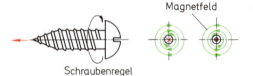

Magnetfeld

Bild 9.49 Schraubenregel

Schraubenregel

9.4.2 Magnetfeld in einer Spule

Die Größe der elektrischen Durchflutung bestimmt die Stärke des Magnetfeldes (Abschnitt 9.2.3). Dabei ist es gleichgültig, ob der Strom in einem Leiter oder in mehreren parallel liegenden Leitern fließt, d.h., ob ein Leiter von 70 A oder 7 Leiter von je 10 A durchflossen werden (Bilder 9.50a und b).

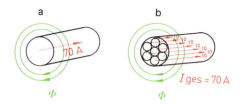

Bild 9.50 Magnetfeld eines Leiters und einer Spule mit gleicher Durchflutung

Bild 9.51 zeigt den Schnitt durch eine Spule. Entsprechend der Schraubenregel treten die magnetischen Feldlinien nach links aus und von rechts wieder ein. Also liegt in diesem Beispiel der Nordpol links und der Südpol rechts.

Häufig wird zur Bestimmung des Feldlinienverlaufs bzw. der Polarität einer Spule auch die *Rechte-Hand-Regel* oder *Spulenregel* verwendet. Diese Regel lautet:

Zeigen die Finger der rechten Hand in Stromrichtung, so gibt der abgespreizte Daumen die Feldlinienrichtung in der Spule an (Bild 9.52).

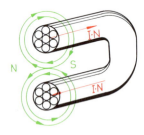

Bild 9.51 Magnetfeld einer Spule

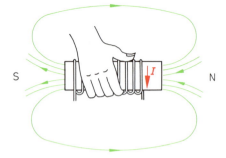

Bild 9.52 Magnetpole einer stromdurchflossenen Spule

In Abschnitt 9.2 (Magnetischer Kreis) wurde folgende Abhängigkeit erklärt:

$$\text{magnetischer Fluß} = \frac{\text{magnetische Urspannung}}{\text{magnetischer Widerstand}}$$

$$\Phi = \frac{\Theta}{R_m}$$

Bei einer Spule ohne ferromagnetischen Kern (Luftspule) mit feststehenden Abmessungen, ist der magnetische Widerstand R_m konstant. Also ist die Größe des magnetischen Flusses nur von der magnetischen Urspannung Θ abhängig. Die magnetische Urspannung oder Durchflutung steigt mit der Windungszahl der Spule bzw. mit dem Strom.
Es ist

$$\boxed{\text{Durchflutung} = \text{Strom} \times \text{Windungszahl}} \qquad \boxed{\Theta = I \cdot N}$$

9.4.3 Eisen im Magnetkreis

Enthält der Magnetkreis ein ferromagnetisches Material, ändert sich seine magnetische Leitfähigkeit (Permeabilität) μ.
Nähere Erläuterungen in Abschnitt 9.3.1 «Größen der Magnetisierungskennlinien».

9.4.4 Anwendungen von Elektromagneten

Magnetische Feldlinien haben das Bestreben, sich zu verkürzen. Dadurch werden die magnetisch gut leitenden Werkstoffe (ferromagnetische Werkstoffe) vom Magneten angezogen. Nach diesem Prinzip arbeiten alle tragenden bzw. anziehenden Magnete (Bild 9.53 und 9.54).

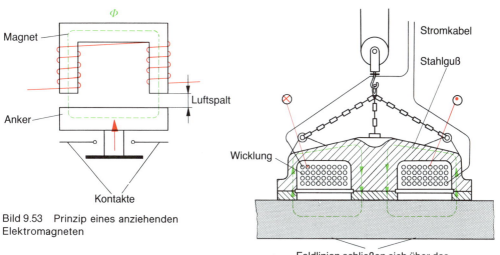

Bild 9.53　Prinzip eines anziehenden Elektromagneten

Bild 9.54　Lastmagnet

359

Nachfolgend seien einige Beispiele aufgezählt:

Schütze, Relais, Türöffner, Klingeln, aber auch Motoren und Generatoren enthalten Elektromagnete. Einige dem Handwerker nicht täglich begegnende Anwendungsbeispiele zeigen die Bilder 9.55 und 9.56.

Bild 9.55   Elektromagnetspannplatte
(Binder-Magnete)

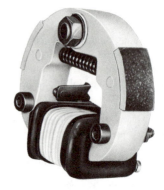

Bild 9.56   Wechselstrom-Kleinbackenbremse-
Magnetsystem ohne Trommel. Magnet erregt
bedeutet Bremse gelöst (Binder-Magnete)

9.4.5   Kraftwirkung zweier Magnetpole

Im Abschnitt 9.1.4 wurde dargestellt, daß sich gleichnamige Pole abstoßen und ungleichnamige Pole anziehen (Bild 9.57). Die Größe der Kraft zwischen den beiden Polen hängt von der Polfläche A und der Induktion B ab. Zwischen diesen 3 Größen besteht folgender Zusammenhang:

Bild 9.57   Aufeinanderwirkende Kräfte
von Magnetpolen

für Dauermagnete
oder Gleichstrommagnete

$$F = \frac{B^2 \cdot A}{2 \cdot \mu_0}$$

für Wechselstrommagnete,
da mit $\hat{B}$ und $\hat{\Phi}$, den
Maximalwerten, gearbeitet
wird.

$$F = \frac{\hat{B}^2 \cdot A}{4 \cdot \mu_0}$$

F Kraft   in N
B Induktion in T $= Vs/m^2$
A Polfläche in m^2
μ_0 magnetische Feldkonstante

$$\mu_0 = 1{,}256 \cdot 10^{-6} \frac{Vs}{Am}$$

360

Bild 9.58 Hubkraft in Abhängigkeit von
der Luftspaltgröße

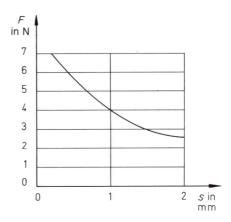

Die Hubkraft eines Gleichstrommagneten verändert sich in Abhängigkeit von der Luftspaltlänge, denn bei großem Luftspalt ist der magnetische Widerstand groß und somit die Induktion klein und umgekehrt. Bild 9.58 zeigt den Verlauf der Hubkennlinie eines Steuermagneten für Ölfeuerungs- pumpen.

Beispiel: Der Polquerschnitt eines Gleichstrommagneten beträgt 0,2 cm². Im 3 mm langen Luft- spalt herrscht eine Induktion von 0,4 Tesla. Wie groß ist die Hubkraft?

Gegeben: $B = 0,4\ \text{T} \quad = 0,4\ \dfrac{\text{Vs}}{\text{m}^2}$

$A = 0,2\ \text{cm}^2 = 0,2 \cdot 10^{-4}\ \text{m}^2$

Lösung: $F = \dfrac{B^2 \cdot A}{2 \cdot \mu_0} = \dfrac{\left(0,4\ \dfrac{\text{V} \cdot \text{s}}{\text{m}}\right)^2 0,2 \cdot 10^{-4}\ \text{m}^2}{2 \cdot 1,256 \cdot 10^{-6}\ \dfrac{\text{V} \cdot \text{s}}{\text{A} \cdot \text{m}}}$

$F = \underline{1,27\ \text{N}}$

9.4.6 Kraftwirkung zwischen zwei stromführenden Leitern

Zeichnet man um die stromführenden Leiter mit Hilfe der Schraubenregel die Magnetfelder (Bilder 9.59a und b), läßt sich die Kraftwirkung zwischen den Leitern erklären. Die Feldlinien heben sich zwischen den beiden Leitern des Bildes 9.59a auf, und es bilden sich somit geschlossene Feldlinien um beide Leiter. Da Feldlinien immer den kürzesten Weg anstreben, werden die beiden Leiter zusammengedrückt, bzw. die beiden Leiter ziehen sich an. In Bild 9.59b entsteht zwischen den Leitern ein verstärktes Feld. Die Feldlinien sind gleichgerichtet und drängen sich ab. Somit werden die Leiter auseinandergedrückt. Es gilt daher der Satz:

Werden zwei parallele Leiter in der gleichen Richtung vom Strom durchflossen, so ziehen sie sich an, fließt der Strom entgegengesetzt, so stoßen sich die Leiter ab.

361

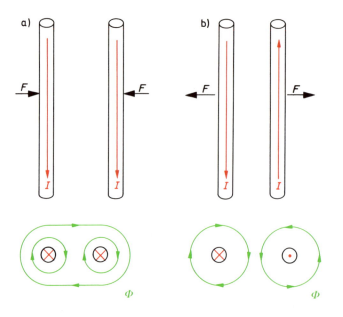

Die Kraft zwischen den beiden Leitern ist abhängig von

a) dem Strom in beiden Leitern,
b) der Länge der parallelen Leiterführung,
c) dem Abstand der Leiter zueinander.

Es ergibt sich folgende Formel

$$F = \frac{\mu_0}{2 \cdot \pi} \cdot \frac{l}{a} \cdot I_1 \cdot I_2$$

F Kraft zwischen den Leitern in N

μ_0 magnetische Feldkonstante $= 1{,}256 \cdot 10^{-6} \, \dfrac{\text{V} \cdot \text{s}}{\text{A} \cdot \text{m}}$

l parallellaufende Leiterlänge in m
a Leiterabstand in m
I_1 Strom im Leiter 1 in A
I_2 Strom im Leiter 2 in A

Diese Formel gilt genaugenommen nur unter der Voraussetzung, daß der Leiterdurchmesser klein im Verhältnis zum Abstand der Leiter voneinander ist.

Beispiel: Wie groß ist die Kraft zwischen zwei Stromschienen von 10 m Länge, wenn ein Kurzschlußstrom von 40 kA fließt? Der Abstand der Schienen beträgt 20 cm.

Gegeben: l = 10 m
a = 20 cm = 0,2 m
I_1 = I_2 = 40 kA = $40 \cdot 10^3$ A

Lösung: $F = \dfrac{1{,}256 \cdot 10^{-6} \, \dfrac{\text{V} \cdot \text{s}}{\text{A} \cdot \text{m}} \cdot 10 \, \text{m} \cdot 40 \cdot 10^3 \, \text{A} \cdot 40 \cdot 10^3 \, \text{A}}{2 \cdot \pi \cdot 0{,}2 \, \text{m}} = \underline{16 \cdot 10^3 \, \text{N}}$

9.4.7 Kraftwirkung auf einen stromdurchflossenen Leiter im Magnetfeld

Befindet sich ein stromdurchflossener Leiter entsprechend Bild 9.60 in einem Magnetfeld, so entstehen folgende Magnetfelder (Bild 9.61a bis d).

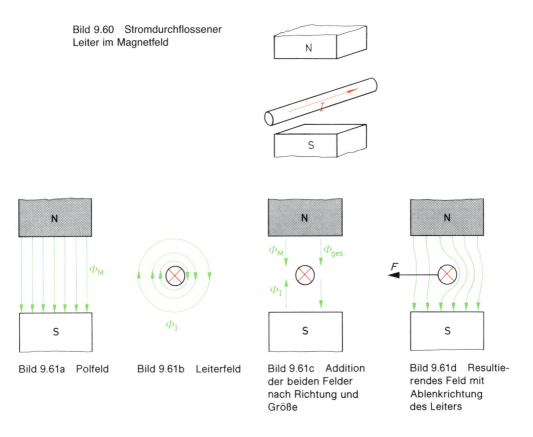

Bild 9.60   Stromdurchflossener Leiter im Magnetfeld

Bild 9.61a   Polfeld

Bild 9.61b   Leiterfeld

Bild 9.61c   Addition der beiden Felder nach Richtung und Größe

Bild 9.61d   Resultierendes Feld mit Ablenkrichtung des Leiters

Zu a   Das Magnetfeld zwischen den Polen verläuft gleichmäßig (Randfeldstreuungen seien vernachlässigt).

Zu b   Der stromführende Leiter bildet sein Magnetfeld nach der Schraubenregel.

Zu c   Links wirken die Magnetfelder gegeneinander, und sie heben sich somit teilweise oder ganz auf.

Zu d   Der Verlauf des resultierenden Feldes kann durch Gummibänder veranschaulicht werden, die entsprechend Bild 9.61d gespannt werden. Sie wollen sich verkürzen und drängen dabei den Leiter in die Richtung der geringeren Feldliniendichte (in Bild 9.61d nach links) mit der Kraft F ab.

Wird nun die Richtung eines Feldes umgekehrt, so wirkt die Kraft zur anderen Seite. Bei Umkehrung beider Felder bleibt die Richtung der Kraft jedoch erhalten (Bilder 9.62a bis d). Die Ablenkrichtung des Leiters läßt sich auch durch die *«Linke-Hand-Regel» (Motorregel)* feststellen.

363

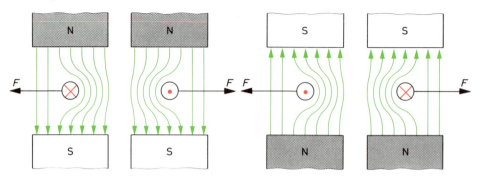

Bild 9.62 Ablenkrichtung des Leiters bei den verschiedenen Feld- und Stromrichtungen

Hält man die linke Hand so, daß die Feldlinien vom Nordpol in die Innenfläche der Hand eintreten und die ausgestreckten Finger in Stromrichtung zeigen, so zeigt der abgespreizte Daumen die Ablenkrichtung des Leiters an (Bild 9.63).

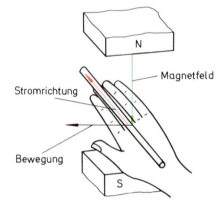

Bild 9.63 Motorregel (Linke-Hand-Regel)

Die Größe der Ablenkkraft des Leiters wird bestimmt

1. von der Feldliniendichte (B) des Magnetfeldes
2. vom Strom (I) im Leiter
3. von der Länge (l) des Leiters im Magnetfeld

Die Formel lautet

$$F = B \cdot I \cdot l$$

F	Kraft	in N
B	Induktion oder Feldliniendichte	in T
I	Strom	in A
l	Leiterlänge im Magnetfeld	in m

364

Bild 9.64 Ablenkkraft des Leiters als
Funktion der Leiterlänge, der Induktion
und des Stromes

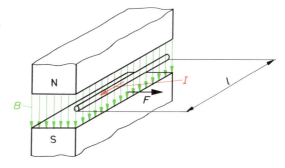

Beispiel: Wie groß ist die Kraft, mit der ein Ankerstab von 10 cm Länge in einem Magnetfeld von
0,8 T bei einem Strom von 20 A abgelenkt wird?

Gegeben: l = 10 cm = 0,1 m

$\quad\quad\quad\quad B$ = 0,8 T

$\quad\quad\quad\quad I$ = 20 A

Gesucht: F = ? N

Lösung: $F = B \cdot I \cdot l$

$\quad\quad\quad F = 0,8 \text{ T} \cdot 20 \text{ A} \cdot 0,1 \text{ m}$

$$F = 0,8 \frac{\text{Vs}}{\text{m}^2} \cdot 20 \text{ A} \cdot 0,1 \text{ m}$$

$$F = 1,6 \frac{\text{Vs} \cdot \text{A}}{\text{m}} = 1,6 \frac{\text{Ws}}{\text{m}} = 1,6 \frac{\text{Nm}}{\text{m}}$$

$$\underline{F = 1,6 \text{ N}}$$

9.4.8 Kraftwirkung auf eine stromdurchflossene Spule im Magnetfeld

Im Abschnitt 9.2.3 wurde dargestellt, daß eine Spule wie ein dicker Leiter betrachtet werden kann.
Entscheidend für die Größe des Magnetfeldes ist der in einer Richtung insgesamt fließende Strom,
die Durchflutung. Sind im vorherigen Beispiel nicht 1, sondern 50 Leiter mit je 20 A vorhanden, so
ergibt sich folgende Kraft:

Lösung: $F_{\text{ges}} = F_{\text{Leiter}} \cdot z$ $\quad\quad\quad\quad z = $ Leiterzahl

$\quad\quad\quad F_{\text{ges}} = 1,6 \text{ N} \cdot 50 = \underline{80 \text{ N}}$

Die Ablenkkraft zwischen feststehendem Magnetfeld und stromführendem Leiter wird zum
Beispiel im Motor oder im Drehspulmeßgerät ausgenutzt. Die Bilder 9.65 und 9.66 sowie 9.67
sollen kurz das Prinzip andeuten. Nähere Erklärungen geben dazu die Bände «Elektrische
Maschinen» und «Elektrische Meß- und Regeltechnik» dieser Fachbuchreihe.

Die Ablenkrichtungen bzw. Drehrichtungen lassen sich mit Hilfe der Bilder 9.61a bis d bzw.
9.62 feststellen.

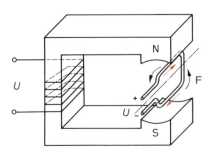
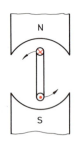

Bild 9.65 Drehung einer Leiterschleife im Magnetfeld eines Elektromagneten

Bild 9.66 Drehung ei-
ner Leiterschleife im
Dauermagnetfeld

Bild 9.67 Prinzipbild
eines Drehspulmeß-
werks

9.5   Elektromagnetische Induktion

Jede Bewegung von elektrischen Ladungen in einem Stromkreis hat ein magnetisches Feld zur
Folge. Entsprechend ergibt die Änderung des magnetischen Feldes in einer Leiterschleife einen
Stromfluß.

> Durch jede Änderung eines magnetischen Feldes entsteht ein elektrisches Feld.

Ein elektrisches Feld verursacht in einem Leiter eine Kraftwirkung auf die Elektronen (Spannung).
Es wird also auf der einen Seite Elektronenmangel und an der anderen Seite Elektronenüberschuß
erzeugt. Ein Ladungsunterschied bedeutet, daß eine Spannung zwischen Anfang und Ende eines
Leiters oder einer Spule entsteht. Die folgenden Bilder 9.68 bis 9.71 zeigen einige Beispiele hierzu.

	Betrag der Spannung ist abhängig von	Beispiel
Bewegungsrichtung Φ N S V	1. Geschwindigkeit, mit der sich der mit der Spule verkettete magnetische Fluß ändert $\frac{\Delta\Phi}{\Delta t}$ 2. Windungszahl Bild 9.68 Dauermagnet und Spule bewegen sich ineinander	Tauchspulsystem beim Mikrofon
zurückgelegter Weg in der Zeit t s Φ l V wirksame Leiterlänge Bewegungsrichtung	1. Geschwindigkeit, mit der sich der von der Leiterschleife umschlossene (verkettete) Fluß ändert $\frac{\Delta\Phi}{\Delta t}$ 2. Zahl der Leiter (Windungen) Bild 9.69 Veränderung des Flusses innerhalb einer Leiterschleife	Generator
Φ N S V	1. Geschwindigkeit, mit der sich der mit der Spule verkettete magnetische Fluß ändert $\frac{\Delta\Phi}{\Delta t}$ 2. Windungszahl Bild 9.70 Vergrößerung bzw. Verkleinerung des Magnetfeldes durch Luftspaltveränderung	Membranmikrofon
$\Phi_\sim$ $U_{1\sim}$ $U_{2\sim}$ V	1. Flußänderungsgeschwindigkeit $\Delta\Phi$ also Größe des Wechselflusses Φ und Frequenz f (siehe Bild 10.15) 2. Windungszahl Bild 9.71 Transformator	Transformator

In allen Fällen ist die Flußänderung $\Delta\Phi$
je Zeiteinheit Δt für die Größe der Urspannung u_0 verantwortlich. Es ergibt sich die Formel:

$$u_0 = z \cdot \frac{\Delta\Phi}{\Delta t}$$

u_0 Augenblickswert der induzierten Spannung   in V
$\Delta\Phi$ Flußänderung   in Wb = Vs
Δt Zeitänderung   in s
z Leiterzahl

> Die Induktionsspannung u_0 ist der Geschwindigkeit der Flußänderung $\dfrac{\Delta\Phi}{\Delta t}$ und der Anzahl der Leiter verhältnisgleich.

Hierzu ist die Richtung der induzierten Spannung unberücksichtigt geblieben.

Nun wird in der Praxis meistens nicht mit dem magnetischen Fluß, sondern mit der Flußdichte (Induktion) gearbeitet. Sie gibt an, wie groß der Fluß je Flächeneinheit (m^2) ist.

$$B = \frac{\Phi}{A}$$

Dann errechnet sich der absolute magnetische Fluß aus der Fläche, die der Leiter unter dem Magnetpol durchläuft, mal der Flußdichte (Bild 9.69).

$$\Phi = B \cdot A = B \cdot l \cdot s$$

Es war $u_0 = \dfrac{\Delta\Phi}{\Delta t}$

dann gilt $u_0 = \dfrac{B \cdot l \cdot \Delta s}{\Delta t} = B \cdot l \cdot \dfrac{\Delta s}{\Delta t}$

es ist jedoch $\dfrac{\Delta s}{\Delta t} = v =$ Geschwindigkeit des Leiters und damit $u_0 = B \cdot l \cdot v$

                    = Spannung je Leiter.

Sind z Leiter vorhanden, vergrößert sich die Spannung mit dem Faktor z, und es gilt für elektrische Maschinen

$$u_0 = B \cdot l \cdot v \cdot z$$

u_0 Induktionsspannung   in V
B Induktion   in T = Vs/m^2
l Leiterlänge im Magnetfeld in m
v Geschwindigkeit zwischen
     Leiter und Magnetfeld   in m/s

Einheitenkontrolle

$$V = \frac{Vs}{m^2} \cdot m \cdot \frac{m}{s} \cdot 1$$

$$V = \frac{Vs \cdot m \cdot m}{m^2\,s}$$

$$V = V$$

368

Beispiel 1: Ein Leiter schneidet in 1 Sekunde einen magnetischen Fluß im Wert von 0,1 Voltsekunden. Welche Spannung wird induziert?

Gegeben: $\Delta \Phi = 0,1$ Vs $\qquad$ Lösung: $\quad u_0 = \dfrac{\Delta \Phi}{\Delta t} = \dfrac{0,1 \text{ Vs}}{1 \text{ s}} = \underline{0,1 \text{ V}}$

$ \Delta t = 1$ s

In einem Generator kann die Spannung sowohl durch die Leitergeschwindigkeit (Drehzahl) als auch durch den magnetischen Fluß (Erregung) beeinflußt werden.

Beispiel 2: Wenn in Bild 9.69 $l = 5$ cm, $s = 2$ cm, $\Phi = 0,1$ Vs und die Zeit von der linken zur rechten Leiterstellung 1 Sekunde ist, dann ist der überstrichene Querschnitt $A = l \cdot s = 5$ cm $\cdot$ 2 cm

$= 10 \text{ cm}^2 = 10 \cdot 10^{-4} \text{ m}^2$ und die Leitergeschwindigkeit $v = \dfrac{s}{t} = \dfrac{2 \text{ cm}}{1 \text{ s}} = 2$ cm/s $= 0,02$ m/s

Die induzierte Spannung wird nach folgender Formel berechnet:

$$u_0 = B \cdot l \cdot v \cdot z \quad \text{mit} \quad B = \frac{\Phi}{A} = \frac{0,1 \text{ Vs}}{10 \cdot 10^{-4} \text{ m}^2} = 100 \text{ Vs/m}^2$$

$$= 100 \text{ Vs/m}^2 \cdot 0,05 \text{ m} \cdot 0,02 \text{ m/s} \cdot 1 = \underline{0,1 \text{ V}}$$

Dieses Ergebnis deckt sich zwangsläufig mit dem von Beispiel 1.

Beispiel 3: Unter dem Pol eines Generators besteht die Induktion von 0,5 Tesla. Die Wicklung des Läufers hat 400 wirksame Windungen und bewegt sich mit einer Umfangsgeschwindigkeit von 1 m/s. Wie groß ist die Spannung, wenn sich die Wicklung unter dem Pol befindet und die aktive Länge eines Leiters 0,15 m beträgt?

Gegeben: $B = 0,5$ T
$ z = 2 \cdot N = 2 \cdot 400 = 800$ Leiter (Hin- und Rückleiter)
$ l = 0,15$ m
$ v = 1$ m/s

Lösung: $u_0 = B \cdot l \cdot v \cdot z = 0,5$ T $\cdot$ 0,15 m $\cdot$ 1 m/s $\cdot$ 800 $= \underline{60 \text{ V}}$

In der Praxis wird häufig zwischen «Induktion der Bewegung» und «Induktion der Ruhe» unterschieden. Bei der *Induktion der Bewegung* wird der Leiter relativ zum Magnetfeld bewegt. Hierbei ist es gleichgültig, ob sich der Leiter bewegt und das Magnetfeld stillsteht oder umgekehrt (Bilder 9.72 und 9.73).

Die Polarität der induzierten Spannung und somit die Stromrichtung im geschlossenen Stromkreis wird durch die «*Rechte-Hand-Regel*» (Generatorregel) festgestellt. Sie lautet:

> Hält man die rechte Hand so, daß die Feldlinien vom Nordpol her auf die Innenfläche der Hand auftreffen und der abgespreizte Daumen in die Bewegungsrichtung zeigt, so fließt der Induktionsstrom in der Richtung der ausgestreckten Finger (Bild 9.74).

Für die Spannungserzeugung durch Induktion ist nur die senkrechte Bewegungsrichtung ($v \perp$) zwischen Leiter und Magnetfeld interessant. Bei abweichender Bewegungsrichtung wird lediglich der senkrechte Teil der Geschwindigkeit berücksichtigt (Bild 9.75).

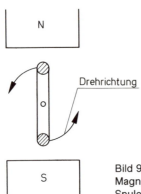

Bild 9.72 Feststehender
Magnet mit rotierender
Spule (Außenpolmaschine)

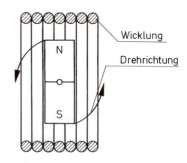

Bild 9.73 Feststehende Spule mit
rotierendem Magneten (Innen-
polmaschine)

Bild 9.74 Generatorregel
(Rechte-Hand-Regel)

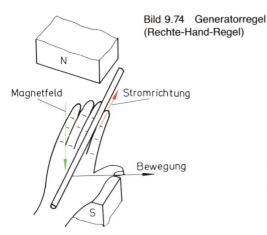

Bild 9.75 Zerlegung der tatsächlichen Bewegungsrichtung in einen senkrecht zu den Kraftlinien verlaufenden Anteil und in einen parallel
zu den Kraftlinien verlaufenden Anteil

Die Geschwindigkeit v wird zerlegt in eine senkrecht zu den Kraftlinien verlaufende $v\perp$ und in eine parallel zu den Kraftlinien verlaufende $v\|$ (vgl. Zerlegung von Kräften, Abschnitt 3.7).

Induktion der Ruhe erfolgt durch Änderung des Magnetfeldes in seiner Größe. Dieses kann durch eine Stromänderung in der Spule oder durch Änderung eines magnetischen Widerstandes erfolgen (Bild 9.70).

9.5.1 Lenzsches Gesetz

In einem belasteten Generator hat der durch die induzierte Spannung erzeugte Strom wiederum ein Magnetfeld zur Folge, das den Leiter in Form der in Bild 9.77 eingezeichneten konzentrischen Kreise umgibt. Dadurch verstärkt sich das Magnetfeld vor dem Leiter (links) und wird hinter dem Leiter (rechts) geschwächt (Bild 9.78). Als Folge wird der Leiter gebremst. Die Bremswirkung hängt

370

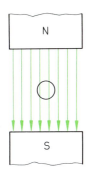

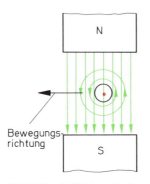

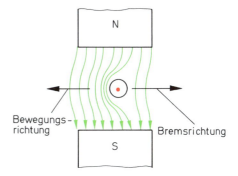

Bild 9.76 Magnetfeld eines Generators im Leerlauf

Bild 9.77 Polfeld und Leiterfeld im belasteten Generator

Bild 9.78 Resultierendes Magnetfeld und Kraftrichtungen eines belasteten Generators

also vom Leitermagnetfeld und somit vom Leiterstrom ab. Diese Tatsache ist vom Generator bekannt. Er wird mit zunehmender Belastung (steigendem Strom) stärker gebremst, d.h., er läßt sich schwerer drehen.

> *Lenzsches Gesetz:* Jeder von einer induzierten Spannung hervorgerufene Strom ist so gerichtet, daß sein Magnetfeld die erzeugende Bewegung hemmt.

Allgemein ausgedrückt:

> Jede Wirkung ist der Ursache entgegengerichtet.

9.5.2 Selbstinduktion und Induktivität

Fließt durch eine Spule ein sich ändernder Strom, dann induziert das von ihr selbst erzeugte sich ändernde Magnetfeld in dieser Spule wieder eine Spannung. Dieser Vorgang heißt *Selbstinduktion*.

> Die Selbstinduktionsspannung ist der angelegten Spannung entgegengesetzt gerichtet.

(Nach dem Lenzschen Gesetz ist die Wirkung der Ursache entgegengerichtet.)

Die nach dem Induktionsgesetz $u_0 = N \dfrac{\Delta \Phi}{\Delta t}$

induzierte Selbstinduktionsspannung ist der Flußänderungsgeschwindigkeit, die durch die Stromänderung hervorgerufen wird, verhältnisgleich. Die Geschwindigkeit der Stromänderung, die zur Erzeugung der Gegenspannung erforderlich ist, ist von der Windungszahl und den Größen des magnetischen Kreises (z.B. mit oder ohne Eisenkern) abhängig. Die durch den Aufbau der Spule bedingte Abhängigkeit der Induktionsspannung wird zur Induktivität L zusammengefaßt.

371

Eine Induktivität induziert bei einer Stromänderung eine Gegenspannung, um den Energiezustand des magnetischen Feldes aufrechtzuerhalten.

Eine Induktivität ist daher grundsätzlich überall vorhanden, wo vom Strom ein Magnetfeld
aufgebaut wird, d.h., jeder Leiter oder jedes Bauteil hat eine Induktivität, die sich aber meistens erst
bei sehr hohen Frequenzen oder bei Schaltvorgängen bemerkbar macht.

Die induzierte Spannung in einer Spule ist der Induktivität L und der Stromänderungs*geschwindigkeit* verhältnisgleich.

$$u_0 = L \frac{\Delta i}{\Delta t}$$

u_0 Selbstinduktionsspannung   in V
L Induktivität   in H   (Henry)
Δi Stromänderung   in A
Δt Zeit, in der die Strom- in s
      änderung geschieht

Eine Spule hat die Induktivität 1 H, wenn durch eine gleichmäßige Stromänderung um 1 A in
der Zeit 1 s eine Selbstinduktionsspannung von 1 V entsteht.

Wird die obige Formel nach der Induktivität L umgestellt, läßt sich die Einheit Henry aus den
Grundgrößen des elektrischen Stromkreises ableiten.

$$L = \frac{u_0 \cdot \Delta t}{\Delta i} \qquad \text{in } \frac{V \cdot s}{A} = H \text{ (Henry)}$$

Die Selbstinduktionsspannung wird in der Technik z.B. zur Erzeugung hoher Spannungsspitzen
(Zündung beim Ottomotor und der Leuchtstofflampe) genutzt. Dieses ist möglich, weil eine Induktivität Energie in Form eines magnetischen Feldes speichern kann, die beim Abschalten des Stroms
schlagartig in elektrische Energie zurückverwandelt wird.

In der Induktivität wird vom elektrischen Strom Energie in Form eines magnetischen Feldes
gespeichert.

Die Energie ist der Induktivität L und dem Quadrat des Stroms verhältnisgleich.
Die folgende Formel gibt die Beziehung an.

$$W = \frac{I^2 \cdot L}{2} \quad \text{in } \frac{A^2 \cdot V \cdot s}{A} = Ws$$

W Energie   in Ws
I Strom   in A
L Induktivität in H = Vs/A

9.5.3   Induktivität von Spulen

Die Induktivität L von Spulen ist eine bauteilspezifische Größe. Bei einer *Luftspule* (Spule ohne
Eisenkerne) als Ringspule (Toroid) ist L eine konstante, nur von den Maßen abhängige Größe und
berechnet sich wie folgt:

$$L = \frac{N^2 \cdot \mu_0 \cdot A}{l}$$

N Windungszahl der Spule
μ_0 magnetische Feldkonstante = $1{,}256 \cdot 10^{-6} \frac{Vs}{A \cdot m}$
A Querschnittfläche, die von den
     Feldlinien durchsetzt ist
l mittlere Feldlinienlänge

Spulen mit Eisenkern

Bei Spulen mit Eisenkern ist die Induktivität außerdem abhängig vom magnetischen Sättigungsgrad des Eisenkerns. Wegen der höheren und von der Induktion abhängigen magnetischen Leitfähigkeit wird die obige Formel um die relative Permeabilität erweitert (Abschnitt 9.2.5)

$$L = \frac{N^2 \cdot \mu_0 \cdot \mu_r \cdot A}{l}$$

In der Praxis ist insbesondere bei dieser Berechnung die genaue Ermittlung der mittleren Feldlinienlänge schwierig. Die Größen, die die Verhältnisse im magnetischen Kreis bestimmen, lassen sich zum

magnetischen Leitwert $\quad \Lambda = \dfrac{\mu_0 \cdot \mu_r \cdot A}{l} = A_L$

zusammenfassen (Abschnitt 9.2.6).

Somit errechnet sich die Induktivität einer Spule aus:

$$\boxed{L = N^2 \cdot \Lambda} \quad \text{oder} \quad \boxed{L = N^2 \cdot A_L}$$

L Induktivität	in H
N Windungszahl	
Λ magnetischer Leitwert	in H
oder A_L Induktivitätsfaktor	in H

Der magnetische Leitwert Λ oder Induktivitätsfaktor A_L wird in den Herstellerlisten von Magnetkernen angegeben. Somit läßt sich die Induktivität bei gewählter Windungszahl berechnen bzw. aus der gewünschten Induktivität L und dem katalogmäßigen A_L-Wert die erforderliche Windungszahl errechnen.

Beispiel: Es soll eine Induktivität von 10 mH hergestellt werden. Zur Verfügung steht ein Schalenkern mit einem A_L-Wert von 7500 nH.

Gegeben: $A_L = 7500 \text{ nH} = 7500 \cdot 10^{-9} \text{ H} = 7,5 \cdot 10^{-6} \text{ H}$
$ L = 10 \text{ mH} = 10 \cdot 10^{-3} \text{ H}$

Lösung: $\quad N^2 = \dfrac{L}{A_L} = \dfrac{10 \cdot 10^{-3} \text{ H}}{7,5 \cdot 10^{-6} \text{ H}} = 1,333 \cdot 10^3 = 1333$

$ N = \sqrt{1333} = 36,5 \approx \underline{37}$

Ergebnis: Es sind 37 Windungen erforderlich.

9.5.4 Schaltzeichen und Ersatzschaltbild einer Spule

Die Darstellung von Induktivitäten bzw. induktiven Widerständen nach DIN 40712 zeigt Bild 9.79.

In der Praxis stellt eine Induktivität meistens eine Spule dar. Da diese aus einem Draht gewickelt ist, läßt sie sich nicht ohne ohmschen Widerstand herstellen. Somit enthält die Spule stets einen ohmschen und einen induktiven Anteil. Das geläufige Ersatzschaltbild zeigt Bild 9.80.

Während das im Bild 9.80 gezeigte Reihenersatzschaltbild für Spulen in der Gleichstromtechnik immer gilt, kennt man in der Wechselstromtechnik auch Parallelersatzschaltbilder von Spulen (Abschnitt 10.3.2).

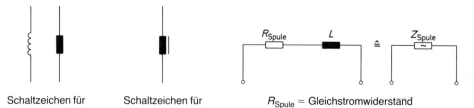

Schaltzeichen für Induktivitäten allgemein	Schaltzeichen für Induktivität mit Eisenkern	R_{Spule} = Gleichstromwiderstand meistens = R_{Cu} = Kupferwiderstand

Bild 9.79 Symbol einer Induktivität nach DIN 40712   Bild 9.80 Ersatzschaltbild einer Spule

9.5.5   Spule im Gleichstromkreis

Zusätzlich zum Gleichstromwiderstand der Spule R_{sp} treten in der Praxis noch Leitungswiderstände der Schaltung und Innenwiderstände der Spannungsquelle auf.

Somit gilt in der Anwendung stets die Reihenschaltung eines allgemeinen Widerstandes R mit der Induktivität L (Bild 9.81).

Die Induktivität L ist bei *konstantem* Gleichstrom wirkungslos; der Strom wird nur durch den ohmschen Widerstand R begrenzt. Tritt jedoch eine Stromänderung ein, so wird eine Spannung in der Induktivität induziert, die bestrebt ist, den alten Stromwert aufrechtzuerhalten.

Dieses ist bei jedem Ein- und Ausschaltvorgang der Fall.

> In einer Induktivität kann sich der Strom nicht sprungartig verändern.

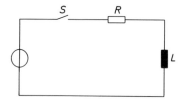

Bild 9.81   Stromkreis mit einer Spule

R = Summe aller ohmschen Widerstände im Stromkreis

z. B. $R = R_{\text{i Generator}} + R_{\text{Leitung}} + R_{\text{Spule}}$

9.5.5.1   Einschaltvorgang an einer Spule

Schaltet man einen mit einer Induktivität behafteten Stromkreis ein, dann benötigt der Strom für seine Änderung von 0 Ampere auf seinen Endwert eine bestimmte Zeit. Der ansteigende Strom hat ein ansteigendes Magnetfeld zur Folge, das in der Induktivität eine Induktionsspannung entsprechend der Formel

$$u_0 = L \frac{\Delta i}{\Delta t}$$

induziert. Da diese Spannung der angelegten Spannung entgegengerichtet ist, kann der Strom nicht sofort seinen Endwert erreichen. Die Bilder 9.82 und 9.83 zeigen das Ersatzschaltbild und die Diagramme für die Spannung und den Strom.

Der Einschaltstrom an einer Induktivität steigt nach einer Exponentialfunktion an und hat nach 5 Zeitkonstanten etwa seinen Endwert erreicht (Abschnitt 8.5.2).

374

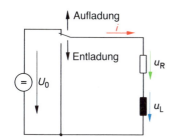

Aufladung

Entladung

U_0

i

u_R

u_L

Bild 9.82 Ein- und Ausschaltung einer Induktivität an Gleichspannung im Idealfall mit der Umschaltzeit $t = 0$

Bild 9.83 Ein- und Abschaltvorgänge an einer Induktivität, die beim Abschalten über den ohmschen Widerstand kurzgeschlossen wird

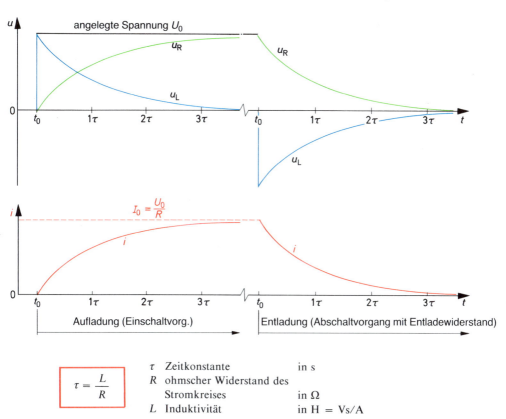

Aufladung (Einschaltvorg.)

Entladung (Abschaltvorgang mit Entladewiderstand)

$$\tau = \frac{L}{R}$$

τ	Zeitkonstante	in s
R	ohmscher Widerstand des Stromkreises	in Ω
L	Induktivität	in H $= $ Vs/A

9.5.5.2   Abschaltvorgang an einer Spule

In Abschnitt 9.5.2 wurde die Energie eines Magnetfeldes erläutert. Wird der Strom in einer Spule abgeschaltet, so bricht das Magnetfeld zusammen, und die Energie wird freigesetzt.

Diese Wirkung ist bei der Zündung im Ottomotor und bei der Leuchtstofflampe willkommen. In vielen anderen Fällen zerstören die hohen Selbstinduktionsspannungen jedoch die Isolation von Bauteilen.

In den nachfolgend dargestellten Schaltungsarten entstehen unterschiedlich hohe Spannungsspitzen.

375

9.5.5.2.1 Abschaltvorgang ohne Zusatzmaßnahmen

Nach dem Öffnen des Schalters bricht der Strom in kürzester Zeit (Δt = sehr klein) von $i = I_0$ auf $i = 0$ zusammen. Entsprechend der Beziehung $u_0 = -L\Delta i/\Delta t$ wird eine hohe Spannungsspitze entstehen. Sie ist bestrebt, den Strom in der gleichen Richtung aufrechtzuerhalten. Die Spannung steigt so weit an, bis durch Funkenüberschlag am Schalter oder anderen Stellen die Energie des Magnetfeldes «abgebaut» wird.

9.5.5.2.2 Abschaltvorgang mit Entlademöglichkeit über den ohmschen Widerstand des Stromkreises

In Bild 9.82 ist ein Umschalter eingezeichnet, der in der idealen Zeit «Null» umschalten soll. In diesem Falle wird die nach dem Umschalten induzierte Spannung u_L den Strom durch den Widerstand und die Induktivität treiben.

Beide (u_L und i) klingen nach der gleichen e-Funktion wie bei der Aufladung ab. Gefährliche Spannungsüberhöhungen werden vermieden.

9.5.5.2.3 Abschaltung mit Entlademöglichkeit über eine Freilaufdiode (Bild 9.84)

Da der ideale Umschalter nicht realisierbar ist, setzt man in der Praxis eine Freilaufdiode ein. Die Freilaufdiode ist im normalen Betriebsfall (Schalter S geschlossen) hochohmig, da sie in Sperrichtung eingebaut ist.

Wird der Schalter geöffnet, versucht die Selbstinduktionsspannung nach dem Lenzschen Gesetz den Stromfluß durch die Induktivität beizubehalten und polt dadurch die Spannung an der Diode in Durchlaßrichtung um. Die Diode verhält sich somit wie der Umschalter in Bild 9.82.

Die Selbstinduktionsspannung kann damit nicht über den Wert der angelegten Spannung ansteigen und nimmt nach einer e-Funktion ab (Bild 9.83).

Der *Vorteil* der Freilaufdiode liegt also in dem Schutz von Bauelementen vor Überspannungen. Dieses gilt insbesondere in der Elektronik.

Nachteilig können Abfallverzögerungen bei schnellen elektromechanischen Systemen durch das Absinken des Stroms nach einer e-Funktion sein (z.B. Abschlagmagnete in Schreibmaschinen).

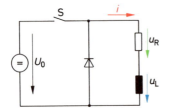

Bild 9.84 Stromkreis einer Spule mit Freilaufdiode

9.6 Wirbelströme

Befindet sich ein elektrisch leitendes Material in einem sich ändernden Magnetfeld, wird in diesem Material eine Spannung induziert, die innerhalb des Materials ungeordnete Ströme zur Folge hat. Diese Ströme werden Wirbelströme genannt. Sie erwärmen das Material oft unzulässig stark.

Während in ruhenden Metallteilen ein sich änderndes Magnetfeld vorhanden sein muß (Induktion der Ruhe), genügt bei bewegten Teilen auch ein permanentes Magnetfeld (Induktion der Bewegung). Daher müssen auch die Läufer von Gleichstrommaschinen aus Blechen hergestellt

376

werden. Die Wirbelstromverluste lassen sich verkleinern, wenn die betroffenen Teile (Eisen in Motor, Drosselspulen, Transformatoren usw.) aus einzelnen gegeneinander isolierten Blechen hergestellt werden. Als Isolation genügt im Elektromaschinenbau meistens die normale Oxidschicht jedes Bleches, da die Spannung zwischen den einzelnen Blechen sehr gering ist.

Bei hohen Frequenzen, z.b. in der Rundfunk- und Fernsehtechnik, reicht die Lamellierung der Kerne nicht mehr aus. Dort werden voneinander isolierte Kügelchen zu einem Kern (z.B. Übertrager) zusammengepreßt. Dadurch sind diese Kerne meistens elektrisch nichtleitend, und die Windungen können aus unisoliertem Draht aufgebracht werden (z.B. Funkentstördrosseln in Geräten). Da sich zwischen dem magnetisch leitenden Material Isolierstoff befindet, sinkt natürlich die magnetische Leitfähigkeit (Permeabilität) etwas ab.

Die **Wirbelstromverluste** verhalten sich

- *quadratisch* zur Frequenz (f)
- *quadratisch* zur Induktion (B)
- und sind außerdem stark abhängig vom Werkstoff, Werkstoffkonstante (σ_W)

$$P_\mathrm{V\,Wirbelstrom} = \sigma_\mathrm{W} \cdot f^2 \cdot B^2$$

Außer den Wirbelstromverlusten bereiten dem Elektromaschinenbauer und dem Hochfrequenzler auch die Ummagnetisierungsverluste (Hysteresisverluste, Abschnitt 9.3.1.2) Sorgen. Letztere verhalten sich linear zur Frequenz.

Nutzanwendungen: Die Wirbelströme werden in Induktionsöfen zur Erwärmung des Schmelzgutes ausgenutzt. Zur Verstärkung der Heizleistung werden höhere Frequenzen (0,5 bis 10 kHz) verwendet, da die Wirbelstromverluste quadratisch mit der Frequenz ansteigen. Da Wirbelströme ein Magnetfeld zur Folge haben, das nach dem Lenzschen Gesetz der Ursache entgegenwirkt, wird diese Erscheinung zur Bremsung von laufenden Scheiben im permanenten Magnetfeld ausgenutzt. Die Wirbelstrombremsung wird z.B. beim Zähler, bei der Dämpfung von Meßwerken und zur Leistungsfestlegung von Maschinen (Wirbelstrombremse) angewendet.

In der Hochfrequenztechnik werden magnetische Felder durch Aluminium- oder Kupferbecher abgeschirmt. In den Bechern entstehen Wirbelströme, deren Magnetfeld dem abzuschirmenden Feld entgegengerichtet ist. Dieses Verfahren wird gleichzeitig zur Abschirmung elektrischer Felder benutzt.

9.6.1 Stromverdrängung — Skineffekt*

Bei Gleichstrom ist die Stromdichte im gesamten Leiterquerschnitt konstant. Wird ein Leiter jedoch von einem Wechselstrom durchflossen, entsteht ein wechselndes Magnetfeld, das nach dem Lenzschen Gesetz einen Strom I_2 zur Folge hat, der der Ursache I_1 entgegengerichtet ist. Bild 9.85 gibt die Vorgänge in einem Leiter vereinfacht wieder. Darin ist zu erkennen, daß der Strom in der Mitte des Leiters aufgehoben wird und nur am Rand fließt. Für den Stromfluß steht nicht mehr der gesamte Leiterquerschnitt zur Verfügung. Der durch die Stromverdrängung vergrößerte ohmsche Widerstand wird als Echtwiderstand bezeichnet. Diese Erscheinung ist frequenzabhängig und hängt außerdem vom Querschnitt des Leiters ab. Bei einem Kupferdraht von 1 mm Durchmesser macht sie sich schon ab 100 kHz bemerkbar, bei einem Durchmesser von 0,1 bzw. 0,01 mm jedoch erst ab 10 MHz bzw. 1000 MHz.

Bei einer Frequenz von 50 Hz ist dieser Effekt nur bei großen Querschnitten feststellbar. Er wird gezielt beim *Stromverdrängungsläufer* im Elektromaschinenbau genutzt.

---

* skin (englisch) = Haut.

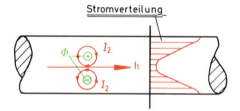

Bild 9.85 Stromverteilung in einem Leiter bei hohen Frequenzen

Da das Innere des Querschnitts nicht ausgenutzt wird, verwendet man dann zum Teil Hohlleiter oder versilberte Kupferleiter. Dicke wirksame Querschnitte erreicht man durch voneinander isolierte dünne Drähte. Der Strom fließt bei hohen Frequenzen nur in der äußeren Haut. Man spricht daher vom Hauteffekt oder Skineffekt.

378

10 Wechselstromtechnik

10.1 Begriffe

Für einen Wechselstrom gelten folgende Festlegungen:
a) die Augenblickswerte haben einen periodischen Zeitverlauf
b) der lineare Mittelwert ist Null (Abschnitt 10.1.8).
  Bei einem *Sinusvorgang* verlaufen die Augenblickswerte sinusförmig mit der Zeit (Bilder 10.4 und 10.5).

10.1.1 Warum ist die Wechselspannung sinusförmig?

Nach dem Induktionsgesetz entsteht eine Spannung, wenn magnetische Kraftlinien einen Leiter schneiden. Dabei berechnet sich die induzierte Spannung nach folgender Formel:

$$u_0 = B \cdot l \cdot v_\perp$$

Darin bedeuten:

u_0 Augenblickswert der induzierten Spannung in V

l Länge des Leiters in m

B Magnetische Flußdichte (Induktion) in $\dfrac{\text{Vs}}{\text{m}^2} = \text{T}$

$v_\perp$ Geschwindigkeit, mit der der Leiter die Kraftlinien senkrecht schneidet, in m/s

Bild 10.1a zeigt den Aufbau eines Generators in idealisierter Form. In der obigen Formel sind B und l konstante Werte. Somit ist u_0 nur proportional $v_\perp$. Aus dem Bild 10.1a soll nur die jeweilige Größe von $v_\perp$ ermittelt werden.

Stellung 1: Der Leiter bewegt sich parallel zu den Kraftlinien. Die Schnittgeschwindigkeit ist Null. Also kann keine Spannung induziert werden.
Stellung 3: Der Leiter schneidet alle Kraftlinien senkrecht. Es wird $v_\perp = v_{\text{Umfang}}$. Dieses ist der größte Wert, der erreicht werden kann. Hier liegt nach einem Drehwinkel der Leiterschleife um 90° der größte Spannungswert, der Höchstwert. Er wird auch als Scheitel- bzw. Maximalwert bezeichnet.
Stellung 2: Hier werden die Kraftlinien schräg geschnitten. Im Abschnitt 3.7 wurde gezeigt, daß jede gerichtete Größe in 2 Komponenten zerlegt werden kann (Bild 10.1b). Es wird die tatsächliche Geschwindigkeit in eine parallel (v_{p}) und in eine senkrecht ($v_\perp$) zu den Kraftlinien verlaufende Geschwindigkeit zerlegt. Die parallel verlaufende schneidet keine Kraftlinien und trägt somit nicht zur Spannungserzeugung bei. Die senkrecht verlaufende $v_\perp$ schneidet die Kraftlinien und ist somit allein für die Spannungserzeugung verantwortlich.

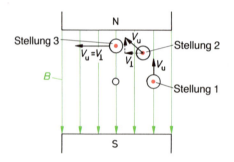

Bild 10.1a   Umfangs- und Schnittgeschwindigkeit eines Leiters im Generator

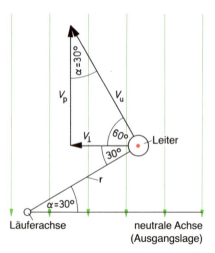

Bild 10.1b   Zerlegung der Umfangsgeschwindigkeit (v_u) in einen senkrecht zu den Kraftlinien verlaufenden Anteil ($v_\perp$) und einen parallel zu den Kraftlinien verlaufenden Anteil (v_p)

Wie groß ist $v_\perp$? (Bild 10.1b)

Nachfolgend soll bewiesen werden, daß die Winkel α in Bild 10.1b einander entsprechen.

Der Drehwinkel von der Ausgangslage ist z.B. 30°. Dann ist der Winkel zwischen $v_\perp$ und r ebenfalls 30°. Da v_u und r immer 90° bilden, ist der Winkel zwischen v_u und $v_\perp = 90° - 30° = 60°$. Dann muß der Winkel zwischen v_u und v_p 30° sein, da die beiden Winkel an der Hypotenuse im rechtwinkligen Dreieck zusammen immer 90° ergeben.

Somit ist: $\sin 30° = \dfrac{\text{Gegenkathete}}{\text{Hypotenuse}} = \dfrac{v_\perp}{v_u}$

oder: $v_\perp = v_u \cdot \sin 30°$

Allgemein:

$$v_{\perp\alpha} = v_u \cdot \sin \alpha$$

Da, wie eingangs gezeigt, $v_\perp \sim u_0$ ist, gilt:

$u_{0\alpha} = \hat{u}_0 \cdot \sin \alpha$ allgemein: $\boxed{u_\alpha = \hat{u} \cdot \sin \alpha}$

u_α = Augenblickswert oder Momentanwert der Wechselspannung bei der Läufer-
stellung α

$\hat{u}$ = höchster Wert der Wechselspannung = Scheitelwert oder Amplitude

α = Winkel der Auslenkung des Leiters, bezogen auf die Nullachse (neutrale Achse).

380

Somit hat die Wechselspannung zwangsläufig einen sinusförmigen Verlauf. Voraussetzung ist jedoch ein homogenes (gleichmäßiges) Magnetfeld.

Abschließend soll die Spannung in Abhängigkeit vom Winkel α bestimmt werden. Es sei $\hat{u}_0 = 100$ V (Bild 10.2).

α	$\sin \alpha$	$\hat{u}$	$u_\alpha = \hat{u} \cdot \sin \alpha$	
0°	0	100 V	0 V	
30°	0,5		50 V	
45°	0,707		70,7 V	
60°	0,866		86,6 V	
90°	1		100 V	die Zwischenwerte
180°	0		0 V	ergeben sich ent-
270°	−1		−100 V	sprechend 0° bis 90°
360°	0	100 V	0 V	

Die Berechnung der Augenblickswerte eines sinusförmigen Stroms erfolgt entsprechend

$$i_\alpha = \hat{i} \cdot \sin \alpha$$

Die Berechnung der Augenblickswerte findet insbesondere bei der Phasenanschnittsteuerung mit Diac, Triac oder Thyristor Anwendung.

Bild 10.2 Läuferstellungen und Spannungsverlauf im Generator

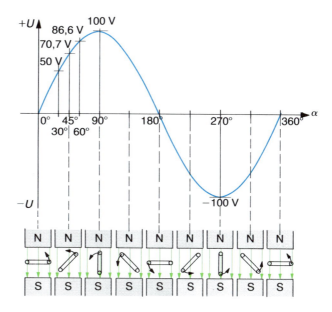

10.1.2 Periode — Periodendauer

Die Periode ist ein stetig wiederkehrender Zeitabschnitt, hier:

> Die Periodendauer T ist die Zeit einer vollen Sinusschwingung in Sekunden.

Die Periodendauer T ist abhängig von der Häufigkeit, mit der der Leiter aus Bild 10.1 je Sekunde umläuft.

Bei $f = 50$ Hz dreht sich der Leiter bei einem 2poligen Generator 50mal je Sekunde, d.h., es werden 50 volle Sinusschwingungen je Sekunde erzeugt. Damit dauert eine Schwingung $^1/_{50}$ Sekunde.

Also:
$$T = \frac{1}{f}$$

T Periodendauer in s
f Frequenz in Hz $= \dfrac{1}{s}$

Beispiel 1: Wie groß ist die Periodendauer bei einer Frequenz von $f = 50$ Hz?

Lösung: $T = \dfrac{1}{f} = \dfrac{1}{50\,\dfrac{1}{s}} = 0,020$ s $= 20$ ms

Beispiel 2: Auf dem Schirm eines Oszilloskops wird die Länge einer Periode mit 6 cm bestimmt (Bild 10.3). Der Ablenkvorgang erfolgt in der waagerechten Achse mit 0,1 ms/cm. Wie groß ist die Frequenz?

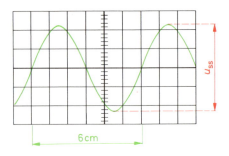

Bild 10.3 Sinuskurve auf dem Schirm eines Oszilloskops

Lösung: Die Ablenkzeit des Strahls im Oszilloskop für 6 cm ist gleich der Periodendauer.

$$T = 6\ \text{cm} \cdot 0,1\ \frac{\text{ms}}{\text{cm}} = 0,6\ \text{ms} = 0,6 \cdot 10^{-3}\ \text{s},$$

dann ist $f = \dfrac{1}{T} = \dfrac{1}{0,6 \cdot 10^{-3}\ \text{s}} = \dfrac{10^3}{0,6\ \text{s}} = 1670\ \dfrac{1}{\text{s}}$

$\underline{f = 1670\ \text{Hz}}$

382

10.1.3 Frequenz — Polpaarzahl — Drehzahl

Bisher wurde in dem Abschnitt Wechselstromtechnik mit einer 2poligen Maschine gearbeitet. Hier wird die Frequenz gleich der Drehzahl je Sekunde (Bild 10.4a).

Bei der 4poligen Maschine (Bild 10.4b) hat der Leiter nach 180° Drehung bereits je einen Nord- und einen Südpol passiert. Es wurde schon räumlich nach 180° eine volle Sinusschwingung erzeugt. Bei den nächsten 180° wiederholt sich der Vorgang. Dann sind bei 1 Umdrehung des Leiters bereits 2 elektrische Sinuskurven entstanden, d.h. 2 Perioden liefen ab. Somit ergibt sich für dieses Beispiel

$$f = 2 \cdot n$$

Allgemeingültig lautet die Formel dann

$$f \quad \text{Frequenz} \qquad \text{in Hz} = \frac{1}{s} \left(\frac{\text{Anzahl der Perioden}}{\text{Sekunde}} \right)$$

$$\boxed{f = p \cdot n} \qquad n \quad \text{Umdrehungen in } \frac{1}{s} \left(\frac{\text{Umdrehungen}}{\text{Sekunde}} \right)$$

$$p \quad \text{Polpaarzahl} \quad = \frac{1}{2} \text{ Polzahl}$$

Bild 10.4a
Zweipoliger Generator
mit Spannungsverlauf bei
1 Umdrehung

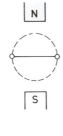

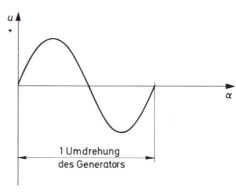

1 Umdrehung
des Generators

a)

Bild 10.4b
Vierpoliger Generator
mit Spannungsverlauf bei
1 Umdrehung

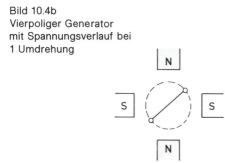

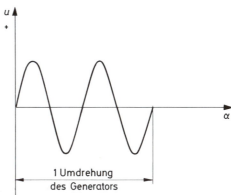

1 Umdrehung
des Generators

b)

383

Beispiel 1: Ein 6poliger Generator wird mit 1000 Umdrehungen je Minute angetrieben. Wie groß ist die Frequenz?

Gegeben: $p = \dfrac{6}{2} = 3$ Polpaare

$$n = 1000 \,\frac{1}{\text{min}} = \frac{1000 \,\frac{1}{\text{min}}}{60 \,\frac{\text{s}}{\text{min}}} = 16{,}67 \,\frac{1}{\text{s}}$$

Lösung: $f = p \cdot n = 3 \cdot 16{,}67 \,\dfrac{1}{\text{s}} = \underline{50 \text{ Hz}}$

Ergebnis: Der Generator hat eine Frequenz von 50 Hz.

Beispiel 2: Wieviel Umdrehungen je Minute macht ein 8poliger Synchronmotor an einem Netz von 50 Hz?

Gegeben: $p = \dfrac{8}{2} = 4$ Polpaare

$f = 50 \text{ Hz}$

Lösung: $f = p \cdot n \leftrightarrow n = \dfrac{f}{p} = \dfrac{50 \,\frac{1}{\text{s}}}{4} = 12{,}5 \,\dfrac{1}{\text{s}}$

$$n = 12{,}5 \,\frac{1}{\text{s}} \cdot 60 \,\frac{\text{s}}{\text{min}} = \underline{750 \,\frac{1}{\text{min}}}$$

Beispiel 3: Ein Frequenzumformer besteht aus einem 6poligen Synchronmotor, der einen 4poligen Generator antreibt. Der Umformermotor läuft an einem 50-Hz-Netz. Welchen Betrag hat die abgegebene Frequenz?

Gegeben: Umformermotor:

$p = \dfrac{6}{2} = 3$ Polpaare

$f = 50 \text{ Hz}$

Generator:

$p = \dfrac{4}{2} = 2$ Polpaare

Lösung: Drehzahl des Umformers:

$$n = \frac{f}{p} = \frac{50 \,\frac{1}{\text{s}}}{3} = 16{,}67 \,\frac{1}{\text{s}}$$

Frequenz des Generators:

$$f = p \cdot n = 2 \cdot 16{,}67 \,\frac{1}{\text{s}} = \underline{33{,}33 \text{ Hz}}$$

384

10.1.4 Winkelgeschwindigkeit oder Kreisfrequenz

Im Abschnitt 3.4.5 wurde die Winkelgeschwindigkeit erklärt.

Es ist:
$$\omega = \frac{2\,\pi}{T}$$

$$\omega = \frac{2\,\pi}{1/f}$$

$$T = \frac{1}{f}$$

Die Periodendauer ist der Frequenz umgekehrt proportional (Abschnitt 10.1.2).

Somit ist:

$$\boxed{\omega = 2 \cdot \pi \cdot f}$$

ω Winkelgeschwindigkeit oder Kreisfrequenz in $\dfrac{1}{s}$

f Frequenz   in $\dfrac{1}{s} = Hz$

Die Winkelgeschwindigkeit gibt den zurückgelegten Winkel im Bogenmaß je Sekunde an.

Beispiel 1:   Wie groß ist die Kreisfrequenz bei einer Frequenz von $f = 50\ Hz$?

Lösung: $\omega = 2 \cdot \pi \cdot f = 2 \cdot \pi \cdot 50\ \dfrac{1}{s} = 314\ \dfrac{1}{s}$

Beispiel 2:   Wie groß ist die Frequenz, wenn die Kreisfrequenz

$\omega = 5 \cdot 10^4\ \dfrac{1}{s}$ beträgt?

Lösung: $\omega = 2 \cdot \pi \cdot f$

$f = \dfrac{\omega}{2 \cdot \pi} = \dfrac{5 \cdot 10^4\ \frac{1}{s}}{2 \cdot \pi} = 0,795 \cdot 10^4\ \dfrac{1}{s}$

$f = 7,95 \cdot 10^3\ Hz = \underline{7,95\ kHz}$

10.1.5 Winkel — Bogenmaß — Zeit im Liniendiagramm

Die Formel $\omega = \dfrac{2\,\pi}{T}$ (Abschnitt 10.1.4) ergibt umgestellt das Bogenmaß $\omega \cdot T = 2\,\pi$ für eine volle Sinusschwingung. Es ist daher möglich und auch üblich, die Zeitachse einer Sinuskurve in folgenden Formen zu beschriften:

10.1.5.1 Angabe des Winkels α

Die Berechnung des Augenblickswertes erfolgt dann nach der Schreibweise

$$\boxed{u = \hat{u} \cdot \sin \alpha}$$

(vergleiche Abschnitt 10.1.1)

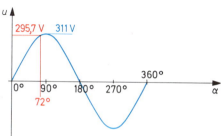

Bild 10.5a   Winkelangabe im Liniendiagramm   a)

385

Beispiel:

Welchen Augenblickswert hat eine sinusförmige Wechselspannung im 50-Hz-Netz mit einem Scheitelwert von 311 V bei einem Winkel von 72°?

Lösung: $u = 311\ \text{V} \cdot \sin 72° = 311\ \text{V} \cdot 0{,}951 = \underline{295{,}7\ \text{V}}$

10.1.5.2 Angabe des Bogenmaßes $\omega \cdot t$

Die Berechnung des Augenblickswertes erfolgt dann nach der Schreibweise

$$u = \hat{u} \cdot \sin (\omega \cdot t)$$

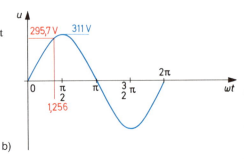

Bild 10.5b   Bogenmaßangabe im Liniendiagramm   b)

Beispiel:

Welchen Augenblickswert hat eine sinusförmige Wechselspannung im 50-Hz-Netz mit einem Scheitelwert von 311 V 4 Millisekunden nach dem Nulldurchgang?

Lösung: $u = 311\ \text{V} \cdot \sin (2\ \pi \cdot 50\ 1/\text{s} \cdot 0{,}004\ \text{s})$

   $u = 311\ \text{V} \cdot \sin 1{,}256 = 311\ \text{V} \cdot 0{,}951 = \underline{295{,}7\ \text{V}}$

Achtung: Hierbei wird der Sinus nicht vom Winkel α, sondern vom Bogenmaß $\omega \cdot t$ gebildet. Dazu muß auf dem Elektronenrechner der Umschalter zur Winkelberechnung auf RAD (Radiant) eingestellt werden (siehe auch Abschnitt 3.4.4).

10.1.5.3 Angabe der Zeit bei vorgegebener Frequenz

Die Berechnung des Augenblickswertes erfolgt dann am einfachsten über das Bogenmaß.

$$u = \hat{u} \cdot \sin (\omega \cdot t)$$

(siehe 10.1.5.2)

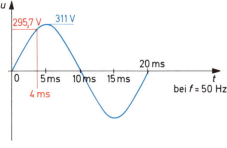

Bild 10.5c   Zeitangabe im Liniendiagramm   c)

Bei der Berechnung über den Winkel muß die vorherige Umrechnung erfolgen.

Periodendauer $T = \dfrac{1}{f}$ entspricht dem Winkel 360°.

386

Beispiel: Aufgabentext wie unter 10.1.5.2.

Lösung: Im 50-Hz-Netz ist somit

$$T = \frac{1}{50} \ 1/s = 0,020 \ s = 20 \ ms$$

$$\alpha = \frac{4 \ ms}{20 \ ms} \cdot 360° = 72°$$

$$u = 311 \ V \cdot \sin 72° = \underline{295,7 \ V}$$

(wie Beispiel im Abschnitt 10.1.5.1)

10.1.6 Zeiger- und Liniendiagramm

Im Abschnitt 1.8.2.1 (Winkelfunktionen) wurde gezeigt, daß sich das Liniendiagramm leicht mit Hilfe eines rotierenden Zeigers im Einheitskreis konstruieren läßt. Dabei entspricht die Zeigerlänge dem Scheitelwert der Sinuskurve.

Das Lot von der Zeigerspitze auf die waagerechte Achse entspricht dem Augenblickswert der Spannung oder des Stroms bei dem betreffenden Winkel. Die Richtung des gezeichneten Zeigers entspricht dem Augenblickswert im Liniendiagramm zum Zeitpunkt 0, d.h. am Anfang des Liniendiagramms. Die positive Drehrichtung ist entgegen der des Uhrzeigers festgelegt.

Beispiel:

a) Liegt der Zeiger waagerecht (Bild 10.6a), so ist das Lot auf die waagerechte Achse gleich Null. Deshalb beginnt die Sinuskurve im Liniendiagramm mit 0 V, d.h. an der Nullachse.
b) Hat der Zeiger eine senkrechte Stellung (Bild 10.6b), so ist das Lot gleich der Zeigerlänge. Das Liniendiagramm beginnt mit dem Scheitelwert, dem höchsten Wert.
c) Verläuft der Zeiger unter einem Winkel von 30° von der Nullachse aus betrachtet (Bild 10.6c), so ist sein Lot 0,5 von der Zeigerlänge (sin 30° = 0,5). Das Liniendiagramm beginnt also mit $0,5 \cdot \hat{u}$.

10.1.7 Phasenverschiebung im Zeiger- und Liniendiagramm

Alle Wechselstromschaltungen enthalten mindestens Strom und Spannung, d.h. mindestens 2 verschiedene Größen. Diese können unterschiedliche Phasenlagen zueinander haben. Die folgenden Bilder 10.7a bis c sollen grundsätzliche Begriffe erläutern.

a) *Phasengleiche periodische Vorgänge* (Bild 10.7a)
Hier ist keine Verschiebung zwischen beiden Kennlinien vorhanden.

b) *Phasenverschobene periodische Vorgänge* (Bild 10.7b)
In diesem Beispiel eilt die Spannung dem Strom um $\varphi = 90°$ voraus, bzw. der Strom eilt der Spannung um $\varphi = 90°$ nach.

Während allgemein der Winkel an der waagerechten Achse mit α bezeichnet wird, ist φ stets der Phasenverschiebungswinkel zwischen 2 Vorgängen.

c) *Vor- und nacheilende periodische Vorgänge* (Bild 10.7c)
Bei der Feststellung, welche Größe welcher anderen vor- oder nacheilt, ist folgende Formulierung hilfreich:
— u_1 hat schon bei 60° sein Maximum, i erst bei 90°, also u_1 eilt i um 30° vor.
— u_2 hat erst bei 150° sein Maximum, i schon bei 90°, also u_2 eilt i um 60° nach.

387

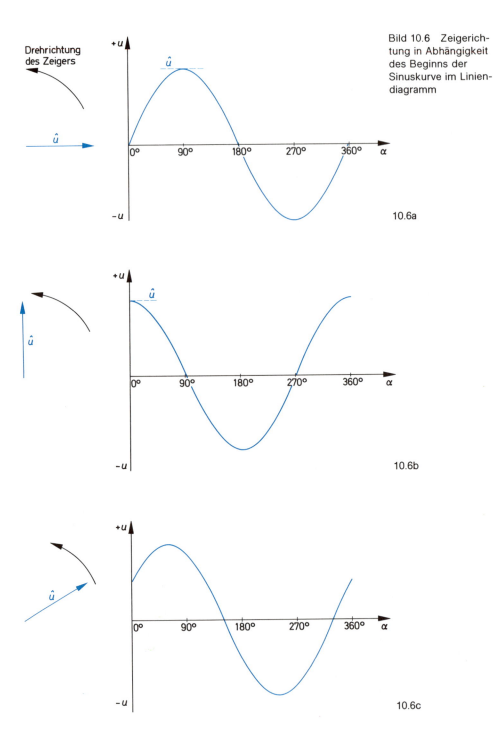

Bild 10.6 Zeigerichtung in Abhängigkeit des Beginns der Sinuskurve im Liniendiagramm

10.6a

10.6b

10.6c

388

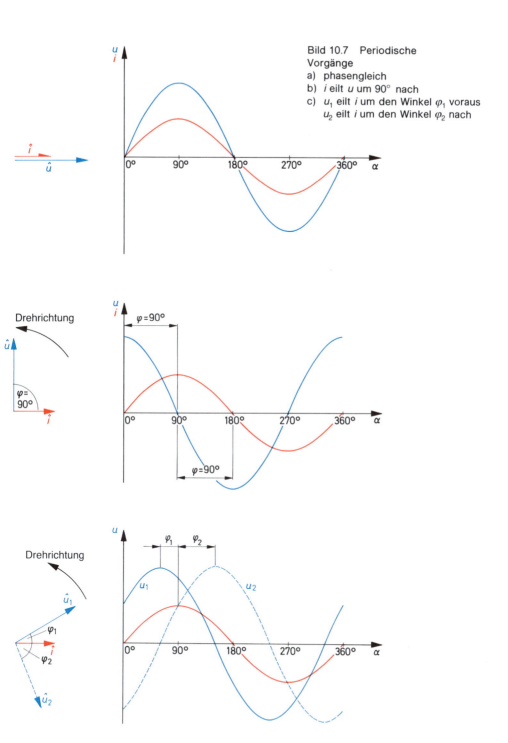

Bild 10.7 Periodische
Vorgänge
a) phasengleich
b) i eilt u um 90° nach
c) u_1 eilt i um den Winkel φ_1 voraus
   u_2 eilt i um den Winkel φ_2 nach

389

10.1.8 Scheitelwert — Mittelwert — Effektivwert

Sinusförmige Wechselstromgrößen haben den in Bild 10.7 dargestellten Verlauf.
Die Sinuskurve hat zu jedem Zeitpunkt einen anderen Wert. Welchen sollte man für Vergleichszwecke angeben?

a) Der (Höchstwert) Scheitelwert (hier 311 V) interessiert für Isolationszwecke und bei Spitzengleichrichtung.

b) In der Elektrochemie ist die transportierte Ladungsmenge in einer Richtung wichtig.
Diese ist bei Gleichstrom: $Q = I \cdot t$ in As oder Ah, und bei Wechselstrom: $Q = 0$,
da zu einer positiven Halbwelle immer eine negative gehört.

Diese theoretische Überlegung wird durch ein Drehspulinstrument (⎋) bestätigt. Bei Gleichstrom schlägt es in einer Richtung aus. Bei Wechselstrom niedriger Frequenz pendelt der Zeiger um seine Ruhelage hin und her. Bei Wechselstrom hoher Frequenz steht der Zeiger still, da der algebraische Mittelwert des Wechselstroms Null ist und das Meßwerk für Teilwerte zu große Trägheit besitzt.

Der arithmetische oder lineare Mittelwert ist bei Wechselstrom = 0

(siehe Definition des Wechselstroms Abschnitt 10.1).

Der arithmetische Mittelwert wird auch als *Gleichrichtwert* bezeichnet. In der Literatur findet man folgende Formelzeichen:

$$I_\mathrm{m} = I_\mathrm{Mittelwert}; \quad I_\mathrm{AV} = I_\mathrm{average}$$

Da der Gleichrichtwert «Null» ist, kann mit Wechselstrom kein Akku geladen werden. Für die Anwendung in der Elektrochemie (z.B. Akkuladung) verwendet man einen gleichgerichteten Wechselstrom. Dann ergeben sich die Mittelwerte wie in den Bildern 10.8a und b.

c) In der Praxis interessiert in erster Linie die elektrische Leistung. Dabei ist es gleichgültig, ob Heizgeräte bzw. Glühlampen mit Gleich- oder Wechselstrom versorgt werden: die Erwärmung erfolgt in beiden Fällen.

Die Leistung berechnet sich aus

$$p = u \cdot i \quad \text{oder} \quad p = \frac{u^2}{R} \quad \text{oder} \quad p = i^2 \cdot R$$

Im Liniendiagramm Bild 10.9b wurde das Quadrat des Stroms bei einem Widerstand R dargestellt. Der Kurvenverlauf ergibt eine sinusförmige pulsierende Leistung, die während einer Periode des Stroms 2 positive Maxima hat.

Begründung: $(+i) \cdot (+i) = +\hat{p}$ und $(-i) \cdot (-i) = +\hat{p}$

Die Augenblicksleistung p des Wechselstroms pulsiert mit doppelter Frequenz des Netzes um die mittlere Leistung.

Daher haben die magnetischen Brummgeräusche elektrischer Maschinen im 50-Hz-Netz eine Grundfrequenz von 100 Hz. Auch die Helligkeit von Lampen pulsiert mit 100 Hz am 50-Hz-Netz.

390

Bild 10.8 Gleichgerichtete
Wechselströme
a) Einweggleichrichtung
b) Zweiweggleichrichtung

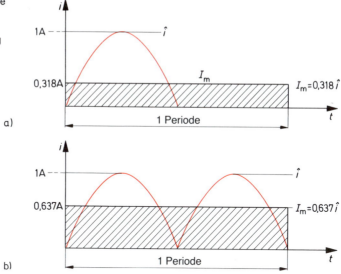

a)

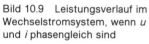

b)

Bild 10.9 Leistungsverlauf im
Wechselstromsystem, wenn u
und i phasengleich sind

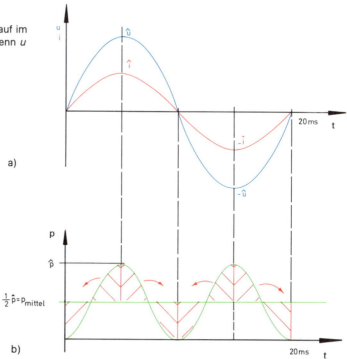

a)

b)

391

In der Praxis interessiert die Durchschnittsleistung, der Mittelwert des tatsächlichen Leistungsverlaufs (Bild 10.9b). Sie ist:

$$P = \frac{1}{2} \cdot \hat{p} = \frac{1}{2} \, \hat{i}^2 \cdot R = \frac{\hat{i}^2}{2} \cdot R$$

Der Effektivwert ist jedoch $P = I^2 \cdot R$.

Setzt man beide Werte gleich, dann ergibt sich:

$$I^2 \cdot R = \frac{\hat{i}^2}{2} \cdot R \qquad\qquad \text{beide Seiten geteilt durch } R$$

$$I^2 = \frac{\hat{i}^2}{2} \qquad\qquad \text{auf beiden Seiten die Wurzel ziehen}$$

$$\boxed{I = \frac{\hat{i}}{\sqrt{2}}} \qquad \text{bei sinusförmigen Spannungen und Strömen}$$

$$\boxed{U = \frac{\hat{u}}{\sqrt{2}}}$$

$U; I$ Effektivwerte auch U_{eff}; I_{eff} oder U_{RMS}; I_{RMS}
            (RMS = root mean square)

$\hat{u}; \hat{i}$ Scheitelwerte

Der Effektivwert ist der quadratische Mittelwert.

Beispiel 1:   Wie groß ist der Scheitelwert einer Spannung, deren Effektivwert 400 V beträgt?

Lösung: $\hat{u} = \sqrt{2} \cdot U$

$\qquad\qquad \hat{u} = \sqrt{2} \cdot 400 \text{ V} = \underline{566 \text{ V}}$

Beispiel 2:   Ein Isolationskörper darf mit maximal 2000 V beansprucht werden. Wie groß darf höchstens der Effektivwert einer sinusförmigen Spannung sein?

Lösung: $U = \dfrac{\hat{u}}{\sqrt{2}}$

$\qquad\qquad U = \dfrac{2000 \text{ V}}{\sqrt{2}} = \underline{1410 \text{ V}}$

Formfaktor

Alle gebräuchlichen Meßgeräte sind in Effektivwerten geeicht, da Effektivwerte fast ausschließlich in der Praxis von Interesse sind.

Das in den meisten Vielfachinstrumenten übliche Drehspulmeßwerk mit Gleichrichter zeigt jedoch nur bei Sinusform richtig an, da sie den arithmetischen Mittelwert oder Gleichrichtwert I_m messen, aber im quadratischen Mittelwert oder Effektivwert geeicht sind (vgl. Band «Elektrische Meß- und Regeltechnik»).

392

Das Verhältnis von Effektivwert zu linearen Mittelwert wird Formfaktor genannt.

$$\text{Formfaktor } f = \frac{\text{Effektivwert}}{\text{Gleichrichtwert}} = \frac{\text{quadratischer Mittelwert}}{\text{arithmetischer Mittelwert}}$$

$$f = \frac{I}{I_m} = \frac{U}{U_m}$$

für sinusförmige Wechselströme gilt:

$$f = \frac{I}{I_m} = \frac{0,707\ \hat{i}}{0,637\ \hat{i}} = 1,11 \qquad \qquad \frac{\hat{i}}{\sqrt{2}} = 0,707 \cdot \hat{i}$$

Nichtsinusförmige Wechselströme (Phasenanschnittsteuerung, verzerrte Stromverläufe durch magnetische Sättigung usw.) können einen erheblich anderen Formfaktor besitzen. Er ist abhängig vom Verzerrungsgrad der Sinuskurve und kann bei Nichtbeachtung zu großen Meßfehlern führen (siehe Band «Elektrische Meß- und Regeltechnik»).

10.1.9   Leistung im Wechselstromkreis

Die von der Gleichstromtechnik bekannte Formel

$$\text{Leistung} = \text{Spannung} \times \text{Strom}$$

hat auch in der Wechselstromtechnik ihre Gültigkeit. Wie schon in den Bildern 10.7a bis c erläutert, sind jedoch 3 verschiedene Phasenverschiebungen zwischen Strom und Spannung möglich, die alle zu unterschiedlichen Leistungen führen.
a) Phasenverschiebung 0° zwischen Strom und Spannung
b) Phasenverschiebung 90° zwischen Strom und Spannung
c) Phasenverschiebung zwischen 0° und 90° zwischen Strom und Spannung

Die Leistungsberechnung für diese 3 Fälle wird in den folgenden Abschnitten erläutert.

10.1.9.1   Leistung (Wirkleistung)
Leistung bei Phasengleichheit zwischen Strom und Spannung

Liegen Strom und Spannung eines Wechselstromkreises phasengleich, ergibt das Produkt aus den jeweiligen Augenblickswerten eine Leistungskurve, die stets positiv ist.

$$\text{denn } (+i) \cdot (+u) = +p \quad \text{ und auch } (-i) \cdot (-i) = +p$$

Positive Leistung bedeutet, der Erzeuger liefert an den Verbraucher Energie.
Dieses ist stets bei ohmschen Widerständen der Fall. Im Bild 10.9 ist

$$P = 1/2\ \hat{p} = 1/2\ \hat{u} \cdot \hat{i} = 1/2 \cdot \sqrt{2} \cdot U \sqrt{2} \cdot I = U \cdot I$$

Am ohmschen Widerstand berechnet sich die Leistung aus $U \cdot I$ (Effektivwerte).

Um Fehldeutungen zu vermeiden, sollte betont werden, daß es sich um Strom und Spannung am ohmschen Widerstand handelt und stets der entsprechende Index angebracht werden sollte.

393

$$\boxed{P = U_R \cdot I_R} \qquad \text{in Watt (W)}$$

(Die in der Literatur häufig zu findende Bezeichnung Wirkleistung wird in diesem Buch bewußt durch die Bennenung Leistung ersetzt. In der allgemeinen Wärmelehre und Mechanik spricht man stets nur von der Leistung, wenn die Wirkleistung gemeint ist, z.B.: Das Auto hat eine Leistung von 50 kW, der Heizkessel hat eine Leistung von 20 kW.)

10.1.9.2 Blindleistung
Leistung bei 90°-Phasenverschiebung zwischen Strom und Spannung

Besteht zwischen Strom und Spannung eine Phasenverschiebung von 90°, ergeben sich positive und negative Werte für die Leistungskurve (Bild 10.10), denn

$$(+u) \cdot (+i) = +p$$
$$(-u) \cdot (+i) = -p$$
$$(-u) \cdot (-i) = +p$$
$$(+u) \cdot (-i) = -p$$

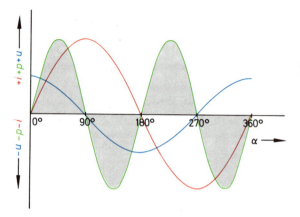

Bild 10.10 Wechselstromleistung bei einer Phasenverschiebung von 90°
hier: I eilt U um 90° nach

Negative Leistung über eine Zeit bedeutet, der Verbraucher gibt an den Erzeuger Energie zurück.
Beispiel: In einer Spule wird ein Magnetfeld aufgebaut, die erforderliche Energie liefert der Erzeuger. Bricht das Magnetfeld zusammen (wird abgebaut), entsteht eine Gegenspannung, und die Spule liefert Energie an den Erzeuger zurück.

Das Produkt aus Spannung mal Strom wird Blindleistung genannt. Sie erhält den Formelbuchstaben Q und früher die Einheit volt-ampere-reaktiv (var) (reaktiv [lat] = rückwirkend), heute Watt (W).

> Die Blindleistung dient zum Auf- und Abbau eines magnetischen oder eines elektrischen Feldes.

Um 90° phasenverschobene Spannungen und Ströme treten an Blindwiderständen (Induktivitäten und Kapazitäten) auf. Die Formel sollte daher stets die entsprechenden Indizes tragen

$$Q = U_B \cdot I_B \qquad \text{in Watt (W) oder volt-ampere-reaktiv (var)*}$$

$$\boxed{\begin{aligned} Q_L &= U_L \cdot I_L \\ Q_C &= U_C \cdot I_C \end{aligned}} \qquad \begin{aligned} &\text{Index B für Blind} \\ &\text{Index L für Induktivität} \\ &\text{Index C für Kapazität} \end{aligned}$$

394

* siehe Fußnote Seite 395

Ein Leistungsmesser (Wattmeter) würde bei niedriger Frequenz ständig nach links bei negativer und nach rechts bei positiver Leistung ausschlagen. Bei 50 Hz müßten je Sekunde $2 \cdot 50 = 100$ Ausschläge nach links und rechts stattfinden. Dazu ist das Instrument zu träge; es zeigt 0 Watt an.

> Am Blindwiderstand hat die Leistung (Wirkleistung) den Wert Null.

10.1.9.3 Scheinleistung

Liegt die Phasenverschiebung von Strom und Spannung zwischen den Werten 0° und 90°, spricht man von Scheinwiderständen. Dieses trifft bei allen Spulen, Motoren usw. zu (Bild 10.11).
Jetzt ist nur ein Teil der Leistung negativ. Das Wattmeter wird einen der negativen Leistung entsprechenden verringerten Ausschlag im Vergleich zur reinen (Wirk-)Leistung haben.

> Das Produkt aus phasenverschobenen Spannungen und Strömen ergibt die Scheinleistung.

Um Verwechslungen mit der (Wirk-)Leistung auszuschließen, erhält früher die Scheinleistung den Formelbuchstaben S und die Einheit Volt-Ampere (VA), heute die Einheit Watt (W).

$$S = U \cdot I$$ in Watt (W) oder in Volt-Ampere (VA)*

Bild 10.11 Wechselstrom-leistung bei einer Phasenver-schiebung von ca. 30°

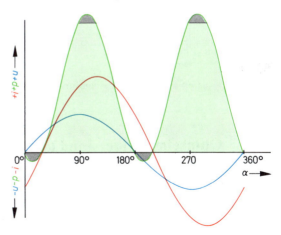

10.1.9.4 Leistungsdreieck

Bei einer Wechselstromschaltung mit einem ohmschen Widerstand (Phasenverschiebung 0°) und einem Blindwiderstand (Phasenverschiebung 90°) entstehen alle 3 der aufgeführten Leistungen.

(Wirk-)Leistung $P = U_R \cdot I_R$ in W
Blindleistung $Q = U_B \cdot I_B$ in W
Scheinleistung $S = U \cdot I$ in W

Diese 3 Größen sind über das Leistungsdreieck (Bild 10.12) miteinander verknüpft.

---

* Nach DIN 1304 sind seit 1989 die Einheiten für die Leistungsarten alle auf Watt (W) umgestellt worden. Die bisherigen Einheiten var für Blindleistung und VA für Scheinleistung sind weiterhin gültig.

Die Begründung für die Anordnung der einzelnen Pfeile erfolgt bei den Erklärungen der einzelnen Wechselstromschaltungen im Abschnitt 10.3.3 und Abschnitt 10.4.2.

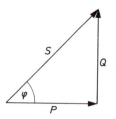

Bild 10.12 Leistungsdreieck

Im rechtwinkligen Dreieck gilt:

$$S^2 = P^2 + Q^2$$

$$\cos \varphi = \frac{P}{S} \quad \text{bzw.}$$

$$P = S \cdot \cos \varphi$$

$$\sin \varphi = \frac{Q}{S} \quad \text{bzw.}$$

$$Q = S \cdot \sin \varphi$$

allgemein gilt:

$$S = U \cdot I$$

eingesetzt in die links stehende Formel ergibt sich:

$$P = U \cdot I \cdot \cos \varphi$$

$$Q = U \cdot I \cdot \sin \varphi$$

Beispiele zu diesen Formeln erscheinen innerhalb der einzelnen Wechselstrom-Abschnitte.

10.2 Ohmscher Widerstand (Wirkwiderstand) im Wechselstromkreis

Im ohmschen Widerstand wird, wenn er von einem Strom durchflossen wird, stets eine Arbeit verrichtet (z.B. Wärme).

Umkehrung: Erwärmt sich ein Bauteil bei Stromdurchgang, so muß sein Ersatzschaltbild immer einen ohmschen Widerstand (Wirkwiderstand) enthalten.

In ohmschen Widerständen liegen Strom und Spannung stets phasengleich.

Beispiel 1:

Gegeben: Ein Heizwiderstand von 46 Ω liegt an 230 V; 50 Hz.

Gesucht: a) Strom I,
        b) Scheitelwert von Strom und Spannung,
        c) Zeigerdiagramm,
        d) Liniendiagramm.

Lösung: a) Schaltbild und Berechnung von I (Bild 10.13)
Wie bei Gleichstrom gilt hier die Formel

$$I = \frac{U}{R} = \frac{230 \text{ V}}{46 \text{ }\Omega} = \underline{5 \text{ A}}$$

b) Scheitelwerte

$$\hat{\imath} = \sqrt{2} \cdot I = \sqrt{2} \cdot 5 \text{ A} = \underline{7{,}07 \text{ A}}$$

$$\hat{u} = \sqrt{2} \cdot U = \sqrt{2} \cdot 230 \text{ V} = \underline{325 \text{ V}}$$

c) und d) siehe Bilder 10.14a und b.

Liniendiagramme werden mit Hilfe der Zeigerlängen des Zeigerdiagramms der Scheitelwerte konstruiert (Abschnitt 10.1.6).

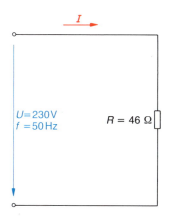

Bild 10.13   Ohmscher Widerstand an Wechselspannung

Bild 10.14   Ohmscher Widerstand an Wechselspannung
a) Zeigerdiagramm
b) Liniendiagramm

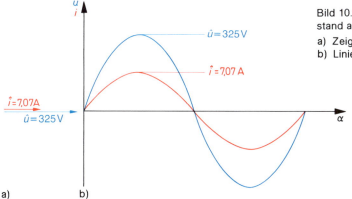

a)   b)

Berechnungen mit ohmschen Widerständen stimmen im Gleich- und Wechselstromfalle überein.

Beispiel 2:   Ein ohmscher Widerstand trägt die Aufschrift 470 Ω/2 W. Wie groß darf die angelegte Wechselspannung sein, und welcher Strom darf durch den Widerstand fließen? Wie groß ist der Phasenverschiebungswinkel φ zwischen Strom und Spannung?

Gegeben: $R = 470 \text{ }\Omega$
$P = 2 \text{ W}$

Gesucht: a) $U = ? \text{ V}$
b) $I = ? \text{ A}$
c) $\varphi = ? \text{ }°$

397

Lösung: a) $P = \dfrac{U^2}{R}$

$\quad\quad\quad U^2 = P \cdot R$

$\quad\quad\quad U = \sqrt{P \cdot R}$

$\quad\quad\quad\quad = \sqrt{470\ \Omega \cdot 2\ W}$

$\quad\quad \underline{U = 30,7\ V}$

b) $I = \dfrac{P}{U} = \dfrac{2\ W}{30,7\ V}$

$\quad\quad = 0,0651\ A$

$\quad \underline{\underline{I = 65,1\ mA}}$

c) $\varphi = 0°$, da ohmscher Widerstand.

10.3 Induktiver Widerstand

10.3.1 Phasenverschiebung und Berechnung des Blindwiderstandes

Eine Spule nimmt bei Gleichspannung einen größeren Strom als bei Wechselspannung auf. Worin ist die Ursache zu suchen?

In den Bildern 10.15a bis e sollen die Zusammenhänge in einer idealen Spule ohne ohmschen Widerstand, einer Induktivität, betrachtet werden.

Angenommen, durch einen induktiven Widerstand fließt der sinusförmige Strom i (Bild 10.15a).

i hat den Fluß Φ zur Folge, der die gleiche Phasenlage besitzt (Bild 10.15b).

Nach dem Induktionsgesetz $u_0 = -\Delta\Phi/\Delta t$ wird in der gleichen Spule eine Selbstinduktionsspannung erzeugt, die bei der größten Flußänderungsgeschwindigkeit $\Delta\Phi/\Delta t$ ihr Maximum besitzt (Bild 10.15c).

Die größte Flußänderung tritt im Nulldurchgang (0° und 180°) auf. Die Selbstinduktionsspannung ist Null, wenn keine Flußänderung vorhanden ist. Dieses ist der Fall im Flußmaximum (90° und 270°).

Nach der Lenzschen Regel ist die Wirkung der Ursache entgegengerichtet (Bild 10.15d).

Wirkung: Selbstinduktionsspannung u_0,

Ursache: Angelegte Spannung u, die den im Bild 10.15a angenommenen Strom i zur Folge hat.

Überträgt man den Strom i aus Bild 10.15a und die Spannung u aus Bild 10.15d in ein neues Diagramm, ergibt sich die Phasenverschiebung in Bild 10.15e.

In einer Induktivität (idealer Spule) eilt der Strom der angelegten sinusförmigen Spannung um 90° nach.

Bild 10.15d zeigt, daß u_0 der angelegten Spannung u entgegenläuft. Sie wirkt also wie ein Widerstand.

Die Selbstinduktionsspannung wirkt der angelegten Spannung entgegen, sie begrenzt dadurch den Strom und hat somit die Wirkung eines Widerstandes.

Der induktive Widerstand ist das Verhältnis der Spannung zum Strom an einer Induktivität.

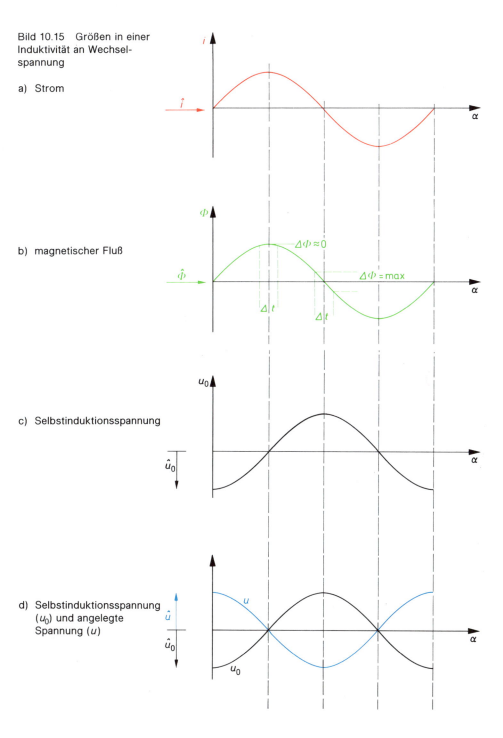

Bild 10.15 Größen in einer
Induktivität an Wechsel-
spannung

a) Strom

b) magnetischer Fluß

c) Selbstinduktionsspannung

d) Selbstinduktionsspannung
    (u_0) und angelegte
    Spannung (u)

399

e) Der Strom eilt der Spannung um 90° nach.

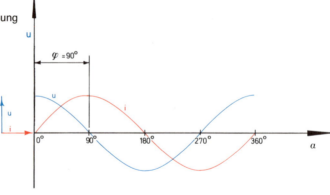

$$X_\mathrm{L} = \frac{U_\mathrm{L}}{I_\mathrm{L}}$$

u_0 und somit der induktive Widerstand ist verhältnisgleich (proportional) der

    a) Frequenz f (die Abhängigkeit ist im Bild 10.150 dargestellt).
    b) Induktivität, die wiederum von dem magnetischen Widerstand (R_m) und der Windungszahl im Quadrat bestimmt wird (Abschnitt 9.5.2).

$$L = \frac{N^2}{R_\mathrm{m}}$$

> Der induktive Widerstand X_L vergrößert sich mit steigender Frequenz f und steigender Induktivität L.

Die Formel zur Berechnung des induktiven Widerstandes lautet:

$$X_\mathrm{L} = \omega \cdot L$$

$$X_\mathrm{L} = 2 \cdot \pi \cdot f \cdot L$$

$$\omega = 2 \cdot \pi \cdot f$$

X_L induktiver Widerstand   in Ω

ω Kreisfrequenz   in $\frac{1}{s}$ (elektrische Winkelgeschwindigkeit)

f Frequenz   in Hz $= \frac{1}{s}$

L Induktivität   in H $= \frac{V \cdot s}{A}$

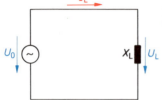

Bild 10.16   Induktivität an Wechselspannung

400

10.3.2   Schaltungen mit induktiven Widerständen

In der Praxis lassen sich induktive Widerstände nicht ohne ohmschen Anteil herstellen. In Abschnitt 10.2 wurde gesagt, daß alle sich erwärmenden Bauteile im Ersatzschaltbild einen ohmschen Widerstand enthalten müssen. Induktive Widerstände sind Spulen mit und ohne Eisenkern.

Sie erwärmen sich durch

   a) den ohmschen Widerstand der Wicklung
   b) die Wirbelstromverluste im Eisenkern
   c) die Ummagnetisierungsverluste im Eisenkern.

Während die Kupferverluste frequenzunabhängig sind (bei hohen Frequenzen allerdings, durch den Skineffekt bedingt, nicht), steigen die Wirbelstromverluste und die Ummagnetisierungsverluste (allgemein Eisenverluste genannt) mit der Frequenz quadratisch bzw. linear an. Da bei der Frequenz 50 Hz die Eisenverluste noch relativ gering sind, sollen sie für praktische Betrachtungen vernachlässigt werden.

Betrachtet man eine Spule bei einer konstanten Frequenz, so kann ihr Ersatzschaltbild vereinfacht

   a) als Reihenschaltung aus R und X_L (Bild 10.17a)
   oder
   b) als Parallelschaltung aus R und X_L (Bild 10.17b)

dargestellt werden. Bei einer Spule weichen die Teilwiderstandswerte der Reihenschaltung von denen der Parallelschaltung ab, da, wie bei Gleichstrom, der Gesamtwiderstand (Scheinwiderstand) bei der Reihenschaltung größer und bei der Parallelschaltung kleiner als jeder Teilwiderstand ist. Der Ersatzwiderstand hat aber bei einer Spule nur einen Wert (Bild 10.17).

Wird an einer Spule der Kupferwiderstand mit Gleichspannung gemessen (Ohmmeter, Meßbrücke), so fällt sein Wert kleiner als der mit Wechselstrom berechnete Scheinwiderstand Z aus. Dieser Zustand entspricht den Verhältnissen bei einer Reihenschaltung (siehe Beispiel 2, Abschnitt 10.5.4).

Bild 10.17   Ersatzschaltbild
einer Spule
a)   als Reihenschaltung
b)   als Parallelschaltung

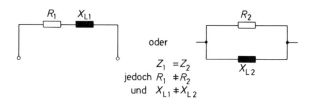

oder

$Z_1 = Z_2$
jedoch $R_1 \neq R_2$
und $X_{L1} \neq X_{L2}$

10.3.3   Reihenschaltung aus R und X_L (Spule)

Das gebräuchliche Ersatzschaltbild der Spule ist die Reihenschaltung aus R und X_L.

An den folgenden Beispielen sollen die Zusammenhänge in einer entsprechenden Schaltung erklärt werden.

Beispiel 1:   Gegeben: Reihenschaltung aus $R = 40\ \Omega$
$X_L = 30\ \Omega$
$I = 2\ A$
$f = 50\ Hz$

401

Gesucht: a) Schaltbild
 b) Spannung am ohmschen und induktiven Widerstand
 c) Linien- und Zeigerdiagramm
 d) Gesamtspannung
 e) Scheinwiderstand
 f) Leistung, Blindleistung, Scheinleistung

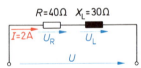

Lösung:
a) **Ersatzschaltbild** der Spule (Bild 10.18). Bild 10.18

b) **Teilspannungen** U_R **und** U_L

In der Wechselstromtechnik gilt grundsätzlich auch die von der Gleichstromtechnik bekannte Formel:

> Spannung = Strom × Widerstand

(Ohmsches Gesetz)
Hierbei müssen sich alle 3 Größen auf das gleiche Bauteil beziehen. Daher sollten die Formelbuchstaben stets den gleichen Index tragen.

Dann ist die Spannung am ohmschen Widerstand $U_R = R \cdot I_R$
und am induktiven Widerstand $U_L = X_L \cdot I_L$

Bei ohmschen Widerständen fällt der Index fort, da der Buchstabe R nur bei ohmschen Widerständen angewendet wird. Da es sich hier um eine Reihenschaltung handelt, gibt es nur einen Strom. Es ist somit

$$I_R = I_L = I$$

Dann ist: $U_R = R \cdot I = 40\ \Omega \cdot 2\ A = 80\ V$

$$U_L = X_L \cdot I = 30\ \Omega \cdot 2\ A = 60\ V$$

c) Für die Konstruktion des Liniendiagramms benötigt man die Scheitelwerte:

$$\hat{u}_R = \sqrt{2} \cdot U_R = \sqrt{2} \cdot 80\ V = 113\ V$$

$$\hat{u}_L = \sqrt{2} \cdot U_L = \sqrt{2} \cdot 60\ V = 85\ V$$

Für den Strom ist $\hat{\imath}$ nicht erforderlich, da dieser nur als Bezugskurve zur Ermittlung der Phasenlage benötigt wird.

c) **Konstruktion des Linien- und Zeigerdiagrammes**

1. Immer mit der gemeinsamen Größe als Bezugslinie beginnen. Bei der Reihenschaltung ist der Strom I Bezugsgröße.
2. Die Spannung am ohmschen Widerstand liegt phasengleich mit dem Strom.
3. Die Spannung am induktiven Widerstand eilt dem Strom um 90° voraus (Bild 10.19).

402

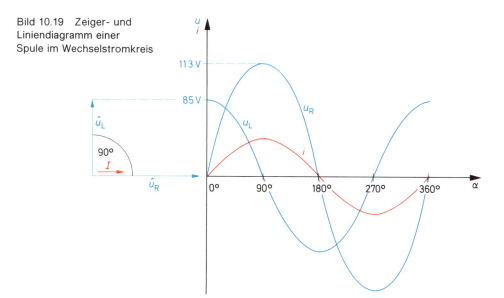

Bild 10.19 Zeiger- und
Liniendiagramm einer
Spule im Wechselstromkreis

d) Gesamtspannung U

Die Gesamtspannung U läßt sich am einfachsten im Zeigerdiagramm ermitteln. Hier werden die Zeiger entsprechend den Kräftediagrammen (Abschnitt 3.7) addiert.

Es wird an die Spitze von $\hat{u}_R$ der Zeiger $\hat{u}_L$ angetragen. Vom Anfang des 1. Zeigers ($\hat{u}_R$) bis zum Ende des 2. Zeigers ($\hat{u}_L$) verläuft $\hat{u}$ (Bild 10.20).

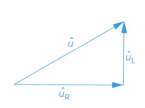

Bild 10.20 Spannungsdreieck
mit den Scheitelwerten

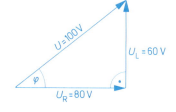

Bild 10.21 Spannungsdreieck mit
den Effektivwerten

Da jedoch der Effektivwert der Spannung interessiert, muß das Ergebnis durch $\sqrt{2}$ geteilt werden. Um diese Arbeit zu umgehen, werden in Zukunft alle Zeigerdiagramme sofort mit den Effektivwerten gezeichnet. Die Zeiger werden alle im gleichen Verhältnis kürzer bzw. der Maßstab anders (Bild 10.21). Es ergibt sich ein rechtwinkliges Dreieck, und es können folgende bekannte Formeln angewendet werden.

403

Allgemeiner Fall:	Elektrischer Fall (hier bezogen auf den Winkel φ):

$$\sin \sphericalangle = \frac{\text{Gegenkathete}}{\text{Hypotenuse}}$$

$$\cos \sphericalangle = \frac{\text{Ankathete}}{\text{Hypotenuse}}$$

$$\tan \sphericalangle = \frac{\text{Gegenkathete}}{\text{Ankathete}}$$

$$\text{Hyp}^2 = \text{Kat}_1^2 + \text{Kat}_2^2$$

$$\sin \varphi = \frac{U_L}{U} = \frac{60 \text{ V}}{U}$$

$$\cos \varphi = \frac{U_R}{U} = \frac{80 \text{ V}}{U}$$

$$\tan \varphi = \frac{U_L}{U_R} = \frac{60 \text{ V}}{80 \text{ V}} = 0,75$$

$$U^2 = U_R^2 + U_L^2$$
$$= (80 \text{ V})^2 + (60 \text{ V})^2$$
$$= 6400 \text{ V}^2 + 3600 \text{ V}^2$$
$$= 10\,000 \text{ V}^2$$

somit ist: $\cos \varphi = \dfrac{80 \text{ V}}{U} = \dfrac{80 \text{ V}}{100 \text{ V}} = 0,8$

$$U = \sqrt{10\,000 \text{ V}^2} = \underline{100 \text{ V}}$$

$$\varphi = 36,9°$$

Der Winkel φ gibt die Phasenverschiebung zwischen Gesamtspannung und Strom an. Da U_R und I phasengleich sind, gilt auch φ als Winkel zwischen U und U_R.

Im Liniendiagramm kann u durch Addition der Augenblickswerte von u_R und u_L zum gleichen Zeitpunkt bzw. beim gleichen Winkel ermittelt werden (Bild 10.22). Bild 10.22 zeigt den Phasenverschiebungswinkel $\varphi = 37°$ und einen Scheitelwert $\hat{u}$ von 141 V (141 V $= \sqrt{2} \cdot 100$ V).

e) Scheinwiderstand

Als Scheinwiderstand wird der Gesamtwiderstand im Wechselstromkreis bezeichnet. Nach dem Ohmschen Gesetz ist

$$\text{Widerstand} = \frac{\text{Spannung}}{\text{Strom}}$$

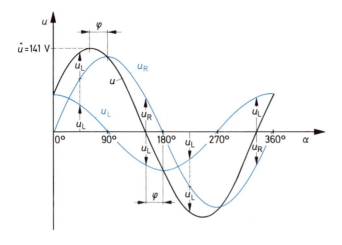

Bild 10.22 Ermittlung der Gesamtspannung u im Liniendiagramm

in einer Reihenschaltung:

$$\text{Gesamtwiderstand} = \frac{\text{Gesamtspannung}}{\text{Strom}}$$

$$Z = \frac{U}{I} = \frac{100\ \text{V}}{2\ \text{A}} = \underline{50\ \Omega}$$

Widerstandsdreieck

Bei einer Reihenschaltung stehen die Widerstände mit ihren zugehörigen Spannungen im gleichen Verhältnis. Deshalb kann ein dem Spannungsdreieck ähnliches Widerstandsdreieck gezeichnet werden (Bilder 10.23 und 10.24).

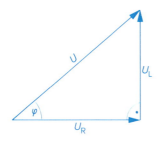

Bild 10.23   Spannungsdreieck

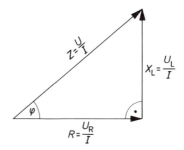

Bild 10.24   Widerstandsdreieck

Jede Teilspannung wird durch den Strom I geteilt.

Also sind die Widerstände auch durch die 4 Gleichungen des rechtwinkligen Dreiecks untereinander verknüpft.

$$\sin \varphi = \frac{X_L}{Z} \qquad\qquad \tan \varphi = \frac{X_L}{R}$$

$$\cos \varphi = \frac{R}{Z} \qquad\qquad Z^2 = R^2 + X_L^2$$

Somit:
$$Z^2 = (40\ \Omega)^2 + (30\ \Omega)^2$$
$$= 1600\ \Omega^2 + 900\ \Omega^2$$
$$= 2500\ \Omega^2$$
$$Z = \sqrt{2500\ \Omega^2} = \underline{50\ \Omega}$$

Die Seiten des Widerstandsdreiecks sind keine Zeiger und dürfen eigentlich auch keine Pfeilspitzen tragen. Da Zeiger bei größeren Schaltungen jedoch übersichtlicher sind, sollen sie hier eingezeichnet bleiben. Das gleiche gilt auch für die Leistungsdreiecke.

f) Leistung, Blindleistung, Scheinleistung

Im Abschnitt 10.1.9 wurden die Berechnungen der drei gesuchten Größen und die Verknüpfung miteinander abgeleitet. Es gilt:

$$\begin{aligned}
\text{Leistung (Wirkleistung)*} \quad P &= I_R \cdot U_R \\
\text{induktive Blindleistung} \quad Q_L &= I_L \cdot U_L \\
\text{Scheinleistung} \quad S &= I \cdot U
\end{aligned}$$

Da bei einer Reihenschaltung $I_R = I_L = I$ ist, kann geschrieben werden

$$\begin{aligned}
P &= I \cdot U_R \\
Q_L &= I \cdot U_L \\
S &= I \cdot U \\
P &= 2\,A \cdot 80\,V = \underline{160\,W} \\
Q_L &= 2\,A \cdot 60\,V = \underline{120\,W} \\
S &= 2\,A \cdot 100\,V = \underline{200\,W}
\end{aligned}$$

Es wird also jede Teilspannung mit dem gleichen Strom I multipliziert. Entsprechend läßt sich ein *Leistungsdreieck* zeichnen (Bild 10.26), das dem Spannungsdreieck ähnlich ist.

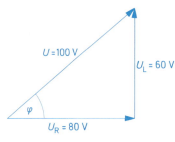

Bild 10.25   Spannungsdreieck

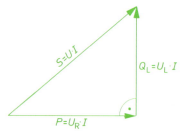

Bild 10.26   Leistungsdreieck

Beispiel 2:   Eine Spule besteht aus $R = 50\ \Omega$ und $X_L = 60\ \Omega$. Sie ist an 440 V 60 Hz geschaltet.

Gesucht: a) Ersatzschaltbild   e) Teilspannungen U_R und U_L
          b) Zeigerdiagramm   f) Leistungsfaktor
          c) Scheinwiderstand   g) Induktivität
          d) Strom

Lösung:

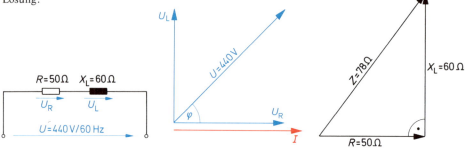

Bild 10.27   Ersatzschaltbild   Bild 10.28   Zeigerdiagramm   Bild 10.29   Widerstandsdreieck

* siehe Abschnitt 10.1.9.1

406

c) In dem Widerstandsdreieck gilt:

$$\tan \varphi = \frac{X_L}{R} = \frac{60\ \Omega}{50\ \Omega} = 1{,}2$$

$$\varphi = 50{,}2°$$

$$\cos \varphi = \frac{R}{Z} = 0{,}64$$

$$Z = \frac{R}{\cos \varphi} = \frac{R}{0{,}64} = \frac{50\ \Omega}{0{,}64} = \underline{78{,}1\ \Omega}$$

oder:

$$Z^2 = R^2 + X_L^2$$

$$Z = \sqrt{R^2 + X_L^2}$$

$$Z = \sqrt{(50\ \Omega)^2 + (60\ \Omega)^2}$$

$$Z = \underline{78{,}1\ \Omega}$$

d) Strom

$$I = \frac{U}{Z} = \frac{440\ V}{78{,}1\ \Omega} = \underline{5{,}63\ A}$$

e) Teilspannungen U_R und U_L

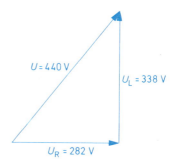

$U = 440\ V$

$U_L = 338\ V$

$U_R = 282\ V$

Bild 10.30   Spannungsdreieck

oder:

$$U_R = I \cdot R = 5{,}63\ A \cdot 50\ \Omega = \underline{282\ V} \qquad U_R = \cos \varphi \cdot U = 0{,}64 \cdot 440\ V = \underline{282\ V}$$

$$U_L = I \cdot X_L = 5{,}63\ A \cdot 60\ \Omega = \underline{338\ V} \qquad U_L = \sin \varphi \cdot U = 0{,}768 \cdot 440\ V = \underline{338\ V}$$

f) siehe c) $\cos \varphi = \underline{0{,}64}$

g) Induktivität

$$L = \frac{X_L}{\omega} = \frac{60\ \Omega}{2 \cdot \pi \cdot 60\ s^{-1}} = \underline{0{,}159\ H}$$

Beispiel 3:   An einer Spule werden folgende Messungen durchgeführt:
Bei Gleichspannung 6 V nimmt sie 0,2 A auf und bei Wechselspannung 230 V/50 Hz 5 A.

Die Eisenverluste sollen vernachlässigt werden.

Gesucht: a) Ohmscher Widerstand
b) Scheinwiderstand bei Wechselstrom

c) Ersatzschaltbild
d) Zeigerdiagramm
e) Blindwiderstand und Induktivität

Lösung: a) Ohmscher Widerstand (Ermittlung durch die Messung bei Gleichstrom)

b) Bei Wechselstrom ergibt sich der Scheinwiderstand:

$$R = \frac{U=}{I=} = \frac{6\ \text{V}}{0,2\ \text{A}} = 30\ \Omega$$

$$Z = \frac{U\sim}{I\sim} = \frac{230\ \text{V}}{5\ \text{A}} = 46\ \Omega$$

c) Da laut a) und b) der ohmsche Widerstand kleiner als der Scheinwiderstand ist, kann es sich nur um ein Reihenersatz-Schaltbild handeln (Bild 10.31).

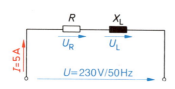

Bild 10.31 Ersatzschaltbild bei Betrieb an Wechselspannung

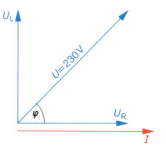

Bild 10.32 Zeigerdiagramm

d) Zeigerdiagramm (Bild 10.32).

e)

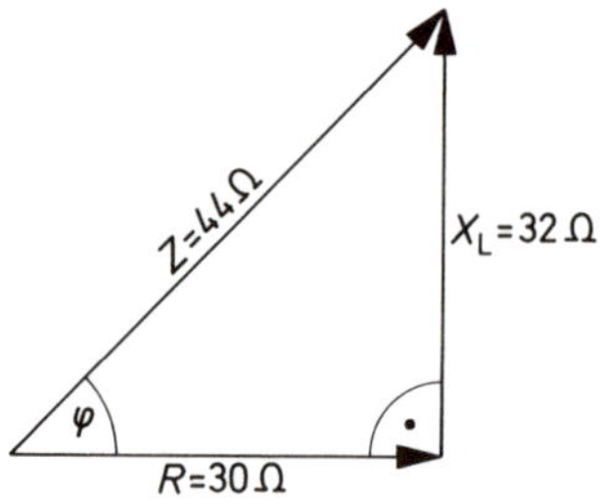

In dem Widerstandsdreieck gilt:

$$\cos \varphi = \frac{R}{Z} = \frac{30\ \Omega}{46\ \Omega} = \underline{0,652}$$

$$X_\text{L} = Z \cdot \sin \varphi = 46\ \Omega \cdot 0,73 = \underline{34,9\ \Omega}$$

Bild 10.33 Widerstandsdreieck

$$X_\text{L} = \omega \cdot L \leftrightarrow L = \frac{X_\text{L}}{\omega} = \frac{34,9\ \Omega}{314\ \text{s}^{-1}} = \underline{\underline{0,111\ \text{H}}} \ \left| \ \omega = 2 \cdot \pi \cdot f = 2 \cdot \pi \cdot 50\ \text{s}^{-1} = 314\ \text{s}^{-1} \right.$$

10.3.4 Parallelschaltung von R und X_L

In vielen Fällen ist es günstiger, das Ersatzschaltbild eines induktiven Wechselstromverbrauchers als Parallelschaltung darzustellen. Das folgende Beispiel soll für diesen Fall die Verhältnisse zeigen.

Gegeben: Parallelschaltung aus $R = 333\ \Omega$ und $X_L = 250\ \Omega$ liegt an einer Spannung von 1000 V/200 Hz.

Gesucht: a) Schaltbild und Teilströme
        b) Zeigerdiagramm und Liniendiagramm
        c) Strom in der Zuleitung (Gesamtstrom)
        d) Scheinwiderstand
        e) Leistung, Blindleistung und Scheinleistung

Lösung: a) **Schaltbild**   **Teilströme**

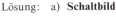
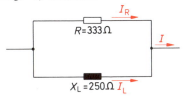

$$I_R = \frac{U}{R} = \frac{1000\ \text{V}}{333\ \Omega} = \underline{3\ \text{A}}$$

$$I_L = \frac{U}{X_L} = \frac{1000\ \text{V}}{250\ \Omega} = \underline{4\ \text{A}}$$

Bild 10.34 Parallelersatzschaltbild eines Wechselstromverbrauchers

b) **Zeigerdiagramm und Liniendiagramm**

In beiden Diagrammen wird zunächst U als gemeinsame Größe (Bezugsgröße) gezeichnet. Während für das Liniendiagramm die Scheitelwerte $\hat{\imath}_R$ und $\hat{\imath}_L$ benötigt werden, wird das Zeigerdiagramm mit Effektivwerten dargestellt (Bild 10.35 und 10.36).

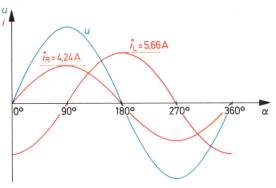
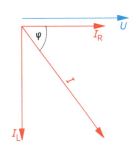

Bild 10.35 Liniendiagramm   Bild 10.36 Zeigerdiagramm

$$\hat{\imath}_R = I_R \cdot \sqrt{2} = 3\ \text{A} \cdot \sqrt{2} = \underline{4{,}24\ \text{A}}$$
$$\hat{\imath}_L = I_L \cdot \sqrt{2} = 4\ \text{A} \cdot \sqrt{2} = \underline{5{,}66\ \text{A}}$$

c) **Strom in der Zuleitung** (Gesamtstrom):

In der Praxis ermittelt man den Strom in der Zuleitung durch geometrische Addition der Zeiger I_R und I_L zum Zeigerdiagramm. Die Errechnung aus dem Liniendiagramm ist recht aufwendig und wird deshalb nur zur Erläuterung der Zusammenhänge durchgeführt (für Spannungen in Bild 10.22).

Somit ergibt sich Bild 10.37.

Mit den Formeln für ein rechtwinkliges Dreieck errechnet man I
entweder:

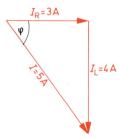

$$I^2 = I_R^2 + I_L^2$$
$$= (3 \text{ A})^2 + (4 \text{ A})^2$$
$$= 9 \text{ A}^2 + 16 \text{ A}^2 = 25 \text{ A}^2$$
$$I = \sqrt{25 \text{ A}^2} = \underline{5 \text{ A}}$$

Bild 10.37   Stromdreieck

oder:

$$\tan \varphi = \frac{I_L}{I_R} = \frac{4 \text{ A}}{3 \text{ A}} = 1{,}333$$

$$\varphi = 53{,}1° \quad \cos \varphi = 0{,}6$$

$$\cos \varphi = \frac{I_R}{I} \leftrightarrow I = \frac{I_R}{\cos \varphi} = \frac{3 \text{ A}}{0{,}6} = \underline{5 \text{ A}}$$

d) **Scheinwiderstand** (Gesamtwiderstand)

Nach dem Ohmschen Gesetz ist

$$\text{Widerstand} = \frac{\text{Spannung}}{\text{Strom}}$$

in einer Parallelschaltung:

$$\text{Gesamtwiderstand} = \frac{\text{Gesamtspannung}}{\text{Gesamtstrom}}$$

$$Z = \frac{U}{I} = \frac{1000 \text{ V}}{5 \text{ A}} = \underline{200 \ \Omega}$$

Der Scheinwiderstand Z läßt sich bei einer Parallelschaltung auch über das *Leitwertdreieck* ermitteln, denn die Leitwerte verhalten sich zueinander wie die entsprechenden Ströme.

Dann sind:

$$\text{ohmscher Leitwert } G = \frac{1}{R} = \frac{1}{333 \ \Omega} = 0{,}003 \text{ S}$$

$$\text{induktiver Leitwert } B_L = \frac{1}{X_L} = \frac{1}{250 \ \Omega} = 0{,}004 \text{ S}$$

410

daraus ergibt sich Bild 10.42 und somit

$$Y^2 = G^2 + B_L^2$$

$$Y = \sqrt{G^2 + B_L^2}$$

$$Y = \sqrt{(0,003\ \text{S})^2 + (0,004\ \text{S})^2}$$

$$Y = \sqrt{(3 \cdot 10^{-3})^2 + (4 \cdot 10^{-3})^2}\ \text{S}$$

$$Y = 5 \cdot 10^{-3}\ \text{S}$$

$$Z = \frac{1}{Y} = \frac{1}{0,005\ S} = \underline{200\ \Omega}$$

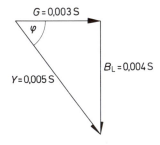

Bild 10.38 Leitwertdreieck

Die Berechnung über das Leitwertdreieck unterscheidet sich von der Berechnung über die Ströme nur durch die Dezimalbrüche. Es ist daher das Stromdreieck mit seinen übersichtlichen Zahlen vorzuziehen.

e) **Leistung, Blindleistung, Scheinleistung**

Leistung $\quad\quad P = U_R \cdot I_R$
Blindleistung $\quad Q_L = U_L \cdot I_L$
Scheinleistung $\;\; S = U \cdot I$
$\quad\quad\quad\quad\;\; U_R = U_L = U$, da Parallelschaltung

also $\quad\quad P = U \cdot I_R = 1000\ \text{V} \cdot 3\ \text{A} = \underline{3000\ \text{W}}$

$\quad\quad\quad\; Q = U \cdot I_L = 1000\ \text{V} \cdot 4\ \text{A} = \underline{4000\ \text{W}}$

$\quad\quad\quad\; S = U \cdot I = 1000\ \text{V} \cdot 5\ \text{A} = \underline{5000\ \text{W}}$

Da jede Stromkomponente mit der gleichen Spannung $U = 1000$ V multipliziert wird, läßt sich ein Leistungsdreieck zeichnen, das dem Stromdreieck ähnlich ist (Bild 10.39).
   Hier gelten wieder die Formeln für das rechtwinklige Dreieck.

$$\sin \varphi = \frac{Q_L}{S}$$

$$\cos \varphi = \frac{P}{S} \quad\quad \text{bzw.} \quad\quad \boxed{S^2 = P^2 + Q_L^2}$$

$$\tan \varphi = \frac{Q_L}{P}$$

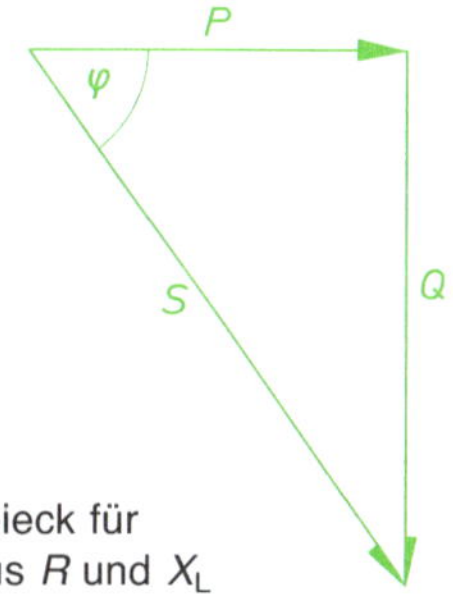

Bild 10.39 Leistungsdreieck für
eine Parallelschaltung aus R und X_L

411

Beispiel 1:

Gegeben: Eine Parallelschaltung aus R und X_L nimmt an 230 V/50 Hz 400 W und 2,5 A auf.

Gesucht: a) Schaltbild
  b) Zeigerdiagramm, Stromdreieck, Leistungsdreieck
  c) Leistungsfaktor
  d) Blindleistung

Lösung:

a)

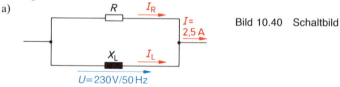

Bild 10.40 Schaltbild

In dem Leistungsdreieck ist $P = 400$ W bekannt, und es läßt sich $S = U \cdot I$ errechnen.
$S = 230$ V $\cdot$ 2,5 A = $\underline{575\ W}$

b)
Bild 10.41, Bild 10.42
Bild 10.43

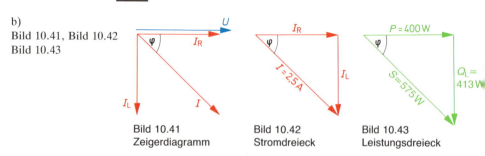

Bild 10.41
Zeigerdiagramm

Bild 10.42
Stromdreieck

Bild 10.43
Leistungsdreieck

Über die Dreiecksberechnung kann schließlich die Blindleistung Q ermittelt werden.

c) Leistungsfaktor: $\cos \varphi = \dfrac{P}{S} = \dfrac{400\ W}{575\ W} = \underline{0,696}$

d) Blindleistung: $Q_L = S \cdot \sin \varphi = 575$ W $\cdot$ 0,718 = $\underline{413\ W}$

Beispiel 2:

Gegeben: Parallelschaltung aus $R = 40\ \Omega$ und $X_L = 70\ \Omega$.
  angenommen U = 280 V
Gesucht: Scheinwiderstand
Lösung:

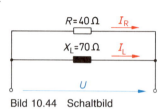

Bild 10.44 Schaltbild

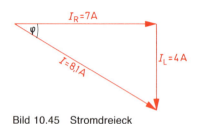

Bild 10.45 Stromdreieck

412

damit ist $I_R = \dfrac{U}{R} = \dfrac{280\ \text{V}}{40\ \Omega} = 7\ \text{A}$

$I_L = \dfrac{U}{X_L} = \dfrac{280\ \text{V}}{70\ \Omega} = 4\ \text{A}$

$I^2 = I_R^2 + I_L^2$

$I = \sqrt{I_R^2 + I_L^2}$

$I = \sqrt{(7\ \text{A})^2 + (4\ \text{A})^2}$

$I = \sqrt{49\ \text{A}^2 + 16\ \text{A}^2} = \sqrt{65\ \text{A}^2}$

$I = 8{,}06\ \text{A}$

$Z = \dfrac{U}{I} = \dfrac{280\ \text{V}}{8{,}06\ \text{A}} = \underline{34{,}7\ \Omega}$

Beispiel 3: Ein Verbraucher trägt folgende Angaben:
$U = 230\ \text{V}/50\ \text{Hz}$, zugeführte Leistung 4 kW, $\cos\varphi = 0{,}75$.
Es handelt sich um eine Parallelschaltung aus R und X_L.
Wie groß sind
a) Der Strom und seine Anteile im ohmschen und induktiven Widerstand?
b) Die Widerstände R, X_L, Z?
c) Die Induktivität?

Lösung:
a) Die Leistung 4 kW kann nur im ohmschen Widerstand wirksam werden (Bild 10.46),

damit ist $I_R = \dfrac{P}{U} = \dfrac{4000\ \text{W}}{230\ \text{V}} = \underline{17{,}4\ \text{A}}$

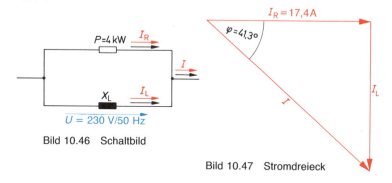

Bild 10.46   Schaltbild

Bild 10.47   Stromdreieck

413

Aus dem Stromdreieck (Bild 10.47) mit $I_R = 17,4$ A und $\cos\varphi = 0,75$ ($\varphi = 41,4°$) lassen sich I und I_L wie folgt ermitteln:

$$\cos\varphi = \frac{I_R}{I}$$

$$I = \frac{I_R}{\cos\varphi} = \frac{17,4 \text{ A}}{0,75} = 23,2 \text{ A}$$

$$\sin\varphi = \frac{I_L}{I}$$

$$I_L = I \cdot \sin\varphi = 23,2 \text{ A} \cdot 0,661$$
$$= \underline{15,3}$$

b) Widerstände:
$$R = \frac{U}{I_R} = \frac{230 \text{ V}}{17,4 \text{ A}} = 13,2 \ \Omega$$

$$X_L = \frac{U}{I_L} = \frac{230 \text{ V}}{15,3 \text{ A}} = 15 \ \Omega$$

$$Z = \frac{U}{I} = \frac{230 \text{ V}}{23,2 \text{ A}} = 9,91 \ \Omega$$

c) Induktivität:
$$X_L = \omega \cdot L \leftrightarrow L = \frac{X_L}{\omega} = \frac{15 \ \Omega}{2 \cdot \pi \cdot 50 \ 1/s} = \frac{15 \ \Omega}{314 \ 1/s}$$

$$= 0,0477 \text{ H} = \underline{47,7 \text{ mH}}$$

10.3.5 Verluste in Spulen bei Wechselstrom

Wie bereits im Abschnitt 10.3.2 ausgeführt, treten in Spulen bei Wechselstrom immer Verluste auf. Dieses sind

– Kupferverluste (Wicklungsverluste)
– Ummagnetisierungsverluste (Hystereseverluste)
– Wirbelstromverluste

$$\boxed{P_V = P_{V\text{Kupfer}} + P_{V\text{Hysterese}} + P_{V\text{Wirbelstrom}}}$$

Je nach Art der Spule und Frequenz wirken sich die Anteile unterschiedlich aus. Man verwendet daher drei verschiedene Ersatzschaltbilder.

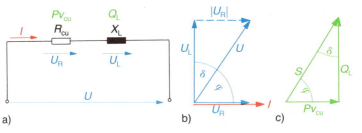

a)　　　b)　　　c)

Bild 10.48
Ersatzschaltbild für eine Spule, bei der die Kupferverluste lediglich berücksichtigt werden müssen (z. B. Luftspule ohne Eisen).

414

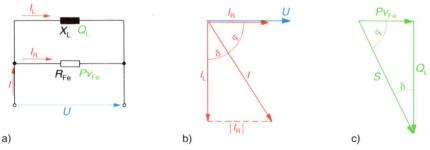

Bild 10.49 Ersatzschaltbild für eine Spule, bei der die Eisenverluste (Ummagnetisierungs- und Wirbelstromverluste) überwiegen (z.B. Spule mit geschlossenem Eisenkreis wie Schützspule).

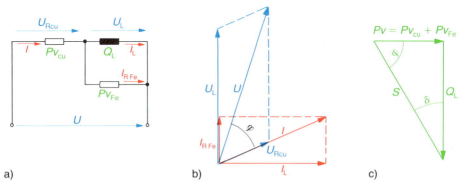

Bild 10.50 Ersatzschaltbild für eine Spule, bei der alle Verlustarten eine Rolle spielen. Hier wird der Reihenwiderstand für die Kupferverluste und der Parallelwiderstand für die Eisenverluste eingetragen.

10.3.5.1 Verlustfaktor und Gütefaktor

In den Diagrammen zu den Bildern 10.48 bis 10.50 ist erkennbar, daß der Phasenverschiebungswinkel eine Aussage über die Höhe der Verluste bringt. Da in der Technik stets mit dem Winkel φ in Verbindung mit einer gesamten Schaltung gearbeitet wird, wird für das Bauelement «Spule» der Winkel «Delta» δ gewählt.

Verlustfaktor
$$\tan \delta = \frac{P_V}{Q_L}$$

Der Kehrwert des Verlustfaktors ist als Spulengüte festgelegt.

Spulengüte
$$Q = \frac{1}{\tan \delta}$$

Beide Angaben finden besonders im Zusammenhang mit Schwingkreisen Anwendung.

415

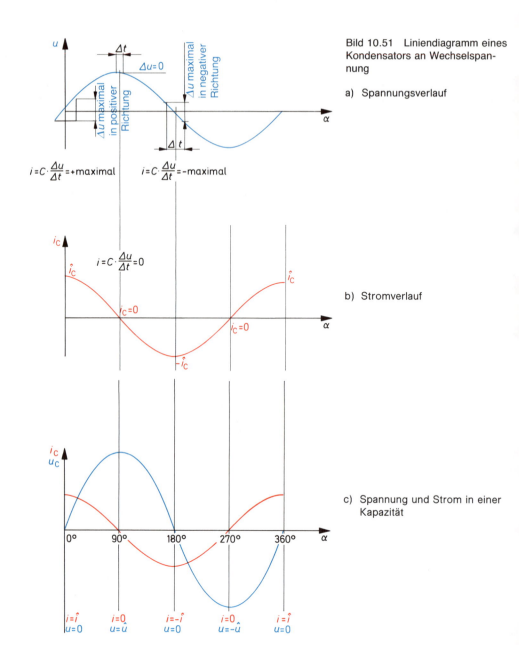

u

Δt

$\Delta u = 0$

Δu maximal in positiver Richtung

Δu maximal in negativer Richtung

α

Δt

$i = C \cdot \dfrac{\Delta u}{\Delta t} = +\text{maximal}$ $i = C \cdot \dfrac{\Delta u}{\Delta t} = -\text{maximal}$

i_C

$\hat{i}_C$

$i = C \cdot \dfrac{\Delta u}{\Delta t} = 0$

$i_C = 0$

$\hat{i}_C$

$i_C = 0$

α

$-\hat{i}_C$

i_C
u_C

$0°$ $90°$ $180°$ $270°$ $360°$ α

$i = \hat{i}$ $i = 0$ $i = -\hat{i}$ $i = 0$ $i = \hat{i}$
$u = 0$ $u = \hat{u}$ $u = 0$ $u = -\hat{u}$ $u = 0$

Bild 10.51   Liniendiagramm eines Kondensators an Wechselspannung

a) Spannungsverlauf

b) Stromverlauf

c) Spannung und Strom in einer Kapazität

416

10.4 Kapazitiver Widerstand

Im Kondensator fließt nur ein Strom, wenn sich die Spannung an seinen Platten (Belegen) ändert.

In Abschnitt 8.5.1 wurde erläutert, daß der Strom i der Kapazität C und der Änderungsgeschwindigkeit der Spannung $\Delta u/\Delta t$ verhältnisgleich (proportional) ist.

$$i_c = C\,\frac{\Delta u_c}{\Delta t}$$

10.4.1 Phasenverschiebung und Berechnung des Blindwiderstandes

Wird ein Kondensator an eine Wechselspannung angeschlossen, fließt in seinen Zuleitungen ein Wechselstrom. Dieser Wechselstrom entsteht durch das ständige Auf- und Entladen bzw. Umladen der Kondensatorplatten.

Bild 10.52a läßt erkennen, daß der Quotient

$$\frac{\Delta u}{\Delta t} = \frac{\text{Änderung der Spannung}}{\text{Änderung der Zeit}} \text{ einer sinusförmigen Spannung}$$

am größten ist, wenn sie die Nullachse durchläuft. Die Spannungs*änderung* ist für einen kurzen Augenblick gleich Null, wenn sie ihren Scheitelwert erreicht hat.

I_c eilt U_c also um 90° voraus (Bild 10.51c).

> An einer Kapazität (idealer Kondensator) eilt der Strom der angelegten sinusförmigen Spannung um 90° voraus.

Die Praxis zeigt, daß wie im ohmschen Widerstand bei größerer Wechselspannung auch ein größerer Wechselstrom zum Kondensator fließt und umgekehrt. Der Kondensator verhält sich an Wechselspannung wie ein Widerstand.

> Der kapazitive Widerstand ist das Verhältnis von der Spannung zum Strom an einer Kapazität.

Berechnet wird er ebenfalls aus dem Quotienten $\dfrac{U}{I}$;

jedoch hier $\dfrac{U_C}{I_C}$

Wärme kann im idealen Kondensator nicht entstehen, da Strom und Spannung um 90° gegeneinander verschoben sind (Bild 10.51c).

Wie schon bei der Induktivität spricht man deshalb nicht vom Widerstand, sondern vom Blindwiderstand eines Kondensators. Es ist daher sinnvoll, auch ihm den Formelbuchstaben X und nicht R zu geben. Um diesen kapazitiven Blindwiderstand vom induktiven zu unterscheiden, schreibt man:

$$X_C = \frac{U_C}{I_C}$$

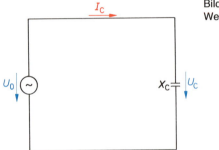

Bild 10.52 Kondensator an Wechselspannung

Der kapazitive Widerstand X_C verkleinert sich mit steigender Frequenz f und steigender Kapazität C. (X_C ist umgekehrt proportional zu f und C.)

$$X_C = \frac{1}{2 \cdot \pi \cdot f \cdot C}$$

oder

$$X_C = \frac{1}{\omega \cdot C}$$

X_C kapazitiver Widerstand in Ω

f Frequenz   in Hz = 1/s

C Kapazität   in F (Farad) = $\dfrac{As}{V}$

ω Kreisfrequenz   in 1/s
(Winkelgeschwindigkeit)

Im Gegensatz zur Induktivität liegt zwischen Frequenz und Blindwiderstand ein reziprokes Verhältnis vor. Das ist bei späteren Resonanz- und Filterschaltungen wichtig. Die Abhängigkeit des kapazitiven Blindwiderstandes von der Frequenz ist im Bild 10.143 dargestellt.

$$\left(X_L \sim f \text{ während } X_C \sim \frac{1}{f} \right)$$

Beispiel 1: Wie groß ist der kapazitive Widerstand eines Kondensators von 4 µF bei einer Frequenz von 800 Hz?

Gegeben: f = 800 Hz
C = 4 µF = $4 \cdot 10^{-6}$ F

Lösung: $X_C = \dfrac{1}{2 \cdot \pi \cdot f \cdot C} = \dfrac{1}{2 \cdot \pi \cdot 800 \text{ Hz} \cdot 4 \cdot 10^{-6} \text{ F}} = \dfrac{10^6}{2 \cdot \pi \cdot 800 \cdot 4} \Omega$

$= \dfrac{10^6}{20\,100} \Omega = \underline{49{,}7 \ \Omega}$

Beispiel 2: Bei welcher Frequenz hat ein Kondensator von 70 pF den Widerstand 5 kΩ?

Gegeben: C = 70 pF = $70 \cdot 10^{-12}$ F
X_C = 5 kΩ = $5 \cdot 10^3$ Ω

418

Lösung: $X_C = \dfrac{1}{2 \cdot \pi \cdot f \cdot C}$

$$f = \dfrac{1}{2 \cdot \pi \cdot C \cdot X_C} = \dfrac{1}{2 \cdot \pi \cdot 70 \cdot 10^{-12}\,\text{F} \cdot 5 \cdot 10^3\,\Omega} = \dfrac{10^9}{2 \cdot \pi \cdot 70 \cdot 5}\,\text{Hz}$$

$$= \dfrac{10^9}{2200}\,\text{Hz} = \dfrac{10^9}{2,2 \cdot 10^3}\,\text{Hz} = 0{,}455 \cdot 10^6\,\text{Hz}$$

$\underline{f = 455 \cdot 10^3\,\text{Hz} = 455\,\text{kHz}}$

Beispiel 3: Wie groß ist der kapazitive Widerstand eines Kondensators von 20 µF im 50-Hz-Netz?

Gegeben: $f = 50\,\text{Hz}$, dann ist $\omega = 2 \cdot \pi \cdot 50\,\dfrac{1}{\text{s}} = 314\,\dfrac{1}{\text{s}}$

$C = 20\,\mu\text{F} = 20 \cdot 10^{-6}\,\text{F}$

Lösung: $X_C = \dfrac{1}{\omega \cdot C} = \dfrac{1}{314\,\dfrac{1}{\text{s}} \cdot 20 \cdot 10^{-6}\,\text{F}} = \dfrac{10^{6*}}{314 \cdot 20}\,\Omega = \dfrac{3180}{20}\,\Omega = \underline{\underline{159\,\Omega}}$

Bei 50 Hz ist $\omega = 314\,\dfrac{1}{\text{s}}$. Teilt man 10^6 durch 314, ergibt sich die Zahl 3180. Wird diese Zahl in die Formel eingesetzt, erhält man eine zugeschnittene Größengleichung für $f = 50\,\text{Hz}$ und C in µF

$$X_C = \dfrac{3180}{C} \qquad X_C \text{ in } \Omega; \quad C \text{ in } \mu\text{F}; \quad f = 50\,\text{Hz}$$

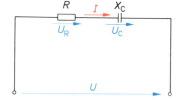

Bild 10.53 Reihenschaltung von ohmschem Widerstand und Kondensator

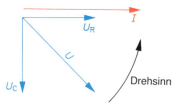

Bild 10.54 Zeigerdiagramm für eine Reihenschaltung aus R und X_c

10.4.2 Reihenschaltung R und X_C

Die Reihenschaltung aus einem ohmschen und einem kapazitiven Widerstand (Bild 10.53) unterscheidet sich von der Reihenschaltung eines ohmschen mit einem induktiven Widerstand nur durch die veränderte Phasenlage zwischen Strom und Spannung im Kondensator.

Hier eilt die Spannung dem Strom um 90° nach. Dadurch müssen das Liniendiagramm und das Zeigerdiagramm wie die Bilder 10.54 und 10.55 gezeichnet werden.

* Wenn C in µF gegeben ist, taucht über dem Bruchstrich immer 10^6 auf. $10^6 = \dfrac{1}{10^{-6}}$

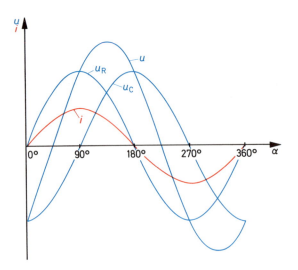

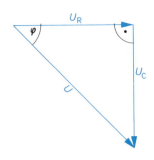

Bild 10.55 Liniendiagramm für
eine Reihenschaltung aus R und X_c

Bild 10.56 Spannungsdreieck für
eine Reihenschaltung aus R und X_c

Rechnung

Die Spannung wird über das Spannungsdreieck (Bild 10.56) oder das Ohmsche Gesetz ermittelt.
Hier gelten wieder die Formeln des rechtwinkligen Dreiecks.

$\sin \varphi = \dfrac{U_C}{U}$	$\cos \varphi = \dfrac{U_R}{U}$	$\tan \varphi = \dfrac{U_C}{U_R}$
	$U^2 = U_R^2 + U_C^2$	

bzw.

entsprechend dem Ohmschen Gesetz gilt:

$$U_R = I \cdot R$$
$$U_C = I \cdot X_C$$
$$U = I \cdot Z$$

Entsprechend lassen sich auch hier das Widerstands- und das Leistungsdreieck darstellen (Bilder
10.57 und 10.58). Analog der Blindleistung Q_L bei der Induktivität spricht man auch von
Blindleistung Q_C beim Kondensator, da sie ständig zwischen Generator und Kondensator hin-
und herpendelt.

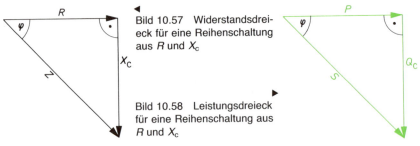

◄ Bild 10.57 Widerstandsdreieck für eine Reihenschaltung
aus R und X_c

Bild 10.58 Leistungsdreieck
für eine Reihenschaltung aus
R und X_c ►

Das Liniendiagramm für einen reinen Kondensator (Bild 10.59) mit einer Phasenverschiebung von 90° zwischen U_C und I_C enthält wieder positive und negative Werte für die Leistung wie bei der Induktivität.

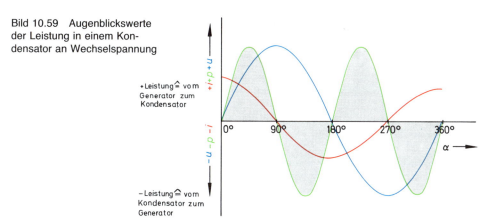

Bild 10.59 Augenblickswerte der Leistung in einem Kondensator an Wechselspannung

+Leistung $\stackrel{\wedge}{=}$ vom Generator zum Kondensator

−Leistung $\stackrel{\wedge}{=}$ vom Kondensator zum Generator

Beispiele zur Reihenschaltung R und X_C

Beispiel 1: Ein Kondensator von 0,1 μF liegt mit einem ohmschen Widerstand von 2 kΩ in Reihe an 10 V bei einer Frequenz von 1000 Hz. Wie groß sind die Widerstände, Spannungen, Strom und Leistungen der Schaltung (Bild 10.60)?

Gegeben: $C = 0,1\ \mu F = 0,1 \cdot 10^{-6}\ F$
  $R = 2\ k\Omega = 2 \cdot 10^{3}\ \Omega$
  $U = 10\ V$
  $f = 1000\ Hz = 10^{3}\ Hz$

Gesucht: a) $X_C,\ Z$
  b) I
  c) $U_R,\ U_C$
  d) $P,\ Q_C,\ S$

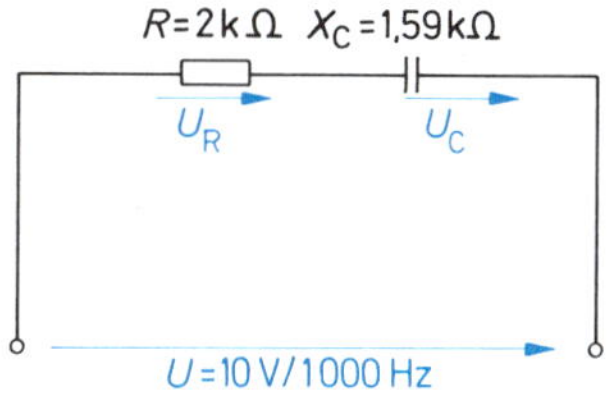

$R = 2\,k\Omega \quad X_C = 1{,}59\,k\Omega$

$U_R \qquad U_C$

$U = 10\,V / 1000\,Hz$

Bild 10.60 Reihenschaltung aus R und X_c

Lösung:

a) Kapazitiver Widerstand:

$$X_C = \frac{1}{2 \cdot \pi \cdot f \cdot C} = \frac{1}{2 \cdot \pi \cdot 10^{3}\ Hz \cdot 0,1 \cdot 10^{-6}\ F} = \frac{10^{3}}{0,2 \cdot \pi}\ \Omega = \underline{1590\ \Omega}$$

Scheinwiderstand Z: Er wird aus dem Widerstandsdreieck ermittelt (Bild 10.61).

$$\tan \varphi = \frac{X_C}{R} = \frac{1590\ \Omega}{2000\ \Omega} = 0,795$$

$$\varphi = 38,5°$$

$$\cos \varphi = 0,783 = \frac{R}{Z}$$

$$Z = \frac{R}{\cos \varphi} = \frac{2000\ \Omega}{0,783} = \underline{2550\ \Omega = 2,55 \cdot 10^{3}\ \Omega}$$

421

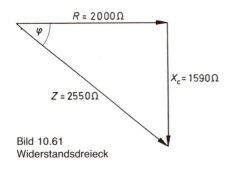

Bild 10.61
Widerstandsdreieck

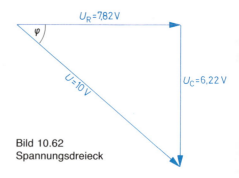

Bild 10.62
Spannungsdreieck

b) **Strom:**

$$I = \frac{U}{Z} = \frac{10\ \text{V}}{2,55 \cdot 10^3\ \Omega}$$

$$I = 3,91 \cdot 10^{-3}\ \text{A} = \underline{3,91\ \text{mA}}$$

c) **Teilspannungen** (Bild 10.63):

$$U_\text{R} = I \cdot R = 3,91 \cdot 10^{-3}\ \text{A} \cdot 2 \cdot 10^3\ \Omega = \underline{7,82\ \text{V}}$$

$$U_\text{C} = I \cdot X_\text{C} = 3,91 \cdot 10^{-3}\ \text{A} \cdot 1,59 \cdot 10^3\ \Omega = \underline{6,22\ \text{V}}$$

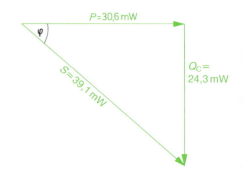

Bild 10.63
Leistungsdreieck

d) **Leistungen:**

Leistung $\quad P = I \cdot U_\text{R} = 3,91 \cdot 10^{-3}\ \text{A} \cdot 7,82\ \text{V} = 30,6 \cdot 10^{-3}\ \text{W} = \underline{30,6\ \text{mW}}$

Blindleistung $\quad Q_\text{C} = I \cdot U_\text{C} = 3,91 \cdot 10^{-3}\ \text{A} \cdot 6,22\ \text{V} = 24,3 \cdot 10^{-3}\ \text{var} = \underline{24,3\ \text{mW}}$

Scheinleistung $\quad S = I \cdot U = 3,91 \cdot 10^{-3}\ \text{A} \cdot 10\ \text{V} = 39,1 \cdot 10^{-3}\ \text{VA} = \underline{39,1\ \text{mW}}$

Kontrolle durch Leistungsdreieck möglich (Bild 10.63).

Beispiel 2: Ein Heizwiderstand für 230 V/50 Hz und 120 W soll durch Reihenschaltung mit einem Kondensator auf 40 % seiner Leistung gedrosselt werden. Wie groß muß der Kondensator werden?

Gegeben: $U = 230\ \text{V}$

$\qquad\quad\ f = 50\ \text{Hz}$

$\qquad\quad\ P_1 = 120\ \text{W} = \text{Leistung ohne Kondensator}$

$\qquad\quad\ P_2 = 40\,\% \text{ von } 120\ \text{W} = 48\ \text{W} = \text{Leistung mit Kondensator}$

422

Lösung: a) ohne Kondensator (Bild 10.64)

$$P_1 = \frac{U^2}{R}$$

$$R = \frac{U^2}{P_1} = \frac{(230 \text{ V})^2}{120 \text{ W}} = \frac{52\,900 \text{ V}^2}{120 \text{ W}}$$

$$= \underline{440 \text{ }\Omega}$$

b) mit Kondensator (Bild 10.65)

$$P_2 = \frac{U_R^2}{R}$$

$$U_R^2 = P_2 \cdot R$$

$$U_R = \sqrt{P_2 \cdot R} = \sqrt{48 \text{ W} \cdot 440 \text{ }\Omega}$$

$$= \sqrt{21\,120} \text{ V} = \sqrt{2{,}112 \cdot 10^4} \text{ V}$$

$$U_R = 1{,}45 \cdot 10^2 \text{ V} = \underline{145 \text{ V}}$$

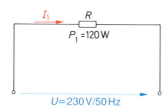

Bild 10.64   Lötkolben an 220 V

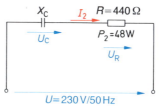

Bild 10.65   Lötkolben mit Kondensator zur Leistungsdrosselung

aus $U = 230$ V und $U_R = 145$ V läßt sich das Spannungsdreieck zeichnen (Bild 10.66).

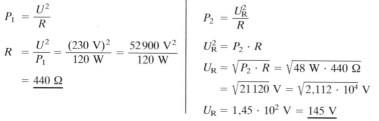

dann gilt $\cos\varphi = \dfrac{U_R}{U} = \dfrac{145 \text{ V}}{230 \text{ V}} = 0{,}630$

$$\varphi = 50{,}9°$$

$$\sin\varphi = 0{,}776$$

$$U_C = U \cdot \sin\varphi = 230 \text{ V} \cdot 0{,}776 = \underline{178 \text{ V}}$$

Bild 10.66
Spannungsdreieck

Bei einer Reihenschaltung verhalten sich die Spannungen zueinander wie die dazugehörigen Widerstände.

$$\frac{X_C}{R} = \frac{U_C}{U_R} \leftrightarrow X_C = \frac{U_C}{U_R} \cdot R = \frac{178 \text{ V}}{145 \text{ V}} \cdot 440 \text{ }\Omega = 540 \text{ }\Omega$$

$$X_C = \frac{1}{\omega \cdot C} \quad \text{oder} \quad C = \frac{1}{\omega \cdot X_C}$$

$$C = \frac{1}{2 \cdot \pi \cdot 50\,\frac{1}{\text{s}} \cdot 540 \text{ }\Omega} = 5{,}89 \cdot 10^{-6} \text{ F} = \underline{5{,}89 \text{ }\mu\text{F}}$$

Ergebnis:

Durch die Reihenschaltung mit einem Kondensator von 5,89 μF wird die Leistung auf 40 % gedrosselt.

Anmerkung:

Da der ohmsche Anteil des Kondensators praktisch = 0 ist, treten in ihm keine Verluste auf.

10.4.3   Parallelschaltung aus R und X_C

Die Parallelschaltung aus R und X_C unterscheidet sich von der Parallelschaltung aus R und X_L nur durch die veränderte Phasenlage von Strom und Spannung im Linien- und Zeigerdiagramm. Dadurch sind die Dreiecke auch umgekehrt gerichtet. Das folgende Beispiel soll die Verhältnisse einer Parallelschaltung zeigen.

Beispiel: Ein Kondensator von 0,6 μF liegt parallel zu einem Widerstand von 3 kΩ an einer Spannung von 12 V bei einer Frequenz von 100 Hz.

Wie sieht das Zeiger- und Liniendiagramm aus, und welche Werte haben die Teilströme, der Strom, der Scheinwiderstand, die Leistung, Schein- und Blindleistung, die Leitwerte?

Gegeben: Parallelschaltung aus

$R = 3 \text{ k}\Omega = 3 \cdot 10^3 \, \Omega$

$C = 0,6 \, \mu\text{F} = 0,6 \cdot 10^{-6} \, \text{F}$

$U = 12 \text{ V}$

$f = 100 \text{ Hz}$

Gesucht: a) Zeiger- und Liniendiagramm

b) I_R ; I_C ; I

c) Z

d) P, Q_C, S

e) Leitwertdreieck

Lösung: a) **Zeiger- und Liniendiagramm**

Die gemeinsame Größe ist für beide Widerstände U.

Mit ihr beginnt man bei Parallelschaltungen die Diagramme, da sie als Bezugsebene für die Phasenverschiebung gelten kann (Bilder 10.67b und c).

b) **Ströme** (Bild 10.67) nach dem Ohmschen Gesetz gilt:

$$I_R = \frac{U}{R} = \frac{12 \text{ V}}{3 \cdot 10^3 \, \Omega} = 4 \cdot 10^{-3} \text{ A} = \underline{4 \text{ mA}}$$

$$I_C = \frac{U}{X_C}$$

$$X_C = \frac{1}{2 \cdot \pi \cdot f \cdot C} = \frac{1}{2 \cdot \pi \cdot 100 \text{ Hz} \cdot 0,6 \cdot 10^{-6} \text{ F}}$$

$$I_C = \frac{12 \text{ V}}{2,65 \cdot 10^3 \, \Omega} = 4,53 \cdot 10^{-3} \text{ A}$$

$$= \frac{10^6}{377} \, \Omega = \underline{2,65 \cdot 10^3 \, \Omega}$$

$$= \underline{4,53 \text{ mA}}$$

aus dem Stromdreieck (Bild 10.67d)

$$\tan \varphi = \frac{I_C}{I_R} = \frac{4,53 \text{ mA}}{4 \text{ mA}} = 1,132 \qquad \varphi = 48,6°$$

$$I = \frac{I_R}{\cos \varphi} = \frac{4 \text{ mA}}{0,662} = \underline{6,04 \text{ mA}}$$

Bild 10.67   Parallelschaltung aus
R und X_c
a) Schaltbild
b) Zeigerdiagramm
c) Liniendiagramm
d) Stromdreieck
e) Leistungsdreieck

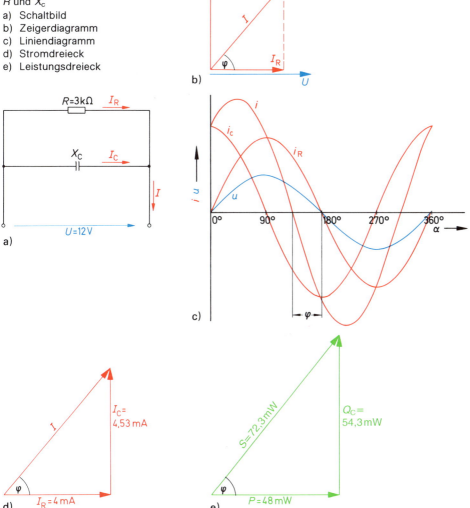

Das Stromdreieck wird hier mit I_C nach oben gezeichnet, da I_C gegenüber U um 90° voreilt (siehe Zeigerdiagramm).

c) **Scheinwiderstand**

$$Z = \frac{U}{I} = \frac{12\ \mathrm{V}}{6{,}04 \cdot 10^{-3}\ \mathrm{A}} = 1{,}99 \cdot 10^3\ \Omega = \underline{1{,}99\ \mathrm{k}\Omega}$$

d) **Leistung** (Wirkleistung) kann nur im ohmschen Widerstand entstehen, also

$$P = U \cdot I_R = 12\ \mathrm{V} \cdot 4\ \mathrm{mA} = \underline{48\ \mathrm{mW}}$$

Blindleistung kann nur im Kondensator vorhanden sein

$$Q_C = U \cdot I_C = 12\ \mathrm{V} \cdot 4{,}53\ \mathrm{mA} = \underline{54{,}3\ \mathrm{mW}}$$

Scheinleistung ergibt sich immer aus Gesamtstrom mal Gesamtspannung

$$S = U \cdot I = 12\ \mathrm{V} \cdot 6{,}04\ \mathrm{mA} = \underline{72{,}5\ \mathrm{mW}}$$

Die Leistungen wurden ermittelt, indem der Strom bzw. die Teilströme jeweils mit der gleichen Spannung U multipliziert wurden. Dann muß sich auch ein Leistungsdreieck zeichnen lassen, in dem die Seiten verhältnisgleich zum Stromdreieck liegen (Bild 10.67c).

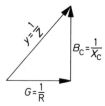

Bild 10.68   Leitwertdreieck

e) **Leitwertdreieck** (Bild 10.68)

Bei einer Parallelschaltung verhalten sich die Leitwerte zueinander wie die dazugehörigen Ströme. Dadurch läßt sich der Scheinwiderstand Z auch über das Leitwertdreieck berechnen.

Es ist: $$G = \frac{1}{R} = \frac{1}{3000\ \Omega} = 0{,}000\ 333\ \mathrm{S}$$

$$B_C = \frac{1}{X_C} = \frac{1}{2650\ \Omega} = 0{,}000\ 377\ \mathrm{S}$$

Diese Werte sind unhandlich, es ist deshalb günstiger, Z über die Ströme bzw. das Stromdreieck zu ermitteln.

10.4.4   Verluste im Kondensator

Bei Kondensatoren treten im Wechselstromkreis verschiedene Verluste auf. Meistens können sie bei tiefen Frequenzen vernachlässigt werden, jedoch muß man sie bei hohen Frequenzen berücksichtigen. Es sind:

a) die *ohmschen Verluste*. Sie entstehen in der Zuleitung und in den Platten des Kondensators. Meistens sind sie vernachlässigbar.

b) die *Isolationsverluste*. Sie sind bedingt durch den sogenannten «Leckstrom» zwischen den Platten, also über das Dielektrikum. Kein Isolator ist ein absoluter Nichtleiter.

426

c) die *dielektrischen Hystereseverluste*. Sie entstehen durch die ständige Umformung der Moleküle des Dielektrikums.

d) die *dielektrischen Absorptionsverluste*. Sie sind durch die von dem Dielektrikum zurückgehaltenen Ladungen bedingt, da hierdurch nicht wieder alle Ladungen in den Stromkreis zurückfließen.

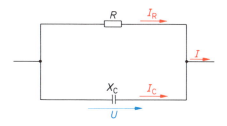
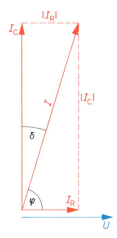

Bild 10.69 Verlustbehafteter Kondensator
a) Ersatzschaltbild
b) Zeigerdiagramm

Während man die Verluste einer Induktivität (besser Spule) meistens durch einen Reihenwiderstand R berücksichtigt, werden sie bei einem Kondensator durch eine Parallelschaltung aus R und X_C berücksichtigt.

10.4.4.1 Verlustfaktor und Gütefaktor

Das Ersatzschaltbild für einen verlustbehafteten Kondensator ist eine Parallelschaltung aus R und X_C (Bild 10.69a).

In dem dazugehörigen Zeigerdiagramm wird der Phasenverschiebungswinkel zwischen Strom und Spannung immer mit φ bezeichnet. Da φ aber auch als Phasenverschiebungswinkel für gesamte Schaltungen verwendet wird, ist es zweckmäßig, für das Verhältnis von I_R zu I_C eines Kondensators einen anderen Winkel zu benennen. Gewählt wird dafür der Winkel δ zwischen I_C und I (Bild 10.69b).

Nun ist $\tan \delta = I_R / I_C$ ein Maß für die Größe von Wirkanteil zu Blindanteil. Ist der Strom im ohmschen Widerstand groß, entsteht auch eine große (Wirk-)Leistung. Dann ist der $\tan \delta = I_R / I_C$ ebenfalls groß.

Je kleiner die Verluste, je kleiner wird der $\tan \delta$.

Der $\tan \delta$ wird Verlustfaktor genannt und mit d bezeichnet.

$$d = \tan \delta = \frac{I_R}{I_C} = \frac{P}{Q_C} = \frac{G}{B_C} = \frac{\dfrac{1}{R}}{\dfrac{1}{X_C}} = \frac{X_C}{R} \qquad \boxed{\tan \delta = \frac{I_R}{I_C} = \frac{X_C}{R}}$$

427

Man spricht, besonders in der Elektronik, auch von der Güte eines Kondensators. Die Güte ist hoch, wenn die Verluste klein sind. Sie ist also der Kehrwert vom Verlustfaktor.

$$\text{Güte} = \frac{1}{\text{Verlustfaktor}}$$

$$Q = \frac{1}{\tan \delta} = \frac{1}{d}$$

> Die Güte eines Kondensators ist hoch, wenn der Kondensator wenig Verluste hat.

Beispiel: Einer Firmenliste werden folgende Angaben entnommen:

$$C = 0,47 \ \mu F$$
$$\tan \delta = 500 \cdot 10^{-4} \quad \text{bei } f = 1 \text{ kHz}$$

Wie groß ist die Verlustleistung im Kondensator bei einer Spannung von 50 V/1000 Hz?

Lösung: Ersatzschaltbild Zeigerdiagramm
(Bild 10.69a) (Bild 10.69b)

$$\tan \delta = \frac{I_R}{I_C} \quad \text{oder, wenn mit } U \text{ erweitert,} \quad \frac{I_R \cdot U}{I_C \cdot U} = \frac{P}{Q_C}$$

$$\tan \delta = \frac{P}{Q_C}$$

$$P = Q_C \cdot \tan \delta$$

$$Q_C = \frac{U^2}{X_C} \quad \bigg| \quad X_C = \frac{1}{\omega \cdot C}$$

$$= \frac{U^2}{\frac{1}{\omega \cdot C}} = U^2 \cdot \omega \cdot C$$

$$Q_C = U^2 \cdot \omega \cdot C$$
$$= (50 \text{ V})^2 \cdot 2 \ \pi \cdot 10^3 \text{ Hz} \cdot 0,47 \cdot 10^{-6} \text{ F}$$
$$= 2500 \text{ V}^2 \cdot 2 \ \pi \cdot 10^3 \text{ Hz} \cdot 0,47 \cdot 10^{-6} \text{ F}$$
$$= 7,38 \text{ W}$$

damit ist: $P = Q_C \cdot \tan \delta$
$$= 7,38 \text{ W} \cdot 0,05$$
$$= 0,369 \text{ W} = \text{Verluste im Kondensator bei 1000 Hz und 50 V}$$

10.5 Kombinierte Wechselstromschaltungen

10.5.1 Schaltungen mit nur induktiven bzw. nur kapazitiven Widerständen

Handelt es sich um rein induktive bzw. rein kapazitive Widerstände, werden sie wie ohmsche Widerstände berechnet.

a) Reihenschaltung

induktive Widerstände (Bild 10.70) kapazitive Widerstände (Bild 10.71)

Bild 10.70 Reihenschaltung von Induktivitäten Bild 10.71 Reihenschaltung von Kondensatoren

$$X_{L\,\text{gesamt}} = X_{L1} + X_{L2} + X_{L3}$$

$$\omega \cdot L_{\text{gesamt}} = \omega \cdot L_1 + \omega \cdot L_2 + \omega \cdot L_3$$

$$L_{\text{gesamt}} = L_1 + L_2 + L_3$$

$$X_{C\,\text{gesamt}} = X_{C1} + X_{C2} + X_{C3}$$

$$\frac{1}{\omega \cdot C_{\text{gesamt}}} = \frac{1}{\omega \cdot C_1} + \frac{1}{\omega \cdot C_2} + \frac{1}{\omega \cdot C_3}$$

$$\frac{1}{C_{\text{gesamt}}} = \frac{1}{C_1} + \frac{1}{C_2} + \frac{1}{C_3}$$

b) Parallelschaltung (Bild 10.72 und 10.73):

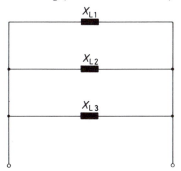

Bild 10.72 Parallelschaltung von Induktivitäten

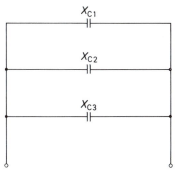

Bild 10.73 Parallelschaltung von Kondensatoren

$$\frac{1}{X_{L\,\text{gesamt}}} = \frac{1}{X_{L1}} + \frac{1}{X_{L2}} + \frac{1}{X_{L3}}$$

$$\frac{1}{\omega \cdot L_{\text{gesamt}}} = \frac{1}{\omega \cdot L_1} + \frac{1}{\omega \cdot L_2} + \frac{1}{\omega \cdot L_3}$$

$$\frac{1}{L_{\text{gesamt}}} = \frac{1}{L_1} + \frac{1}{L_2} + \frac{1}{L_3}$$

$$\frac{1}{X_{C\,\text{gesamt}}} = \frac{1}{X_{C1}} + \frac{1}{X_{C2}} + \frac{1}{X_{C3}}$$

$$\frac{1}{\frac{1}{\omega \cdot C_{\text{gesamt}}}} = \frac{1}{\frac{1}{\omega \cdot C_1}} + \frac{1}{\frac{1}{\omega \cdot C_2}} + \frac{1}{\frac{1}{\omega \cdot C_3}}$$

$$\omega \cdot C_{\text{gesamt}} = \omega \cdot C_1 + \omega \cdot C_2 + \omega \cdot C_3$$

$$C_{\text{gesamt}} = C_1 + C_2 + C_3$$

Beispiel 1: 3 Induktivitäten von je 10 H sollen
a) in Reihe und
b) parallel an 230 V/50 Hz geschaltet werden.
Wie groß ist jeweils der Gesamtwiderstand?

a) Bild 10.74

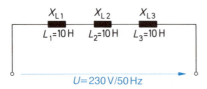

Bild 10.74 Reihenschaltung von Induktivitäten

$L_{ges} = L_1 + L_2 + L_3 = 3 \cdot L = 3 \cdot 10 \text{ H} = \underline{30 \text{ H}}$

da alle gleich groß

$X_{Lges} = L_{ges} \cdot \omega$

$= L_{ges} \cdot 2 \cdot \pi \cdot f$

$= 30 \text{ H} \cdot 2 \cdot \pi \cdot 50 \text{ Hz} = 9420 \ \Omega = \underline{9,42 \text{ k}\Omega}$

b) Bild 10.75

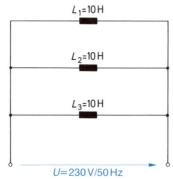

Bild 10.75 Parallelschaltung von Induktivitäten

$\dfrac{1}{L_{ers}} = \dfrac{1}{L_1} + \dfrac{1}{L_2} + \dfrac{1}{L_3}$

da alle gleich groß sind, gilt:

$\dfrac{1}{L_{ers}} = \dfrac{3}{L}$ oder

$L_{ers} = \dfrac{L}{3} = \dfrac{10 \text{ H}}{3} = \underline{3,33 \text{ H}}$

$X_{Lers} = L_{ers} \cdot \omega$

$= 3,33 \text{ H} \cdot 314 \ \dfrac{1}{s} = 1046 \ \Omega = \underline{1,046 \text{ k}\Omega}$

Beispiel 2: 2 induktive Widerstände von 4 Ω und 6 Ω sollen parallel geschaltet werden. Wie groß ist der Ersatzblindwiderstand (Bild 10.76)?

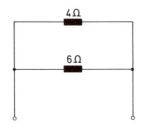

Bild 10.76 Schaltung zu Beispiel 2

$\dfrac{1}{X_{Lers}} = \dfrac{1}{X_{L1}} + \dfrac{1}{X_{L2}}$

erweitert zum Hauptnenner $X_{L1} \cdot X_{L2}$

$\dfrac{1}{X_{Lers}} = \dfrac{X_{L2}}{X_{L1} \cdot X_{L2}} + \dfrac{X_{L1}}{X_{L1} \cdot X_{L2}}$

$\dfrac{1}{X_{Lers}} = \dfrac{X_{L2} + X_{L1}}{X_{L1} \cdot X_{L2}}$

430

Bildet man den Kehrwert, so ergibt sich die schon von den ohmschen Widerständen bekannte Formel:

$$\boxed{X_{\text{Lers}} = \frac{X_{\text{L1}} \cdot X_{\text{L2}}}{X_{\text{L1}} + X_{\text{L2}}}} \qquad \text{bei 2 parallel geschalteten Induktivitäten.}$$

$$X_{\text{Lers}} = \frac{4\,\Omega \cdot 6\,\Omega}{4\,\Omega + 6\,\Omega} = \frac{24\,\Omega^2}{10\,\Omega} = \underline{2{,}4\,\Omega}$$

Beispiel 3: 4 Kondensatoren von je 60 µF werden parallel an 230 V/50 Hz geschaltet. Wie groß ist a) die Gesamtkapazität und b) der Gesamtwiderstand?

a) bei Kondensatoren entspricht eine Parallelschaltung einer Vergrößerung der Plattenoberfläche. Bei gleichen Kondensatoren gilt dann:

$$\boxed{C_{\text{ges}} = n \cdot C} \qquad \text{bei } n \text{ gleichen parallel geschalteten Kondensatoren.}$$

$$C_{\text{ges}} = 4 \cdot 60\,\mu F = \underline{240\,\mu F}$$

b) $$X_{\text{Cges}} = \frac{1}{2 \cdot \pi \cdot f \cdot C}$$

$$X_{\text{Cges}} = \frac{1}{2 \cdot \pi \cdot 50\,\text{Hz} \cdot 240 \cdot 10^{-6}\,F} = \underline{13{,}26\,\Omega}$$

Beispiel 4: Wie groß ist der Gesamtwiderstand der Schaltung in Bild 10.77, und welche Teilspannungen liegen an den einzelnen Kondensatoren?

$$\boxed{C_{\text{ges}} = \frac{C}{n}} \qquad \text{bei } n \text{ gleich großen Kondensatoren in Reihe!}$$

$$C_{\text{ges}} = \frac{5\,\text{nF}}{3} = 1{,}66\,\text{nF} = 1{,}66 \cdot 10^{-9}\,F$$

$$X_{\text{Cges}} = \frac{1}{2 \cdot \pi \cdot f \cdot C_{\text{ges}}} = \frac{1}{2 \cdot \pi \cdot 60\,\text{Hz} \cdot 1{,}66 \cdot 10^{-9}\,F} = \frac{10^9}{626}\,\Omega = 1{,}60 \cdot 10^6\,\Omega$$

$$X_{\text{Cges}} = \underline{1{,}60\,\text{M}\Omega}$$

Da es sich um 3 gleich große Kapazitäten bzw. kapazitive Widerstände handelt, teilt sich die Spannung in gleiche Anteile auf:

$$U_{\text{C}} = \frac{U}{n} = \frac{400\,\text{V}}{3} = \underline{133\,\text{V}}$$

Kapazitiver Spannungsteiler

Mit einer Reihenschaltung von Kondensatoren läßt sich ein Spannungsteiler für geringen Leistungsbedarf aufbauen.

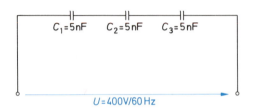

Bild 10.77 Schaltbild zu Beispiel 4

Beispiel: Mit einem kapazitiven Spannungsteiler soll die Eingangsspannung von 6 V/1000 Hz auf eine Ausgangsspannung von 2 V an einem Kondensator von 0,22 μF geteilt werden. Welche Kapazität muß der Vorschaltkondensator besitzen?

Gegeben: Bild 10.78

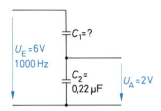

Bild 10.78 Kapazitiver Spannungsteiler

Gesucht: C_1

Lösung: An dem Kondensator C_1 müssen $U_{C1} = 6\,\text{V} - 2\,\text{V} = 4\,\text{V}$ liegen. Bei einer Reihenschaltung verhalten sich die Spannungen zueinander wie die dazugehörigen Widerstände.

$$\frac{U_{C1}}{U_{C2}} = \frac{X_{C1}}{X_{C2}} = \frac{\dfrac{1}{\omega \cdot C_1}}{\dfrac{1}{\omega \cdot C_2}} = \frac{\omega \cdot C_2}{\omega \cdot C_1} = \frac{C_2}{C_1}$$

oder: $$\frac{C_1}{C_2} = \frac{U_{C2}}{U_{C1}} \quad \text{bzw.}\quad C_1 = \frac{U_{C2}}{U_{C1}} \cdot C_2 = \frac{2\,\text{V}}{4\,\text{V}} \cdot 0{,}22\,\mu\text{F} = \underline{0{,}11\,\mu\text{F}}$$

10.5.2 Reihenschaltung induktiv-ohmscher Verbraucher

Sollen zwei Spulen in Reihe geschaltet werden, so ist es zweckmäßig, dafür jeweils die Ersatzschaltbilder ebenfalls als Reihenschaltung darzustellen (Bild 10.79).

Dann werden die Teilspannungen im Spannungsdreieck wie in den Bildern 10.80a oder b addiert.

Bild 10.79 Ersatzschaltbild einer Reihenschaltung von zwei Spulen

432

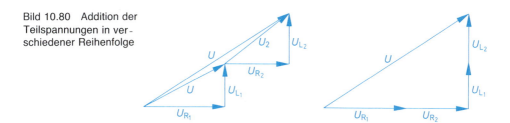

Bild 10.80   Addition der Teilspannungen in verschiedener Reihenfolge

Die Widerstände verhalten sich proportional zu den Spannungen und können somit entsprechend addiert werden (Bilder 10.81a und b).

Da bei der Addition die Reihenfolge der Summanden gleichgültig ist, kann das Ersatzschaltbild wie Bild 10.82 gezeichnet und auch berechnet werden.

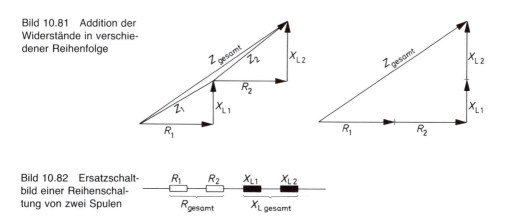

Bild 10.81   Addition der Widerstände in verschiedener Reihenfolge

Bild 10.82   Ersatzschaltbild einer Reihenschaltung von zwei Spulen

Es gilt also:

$$R_{\text{gesamt}} = R_1 + R_2$$

und

$$X_{\text{Lgesamt}} = X_{\text{L}1} + X_{\text{L}2}$$

Bild 10.83   Addition der Leistungen in verschiedener Reihenfolge

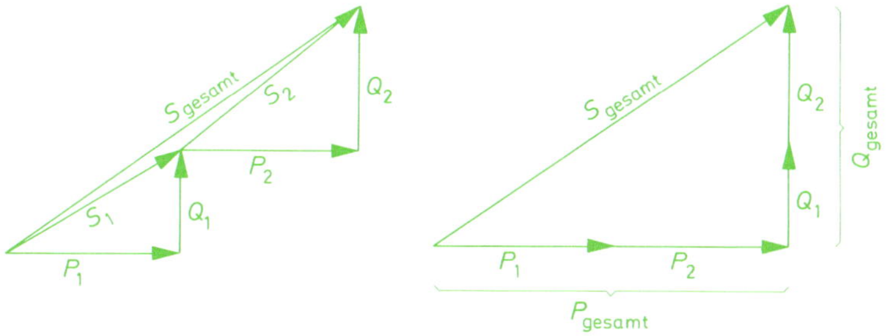

Entsprechend können die Leistungen zusammengefaßt werden (Bilder 10.83a und b).

433

Auch hier gilt:

$$P_{ges} = P_1 + P_2$$

$$Q_{Lges} = Q_{L1} + Q_{L2}$$

Achtung: Die Größen an ohmschen bzw. an induktiven Widerständen dürfen, da sie gleiche Phasenlage haben, algebraisch addiert werden, *nicht* jedoch die Gesamtgrößen wie U, Z und S.

Beispiel 1: 2 Spulen sind hintereinander an 230 V/50 Hz geschaltet. Ihre Daten sind folgende:

Spule 1: $R_1 = 50\ \Omega$ $Z_1 = 100\ \Omega$
Spule 2: $R_2 = 90\ \Omega$ $Z_2 = 110\ \Omega$

Gesucht:

    a) Die Blindwiderstände X_{L1}, X_{L2} und X_{Lges}
    b) Der gesamte ohmsche Widerstand R_{ges}
    c) Der gesamte Scheinwiderstand Z_{ges}
    d) Der Strom I
    e) Die Teilspannungen an den Spulen U_1 und U_2
    f) Die Leistung, Blindleistung und Scheinleistung der gesamten Schaltung
       (P_{ges}, Q_{Lges}, S_{ges})

Lösung: Ersatzschaltbild (Bild 10.84)

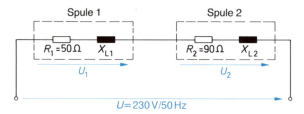

Bild 10.84 Ersatzschaltbild einer Reihenschaltung von zwei Spulen

a) Aus dem Widerstandsdreieck für jede Spule werden die Blindwiderstände ermittelt.

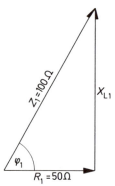

Bild 10.85 Widerstandsdreieck der Spule 1

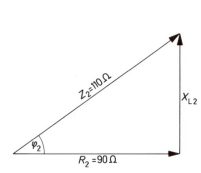

Bild 10.86 Widerstandsdreieck der Spule 2

434

$$\cos \varphi_1 = \frac{R_1}{Z_1} = \frac{50 \ \Omega}{100 \ \Omega} = 0,5 \qquad\qquad \cos \varphi_2 = \frac{R_2}{Z_2} = \frac{90 \ \Omega}{110 \ \Omega} = 0,818$$

$$\varphi_1 = 60° \qquad\qquad\qquad\qquad\qquad \varphi_2 = 35,1°$$

$$\sin \varphi_1 = 0,866 \qquad\qquad\qquad\qquad \sin \varphi_2 = 0,575$$

$$X_{L1} = Z_1 \cdot \sin \varphi_1 \qquad\qquad\qquad X_{L2} = Z_2 \cdot \sin \varphi_2$$

$$X_{L1} = 100 \ \Omega \cdot 0,866 = \underline{86,6 \ \Omega} \qquad X_{L2} = 110 \ \Omega \cdot 0,575 = \underline{63,2 \ \Omega}$$

$$X_{Lges} = X_{L1} + X_{L2} = 86,6 \ \Omega + 63,2 \ \Omega = \underline{149,8 \ \Omega}$$

b) $\quad R_{ges} = R_1 + R_2 = 50 \ \Omega + 90 \ \Omega = \underline{140 \ \Omega}$

c) Bild 10.87

$$\tan \varphi_{ges} = \frac{X_{Lges}}{R_{ges}} = \frac{149,8 \ \Omega}{140 \ \Omega} = 1,07 \qquad \varphi_{ges} = 46,9°$$

$$\cos \varphi_{ges} = \frac{R_{ges}}{Z_{ges}} \qquad\qquad\qquad \cos \varphi_{ges} = 0,683$$

$$Z_{ges} = \frac{R_{ges}}{\cos \varphi_{ges}} = \frac{140 \ \Omega}{0,683}$$

$$Z_{ges} = \underline{205 \ \Omega}$$

d) $\quad I = \dfrac{U}{Z_{ges}} = \dfrac{230 \ V}{205 \ \Omega} = \underline{1,12 \ A}$

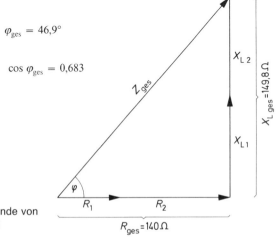

Bild 10.87   Addition der Widerstände von Spule 1 und Spule 2 im Beispiel 1

e) Spannungen an den Spulen 1 und 2

$$U_1 = I \cdot Z_1 = 1,12 \ A \cdot 100 \ \Omega \cdot \underline{112 \ V}$$

$$U_2 = I \cdot Z_2 = 1,12 \ A \cdot 110 \ \Omega \cdot \underline{123 \ V}$$

Achtung: Die algebraische Summe von U_1 und U_2 ergibt nicht 220 V, da geometrisch addiert werden muß $(\varphi_1 \neq \varphi_2)$.

f) Leistung $\qquad\quad P = U \cdot I \cdot \cos \varphi_{ges} = 230 \ V \cdot 1,12 \ A \cdot 0,683 = \underline{176 \ W}$

Blindleistung $\quad Q = U \cdot I \cdot \sin \varphi_{ges} = 230 \ V \cdot 1,12 \ A \cdot 0,73 \ = \underline{188 \ W}$

Scheinleistung $\quad S = U \cdot I \qquad\qquad = 230 \ V \cdot 1,12 \ A \qquad = \underline{257,6 \ W}$

Kontrolle: $\qquad\quad S^2 = P^2 + Q^2$

$$257,6^2 \quad = 176^2 + 188^2$$

$$66358 \quad = 30976 + 35344$$

$$66358 \quad \approx 66320 \text{ (Abweichung durch vorherige Rundung)}$$

Beispiel 2: Ein Relais nimmt an 110 V/50 Hz einen Strom von 40 mA auf. Sein ohmscher Widerstand wird mit einer Meßbrücke bestimmt und beträgt 400 Ω. Wie groß muß ein ohmscher Vorwiderstand werden, damit das Relais an 230 V/50 Hz angeschlossen werden darf?

Gegeben: Relaisspannung $U_1 = 110$ V
Relaisstrom $I_1 = 40$ mA $= 40 \cdot 10^{-3}$ A
Kupferwiderstand $R_1 = 400$ Ω
Gesamtspannung $U = 230$ V

Gesucht: Vorwiderstand R_v

Lösung: Ersatzschaltbild (Bild 10.88)

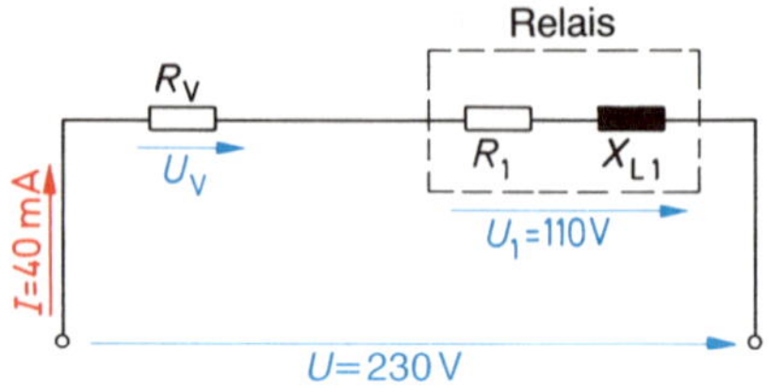

Bild 10.88 Ersatzschaltbild für ein Relais mit Vorwiderstand

Der Scheinwiderstand der gesamten Schaltung muß so groß sein, daß bei $U = 220$ V nur 40 mA fließen

$$Z_{ges} = \frac{U}{I} = \frac{230 \text{ V}}{40 \cdot 10^{-3} \text{ A}} = 5{,}75 \cdot 10^3 \text{ Ω} = \underline{5{,}75 \text{ kΩ}}$$

Der Scheinwiderstand der Spule ergibt sich aus:

$$Z_1 = \frac{U_1}{I} = \frac{110 \text{ V}}{40 \cdot 10^{-3} \text{ A}} = 2{,}75 \cdot 10^3 \text{ Ω} = \underline{2{,}75 \text{ kΩ}}$$

Das Widerstandsdreieck hierzu gibt Bild 10.89 wieder. Unbekannt sind nur noch R_v und X_{L1}.

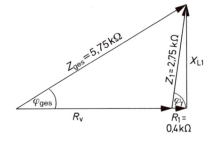

Bild 10.89 Widerstandsdreieck zu Beispiel 2

X_{L1} läßt sich aus den Größen des Relais errechnen.

Es ist:

$$\cos \varphi_1 = \frac{R_1}{Z_1} = \frac{0{,}4 \text{ kΩ}}{2{,}75 \text{ kΩ}} = 0{,}1455 \qquad \text{oder:} \quad X_{L1} = \sqrt{Z_1^2 - R_1^2}$$

$$\varphi_1 = 81{,}64° \qquad \sin \varphi_1 = 0{,}9894 \qquad = \sqrt{2{,}765^2 - 0{,}4^2} \text{ kΩ}$$

$$X_{L1} = Z_1 \cdot \sin \varphi_1 = 2{,}75 \text{ kΩ} \cdot 0{,}9894 = \underline{2{,}72 \text{ kΩ}} \qquad = \underline{2{,}72 \text{ kΩ}}$$

436

Somit ist:
$$\sin \varphi_{\text{ges}} = \frac{X_{\text{L ges}}}{Z_{\text{ges}}} = \frac{X_{\text{L1}}}{Z_{\text{ges}}} = \frac{2{,}72 \text{ k}\Omega}{5{,}75 \text{ k}\Omega} = 0{,}473$$

$$\varphi_{\text{ges}} = 28{,}2° \qquad \cos \varphi_{\text{ges}} = 0{,}881$$

$$R_{\text{ges}} = Z_{\text{ges}} \cdot \cos \varphi_{\text{ges}} = 5{,}75 \text{ k}\Omega \cdot 0{,}881 = \underline{5{,}07 \text{ k}\Omega}$$

Damit ergibt sich: $R_{\text{v}} = R_{\text{ges}} - R_1$

$$= 5{,}07 \text{ k}\Omega - 0{,}4 \text{ k}\Omega$$

$$\underline{R_{\text{v}} = 4{,}67 \text{ k}\Omega}$$

Leistung in R_{v}:

$$
\begin{aligned}
P_{\text{v}} &= U_{\text{v}} \cdot I_{\text{v}} \\
&= U_{\text{v}} \cdot I & U_{\text{v}} &= I_{\text{v}} \cdot R_{\text{v}} \\
&= 187 \text{ V} \cdot 40 \cdot 10^{-3} \text{ A} & &= 40 \cdot 10^{-3} \text{ A} \cdot 4{,}67 \cdot 10^{3} \ \Omega \\
&= 187 \cdot 4 \cdot 10^{-2} \text{ W} & &= \underline{187 \text{ V}} \\
\underline{P_{\text{v}}} &= \underline{7{,}4 \text{ W}}
\end{aligned}
$$

Es muß also folgender Widerstand verwendet werden:
4,67 kΩ/7,4 W bzw. die nächsten Normgrößen.

Durch die Phasenverschiebung zwischen Strom und Spannung im Relais bedingt, liegen am Vorwiderstand 187 V Spannungsfall. Eine Unkenntnis dieses Sachverhaltes hätte sicher zu einem zu kleinen Widerstand geführt.

Die Vorschaltung eines ohmschen Widerstandes von 4,67 kΩ ergibt die richtigen Betriebsdaten, jedoch verschlechtert sich das Anzugsmoment, da in diesem Augenblick durch den relativ großen Luftspalt nur ein kleiner Blindwiderstand vorhanden ist. Das hat zur Folge, daß im Einschaltaugenblick die Spannung am Vorwiderstand größer und am Relais kleiner ist. (Spannungen teilen sich im Verhältnis der Widerstände auf.)

Abhilfe: Überbrückung des Widerstands durch einen Ruhekontakt (Öffner).

10.5.3 Reihenschaltung von mehreren *R* und *C*

Diese Schaltungen werden genauso berechnet wie die Reihenschaltung von Spulen. Da jedoch kaum der Scheinwiderstand, sondern meistens *R* und *C* bekannt sind, lassen sich die Schaltungen mühelos zu einfachen Reihenschaltungen aus *R* und *C* zusammenfassen.

Beispiel: Gegeben ist die Schaltung in Bild 10.90. Wie groß müssen R_{ges} und $X_{\text{c ges}}$ im Ersatzschaltbild (Bild 10.91) sein?

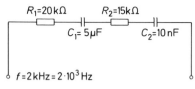

Bild 10.90 Reihenschaltung mehrerer ohmscher und kapazitiver Widerstände

Bild 10.91 Ersatzschaltbild zu Bild 10.90

$$X_{C1} = \frac{1}{\omega \cdot C_1}$$

$$= \frac{1}{12{,}56 \cdot 10^3 \text{ s}^{-1} \cdot 5 \cdot 10^{-9} \text{ F}}$$

$$= 15{,}9 \cdot 10^3 \ \Omega = 15{,}9 \text{ k}\Omega$$

$$X_{C2} = \frac{1}{12{,}56 \cdot 10^3 \text{ s}^{-1} \cdot 10 \cdot 10^{-9} \text{ F}} = 7{,}96 \text{ k}\Omega$$

$$X_{C\,\text{ges}} = X_{C1} + X_{C2} = 15{,}9 \text{ k}\Omega + 7{,}96 \text{ k}\Omega = \underline{23{,}86 \text{ k}\Omega}$$

$$R_{\text{ges}} = R_1 + R_2 = 20 \text{ k}\Omega + 15 \text{ k}\Omega = \underline{35 \text{ k}\Omega}$$

$\omega = 2 \cdot \pi \cdot f = 2 \cdot \pi \cdot 2 \cdot 10^3 \text{ s}^{-1}$

$\quad = 12{,}56 \cdot 10^3 \text{ s}^{-1}$

Jetzt kann die Schaltung wie in Abschnitt 10.4.2 weiterberechnet werden.

10.5.4 Parallelschaltung induktiv-ohmscher Verbraucher

Sollen 2 Spulen parallel geschaltet werden, so rechnet man günstig mit Parallelersatzschaltbildern (Bild 10.92 oder 10.94).

Die ohmschen Widerstände in dieser Schaltung haben einen größeren Wert als die mit dem Ohmmeter gemessenen Kupferwiderstände der Spule (siehe Abschnitt 10.3.2).

Es handelt sich um rein theoretische Werte, die aus den Scheinwiderständen und den Phasenverschiebungen bzw. Leistungen errechnet werden. Die Parallelschaltung wird im allgemeinen verwendet, wenn die Ströme I_1 und I_2 in ihre Anteile I_R und I_L zerlegt werden sollen. Dieses hat wiederum Vorteile bei der geometrischen Addition zum Strom- und Leitwertdreieck.

Sollen also die Ströme von 2 Spulen addiert werden, zerlegt man sie erst in ihre theoretischen Wirk- und Blindanteile.

Beispiel 1: Es sind an 230 V/50 Hz 2 Spulen mit folgenden Daten parallel geschaltet:

$$\text{Spule 1:} \quad I_1 = 5 \text{ A} \quad \cos \varphi_1 = 0{,}3$$
$$\text{Spule 2:} \quad I_2 = 3 \text{ A} \quad \cos \varphi_2 = 0{,}8$$

Wie groß sind der Gesamtstrom und der $\cos \varphi_{\text{gesamt}}$?

Bild 10.92   Ersatzschaltbild einer Parallelschaltung von 2 Spulen

Lösung: a) Zeichnerische Lösung

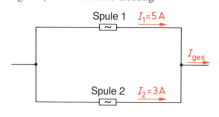

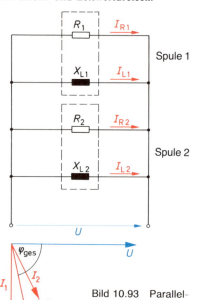

Bild 10.93   Parallelschaltung von 2 Spulen
a) Schaltbild
b) Zeigerdiagramm

438

b) Rechnerische Lösung
Die Ströme werden zu diesem Zweck in waagerechte und senkrechte Anteile zerlegt. Dann lassen sich die waagerechten einzeln und die senkrechten einzeln addieren. Dieses Verfahren entspricht dem zur Ermittlung der Teilströme im Parallelersatzschaltbild (Bild 10.94).

Bild 10.94 Ersatz-
schaltbild einer Parallelschaltung von zwei
Spulen

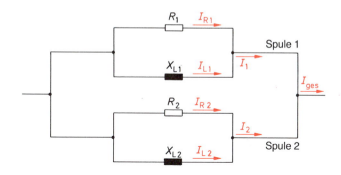

Die Ströme I_1 und I_2 werden einzeln in ihre ohmschen und induktiven Anteile zerlegt (Bild 10.95 und 10.96).

$$\begin{aligned}
I_{R1} &= I_1 \cdot \cos \varphi_1 & I_{R2} &= I_2 \cdot \cos \varphi_2 \\
&= 5\,A \cdot 0,3 = \underline{1,5\,A} & &= 3\,A \cdot 0,8 = \underline{2,4\,A} \\
I_{L1} &= I_1 \cdot \sin \varphi_1 & I_{L2} &= I_2 \cdot \sin \varphi_2 \\
&= 5\,A \cdot 0,955 = \underline{4,78\,A} & &= 3\,A \cdot 0,6 = \underline{1,8\,A}
\end{aligned}$$

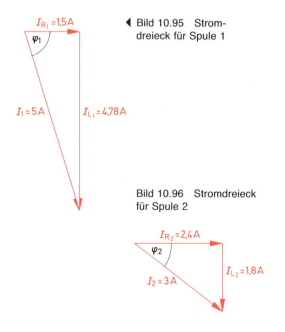

◀ Bild 10.95 Strom-
dreieck für Spule 1

Bild 10.96 Stromdreieck
für Spule 2

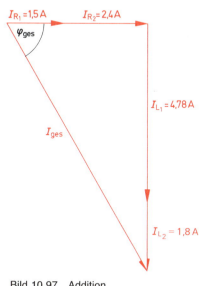

Bild 10.97 Addition
der Ströme von Spule 1 und 2

439

Addition von I_1 und I_2 (Bild 10.97):　　　　　oder:

$$I_{R\,ges} = I_{R1} + I_{R2} = 3{,}9 \text{ A}$$

$$I_{L\,ges} = I_{L1} + I_{L2} = 6{,}58 \text{ A}$$

$$\tan \varphi_{ges} = \frac{I_{L\,ges}}{I_{R\,ges}} = \frac{6{,}58 \text{ A}}{3{,}9 \text{ A}} = 1{,}69$$

$$\varphi_{ges} = 59{,}4°$$

$$\cos \varphi_{ges} = 0{,}51$$

$$\underline{I_{ges}} = \frac{I_{R\,ges}}{\cos \varphi_{ges}} = \frac{3{,}9 \text{ A}}{0{,}51} = \underline{7{,}65 \text{ A}}$$

$$I_{ges} = \sqrt{I_{R\,ges}^2 + I_{L\,ges}^2}$$

$$I_{ges} = \sqrt{(3{,}9 \text{ A})^2 + (6{,}58 \text{ A})^2}$$

$$\underline{I_{ges} = 7{,}65 \text{ A}}$$

Beispiel 2: An 2 parallel geschalteten Spulen wird folgendes ermittelt:
a) Mit einem Ohmmeter werden die Kupferwiderstände gemessen. $R_1 = 400 \ \Omega$ und $R_2 = 200 \ \Omega$. (Die Eisenverluste werden vernachlässigt.)
b) Bei einer Wechselspannung von 230 V/50 Hz fließen die Ströme $I_1 = 0{,}4$ A und $I_2 = 0{,}28$ A.

Gesucht sind:

a) Die Scheinwiderstände und die Leistungsfaktoren der einzelnen Spulen.
b) Die Teilströme der Spulen in einem Parallelersatzschaltbild.
c) Der Gesamtstrom beider Spulen und der gemeinsame Leistungsfaktor.
d) Der Vergleich der Teilwiderstände jeder Spule für ein Reihenersatzschaltbild und für ein Parallelersatzschaltbild.

Anmerkung: Im Abschnitt 10.3.2 wurde bereits darauf hingewiesen, daß die mit einem Ohmmeter bzw. einer Meßbrücke ermittelten Kupferwiderstände dem ohmschen Widerstand im Reihenersatzschaltbild entsprechen. Also muß Frage a) mit einem Reihenersatzschaltbild gelöst werden.

Lösung: a) **Reihenersatzschaltbild** (Bild 10.98)

Scheinwiderstände　　　　　　　　　Leistungsfaktoren

$$Z_1 = \frac{U}{I_1} = \frac{230 \text{ V}}{0{,}4 \text{ A}}$$

$$\underline{Z_1 = 575 \ \Omega}$$

$$Z_2 = \frac{U}{I_2} = \frac{230 \text{ V}}{0{,}28 \text{ A}}$$

$$\underline{Z_2 = 827 \ \Omega}$$

$$\cos \varphi_1 = \frac{R_1}{Z_1} = \frac{400 \ \Omega}{575 \ \Omega}$$

$$\underline{\cos \varphi_1 = 0{,}696}$$

$$\cos \varphi_2 = \frac{R_2}{Z_2} = \frac{200 \ \Omega}{827 \ \Omega}$$

$$\underline{\cos \varphi_2 = 0{,}241}$$

b) **Parallelersatzschaltbild** (Bild 10.99)
 Teilströme nach Bild 10.99

In Bild 10.111 ist

$$I_{R1} = I_1 \cdot \cos \varphi_1 = 0{,}4 \text{ A} \cdot 0{,}696 = \underline{0{,}278 \text{ A}}$$

$$I_{L1} = I_1 \cdot \sin \varphi_1 = 0{,}4 \text{ A} \cdot 0{,}718 = \underline{0{,}287 \text{ A}}$$

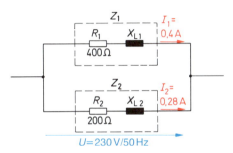

Bild 10.98 Reihenersatzschaltbild von zwei Spulen in Parallelschaltung

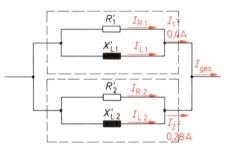

Bild 10.99 Parallelersatzschaltbild von zwei Spulen

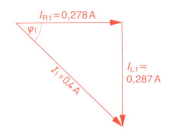

◄ Bild 10.100
Stromdreieck der Spule 1

Bild 10.101 ▶
Stromdreieck der Spule 2

In Bild 10.101 ist

$$I_{R2} = I_2 \cdot \cos \varphi_2 = 0{,}28 \text{ A} \cdot 0{,}241 = 0{,}0675 \text{ A} \approx \underline{0{,}068 \text{ A}}$$

$$I_{L2} = I_2 \cdot \sin \varphi_2 = 0{,}28 \text{ A} \cdot 0{,}970 = \underline{0{,}272 \text{ A}}$$

c) **Gesamtstrom** (Bild 10.102)

$$I_{R\text{ges}} = I_{R1} + I_{R2} = 0{,}278 \text{ A} + 0{,}068 \text{ A} = 0{,}346 \text{ A}$$

$$I_{L\text{ges}} = I_{L1} + I_{L2} = 0{,}287 \text{ A} + 0{,}272 \text{ A} = 0{,}559 \text{ A}$$

$$\tan \varphi_{\text{ges}} = \frac{I_{L\text{ges}}}{I_{R\text{ges}}} = \frac{0{,}559 \text{ A}}{0{,}346 \text{ A}} = 1{,}616$$

$$\varphi_{\text{ges}} = 58{,}2°$$

$$\underline{\cos \varphi_{\text{ges}} = 0{,}526}$$

$$I_{\text{ges}} = \frac{I_{R\text{ges}}}{\cos \varphi_{\text{ges}}} = \frac{0{,}346 \text{ A}}{0{,}526} = \underline{0{,}657 \text{ A}}$$

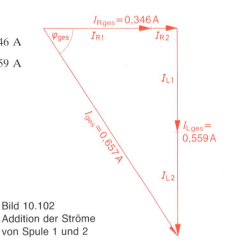

Bild 10.102
Addition der Ströme
von Spule 1 und 2

441

d) Vergleich der Teilwiderstände beider Ersatzschaltbilder

Reihenersatzschaltbild (Bild 10.98)   Parallelersatzschaltbild (Bild 10.99)

In beiden Ersatzschaltbildern sind folgende Größen gleich groß

          1. Der Scheinwiderstand Z

          2. Der Leistungsfaktor $\cos \varphi$

          3. Die Spannung U

          4. Der Strom I

          außerdem Leistung, Blindleistung, Scheinleistung.

Die Teilwiderstände für jede Schaltung berechnen sich jedoch unterschiedlich.

Reihenschaltung   **Parallelschaltung**

(Bilder 10.103 und 10.104)   Teilströme von Frage b)

$$\cos \varphi_1 = \frac{R_1}{Z_1} = \frac{400\ \Omega}{575\ \Omega} = 0,696$$

$$X_{L1} = Z_1 \cdot \sin \varphi_1$$

$$= 575\ \Omega \cdot 0,718 = \underline{413\ \Omega}$$

$$\cos \varphi_2 = \frac{R_2}{Z_2} = \frac{200\ \Omega}{827\ \Omega} = 0,242$$

$$X_{L2} = Z_2 \cdot \sin \varphi_2$$

$$= 827\ \Omega \cdot 0,970 = \underline{802\ \Omega}$$

$$R'_1 = \frac{U}{I_{R1}} = \frac{230\ \text{V}}{0,278\ \text{A}} = \underline{827\ \Omega}$$

$$X'_{L1} = \frac{U}{I_{L1}} = \frac{230\ \text{V}}{0,287\ \text{A}} = \underline{801\ \Omega}$$

$$R'_2 = \frac{U}{I_{R2}} = \frac{230\ \text{V}}{0,068\ \text{A}} = \underline{3382\ \Omega}$$

$$X'_{L2} = \frac{U}{I_{L2}} = \frac{230\ \text{V}}{0,272\ \text{A}} = \underline{846\ \Omega}$$

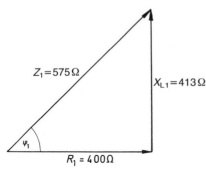

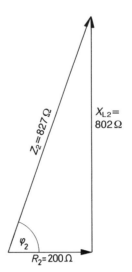

Bild 10.103 Widerstandsdreieck für das
Reihenersatzschaltbild von Spule 1

Bild 10.104 Widerstandsdreieck für das ▶
Reihenersatzschaltbild von Spule 2

Ergebnis:

Wie schon von der Gleichstromtechnik her bekannt ist, sind die Teilwiderstände der Reihenschaltung kleiner als der Gesamtwiderstand Z und die Teilwiderstände der Parallelschaltung größer als Z.

Beispiel 3: Ein Motor nimmt bei einem $\cos \varphi = 0,7$ einen Strom von 10 A auf und liegt parallel zu einem Heizwiderstand von 16,7 Ω. Die Spannung beträgt 230 V/50 Hz. Wie groß sind der Gesamtstrom und der Gesamtleistungsfaktor?

Gegeben: $U = 230$ V/50 Hz
$\qquad\quad I_1 = 10$ A $\quad \cos \varphi_1 = 0,7$
$\qquad\quad R_2 = 16,7$ Ω

Gesucht: $I_{ges} \quad = ?$ A
$\qquad\quad \cos \varphi_{ges} = ?$

Lösung: Schaltbild $\qquad\qquad\qquad\qquad$ Ersatzschaltbild
$\qquad\quad$ (Bild 10.105 a) $\qquad\qquad\qquad$ (Bild 10.105 b)

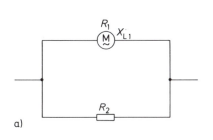 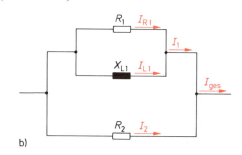

a)

b)

Bild 10.105 Parallelschaltung eines Heizwiderstandes mit einem Motor
a) Schaltbild
b) Ersatzschaltbild

a) Zerlegung von I_1 in seine Komponenten (Bild 10.106):

$\qquad I_{R1} = I_1 \cdot \cos \varphi_1 = 10$ A $\cdot 0,7 \quad = 7$ A

$\qquad I_{L1} = I_1 \cdot \sin \varphi_1 = 10$ A $\cdot 0,714 = 7,14$ A

b) Berechnung von I_2 :

$$I_2 = \frac{U}{R_2} = \frac{230 \text{ V}}{16,7 \text{ Ω}} = 13,8 \text{ A} \qquad \varphi_2 = 0°$$

c) Addition der Ströme und Ermittlung von $\cos \varphi_{ges}$
(Bild 10.107):

$\qquad I_{R\,gesamt} = I_{R1} + I_2 = 7$ A $+ 13,8$ A $= \underline{20,8 \text{ A}}$

$\qquad I_{L\,gesamt} = I_{L1} = \underline{7,14 \text{ A}}$

$\qquad \tan \varphi_{gesamt} = \dfrac{I_{L\,ges}}{I_{R\,ges}} = \dfrac{7,14 \text{ A}}{20,8 \text{ A}} = 0,343 \qquad \varphi_{ges} = 19° \qquad \cos \varphi_{ges} = \underline{0,945}$

$\qquad I_{gesamt} = \dfrac{I_{R\,ges}}{\cos \varphi_{ges}} = \dfrac{20,8 \text{ A}}{0,945} = \underline{22 \text{ A}}$

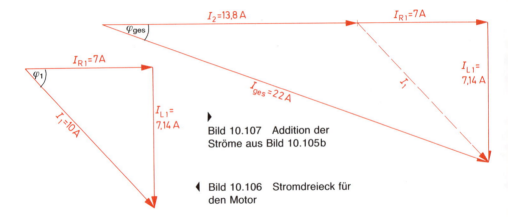

Bild 10.107 Addition der
Ströme aus Bild 10.105b

◄ Bild 10.106 Stromdreieck für
den Motor

10.5.5 Parallelschaltung mehrerer kapazitiver und ohmscher Verbraucher

Eine Kombination aus Widerstand (R) und Kapazität (C) wird selten als Scheinwiderstand angegeben. Meistens sind R und C bekannt. Dann lassen sich alle R und C getrennt zu einer einfachen Parallelschaltung zusammenfassen (Abschnitt 10.4.3).

Selbstverständlich kann die Berechnung auch wie bei der Parallelschaltung von R und L vorgenommen werden, jedoch muß das Stromdreieck die umgekehrte Richtung haben.

Beispiel 1: Gegeben ist folgende Schaltung (Bild 10.108).

Gesucht: I_{ges}, $\cos \varphi_{ges}$, Z_{ges}

Lösung: $X_{C1} = \dfrac{1}{2\,\pi \cdot f \cdot C_1} = \dfrac{1}{2\,\pi \cdot 50\,\text{Hz} \cdot 2 \cdot 10^{-6}\,\text{F}}$

$X_{C1} = \dfrac{10^6}{314 \cdot 2}\,\Omega = 1590\,\Omega$

$X_{C2} = \dfrac{1}{2\,\pi \cdot 50\,\text{Hz} \cdot 1,5 \cdot 10^{-6}\,\text{F}} = 2120\,\Omega$

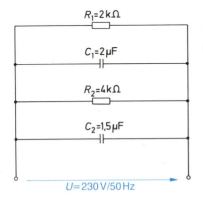

Bild 10.108 Parallelschaltung von
je 2 Kondensatoren und ohmschen
Widerständen

444

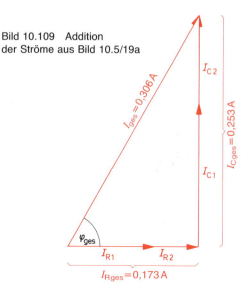

Bild 10.109 Addition
der Ströme aus Bild 10.5/19a

Teilströme:

$$I_{R1} = \frac{230 \text{ V}}{2000 \text{ }\Omega} = 0{,}115 \text{ A} \qquad I_{C1} = \frac{230 \text{ V}}{1590 \text{ }\Omega} = 0{,}145 \text{ A}$$

$$I_{R2} = \frac{230 \text{ V}}{4000 \text{ }\Omega} = 0{,}058 \text{ A} \qquad I_{C2} = \frac{230 \text{ V}}{2120 \text{ }\Omega} = 0{,}108 \text{ A}$$

$$I_{R\,ges} = I_{R1} + I_{R2} = 0{,}173 \text{ A} \qquad I_{C\,ges} = I_{C1} + I_{C2} = 0{,}253 \text{ A}$$

Gesamtstrom (Bild 10.109):

$$\tan \varphi_{ges} = \frac{I_{C\,ges}}{I_{R\,ges}} = \frac{0{,}253 \text{ A}}{0{,}173 \text{ A}} = 1{,}462$$

$$\varphi_{ges} = 55{,}6°$$

$$\cos \varphi_{ges} = \underline{0{,}564}$$

$$I_{ges} = \frac{I_{R\,ges}}{\cos \varphi_{ges}} = \frac{0{,}173 \text{ A}}{0{,}564} = \underline{0{,}306 \text{ A}}$$

$$Z_{ges} = \frac{U}{I_{ges}} = \frac{230 \text{ V}}{0{,}306 \text{ A}} = \underline{751 \text{ }\Omega}$$

Beispiel 2: Parallelschaltung aus 2 Kondensatoren mit folgenden Daten liegt an 10 V/1000 Hz.

$$\left.\begin{array}{ll} C_1 = 0{,}47 \text{ }\mu\text{F} & \tan \delta_1 = 0{,}01 \\ C_2 = 0{,}22 \text{ }\mu\text{F} & \tan \delta_2 = 0{,}02 \end{array}\right\} \quad \text{bei} \quad f = 1000 \text{ Hz}$$

Gesucht: Der gemeinsame $\tan \delta$

Im Abschnitt 10.4.4.1 (Verlustfaktor und Gütefaktor) wurde abgeleitet

$$\tan \delta = \frac{I_R}{I_C} = \frac{X_C}{R}$$

445

Dann ist:

$$\tan \delta_{\text{gesamt}} = \frac{I_{R\,\text{ges}}}{I_{C\,\text{ges}}} \quad \text{oder} \quad \frac{X_{C\,\text{ges}}}{R_{\text{ges}}}$$

$$X_{C1} = \frac{1}{2 \cdot \pi \cdot f \cdot C_1} = \frac{1}{2 \cdot \pi \cdot 10^3 \, \text{Hz} \cdot 0{,}47 \cdot 10^{-6} \, \text{F}} = 339 \, \Omega$$

$$X_{C2} = \frac{1}{2 \cdot \pi \cdot f \cdot C_2} = \frac{1}{2 \cdot \pi \cdot 10^3 \, \text{Hz} \cdot 0{,}22 \cdot 10^{-6} \, \text{F}} = 723 \, \Omega$$

$$I_{C1} = \frac{U}{X_{C1}} = \frac{10 \, \text{V}}{339 \, \Omega} = 29{,}5 \cdot 10^{-3} \, \text{A} = 29{,}5 \, \text{mA}$$

$$+ \; I_{C2} = \frac{U}{X_{C2}} = \frac{10 \, \text{V}}{723 \, \Omega} = 13{,}8 \cdot 10^{-3} \, \text{A} = 13{,}8 \, \text{mA}$$

$$I_{C\,\text{ges}} = I_{C1} + I_{C2} \qquad\qquad\qquad = 43{,}3 \, \text{mA}$$

$$I_{R1} = I_{C1} \cdot \tan \delta_1 = 29{,}5 \, \text{mA} \cdot 0{,}01 \qquad = 0{,}295 \, \text{mA}$$

$$+ \; I_{R2} = I_{C2} \cdot \tan \delta_2 = 13{,}8 \, \text{mA} \cdot 0{,}02 \qquad = 0{,}276 \, \text{mA}$$

$$I_{R\,\text{ges}} = I_{R1} + I_{R2} \qquad\qquad\qquad = \underline{0{,}571 \, \text{mA}}$$

$$\tan \delta_{\text{ges}} = \frac{I_{R\,\text{ges}}}{I_{C\,\text{ges}}} = \frac{0{,}571 \, \text{mA}}{43{,}3 \, \text{mA}} = \underline{0{,}0132}$$

10.5.6 Schwingkreise

10.5.6.1 Reihenschwingkreis

Jede Schaltung mit Induktivitäten *und* Kapazitäten wird Schwingkreis genannt. Die Begründung hierfür soll am Ende dieses Abschnittes gegeben werden. Zunächst soll sie als allgemeine Wechselstromschaltung betrachtet werden.

Zur Erklärung der Verhältnisse an einem Reihenschwingkreis dienen die nächsten 3 Beispiele.

Beispiel 1: Eine Spule aus $R = 50 \, \Omega$ und $X_L = 90 \, \Omega$ soll mit einem Kondensator $X_C = 60 \, \Omega$ in Reihe geschaltet werden. Die Schaltung nimmt 2 A auf. Wie groß sind
a) die Spannungen?
b) der Scheinwiderstand?
c) die Leistung, Blindleistung und Scheinleistung?

Lösung:
a) **Spannungen** (Bild 10.110):
Teilspannungen
$U_R = I \cdot R = 2 \, \text{A} \cdot 50 \, \Omega = 100 \, \text{V}$
$U_L = I \cdot X_L = 2 \, \text{A} \cdot 90 \, \Omega = 180 \, \text{V}$
$U_C = I \cdot X_C = 2 \, \text{A} \cdot 60 \, \Omega = 120 \, \text{V}$

Da U_L gegenüber I um 90° voreilt, U_C jedoch um 90° nacheilt, haben die beiden Spannungen entgegengesetzte Richtungen im Zeigerdiagramm (Bild 10.111).

446

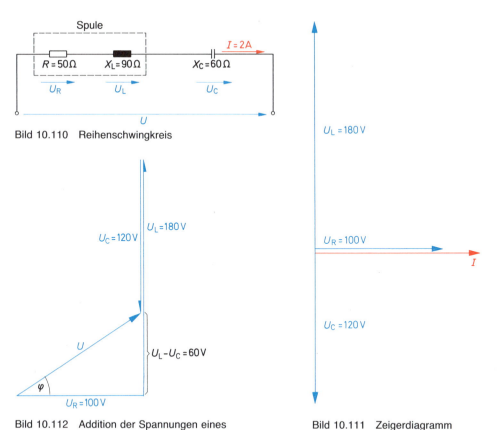

Bild 10.110   Reihenschwingkreis

Bild 10.112   Addition der Spannungen eines Reihenschwingkreises

Bild 10.111   Zeigerdiagramm

Somit wird bei der Addition der Zeiger U_C von U_L abgezogen (Bild 10.112). Das bedeutet, daß sich die Blindspannungen bei der Ermittlung der Gesamtspannung zum Teil gegeneinander aufheben.

Es errechnet sich U aus dem rechtwinkligen Dreieck

$$U_R = 100 \text{ V} \qquad \text{und} \qquad (U_L - U_C = 60 \text{ V})$$

$$U = \sqrt{U_R^2 + (U_L - U_C)^2} = \sqrt{(100 \text{ V})^2 + (60 \text{ V})^2} = \sqrt{10\,000 \text{ V}^2 + 3600 \text{ V}^2}$$

$$= \sqrt{13\,600 \text{ V}^2} = \underline{116{,}6 \text{ V}} \text{ (oder durch Berechnung über die Winkelfunktionen)}$$

In einem Reihenschwingkreis kann die angelegte Spannung kleiner als die Spannung an den Blindwiderständen sein, da die Blindspannungen einander entgegengesetzte Phasenlage haben. Sie kann aber nie kleiner als die Spannung am ohmschen Widerstand werden.

447

b) Scheinwiderstand

Auch hier werden die Widerstände in gleicher Form wie die Spannungen geometrisch addiert. (Bei einer Reihenschaltung verhalten sich Widerstände zueinander wie die dazugehörigen Spannungen.) (Bild 10.113)

$$Z = \sqrt{R^2 + (X_L - X_C)^2} = \sqrt{(50\ \Omega)^2 + (30\ \Omega)^2}$$

$$= \sqrt{2500\ \Omega^2 + 900\ \Omega^2} = \sqrt{3400\ \Omega^2}$$

$$Z = \underline{58,3\ \Omega}$$

Einfacher ist folgende Lösung:

$$\text{Gesamtwiderstand} = \frac{\text{Gesamtspannung}}{\text{Gesamtstrom}}$$

$$Z = \frac{U}{I} = \frac{116,6\ \text{V}}{2\ \text{A}} = \underline{58,3\ \Omega}$$

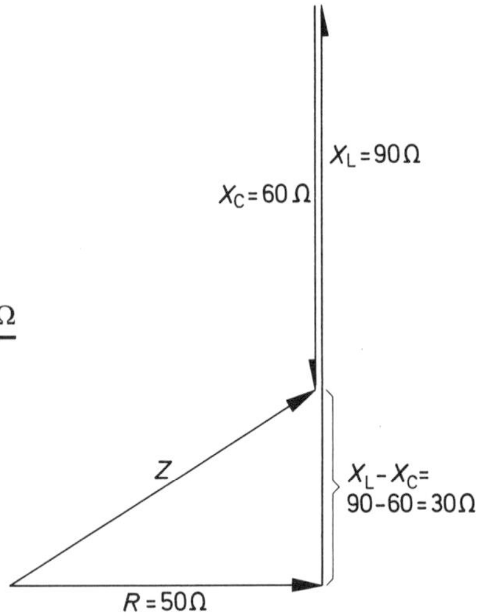

Bild 10.113 Addition der Widerstände eines Reihenschwingkreises

$X_L = 90\,\Omega$

$X_C = 60\,\Omega$

$X_L - X_C = 90 - 60 = 30\,\Omega$

$R = 50\,\Omega$

Z

In einem Reihenschwingkreis kann der Scheinwiderstand Z kleiner als ein Blindwiderstand werden, jedoch nicht kleiner als der ohmsche Widerstand R.

---

c) Leistung, Blindleistung, Scheinleistung

Multipliziert man an jedem Teilwiderstand Spannung und Strom, so werden die entsprechenden Leistungen

Leistung $\qquad P = I \cdot U_R = 2\ \text{A} \cdot 100 \quad \text{V} = \underline{200\ \text{W}}$

Blindleistung (ind.) $\quad Q_L = I \cdot U_L = 2\ \text{A} \cdot 180 \quad \text{V} = \underline{360\ \text{W}}$

Blindleistung (kapz.) $Q_C = I \cdot U_C = 2\ \text{A} \cdot 120 \quad \text{V} = \underline{240\ \text{W}}$

Scheinleistung $\qquad S = I \cdot U = 2\ \text{A} \cdot 116,6\ \text{V} = \underline{233,2\ \text{W}}$

Auch hier kann ein Leistungsdreieck gezeichnet werden. Es unterscheidet sich lediglich durch den Maßstab vom Spannungsdreieck (Bild 10.114).

In einem Schwingkreis kann die Scheinleistung kleiner als eine Blindleistung werden, jedoch nie kleiner als die Leistung am ohmschen Widerstand.

448

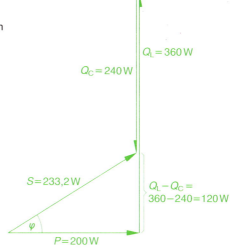

Bild 10.114   Addition der Leistungen
eines Reihenschwingkreises

$Q_L = 360\,\text{W}$

$Q_C = 240\,\text{W}$

$S = 233,2\,\text{W}$

$Q_L - Q_C =$
$360 - 240 = 120\,\text{W}$

φ

$P = 200\,\text{W}$

Beispiel 2:   Im 1. Beispiel war X_L größer als X_C. In diesem Beispiel soll es umgekehrt werden.

Gegeben: Ein Kondensator hat einen Blindwiderstand X_C von 440 Ω und ist mit einer Spule in Reihe geschaltet.

$U = 40\,\text{V}/1000\,\text{Hz}$ Spule: $R = 150\,\Omega$
                                                                    $X_L = 280\,\Omega$

Gesucht: a) Scheinwiderstand Z
            b) Strom I
            c) Teilspannungen U_R, U_L, U_C
            d) Leistung P, Blindleistungen Q_L und Q_C, Scheinleistung S.

Lösung: a) Die Widerstände werden in bekannter Reihenfolge aneinander angetragen. Dabei ist es gleichgültig, ob Bild 10.116a oder 10.116b gewählt wird. Das Ergebnis ist in beiden Zeichnungen gleich groß.

Schaltbild   **Widerstandsdreieck**

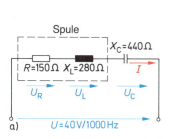

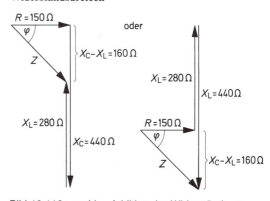

Bild 10.115   Reihenschwingkreis zum
Beispiel 2

Bild 10.116a und b   Addition der Widerstände zu
Beispiel 2

449

$$\tan \varphi = \frac{X_C - X_L}{R} = \frac{160\ \Omega}{150\ \Omega} = 1{,}065$$

$$\varphi = 46{,}9° \ \underline{\text{kapazitiv}}$$

$$\cos \varphi = 0{,}683 \ \underline{\text{kapazitiv}}$$

$$Z = \frac{R}{\cos \varphi} = \frac{150\ \Omega}{0{,}683} = \underline{220\ \Omega}$$

b) **Strom:** $I = \dfrac{U}{Z} = \dfrac{40\ \text{V}}{220\ \Omega} = \underline{0{,}182\ \text{A}}$

c) **Teilspannung** (Bild 10.117):

$$U_R = I \cdot R = 0{,}182\ \text{A} \cdot 150\ \Omega = \underline{27{,}3\ \text{V}}$$

$$U_L = I \cdot X_L = 0{,}182\ \text{A} \cdot 280\ \Omega = \underline{51\quad \text{V}}$$

$$U_C = I \cdot X_C = 0{,}182\ \text{A} \cdot 440\ \Omega = \underline{80\quad \text{V}}$$

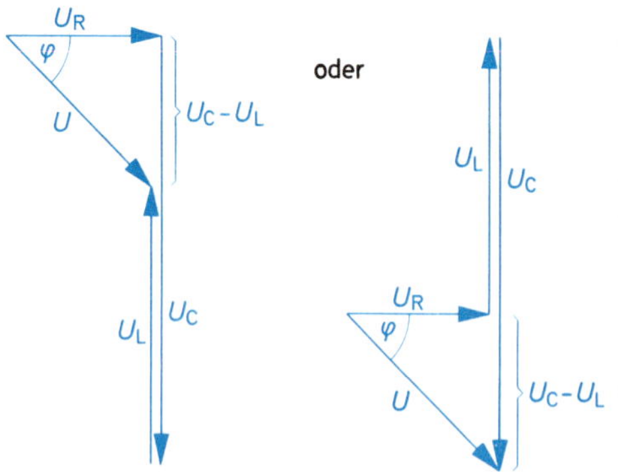

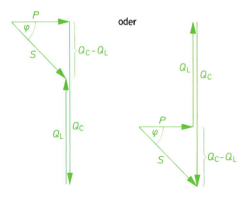

Bild 10.117a und b   Addition der Spannungen zu Beispiel 2

d) **Leistung:** $\quad P = I \cdot U_R = 0{,}182\ \text{A} \cdot 27{,}3\ \text{V} = \underline{4{,}97\ \text{W}}$

Blindleistungen: $Q_L = I \cdot U_L = 0{,}182\ \text{A} \cdot 51\quad \text{V} = \underline{9{,}28\ \text{W}}$

$$\qquad\qquad\quad Q_C = I \cdot U_C = 0{,}182\ \text{A} \cdot 80\quad \text{V} = \underline{14{,}56\ \text{W}}$$

Scheinleistung: $\quad S = I \cdot U = 0{,}182\ \text{A} \cdot 40\quad \text{V} = \underline{7{,}28\ \text{W}}$

Leistungsdreiecke: siehe Bild 10.118.

Bild 10.118a und b   Addition der Leistungen zu Beispiel 2

Ergebnis: Auch in diesem Schwingkreis treffen alle Feststellungen aus Beispiel 1 Zu. Allgemein ausgedrückt gilt:

In einem Reihenschwingkreis können die Gesamtgrößen (U, Z, S) kleiner als die einzelnen Blindgrößen (U_L oder U_C, X_L oder X_C, Q_L oder Q_C) sein.

450

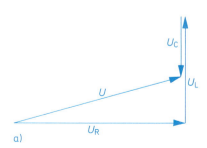

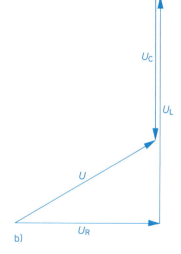

Bild 10.119 Spannungen in einem
Reihenschwingkreis
a) U_L ist kleiner als U_R und U
b) U_L ist größer als U_R und U
    (Spannungsüberhöhung)

a)   b)

Es kann an den Blindwiderständen zu Spannungsüberhöhungen kommen, wenn X_L bzw. X_C größer als der ohmsche Widerstand sind. Sind sie kleiner, werden auch die Teilspannungen an ihnen kleiner als die Teilspannungen am ohmschen und damit kleiner als die angelegte Spannung U sein (Bilder 10.119a und b).

Beispiel 3:   Reihenschwingkreis in Resonanz
Ist $X_L = X_C$, so heben sich die Teilspannungen an den Blindwiderständen auf, da $U_L = U_C$. Ebenfalls die Blindleistungen, denn es ist dann auch $Q_L = Q_C$. Das folgende Beispiel soll für den Resonanzfall das Zeigerdiagramm und die Additionsdreiecke (Spannungs-, Widerstands-, Leistungsdreiecke) darstellen.

Gegeben: In einem Reihenschwingkreis aus
          $R = 500\ \Omega$ und $X_L = X_C = 2000\ \Omega$ fließt ein Strom von 0,5 A.

Gesucht: a) Schaltbild
         b) Teilspannungen, Zeigerdiagramm und Spannungsdreieck (Additionsfigur)
         c) Widerstandsadditionsfigur und Z
         d) Leistungsadditionsfigur mit Leistung, Blindleistung und Scheinleistung

Lösung:

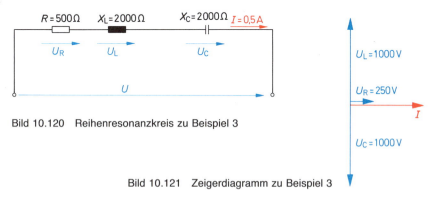

Bild 10.120   Reihenresonanzkreis zu Beispiel 3

Bild 10.121   Zeigerdiagramm zu Beispiel 3

451

b) **Teilspannungen:**

$U_R = I \cdot R = 0,5 \text{ A} \cdot 500 \ \Omega = 250 \text{ V}$
$U_L = I \cdot X_L = 0,5 \text{ A} \cdot 2000 \ \Omega = 1000 \text{ V}$
$U_C = I \cdot X_C = 0,5 \text{ A} \cdot 2000 \ \Omega = 1000 \text{ V}$

Die Gesamtspannung U ist gleich der Spannung am ohmschen Widerstand. Die Spannungen an X_L und X_C heben sich gegenseitig auf.

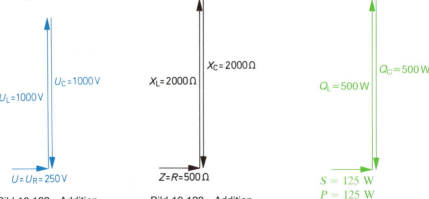

Bild 10.122 Addition
der Teilspannungen

Bild 10.123 Addition
der Widerstände

Bild 10.124 Addition
der Leistungen

c) **Additionsfigur der Widerstände** (Bild 10.123)
Wie bei den Spannungen heben sich X_L und X_C gegeneinander auf.
Somit ist $Z = R$, und der Strom wird im Resonanzfall nur durch den ohmschen Widerstand begrenzt.

d) **Additionsfigur der Leistungen** (Bild 10.124)
Auch hier sind die Blindleistungen gleich groß. Die Scheinleistung ist also gleich der Leistung im ohmschen Widerstand.
Das Netz liefert nur Leistung für den ohmschen Widerstand.

Teilleistungen:

Leistung: $\quad\quad P = I \cdot U_R = 0,5 \text{ A} \cdot 250 \text{ V} = \underline{125 \text{ W}}$

Blindleistung: $\quad Q_L = I \cdot U_L = 0,5 \text{ A} \cdot 1000 \text{ V} = \underline{500 \text{ W}}$

Blindleistung: $\quad Q_C = I \cdot U_C = 0,5 \text{ A} \cdot 1000 \text{ V} = \underline{500 \text{ W}}$

Scheinleistung: $\quad S = I \cdot U = 0,5 \text{ A} \cdot 250 \text{ V} = \underline{125 \text{ W}}$

Ergebnis:

> Ist ein Schwingkreis in Resonanz, verhält er sich so, als ob nur ein ohmscher Widerstand vorhanden wäre. Vom Netz werden nur die Größen für den ohmschen Widerstand geliefert. Es sind
>
> die Spannung $\quad\quad\quad U = U_R$ (Spannung am ohmschen Widerstand)
> der Scheinwiderstand $Z = R \quad$ (ohmscher Widerstand)
> die Scheinleistung $\quad\ S = P \quad$ (Leistung im ohmschen Widerstand)
> Die Größen an den Blindwiderständen heben sich gegenseitig auf bzw. ergänzen sich.

452

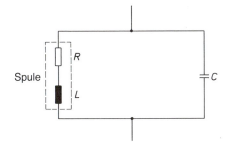

Bild 10.125 Parallelschwingkreis, bestehend aus Spule und Kondensator

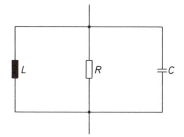

Bild 10.126 Ersatzschaltbild eines Parallelschwingkreises

10.5.6.2 Parallelschwingkreis

In vielen Fällen schaltet man zu einem induktiv-ohmschen Verbraucher einen Kondensator parallel (z.B. Kompensation in der Starkstromtechnik und Schwingkreise in der Schwachstromtechnik).

Für alle diese Berechnungen ist es günstiger, mit einer reinen Parallelschaltung aus R, X_L und X_C zu arbeiten. In manchen Fällen ist es daher notwendig, eine Reihenschaltung aus R und X_L in eine Parallelschaltung umzuwandeln (Bilder 10.125 und 10.126). Hierzu siehe Abschnitt 10.3.2 und 10.5.4 Beispiel 2.

Die folgenden 3 Beispiele sollen die Verhältnisse an einem Parallelschwingkreis darstellen. Sie tragen folgende Merkmale:

Beispiel 1: Der induktive Strom ist größer als der kapazitive.
Beispiel 2: Der kapazitive Strom ist größer als der induktive.
Beispiel 3: Kapazitiver Strom = induktiver Strom.

Beispiel 1: Eine Parallelschaltung aus R, X_L und X_C trägt folgende Daten (Bild 10.127): Wie groß sind der Gesamtstrom und der Scheinwiderstand?

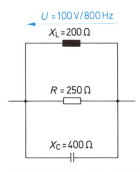

Bild 10.127 Ersatzschaltbild des Parallelschwingkreises zu Beispiel 1

Lösung: a) **Ströme** (Bilder 10.128, 129a und b)

$$I_R = \frac{U}{R} = \frac{100 \text{ V}}{250 \text{ }\Omega} = \underline{0{,}4 \text{ A}}$$

$$I_L = \frac{U}{X_L} = \frac{100 \text{ V}}{200 \text{ }\Omega} = \underline{0{,}5 \text{ A}}$$

$$I_C = \frac{U}{X_C} = \frac{100 \text{ V}}{400 \text{ }\Omega} = \underline{0{,}25 \text{ A}}$$

453

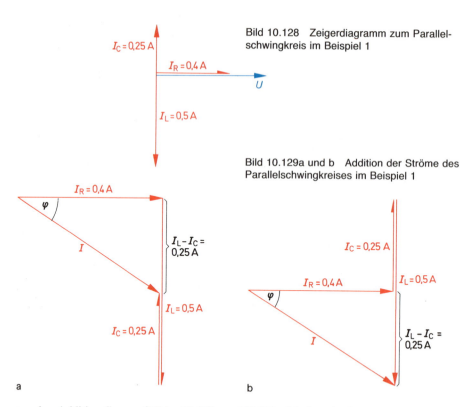

Bild 10.128 Zeigerdiagramm zum Parallelschwingkreis im Beispiel 1

Bild 10.129a und b Addition der Ströme des
Parallelschwingkreises im Beispiel 1

a   b

aus den Additionsfiguren (Bilder 10.129a und b) läßt sich I ermitteln

entweder:

$$I = \sqrt{I_R^2 + (I_L - I_C)^2}$$
$$= \sqrt{(0{,}4\text{ A})^2 + (0{,}25\text{ A})^2}$$
$$= \sqrt{0{,}16\text{ A}^2 + 0{,}0625\text{ A}^2}$$
$$= \sqrt{0{,}2225\text{ A}^2}$$
$$\underline{I = 0{,}472\text{ A}}$$

oder:

$$\tan\varphi = \frac{(I_L - I_C)}{I_R}$$
$$= \frac{0{,}25\text{ A}}{0{,}4\text{ A}} = 0{,}625$$
$$\varphi = 32°$$
$$\cos\varphi = 0{,}848$$
$$I = \frac{I_R}{\cos\varphi} = \frac{0{,}4\text{ A}}{0{,}848} = \underline{0{,}472\text{ A}}$$

b) **Scheinwiderstand**

$$Z = \frac{U}{I} = \frac{100\text{ V}}{0{,}472\text{ A}} = 212\ \Omega$$

Beispiel 2: Eine Spule mit den Daten $U = 230$ V/50 Hz, $I_{Sp} = 5$ A, $\cos\varphi_{Sp} = 0{,}75$ induktiv wird
parallel mit einem Kondensator von $C = 70\ \mu$F an 230 V/50 Hz geschaltet. Wie groß sind:

a) Die Teilströme?
b) Der gesamte $\cos\varphi$?
c) Der Gesamtstrom?

454

Lösung: a) **Teilströme** (Bilder 10.130, 131, 132)

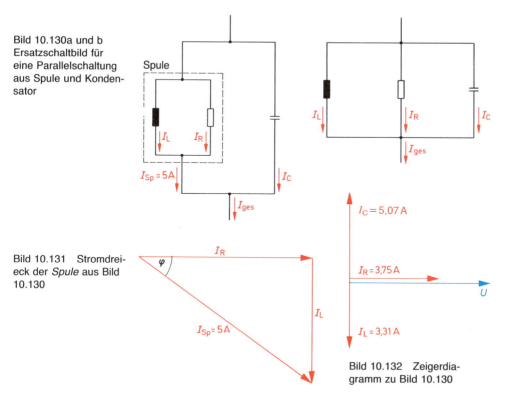

Bild 10.130a und b
Ersatzschaltbild für
eine Parallelschaltung
aus Spule und Konden-
sator

Spule

Bild 10.131 Stromdrei-
eck der *Spule* aus Bild
10.130

Bild 10.132 Zeigerdia-
gramm zu Bild 10.130

Berechnung der Teilströme I_R und I_L

$$I_R = I_{Sp} \cdot \cos \varphi_{Sp} = 5\,A \cdot 0{,}75 = \underline{3{,}75\,A}$$

$$I_L = I_{Sp} \cdot \sin \varphi_{Sp} = 5\,A \cdot 0{,}662 = \underline{3{,}31\,A}$$

Berechnung des Kondensatorstroms

$$I_C = \frac{U}{X_C}$$

$$X_C = \frac{1}{2\,\pi \cdot f \cdot C}$$

$$= \frac{1}{2\,\pi \cdot 50\,Hz \cdot 70 \cdot 10^{-6}\,F} = 45{,}4\,\Omega$$

$$I_C = \frac{230\,V}{45{,}4\,\Omega} = \underline{5{,}07\,A}$$

455

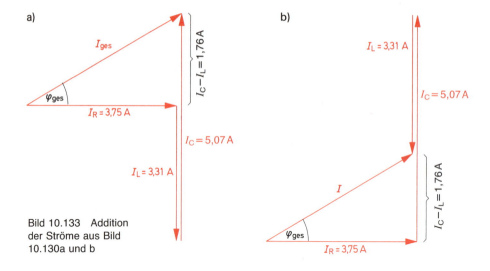

a)

I_{ges}

φ_{ges}

$I_R = 3,75\,\text{A}$

$I_C - I_L = 1,76\,\text{A}$

$I_C = 5,07\,\text{A}$

$I_L = 3,31\,\text{A}$

b)

$I_L = 3,31\,\text{A}$

$I_C = 5,07\,\text{A}$

I

φ_{ges}

$I_R = 3,75\,\text{A}$

$I_C - I_L = 1,76\,\text{A}$

Bild 10.133 Addition
der Ströme aus Bild
10.130a und b

b) **Der gemeinsame cos φ_{ges}**

Die Ströme können in beliebiger Reihenfolge addiert werden. Zweckmäßig sind die Bilder 10.133a und b. Dann ist:

$$\tan \varphi_{\text{ges}} = \frac{(I_C - I_L)}{I_R} = \frac{1,76\,\text{A}}{3,75\,\text{A}} = 0,649$$

$$\varphi_{\text{ges}} = 25,1° \quad \underline{\text{kapz.}}$$

$$\cos \varphi_{\text{ges}} = \underline{0,905 \quad \text{kapz.}}$$

c)
$$I_{\text{ges}} = \frac{I_R}{\cos \varphi_{\text{ges}}} = \frac{3,75\,\text{A}}{0,905} = \underline{4,14\,\text{A}} \text{ Gesamtstrom}$$

Ergebnis der Beispiele 1 und 2:
Wie schon beim Reihenschwingkreis *kann* auch hier die Blindgröße einen höheren Wert als die (Schein-)Gesamtgröße haben. Das ist möglich, da die Blindströme I_L und I_C einander im Additionsdreieck teilweise aufheben. Sie sind gegeneinander um 180° verschoben, ihre Zeiger verlaufen also genau entgegengesetzt.

Beispiel 3: Parallelschwingkreis in Resonanz
Sind die Blindwiderstände X_L und X_C gleich groß, ist zwangsläufig auch $I_L = I_C$ und $Q_L = Q_C$.

Gegeben: Ein Parallelschwingkreis an 150 V/50 Hz besteht aus $R = 500\,\Omega$, $X_L = 300\,\Omega$, $X_C = 300\,\Omega$.

Wie groß sind:
    a) die Teilströme?
    b) der Gesamtstrom?
    c) der Scheinwiderstand?
    d) die Leistung und die Blindleistung sowie die Scheinleistung?

456

Lösung: a) **Teilströme** (Bild 10.134)

$$I_R = \frac{U}{R} = \frac{150\ \text{V}}{500\ \Omega} = \underline{0{,}3\ \text{A}}$$

$$I_L = \frac{U}{X_L} = \frac{150\ \text{V}}{300\ \Omega} = \underline{0{,}5\ \text{A}}$$

$$I_C = \frac{U}{X_C} = \frac{150\ \text{V}}{300\ \Omega} = \underline{0{,}5\ \text{A}}$$

U = 150 V/50 Hz
X_L = 300 Ω
R = 500 Ω
X_C = 300 Ω
I_L
I_R
I_C
I

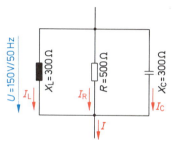

Bild 10.134 Parallelresonanzkreis

b) **Gesamtstrom** I (Bilder 10.135 und 10.136)
Die Blindanteile I_L und I_C sind gleich groß und heben sich auf. Somit ist

$$I = I_R = \underline{0{,}3\ \text{A}}$$

I_R = 0,5 A
I_R = 0,3 A
U
I_L = 0,5 A

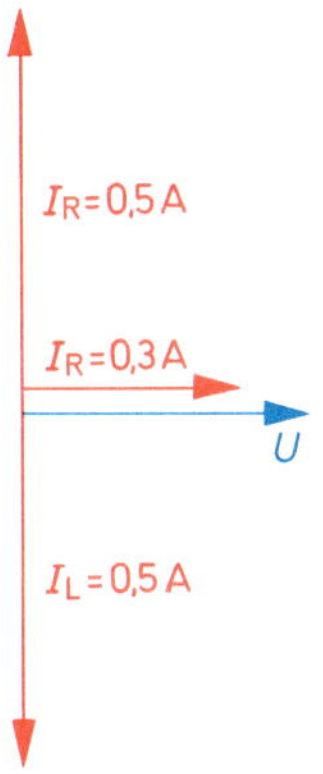

Bild 10.135 Zeigerdiagramm eines Parallelresonanzkreises

Bild 10.136 Addition der Ströme eines Parallelresonanzkreises

I_L
I_C
I_R = I
I_R = I
I_C
I_L

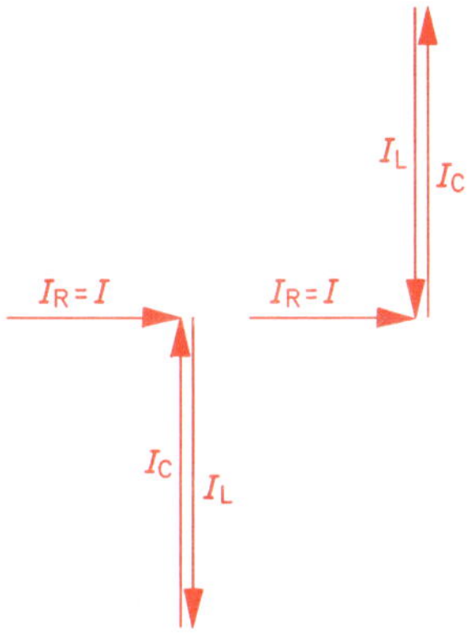

c) **Scheinwiderstand**

$$Z = \frac{U}{I} = \frac{150\ \text{V}}{0{,}3\ \text{A}} = \underline{500\ \Omega}$$

Bei Resonanz ist $Z = R$, denn die Blindwiderstände bzw. die Blindleitwerte heben sich bei der Addition auf.

d) **Leistung** $P = U \cdot I_R = 150\ \text{V} \cdot 0{,}3\ \text{A} = \underline{45\ \text{W}}$

induktive Blindleistung $Q_L = U \cdot I_L = 150\ \text{V} \cdot 0{,}5\ \text{A} = \underline{75\ \text{W}}$

kapazitive Blindleistung $Q_C = U \cdot I_C = 150\ \text{V} \cdot 0{,}5\ \text{A} = \underline{75\ \text{W}}$

Scheinleistung $S = U \cdot I = 150\ \text{V} \cdot 0{,}3\ \text{A} = \underline{45\ \text{W}}$

Bei Resonanz ist die Scheinleistung = Wirkleistung, denn die Blindleistungen heben sich einander auf (Bild 10.137).

Q_L
Q_C
P = S

Bild 10.137 Addition der Leistungen eines Parallelresonanzkreises

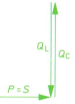

10.5.6.3 Vergleich zwischen einem mechanischen Schwingkreis und einem elektrischen Schwingkreis

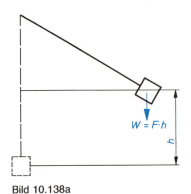

Bild 10.138a

Wird eine Schaukel seitlich ausgelenkt, speichert sie Arbeit (Bild 10.138a).

$$W = F \cdot h$$

Potentielle Energie.

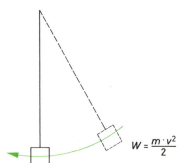

Bild 10.138c

Läßt man die Schaukel los, verwandelt sich die Energie der Lage in Energie der Bewegung (Bild 10.138c).

Potentielle Energie wird kinetische Energie.

$$W = F \cdot h \quad \text{wird} \quad W = \frac{m}{2} \cdot v^2$$

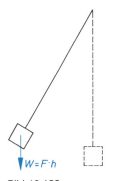

Bild 10.138e

Die Energie der Bewegung hat ein Überschwingen zur anderen Seite der Schaukel zur Folge. Dabei verwandelt sich wieder die Energie der Bewegung in Energie der Lage (Bild 10.138e).

Kinetische Energie wird potentielle Energie.

$$W = \frac{m \cdot v^2}{2} \quad \text{wird} \quad W = F \cdot h$$

Wird ein Kondensator durch Gleichstrom aufgeladen, speichert er Arbeit (Bild 10.138b).

$$W = \frac{C}{2} \cdot U^2$$

Elektrische Energie.

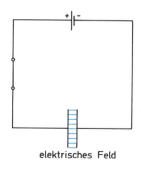

elektrisches Feld

Bild 10.138b

Wird der Kondensator über eine Spule entladen, baut sich das elektrische Feld ab und in der Spule ein magnetisches Feld auf (Bild 10.138d).

Elektrische Energie wird magnetische Energie.

$$W = \frac{C}{2} \cdot U^2 \quad \text{wird} \quad W = \frac{L}{2} \cdot I^2$$

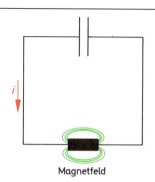

Magnetfeld

Bild 10.138d

Ist der Entladevorgang des Kondensators beendet, hat das magnetische Feld den höchsten Wert erreicht, und es bricht wieder zusammen.

Die dabei induzierte Spannung treibt nach der Lenz-schen Regel den Strom in seiner ursprünglichen Richtung weiter, und er lädt somit den Kondensator umgekehrt auf (Bild 10.138f).

Magnetische Energie wird elektrische Energie.

$$W = \frac{L}{2} \cdot I^2 \quad \text{wird} \quad W = \frac{C}{2} \cdot U^2$$

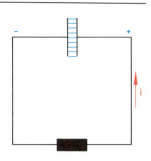

Bild 10.138f

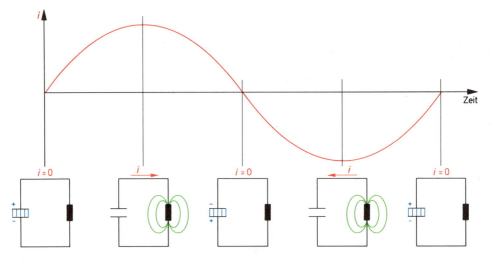

Bild 10.139   Stromverlauf in einem ungedämpften Schwingkreis

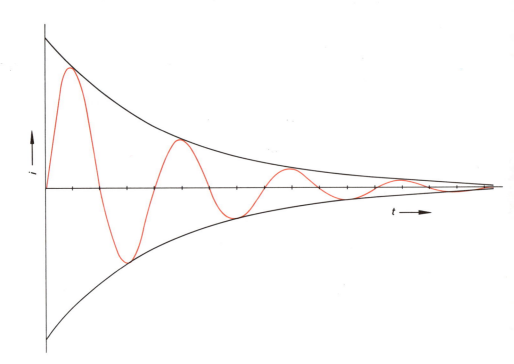

Bild 10.140   Stromverlauf in einem gedämpften Schwingkreis

460

Von diesem Zustand aus wiederholt sich der ganze Vorgang im umgekehrten Sinn. Bild 10.139 soll den Verlauf des Stroms in dem beschriebenen Beispiel für eine volle Periode darstellen.

Wird ein Schwingkreis nicht erneut von außen angestoßen, verkleinert sich langsam die Größe der Auslenkung (Amplitude), jedoch die Schwingungsdauer (Periodendauer) bleibt konstant (Bild 10.140).

Das bedeutet aber auch eine konstante Frequenz. Sie kann bei der Schaukel nur durch die Größe des Gewichts oder durch den Hebelarm verändert werden, beim elektrischen Schwingkreis durch die Größe der Kapazität C und der Induktivität L.

Soll die Schwingung nicht abklingen, müssen die Verluste von außen gedeckt werden. Es sind bei der Schaukel die Lager- und Luftreibung, beim elektrischen Schwingkreis die Eisen- und Kupferverluste sowie die dielektrischen Verluste.

Die Anstöße einer Schaukel haben natürlich nur dann eine steigernde Wirkung, wenn sie im Rhythmus der Eigenfrequenz erfolgen.

Sind
$$f_{\text{Schwingkreis}} = f_{\text{Erregung}}$$

spricht man von Resonanz [resonare (lat.) = widerhallen] bzw. von *Resonanzfrequenz*.

Dabei werden Reihenresonanzkreis (Bild 10.141) und Parallelresonanzkreis (Bild 10.142) unterschieden.

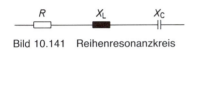

Bild 10.141   Reihenresonanzkreis

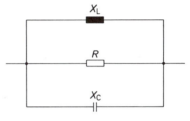

Bild 10.142   Parallelresonanzkreis

Für beide Schaltungen gilt bei *Resonanz:*

$$U_\text{L} = U_\text{C}$$
$$I_\text{L} = I_\text{C}$$
$$Q_\text{L} = Q_\text{C}$$
$$X_\text{L} = X_\text{C}$$

Aus der letzten Gleichung läßt sich für gegebene Schwingkreise die Resonanzfrequenz errechnen.

$$X_\text{L} = X_\text{C}$$

$$\omega_0 \cdot L = \frac{1}{\omega_0 \cdot C}$$

$$\omega_0^2 = \frac{1}{L \cdot C}$$

$$\omega_0 = \frac{1}{\sqrt{L \cdot C}} \qquad |\omega_0 = 2 \cdot \pi \cdot f_0$$

$$2 \cdot \pi \cdot f_0 = \frac{1}{\sqrt{L \cdot C}}$$

461

Thomsonsche Schwingungsformel

$$f_0 = \frac{1}{2 \cdot \pi \cdot \sqrt{L \cdot C}}$$

f_0 = Resonanzfrequenz in Hz
L = Induktivität in H
C = Kapazität in F

10.5.6.4   Widerstandsverlauf eines Schwingkreises in Abhängigkeit von der Frequenz

Gegeben seien in einem Schwingkreis $L = 1{,}59$ H und $C = 1{,}59\ \mu$F und $R = 400\ \Omega$.

Es sollen die Blindwiderstände ermittelt werden bei verschiedenen Frequenzen zwischen 0 Hz und 200 Hz. Dazu werden die jeweiligen Formeln bis auf die Frequenz vorab ausgerechnet.

Beispiel: $L = 1{,}59$ H

$$X_L = 2 \cdot \pi \cdot f \cdot L$$

$$= 2 \cdot \pi \cdot f \cdot 1{,}59$$

$$= 10 \cdot f$$

$C = 1{,}59\ \mu$F

$$X_C = \frac{10^6}{2 \cdot \pi \cdot f \cdot C} \qquad \Big| C \text{ in } \mu F$$

$$= \frac{10^6}{2 \cdot \pi \cdot f \cdot 1{,}59} = \frac{10^6}{10 \cdot f} = \frac{10^5}{f}$$

f	$X_L = 10 \cdot f$	$X_C = \dfrac{10^5}{f}$
0 Hz	0 Ω	∞
20 Hz	200 Ω	5000 Ω
40 Hz	400 Ω	2500 Ω
60 Hz	600 Ω	1660 Ω
80 Hz	800 Ω	1250 Ω
100 Hz	1000 Ω	1000 Ω
120 Hz	1200 Ω	830 Ω
140 Hz	1400 Ω	714 Ω
160 Hz	1600 Ω	625 Ω
180 Hz	1800 Ω	555 Ω
200 Hz	2000 Ω	500 Ω

Die einzelnen Widerstandswerte werden in der Tabelle ermittelt.

Die errechnete Abhängigkeit der Blindwiderstände von der Frequenz zeigt Bild 10.143. Darin gilt:

a) R ändert sich nicht.
b) X_L steigt mit der Frequenz linear an.
c) X_C fällt mit steigender Frequenz ab (X_C ist umgekehrt proportional zur Frequenz).

Wie verhalten sich die Schwingkreise unterhalb und oberhalb der Resonanzfrequenz?

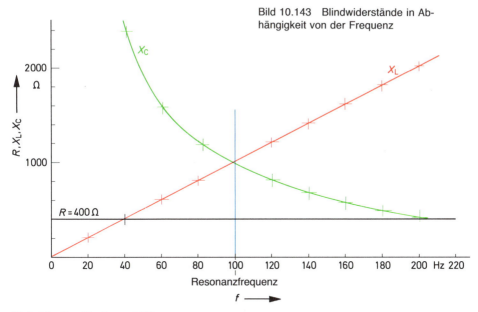

Bild 10.143   Blindwiderstände in Abhängigkeit von der Frequenz

10.5.6.5   Bandbreite und Güte

Bei konstanter Spannung U hat der Reihenschwingkreis bei der Resonanzfrequenz den größten Strom (Bild 10.144), dann ist $Z = R_r$ am kleinsten (Bild 10.146).

Bei dem Parallelschwingkreis ist für einen konstanten Strom I bei der Resonanzfrequenz die größte Spannung erforderlich, denn dann ist $Z = R_p$ am größten (Bilder 10.145 und 147).

Die Steilheit der Kennlinien in den Bildern 10.144 und 10.145 hängt von der Größe der Verluste ab.

> Große Verluste, flache Kennlinie.
> Kleine Verluste, steile Kennlinie.

Ein Maß für die Kennlinienform ist die Bandbreite. Sie gibt den Frequenzbereich an, in dem die Spannung oder der Strom auf $0{,}707 = (1/\sqrt{2})$ ihres Höchstwertes abgefallen ist.

Die Bandbreite hängt von dem Verlustwiderstand eines Kreises ab. Dieser wiederum wird schon in der *Güte Q* eines Schwingkreises berücksichtigt. Somit sind die Bandbreite b und die Güte Q über folgende Formel miteinander verknüpft.

$$Q = \frac{f_0}{b}$$

bzw.

$$b = \frac{f_0}{Q}$$

Q Güte
b Bandbreite   in Hz
f_0 Resonanzfrequenz in Hz

Die Güte wird wie folgt berechnet:

bei Reihenschwingkreisen

$$Q = \frac{X_0}{R_r}$$

bei Parallelschwingkreisen

$$Q = \frac{R_p}{X_0}$$

$X_0 = X_L = X_C$
bei Resonanz

463

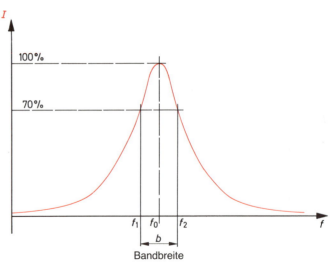

Bild 10.144   Resonanzkurve
eines Reihenschwingkreises
mit konstanter Spannung

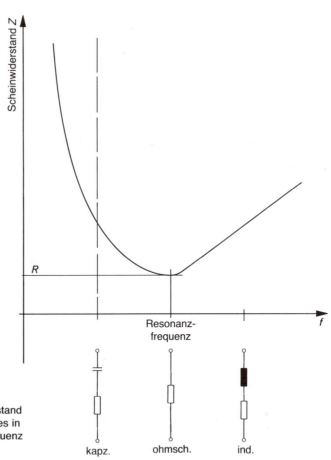

Bild 10.146   Scheinwiderstand
eines Reihenschwingkreises in
Abhängigkeit von der Frequenz

464

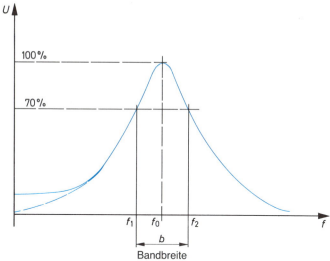

Bild 10.145
Resonanzkurve eines
Parallelschwingkreises
mit konstantem Strom

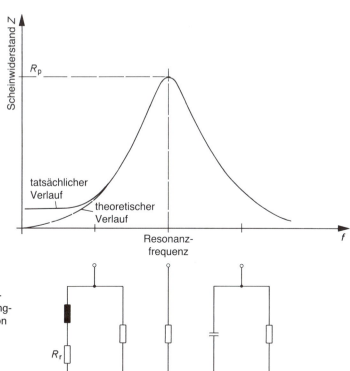

Bild 10.147 Scheinwider-
stand eines Parallelschwingkreises in Abhängigkeit von
der Frequenz

465

Der tatsächliche Kurvenverlauf berücksichtigt den stets vorhandenen ohmschen Widerstand eines induktiven Widerstandes R_r.

Beispiel: In einem Empfänger einer Wechsellichtschranke stellt ein Parallelschwingkreis den Lastwiderstand einer Fotodiode dar, die mit einer mit 12 kHz pulsierenden Infrarotstrahlung bestrahlt wird. Der Schwingkreis soll bei dieser Frequenz einen hohen ohmschen Widerstand von ca. 500 kΩ darstellen, um ein möglichst hohes Ausgangssignal zu erhalten.

Die Güte der Induktivität, die mit einem Schalenkern mit dem A_L-Wert von 7,5 µH aufgebaut werden soll, beträgt $Q = 150$. Verluste im Kondensator werden vernachlässigt.

Welchen Wert muß die Induktivität haben, und welche Windungszahl ist erforderlich?

Wie groß muß die Kapazität des Kondensators sein?

Gegeben: $f_0 = 12$ kHz; $R_0 \approx 500$ kΩ; $Q \approx 150$

A_L-Wert $= 7,5$ µH (siehe Abschnitt 9.2.6)

Gesucht: $L = ?$ H; Windungszahl $N = ?$; $C = ?$ F

Lösung: Aus dem Resonanzwiderstand R_0 und der Güte Q kann der Blindwiderstand von Spule und Kondensator berechnet werden.

$$X_0 = X_L = X_C = \frac{R_0}{Q} = \frac{500 \text{ kΩ}}{150} = 3,33 \text{ kΩ}$$

Über die Frequenz lassen sich jetzt die Induktivität und die Kapazität berechnen:

$$X_L = X_0 = \omega_0 \cdot L = 2 \cdot \pi \cdot f_0 \cdot L$$

$$L = \frac{X_0}{2 \cdot \pi \cdot f_0} = \frac{3,33 \cdot 10^3 \text{ Ω}}{2 \cdot \pi \cdot 12 \cdot 10^3 \text{ Hz}} = 44,2 \text{ mH}$$

$$X_C = X_0 = \frac{1}{\omega_0 \cdot C} = \frac{1}{2 \cdot \pi \cdot f_0 \cdot C}$$

$$C = \frac{1}{2 \cdot \pi \cdot f_0 \cdot X_0} = \frac{1}{2 \cdot \pi \cdot 12 \cdot 10^3 \text{ Hz} \cdot 3,33 \cdot 10^3 \text{ Ω}}$$

$$= 3,98 \cdot 10^{-9} \text{ F} \approx \underline{4 \text{ nF}}$$

Die erforderliche Windungszahl der Spule wird aus dem A_L-Wert und der Induktivität berechnet.

$$L = N^2 \cdot A_L$$

$$N = \sqrt{\frac{L}{A_L}} = \sqrt{\frac{44,2 \cdot 10^{-3} \text{ H}}{7,5 \cdot 10^{-6} \text{ H}}} = 76,8 \text{ bzw. } \underline{77}$$

10.5.7 Blindleistungskompensation

Im Abschnitt 10.5.6.2 (Parallelschwingkreis) wurde gezeigt, daß der vom Netz gelieferte Strom kleiner als der Strom im Blindwiderstand sein kann. In der Starkstromtechnik findet diese Tatsache bei der Blindleistungskompensation Berücksichtigung. Die Berechnung solcher Schaltungen kann entweder über die Teilspannungen (bei Reihenkompensation) wie auch über die Teilströme (bei Parallelkompensation) erfolgen. In der Praxis verbreitet und auch zweckmäßig ist die Berechnung über das Leistungsdreieck. Dabei soll folgende Vereinbarung für Reihen- *und* Parallelschaltungen getroffen werden (Bild 10.148):

Leistung waagerecht
induktive Blindleistung senkrecht nach oben und
kapazitive Blindleistung senkrecht nach unten

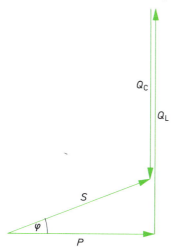

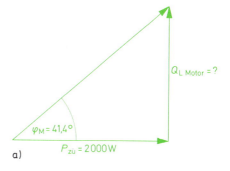

a)

Bild 10.148 Pfeilrichtungen in Leistungsdreiecken für Blindleistungskompensation

Bild 10.149 Leistungsdreiecke für Blindleistungskompensation
a) Motor
b) gesamte Anlage

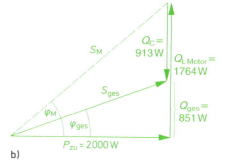

b)

Beispiel 1: Ein Wechselstrommotor für 230 V/50 Hz nimmt 2 kW auf und hat einen Leistungsfaktor von 0,75. Parallel dazu wird ein Kondensator von 60 µF geschaltet.

Gesucht: a) Blindleistung des Motors
b) Blindleistung des Kondensators
c) Blindleistung der gesamten Anlage
d) cos φ der gesamten Anlage

Gegeben: U = 230 V/50 Hz
P_{zu} = 2 kW = 2000 W
cos φ_M = 0,75 daraus φ_M = 41,4°   tan φ_M = 0,882
C = 60 µF

Lösung: a) **Blindleistung des Motors** (Bild 10.149a)

$$\tan \varphi_M = \frac{Q_L}{P_{zu}}$$

$$Q_L = P_{zu} \cdot \tan \varphi_M$$

$$= 2000 \text{ W} \cdot 0{,}882 = \underline{1764 \text{ var}}$$

467

b) Blindleistung des Kondensators

$$Q_C = U \cdot I_C$$

$$Q_C = 230\ \text{V} \cdot 4{,}15\ \text{A}$$

$$Q_C = \underline{955\ \text{W}}$$

$$I_C = \frac{U}{X_C}$$

$$I_C = \frac{230\ \text{V}}{53\ \Omega}$$

$$= 4{,}34\ \text{A}$$

$$X_C = \frac{1}{\omega \cdot C}$$

$$X_C = \frac{1}{2 \cdot \pi \cdot 50\ \text{Hz} \cdot 60 \cdot 10^{-6}\ \text{F}}$$

$$X_C = 53\ \Omega$$

c) Blindleistung der gesamten Anlage (Bild 10.149b).
Die Blindleistungen sind entgegengerichtet.

$$Q_{ges} \quad = Q_{LM} - Q_C = 1764\ \text{W} - 955\ \text{W}$$

$$Q_{ges} \quad = 809\ \text{W}$$

d) cos φ_{ges} der gesamten Anlage.

$$\tan \varphi_{ges} = \frac{Q_{ges}}{P_{zu}} = \frac{809\ \text{W}}{2000\ \text{W}} = 0{,}405 \qquad\qquad \varphi_{ges} = 22°$$

$$\cos \varphi_{ges} = \underline{0{,}93}$$

Ergebnis: Während vor der Kompensation das Netz die volle Blindleistung des Motors Q_{LM} lieferte, wird nach der Kompensation nur noch ein Teil aus dem Netz bezogen. Der Rest pendelt zwischen Kondensator und Motor hin und her. Beim Motor selbst bleiben alle Daten erhalten. Es ändert sich also nicht der cos φ des Motors, sondern der cos φ der gesamten Anlage (Motor plus Kondensator). Die Blindstromaufnahme aus dem Netz und damit der Gesamtstrom I wird kleiner.

Motor: $\quad I_M = \dfrac{P_{zu}}{U \cdot \cos \varphi_M} = \dfrac{2000\ \text{W}}{230\ \text{V} \cdot 0{,}75} = \underline{11{,}6\ \text{A}}$

Gesamt: $\quad I_{ges} = \dfrac{P_{zu}}{U \cdot \cos \varphi_{ges}} = \dfrac{2000\ \text{W}}{230\ \text{V} \cdot 0{,}93} = \underline{9{,}35\ \text{A}}$

Da die Wirkleistung des Motors konstant bleibt, gilt:

$$P_{zu\,Motor} \quad = P_{zu\,gesamt}$$

$$U \cdot I_M \cdot \cos \varphi_M = U \cdot I_{ges} \cdot \cos \varphi_{ges} \qquad\qquad |: U$$

$$\boxed{I_M \cdot \cos \varphi_M = I_{ges} \cdot \cos \varphi_{ges}}$$

Im letzten Beispiel:

$$11{,}6\ \text{A} \cdot 0{,}75 = 9{,}35\ \text{A} \cdot 0{,}93$$

$$8{,}7\ \text{A} \qquad\quad = 8{,}7\ \text{A}$$

468

oder $\quad\boxed{\dfrac{I_{\text{M}}}{I_{\text{ges}}} = \dfrac{\cos\varphi_{\text{ges}}}{\cos\varphi_{\text{M}}}}$ $\qquad$ Strom und Leistungsfaktor sind *umgekehrt* proportional.

Meistens wird der Gesamtleistungsfaktor mit z.B. 0,9 gefordert und die Größe der Kondensators ist zu errechnen. Dafür wird der Lösungsweg im Beispiel 2 angegeben.

Beispiel 2: Ein Wechselstrommotor nimmt 4 kW an 230 V/50 Hz auf und hat einen Leistungsfaktor von 0,8. Nach der Kompensation mit einem Kondensator soll der Leistungsfaktor auf 0,9 ansteigen. Wie groß muß der Kondensator sein?

Gegeben: $U \quad= 230$ V/50 Hz
$\qquad P_{\text{zu}} \quad= 4$ kW $= 4000$ W
$\qquad \cos\varphi_{\text{alt}} = 0,8$
$\qquad \cos\varphi_{\text{neu}} = 0,9$

Bild 10.150 Leistungsdreieck für Blindleistungskompensation im Beispiel 2

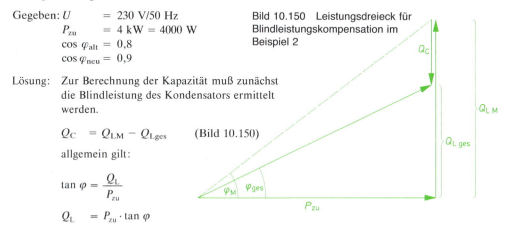

Lösung: Zur Berechnung der Kapazität muß zunächst die Blindleistung des Kondensators ermittelt werden.

$Q_{\text{C}} \quad= Q_{\text{LM}} - Q_{\text{Lges}} \qquad$ (Bild 10.150)

allgemein gilt:

$\tan\varphi = \dfrac{Q_{\text{L}}}{P_{\text{zu}}}$

$Q_{\text{L}} \quad= P_{\text{zu}} \cdot \tan\varphi$

Es werden also die $\tan\varphi_{\text{M}}$ und $\tan\varphi_{\text{ges}}$ benötigt. Dafür empfiehlt sich folgende Tabelle:

	$\cos\varphi$	φ	$\tan\varphi$
Motor	0,8	36,8°	0,7499
Gesamt	0,9	25,8°	0,4843
$\tan\varphi_{\text{M}} - \tan\varphi_{\text{ges}} =$			0,2656

somit ist $Q_{\text{LM}} = P_{\text{zu}} \cdot \tan\varphi_{\text{M}}$
$\qquad\qquad = 4000 \text{ W} \cdot 0,7499$
$\qquad\qquad = \underline{3000 \text{ W}}$

$Q_{\text{Lges}} = P_{\text{zu}} \cdot \tan\varphi_{\text{ges}}$
$\qquad\quad = 4000 \text{ W} \cdot 0,4843$
$\qquad\quad = \underline{1940 \text{ W}}$

$Q_{\text{C}} = Q_{\text{LM}} - Q_{\text{Lges}} \qquad\qquad Q_{\text{C}} = U \cdot I_{\text{C}}$

$\qquad = 3000 \text{ W} - 1940 \text{ W} \qquad I_{\text{C}} = \dfrac{Q_{\text{C}}}{U} = \dfrac{1060 \text{ W}}{230 \text{ V}} = 4,61 \text{ A}$

$Q_{\text{C}} = \underline{1060 \text{ W}} \qquad\qquad\qquad X_{\text{C}} = \dfrac{U}{I_{\text{C}}} = \dfrac{230 \text{ V}}{4,61 \text{ A}} = 49,9 \ \Omega$

$\qquad\qquad\qquad\qquad\qquad C \quad= \dfrac{1}{2 \cdot \pi \cdot f \cdot X_{\text{C}}} = \dfrac{1}{2 \cdot \pi \cdot 50 \text{ Hz} \cdot 49,9 \ \Omega} = \underline{63,8 \ \mu\text{F}}$

Zusammengefaßt ergibt sich:

$$Q_C = Q_{LM} - Q_{Lges}$$

$$= P_{zu} \cdot \tan \varphi_M - P_{zu} \cdot \tan \varphi_{ges}$$

$$\boxed{Q_C = P_{zu} \cdot (\tan \varphi_M - \tan \varphi_{ges})}$$

Q_C in W
P_{zu} in W
Aus der vorherigen Tabelle ist:
$\tan \varphi_M - \tan \varphi_{ges} = 0{,}2656$

$$= 4000 \text{ W} \cdot 0{,}2656$$

$$Q_C = \underline{1060 \text{ W}}$$

$$Q_C = \frac{U^2}{X_C}$$

$$Q_C = \frac{U^2}{\dfrac{1}{2\,\pi \cdot f \cdot C}} = U^2 \cdot 2\,\pi \cdot f \cdot C$$

$$\boxed{C = \frac{Q_C}{U^2 \cdot 2\,\pi\,f}}$$

$$C = \frac{1060 \text{ W}}{(230\,\text{V})^2 \cdot 2 \cdot \pi \cdot 50\,\dfrac{1}{\text{s}}} = \underline{63{,}8\,\mu\text{F}}$$

Die Kompensation von Drehstromanlagen wird im Anschluß an die Drehstromtechnik, Abschnitt 11.4, behandelt.

10.6 Passive Vierpole

Widerstände, Kondensatoren und Spulen gehören zu den passiven Bauelementen, d.h., mit ihnen können keine Signale erzeugt oder verstärkt werden. Vierpole, in denen nur diese Bauelemente enthalten sind, heißen daher auch passive Vierpole. Passive Vierpole können z.B. eine der folgenden Aufgaben dienen:

Phasenschieber: Erzeugt zu einer sinusförmigen Eingangs- eine phasenverschobene Ausgangsspannung.

Filter: Sind frequenzabhängige Vierpole, die von einem Frequenzgemisch bestimmte Frequenzbereiche stärker bedämpfen und andere möglichst ungedämpft durchlassen.

Siebglieder: Sind Tiefpaßschaltungen, also Filter, die eine Mischspannung glätten, d.h. den Wechselspannungsanteil stark bedämpfen.

Signalformer: Sollen die Kurvenform eines nicht sinusförmigen Signals verändern (z.B. Differenzier- und Integrierglied: Abschnitt 8.6).

470

Kapazitäten und Induktivitäten sind in allen Schaltungen stets auch in unerwünschter Form vorhanden, d.h. nicht nur als Kondensatoren und Spulen, sondern als Schaltungskapazitäten bzw. -induktivitäten. Man nennt sie parasitäre Kapazitäten bzw. Induktivitäten. Sie beeinflussen das Verhalten von Schaltungen besonders bei höheren Frequenzen. Der Einfluß von parasitären Kapazitäten auf das Übertragungsverhalten bei verschiedenen Frequenzen muß häufig durch Schaltungsmaßnahmen kompensiert werden (Abschnitt 10.6.3).

10.6.1 Phasenschieber

Reihenschaltungen aus Kondensatoren und Widerständen werden in Schaltungen der Elektronik auch als Phasenschieber eingesetzt.

> Der Phasenschieber hat die Aufgabe, zu einer sinusförmigen Eingangsspannung eine phasenverschobene Ausgangsspannung zu liefern.

Bild 10.151
Phasenschieber in
Vierpoldarstellung mit
Zeigerdiagramm und
Widerstandsdreieck

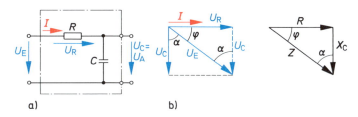

a)   b)

Der Phasenschieber läßt sich als Vierpol darstellen (Bild 10.151a). Soll die Ausgangsspannung der Eingangsspannung nacheilen, so wird die Ausgangsspannung am Kondensator abgenommen (RC-Glied). Ist eine voreilende Spannung gefordert, liegt die Ausgangsspannung am Widerstand.

Im ersten Fall ist der Phasenverschiebungswinkel zwischen Eingangs- und Ausgangsspannung nicht mit dem Phasenwinkel φ zwischen Strom und Eingangsspannung U_E identisch. Der mit α bezeichnete Verschiebungswinkel zwischen U_E und U_A ist der Ergänzungswinkel (Komplementwinkel) zum Phasenwinkel φ (Bild 10.151b).

$$\alpha + \varphi = 90° \quad \text{oder} \quad \alpha = 90° - \varphi$$

Der Winkel kann direkt über die Winkelfunktion aus dem Spannungsdreieck oder dem Widerstandsdreieck berechnet werden

$$\tan \alpha = \frac{U_R}{U_C} = \frac{R}{X_C}$$

Die Ausgangsspannung U_A ist um so kleiner, je größer der Verschiebungswinkel α ist. Das Spannungsdreieck zeigt:

$$\cos \alpha = \frac{U_A}{U_E} \quad \text{oder} \quad U_A = U_E \cdot \cos \alpha$$

Beispiel 1: Ein Phasenschieber mit einem Kondensator von $C = 0,1\ \mu F$ soll eine gegenüber der Eingangsspannung $U_E = 15\ V$ mit $f = 50\ Hz$ um 50° nacheilende Ausgangsspannung liefern.

a) Welchen Wert muß der Widerstand haben?
b) Wie groß ist die Ausgangsspannung?

471

Gegeben: $C = 0,1\ \mu F$
$U_E = 15\ V$
$f = 50\ Hz$
$\alpha = 50°$

Gesucht: a) R
b) U_A

Lösung:

zu a) $\quad X_C = \dfrac{1}{\omega \cdot C} = \dfrac{1}{2 \cdot \pi \cdot 50\ Hz \cdot 0,1 \cdot 10^{-6}\ F} = \underline{31,8 \cdot 10^3\ \Omega}$

$\quad \tan \alpha = \dfrac{R}{X_C}; \quad R = X_C \cdot \tan \alpha = 31,8 \cdot 10^3\ \Omega \cdot \tan 50°$

$$R = 37,9\ k\Omega$$

zu b) $\quad \cos \alpha = \dfrac{U_A}{U_E}; \quad U_A = U_E \cdot \cos \alpha = 15\ V \cdot \cos 50°$

$$U_A = 9,64\ V$$

In Schaltungen für Phasenanschnittsteuerungen wird häufig ein Phasenschieber mit einstellbarem Winkel α benötigt. Die Einstellung erfolgt durch einen veränderbaren Widerstand (Bild 10.152). Soll der Winkel nicht unter einem Minimalwert α_{min} einstellbar sein, so ist zusätzlich ein Festwiderstand erforderlich.

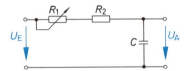

Bild 10.152 Phasenschieber mit einstellbarem Phasenwinkel

Beispiel 2: Der Winkel eines Phasenschiebers für $U_E = 230\ V$, $f = 50\ Hz$ soll zwischen $\alpha_{min} = 10°$ und $\alpha_{max} = 75°$ einstellbar sein. Der Kondensator soll eine Kapazität von $C = 0,22\ \mu F$ haben.

a) Welche Werte müssen der verstellbare Widerstand R_1 und der Festwiderstand R_2 haben?
b) In welchem Bereich ändert sich die Ausgangsspannung U_A?

Gegeben: $U_E = 230\ V$
$f = 50\ Hz$
$C = 0,22\ \mu F$
$\alpha_{min} = 10°$
$\alpha_{max} = 75°$

Gesucht: a) R_1; R_2
b) $U_{A\,max}$; $U_{A\,min}$

Lösung:

zu a) $\quad X_C = \dfrac{1}{\omega \cdot C} = \dfrac{1}{2 \cdot \pi \cdot 50\ Hz \cdot 0,22 \cdot 10^{-6}\ F} = 14,5\ k\Omega$

472

$$\tan \alpha_{\min} = \frac{R_{\min}}{X_C}; \quad R_{\min} = R_2 = X_C \cdot \tan \alpha_{\min} = 14{,}5 \cdot 10^3 \; \Omega \cdot \tan 10°$$

$$\underline{R_2 = 2{,}55 \; k\Omega}$$

$$\tan \alpha_{\max} = \frac{R_{\max}}{X_C}; \quad R_{\max} = R_1 + R_2 = X_C \cdot \tan \alpha_{\max} = 14{,}5 \cdot 10^3 \; \Omega \cdot \tan 75°$$

$$R_{\max} = 54{,}1 \; k\Omega$$

$$R_1 = R_{\max} - R_2 = 54{,}1 \; k\Omega - 2{,}55 \; k\Omega = \underline{51{,}6 \; k\Omega}$$

zu b)
$$U_{A\max} = U_E \cdot \cos \alpha_{\min} = 230 \; V \cdot \cos 10° = \underline{227 \; V}$$
$$U_{A\min} = U_E \cdot \cos \alpha_{\max} = 230 \; V \cdot \cos 75° = \underline{60 \; V}$$

Der bis hierher behandelte einfache Phasenschieber hat für bestimmte Anwendungen zwei Nachteile:

a) Der Winkel α kann nicht bis 90° verstellt werden, da der Widerstand bis $R = \infty$ verstellbar sein müßte.
b) Die Ausgangsspannung ist um so kleiner, je größer der Winkel α. Geht α gegen 90° ($\alpha \to 90°$), geht U_A gegen 0 V ($U_a \to 0$ V), denn der Phasenschieber ist gleichzeitig Spannungsteiler.

Mit einer *Phasenschieberbrücke* (Bild 10.153) können diese Nachteile behoben werden. Der Verschiebungswinkel α zwischen Eingangs- und Ausgangsspannung kann zwischen 0° und nahezu 180° verstellt werden, wobei die Ausgangsspannung mit $U_A = U_E/2$ konstant bleibt. Der aus gleichen Widerständen aufgebaute Spannungsteiler R_1, R_2 legt den Bezugspunkt C der Ausgangsspannung auf die halbe Eingangsspannung (Bild 10.153, Punkt C).

Beim Spannungsteiler R_3, X_C ergänzen sich die Teilspannungen U_3, U_C stets in einem rechtwinkligen Dreieck zur Eingangsspannung. Bei Verstellung von $R_3 = 0 \; \Omega$ bis $R_3 = \infty$ würde der Punkt D auf einem Halbkreis von Punkt A nach Punkt B wandern (Thales Satz = jeder Umfangswinkel über dem Halbkreisdurchmesser beträgt 90°). Die Ausgangsspannung ist also immer die Differenz zwischen dem Umfangspunkt D des Halbkreises und seinem Mittelpunkt C.

Die Grenzfälle sind:

Bei $\quad R_3 = 0 \; \Omega$ liegt Punkt D auf A, es ist also

$$U_A = U_1, \text{d.h.}, \alpha_{\min} = 0°$$

Bei $\quad R_3 = \infty$ liegt Punkt D auf B, es ist also

$$U_A = -U_2, \text{d.h.}, \alpha_{\max} = 180°$$

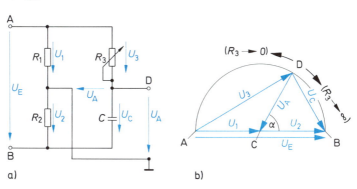

Bild 10.153
Phasenschieberbrücke
mit Spannungsdreieck

a)

b)

Der ohmsche Spannungsteiler R_1, R_2 der Phasenschieber-Brücke kann entfallen, wenn die Eingangsspannung von einem Transformator mit Mittenanzapfung auf der Sekundärseite geliefert wird. Diese Anzapfung liefert dann den Mittelpunkt C.

10.6.2 Filterschaltungen

Filter sollen aus einem Signal, das sich aus einem Gemisch vieler Frequenzen zusammensetzt, bestimmte Frequenzbereiche stärker bedämpfen und andere möglichst ungedämpft hindurchlassen. Wenn keine verstärkenden Elemente vorhanden sind, spricht man von passiven Filtern.

Einfache Filter, die nur aus Widerständen und Kondensatoren bestehen, sind z.B. RC-Glieder. Je nach Anordnung des Widerstands und des Kondensators stellt ein RC-Glied entweder einen Hochpaß oder einen Tiefpaß dar.

> Ein *Hochpaß* ist ein Vierpol, den Signale mit höheren Frequenzen nahezu ungedämpft passieren können. Signale mit niedrigeren Frequenzen werden dagegen stark bedämpft.

Ein einfacher Hochpaß wird durch ein Vierpol mit einem Kondensator im Längszweig und einem Widerstand im Querzweig gebildet (Bild 10.154b).

Da der kapazitive Widerstand X_c des Kondensators mit steigender Frequenz abnimmt, tritt an ihm bei höheren Frequenzen ein geringerer Spannungsfall auf als bei niedrigen Frequenzen.

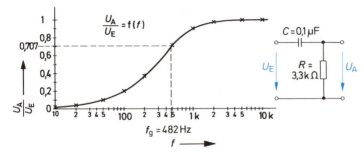

Bild 10.154 Frequenzgang eines CR-Gliedes in halblogarithmischer Darstellung

Das Durchlaß- oder Dämpfungsverhalten von Vierpolen bei verschiedenen Frequenzen wird durch den *Amplituden-Frequenzgang* dargestellt.

In der Nachrichtentechnik trägt man meistens das Dämpfungsmaß in dB (Pegelrechnung Abschnitt 7.3.10) auf. Hier soll direkt das Spannungsverhältnis U_A/U_E in Abhängigkeit von der Frequenz dargestellt werden:

$$U_A/U_E = f(f).$$

Um einen möglichst großen Frequenzbereich darstellen zu können, wird die Frequenzachse logarithmisch unterteilt. Man erhält so eine halblogarithmische Darstellung (Bild 10.154a).

> Die wichtigste Aussage über den Amplituden-Frequenzgang eines Filters liefert die *Grenzfrequenz f_g*.

Die Grenzfrequenz eines Filters ist eigentlich durch die Frequenz definiert, bei der die Ausgangsleistung (bei Anpassung) auf die Hälfte des Werts abgesunken ist, der bei geringer Dämpfung auftritt.

474

Anstelle der Ausgangsleistung wird jedoch im allgemeinen die Ausgangsspannung als Bezugsgröße für die Grenzfrequenz verwendet. Der Grund liegt darin, daß sich Spannungspegel einfacher messen lassen als Leistungen. Da sich die Leistung an einem linearen Widerstand quadratisch zur Spannung verhält, ist die Spannung bei halber Leistung, d. h. bei der Grenzfrequenz, um den Faktor $1/\sqrt{2} \approx 0{,}707$ reduziert.

Bei der Grenzfrequenz ist in einem passiven Vierpol das Verhältnis $U_A/U_E = 1/\sqrt{2}$.

Dieses entspricht einem Dämpfungsmaß von 3 dB.

Bei einem Hochpaß oder Tiefpaß aus einem Widerstand R und einem Kondensator C (1. Ordnung) liegt die Grenzfrequenz dann vor, wenn der kapazitive Widerstand und der ohmsche Widerstand gleich sind. Das Spannungsdreieck (Bild 10.155) und das Widerstandsdreieck sind gleichschenklig. Somit ist $U_A = U_E \cdot \cos 45° = U_E/\sqrt{2}$. Bei Grenzfrequenz gilt:

$$R = X_C = \frac{1}{\omega_g \cdot C} = \frac{1}{2 \cdot \pi \cdot f_g \cdot C}$$

Die Grenzfrequenz erhält man durch Umstellung der Formel zu:

$$f_g = \frac{1}{2 \cdot \pi \cdot R \cdot C} \qquad \text{in} \qquad \frac{1}{\Omega \cdot F} = \frac{1}{\frac{V}{A} \cdot \frac{As}{V}} = 1/s = Hz$$

Beispiel 1: Welchen Betrag hat die untere Grenzfrequenz eines CR-Gliedes, wenn der Kondensator eine Kapazität von 220 nF hat und der Widerstand 5 kΩ beträgt?

Gegeben: $C = 220$ nF; $\quad R = 5$ kΩ.

Gesucht: f_g

Bild 10.155 Spannungsdreieck eines RC- oder CR-Gliedes bei $R = X_C$ (Grenzfrequenz)

Lösung: $f_g = \dfrac{1}{2 \cdot \pi \cdot R \cdot C} = \dfrac{1}{2 \cdot \pi \cdot 5 \cdot 10^3\,\Omega \cdot 220 \cdot 10^{-9}\,F} = \underline{145\ Hz}$

Hochpässe liegen z. B. in Wechselspannungsverstärkern (NF-Verstärker) vor, in denen Koppelkondensatoren die Trennung unterschiedlicher Gleichspannungspotentiale und die Übertragung von Wechselspannungen vornehmen. Ein Koppelkondensator bildet mit dem nachfolgenden Eingangswiderstand einen Hochpaß, er muß daher für die untere Grenzfrequenz des Verstärkers bemessen werden.

Beispiel 2: Welche Kapazität muß der Eingangskoppelkondensator für einen Verstärker haben, wenn dessen Eingangswiderstand 50 kΩ beträgt? Die untere Grenzfrequenz soll 20 Hz betragen.

Gegeben: $R = 50$ kΩ; $f_g = 20$ Hz

Gesucht: C

Lösung: Die Formel für die Grenzfrequenz nach C umgestellt lautet:

$$C = \frac{1}{2 \cdot \pi \cdot R \cdot f_g} = \frac{1}{2 \cdot \pi \cdot 50 \cdot 10^3 \, \Omega \cdot 20 \, \text{Hz}} = \underline{159 \, \text{nF}}$$

Liegt der Kondensator in einem RC-Glied hinter dem ohmschen Widerstand im Querzweig, nimmt die Dämpfung bei höheren Frequenzen zu. Die Kapazität wirkt bei hohen Frequenzen fast wie ein Kurzschluß am Ausgang (Bild 10.156).

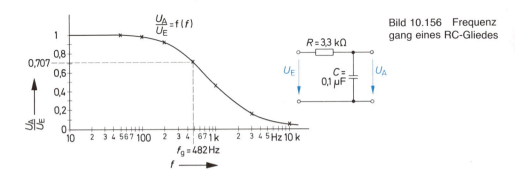

Bild 10.156 Frequenzgang eines RC-Gliedes

> Ein *Tiefpaß* ist ein Vierpol, den Signale mit niedrigeren Frequenzen nahezu ungedämpft passieren können. Signale mit höheren Frequenzen werden dagegen stark bedämpft.

Die Grenzfrequenz errechnet sich auf die gleiche Weise wie beim Hochpaß:

$$R = X_c \quad \text{liegt vor bei} \quad f_g = \frac{1}{2 \cdot \pi \cdot R \cdot C}$$

Tiefpässe werden häufig unerwünscht durch die Schaltungs- oder Leitungskapazitäten gebildet. Der Innenwiderstand einer Signalquelle bildet z. B. mit der Kapazität der Leitung einen Tiefpaß, in die das Signal eingespeist wird. Um bei gegebener Leitungskapazität eine hohe Grenzfrequenz zu erhalten, muß der Innenwiderstand der Signalquelle möglichst klein sein.

Beispiel 3: Eine Signalleitung hat eine Kapazität von $C_L = 1,5$ nF. Wie hoch darf der Ausgangswiderstand der Signalquelle sein, wenn die Grenzfrequenz $f_g \geq 15$ kHz sein soll (bei unbelastetem Ausgang der Leitung)?

Gegeben: $C_L = 1,5$ nF; $f_g = 15$ kHz

Gesucht: R_i

Lösung: Bei f_g ist $R = X_C = \dfrac{1}{2 \cdot \pi \cdot f_g \cdot C_L} = \dfrac{1}{2 \cdot \pi \cdot 15 \, \text{kHz} \cdot 1,5 \, \text{nF}} = \underline{7,07 \, \text{kΩ}}$

476

Der Ausgangswiderstand darf höchstens $R \approx 7\ \text{k}\Omega$ betragen.

Eine Hintereinanderschaltung aus einem Hochpaß mit einer wesentlich höheren Grenzfrequenz f_{gH} und einem Tiefpaß mit der Grenzfrequenz f_{gT} ergeben einen *Bandpaß* (Bild 10.157a). Ein Bandpaß stellt nur für einen bestimmten Frequenzbereich mit der Bandbreite

$$b = f_{gH} - f_{gT}$$

eine geringe Dämpfung zur Verfügung (Bild 10.157b).

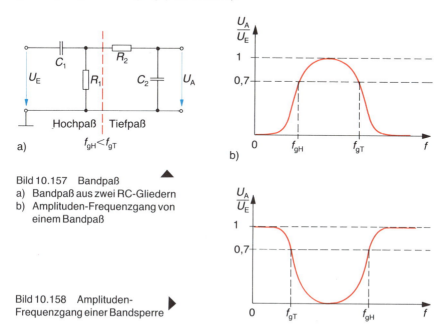

a) $f_{gH} < f_{gT}$

b)

Bild 10.157   Bandpaß
a)   Bandpaß aus zwei RC-Gliedern
b)   Amplituden-Frequenzgang von einem Bandpaß

Bild 10.158   Amplituden-Frequenzgang einer Bandsperre

Stellt ein Filter nur für Wechselspannungssignale in einem begrenzten Frequenzbereich zwischen einer unteren und einer oberen Grenzfrequenz eine hohe Dämpfung dar, spricht man von einer *Bandsperre* (Bild 10.158).

Eine Bandsperre erhält man z. B. durch Parallelschaltung einer Tiefpaß- mit einer Hochpaßschaltung. Dabei muß die Grenzfrequenz der Hochpaßschaltung höher sein als die der Tiefpaßschaltung. Bandpässe werden jedoch meist durch LC-Glieder realisiert.

Der frequenzabhängige Widerstand in einem Hochpaß oder Tiefpaß kann auch der induktive Widerstand einer Spule sein. Passive Filter aus Spulen und Widerständen heißen *RL-Glieder*.

In Bild 10.159 sind die Grundschaltungen der RC- und LC-Filter zusammengestellt.

Bei einfachen RC- und LC-Filtern (1. Ordnung) steigt die Dämpfung außerhalb des Durchlaßbereichs um den Faktor 10 je Dekade (eine Dekade bedeutet, bei zehnfacher bzw. einem Zehntel der Frequenz).

> Das Dämpfungsmaß steigt bei einem RC- oder LC-Glied 1. Ordnung nach Über- bzw. Unterschreitung der Grenzfrequenz um 20 dB pro Dekade.

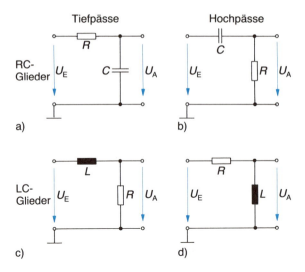

Tiefpässe   Hochpässe   Bild 10.159 Einfache RC- und
                                                    RL-Filterschaltungen

RC-
Glieder U_E R C U_A U_E C R U_A

a)   b)

LC-
Glieder U_E L R U_A U_E R L U_A

c)   d)

Von den in nachrichtentechnischen Schaltungen erforderlichen Filtern werden oft wesentlich steilere Filterflanken gefordert, d.h., die Dämpfung muß außerhalb des Durchlaßbereichs steiler ansteigen. Derartige Filter werden oft mit Kondensatoren und Spulen, d.h. durch Schwingkreise realisiert. *LC-Filter* haben steilere Flanken und geringe Dämpfung im Durchlaßbereich als RC- oder RL-Filter. Bild 10.160 zeigt sogenannte Halbglieder von LC-Filtern.

LC-Filter werden wegen ihrer geringeren Durchlaßdämpfung z.B. auch als Tonfrequenzweichen zur Aufteilung des Frequenzbandes in Lautsprecherboxen verwendet.

Die *Grenzfrequenz* eines LC-Filters ist die Resonanzfrequenz des Schwingkreises:

$$\text{Grenzfrequenz eines LC-Filters } f_g = \frac{1}{2 \cdot \pi \cdot \sqrt{L \cdot C}}$$

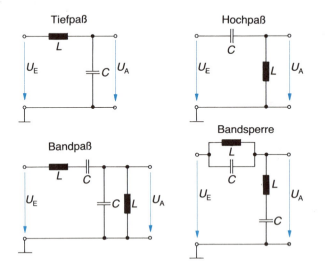

Tiefpaß   Hochpaß   Bild 10.160 Halbglieder von
                                                   LC-Filterschaltungen

U_E L C U_A U_E C L U_A

Bandpaß   Bandsperre

U_E L C C L U_A U_E L C L C U_A

478

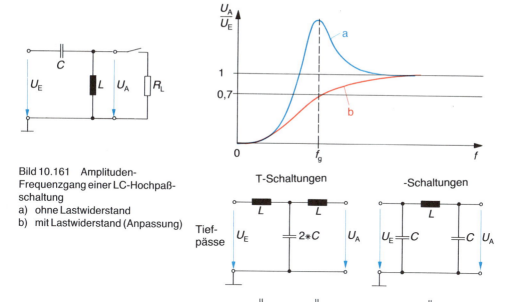

Bild 10.161 Amplituden-
Frequenzgang einer LC-Hochpaß-
schaltung
a) ohne Lastwiderstand
b) mit Lastwiderstand (Anpassung)

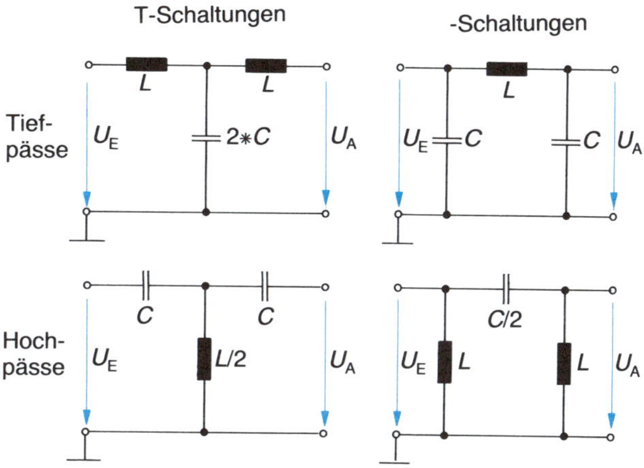

Bild 10.162 LC-Hochpaß- und
Tiefpaß-Filterschaltungen

Neben der Grenzfrequenz ist bei LC-Filtern der *Wellenwiderstand* die wichtigste Kenngröße.
Der Wellenwiderstand ist der Resonanzwiderstand, bei dem die Bedingung

$$X_\mathrm{L} = X_\mathrm{C}$$

erfüllt ist:

$$\text{Wellenwiderstand eines LC-Filters } Z_\mathrm{W} = \sqrt{\frac{L}{C}}$$

Um das gewünschte Durchlaßverhalten der LC-Filter zu erhalten, müssen diese mit einem
Lastwiderstand abgeschlossen werden. Die Resonanzkurve wird dadurch stark bedämpft
(Bild 10.161).

LC-Filter müssen mit *Leistungsanpassung* betrieben werden. Der Lastwiderstand muß
gleich dem *Wellenwiderstand* des Filters sein.

LC-Filterschaltungen setzen sich meist aus mehreren LC-Halbgliedern zusammen (Bild 10.162).
Man spricht von T-Filtern und π-Filtern. Die Filter sind symmetrisch aufgebaut, d.h., Anpas-
sung muß sowohl von der Eingangs- wie von der Ausgangsseite gewährleistet sein. Auch der
Innenwiderstand der Signalquellen muß dem Wellenwiderstand entsprechen.

479

10.6.3 Siebglieder

Der aus einer Gleichrichterschaltung entnommenen Gleichspannung ist stets eine Wechselspannung überlagert. Es handelt sich also um eine Mischspannung. Das Verhältnis des Effektivwerts der überlagerten Wechselspannung U_W (früher Brummspannung genannt) zum Gleichspannungsanteil, dem arithmetischen Mittelwert U_{AV}, wird Welligkeit genannt:

$$\text{Welligkeit } w = \frac{U_W}{U_{AV}}$$

Um die Welligkeit zu verringern, werden häufig Siebglieder eingesetzt.

Siebglieder sind Filterschaltungen, die möglichst den gesamten Wechselspannungsanteil entfernen sollen. Es handelt sich also um Tiefpaßschaltungen, deren untere Grenzfrequenz im Idealfall 0 Hz ist.

Das einfachste Siebglied ist das *RC-Siebglied* (Bild 10.163a). Um einen hohen Siebfaktor zu erhalten, sollte der frequenzabhängige Widerstand des Siebkondensators, für die Grundfrequenz f_W der überlagerten Wechselspannung, möglichst klein gegen den Wert des Siebwiderstands sein.

Der Siebfaktor ist das Verhältnis der überlagerten Wechselspannung am Eingang des Siebgliedes U_{W1} zu der am Ausgang U_{W2}:

$$\text{Siebfaktor } S = \frac{U_{W1}}{U_{W2}}$$

Der Siebfaktor kann über das Verhältnis der Wechselstromwiderstände des Siebgliedes errechnet werden. Ist die Bedingung $X_{CS} \ll R_S$ hinreichend erfüllt, kann der Scheinwiderstand Z der Schaltung durch R_S ersetzt werden (Bild 10.164). Der Siebfaktor eines RC-Siebgliedes errechnet sich dann näherungsweise zu:

$$S \approx \frac{R_S}{X_{CS}} = 2 \cdot \pi \cdot f_W \cdot R_S \cdot C_S$$

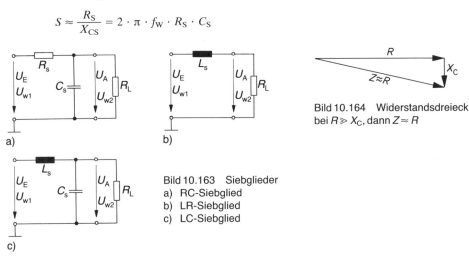

Bild 10.164 Widerstandsdreieck bei $R \gg X_C$, dann $Z \approx R$

Bild 10.163 Siebglieder
a) RC-Siebglied
b) LR-Siebglied
c) LC-Siebglied

Der Nachteil des RC-Siebgliedes besteht, besonders bei höheren Strömen, in dem relativ hohen Gleichspannungsverlust und der damit verbundenen Verlustleistung. Außerdem erhöht der Siebwiderstand den Innenwiderstand der Spannungsquelle, d.h. die Ausgangsspannung ist stärker von der Belastung abhängig.

480

Bei höheren Lastströmen wird daher der Siebwiderstand oft durch eine Siebdrossel ersetzt.

Bei einem *LR-Siebglied* (Bild 10.163b) stellt die Induktivität der Siebdrossel für die überlagerte Wechselspannung einen relativ hohen, frequenzabhängigen Widerstand dar. Der induktive Widerstand der Siebdrossel sollte wesentlich höher sein als der ohmsche Widerstand der Last. Dann kann der Scheinwiderstand Z der ganzen Schaltung in der Verhältnisgleichung näherungsweise durch den Blindwiderstand X_L ersetzt werden. Der Siebfaktor ergibt sich dann mit ausreichender Genauigkeit zu:

$$S \approx \frac{X_{LS}}{R_L} = 2 \cdot \pi \cdot f_W \cdot \frac{L_S}{R_L}$$

Eine erhebliche Verbesserung des Siebfaktors ergibt das *LC-Siebglied* (Bild 10.163c). Ist der kapazitive Widerstand des Kondensators wesentlich kleiner als der induktive Widerstand der Siebdrossel, stellt der Kondensator für die überlagerte Wechselspannung praktisch einen Kurzschluß dar. Der Siebfaktor errechnet sich näherungsweise zu:

$$S \approx \frac{X_{LS}}{X_{CS}} = 4 \cdot \pi^2 \cdot f_W^2 \cdot L_S \cdot C_S$$

10.6.4 Frequenzkompensierter Spannungsteiler

Ein idealer Spannungsteiler aus ohmschen Widerständen stellt im gesamten Frequenzbereich ein Dämpfungsglied mit dem gleichen Abschwächungsfaktor dar, d. h., er kann von Signalen aller Frequenzen mit gleicher Dämpfung passiert werden (Allpaß).

Besonders in der Meßtechnik werden häufig Spannungsteiler als sogenannte Abschwächer zur Signalanpassung an den Verstärker mit hohem Eingangswiderstand eingesetzt (z. B. Meßbereichsumschaltung).

Ein realer Spannungsteiler besteht neben den ohmschen Widerständen stets auch aus Schaltungskapazitäten, besonders der Eingangskapazität der am Ausgang liegenden Schaltung (C_2 in Bild 10.165a). Durch die Ausgangskapazität wird der Spannungsteiler zu einem Tiefpaß (Bild 10.165b). Der Ersatz-Innenwiderstand des Spannungsteilers ergibt sich aus der Parallelschaltung der Widerstände R_1 und R_2 (Abschnitt 6.6.2).

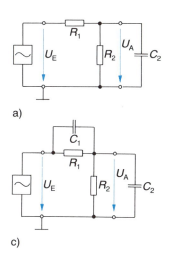

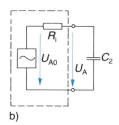

Bild 10.165
a) Ohmscher Spannungsteiler mit kapazitiver Belastung
b) Ersatzschaltbild des Spannungsteilers
c) Spannungsteiler mit Frequenzkompensation

Um eine von der Frequenz unabhängige Abschwächung bei einem Spannungsteiler zu erhalten, ist eine *Frequenzkompensation* erforderlich.

Die Frequenzkompensation besteht in der Parallelschaltung eines Zusatzkondensators zu dem Längswiderstand R_1 des Spannungsteilers (Bild 10.165c). Man erhält somit einen ohmschen und einen kapazitiven Spannungsteiler. Beide müssen das gleiche Teilungsverhältnis aufweisen:

$$\frac{R_1}{R_2} = \frac{X_{C1}}{X_{C2}} = \frac{2 \cdot \pi \cdot f \cdot C_2}{2 \cdot \pi \cdot f \cdot C_1} = \frac{C_2}{C_1}$$

Ein Spannungsteiler ist Frequenzkompensiert, wenn die Kapazitäten im umgekehrten Verhältnis wie die zugehörigen Widerstände stehen.

Beispiel: Mit einem Vorwiderstand (Spannungsteiler) soll ein Wechselspannungssignal von $U_E = 100$ mV auf $U_A = 10$ mV abgeschwächt werden. Der Eingangswiderstand der angesteuerten Schaltung beträgt $R_2 = 100$ kΩ und die Parallelkapazität $C_2 = 50$ pF.

Welche Werte müssen der Vorwiderstand R_1 und der ihm parallelzuschaltende Kondensator C_1 haben?

Gegeben: $R_2 = 100$ kΩ; $C_2 = 50$ pF; $U_E = 100$ mV; $U_A = 10$ mV

Gesucht: R_1; C_1

Lösung: R_1 ergibt sich aus dem Spannungsverhältnis zu:

$$\frac{R_1}{R_2} = \frac{U_{R1}}{U_A} = \frac{U_E - U_A}{U_A} \; ; \; R_1 = R_2 \cdot \frac{U_E - U_A}{U_A} = 100 \text{ k}\Omega \cdot \frac{(100 - 10) \text{ mV}}{10 \text{ mV}} = \underline{900 \text{ k}\Omega}$$

C_1 kann am einfachsten über das Widerstandsverhältnis ermittelt werden:

$$\frac{C_1}{C_2} = \frac{R_2}{R_1} \; ; \; C_1 = C_2 \cdot \frac{R_2}{R_1} = 50 \text{ pF} \cdot \frac{10 \text{ k}\Omega}{900 \text{ k}\Omega} = \underline{5,56 \text{ pF}}$$

11 Dreiphasenwechselstrom — Drehstrom

11.1 Phasenlage und Verkettung

Drehstromgeneratoren tragen drei getrennte, um 120° versetzte Wicklungen, in denen zeitlich verschoben Wechselspannungen induziert werden (Bild 11.1).

Dieses entspricht 3 einzelnen Wechselstromgeneratoren (Einphasengeneratoren), deren Polräder auf einer gemeinsamen Welle um je 120° verdreht angeordnet sind (Bild 11.2).

11.1.1 Generator in Sternschaltung (Y-Schaltung)

Die unteren 3 Klemmen aus Bild 11.2 werden miteinander verbunden und sollen die Bezeichnung N (Neutralleiter = Mittelpunktsleiter) tragen, die oberen Klemmen die Bezeichnungen L1; L2; L3. Die Spannungen der Generatoren sollen einheitlich von oben nach unten (Außenleiter zum Mittelpunktleiter) gezählt werden und tragen somit entsprechende Indizes. Die Zählpfeile dürfen nicht mit den Zeigern im Zeigerdiagramm verwechselt werden. Diese liegen — so war es am Anfang dieses Abschnitts erwähnt — elektrisch um 120° gegeneinander verschoben (Bilder 11.3 und 11.4). Dabei ist die Reihenfolge der Spannungen in Abhängigkeit vom Drehsinn zu beachten. Als fest vereinbart gilt:

U_{L1N} eilt U_{L2N} um 120° voraus und U_{L2N} eilt U_{L3N} um 120° voraus.
(Reihenfolge der Indizes entspricht der zeitlichen Folge der Spannungen.)

Wie groß sind nun die Spannungen zwischen den Klemmen L1, L2 und L3?

Die Spannung zwischen den Klemmen L1 und L2 heißt U_{L12}. Für ihre Berechnung ist die Teilspannung U_{L3N} nicht erforderlich.

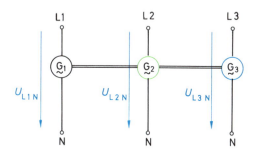

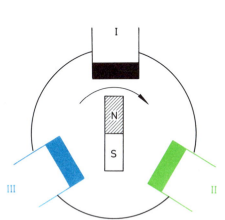

Bild 11.2   Darstellung des Drehstromgenerators als drei Wechselstromgeneratoren

◀ Bild 11.1   Anordnung der Wicklungen im Drehstromgenerator

483

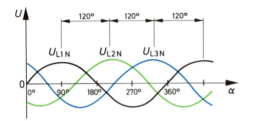

Bild 11.3 Liniendiagramm der Strangspannungen eines Drehstromgenerators

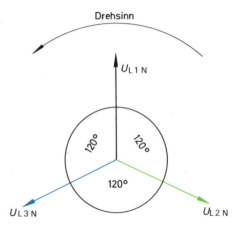

Bild 11.4 Zeigerdiagramm der
Strangspannungen eines Drehstromgenerators

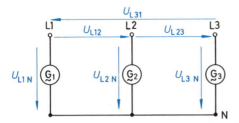

Bild 11.5 Spannungen im Drehstromsystem

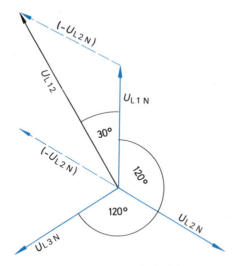

Bild 11.6 Ermittlung der Außenleiterspannung durch geometrische Addition der
Strangspannungen

484

Im Bild 11.5 gilt nach der Maschenregel (Abschnitt 6.4.1)

$\Sigma\, U = 0$

$\overrightarrow{U_{L12}} + \overrightarrow{U_{L2N}} - \overrightarrow{U_{L1N}} = 0$

(Der Pfeil über den Spannungen bedeutet, daß nach Größe und Richtung addiert werden muß.)

somit ist:

$\overrightarrow{U_{L12}} = \overrightarrow{U_{L1N}} - \overrightarrow{U_{L2N}}$

Dabei ergibt sich nach Bild 11.6:

Bei einem symmetrischen System sind die Strangspannungen gleich groß. Die Spannung U_{L12} eilt der Spannung U_{L1N} dann um 30° voraus. Führt man für die Strangspannungen U_{L1N}, U_{L2N} und U_{L3N} U_{Str} und für die Außenleiterspannung U (ohne Index) ein (Bild 11.7), ergibt sich rechnerisch:

$$\frac{U}{2} = U_{Str} \cdot \cos 30°$$

$$\frac{U}{2} = U_{Str} \cdot 0{,}866$$

$$\boxed{U = U_{Str} \cdot 1{,}732}$$

$$|\quad 1{,}732 = \sqrt{3}$$

$$\boxed{U = U_{Str} \cdot \sqrt{3}}$$

oder:

$$h = U_{Str} \cdot \sin 30°$$

$$h = U_{Str} \cdot \frac{1}{2} = \frac{U_{Str}}{2}$$

$$\left(\frac{U}{2}\right)^2 = U_{Str}^2 - \left(\frac{U_{Str}}{2}\right)^2$$

$$= U_{Str}^2 - \frac{U_{Str}^2}{4}$$

$$\left(\frac{U}{2}\right)^2 = \frac{3}{4} \cdot U_{Str}^2$$

$$\frac{U}{2} = \frac{\sqrt{3}}{2} \cdot U_{Str}$$

$$\boxed{U = \sqrt{3} \cdot U_{Str}}$$

U Außenleiterspannung   in V

U_{Str} Strangspannung   in V

$\sqrt{3}$ Verkettungsfaktor

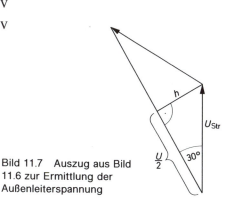

Bild 11.7   Auszug aus Bild 11.6 zur Ermittlung der Außenleiterspannung

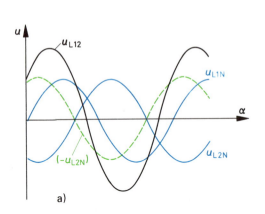

Bild 11.8 Zeiger- und Liniendiagramm mit den Strang- und Außenleiterspannungen (Liniendiagramm ohne U_{L23} und U_{L31})

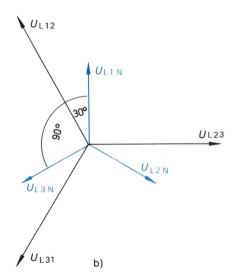

a)

b)

Abschließend sollen Zeiger- und Liniendiagramm für ein 4-Leiter-Drehstromsystem dargestellt werden mit 3 Außenleitern und dem N-Leiter (Bilder 11.8a und b).

Die Außenleiterspannungen U_{L23} und U_{L31} werden entsprechend U_{L12} berechnet. Auf die nochmalige Ableitung soll verzichtet werden. Das Liniendiagramm (Bild 11.8a) enthält lediglich die Strangspannungen U_{L1N} und U_{L2N}, den entgegengesetzten Wert von U_{L2N} ($-U_{L2N}$) sowie die Summe U_{L12} aus den beiden Strangspannungen. Die Sinuskurve ($-U_{L2N}$) entspricht dem negativen Zeiger ($-U_{L2N}$) in Bild 11.6.

Die Außenleiterspannung U_{L12} eilt der Strangspannung U_{L1N} um 30° vor und damit der Strangspannung U_{L3N} um 90° nach (Bilder 11.8a und b). Diese Erkenntnis wird bei der Blindleistungsmessung im Blindarbeitszähler und bei der Aron-Schaltung ausgenutzt (vergleiche Meßtechnik).

Für allgemeine Probleme in der Drehstromtechnik genügt meistens folgendes:

Im Drehstromsystem sind bei der *Sternschaltung*   a) die Strangspannungen um 120° gegeneinander verschoben   b) die Außenleiterspannungen um 120° gegeneinander verschoben   (bei symmetrischem Aufbau)   c) die Außenleiterspannungen = Verkettungsfaktor · Strangspannungen $\boxed{U = \sqrt{3} \cdot U_{Str}}$ (bei symmetrischem Aufbau)   d) die Außenleiterströme = Strangströme $\boxed{I = I_{Str}}$

Die Vorteile eines Drehstromsystems mit gemeinsamem N-Leiter liegen im Aufwand von nur 4 Leitungen statt $3 \cdot 2 = 6$ Leitungen (Abschnitt 11.2.1 Sternschaltung).

Außerdem stehen 2 Spannungen zur Verfügung.

Beispiel: $U_{Str} = 230$ V (Spannung zwischen Außenleiter und N)
Außenleiterspannung: $U = \sqrt{3} \cdot U_{Str} = \sqrt{3} \cdot 230$ V $= \underline{398,4 \text{ V} \approx 400 \text{ V}}$

486

In 4-Leiter-Drehstromnetzen ist der Sternpunkt des Generators im Kraftwerk bzw. der Trafostation und damit der N-Leiter geerdet. Der N-Leiter führt daher keine Spannung gegen Erde und wird aus diesem Grunde dann als *Nulleiter* bezeichnet. Als Kurzbezeichnung gilt seit 1. 1. 1975 für den Nulleiter PEN (projection earth neutral).

Durch die Erdung des N-Leiters erreicht man, daß zwischen der Erde und einem Außenleiter nur die Strangspannung liegt. Bei nicht geerdetem Sternpunkt würde bei Erdschluß eines Außenleiters zwischen Erde und einem der beiden anderen Außenleiter die Leiterspannung 400 V liegen.

11.1.2   Generator in Dreieckschaltung (△-Schaltung)

Eine weitere Möglichkeit, Leitungen einzusparen, bietet die Dreieckschaltung. Hier werden die Enden der Strangwicklungen mit den Anfängen der nächsten Strangwicklungen verbunden (Bild 11.9). Allgemein zeichnet man die Anordnung der Wicklungen wie in Bild 11.10.

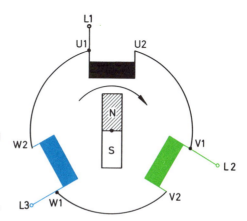

Bild 11.9 (rechts)   Drehstromgenerator in Dreieckschaltung

Bild 11.10 (links unten)   Ersatzschaltbild
für einen Drehstromgenerator in Dreieckschaltung

Bild 11.11 (rechts unten)   Addition der
Ströme in einer symmetrischen Dreieckschaltung

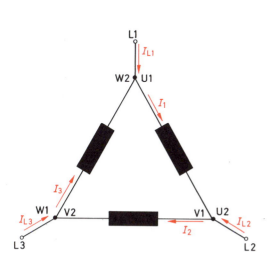

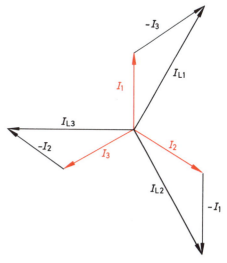

487

In dieser Schaltung sind die Strangspannungen gleichzeitig Außenleiterspannungen, also $U = U_{Str}$. Sie sind um 120° gegeneinander verschoben. Jedoch müssen hier die Ströme aus dem Zeigerdiagramm ermittelt werden. Nach Bild 11.10 ergibt sich:

$$\vec{I}_{L1} = \vec{I}_1 - \vec{I}_3$$

$$\vec{I}_{L2} = \vec{I}_2 - \vec{I}_1 \qquad \text{jeweils geometrisch addiert}$$

$$\vec{I}_{L3} = \vec{I}_3 - \vec{I}_2$$

Bild 11.11 entspricht Bild 11.6 mit den Teilspannungen. Auch hier gilt, wenn

$$|I_1| = |I_2| = |I_3| = |I_{Str}|$$

$$I_{\text{Außenleiter}} = \sqrt{3} \cdot I_{Str}$$

$$I = \sqrt{3} \cdot I_{Str}$$

Zusammengefaßt gilt für die *symmetrische Dreieckschaltung*

Im Drehstromsystem sind bei der *Dreieckschaltung*
a) Außenleiterspannung = Strangspannung

$$U = U_{Str}$$

b) Außenleiterstrom $= \sqrt{3} \cdot$ Strangstrom

$$I = \sqrt{3} \cdot I_{Str}$$

Beispiel: Ein Drehstromgenerator ist in Dreieck geschaltet. Es fließen im Außenleiter 1000 A. Wie groß ist der Strom in einer Wicklung des Generators?

$$I_{Str} = \frac{I}{\sqrt{3}} = \frac{1000\,\text{A}}{\sqrt{3}} = \underline{578\,\text{A}}$$

488

11.2 Drehstromverbraucherschaltungen (unsymmetrisch)

11.2.1 Sternschaltung (unsymmetrisch)

Bei Sternschaltung ergeben mehrere einphasige Verbraucher zusammen einen Drehstromverbraucher (z.B. Haushalte, Beleuchtungen in großen Hallen, Kaufhäusern, Werkstätten mit Wechselstromverbrauchern).

Dabei sollen die Anschlüsse so verteilt sein, daß möglichst alle 3 Außenleiter gleichmäßig belastet werden. Bei Kaufhausbeleuchtungen sind keine Schwierigkeiten zu erwarten, da diese gewöhnlich voll ein- oder ausgeschaltet sind. Im Haushalt liegen meist andere Verhältnisse vor. Dort mag eine Waschmaschine mit 3 kW Anschlußwert an einem Strang angeschlossen sein. Im Nachbarhaus ist vielleicht zufällig am gleichen Strang auch eine große Belastung angeschlossen. Dann kann die Belastung bereits erheblich unsymmetrisch werden. In einer Siedlung dürfte sich diese jedoch nach dem Gesetz der Wahrscheinlichkeit wieder ausgleichen. Zur Berechnung von Steigeleitungen sind die Fälle mit unsymmetrischer Last jedoch wichtig. Es sollen daher zunächst unsymmetrische Y-Schaltungen berechnet werden.

Beispiel 1: Ein 4-Leiter-Drehstromsystem wird wie folgt belastet (Bild 11.12):

Strang 1: $I_1 = 15$ A $\qquad \cos \varphi_1 = 1$
Strang 2: $I_2 = 10$ A $\qquad \cos \varphi_2 = 0{,}9$ induktiv
Strang 3: $I_3 = 5$ A $\qquad \cos \varphi_3 = 0{,}5$ induktiv

Wie groß ist der Strom im N-Leiter?

Lösung: Diese Aufgaben sollen grundsätzlich nur zeichnerisch gelöst werden, da dann die Zusammenhänge besser zu erkennen sind. Dazu werden die Phasenverschiebungswinkel der Stränge benötigt. Es sind:

$I_1 = 15$ A $\qquad \cos \varphi_1 = 1$ $\qquad \varphi_1 = 0°$
$I_2 = 10$ A $\qquad \cos \varphi_2 = 0{,}9$ ind. $\qquad \varphi_2 = 26°$ ind.
$I_3 = 5$ A $\qquad \cos \varphi_3 = 0{,}5$ ind. $\qquad \varphi_3 = 60°$ ind.

Somit ergibt sich Bild 11.13.

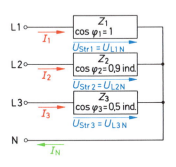

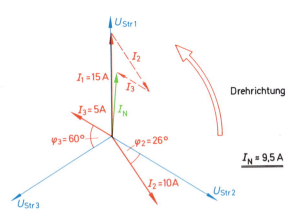

Bild 11.12 Unysmmetrisch belastetes 4-Leiter-Drehstromsystem

Bild 11.13 Ermittlung des N-Leiter-Stromes zu Beispiel 1

489

Bekannt ist die Phasenverschiebung der 3 Strangschaltungen mit jeweils 120° zueinander. Der Strom I_1 liegt phasengleich mit U_{Str1}; I_2 eilt gegenüber U_{Str2} um 26° nach, und I_3 eilt gegenüber U_{Str3} um 60° nach. Dabei ist die Drehrichtung streng zu beachten:

Induktiver Winkel bedeutet nacheilend ↷

kapazitiver Winkel bedeutet voreilend ↶

Die geometrische Addition wird entsprechend der Addition von Kräften (Abschnitt 3.7) durchgeführt.

Ergebnis: Im Mittelpunktleiter (N) fließen 9,5A. Ein Winkel von I_N braucht und kann nicht angegeben werden, denn es gibt kein U_N als Bezugsgröße.

Beispiel 2: In einem 4-Leiter-Drehstromnetz treten folgende Belastungen auf:

Strang 1:	$I_1 = 50$ A	$\cos \varphi_1 = 0,6$ induktiv
Strang 2:	$I_2 = 70$ A	$\cos \varphi_2 = 1$
Strang 3:	$I_3 = 60$ A	$\cos \varphi_3 = 0,7$ kapazitiv

Lösung: $\varphi_1 = 53,1°$ induktiv; $\varphi_2 = 0°$; $\varphi_3 = 45,6°$ kapazitiv (Bild 11.14).

Ergebnis: Im Mittelpunktleiter fließen 103 A.

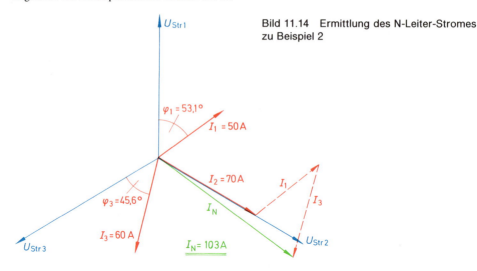

Bild 11.14 Ermittlung des N-Leiter-Stromes zu Beispiel 2

Beispiel 3: Ein 4-Leiter-Drehstromnetz wird wie folgt belastet:

Strang 1:	Reihenschaltung aus $R = 40\ \Omega$ und $X_C = 100\ \Omega$
Strang 2:	$P = 400$ W	$\cos \varphi_2 = 0,8$ induktiv
Strang 3:	$S = 500$ W	$\cos \varphi_3 = 0,9$ induktiv

Wie groß sind die Strangströme, die Außenleiterströme und der Strom im N-Leiter? Die Spannung beträgt 400/230 V/50 Hz.

Lösung: Zunächst werden alle drei Stränge einzeln wie normale Wechselstromschaltungen mit $U = 230$ V berechnet. Dann werden die Ströme zeichnerisch wie in Beispiel 1 und 2 addiert (Bild 11.17).

490

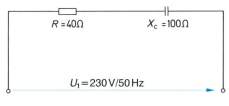

Bild 11.15   Strang 1 aus Beispiel 3

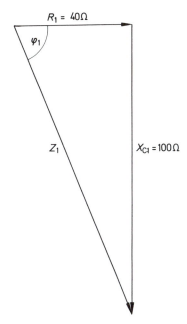

Bild 11.16   Widerstandsdreieck
für Strang 1 aus Beispiel 3

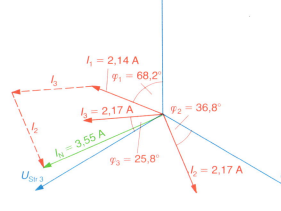

Bild 11.17 I_N-Ermittlung zu
Beispiel 3

Strang 1   (Bilder 11.15 und 11.16):

$$I_1 = \frac{U_{Str1}}{Z_1}$$

$$Z_1 = \frac{R_1}{\cos \varphi_1}$$

$$Z_1 = \frac{40 \ \Omega}{\cos 68,2°}$$

$$= 107,7 \ \Omega$$

$$\tan \varphi_1 = \frac{X_{C1}}{R_1} = \frac{100 \ \Omega}{40 \ \Omega} = 2,5$$

$$\underline{\varphi_1 = 68,2° \text{ kapazitiv}}$$

$$I_1 = \frac{230 \ \text{V}}{107,7 \ \Omega}$$

$$= \underline{2,14 \ \text{A}}$$

491

Strang 2: Gegeben: $P_2 = 400$ W, cos $\varphi_2 = 0{,}8$ ind.

$$P_2 = U_{Str\,2} \cdot I_2 \cdot \cos \varphi_2$$

$$I_2 = \frac{P_2}{U_{Str\,2} \cdot \cos \varphi_2} = \frac{400\ \text{W}}{230\ \text{V} \cdot 0{,}8} = \underline{\underline{2{,}17\ \text{A}}}$$

$$\varphi_2 = \underline{\underline{36{,}8° \text{ ind.}}}$$

Strang 3: Gegeben: $S_1 = 500$ W, cos $\varphi_3 = 0{,}9$ ind.

$$S_3 = U_{Str\,3} \cdot I_3$$

$$I_3 = \frac{S_3}{U_{Str\,3}} = \frac{500\ \text{W}}{230\ \text{V}} = \underline{\underline{2{,}17\ \text{A}}} \qquad \varphi_3 = \underline{\underline{25{,}8° \text{ ind.}}}$$

Die Ermittlung des N-Leiterstroms erfolgt in Bild 11.17. Hier ist der N-Leiterstrom größer als der größte Einzelstrom, da durch den großen kapazitiven Winkel im Strang 1 alle drei Ströme nach links bzw. unten zeigen.

Die Außenleiterströme der Leiter L1, L2 und L3 haben den gleichen Wert wie die jeweiligen Strangströme, denn es tritt keine Stromverzweigung zwischen Strang und Außenleiter auf (Bild 11.18).

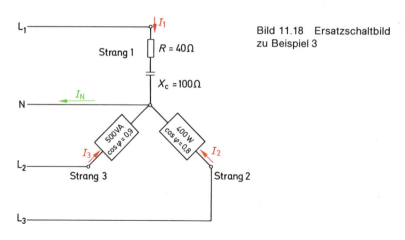

Bild 11.18   Ersatzschaltbild
zu Beispiel 3

Diskussion der Beispiele 1 bis 3:

Es zeigt sich, daß der Strom im N-Leiter durchaus größere Werte als der Strom in einem der Außenleiter annehmen kann. Dieses ist jedoch nur der Fall, wenn induktive und kapazitive Last oder nur 2 Stränge mit je einmal ohmscher und einmal induktiver bzw. kapazitiver Last bei bestimmter Strangaufteilung vorhanden sind. In den meisten Fällen tauchen diese extremen Ergebnisse nicht auf. In Haushalten (wohl die häufigsten unsymmetrischen Verbraucher) tritt fast nur ohmsche Last auf. Dann kann der N-Leiterstrom nie den Wert eines Strangstromes übersteigen.

Tritt der erwünschte Sonderfall mit symmetrischer Last ein, führt der N-Leiter keinen Strom. Das soll in Abschnitt 11.3.1 gezeigt werden.

Die Leistungen bei unsymmetrischer Belastung werden im Abschnitt 11.2.3 behandelt.

11.2.2 Dreieckschaltung (unsymmetrisch)

Die Dreieckschaltung verwendet man im allgemeinen nur bei reinen Drehstromverbrauchern mit fast immer symmetrischer Belastung. Hierbei interessiert der Zusammenhang zwischen Außenleiterstrom und Strangstrom.

Bei symmetrischer Last gilt (Abschnitt 11.1.2):

$$I = \sqrt{3} \cdot I_{Str}$$

Das folgende Beispiel soll die Zusammenhänge bei unsymmetrischer Last einer Dreieckschaltung zeigen.

Beispiel 1: An einem Drehstromnetz $U = 400$ V/50 Hz treten folgende Belastungen auf:

Strang 1: (zwischen L1 und L2) $I_1 = 6$ A $\cos \varphi_1 = 1$
Strang 2: (zwischen L2 und L3) $I_2 = 5$ A $\cos \varphi_2 = 0,8$ ind.
Strang 3: (zwischen L3 und L1) $I_3 = 3$ A $\cos \varphi_3 = 0,6$ ind.

Wie groß sind die Außenleiterströme?

Lösung: Die Außenleiterströme müssen entsprechend ihrer Zählrichtung des Bildes 11.19a, geometrisch addiert bzw. subrahiert werden.

Somit ergibt sich:

$$\vec{I}_{L1} = \vec{I}_1 - \vec{I}_3$$
$$\vec{I}_{L2} = \vec{I}_2 - \vec{I}_1$$
$$\vec{I}_{L3} = \vec{I}_3 - \vec{I}_2$$

Die geometrische (zeichnerische) Lösung gibt Bild 11.19b wieder.

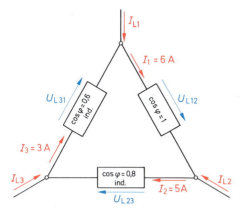

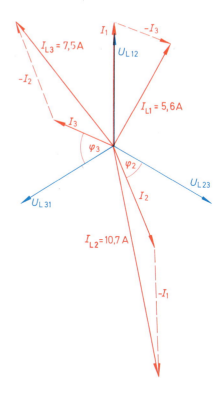

Bild 11.19 Unsymmetrische Dreieckschaltung
a) Ersatzschaltbild
b) Zeigerdiagramm

493

Das Zeigerdiagramm beginnt man wieder mit den feststehenden Größen, den Spannungen. Von ihnen ist die gegenseitige Phasenverschiebung von 120° bekannt.

Die Gleichung $\vec{I}_{L1} = \vec{I}_1 - \vec{I}_3$ löst man, indem an die Spitze des Zeigers I_1 der Zeiger I_3 in *umgekehrter* Richtung (deshalb das Minuszeichen) angetragen wird.

Es ist: $I_1 = 6\,A$ $\qquad \cos \varphi_1 = 1$ $\qquad \varphi_1 = 0°$
$\qquad\quad I_2 = 5\,A$ $\qquad \cos \varphi_2 = 0,8$ ind. $\qquad \varphi_2 = 36,8°$ ind.
$\qquad\quad I_3 = 3\,A$ $\qquad \cos \varphi_3 = 0,6$ ind. $\qquad \varphi_3 = 53,1°$ ind.

Ergebnis: $I_{L1} = 5,6\,A$; $I_{L2} = 10,7\,A$; $I_{L3} = 7,5\,A$

11.2.3 Leistungen im Drehstromsystem bei unsymmetrischer Last

Da es sich hier um Wechselspannungen handelt, unterscheidet man die (Wirk-)Leistung P von der Blindleistung Q und der Scheinleistung S.
Bei unsymmetrischer Last muß jeder Strang berechnet werden. Anschließend werden die jeweiligen Größen algebraisch addiert.

Leistung

$$P = P_{Str1} + P_{Str2} + P_{Str3}$$ $\qquad\Big|\qquad P_{Str} = U_{Str} \cdot I_{Str} \cdot \cos \varphi_{Str}$

Blindleistung

$$Q = Q_{Str1} + Q_{Str2} + Q_{Str3}$$ $\qquad\Big|\qquad Q_{Str} = U_{Str} \cdot I_{Str} \cdot \sin \varphi_{Str}$

Die Scheinleistungen lassen sich nur bei einheitlichem Winkel addieren. Die Angabe der Gesamtscheinleistung hat bei unsymmetrischen Verbrauchern keinen Sinn.
Die obigen Formeln gelten für Stern- und Dreieckschaltung.

Beispiel 1: An einem E-Herd sind folgende Platten eingeschaltet:
$\qquad\qquad$ Zwischen L1 und N $\qquad P_{Str1} = 2000\,W$
$\qquad\qquad$ Zwischen L2 und N $\qquad P_{Str2} = 1200\,W$
$\qquad\qquad$ Zwischen L3 und N $\qquad P_{Str3} = 800\,W$

$\qquad\qquad$ Wie groß ist die Gesamtleistung?

Lösung: $\quad P = P_{Str1} \quad + P_{Str2} \quad + P_{Str3}$
$\qquad\qquad\quad = 2000\,W + 1200\,W + 800\,W = \underline{4000\,W}$

Beispiel 2: In einem Wohnhaus sind nachstehende Verbraucher in Betrieb:
$\qquad\qquad$ Zwischen L1 und N $\qquad P_{Str1} = 3000\,W$
$\qquad\qquad$ Zwischen L2 und N $\qquad P_{Str2} = 2000\,W$

$\qquad\qquad$ Wie groß ist die gesamte Leistung?

Lösung: $\quad P = P_{Str1} \quad + P_{Str2} \quad + P_{Str3}$
$\qquad\qquad\quad = 3000\,W + 2000\,W + 0\,W = \underline{5000\,W}$

Beispiel 3: Wie groß ist die Gesamtleistung, wenn in den Strängen einer Dreieckschaltung folgende Ströme bei $U = 400$ V/50 Hz fließen?

Strang 1: $I_{Str1} = 20$ A $\quad\quad \cos \varphi_{Str1} = 1$
Strang 2: $I_{Str2} = 30$ A $\quad\quad \cos \varphi_{Str2} = 0{,}9$
Strang 3: $I_{Str3} = 40$ A $\quad\quad \cos \varphi_{Str3} = 0{,}8$

Lösung: Zunächst müssen die Strangleistungen errechnet werden.

$$
\begin{aligned}
P_{Str1} &= U_{Str1} \cdot I_{Str1} \cdot \cos \varphi_{Str1} \\
&= 400 \text{ V} \cdot 20 \text{ A} \cdot 1 \qquad | U_{Str} = U = 400 \text{ V} \\
&= \underline{8000 \text{ W}}
\end{aligned}
$$

$$
\begin{aligned}
P_{Str2} &= U_{Str2} \cdot I_{Str2} \cdot \cos \varphi_{Str2} \\
&= 400 \text{ V} \cdot 30 \text{ A} \cdot 0{,}9 \\
&= \underline{10\,800 \text{ W}}
\end{aligned}
$$

$$
\begin{aligned}
P_{Str3} &= U_{Str3} \cdot I_{Str3} \cdot \cos \varphi_{Str3} \\
&= 400 \text{ V} \cdot 40 \text{ A} \cdot 0{,}8 \\
&= \underline{12\,800 \text{ W}}
\end{aligned}
$$

Gesamtleistung:

$$
\begin{aligned}
P &= P_{Str1} + P_{Str2} + P_{Str3} \\
&= 8000 \text{ W} + 10\,800 \text{ W} + 12\,800 \text{ W} \\
&= 31\,600 \text{ W} \\
P &= \underline{31{,}6 \text{ kW}}
\end{aligned}
$$

11.3 Symmetrische Drehstromverbraucherschaltungen

11.3.1 Symmetrische Sternschaltung

Beispiel: Ein Drehstrommotor nimmt 40 A auf und ist in Y geschaltet. Wie groß ist der Strom im N-Leiter, wenn der $\cos \varphi = 0{,}85$ beträgt?

Lösung: Bei Y-Schaltung ist der Strangstrom gleich dem Außenleiterstrom. Da der Motor eine symmetrische Last darstellt, ist also:

$$I_1 = I_2 = I_3 = 40 \text{ A}$$

$\cos \varphi = 0{,}85$ ergibt:

$$\varphi_1 = \varphi_2 = \varphi_3 = 31{,}8° \text{ induktiv (Bild 11.20).}$$

Es entsteht ein «Stromstern», der lediglich um 31,8° gegenüber dem «Spannungsstern» nacheilend (induktiv) verschoben ist. Bei der Addition nach Richtung und Größe heben sich die 3 Ströme auf. Der Strom im N-Leiter ist also Null.

> Bei symmetrischer Last fließt im N-Leiter kein Strom.

Symmetrische Last bedeutet: $I_1 \;\;= I_2 \;\;= I_3$
$\cos \varphi_1 = \cos \varphi_2 = \cos \varphi_3$

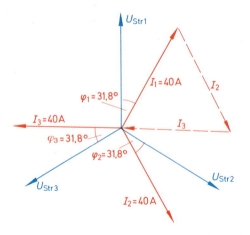

Das bedeutet aber, daß bei symmetrischer Belastung kein N-Leiter mitgeführt zu werden braucht.

Ausnahme: Der Nulleiter wird als Schutzleiter mitgeführt, der Anschluß am Sternpunkt entfällt in diesem Falle.

Leistung:

Die Leistung errechnet sich nach der Formel

$$P = P_{Str1} + P_{Str2} + P_{Str3}$$

Bei symmetrischer Last ist $P_{Str1} = P_{Str2} = P_{Str3} = P_{Str}$, dann gilt:

$$\boxed{P = 3 \cdot P_{Str}}$$

$$P = 3 \cdot U_{Str} \cdot I_{Str} \cdot \cos \varphi$$

$$P_{Str} = U_{Str} \cdot I_{Str} \cdot \cos \varphi$$

bei Y-Schaltung ist: $I_{Str} = I$

$$U_{Str} = \frac{U}{\sqrt{3}}$$

Eingesetzt ergibt sich:

$$P = 3 \cdot \frac{U}{\sqrt{3}} \cdot I \cdot \cos \varphi$$

$$\boxed{P = \sqrt{3} \cdot U \cdot I \cdot \cos \varphi}$$

$$\frac{3}{\sqrt{3}} = \frac{\sqrt{3} \cdot \sqrt{3}}{\sqrt{3}} = \sqrt{3}$$

Entsprechend ergeben sich die Formeln für die Blindleistung:

Scheinleistung:

$$\boxed{Q = 3 \cdot Q_{Str}}$$

$$\boxed{S = 3 \cdot S_{Str}}$$

$$\boxed{Q = \sqrt{3} \cdot U \cdot I \cdot \sin \varphi}$$

$$\boxed{S = \sqrt{3} \cdot U \cdot I}$$

496

Beispiel 1: Auf dem Typenschild eines Drehstrommotors stehen folgende Angaben:

U = 400 V
I = 10 A
$\cos \varphi = 0,85$

Gesucht: Wie groß sind a) Leistung?
                            b) Blindleistung?

Lösung:

zu a): $P = \sqrt{3} \cdot U \cdot I \cdot \cos \varphi = \sqrt{3} \cdot 400 \text{ V} \cdot 10 \text{ A} \cdot 0,85$

          $P = 5889 \text{ W} = \underline{5,89 \text{ kW}}$

zu b): $Q = \sqrt{3} \cdot U \cdot I \cdot \sin \varphi = \sqrt{3} \cdot 400 \text{ V} \cdot 10 \text{ A} \cdot 0,527$

          $Q = 3651 \text{ W} = \underline{3,65 \text{ kW}}$

Beispiel 2: Ein Speicherheizgerät für 400/230 V hat eine Leistung von 6 kW und ist in Stern geschaltet.

Gesucht: a) Schaltbild
              b) Strangspannung
              c) Strom
              d) Widerstand eines Stranges

Lösung:
zu a) (Bilder 11.21a und 21b)

Bild 11.21   Ersatzschaltbild eines Speicherheizgerätes

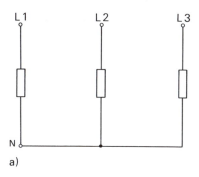

a)

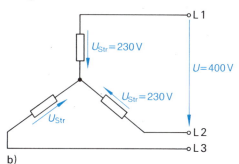

b)

zu b) $U_{Str} = \dfrac{U}{\sqrt{3}} = \dfrac{400 \text{ V}}{\sqrt{3}} = \underline{230 \text{ V}}$

zu c) $P = \sqrt{3} \cdot U \cdot I \cdot \cos \varphi$

        $I = \dfrac{P}{\sqrt{3} \cdot U \cdot \cos \varphi} = \dfrac{6000 \text{ W}}{\sqrt{3} \cdot 400 \text{ V} \cdot 1} = \underline{8,66 \text{ A}}$

oder $P_{Str} = \dfrac{P}{3} = \dfrac{6000 \text{ W}}{3} = 2000 \text{ W}$

Die geringfügige Abweichung entsteht, weil 230 V $\cdot \sqrt{3} = 398,3$ V und nicht 400 V beträgt.

        $I = I_{Str} = \dfrac{P_{Str}}{U_{Str} \cdot \cos \varphi} = \dfrac{2000 \text{ W}}{230 \text{ V} \cdot 1} = \underline{8,69 \text{ A}}$

zu d) $R = \dfrac{U_{Str}}{I_{Str}}$ ($I_{Str} = I = 8{,}66$ A, da Sternschaltung)

$ = \dfrac{230\ \text{V}}{8{,}66\ \text{A}} = \underline{26{,}6\ \Omega}$

Beispiel 3:   An eine Spannung von 400/230 V 50 Hz sind drei Kondensatoren von je 60 µF in Stern geschaltet. Wie groß ist die Blindleistung der gesamten Schaltung?

Lösung: Der Blindwiderstand der Kondensatoren beträgt

$$X_C \;=\; \frac{1}{2\,\pi \cdot f \cdot C} = \frac{1}{2\,\pi \cdot 50\,\text{Hz} \cdot 60 \cdot 10^{-6}\,\text{F}} = 53\ \Omega$$

Dann ergibt sich ein Strom von

$$I_{CStr} \;=\; \frac{U_{Str}}{X_C} \;=\; \frac{230\ \text{V}}{53\ \Omega} = 4{,}33\ \text{A}$$

Daraus errechnet sich die Blindleistung je Strang

$$Q_{CStr} = U_{Str} \cdot I_{CStr} = 230\ \text{V} \cdot 4{,}33\ \text{A} = 996\ \text{W}$$

Somit ist die Gesamtblindleistung

$$Q_C \;=\; 3 \cdot Q_{CStr} = 3 \cdot 996\ \text{W} = \underline{2988\ \text{W}} \approx 3\ \text{kW}$$

11.3.2   Symmetrische Dreieckschaltung

Im Abschnitt 11.1.2 (Generator in Dreieckschaltung) wurde gezeigt, daß bei symmetrischer Dreieckschaltung zwischen Strang- und Außenleiterstrom folgender Zusammenhang besteht:

$$\boxed{I \;=\; \sqrt{3} \cdot I_{Str}}$$

Außer-
dem ist $\boxed{U \;=\; U_{Str}}$

Die Leistung errechnet sich wie bei der Sternschaltung aus

$$P \;=\; P_{Str\,1} + P_{Str\,2} + P_{Str\,3}$$

Also: $\boxed{P = 3 \cdot P_{Str}}$

$$P = 3 \cdot U_{Str} \cdot I_{Str} \cdot \cos \varphi_{Str}$$

da symmetrische Last
'Bei △-Schaltung ist: $U_{Str} = U$

$ I_{Str} \;=\; \dfrac{I}{\sqrt{3}}$

Eingesetzt ergibt sich

$$P = 3 \cdot U \cdot \frac{I}{\sqrt{3}} \cdot \cos \varphi$$

$$\boxed{P = \sqrt{3} \cdot U \cdot I \cdot \cos \varphi}$$

498

Entsprechend

Blindleistung	Scheinleistung

$$Q = 3 \cdot Q_{\text{Str}}$$

$$S = 3 \cdot S_{\text{Str}}$$

$$Q = \sqrt{3} \cdot U \cdot I \cdot \sin \varphi$$

$$S = \sqrt{3} \cdot U \cdot I$$

Die Leistungsberechnung ist bei $\curlyvee$- und $\triangle$-Schaltung die gleiche, also sind beide Schaltungen elektrisch gleichwertig.

Beispiel 1: Ein Drehstrommotor ist in Dreieck geschaltet und nimmt an 400 V einen Strom von 12 A bei einem Leistungsfaktor $\cos \varphi = 0{,}87$ auf. Wie groß ist die zugeführte Leistung, und welche Größe hat der Strangstrom?

Gegeben: $U \quad = 400$ V
$\quad\quad\quad\ I \quad = 12$ A
$\quad\quad\quad \cos \varphi = 0{,}87$

Gesucht: a) $P \ = ?$ W
$\quad\quad\quad$ b) $I_{\text{Str}} = ?$ A

Lösung: a) $P = \sqrt{3} \cdot U \cdot I \cdot \cos \varphi = \sqrt{3} \cdot 400\ \text{V} \cdot 12\ \text{A} \cdot 0{,}87 = \underline{7233\ \text{W}}$

$\quad\quad\quad$ b) $I_{\text{Str}} = \dfrac{I}{\sqrt{3}} = \dfrac{12\ \text{A}}{\sqrt{3}} = \underline{6{,}93\ \text{A}}$

Beispiel 2: Eine Kondensatorbatterie zur Blindleistungskompensation ist in Dreieck an Drehstrom 400 V/50 Hz geschaltet und nimmt eine Blindleistung von 3 kW auf.
Wie groß sind die Kapazitäten je Strang?

Gegeben: $U = 400$ V
$\quad\quad\quad\ f \ = 50$ Hz
$\quad\quad\quad Q = 3$ kW

Gesucht: $C \ = ?\ \mu$F

Lösung: Schaltbild (Bild 11.22). Jeder Kondensator liegt an 400 V und hat ein Drittel der Gesamtblindleistung.

$$Q_{\text{Str}} = \frac{Q}{3} = \frac{3000\ \text{W}}{3} = 1000\ \text{W}$$

Die Blindleistung errechnet sich aus

$$Q_{\text{Str}} = \frac{U^2}{X_{\text{C}}} \leftrightarrow X_{\text{C}} = \frac{U^2}{Q_{\text{Str}}} = \frac{(400\ \text{V})^2}{1000\ \text{W}} = 160\ \Omega$$

Dann ist die Kapazität

$$C = \frac{1}{\omega \cdot X_{\text{C}}} = \frac{1}{314\ \text{s}^{-1} \cdot 160\ \Omega} = 19{,}9\ \mu\text{F} \approx \underline{20\ \mu\text{F}}$$

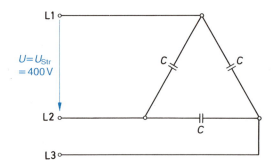

Bild 11.22 Ersatzschaltbild eines Kondensators zur Blindleistungskompensation

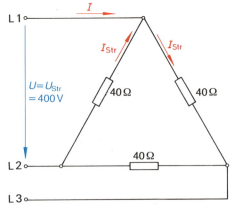

Bild 11.23 Ersatzschaltbild zu Beispiel 3

Beispiel 3: Drei Heizwiderstände von je 40 Ω sind in Dreieck an 400 V geschaltet.

Gesucht: a) Welche Spannung liegt an jedem Widerstand?
b) Welcher Strom fließt in jedem Widerstand?
c) Wie groß ist der Strom in der Zuleitung?
d) Wie groß ist die gesamte Leistung?

Lösung: Schaltbild (Bild 11.23)

a) $U_{Str} = U = \underline{400\ V}$

b) $I_{Str} = \dfrac{U_{Str}}{R} = \dfrac{400\ V}{40\ \Omega} = \underline{10\ A}$

c) $I = \sqrt{3} \cdot I_{Str} = \sqrt{3} \cdot 10\ A = \underline{17{,}3\ A}$

d) $P = 3 \cdot P_{Str} = 3 \cdot U_{Str} \cdot I_{Str} \cdot \cos\varphi$

$= 3 \cdot 400\ V \cdot 10\ A \cdot 1 = \underline{12\,000\ W} = \underline{12\ kW}$

oder $P = \sqrt{3} \cdot U \cdot I \cdot \cos\varphi = \sqrt{3} \cdot 400\ V \cdot 17{,}3\ A \cdot 1 = \underline{11\,990\ W} \approx \underline{12\ kW}$

11.3.3 Stern-Dreieck-Schaltung

Die Strangspannung ist bei Dreieckschaltung um den Faktor $\sqrt{3}$ größer als bei Sternschaltung (bezogen auf gleiche Außenleiterspannungen). Schaltet man 3 Widerstände wahlweise in Stern bzw. in Dreieck, müssen sich also auch unterschiedliche Strangleistungen ergeben.

Sternschaltung	Dreieckschaltung
$U_{Str} = \dfrac{U}{\sqrt{3}}$	$U_{Str} = U$
$U_{Str}^2 = \left(\dfrac{U}{\sqrt{3}}\right)^2 = \dfrac{U^2}{3}$	$U_{Str}^2 = U^2$
$P_{Str} = \dfrac{U_{Str}^2}{R} = \dfrac{U^2}{3 \cdot R}$	$P_{Str} = \dfrac{U_{Str}^2}{R} = \dfrac{U^2}{R}$

500

Die Strangleistung und damit die Gesamtleistung beträgt also bei der Sternschaltung nur $^1/_3$ der Leistung der Dreieckschaltung.

Da $P = \sqrt{3} \cdot U \cdot I$, U aber in beiden Fällen gleich groß ist, müssen sich auch die Ströme wie 1 zu 3 verhalten.

Bei konstanten Widerständen gilt:

bei:

$$R_\Delta = R_Y$$

ist:

$$P_\Delta = 3 \cdot P_Y$$

$$I_\Delta = 3 \cdot I_Y$$

Die folgenden Aufgaben sollen diese Behauptungen nachweisen.

Beispiel 1: Ein Heizgerät ist in Dreieck geschaltet und liegt an 400 V. Die Widerstände betragen 20 Ω.

Gesucht: a) Wie groß ist der Strangstrom?
b) Welchen Wert hat der Außenleiterstrom?
c) Wie groß ist die Leistung?

Lösung: Schaltbild (Bild 11.24)

a) $I_{Str} = \dfrac{U_{Str}}{R} = \dfrac{400 \text{ V}}{20 \text{ Ω}} = \underline{20 \text{ A}}$

b) $I = I_{Str} \cdot \sqrt{3} = 20 \text{ A} \cdot \sqrt{3} \approx \underline{34,6 \text{ A}}$

c) $P = 3 P_{Str} = 3 \cdot U_{Str} \cdot I_{Str} = 3 \cdot 400 \text{ V} \cdot 20 \text{ A} = 24\,000 \text{ W}$

$P = \underline{24 \text{ kW}}$

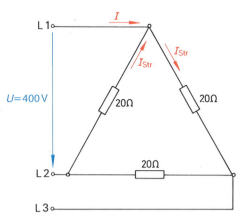

Bild 11.24   Ersatzschaltbild zu Beispiel 1

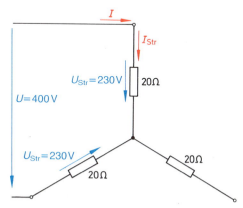

Bild 11.25   Ersatzschaltbild zu Beispiel 2

Beispiel 2: Das gleiche Heizgerät aus Beispiel 1 wird nun in Stern umgeschaltet. Die Außenleiterspannung bleibt 400 V.

Gesucht: a) Wie groß sind der Außenleiter- und der Strangstrom?

          b) Welche Leistung hat jetzt das Gerät?

Lösung: Schaltbild (Bild 11.25)

$$\text{a)} \quad I = I_{Str} = \frac{U_{Str}}{R} = \frac{230 \text{ V}}{20 \text{ }\Omega} = \underline{11,5 \text{ A}}$$

$$\text{b)} \quad P = 3 \cdot P_{Str} = 3 \cdot U_{Str} \cdot I_{Str} = 3 \cdot 230 \text{ V} \cdot 11,5 \text{ A} = 7935 \text{ W}$$

$$P = \underline{7,94 \text{ kW}}$$

Die Zahlenbeispiele 1 und 2 bestätigen die abgeleiteten Formeln. Es sind die Verhältnisse

$$\frac{I_{\triangle}}{I_Y} = \frac{34,6}{11,5} \approx \frac{3}{1} \qquad\qquad \frac{P_{\triangle}}{P_Y} = \frac{24 \text{ kW}}{7,94 \text{ kW}} \approx \frac{3}{1}$$

Die 2. Aufgabe hätte also durch Umrechnung gelöst werden können.

Beispiel 3: Ein Trockenofen mit einer Leistung von 12 kW ist in Dreieck an 400 V geschaltet. Wie groß ist der Strom in Dreieckschaltung? Welchen Strom und welche Leistung sind bei Sternschaltung vorhanden?

Gegeben: $U = 400$ V

          $P = 12$ kW

             $= 12\,000$ W

Gesucht: a) $I_{\triangle} = ?$ A

          b) $I_Y = ?$ A

          c) $P_Y = ?$ kW

Lösung:

a) Dreieckschaltung:

$$P_{\triangle} = \sqrt{3} \cdot U \cdot I \cdot \cos \varphi$$

$$I_{\triangle} = \frac{P_{\triangle}}{\sqrt{3} \cdot U \cdot \cos \varphi} = \frac{12\,000 \text{ W}}{\sqrt{3} \cdot 400 \text{ V} \cdot 1} = \underline{17,3 \text{ A}}$$

b) Sternschaltung:

$$I_Y = \frac{I_{\triangle}}{3} = \frac{17,3 \text{ A}}{3} = \underline{5,8 \text{ A}}$$

c) $\qquad P_Y = \frac{P_{\triangle}}{3} = \frac{12 \text{ kW}}{3} = \underline{4 \text{ kW}}$

Die Y-△-Schaltung kann also zur Leistungsabstufung verwendet werden. Bei Motoren benutzt man sie zur Anlaufstrombegrenzung. Ein Motor nimmt rd. den 6- bis 10fachen Nennstrom als Anlaufstrom auf. Um diese Stromüberhöhung klein zu halten, wird der Motor zum Anlaufen in Y und nach dem Hochlauf in △ geschaltet. Dann ist der Anlaufstrom ¹/₃ des Anlaufstroms der △-Schaltung.

502

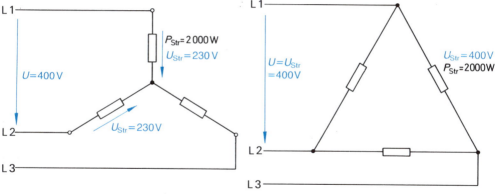

Bild 11.26 Ersatzschaltbild zu Beispiel 4a   Bild 11.27 Ersatzschaltbild zu Beispiel 4b

Bei der Stern-Dreieck-Schaltung verhalten sich bei konstantem Widerstand die Leistungen und Ströme zueinander wie 1 zu 3. Entsprechend gilt dann umgekehrt:

Sind die Leistungen und Ströme in einer Sternschaltung genauso groß wie in einer Dreieckschaltung, verhalten sich die Widerstände wie 1 zu 3.

Also bei: $\quad P_\triangle = P_Y$

dann: $\qquad I_\triangle = I_Y$

$\qquad\qquad R_\triangle = 3 \cdot R_Y$

Beispiel 4a: Ein 6-kW-Speichergerät ist in Y geschaltet an einer Spannung von 400 V. Wie groß sind die Strangwiderstände?

Lösung: (Bild 11.26)

$$P_{Str} = \frac{U_{Str}^2}{R}$$

$$R = \frac{U_{Str}^2}{P_{Str}} = \frac{(230\ \text{V})^2}{2000\ \text{W}} = \frac{52\,900\ \text{V}^2}{2000\ \text{W}} = \underline{26{,}45\ \Omega}$$

Beispiel 4b: Eine andere Firma liefert das 6-kW-Gerät in △-Schaltung für 400 V. Welchen Wert haben jetzt die Strangwiderstände?

Lösung: (Bild 11.27)

$$R = \frac{U_{Str}^2}{P_{Str}} = \frac{(400\ \text{V})^2}{2000\ \text{W}} = \frac{160\,000\ \text{V}^2}{2000\ \text{W}} = \underline{80\ \Omega}$$

Ergebnis: $\dfrac{R_\triangle}{R_Y} = \dfrac{80\ \Omega}{26{,}45\ \Omega} \approx \dfrac{3}{1}$ Die kleine Ungenauigkeit ist auf die Tatsache zurückzuführen, daß 230 V $\cdot \sqrt{3} = 398{,}4$ V und nicht 400 V ergibt.

503

Die soeben nachgewiesenen Verhältnisse nutzt man bei sogenannten Stern-Dreieck-Umwandlungen aus. Hier wird eine △-Schaltung durch eine gleichwertige Y-Schaltung ersetzt.

Beispiel 5: In den Zuleitungen einer Dreieckschaltung liegen Vorwiderstände von je 10 Ω. Wie groß ist der Strom, wenn die Strangwiderstände 60 Ω betragen? $U = 400$ V (Bild 11.28).

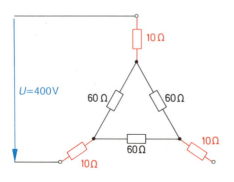

Bild 11.28 Dreieckschaltung mit Vorwiderständen in der Zuleitung

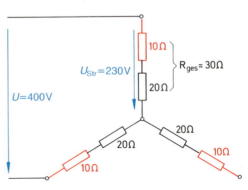

Bild 11.29 Sternschaltung mit Vorwiderständen in der Zuleitung

Lösung: Diese Aufgabe läßt sich nur lösen, wenn das innere △ in einen gleichwertigen Y umgewandelt wird (Bilder 11.28 und 29).

Gefordert: $P_Y = P_\triangle$

Dann ist: $R_Y = \dfrac{R_\triangle}{3} = \dfrac{60\ \Omega}{3} = \underline{20\ \Omega}$

Somit ergibt sich Bild 11.29.

Darin ist: $I = I_{\text{Str}} = \dfrac{U_{\text{Str}}}{R_{\text{ges}}} = \dfrac{230\ \text{V}}{30\ \Omega} = \underline{7{,}67\ \text{A}}$

11.3.4   Störungen bei symmetrischen Schaltungen

˙11.3.4.1   Störungen bei symmetrischen Sternschaltungen

Beispiel 1: Ausfall eines Außenleiters bei angeschlossenem N. (Dieses Beispiel gilt auch bei Unterbrechung in einem Strangwiderstand.)

Ein 6-kW-Speicherheizgerät ist in Y geschaltet und liegt an 400/230 V mit angeschlossenem Neutralleiter. Die Sicherung in der Zuleitung L1 fällt aus. Wie groß sind dann:

   a) Die Ströme in den einzelnen Strängen?
   b) Die Ströme in den Außenleitern?
   c) Der Strom im N-Leiter?
   d) Die Leistung des Heizgerätes?

504

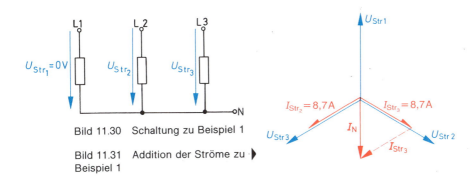

Bild 11.30 Schaltung zu Beispiel 1

Bild 11.31 Addition der Ströme zu ▶
Beispiel 1

a) $I_{Str1} = 0$ A, da die Sicherung ausfällt und somit $U_{Str1} = 0$ V (Bild 11.30)

$$I_{Str2} = I_{Str3} = I_{Str} = \frac{P_{Str}}{U_{Str} \cdot \cos \varphi} = \frac{2000\,\text{W}}{230\,\text{V} \cdot 1} = \underline{8{,}7\,\text{A}}$$

b) $I_1 = 0$ A, da die Sicherung ausfällt und somit kein Strom fließen kann.

$I_2 = I_3 = I_{Str2} = 8{,}7$ A, da bei einer Y-Schaltung $I = I_{Str}$.

c) $I_N = I_{Str} = 8{,}7$ A (siehe Zeigerdiagramm Bild 11.31).

Anmerkung: Der N-Leiter leitet einen Strom ins Netz zurück, dessen Größe gleich dem Strom im Strang 1 entspricht, aber entgegengesetzt gerichtet ist. Der Strom im Strang 1 hätte die geometrische Summe der beiden anderen Strangströme (N-Leiterstrom) aufgehoben.

d) Die Leistung in den Strängen 2 und 3 hat sich durch den Ausfall der Sicherung nicht verändert, denn die Strangspannung und der Strangstrom blieben gleich groß. Lediglich die Leistung des 1. Stranges fehlt.

Somit ist: $P_{neu} = \frac{2}{3} \cdot P_{alt} = \frac{2}{3} \cdot 6\,\text{kW} = \underline{4\,\text{kW}}$

Vergleich: Wird an einem E-Herd mit 3 2-kW-Platten eine Platte abgeschaltet, dann heizt der Herd mit den restlichen 2 Platten, also mit 2 kW + 2 kW = 4 kW.
Der Mittelleiter des E-Herdes wird folgendermaßen belastet:

a) Ist nur eine Platte eingeschaltet, fließt der volle Strangstrom von 8,7 A über den N-Leiter ab.
b) Werden 2 Platten eingeschaltet, fließt die geometrische Summe aus den Strangströmen über den N-Leiter ab. Die geometrische Summe beträgt ebenfalls 8,7 A (siehe Bild 11.31).
c) Werden alle drei Platten eingeschaltet, dann heben sich der N-Leiter-Strom von b) und der dritte Strangstrom gegeneinander auf. Der N-Leiter ist stromlos (Bild 11.20).

Ergebnis:

> Fallen bei einer symmetrischen Sternschaltung *mit N-Leiter* eine oder zwei Sicherungen aus, so fließt im N-Leiter ein gleich großer Strom wie in den Außenleitern.
> Die Leistung sinkt je ausgefallener Sicherung um $^1/_3$ der Gesamtleistung.

Beispiel 2: Ausfall eines Außenleiters bei nicht angeschlossenem N. (Dieses Beispiel gilt auch bei Unterbrechung eines Strangwiderstandes.)

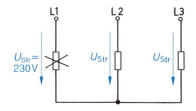

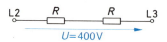

Bild 11.33 Schaltung der verbleibenden Strangwiderstände nach dem Ausfall des dritten Stranges

Bild 11.32 Schaltung zu Beispiel 2

Ein 6-kW-Dämpfer ist in Y geschaltet und hat keinen N-Leiter. Die Außenleiterspannung beträgt 3×400 V. Die Sicherung in der Zuleitung L1 fällt aus (Bild 11.32). Wie groß sind dann:

a) Die Ströme in den einzelnen Strängen?
b) Die Ströme in den Außenleitern?
c) Die Leistung des Dämpfers?

Die Widerstände der Stränge 2 und 3 liegen nach Ausfall des Stranges 1 in Reihe an 400 V (Bild 11.33). Die ursprüngliche Verkettung der 3 Strangspannungen (3×230 V) entfällt jetzt, da die beiden verbleibenden Stränge nur noch an einer Wechselspannung (zwischen den Klemmen L2 und L3) liegen.

Zur Berechnung des Stroms muß zunächst die Größe des Strangwiderstandes ermittelt werden.

Es war:
$$P_{Str} = \frac{P}{3} = \frac{6000 \text{ W}}{3} = 2000 \text{ W bei } U_{Str} = 230 \text{ V}$$

dann war:
$$I_{Str} = \frac{P_{Str}}{U_{Str} \cdot \cos \varphi} = \frac{2000 \text{ W}}{230 \text{ V} \cdot 1} = 8,7 \text{ A}$$

und
$$R = \frac{U_{Str}}{I_{Str}} = \frac{230 \text{ V}}{8,7 \text{ A}} = \underline{26,4 \ \Omega}$$

Nach Ausfall der Sicherung ist:

$$I_{neu} = \frac{U}{R_{ges}} = \frac{400 \text{ V}}{2 \cdot 26,4 \ \Omega} = 7,58 \text{ A} = I_{Str2} = I_{Str3}$$

b) Außenleiterströme:

$I_1 = 0$ A, da Sicherung defekt.

$I_2 = I_3 = I_{neu} = 7,58$ A

c) $P_{neu} = I_{neu} \cdot U = 7,58 \text{ A} \cdot 400 \text{ V} = 3032 \text{ W}$

$\underline{P_{neu} \approx 3 \text{ kW}}$

Ergebnis:

Fällt ein Außenleiter bei *nicht angeschlossenem N-Leiter* aus, dann wird der Strom in den verbleibenden Strängen kleiner und die Gesamtleistung sinkt auf $^1/_2 \ P_{alt}$ ab.

506

Bild 11.34 Heizgerät in Dreieckschaltung
a) übliche Darstellung
b) Ersatzschaltbild nach dem Ausfall einer
   Sicherung

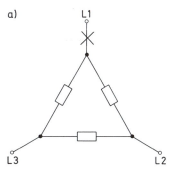

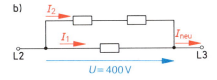

11.3.4.2 Störungen bei symmetrischen Dreieckschaltungen

Beispiel 1: Ausfall eines Außenleiters. Ein 6-kW-Heizgerät ist in Dreieck an 400 V geschaltet. Eine Sicherung fällt aus. Wie groß sind dann:

a) Die Ströme in den einzelnen Strängen?
b) Die Ströme in den Außenleitern?
c) Die Leistung des Gerätes?

Da die Zuleitung ausfällt, liegt die gesamte Schaltung an einer Wechselspannung von 400 V zwischen den Klemmen L2 und L3 (Bild 11.34b).

Dabei ergibt sich

$$I_1 = I_{\text{Str alt}} = \frac{400 \text{ V}}{R}, \quad \text{wie vorher auch}$$

$$I_2 = \frac{400 \text{ V}}{2 \cdot R} = \frac{I_{\text{Str alt}}}{2}, \quad \text{da jetzt 2 Widerstände in Reihe an 400 V.}$$

Es war:
$$I_{\text{Str alt}} = \frac{P_{\text{Str alt}}}{U_{\text{Str}} \cdot \cos \varphi} = \frac{2000 \text{ W}}{400 \text{ V} \cdot 1} = 5 \text{ A}$$

also:
$$I_1 = \underline{5 \text{ A}}$$

$$I_2 = \frac{5 \text{ A}}{2} = \underline{2,5 \text{ A}}$$

b) $I_{\text{neu}} = I_1 + I_2$
$$= 5 \text{ A} + 2,5 \text{ A} = \underline{7,5 \text{ A}}$$
(Es war $I_{\text{alt}} = \sqrt{3} \cdot I_{\text{Str alt}} = 8,67 \text{ A}$)

c) $P_{\text{neu}} = U \cdot I_{\text{neu}} \cdot \cos \varphi = 400 \text{ V} \cdot 7,5 \text{ A} \cdot 1 = 3000 \text{ W}$

$$\underline{P_{\text{neu}} = 3 \text{ kW}}$$

Ergebnis:

> Fällt bei einer symmetrischen Dreieckschaltung eine Zuleitung aus, wird der Strom in der Zuleitung kleiner und die Gesamtleistung sinkt auf $^{1}/_{2}\,P_{\text{alt}}$ ab.

Beispiel 2: Ausfall eines Strangwiderstandes. Ein 6-kW-Heizgerät ist in Dreieck an 400 V geschaltet. Ein Strangwiderstand hat Unterbrechung (Bild 11.35). Wie groß sind dann:

a) Die Ströme in den einzelnen Strängen?
b) Die Ströme in den Außenleitern?
c) Die Leistung des Gerätes?

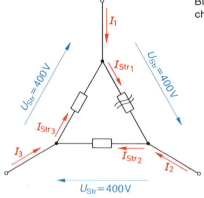

Bild 11.35 Dreieckschaltung mit Unterbrechung in einem Strang

a) $I_{\text{Str}1} = 0$ A, da der Widerstand Unterbrechung hat.

$$I_{\text{Str}2} = I_{\text{Str}3} = I_{\text{Str alt}} = \frac{P_{\text{Str}}}{U \cdot \cos\varphi} = \frac{2000\text{ W}}{400\text{ V} \cdot 1} = 5\text{ A}$$

b) $I_1 = -I_{\text{Str}3} = -5$ A (vgl. Bild 11.35), da nur der absolute Wert ohne Vorzeichen von Bedeutung ist, gilt:

$$\underline{I_1 = 5\text{ A}}$$

$$I_2 = I_{\text{Str}2} = \underline{5\text{ A}}$$

$$I_3 = \sqrt{3} \cdot I_{\text{Str}} = \sqrt{3} \cdot 5\text{ A} = \underline{8,66\text{ A}}$$

(wie vor dem Ausfall des Stranges 1)

c) Da die Leistung in den beiden Strängen 2 und 3 erhalten bleibt und nur Strang 1 ausfällt, gilt:

$$P_{\text{neu}} = \frac{2}{3}\,P_{\text{alt}}$$

508

11.3.4.3 Zusammenfassung zu den Abschnitten 11.3.4.1 und 11.3.4.2

Fehlerquelle	Y-Schaltung *mit* N-Leiter	Y-Schaltung *ohne* N-Leiter	△-Schaltung
Eine Sicherung (Zuleitung) fällt aus	$P_{neu} = \dfrac{2}{3} P_{alt}$ $I_N = I$	$P_{neu} = \dfrac{P_{alt}}{2}$	$P_{neu} = \dfrac{P_{alt}}{2}$
Ein Strang hat Unterbrechung	$P_{neu} = \dfrac{2}{3} P_{alt}$ $I_N = I$	$P_{neu} = \dfrac{P_{alt}}{2}$	$P_{neu} = \dfrac{2}{3} P_{alt}$

Diese vorangegangenen Rechnungen setzen voraus, daß der Strangwiderstand durch den Ausfall eines Leiters nicht verändert wird. Da diese Voraussetzung bei elektrischen Maschinen nicht erfüllt werden kann, dürfen die in diesem Abschnitt abgeleiteten Zusammenhänge darauf nicht angewendet werden. Zum Schutz der Maschinen sind wegen des bei Ausfall eines Leiters ansteigenden Stroms Überstromschutzschalter vorzusehen.

11.4 Blindleistungskompensation im Drehstromnetz

Die Berechnung von Kompensationskondensatoren für Drehstromsysteme unterscheidet sich nur durch den Verkettungsfaktor $\sqrt{3}$ vom Berechnungsverfahren für Wechselstromkompensationsanlagen (Abschnitt 10.5.7). Auch hier muß zunächst das Leistungsdreieck (Bild 11.36) berechnet werden. Danach können aus der ermittelten Blindleistung der Kondensator bzw. die 3 Kondensatoren errechnet werden.

Beispiel 1: Eine Fabrik nimmt eine durchschnittliche Leistung von 500 kW auf und hat einen mittleren Leistungsfaktor von 0,82. Wie groß muß die Blindleistung der Kompensationskondensatoren sein, damit der cos φ auf 0,9 ansteigt? $U = 400/230$ V, $f = 50$ Hz.

Gegeben: $U = 400/230$ V
$\quad\quad\quad f = 50$ Hz
$\quad\quad\quad P_{zu} = 500$ kW

Gesucht: $Q_C = ?$ kW

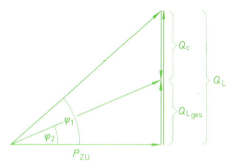

Bild 11.36 Additionsfigur der Leistungen (Leistungsdreieck) einer Blindleistungskompensation

509

$\cos \varphi_1 = 0{,}82$	$\varphi_1 = 34{,}9°$	$\tan \varphi_1 = 0{,}698$
$\cos \varphi_2 = 0{,}90$	$\varphi_2 = 25{,}8°$	$\tan \varphi_2 = 0{,}484$
$\tan \varphi_1 - \tan \varphi_2$		$= 0{,}214$

Lösung: Für die weitere Berechnung werden $\tan \varphi_1$ und $\tan \varphi_2$ benötigt. Die Tabelle (schon unter «Gegeben») dient zur übersichtlichen Ermittlung.
Die Kondensatorblindleistung Q_C ergibt sich aus Bild 11.37.

$$Q_C = Q_{L\,Fabrik} - Q_{L\,gesamt}$$

Die Blindleistung errechnet sich aus $Q = P_{zu} \cdot \tan \varphi$

Also: $\quad Q_C = P_{zu} \cdot \tan \varphi_1 - P_{zu} \cdot \tan \varphi_2$

$$\boxed{Q_C = P_{zu} \cdot (\tan \varphi_1 - \tan \varphi_2)}$$

$Q_C = 500\ \text{kW}\ (0{,}698 - 0{,}484)$
$\quad\ = 500\ \text{kW} \cdot 0{,}214$
$Q_C = \underline{107\ \text{kW}}$

Bild 11.37 Leistungsdreieck zur Blindleistungskompensation im Beispiel 1

Bei der Lieferfirma müßte ein Drehstromkondensator von 107 kW bei 400/230 V bestellt werden.

Dieses Beispiel unterscheidet sich in keiner Form von der Berechnung im einphasigen Wechselstromsystem. Unterschiede treten nur ein, wenn

1. die zugeführte Leistung erst errechnet werden muß oder
2. die Kapazitäten bestimmt werden sollen.

Die folgenden Beispiele gehen darauf ein.

Beispiel 2: Ein Drehstrommotor trägt folgende Daten:

$U = 400/230\ \text{V}$
$I = 28/48{,}5\ \text{A}$
$P_N = 15\ \text{kW}$
$\cos \varphi = 0{,}85$

Er soll auf $\cos \varphi = 0{,}915$ kompensiert werden. Wie groß muß die Blindleistung des Kondensators sein?

Lösung: Zur Berechnung wird die zugeführte Leistung benötigt. Auf den Motoren steht aber — bis auf wenige Ausnahmen — die Nennleistung P_{ab}.
Die zugeführte Leistung läßt sich nach folgenden Formeln berechnen.

1. $P_{zu} = \dfrac{P_{ab}}{\eta}$ $\qquad$ oder $\qquad$ 2. $P_{zu} = \sqrt{3} \cdot U \cdot I \cdot \cos \varphi$

510

Hier kommt die 2. Formel in Frage, da η nicht gegeben ist. Welche Spannung und welcher Strom sind nun einzusetzen? Bei den obigen Typenschildangaben sind die kleineren Werte (230 V bzw. 28 A) jeweils die Strangwerte. Ist ein 400/230-V-Netz vorhanden, muß der Motor in Y geschaltet werden, da dann je Strang 230 V vorhanden sind. In diesem Falle nimmt der Motor aber 28 A auf, denn

$$I_Y = I_{Y\,Str} = 28 \text{ A}$$

Handelt es sich um ein 230/130-V-Netz, muß der Motor in $\triangle$-Schaltung betrieben werden, denn dann liegt die Strangwicklung an der Außenleiterspannung von 230 V. Jetzt ist der Außenleiterstrom

$$I_\triangle = I_{\triangle\,Str} \cdot \sqrt{3} = 28 \text{ A} \cdot \sqrt{3} = 48,5 \text{ A}$$

Also kann die zugeführte Leistung durch die zur Y- oder zur $\triangle$-Schaltung passenden Werte bestimmt werden.

$$P_{zu} = \sqrt{3} \cdot 400 \text{ V} \cdot 28 \text{ A} \cdot 0,85 \qquad \text{oder} \qquad P_{zu} = \sqrt{3} \cdot 230 \text{ V} \cdot 48,5 \text{ A} \cdot 0,85$$
$$= 16490 \text{ W} = 16,5 \text{ kW} \qquad\qquad\qquad = 16420 \text{ W} \approx 16,5 \text{ kW}$$

je nach vorhandener Außenleiterspannung. Die Leistung ist in beiden Fällen gleich groß. Nun werden noch $\tan \varphi_1$ und $\tan \varphi_2$ benötigt.

$\cos \varphi_1 = 0,85$	$\varphi_1 = 31,8°$	$\tan \varphi_1 = 0,620$
$\cos \varphi_2 = 0,915$	$\varphi_2 = 23,8°$	$\tan \varphi_2 = 0,441$

$$\tan \varphi_1 - \tan \varphi_2 = 0,179$$

Es ist: $Q_C = P_{zu} \cdot (\tan \varphi_1 - \tan \varphi_2)$
$\qquad\qquad = 16,5 \text{ kW} \cdot 0,179$
$\qquad\qquad = 2,95 \text{ kW} \approx \underline{3 \text{ kW}}$

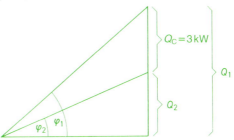

Bild 11.38   Leistungsdreieck zur Blindleistungskompensation im Beispiel 2

Beispiel 3:   Wie groß sind die Kondensatoren aus Beispiel 2, wenn sie an einem 400/230-V-Netz eine Blindleistung von 3 kW haben sollen
$\qquad\qquad$ a) in $\triangle$-Schaltung?
$\qquad\qquad$ b) in Y-Schaltung?

Lösung: Jeder Kondensator hat $\frac{1}{3}$ der gesamten Blindleistung.

$$Q_{C\,Str} = \frac{Q_{C\,ges}}{3} = \frac{3 \text{ kW}}{3} = 1 \text{ kW}$$

Es gilt: $\quad Q_{Str} = \dfrac{U_{Str}{}^2}{X_C}$

$\qquad\quad X_C = \dfrac{U_{Str}{}^2}{Q_{Str}}$

a) bei △-Schaltung ist:

$\quad U_{Str\,\triangle} = 400\ V$

also:

$\quad X_{C\triangle} = \dfrac{(400\ V)^2}{1000\ W} = 160\ \Omega$

b) bei Y-Schaltung ist:

$\quad U_{Str\,Y} = 230\ V$

$\quad X_{CY} = \dfrac{(230\ V)^2}{1000\ W} = 52{,}9\ \Omega$

$$C = \dfrac{1}{2\cdot\pi\cdot f\cdot X_C}$$

$C_{\triangle\,Str} = \dfrac{1}{2\cdot\pi\cdot 50\ 1/s\cdot 160\ \Omega}$

$\qquad = 19{,}9\cdot 10^{-6}\ F = \underline{19{,}9\ \mu F}$

$C_{Y\,Str} = \dfrac{1}{2\cdot\pi\cdot 50\ 1/s\cdot 52{,}9\ \Omega}$

$\qquad = 60\cdot 10^{-6}\ F = \underline{60\ \mu F}$

Ergebnis: Für eine Blindleistung von 1 kW werden im 400-V-Netz

$\qquad\qquad$ bei einer △-Schaltung 20 µF
$\qquad\qquad$ bei einer Y-Schaltung 60 µF

benötigt.

Oder:

| bei 230 V/50 Hz ergeben 60 µF 1 kW |
| bei 400 V/50 Hz ergeben 20 µF 1 kW |

Da die △-Schaltung immer die höhere Strangspannung besitzt, muß $C_\triangle$ stets kleiner als C_Y werden. Aus diesem Grunde werden Kompensationskondensatoren in △ geschaltet. Die um $\sqrt{3}$ größere Spannung erfordert eine höhere Isolationsfestigkeit. Sie schlägt sich im Preis jedoch nicht so stark wie die Vergrößerung der Kapazität nieder.

Bei gleicher Netzspannung erzeugen drei Kondensatoren in △-Schaltung die dreifache Blindleistung gegenüber Y-Schaltung.

Das folgende Beispiel soll noch einmal zusammenhängend den Lösungsweg zeigen.

Beispiel 4: An ein Netz von 400/230 V ist ein Motor angeschlossen:

$\quad U = 400/230\ V \qquad\qquad \eta = 0{,}8$
$\quad I = 5{,}78/10\ A \qquad\qquad \cos\varphi_1 = 0{,}72$
$\quad P_{ab} = 2{,}2\ kW$

Durch Zuschalten eines Kondensators soll der $\cos\varphi$ auf 0,92 angehoben werden. Wie groß sind Q_C und C?

512

Lösung:

$\cos \varphi_1 = 0{,}72$	$\varphi_1 = 43{,}9°$	$\tan \varphi_1 = 0{,}963$
$\cos \varphi_2 = 0{,}92$	$\varphi_2 = 23{,}1°$	$\tan \varphi_2 = 0{,}427$

$$\tan \varphi_1 - \tan \varphi_2 = 0{,}536$$

$$P_{zu} = \frac{P_{ab}}{\eta} = \frac{2{,}2 \text{ kW}}{0{,}8} = 2{,}75 \text{ kW}$$

$$Q_C = P_{zu} \cdot (\tan \varphi_1 - \tan \varphi_2)$$
$$= 2{,}75 \text{ kW} \cdot 0{,}536$$
$$Q_C = 1{,}47 \text{ kW} = \underline{1470 \text{ W}}$$

$$Q_{C\,Str} = \frac{Q_C}{3} = \frac{1470 \text{ W}}{3} = 490 \text{ W}$$

$$X_{C\,Str} = \frac{U_{Str}^2}{Q_{C\,Str}} = \frac{(400 \text{ V})^2}{490 \text{ W}} = 327 \ \Omega$$

$$C_{Str} = \frac{1}{2 \cdot \pi \cdot f \cdot X_C} = \frac{1}{2 \cdot \pi \cdot 50 \ 1/\text{s} \cdot 327 \ \Omega} = \underline{9{,}7 \ \mu\text{F}}$$

oder: Bei 400 V/50 Hz   für 1000 W   20 µF

dann gilt für 490 W:

$$\frac{20 \ \mu\text{F} \cdot 490 \text{ W}}{1000 \text{ W}} \approx \underline{9{,}7 \ \mu\text{F}}$$

Es sind also drei Kondensatoren je 9,7 µF in Dreieckschaltung erforderlich.

Wie verhalten sich die Ströme vor und nach der Kompensation?

Die Leistung bleibt konstant.

$$P_{zu\,1} = P_{zu\,2}$$

$$\sqrt{3} \cdot U \cdot I_1 \cdot \cos \varphi_1 = \sqrt{3} \cdot U \cdot I_2 \cdot \cos \varphi_2 \qquad \Big| \text{ geteilt durch } \sqrt{3} \cdot U$$

$$\boxed{I_1 \cdot \cos \varphi_1 = I_2 \cdot \cos \varphi_2}$$

Beispiel 5:   Eine Fabrik nimmt bei einem Leistungsfaktor von $\cos \varphi_1 = 0{,}82$ einen Strom von 1000 A auf. Auf welchen $\cos \varphi_2$ muß die Anlage kompensiert werden, wenn die für 900 A ausgelegten Leitungen nicht überlastet werden sollen?

Gegeben: $\cos \varphi_1 = 0{,}82$, $I_1 = 1000 \text{ A}$, $I_2 = 900 \text{ A}$

Gesucht: $\cos \varphi_2 = ?$

Lösung: $I_2 \cdot \cos \varphi_2 = I_1 \cdot \cos \varphi_1$

$$\cos \varphi_2 = \frac{I_1 \cdot \cos \varphi_1}{I_2} = \frac{1000 \text{ A} \cdot 0{,}82}{900 \text{ A}}$$

$$\cos \varphi_2 = \underline{0{,}912}$$

Bei der Blindleistungskompensation bleibt die Leistung (Wirkleistung) konstant, der Strom und die Blindleistung werden kleiner und der cos φ steigt an.

Beispiel 6: Eine Fabrik soll kompensiert werden. Man entschließt sich zu einer Zentralkompensation, da nicht alle Motoren gleichzeitig eingeschaltet sind. Die Zählerablesung ergab im Mittel folgende Werte je 8 Stunden:

Wirkarbeit: 6000 kWh

Blindarbeit: 4800 kWh

Welche kapazitive Blindleistung ist zu installieren, wenn der Leistungsfaktor auf 0,9 angehoben werden soll?

Gegeben: $P_{zu} \cdot t = 6000$ kWh

$\qquad Q_L \cdot t = 4800$ kWh

$\qquad \qquad t = 8$ h

$\qquad \cos \varphi_2 = 0,9$

Gesucht: $Q_C \quad = ?$ kW

Lösung: Aus der Zählerablesung ergibt sich der cos φ_1 und die zugeführte Leistung P_{zu}.

$$\tan \varphi_1 = \frac{Q_L \cdot t}{P_{zu} \cdot t} = \frac{4800 \text{ kWh}}{6000 \text{ kWh}} = 0,8 \qquad \varphi_1 = 38,6° \qquad \cos \varphi_1 = 0,78$$

$$P_{zu} = \frac{6000 \text{ kWh}}{8 \text{ h}} = 750 \text{ kW}$$

$$\cos \varphi_2 = 0,9 \qquad \varphi_2 = 25,8° \qquad \tan \varphi_2 = 0,484$$

Die Blindleistung errechnet sich aus der bereits bekannten Formel

$$Q_C = P_{zu} (\tan \varphi_1 - \tan \varphi_2)$$
$$= 750 \text{ kW } (0,8 - 0,484) = 750 \text{ kW} \cdot 0,316$$
$$Q_C = \underline{237 \text{ kW}}$$

Es ist zweckmäßig, eine Kondensatorbatterie aus etwa 6 bis 8 Stufen (je nach Regler) mit insgesamt etwa 240 kW zusammenzustellen.

11.4.1 Berechnungsverfahren

Das in Abschnitt 11.4 angegebene Berechnungsverfahren gilt für alle Fälle der Praxis. Ausnahmen werden bei Einzelkompensationen kleiner Leistung gemacht. Dafür gibt es Tabellen, in denen die Kondensatorgröße in Prozenten von der Motornennleistung angegeben wird.

Die Berechnungsmethoden der einschlägigen Industrie gleichen dem vorliegenden Verfahren. Einige Firmen geben Tabellen oder Diagramme heraus, in denen der $\Delta \tan \varphi = \tan \varphi_1 - \tan \varphi_2$ der vorliegenden Berechnung sofort in Abhängigkeit von dem alten und von dem neuen cos φ abzulesen ist.

11.4.2 Kompensationsarten

In der Anwendung findet man 4 Kompensationsarten:

1. Einzelkompensation
2. Gruppenkompensation
3. Zentralkompensation
4. Gemisch aus 1. bis 3.

Einzelkompensation wird vorwiegend in kleinen Betrieben mit wenigen Motoren angewendet.
Gruppenkompensation faßt einzelne Maschinengruppen oder Fabrikationshallen zusammen. Sie kann schon mit Regelungsanlage durchgeführt werden.

Häufig dient sie jedoch nur zur Grundkompensation einzelner Abteilungen mit gesonderter Zuleitung. Ohne Regelungsanlage ist sie sinnvoll, wenn mehrere Verbraucher stets gleichzeitig eingeschaltet sind (z.B. an einem Fabrikationsband).

Die Gruppenkompensation ist gegenüber einer Einzelkompensation für die gleiche Anlage preisgünstiger.

Zentralkompensation ist für große Anlagen am billigsten. Sie wird fast immer in Verbindung mit einer Regelungsanlage betrieben und ermöglicht eine Zusammenfassung der erforderlichen kapazitiven Blindleistung in wenigen Kondensatoren. Es werden häufig nur 70% bis 80% der erforderlichen Einzelblindleistung installiert, da selten alle Motoren z.B. einer Fabrik oder eines Kaufhauses gleichzeitig laufen werden.

Die Größe der erforderlichen Blindleistung wird aus den Zählerablesungen oder mit einem Leistungsfaktorschreiber ermittelt. Bei Neuanlagen muß die Summe der installierten Wirk- und Blindleistung unter Zugrundelegung des Gleichzeitigkeitsfaktors errechnet werden.

Gemischte Kompensationsanlagen wären z.B. in folgenden Fällen sinnvoll:

a) In einem Kaufhaus laufen 2 große Lüftermotoren und viele kleine Motoren. Hier sollte man die beiden großen Motoren direkt (einzeln) kompensieren und den Rest über eine Zentralkompensation erfassen.
b) Eine Fabrik besteht aus mehreren Hallen. Hier wäre u.U. eine Gruppenkompensation je Halle ohne Regler in Verbindung mit einer Zentralkompensationsanlage mit Regler sinnvoll. Dadurch könnten bereits die Zuleitungen zu den Hallen entlastet werden.

12 Grundlagen der Leitungsberechnung

12.1 Kriterien der Leitungsberechnung

Bei der Bemessung eines Leitungsquerschnitts sind folgende Punkte zu berücksichtigen:

1. mechanische Festigkeit (statisch und dynamisch)
2. Strombelastbarkeit (thermisch)
3. Spannungsfall auf der Leitung
4. Schleifenwiderstand, damit das Abschaltorgan (Sicherung) im Körperschlußfall schnell genug anspricht
5. Überlast- und Kurzschlußschutz

Nach Beachtung dieser 5 Punkte muß die Leitung mit dem größten ermittelten Querschnitt verlegt werden.

Die Punkte 1 (mechanische Festigkeit) und 2 (Strombelastbarkeit) werden im allgemeinen berücksichtigt. Die Abstimmung der Leitung nach dem Abschaltorgan (Sicherung usw.) aus der Sicht eines Kurzschluß- oder Körperschlußfalles werden häufig vernachlässigt. Die Berücksichtigung des zulässigen Spannungsfalles auf der Leitung erfolgt leider bei der üblichen Installation sehr selten. Die Behandlung der Leitungsberechnung im Rahmen dieses Grundlagenbandes gilt somit schwerpunktmäßig den Zusammenhängen der Bemessung des Leitungsquerschnitts aus der Sicht des Spannungsfalls, da hier einige grundlegende Zusammenhänge aufgezeigt werden sollen, die zum Inhalt dieses Bands gehören.

Weitere zu beachtende Punkte wie

- erhöhte Umgebungstemperatur
- Häufung
- Überlast- und Kurzschlußschutz

werden im Band «Elektro-Installationstechnik» behandelt, der zu dieser Buchreihe gehört.

12.2 Leitungsauswahl nach mechanischer Festigkeit

Die Tabelle 1 aus DIN 57100 Teil 520/VDE 0100 Teil 520 gibt die Mindestquerschnitte für Leitungen an. Sie ist auszugsweise in Tabelle 12.1 wiedergegeben. Weitere Mindestquerschnitte enthält für

Starkstromfreileitungen bis 1000 V DIN/VDE 0211
Industriemaschinen entsprechend DIN/VDE 0113

Tabelle 12.1 Mindest-Leiterquerschnitt für Leitungen nach mechanischer Festigkeit entsprechend DIN/VDE 0100 Teil 520

Verlegungsart	Mindestquerschnitt in mm² bei Cu
feste, geschützte Verlegung	1,5
Leitungen in Schaltanlagen und Verteilern bei Stromstärken bis 2,5 A	0,5
über 2,5 A bis 16 A	0,75
über 16 A	1,0
bewegliche Leitungen für den Anschluß von – leichten Handgeräten bis 1 A Stromaufnahme und einer größten Länge der Anschlußleitung von 2 m, wenn dies in den entsprechenden Gerätebestimmungen festgelegt ist	0,1
– Geräten bis 2 A Stromaufnahme und einer größten Länge der Anschlußleitung von 2 m, wenn dies in den entsprechenden Gerätebestimmungen festgelegt ist	0,5
– Geräten bis 10 A Stromaufnahme, für Gerätesteck- und Kupplungsdosen bis 10 A Nennstrom	0,75
– Geräten über 10 A Stromaufnahme, Mehrfachsteckdosen, Gerätesteckdosen und Kupplungsdosen mit mehr als 10 A bis 16 A Nennstrom	1,0

12.3 Strombelastbarkeit von Leitungen

Die Strombelastbarkeit von Leitungen und Kabel ist von verschiedenen Einflüssen abhängig.

Material
Die unterschiedlichen Isolierstoffe besitzen eine verschiedene Temperaturbelastbarkeit.

Verlegungsart
Je nach Verlegungsart (Aufputz ohne Kanal oder mit Kanal, in der Wand, im Stein oder in Isolierwolle, einadrig oder mehradrige Leitungen usw.) sind verschiedene Belastungen erlaubt, da die Wärmeabgabemöglichkeit der Leitungen sehr unterschiedlich sein wird.

Umgebungstemperatur
Die Abkühlung der Leitung wird geringer, je höher die Umgebungstemperatur ist. Entsprechend muß die Belastung gesenkt werden.

Häufung
Je dichter die Leitungen nebeneinander liegen, desto ungünstiger wird die Wärmeabgabe, da sie sich gegenseitig erwärmen. Entsprechend muß die Belastung bei einer Verlegung in Kabelkanälen reduziert werden.

In der DIN/VDE 0298 sind für verschiedenste Fälle in Tabellen zulässige Strombelastungen aufgeführt worden. Hier sollen nur für die Verlegungsart «C» einige Werte angegeben werden. Weitere ausführliche Erläuterungen zur Strombelastbarkeit von Leitungen und Kabel befinden sich im Band «Elektroinstallationstechnik».

Tabelle 12.2 Strombelastbarkeit nach DIN/VDE 0289 Teil 4 für isolierte Kupferleitungen in der Verlegeart «C»*. Bei anderen Verlegearten gelten niedrigere Stromwerte.

Nennquerschnitt Kupferleiter in mm²	Belastbarkeit bei 2 belasteten Adern Umgebungstemperatur		Belastbarkeit bei 3 belasteten Adern Umgebungstemperatur	
	30 °C in A	25 °C** in A	30 °C in A	25 °C** in A
1,5	19,5	20,6	17,5	18,5
2,5	26	27	24	25
4	35	37	32	34
6	46	48	41	43
10	63	66	57	60
16	85	90	76	80
25	112	118	96	101
35	138	146	119	126

* Verlegeart «C» bedeutet:
    a) Ein- oder mehradrige Leitungen auf der Wand oder dem Fußboden
    b) Mehradrige Leitungen in der Wand oder unter Putz
    c) Stegleitungen im Putz
    Weitere Verlegearten und Werte siehe: «Elektroinstallationstechnik» und «Formeln und Tabellen Elektrotechnik».
** Die Strombelastbarkeit für eine Umgebungstemperatur von 25 °C wurde nach DIN/VDE 0298 Teil 4 Tabelle 10 aus den Werten für 30 °C mit 6% Erhöhung errechnet und dann gerundet.

Sicherung gegen Überlast
Es ist grundsätzlich eine Sicherung gegen Überlast zu wählen, die kleiner oder gleich der zulässigen Belastbarkeit ist.

12.4   Spannungsfall auf elektrischen Leitungen

12.4.1   Bestimmungen über die Höhe des zulässigen Spannungsfalls*

Der Errichter einer Verbraucheranlage muß nach der AVBEltV (Verordnung über allgemeine Bedingungen für die Elektrizitätsversorgung von Tarifkunden) und DIN 18015 Teil 1 folgende Werte für den Spannungsfall einhalten:

– 0,5% in den Leitungen vom Hausanschluß bis zu den Zählern. (Bei einem Scheinleistungsbedarf von mehr als 100 kW gelten höhere Werte.)

– 3% in den Leitungen nach der Meßeinrichtung (Zähler) (die bisherige Forderung von 1,5% für Beleuchtungsstromkreise bzw. Stromkreisen mit Steckdosen entfallen).

Bei Leitungen für Steckdosenstromkreise und Verteiler muß immer der Sicherungsnennstrom als Berechnungsgrundlage gewählt werden, da der Strom bis zu dieser Höhe fließen kann.

    Bei festangeschlossenen Verbrauchern fließt hingegen im Normalfall nur der Verbrauchernennstrom. Er wird deshalb bei der Berechnung zugrunde gelegt.

* In der Literatur findet man auch die Begriffe Spannungsabfall und Spannungsverlust.

12.4.2 Berechnung des Spannungsfalls auf Leitungen

12.4.2.1 Spannungsfall bei Gleichstrom

Fließt durch eine Leitung ein Strom, fällt an ihr eine Spannung ab. Sie wird nach dem Ohmschen Gesetz berechnet.

somit ist:
$$U_v = \frac{2 \cdot l \cdot I}{\varkappa \cdot A} \qquad\qquad R = \frac{2 \cdot l}{\varkappa \cdot A}$$

Erweitert man diese Formel mit U, so ergibt sich:

$$U_v = \frac{2 \cdot l \cdot I \cdot U}{\varkappa \cdot A \cdot U}$$

$$U_v = \frac{2 \cdot l \cdot P}{\varkappa \cdot A \cdot U} \qquad\qquad I \cdot U = P$$

Meistens ist in der Praxis der Querschnitt gefragt, also:

$$A = \frac{2 \cdot l \cdot I}{\varkappa \cdot U_v}$$

$$A = \frac{2 \cdot l \cdot P}{\varkappa \cdot U_v \cdot U}$$

A Leiterquerschnitt	in mm^2
l einfache Leitungslänge	in m
I Strom	in A
$\varkappa$ Leitfähigkeit	in $\dfrac{m}{\Omega\,mm^2}$
P durch die Leitung transportierte Leistung	in W
U_v Spannungsfall	in V
U Netzspannung	in V

(die 2 wird für die Hin- und Rückleitung eingesetzt)

Beispiel: Durch eine 50 m lange Klingelleitung aus Kupfer fließt ein Gleichstrom von 1 A. Wie groß ist der Spannungsfall bei einem verlegten Durchmesser von 0,8 mm, und wieviel Prozent sind das von der Nennspannung 6 V?

Gegeben:
$l = 50$ m

$\varkappa = 56 \dfrac{m}{\Omega\,mm^2}$

$I = 1$ A

$d = 0{,}8$ mm, dann $A \approx 0{,}5$ mm^2

$U = 6$ V

Gesucht: U_v in V und %

Lösung:
$$U_v = \frac{2 \cdot l \cdot I}{\varkappa \cdot A}$$

$$U_v = \frac{2 \cdot 50\ m \cdot 1\ A}{56 \dfrac{m}{\Omega\,mm^2} \cdot 0{,}5\ mm^2}$$

$$U_v = \underline{3{,}57\ V}$$

In Prozenten:

$$U_v = \frac{3{,}57\ V \cdot 100\%}{6\ V} = \underline{59{,}5\%}$$

520

Dieses Beispiel zeigt, daß eine Auswahl des Leitungsquerschnittes allein nach der Strombelastbarkeit unzulässig hohe Spannungsfälle zur Folge haben kann, wenn die Leitung relativ lang ist. Gerade bei Klingelanlagen mit niedrigen Nennspannungen kann ein zu dünner Querschnitt einen prozentual hohen Spannungsverlust verursachen. Deshalb haben alle Klingeltrafos mehrere Anzapfungen, damit durch eine höhere Spannung der Verlust ausgeglichen werden kann.

12.4.2.2 Spannungsfall bei Wechselstrom

Die folgenden Formeln stimmen nur unter der Voraussetzung, daß der *Blindwiderstand* der Kabel und Leitungen gegenüber dem ohmschen Widerstand zu *vernachlässigen* ist. Dies trifft für fast alle Anwendungsfälle der üblichen Niederspannungsinstallation zu.

Bild 12.1 zeigt einen Stromkreis, bestehend aus dem Generator, dem Leitungswiderstand und dem Verbraucher. Der Verbraucher sei ein Motor und habe einen Phasenverschiebungswinkel

$$\varphi = 45°, \cos \varphi \approx 0{,}7.$$

Zeichnet man zu Bild 12.1a das Ersatzschaltbild, so ergibt sich Bild 12.1b.

Das Zeigerdiagramm zu Bild 12.1b zeigt Bild 12.1c.

In der Praxis ist U_{Ltg} meistens kleiner als 5 % von $U_{\text{Verbraucher}}$. In der maßstäblichen Darstellung von Bild 12.1c verlaufen dann $U_{\text{Verbraucher}}$ und $U_{\text{Generator}}$ annähernd parallel (Bild 12.1d und e). Nach Bild 12.1e ist

$$U_{\text{Generator}} = U_{\text{Verbraucher}} + U_{\text{v}}$$

Es kann nicht der volle, tatsächlich vorhandene Spannungsfall auf der Leitung (U_{Ltg}) berücksichtigt werden, sondern nur der mit dem $U_{\text{Verbraucher}}$ phasengleich liegende Teil U_{v}.
Im Bild 12.1e ist

$$\cos \varphi = \frac{U_{\text{v}}}{U_{\text{Ltg}}} \qquad\qquad U_{\text{Ltg}} = R \cdot I \quad \text{mit} \quad R = \frac{2 \cdot l}{\varkappa \cdot A}$$

$$U_{\text{v}} = U_{\text{Ltg}} \cdot \cos \varphi \qquad\qquad U_{\text{Ltg}} = \frac{2 \cdot l \cdot I}{\varkappa \cdot A}$$

$$U_{\text{v}} = \frac{2 \cdot l \cdot I \cdot \cos \varphi}{\varkappa \cdot A}$$

oder:
$$A = \frac{2 \cdot l \cdot I \cdot \cos \varphi}{\varkappa \cdot U_{\text{v}}}$$

darin bedeuten:

A	Leiterquerschnitt	in mm^2
l	Leitungslänge	in m
I	Strom	in A
U_{v}	Spannungsfall	in V
U	Netzspannung	in V
P	übertragene Leistung in W	

mit
$$P = U \cdot I \cdot \cos \varphi$$

und
$$\frac{P}{U} = I \cdot \cos \varphi$$

gilt
$$A = \frac{2 \cdot l \cdot P}{\varkappa \cdot U_{\text{v}} \cdot U}$$

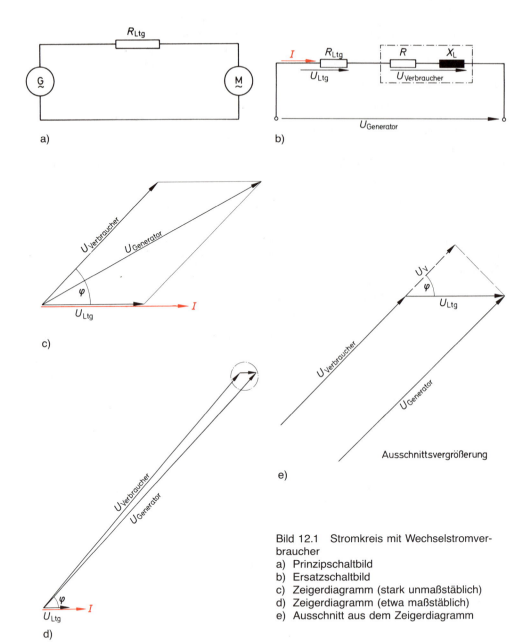

a)

b)

c)

d)

e) Ausschnittsvergrößerung

Bild 12.1   Stromkreis mit Wechselstromver-
braucher
a) Prinzipschaltbild
b) Ersatzschaltbild
c) Zeigerdiagramm (stark unmaßstäblich)
d) Zeigerdiagramm (etwa maßstäblich)
e) Ausschnitt aus dem Zeigerdiagramm

Beispiel 1: Aus einem Einfamilienhaus soll ein 120 m entferntes Gartenhaus versorgt werden. Die Absicherung soll mit 16 A für 3 kW Anschlußleistung ausgelegt werden. Welchen Querschnitt muß die Zuleitung haben, wenn der Spannungsfall 5 % bei einer 230-V-Kupferleitung nicht überschreiten soll?

Gegeben: $U = 230$ V

$\quad\quad\quad U_v = 5\%$ von 230 V = 11,5 V

$\quad\quad\quad P = 3$ kW = 3000 W

$\quad\quad\quad l = 120$ m

$\quad\quad\quad \varkappa = 56 \dfrac{m}{\Omega\,mm^2}$

Lösung: $A = \dfrac{2 \cdot l \cdot P}{\varkappa \cdot U_v \cdot U} = \dfrac{2 \cdot 120\,m \cdot 3000\,W}{56 \dfrac{m}{\Omega\,mm^2} \cdot 11,5\,V \cdot 230\,V}$

$\quad\quad\quad\quad = 4,86$ mm^2

$\quad A_{verlegt} = 6$ mm^2

Beispiel 2: Durch eine 40 m lange Verlängerungsleitung von 1 mm^2 wird ein Motor gespeist. Er nimmt an 230 V/50 Hz einen Strom von 9 A auf, bei einem cos φ von 0,7. Wie groß ist der Spannungsfall (Material ist Kupfer)?

Gegeben: $U = 230$ V/50 Hz

$\quad\quad\quad A = 1$ mm^2

$\quad\quad\quad I = 9$ A

$\quad\quad\quad \cos \varphi = 0,7$

$\quad\quad\quad \varkappa = 56 \dfrac{m}{\Omega\,mm^2}$

$\quad\quad\quad l = 40$ m

Lösung: $U_v = \dfrac{2 \cdot l \cdot I \cdot \cos \varphi}{\varkappa \cdot A}$

$\quad\quad\quad\quad = \dfrac{2 \cdot 40\,m \cdot 9\,A \cdot 0,7}{56 \dfrac{m}{\Omega\,mm^2} \cdot 1\,mm^2}$

$\quad U_v = \underline{9\ V}$

Beispiel 3: Wird durch die gleiche Zuleitung aus Beispiel 2 ein Heizgerät mit ebenfalls 9 A versorgt, so ergibt sich folgender Spannungsfall: (cos $\varphi = 1$):

$$U_v = \frac{2 \cdot l \cdot I \cdot \cos \varphi}{\varkappa \cdot A} = \frac{2 \cdot 40 \text{ m} \cdot 9 \text{ A} \cdot 1}{56 \dfrac{\text{m}}{\Omega \text{ mm}^2} \cdot 1 \text{ mm}^2}$$

$$U_v = \underline{12,9 \text{ V}}$$

Ergebnis aus Beispiel 2 und 3:
Der Spannungsfall U_v steigt, je größer cos φ wird. Er ist am größten bei ohmscher Last und praktisch null bei reiner Blindlast. Zwar ist in allen Fällen ein Spannungsfall (U_{Ltg}) auf der Leitung vorhanden, durch die geometrische Addition von $U_{Verbraucher}$ und U_{Ltg} fällt der Spannungsfall bei kleinerem cos φ jedoch nicht ins Gewicht (Bild 12.1e).
Warum muß dann trotzdem kompensiert werden?

Antwort: Bei gleicher Leistung würde ein unkompensierter Verbraucher einen größeren Strom als ein kompensierter Verbraucher aufnehmen. Das Produkt $I \cdot \cos \varphi$ ist aber in beiden Fällen gleich groß. Die Kompensation ändert also nichts an dem Spannungsfall U_v, obwohl der Strom kleiner wird. Jedoch sinken die Leistungsverluste auf der Leitung und im Generator bzw. im Trafo und somit die Erwärmung der Leitung.

Beispiel 4: Der Spannungsfall für Beispiel 2 soll 3% nicht überschreiten. Welchen Querschnitt muß die Leitung besitzen?
Diese Aufgabe läßt sich durch

– Neuberechnung oder durch
– Umrechnung lösen.

Hier soll der Weg durch die *Umrechnung* aufgezeigt werden.
Die Werte für cos φ, l, I und $\varkappa$ bleiben unverändert. Es variieren nur A und U_v.
Es gilt:

$$U_{v \text{ neu}} \cdot A_{\text{neu}} = U_{v \text{ alt}} \cdot A_{\text{alt}}$$

$$A_{\text{neu}} = \frac{U_{v \text{ alt}} \cdot A_{\text{alt}}}{U_{v \text{ neu}}}$$

$$= \frac{9 \text{ V} \cdot 1 \text{ mm}^2}{6,9 \text{ V}} \quad \Bigg| \quad U_{v \text{ neu}} = \frac{230 \text{ V} \cdot 3}{100} = 6,9 \text{ V}$$

$$= 1,31 \text{ mm}^2$$

gewählt:

$$A_{\text{neu}} = \underline{1,5 \text{ mm}^2}$$

12.4.2.3 Spannungsfall bei Drehstrom

Drehstromnetze sind grundsätzlich drei Wechselstromnetze, die lediglich eine gemeinsame Rückleitung besitzen. Bei der Berechnung des Spannungsfalles setzt man **symmetrische Belastung** voraus. In diesem Fall ist der Mittelpunktleiter jedoch stromlos, und es entsteht auf ihm kein Spannungsfall.

Der Querschnitt der Außenleiter kann also wie bei Wechselstrom berechnet werden, jedoch nur mit einfacher Leitungslänge. Dann gilt

$$A = \frac{l \cdot I \cdot \cos \varphi}{\varkappa \cdot U_v}$$

In dieser Formel bezieht sich U_v auf die Strangspannung (im allgemeinen 230 V).

Soll, wie bei Drehstromsystemen allgemein üblich, U_v von der Außenleiterspannung berechnet werden, dann muß der Wert durch $\sqrt{3}$ geteilt werden.

$$A = \frac{\dfrac{l \cdot I \cdot \cos \varphi}{\varkappa \cdot U_v}}{\sqrt{3}}$$

A Leiterquerschnitt	in mm²
I Außenleiterstrom	in A
U_v zulässiger Spannungsfall zwischen den Außenleitern	in V
U Außenleiterspannung	in V
P übertragene Leistung	in W

$$A = \frac{\sqrt{3} \cdot l \cdot I \cdot \cos \varphi}{\varkappa \cdot U_v}$$

Setzt man für $\sqrt{3} \cdot I \cdot \cos \varphi = \dfrac{P}{U}$ so lautet die Formel

$$A = \frac{l \cdot P}{\varkappa \cdot U_v \cdot U}$$

Beispiel: Ein 10-kW-Gebläsemotor soll über eine 20 m lange Kupferzuleitung (NYM) an ein 400-V-Netz angeschlossen werden. Der Motor hat einen Wirkungsgrad von 90 %, einen $\cos \varphi = 0,8$, und der Spannungsverlust soll 3 % nicht übersteigen. Welcher Querschnitt ist zu verlegen?

Gegeben: P_{ab} = 10 kW
η = 0,9
l = 20 m
U = 400 V
U_v = 3 % von 400 V = 12 V
$\cos \varphi$ = 0,8

Lösung: $A = \dfrac{l \cdot P_{zu}}{\varkappa \cdot U_v \cdot U}$

$A = \dfrac{20 \ \text{m} \cdot 11,1 \cdot 10^3 \ \text{W}}{56 \ \dfrac{\text{m}}{\Omega \ \text{mm}^2} \cdot 12 \ \text{V} \cdot 400 \ \text{V}}$

$A = 0,826 \ \text{mm}^2$

$P_{zu} = \dfrac{P_{ab}}{\eta} = \dfrac{10 \ \text{kW}}{0,9}$

$= 11,1 \ \text{kW}$

Auswahl des Querschnitts:

1. nach Spannungsfall   1 mm²
2. aus Festigkeitsgründen 1,5 mm²
3. Strombelastbarkeit

$$I_{\text{Motor}} = \frac{P_{\text{zu}}}{\sqrt{3} \cdot U \cdot \cos \varphi} = \frac{11\,100 \text{ W}}{\sqrt{3} \cdot 400 \text{ V} \cdot 0{,}8} = 20 \text{ A}$$

Querschnitt nach DIN/VDE 0298 Verlegeart C (Tabelle 12.2)
Verlegter Querschnitt $A_{\text{verlegt}} = \underline{2{,}5 \text{ mm}^2}$

Da die Zuleitung mit 20 m relativ kurz ist und bei Drehstrom zur Berechnung des Spannungsfalls nur die einfache Länge eingesetzt wird, ist hier der Spannungsfall nicht ausschlaggebend.

Grundsätzlich wird bei kurzen Leitungen die Stromwärme und bei langen Leitungen der Spannungsfall maßgebend sein. Dabei ist die Grenze abhängig von der jeweiligen Belastung und ob es sich um Drehstrom bzw. Wechselstrom (Hin- und Rückleitung) handelt.

12.4.3 Leitungen mit Abzweigen

Bei einer Leitung mit Abzweigen wird im allgemeinen der Spannungsfall des entferntesten Punktes dieser Leitung ermittelt bzw. zugrunde gelegt. Obwohl der Strom in der Hauptleitung nach jedem Abzweig abnimmt, wird meistens der gleiche Querschnitt für die gesamte Leitung verlegt, denn sonst wären eventuell kleinere Sicherungen erforderlich. Außerdem müßte, wenn die erste Hälfte dünner verlegt wird, die zweite Hälfte einen dickeren Querschnitt als bei durchgehender Leitung haben, damit der Gesamtspannungsfall gleich bleibt. Bei abgestuften Querschnitten wäre außerdem keine Erweiterung der Anlage oder die Einspeisung von anderen Punkten aus möglich.

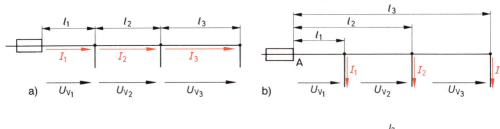

Bild 12.2   Leitungen mit mehreren Abzweigen
a) Ströme in der Hauptleitung
b) Ströme in den Abzweigen
c) Ersatzdarstellung

Auf die Angabe der Aderzahlen wurde aus Gründen der Übersichtlichkeit im Abschnitt Grundlagen der Leitungsberechnung verzichtet.

526

12.4.3.1 Leitungen mit Abzweigen bei Wechselstrom

In der Praxis könnten die zwei Leitungspläne der Bilder 12.2a und b gegeben sein. Sie unterscheiden sich nur in der Beschriftung und nicht in der tatsächlichen Belastung. Es soll immer der gesamte Spannungsfall U_V für die Hauptleitung ermittelt werden oder der erforderliche Querschnitt als Einheitsquerschnitt über die gesamte Länge.

$$U_v = U_{v1} \qquad\qquad + U_{v2} \qquad\qquad + U_{v3}$$

$$= \frac{2 \cdot l_1 \cdot I_1 \cdot \cos \varphi_1}{\varkappa \cdot A} + \frac{2 \cdot l_2 \cdot I_2 \cdot \cos \varphi_2}{\varkappa \cdot A} + \frac{2 \cdot l_3 \cdot I_3 \cdot \cos \varphi_3}{\varkappa \cdot A}$$

$$= \frac{2}{\varkappa \cdot A} \cdot (l_1 \cdot I_1 \cdot \cos \varphi_1 + l_2 \cdot I_2 \cdot \cos \varphi_2 + l_3 \cdot I_3 \cdot \cos \varphi_3)$$

$$U_v = \frac{2 \cdot \Sigma \, (l \cdot I \cdot \cos \varphi)}{\varkappa \cdot A}$$

Das gleiche Ergebnis bietet die Rechnung nach den Bildern 12.2b und c.

$$A = A_1 \qquad\qquad + A_2 \qquad\qquad + A_3$$

$$= \frac{2 \cdot l_1 \cdot I_1 \cdot \cos \varphi_1}{\varkappa \cdot U_v} + \frac{2 \cdot l_2 \cdot I_2 \cdot \cos \varphi_2}{\varkappa \cdot U_v} + \frac{2 \cdot l_3 \cdot I_3 \cdot \cos \varphi_3}{\varkappa \cdot U_v}$$

$$= \frac{2}{\varkappa \cdot U_v} \cdot (l_1 \cdot I_1 \cdot \cos \varphi_1 + l_2 \cdot I_2 \cdot \cos \varphi_2 + l_3 \cdot I_3 \cdot \cos \varphi_3)$$

$$A = \frac{2 \cdot \Sigma \, (l \cdot I \cdot \cos \varphi)}{\varkappa \cdot U}$$

Berücksichtigt man, daß meistens nicht alle Verbraucher *gleichzeitig* eingeschaltet sind, so muß man die Formel mit dem **Gleichzeitigkeitsfaktor** μ multiplizieren.
Dann ergibt sich:

$$U_v = \frac{2 \cdot \Sigma \, (l \cdot I \cdot \cos \varphi) \cdot \mu}{\varkappa \cdot A}$$

$$A = \frac{2 \cdot \Sigma \, (l \cdot I \cdot \cos \varphi) \cdot \mu}{\varkappa \cdot U}$$

I in A
l in m
$\varkappa$ in $\dfrac{\text{m}}{\Omega\,\text{mm}^2}$

U_v in V
U in V
P in W

μ Gleichzeitigkeitsfaktor
$\cos \varphi_m$ mittlerer Leistungsfaktor

Da häufig die einzelnen Leistungsfaktoren nicht bekannt sind, kann mit einem mittleren Leistungsfaktor wie folgt gerechnet werden:

$$A = \frac{2 \cdot \Sigma \, (l \cdot I) \cdot \cos \varphi_m \cdot \mu}{\varkappa \cdot U}$$

527

Da häufig statt des Stromes die Leistung bekannt ist, gilt:

$$A = \frac{2 \cdot \Sigma \, (P \cdot l) \cdot \mu}{\varkappa \cdot U_v \cdot U}$$

Hinweis: Bei gleichmäßig verteilter Last, z. B. Straßenbeleuchtung, kann mit der Gesamtlast mal der halben Leitungslänge gerechnet werden.

Bild 12.3 Leitungsdar-
stellung zu Beispiel 1

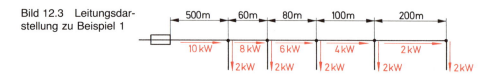

Beispiel 1: Eine Wochenendhaussiedlung soll durch eine Kupferfreileitung mit 230 V versorgt werden. Die Häuser haben alle einen Anschluß von 2 kW. Der Lageplan entspricht Bild 12.3.
Man rechnet mit einem Gleichzeitigkeitsfaktor von 0,5 und will, damit die einwandfreie Funktion der Geräte gewährleistet ist, nicht mehr als 5% Spannungsfall zulassen.
Welcher Querschnitt muß verlegt werden bei einem mittleren $\cos \varphi_m = 0,95$?

Lösung:

Nr.	P	l	$P \cdot l$
1	10 kW	500 m	5000 kW · m
2	8 kW	60 m	480 kW · m
3	6 kW	80 m	480 kW · m
4	4 kW	100 m	400 kW · m
5	2 kW	200 m	400 kW · m

$$\Sigma \, (P \cdot l) = 6760 \; \text{kW} \cdot \text{m} = 6760 \cdot 10^3 \; \text{W} \cdot \text{m}$$

$$A = \frac{2 \cdot \Sigma (P \cdot l) \cdot \mu}{\varkappa \cdot U_v \cdot U} \qquad\qquad U_v = 5\% \text{ von } 230 \text{ V}$$
$$\qquad\qquad\qquad\qquad\qquad = 11,5 \text{ V}$$

$$= \frac{2 \cdot 6760 \cdot 10^3 \; \text{W} \cdot \text{m} \cdot 0,5}{56 \, \dfrac{\text{m}}{\Omega \, \text{mm}^2} \cdot 11,5 \text{ V} \cdot 230 \text{ V}}$$

$$A = 45,6 \; \text{mm}^2$$

Stromkontrolle

$$I = \frac{P_{\text{ges}}}{U \cdot \cos \varphi_m} = \frac{10 \cdot 10^3 \; \text{W}}{230 \text{ V} \cdot 0,95} = 45,7 \text{ A}$$

bei Berücksichtigung des Gleichzeitigkeitsfaktors sogar nur $0,5 \cdot 47,8$ A ≈ 23 A

528

Mechanische Festigkeit:
nach VDE ist bei Kupfer ein Mindestquerschnitt von 10 mm² erforderlich; der Wert ist also ausreichend.

Ergebnis: A_{verlegt} = 50 mm² Kupfer aus der Sicht des Spannungsfalles

Beispiel 2: Innerhalb eines Werkes wird folgende Kupferleitung zum Anschluß von Wechselstromverbrauchern verlegt (Bild 12.4a). Wie groß sind:

a) der Gesamtstrom im ersten Leitungsabschnitt;
b) der Leiterquerschnitt nach DIN/VDE 0298 Teil 4;
c) der Spannungsfall bis zum letzten Verbraucher bei einem Gleichzeitigkeitsfaktor von 1?

Lösung: a) Gesamtstrom im ersten Leitungsabschnitt.
Da alle Abgänge einen unterschiedlichen cos φ haben, muß der Gesamtstrom ermittelt werden. Dieses ist am schnellsten zeichnerisch durchgeführt.

Es sind:

$\cos \varphi_1 = 1$ $\quad \varphi_1 = 0°$
$\cos \varphi_2 = 0{,}8$ $\quad \varphi_2 \approx 37°$ induktiv
$\cos \varphi_3 = 1$ $\quad \varphi_3 = 0°$
$\cos \varphi_4 = 0{,}5$ $\quad \varphi_4 = 60°$ induktiv

Der Gesamtstrom ergibt sich dann aus Bild 12.4b und 4c.
In der Praxis werden die Teilströme I_1 bis I_4 meistens algebraisch addiert. Dann ergibt sich:

$$I'_{\text{ges}} \approx I_1 + I_2 + I_3 + I_4 = 5\,\text{A} + 7\,\text{A} + 2\,\text{A} + 6\,\text{A} = 20\,\text{A}$$

Der Fehler beträgt hier nur 11 %. Er ergibt einen zu großen Strom, der im allgemeinen bei der Querschnittsauswahl zu einer Reservebildung führt.

b) Im vorliegenden Fall ergibt die geometrische Addition nach Bild 12.4 einen Gesamtstrom von 18 A. Das erfordert nach Tabelle 12.2 einen Querschnitt von 1,5 mm².
Die algebraische Addition liegt leicht über dem zulässigen Wert und würde zur Auslegung mit 2,5 mm² führen.

c) Spannungsfall

$$U_{\text{v}} = \frac{2 \cdot \Sigma\,(I \cdot l \cdot \cos \varphi) \cdot \mu}{\varkappa \cdot A}$$

Abzweig	I (A)	l (m)	$\cos \varphi$	$I \cdot l \cdot \cos \varphi$ (A · m)
1	5	8	1	40
2	7	12	0,8	67,2
3	2	24	1	48
4	6	27	0,5	81
			$\Sigma\,(I \cdot l \cdot \cos \varphi)$ =	236,2 A · m

$$U_{\text{v}} = \frac{2 \cdot 236{,}2\,\text{A} \cdot \text{m} \cdot 1}{56\,\dfrac{\text{m}}{\Omega\,\text{mm}^2} \cdot 1{,}5\,\text{mm}^2} = \underline{5{,}63\,\text{V}},$$

das sind: $\dfrac{5{,}63\,\text{V} \cdot 100\,\%}{230\,\text{V}} = \underline{2{,}45\,\%}$ von 230 V. Dieser Wert liegt im zulässigen Bereich $\leq 3\,\%$.

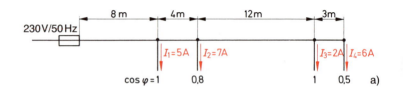

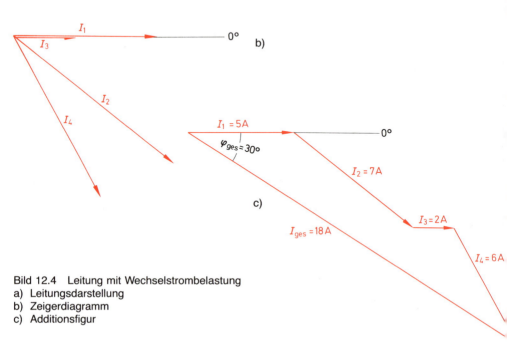

Bild 12.4 Leitung mit Wechselstrombelastung
a) Leitungsdarstellung
b) Zeigerdiagramm
c) Additionsfigur

12.4.3.2 Leitungen mit Abzweigen bei Drehstrom

Für die Berechnung der verzweigten Drehstromleitungen wird in der Formel mit den Strömen die 2 (für Hin- und Rückleitung) durch den Verkettungsfaktor $\sqrt{3}$ ersetzt. In den Formeln mit der Leistung entfällt die 2 ersatzlos. Die Ableitung hierzu wurde bereits im Abschnitt 12.4.2.3 gebracht. Es ergeben sich also folgende Formeln:

nach
Span-
nungs-
verlust

oder

$$A = \frac{\sqrt{3} \cdot \Sigma \, (I \cdot l \cdot \cos \varphi) \, \mu}{\varkappa \cdot U_\mathrm{v}}$$

$$A = \frac{\sqrt{3} \cdot \Sigma \, (I \cdot l) \cos \varphi_\mathrm{m} \cdot \mu}{\varkappa \cdot U_\mathrm{v}}$$

$$A = \frac{\Sigma \, (P \cdot l) \cdot \mu}{\varkappa \cdot U_\mathrm{v} \cdot U}$$

A in mm^2
I in A
l in m

$\varkappa$ in $\dfrac{\mathrm{m}}{\Omega \, \mathrm{mm}^2}$

P in W
U Außenleiterspannung in V
U_v Spannungsfall zwischen den
      Außenleitern in V
μ Gleichzeitigkeitsfaktor
$\cos \varphi_\mathrm{m}$ mittlerer Leistungsfaktor

530

Bei allen Aufgaben wird symmetrische Last vorausgesetzt. Andernfalls stimmen die Formeln nicht.

Beispiel 1: Für die Kupferleitung in Bild 12.5a soll der erforderliche Querschnitt bei 3 % Spannungsfall von der Nennspannung 400 V ermittelt werden. Alle Motoren laufen gleichzeitig.

Bild 12.5a Leitungs-
darstellung zu Beispiel 1

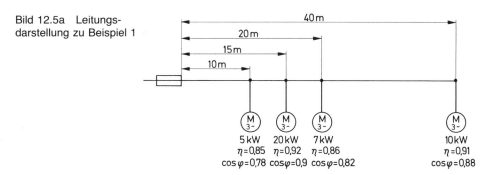

a) Wie groß ist der Querschnitt nach DIN/VDE 0298 Teil 4 Verlegeart Gruppe C?
b) Welchen Querschnitt erfordert der zulässige Spannungsfall?

Lösung:
a) Querschnitt nach DIN/VDE 0298 Teil 4.
  Hierzu muß der Gesamtstrom im ersten Abschnitt berechnet werden. Dazu gibt es zwei Möglichkeiten.
a_1) *Überschlägige* Berechnung nach der Faustformel: je kW Abgabeleistung eines Drehstrommotors fließen bei $U = 400$ V 2 A in der Zuleitung.

  Dann ist

$$I_{ges} = I_1 + I_2 + I_3 + I_4$$

$$= 2\,\frac{A}{kW} \cdot 5\,kW + 2\,\frac{A}{kW} \cdot 20\,kW + 2\,\frac{A}{kW} \cdot 7\,kW + 2\,\frac{A}{kW} \cdot 10\,kW$$

$$= 10\,A + 40\,A + 14\,A + 20\,A$$

$$= \underline{84\,A}$$

Hierfür ist ein Querschnitt von 25 mm² erforderlich (belastbar mit 96 A bei 30 °C Umgebungstemperatur).
a_2) Eine genaue Berechnung der Motorströme und anschließende Addition nach Richtung und Größe ergibt keine nennenswerte Abweichung vom unter a_1) ermittelten überschlägigen Wert, da es sich in allen Fällen um Motoren handelt, deren Phasenverschiebung annähernd gleich groß ist (Bild 12.5b und c).

b) Querschnitt nach Spannungsfall

$$A = \frac{\Sigma\,(P_{zu} \cdot l) \cdot \mu}{\varkappa \cdot U_v \cdot U}$$

$U_v = 3\,\%$ von 400 V
$\quad = 12$ V
$\mu \;= 1$

531

Abzweig	P_{ab} (kW)	η —	P_{zu} (kW)	l (m)	$P_{zu} \cdot l$ (kW · m)
1	5	0,85	5,88	10	58,8
2	20	0,92	21,7	15	325,5
3	7	0,86	8,13	20	163
4	10	0,91	11,0	40	440

$$\Sigma\,(P_{zu} \cdot l) = 987,3 \text{ kW} \cdot \text{m}$$
$$= 987,3 \cdot 10^3 \text{ W} \cdot \text{m}$$

$$A = \frac{987,3 \cdot 10^3 \text{ W} \cdot \text{m} \cdot 1}{56\,\dfrac{\text{m}}{\Omega\,\text{mm}^2} \cdot 12 \text{ V} \cdot 400 \text{ V}}$$

$$A = \underline{3,67 \text{ mm}^2}$$

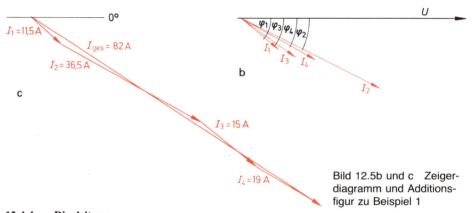

Bild 12.5b und c   Zeiger-diagramm und Additions-figur zu Beispiel 1

12.4.4   Ringleitung

Die Ringleitung stellt eine von zwei Seiten eingespeiste Hauptleitung dar, die zu einem Ring geschlossen wird (Bild 12.6a). An der Einspeisestelle fließt ein Teil des Stromes links herum und der Rest rechts herum.

Die Berechnung einer Ringleitung teilt sich in zwei Punkte auf.

1. Bestimmung der Einspeiseanteile I_{links} und I_{rechts}.
2. Berechnung des Querschnitts
   a) nach Spannungsfall,
   b) nach Strombelastbarkeit,
   c) eventuell Mindestquerschnitt aus mechanischen Gründen beachten.

1. Bestimmung der Einspeiseanteile I_{links} und I_{rechts}
Hierfür denkt man sich den Ring aus Bild 12.6a an der Speisestelle geöffnet. Dann ergibt sich Bild 12.6b.

Die Berechnung von Bild 12.6b ist vergleichbar mit der Berechnung eines zweiseitig gelagerten Trägers (siehe Abschnitt 3.8). Dann ergibt sich Bild 12.6c.

532

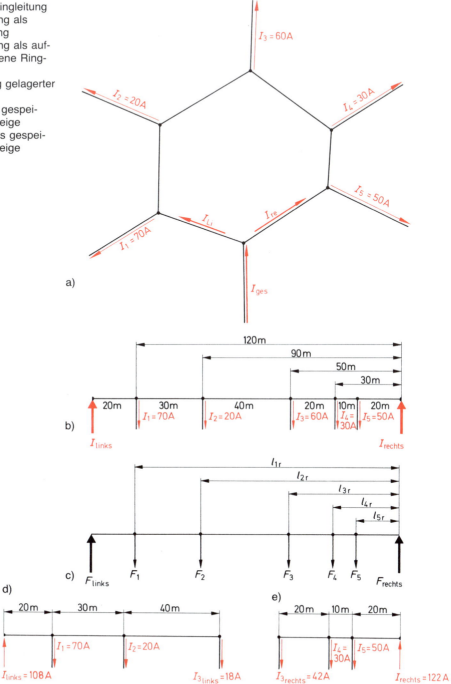

Bild 12.6 Ringleitung
a) Darstellung als Ringleitung
b) Darstellung als aufgeschnittene Ringleitung
c) zweiseitig gelagerter Träger
d) von links gespeiste Abzweige
e) von rechts gespeiste Abzweige

533

Diese Aufgabe (Bild 12.6c) wird gelöst, indem man zum Beispiel F_{rechts} als Drehpunkt annimmt, dann ergibt sich:

$$F_{links} \cdot l_{ges} = F_1 \cdot l_{1r} + F_2 \cdot l_{2r} + F_3 \cdot l_{3r} + F_4 \cdot l_{4r} + F_5 \cdot l_{5r},$$

$$F_{rechts} = F_{ges} - F_{links}$$

Entsprechend der Trägerberechnung ergibt sich für die Leitungsberechnung folgende Formel:

$$I_{links} \cdot l_{ges} = I_1 \cdot l_{1\,rechts} + I_2 \cdot l_{2\,rechts} + I_3 \cdot l_{3\,rechts} + I_4 \cdot l_{4\,rechts} + I_5 \cdot l_{5\,rechts}$$

$$I_{links} = \frac{\Sigma(I \cdot l_{rechts})}{l_{ges}}$$

$$I_{rechts} = I_{ges} - I_{links}$$

oder $\quad I_{rechts} = \dfrac{\Sigma(I \cdot l_{links})}{l_{ges}}$

I_{links}	Stromanteil nach links
I_{rechts}	Stromanteil nach rechts
$\Sigma(I \cdot l_{rechts})$	Summe der Strommomente nach rechts
$\Sigma(I \cdot l_{links})$	Summe der Strommomente nach links
l_{ges}	Gesamtlänge der Ringleitung
$I_{ges} = \Sigma I$	Gesamtstrom aller Abzweige

Im vorliegenden Beispiel ergibt sich dann:

Abzweig	I (A)	l_{rechts} (m)	$I \cdot l_{rechts}$ (A · m)
1	70	120	8400
2	20	90	1800
3	60	50	3000
4	30	30	900
5	50	20	1000

$l_{ges} = 140$ m

$$I_{ges} = 230 \text{ A} \qquad \Sigma(I \cdot l_{rechts}) = 15\,100 \text{ A} \cdot \text{m} = 15{,}1 \cdot 10^3 \text{ A} \cdot \text{m}$$

$$I_{links} = \frac{15{,}1 \cdot 10^3 \text{ A} \cdot \text{m}}{140 \text{ m}} = \underline{108 \text{ A}}$$

dann ist: $\quad I_{rechts} = I_{ges} - I_{links} = 230 \text{ A} - 108 \text{ A} = \underline{122 \text{ A}}$

Somit wird in Bild 12.6b der Zweig 3 mit

$$I_{links} - I_1 - I_2 = 108 \text{ A} - 70 \text{ A} - 20 \text{ A} = 18 \text{ A von links gespeist und}$$

$$I_{rechts} - I_5 - I_4 = 122 \text{ A} - 50 \text{ A} - 30 \text{ A} = 42 \text{ A von rechts gespeist.}$$

Bild 12.6b kann also zerlegt werden in Bild 12.6d und Bild 12.6e. Der Schwerpunkt oder auch Tiefpunkt liegt also bei der Abzweigung 3.

2. Berechnung des Querschnitts der Ringleitung

a) nach Spannungsfall

Die weitere Berechnung muß für die linke Hälfte (Bild 12.6d) und die rechte Hälfte (Bild 12.6e) den gleichen Querschnitt ergeben, denn U_v soll für beide Teile gleich groß sein. Somit braucht man nur einen Leitungsabschnitt zu berechnen.

534

Die Berechnung nach dem Spannungsfall wird wie bei einer einseitig gespeisten, verzweigten Leitung durchgeführt (siehe Abschnitt 12.4.3).

gegeben:

U_v = 3% von 400 V
 = 12 V

$\varkappa$ = 56 $\dfrac{m}{\Omega\,mm^2}$

$\cos\varphi_m$ = 0,9

μ = 1

aus der obigen Rechnung ergibt sich:

Abzweig	I (A)	l (m)	$I \cdot l$ (A · m)
1	70	20	1400
2	20	50	1000
3	18	90	1620
		$\Sigma(I \cdot l) =$	4020 A·m

Es ist:

$$A = \frac{\sqrt{3} \cdot \Sigma(I \cdot l) \cdot \cos\varphi_m \cdot \mu}{\varkappa \cdot U_v}$$

$$A = \frac{\sqrt{3} \cdot 4020\ A \cdot m \cdot 0,9 \cdot 1}{56\,\dfrac{m}{\Omega\,mm^2} \cdot 12\ V}$$

$$= 9,32\ mm^2$$

nächster genormter Querschnitt

$$\underline{A = 10\ mm^2}$$

b) Querschnitt nach Strombelastbarkeit DIN/VDE 0298

Während bei der Berechnung des Spannungsfalls davon ausgegangen wird, daß die Leitung ständig von zwei Seiten eingespeist wird, soll hier der Querschnitt für eine notfalls einseitige Speisung ausreichend bemessen werden. Das bedeutet aber, daß der gesamte Strom von 230 A über den Querschnitt fließen darf. Dann muß nach DIN/VDE 0298 eine Kupferleitung von 95 mm² verlegt werden.

c) Mindestquerschnitt aus mechanischer Festigkeit

Der Mindestquerschnitt ist in diesem Beispiel in jedem Falle übertroffen durch 2b).

Ergebnis: Es ist ein Querschnitt von
$\underline{A = 95\ mm^2}$ zu verlegen.

12.4.5   Zusammenfassung der Formeln für die Leitungsberechnung nach Spannungsfall

Kontrolle nach Strombelastung und mechanischer Festigkeit siehe Tabelle 12/1 bis 12/4.

Stichleitung

Gleich- und Wechselstrom

nach
Spannungsfall

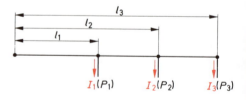

$$A = \frac{2 \cdot \Sigma (I \cdot l \cdot \cos \varphi) \cdot \mu}{\varkappa \cdot U_v}$$

$$A = \frac{2 \cdot \Sigma (P \cdot l) \cdot \mu}{\varkappa \cdot U_v \cdot U}$$

Drehstrom

nach
Spannungsfall

$$A = \frac{\sqrt{3} \cdot \Sigma (I \cdot l \cdot \cos \varphi) \cdot \mu}{\varkappa \cdot U_v}$$

$$A = \frac{\Sigma (P \cdot l) \cdot \mu}{\varkappa \cdot U_v \cdot U}$$

A in mm²
I in A
l in m
$\varkappa$ in $\dfrac{\text{m}}{\Omega \, \text{mm}^2}$
P in W
U Außenleiterspannung in V
U_v Spannungsfall, bezogen auf
     Außenleiterspannung in V
μ Gleichzeitigkeitsfaktor
$\mu \;\; = \dfrac{P_{\text{mittel}}}{P_{\text{Anschluß}}}$

$\cos \varphi_m$ mittlerer Leistungsfaktor
        einer Leitung

Ringleitung

$$P_{\text{rechts}} = \frac{\Sigma (P \cdot l)_{\text{links}}}{l}$$

$$P_{\text{links}} = \frac{\Sigma (P \cdot l)_{\text{rechts}}}{l}$$

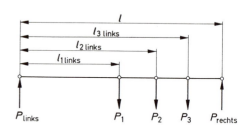

daraus Ermittlung des Tiefpunkts; weitere Berechnung siehe Stichleitung.

536

12.5 Leistungsverlust auf elektrischen Leitungen

Die Berechnung des Leistungsverlustes auf den Leitungen spielt in der Praxis keine Rolle. Der Vollständigkeit wegen soll hier jedoch das Verfahren angegeben werden, zumal sich leicht Verständnisprobleme ergeben könnten.

Im Zeigerdiagramm des Bildes 12.1e ist erkennbar, daß der errechnete Spannungsfall U_v nicht identisch mit dem tatsächlichen Spannungsfall auf der Leitung U_{Ltg} ist. Man darf also bei Wechselstrom mit einer Phasenverschiebung zwischen Strom und Spannung nicht die Leistung aus dem Produkt des Spannungsfalles U_v und I ermitteln. Immer richtig ist die Berechnung über das Quadrat des Stromes.

Für **Gleich- und Wechselstrom** gilt:

$$P_v = I^2 \cdot R_{Ltg}$$

Setzt man für

$$R_{Ltg} = \frac{2 \cdot l}{\varkappa \cdot A} \quad \text{ein,}$$

so ergibt sich

$$P_v = \frac{2 \cdot l \cdot I^2}{\varkappa \cdot A}$$

$$I = \frac{P}{U \cdot \cos \varphi}$$

P_v	Leistungsverlust auf der Leitung	in W
I	Netzstrom	in A
R_{Ltg}	Widerstand der Hin- und Rückleitung	in Ω
l	einfache Länge	in m
A	Leiterquerschnitt	in mm^2
U	Netzspannung	in V
P	zu übertragende Leistung	in W
$\cos \varphi$	Leistungsfaktor	
$\varkappa$	Leitfähigkeit	in $\dfrac{m}{\Omega\, mm^2}$

$$\boxed{P_v = \frac{2 \cdot l \cdot P^2}{\varkappa \cdot A \cdot U^2 \cdot (\cos \varphi)^2}}$$

Bei **Drehstrom** gilt:

$$\boxed{P_v = \frac{3 \cdot I^2 \cdot l}{\varkappa \cdot A}}$$

$$\boxed{P_v = \frac{l}{\varkappa \cdot A} \cdot \left(\frac{P}{U \cdot \cos \varphi}\right)^2}$$

Verzeichnis der Tabellen

Seite	Tabelle	Legende
91	3.1	Wichte einiger Werkstoffe
103		Basiseinheiten des internationalen Einheitensystems
127	4.1	Thermoelektrische Spannungsreihe
136	5.1	Elektrochemische Äquivalente
144	5.2	Elektrochemische Spannungsreihe
181	6.1	Spezifischer Widerstand, Leitfähigkeit und Temperaturbeiwert einiger Werkstoffe
234	6.2	Staffelung der Nennwerte nach E-Reihen
235	6.3	Internationaler Farbcode zur Kennzeichnung von Festwiderständen
258	7.1	Untere Heizwerte einiger Brennstoffe
259	7.2	Einheiten für Energie (Arbeit)
267	7.3	Einheiten für Leistung
284	7.4	Spezifische Wärme verschiedener Stoffe im Temperaturintervall $0\,°C$ bis $100\,°C$
289	7.5	Schmelzwärmen und Verdampfungswärmen mit den entsprechenden Temperaturen einiger Stoffe
292	7.6	Wärmeleitzahlen einiger Stoffe
299	8.1	Durchschlagsfestigkeiten und Dielektrizitätszahlen einiger Isolierstoffe
518	12.1	Mindest-Leiterquerschnitte für Leitungen nach mechanischer Festigkeit entsprechend DIN/VDE 0100 Teil 520
519	12.2	Strombelastbarkeit nach DIN/VDE 0298 Teil 4 und Absicherung für isolierte Kupferleitungen mit drei belasteten Adern, die direkt auf der Wand oder in der Wand bzw. im Putz verlegt sind.

Stichwortverzeichnis

A
Abgleich 226
Abrundung 25
Abschaltvorgang (Spule) 375
Abschirmung, elektrische 296
Abschirmung, magnetische 334
Absoluter Nullpunkt 282
Absorptionsverluste 427
Abszisse 59
Addieren 18, 20
Adhäsion 107
Affinität 110
Aggregatzustand 106
Akkumulator 152
Aktivkohle 150
Alcu-Klemme 171
Aldrey 182
Alfastrahlen 110
Alkalien 133
Alkali-Manganzelle 147
Alnicomagneten 352
Aluminiumgewinnung 141
Amorph 106
Ampere 120
Amperestundenwirkungsgrad 153
Ampère, André Maria 116
Amplitude 380
Amplitudenfrequenzgang 474
Analyse (chemische) 104
Anionen 135
Anode 135, 144
Anlaßheißleiter 245
Anodenschlamm 139
Anpassung 274
Antistatisch 130
Anzugsverzögerung 245
Äquivalent, elektrochemisches 135
Äquivalent, elektromechanisches 268
Äquivalentgewicht 134
Aräometer 158
arithmetischer Mittelwert 390
Arbeit 251
Arbeitspunkt 200
Artwiderstand 180
Atom 106 ff.

Atombindung 114
Atomenergie 258
Atomreaktor 258
Aufmagnetisierung 354
Aufrundung 25
Augenblickswert 386
Ausgleichsladung 161
Außenleiterspannung 485

B
Bandbreite 463
Bandkerne 356
Bandpaß, Bandsperre 474
Bariumferritmagneten 352
Base 132
Basisgröße, Basiseinheit 103
Bauxit 141
Belastungskennlinie 210
Berührungselektrizität 129
Beschleunigung 80
Bimetallthermometer 282
Bindungsarten 112
Bindungsenergie 131
Bleiakkumulator 153 ff.
Blindleistung 394
Blindleistungskompensation 466, 509, 515
Blindwiderstand 398, 417
Bogenmaß 82, 386
Braunsteinelement 146
Brennstoffzelle 150
Bruchrechnung 22
Brückenschaltung 225
Bündelleiter 300

C
Celsiusskala 283
Chemie 104
Chemische Verbindung 104
Cosinus 54
Coulomb 117
Coulombsches Gesetz 297
CR-Glied 318

D
Dauermagneten 335, 351
Defektelektron 115

Dehnungsmeßstreifen 186, 230
Depolarisator 145
Dezimalbruch 17, 25
Diamagnetisch 332
Dichte 90
Dielektrikum 304
Dielektrische Polarisation 301
Dielektrizitätskonstante, Dielektrizitäts-
zahl 304
Dielektrizitätsverluste 434
Differentialflaschenzug 98
Differentieller Widerstand 179
Differenz 20
Differenzierglied 319
Dipol 301
Dissoziation 132
Dividieren 22
Drahtdurchmesser 77
Drahtgewicht 92
Drahtwiderstand 236
Drehkondensator 329
Drehmoment 96
Drehstrom 483
Drehwaage 295
Drehzahl 383
Dreieckschaltung, Erzeuger 487
symmetrische Verbraucher 495, 504
unsymmetrische Verbraucher 489
Dreiphasenwechselstrom 483
Dreisatzrechnung 26
Durchbruchspannung 298
Durchflutung 337, 346 T
Durchschlagfestigkeit 298
Dynamischer Widerstand 179
Dynamisches Grundgesetz 103

E
Edelgas 110
Effektivwert 271, 390 ff.
e-Funktion 311
Eigenleitfähigkeit 115
Einheiten 101
Einheitensysteme 102
Einheitenvorsätze 71
Einheitskreis 57
Einschaltvorgang (Spule) 374
Einweggleichrichtung 391
Eisenverluste 348, 401
Eis-Wasser-Flasche 289
Elektret 302
Elektrisches Feld 296
Elektrizität 116
Elektrochemisches Äquivalent 135

Elektrochemische Spannungsreihe 144
Elektrofilter 289
Elektrolyse
    Elektrolyt 131 ff.
    Elektrolytische Dissoziation 132
    Elektrolytische Polarisation 145
Elektrolytkondensator 328
Elektrolytkupfer 140
Elektromagneten 357
Elektron 108
Elektronen (freie) 115
    Elektronenpaare 115
    Elektronenleiter 122
Elektrostatik 295
Elektrostatische Polarisation 301
Elementarladung 108
Element, chemisches 105
Element, galvanisches 145
Elko 328
Eloxal 142
Eloxieren 142
Energie 252 ff.
Entladekennlinie
    Bleiakku 154
    Braunsteinelement 147
    Nickel-Cadmium-Akku 163
Entmagnetisierung 350
Erdbeschleunigung 90
Erhaltungsladung 159
Ersatzschaltbild
    Spannungsquelle 209
    Spule 401, 441
Erstarrungstemperatur 289
Eulersche Zahl 311
Exponent 33
Exponentialfunktion 311

F
Fahrenheitskala 282
Faktor 21
Farad 303
Faradayscher Käfig 296
Faradaysches Gesetz 137
Farbkode 235
Fehlerortung 227
Feldlinien, elektrische 296
Feldlinien, magnetische 335
Feldplatten 187
Feldstärke, magnetische 342
Feldstärke, elektrische 297
Ferritkerne 358
Ferromagnetisch 331, 332
Filterschaltungen 474

Flächenberechnung 73
Fluß, magnetisch 337, 346 T
Flußdichte 337, 346 T
Formation 328
Formfaktor 393
Fotoelektrizität
    Fotoelement 128
Fotowiderstand 186
Freilaufdioden 376
Frequenz 383
Frequenzgang 474
Frequenzkompensation 482
Füllelement 150
Füllfaktor 76

G
Galvani, Luigi 116
Galvanische Elemente 145 ff.
Galvanische Spannungserzeugung 142
Galvanisierbad 139
Galvanoplastik 139
Galvanostegie 138
Gasungsspannung (Bleiakku) 155
Gedämpfte Schwingungen 460
Gemischte Schaltung
    Widerstände 206
    Spannungsquellen 216
    Wechselstromwiderstände 441
Generatorregel 370
Geometrische Addition 93
Geothermische Tiefenstufe 257
Geschwindigkeit 79
Gewichtskraft 88, 90
Giga 71
Gitterplatten 157
Gitterverband 106
Glättung 480
Gleichrichtwert 390, 392
Gleichung 43

Glimmerkondensatoren 326
Grad 82
Grenzfrequenz 474
Größe 101
Großoberflächenplatten 156
Grundgröße 101
Grundschaltungen 190
Grundstoff 105
Güte
    Kondensator 427
    Schwingkreis 463
    Spule 415
Gütefaktor 427

H
Halbleiter 122
Halbwertzeit 311
Halogen 110
Hartmagnetisch 333, 349, 351
Hartferrit-Magnete 351
Hauteffekt 378
Hebelgesetz 96
Henry 372
Heißleiter 186, 242
Heizleiter 184
Heizwert 257
Hochpaß 474
Homogenes Feld
    elektrisches 297
    magnetisches 332
Hubkraft (Magnet) 361
Hydroxide 132
Hyperbel 64
Hypotenuse 52
Hysteresis 348
Hysteresisverluste
    Kondensator 427
    magnetisch 348

I
Impulsdauer 270
Induktion der Bewegung 369
Induktion der Ruhe 370
Induktion, elektromagnetische 366
Induktion, magnetische 337, 346 T
Induktionsgesetz 368
Induktionskonstante 339, 346 T
Induktionsöfen 377
Induktionsspannung 368
Induktiver Widerstand 398
Induktivität 371, 374
Induktivitätsfaktor 341, 346 T
Influenz, elektrostatische 300
Influenz, magnetische 333
Influenzmaschine 301
Innenwiderstand
    Spannungsquelle 209
    Spannungsteiler 221
Integrierglied 317
Intermittierende Belastung 147
Ionen
    Ionenbindung 112
    Ionengitter 114
Ionenleiter 123
Isolationsverluste (Kondensator) 426
Isotope 109

541

J
Joule 259

K
Kalilauge 132
Kalorie 259
Kaloriemeterbombe 258
Kaltleiter 186, 247
Kapazität
    Akkumulator 152
    Kondensator 303, 418
Kapazitiver Widerstand 418
Kapillarwirkung 108
Kathete 52
Kationen
    Katode 135, 144
Katodischer Korrosionsschutz 171
Keilriemen 85
Kelvinskala 282
Kennlinien
    magnetische 344
    Widerstands- 175
Keramikelektrolyt 165
Keramikkondensatoren 327
Kernenergie, -reaktor, -spaltung 258
Kinetische Energie 253
Kirchhoffsche Gesetze 190
Klammernrechnung 30
Knopfzelle 148
Knotenpunktregel 190
Koerzitivfeldstärke 349
Koerzitivkraft 349
Kohäsion 107
Kohlenwasserstoffe 114
Kohleschichtwiderstand 238
Kompensation
    Wechselstrom 466
    Drehstrom 509
    Spannungsteiler 482
Kompressibel 107
Kondensation 289
Kondensator 302
    Bauformen 320 ff.
    im Gleichstromkreis 308
    im Wechselstromkreis 417
    -schaltungen 306
    -verluste 426
Kondensatorgüte 428
Konstanten 185
Konstantspannungs-, Konstantstrom-
    quelle 212
Konvektion 293
Konvektor 293

Koordinatensystem 59
Korona 299
Körperberechnung 75
Korrosionsschutz 168
Korrosionsstrom 171
Kraft 88, 92
Kräftediagramm 92
Kraftwirkung zwischen Magnetpolen 360
    stromdurchflossenen Leitern 362
Kreisfrequenz 385
Kristall, Kristallin 106
Kryolith 141
Kunststoffolienkondensator 326
Kupferverluste 401, 414
Kurzschlußstrom 211

L
Ladearten 167
Ladefaktor 153
Ladegeräte 166
Ladekennlinie Bleiakku 158
Ladung (elektrisch) 115
Ladung (Bleiakku) 155
Ladung (Nickel-Cadmium) 163
Ladung (Kondensator) 309
Ladungstrennung 300
Ladungsträger 122
Lauge 132
Leclanché-Element 146
Leerlaufspannung 209
Leistung 260, 391, 494
Leistungsanpassung 275
Leistungsbestimmung 268
Leistungsdreieck 396
Leistungsdrosselung mit Kondensator 423
Leistungsfaktorverbesserung 466, 509, 515
Leistungshyperbel 263
Leistungskondensator (Aufbau) 325
Leistungsverlust (Leitungen) 537
Leiterarten 112
Leiterwerkstoffe 183
Leitfähigkeit, elektrische 182
Leitfähigkeit, magnetische 340
Leitungsberechnung
    mechan. Festigkeit 517
    Spannungsfall 519
    Strombelastbarkeit 518
Leitung mit Abzweigen 527
    Ringleitung 532
Leitwert (elektrischer) 174
Leitwertdreieck 411, 426
Lenzsches Gesetz 370, 371
Lichtgeschwindigkeit 124

Linearer Mittelwert 390
Linearer Widerstand 176
Lineares Verhalten 61
Liniendiagramm 57, 382, 386, 387, 389
Linke-Hand-Regel 364
Lithiumzelle 149
Logarithmische Darstellung 66
Lokalelement 168
Lösungsdruck 142
Luftsauerstoffelement 150
Lumineszenz 124

M
Mäanderschliff 238
Magnetische Abschirmung 334
Magnetische Durchflutung 337, 346 T
Magnetisches Feld 332
Magnetische Feldkonstante 339
Magnetische Feldstärke 342, 346 T
Magnetischer Fluß 336, 346 T
Magnetische Flußdichte 336, 346 T
Magnetische Induktion 336, 346 T
Magnetische Influenz 333
Magnetische Kennlinie 344
Magnetische Kraftwirkung 360, 362
Magnetischer Kreis 335
Magnetische Leitfähigkeit 341
Magnetischer Leitwert 341, 346 T
Magnetische Permeabilität 340, 343
Magnetische Pole 334
Magnetische Sättigung 347
Magnetische Spannung 338, 346
Magnetischer Widerstand 339, 346 T
Magnetisierungskennlinien 347
Magnetostriktion 333
Manganin 184
Maschenregel 192
Masse 88, 90
Maßeinheitenvorsätze 71
Massenzahl 109
Maßsystem 103
Mathematische Zeichen 18
Maximalwert 382
Mega 71
Meßbereichserweiterung 205
Meßbrücke 225
Metall 110
Metallbindung 115
Metallhydrid 164
Mikro 71
Mischungstemperatur 286
Mittelpunktsleiter 483

Mittelwert
    arithmetisch 390, 393
    linearer 281, 389
    quadratischer 271, 390 ff.
Molekül 106
Momentanwert 380
Motorregel 364
Multiplizieren 21
Mu-Metall 334
Murray, Mc 227

N
Nadelimpuls 319
Nano 71
Natrium-Nickelchlorid-Akku 166
Natrium-Schwefel-Akku 164
Nennwertreihe 236
NC-Akku 160
Neutralleiter 483
Neutralleiterstrom 489, 495, 504
Neutronen 108
Nichtleiter 123
Nickelin 186
Nickel-Cadmium-Akkumulator 160
Nickel-Metallhydrid-Akku 164
Nitrat 132
Normalelektrode 143
NTC-Widerstand 186, 242
Nukleon, Nuktid 109
Nullindikator 225

O
Oberflächenschutz 169
Oberflächenspannung 107
Ohm, Georg Simon
    Maßeinheit 173
Ohmsches Gesetz 173
Opferanode 171
Ordnungszeichen 18
Ordnungszahl 110
Ordinate 59
Organische Chemie 114

P
Panzerplatten 156
Papierkondensator 323
Paraelektrische Polarisation 301
Parallelresonanz 457, 461, 465
Parallelschaltung
    Induktivitäten 429
    induktiver Widerstand 429
    Kondensatoren 306, 429
    kapazitiver Widerstand 429

ohmscher Widerstand 202
R und X_L 409
R und X_C 424
R und Z 438
Scheinwiderstand 438
Spannungsquellen 215
Parallelschwingkreis 453, 457, 463
Paramagnetisch 331, 333
Parameter 62
Patina 170
Pegelrechnung 277
Peltiereffekt 127
Periode 382
Periodendauer 382
Periodisches System 110
Permalloy 334
Permanentmagneten 333
Permeabilität 339, 446 T
Phasenschieber 471
Phasenschieberbrücke 473
Phasenverschiebung 389, 394, 400
pH-Wert 134
Physik 101
Piezoelektrizität 128
Piko 71
Plasma 260
Plattenarten
  Bleiakku 157
  Stahlakku 161
Plattenscheider 157
Polarisation
  elektrische 304
  elektrolytische 145
  magnetische 333
Polarkoordinatensystem 60
Polpaarzahl 383
Polymerisation 114
Potential 119
Potentiometer 222, 239
Potenzen 33
Primärelement 145
Produkt 21
Protonen 108
Prozentrechnung 28
PTC-Widerstand 186, 247
Pulverkerne 357
Pufferladung 160
Pyrometer 283
Pythagoras 52

Q
Quadratischer Mittelwert 271, 390 ff.
Quadratisches Verhalten 65

Quadrantenbetrieb 59
Quantentheorie 110
Quecksilberoxidzelle 148
Querstrom 218
Quotient 22

R
Radikand 37
Radioaktivität 109
RC-Glied 316, 474
Rechenstufen 18, 39
Rechte-Hand-Regel 358, 370
Rechtwinkliges Dreieck 52
Reflexionsvermögen 294
Reibungselektrizität 129
Reihenschaltung
  Induktivitäten 429
  induktiver Widerstand 429
  Kondensatoren 307, 429
  kapazitiver Widerstand 429
  ohmscher Widerstand 194
  R und X_L 401
  R und X_C 419
  R und Z 436
  Scheinwiderstand 434
  Spannungsquellen 213
Reihenschwingkreis 446, 463
Reihenresonanz 451
Remanenz 347
Resonanz 451, 456, 461
Resonanzfrequenz 461, 463
Resonanzkurve 463
Restmagnetismus 348
Reziprokes Verhalten 64
Riementrieb 85
Ringleitung 532
Ruhespannung 154
Ruhestromelement 150
Rundzelle 146, 162

S
Sägezahnspannung 309
Salze 132
Saugheber 158
Säure 131
Säuredichte 159
Schaltvorgänge im induktiven Kreis 374
Scheinleistung 395
Scheinwiderstand 401 ff.
Scheitelwert 380
Schichtwiderstand 238
Schleifdraht-Meßbrücke 227
Schmelzflußelektrolyse 133, 141

Schmelztemperatur 288
Schmelzwärme 289
Schneckentrieb 88
Schnittbandkerne 356
Schraubenregel 358
Schwingkreis 446, 458
Schwingkreisgüte 463
Schwingquarz 128
Segerkegel 283
Sekundärelement 152
Selbstentladung 160
Selbstheilung 323
Selbstinduktion 371
Selbstinduktionsspannung 371
Seltenerd-Magnete 352
Senkwaage 158
Separator 156
SI 102
Siebglied 480
Siebfaktor 480
Siedetemperatur 289
Siemens, Werner v. 116
Siemens 174
Signalgeschwindigkeit 124
Silberoxidzelle 148
Sintern 357
Sinusform der Spannung 379
Sinusfunktion 57, 387
Skineffekt 377
Solarelement 129
Solarkonstante 257
Spannung, elektrische 117
Spannung, magnetische 338
Spannungsabhängiger Widerstand 187, 249
Spannungsanpassung 277
Spannungsdreieck 400
Spannungsfall (Leitungen) 519
Spannungsresonanz

    (Spannungsüberhöhung) 452
Spannungsteiler
    belastete 220
    kapazitiver 431
    unbelastete 199
    verstellbare 222
Spannungsüberhöhung 452
Spezifische Wärme 284
Spezifisches Gewicht 90
Spezifischer Leitwert 182
Spezifischer Widerstand 180
Spin 333
Spitzenwert 380
Spitzenwirkung 297
Sprühelektroden 299

Spule 372, 432, 438
Spulenberechnung 76
Spulengüte 415
Spulenregel 358
Stahlakkumulator 160
Starterbatterie 159
Stern-Dreieck-Schaltung 500
Stern-Dreieck-Umwandlung 234, 504
Sternschaltung
    Erzeuger 483
    symmetrische Verbraucher 495, 504
    unsymmetrische Verbraucher 489
Stoßionisation 299
Strahlungsemission 293
Strahlungspyrometer 283
Strangspannung 485
Strom 120
Stromausbeute 137
Strombegrenzung 212
Stromdichte 123
Stromrichtung 122
Strom-Spannungs-Messung 176
Stromverdrängung 377
Stromverzweigung 190
Subtrahieren 20
Sulfat 130
Sulfatierung 159
Summe 20
Supraleitung 189
Synthese 104

T
Takten 270
Tangens 54
tan δ 415, 427
Tastverhältnis 270
Technisches Maßsystem 102
Temperatur 281
Temperaturbeiwert
    Temperaturkoeffizient 187
Temperaturkompensation 245
Temperaturmeßfarben 282
Temperaturmessung 282
Tesla 336
Thermoelektrische Spannungsreihe 101
Thermoelektrizität 126
Thermoelement 126
Thermometer 284
Thermopaar 127
Thomsonsche Schwingungsformel 462
Tiefpaß 476
TM 102
Tonerde 141

Trigonometrische Funktionen 54
Trockenelement 145

U
Übergangsklemme 170
Übersetzung 85
Umfangsgeschwindigkeit 81, 84
Ummagnetisierungsverluste 348
Umwandlungswärme 288
Ungedämpfte Schwingung 460
Uran 110
Urspannung 209

V
Valenzelektroden 111
Varistor 249
VDR 249
Vektor 92
Veränderliche Widerstände 185
Verdampfungswärme 289
Verkettungsfaktor 485
Verluste
  dielektrische 427
  Eisen- 348, 414
  Hysteresis- 348, 414
  Kupfer- 414
  Wirbelstrom- 376, 414
Verlustfaktor 415, 427
Vierpol 470
Volt 118
Volta, Allesandro 116
Volta-Element 143
Voltasche Spannungsreihe 144
Volumen 75
Vorwiderstand 269

W
Wartung
  Bleiakku 158
  Nickel-Cadmium-Akku 162
Wärmeausbreitung 291
Wärmeinhalt 283
Wärmekonvektion 293
Wärmeleitfähigkeit 291
Wärmeleitung 293
Wärmemenge 283

Wärmestrahlung 293
Wärmeströmung 293
Wattsekunde 259
Wattstundenwirkungsgrad 153
Weber 336
Wechselstrom 379
Weichmagnetisch 333, 355
Wertigkeit 111
Wheatstone-Brückenschaltung 225
Wichte 90
Widerstand
  Bauelemente 234
  elektrischer 175
  magnetischer 242
  spezifischer 180
Widerstandsbestimmung 176
Widerstandsdreieck 405
Widerstandsgeber 240
Widerstandskennlinie 175
Widerstandsmodul 238
Widerstandsthermometer 283
Widerstandswerkstoffe 181
Windungszahlberechnung 77
Winkelfunktionen 54
Winkelgeschwindigkeit 83, 385
Wirbelstrom 376
Wirbelstrombremse 377
Wirbelstromverluste 377
Wirkleistung 393
Wirkungsgrad 272
Wirkwiderstand 396
Wurzeln 33, 37

Z
Zahlenarten 17
Zahlenstrahl 17
Zählerkonstante 256
Zählrichtung 118
Zahnradantrieb 86
Zehnerpotenzen 36
Zeigerdiagramm 387, 389
Zeitkonstante 311
Zink-Kohle-Element 146
Zustandsformen 106
Zweigweggleichrichtung 390

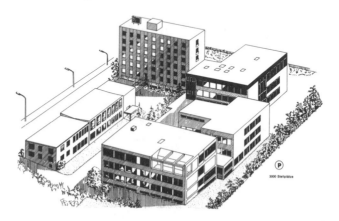